东太平洋海隆热液地质

曾志刚 著

科学出版社

北京

内 容 简 介

2003 年以来，中国已先后在东太平洋海隆的热液活动区进行了 5 次海上调查，并开展了海底热液地质研究工作。基于此，本书将东太平洋海隆作为地球系统的窗口，从分析热液硫化物和玄武岩的矿物、元素和同位素组成，提出海底热液活动、冷泉及天然气水合物的同源异汇假说，揭示蚀变玄武岩中矿物的化学组成变化，阐述海底热液活动对水体和沉积环境的影响状况，剖析海底热液循环系统及其成矿模式，构建 Fe-羟基氧化物成因模式，以及论述硫化物的资源潜力及其人工富集和开采利用设想等多个角度展示东太平洋海隆热液地质研究，是一本从多方面介绍东太平洋海隆热液活动的专著，为了解以流体为桥梁的跨圈层动力过程与物质能量循环这一重大科学问题，服务于东太平洋海隆资源调查、环境保护等重大需求提供研究支撑。

本书可供海底热液地质学、海底矿产资源、海洋地球化学、海底岩石学和沉积学等学科的研究人员和高等院校相关专业的师生参考。

图书在版编目(CIP)数据

东太平洋海隆热液地质 / 曾志刚著. —北京：科学出版社，2020.6
ISBN 978-7-03-062582-3

Ⅰ.①东…　Ⅱ.①曾…　Ⅲ.①东太平洋－洋中脊－热液地质学－研究　Ⅳ.①P736.3

中国版本图书馆 CIP 数据核字（2019）第 224291 号

责任编辑：周 丹　沈 旭　石宏杰 / 责任校对：杨聪敏
责任印制：师艳茹 / 封面设计：张雪颖　许 瑞

科学出版社 出版
北京东黄城根北街 16 号
邮政编码：100717
http://www.sciencep.com
北京九天鸿程印刷有限责任公司印刷
科学出版社发行　各地新华书店经销
*
2020 年 6 月第 一 版　开本：787×1092　1/16
2020 年 6 月第一次印刷　印张：27 1/2
字数：700 000
定价：398.00 元
（如有印装质量问题，我社负责调换）

序

    东太平洋海隆上分布着众多海底热液活动区，是揭示洋中脊动力过程，认识其中的物质能量交换机理，阐明洋壳形成演化与多圈层之间的关联机制，以及揭示热液流体在跨圈层动力过程中作用机理的天然实验室。中国大洋矿产资源研究开发协会于 2003 年组织实施了专门的东太平洋海隆热液硫化物航段调查，本书作者为该航段的首席科学家。随后，2005 年环球航次东太平洋海隆航段、2008 年 DY115-20 航次、2009 年 DY115-21 航次和 2011 年 DY125-22 航次，均在东太平洋海隆开展了硫化物调查工作，获得了海底热液硫化物等一批样品、数据及资料，既为我国研究洋中脊海底热液活动的特征、把握海底热液硫化物等热液产物的分布规律及其资源状况奠定了重要的工作基础，有助于把地球系统科学从海隆表层拓展到深部地幔，促进联系海水、生物、洋壳、地幔的多尺度、跨圈层的多学科交叉研究，更为建立东太平洋海隆多尺度、跨圈层的地球系统科学理论框架提供了重要的调查研究积累。

    本书作者系中国科学院大学岗位教授，曾先后参加多次大洋海上调查工作，并与合作者共同开展了东太平洋海隆热液循环系统及其成矿的物源体系，以及硫化物成矿背景与资源环境评价研究，探讨了热液循环系统的物质-能量输运及其成矿机理，进行了海底热液硫化物成矿对比，分析了热液产物的化学组成变化，揭示了海底热液活动的沉积环境响应及其硫化物成矿潜力，结合对冷泉流体的对比分析，提出海底热液活动与冷泉流体存在联系，对东太平洋海隆的玄武岩特征及其岩浆成因、热液硫化物的矿物组合与化学组成，以及沉积物的热液活动记录和热液柱的物理、化学异常有了初步认识。进一步研究了东太平洋海隆热液硫化物等热液产物的物质来源及其控制因素，阐述了海底热液成矿特征及模式，提出了海底热液区中有用元素的人工富集设想，在东太平洋海隆热液活动及其硫化物等热液产物研究方面取得了新进展。

    在上述工作的基础上，总结已有认识、成果及研究进展，撰写了这本专著。本书可为继续开展东太平洋海隆热液地质调查研究，以及未来开发、利用海底热液硫化物资源、保护深海环境和优选海底热液环境保护区等工作提供支撑及参考。

曾志刚

2017 年 11 月 17 日于青岛汇泉湾畔

前　言

　　东太平洋海隆位于太平洋东部，是从快速到超快速扩张的洋中脊，其翼部覆盖的沉积物，频繁的岩浆活动，使其蕴藏的海底热液活动及其硫化物堆积体，在全球范围内呈现着鲜明的特色。因此，东太平洋海隆已成为研究洋中脊跨圈层（海水、生物、洋壳、地幔）物质能量循环和地球深部过程，建立地球系统科学理论的关键区域之一。国际上已有对该海隆热液活动及其硫化物资源 40 年的调查研究积累，包括开展了多个大洋钻探计划航次，研究了岩浆的形成演化、热液活动和深部物质循环机理等重大科学问题，并取得了一批成果及研究进展。2003 年，中国也开始了对东太平洋海隆热液活动及其硫化物资源的调查研究工作，截至 2018 年，5 次海上调查工作及相应的研究，已对该区域的海底热液硫化物特征及其热液成矿地质背景有了初步认识。尽管如此，东太平洋海隆作为洋壳形成演化及海洋地球系统多圈层相互作用的典型范例和建立含洋中脊地球系统科学的关键性，还没有被充分认识到。我们目前仍不清楚东太平洋海隆跨圈层物质能量交换对洋壳演化等动力过程的影响机理，尚未全面掌握东太平洋海隆热液活动的深部过程及其硫化物资源的规模大小，不了解海底热液活动及其硫化物与断裂或裂隙、洋壳、岩浆及海底下的"海洋"（subseafloor ocean）、深部生物圈（deep biosphere）的成因联系，进行海底热液硫化物资源评价依然缺少长期的基础研究，以及钻探、近海底探测及原位观测工作的支撑。

　　为此，极有必要对以往的调查研究工作做全面的总结和回顾，尽可能多角度地介绍东太平洋海隆热液地质研究的主要内容，进而对海底热液硫化物资源的岩石环境、热液活动的沉积记录，以及热液成矿模式等有较清楚的认识，一方面可以为东太平洋海隆热液活动及其硫化物资源的深入研究，推进构建洋中脊多圈层相互作用理论框架提供工作基础，有助于以洋中脊动力过程导致一系列构造演变和物质循环及其对海隆资源、环境的影响为主线，开展地球物理学、矿物学、岩石学、地球化学、物理海洋、海洋化学、沉积学和生物学交叉合作研究，进而深入认识东太平洋海隆的构造动力学过程与海水、岩浆、沉积、热液、生物的相互作用及其物质循环机理，另一方面也可以为关注和有兴趣从事此项研究的同仁提供一个参考。

　　同时，应海底热液活动调查研究的需要，结合考虑热液活动的复杂性和系统性，本书致力于进一步发展东太平洋海隆热液地质学，将热液活动与岩浆作用、构造活动、海水响应、沉积记录及成矿作用结合，着重了解海底热液活动的形成条件和演化过程，把握海底热液活动的本质，使东太平洋海隆热液活动的研究更加系统，这有助于海底热液地质学基础理论研究取得新的突破。

　　本书共分八章。第一章介绍东太平洋海隆 9°N～21°N、加拉帕戈斯微板块、东太平洋海隆 3°S～23°S、复活节微板块和胡安·费尔南德斯微板块的地形与构造特征；第二章分别介绍东太平洋海隆玄武岩的矿物组成，常量、微量元素及同位素组成，玄武岩中的熔体包裹体，以及加拉帕戈斯微板块附近可能存在的热点活动；第三章介绍硫化物的分布及其构造环境，硫化物的矿物组成及显微结构，硫化物的常量、微量与稀土元素组成，硫化物的硫、铅、稀有气体以及锇-铱同位素组成，海底热液循环系统及其热液成矿模式；第四章介绍热液柱的温度异常自动化计算方法，东太平洋海隆热液区水文调查，热液柱的温度异常特征，热液柱的 Mg、Cl、Br、Ca^{2+}、SO_4^{2-} 浓度异常及其影响因素；第五章介绍 Fe-羟基氧化物的常量、微量与稀土元素组成，Fe-羟基氧化物的成因模式；第六章介绍蚀变玄武岩的 Fe-Si-Mn 羟基氧化物壳，以及东太平洋海隆热液活动对玄武岩的改造；第七章介绍含金属沉积物的分布，沉积物的粒度、孔隙率和沉积速率，沉积物的矿物组成、元素分布特征、化学组成及元素富集特征，沉积物中元素赋存状态、物质来源分析及黏土矿物的成因，含金属沉积物与硫化物分布的相关性；第八章回顾中国在东太平洋海隆的硫化物资源调查研究工作，介绍硫化物中有用元素的含量，进行了胡安·德富卡洋脊和东太平洋海隆硫化物资源潜力评估，提出东太平洋海隆硫化物资源远景区与未来工作展望。

　　本书中有关资料收集、数据整理、图表绘制和文字修改等工作，是在张维、崔路凯、江书龙、荣坤波、马瑶、国坤、张丹丹、张玉祥、李晓辉、陈祖兴、杨娅敏、方雪、胡思谊、朱博文、齐海燕、杨慧心、王琳璋、王晓媛、殷学博、陈帅、王祥俭、冀天潇、李雪丽和樊俊宁的共同努力下完成的。王晓媛、张国良、汪小妹、赵慧静、武力、陈帅、殷学博、余少雄、袁春伟、陈代庚、李康、张维和荣坤波的部分学位论文、科研工作报告和研究成果，以及与本书作者共同发表的研究论文是本书写作的重要基础之一。本书是在课题组成员共同协作的基础上，由曾志刚执笔完成。

　　本书的研究成果，得到了中国大洋矿产资源研究开发协会（以下简称中国大洋协会）项目课题"海底多金属硫化物及金属软泥的成矿机理"（DY135-G2-1-02），"全球变化与海气相互作用"专项（GASI-GEOGE-02），国家自然科学基金重点支持项目"西太平洋俯冲体系中岩浆活动及其对热液物质供给的制约"（91958213），中国科学院国际合作局对外合作重点项目"冲绳海槽热液活动成矿机理及其沉积效应"（133137KYSB20170003），国际海域资源调查与开发"十二五"课题"东太平洋海隆多金属硫化物成矿潜力与资源环境评价"（DY125-12-R-02），国家杰出青年科学基金"海底热液活动研究"（41325021），国家自然科学基金重点项目"东太平洋海隆 13°N 附近热液产物的化学组成变化及其控制因素研究"（40830849），"泰山学者工程专项"（ts201511061），"创新人才推进计划"（2012RA2191），"青岛海洋科学与技术国家实验室'鳌山人才'培养计划项目"（2015ASTP-0S17），国家高层次人才特殊支持计划（W01020177），国家重点基础研究发展计划（973 计划）项目"典型弧后盆地热液活动及其成矿机理"（2013CB429700）和中国科学院海洋大科学研究中心的支持与资助。

　　特别感谢中国科学院海洋研究所秦蕴珊先生生前的鼓励、帮助和指导。感谢中国科学院海洋研究所陈丽蓉先生，中国地质调查局青岛海洋地质研究所许东禹先生和何起祥先生，自然资源部第一海洋研究所吴世迎先生和中国海洋大学林振宏先生为我们开展此项工作所给予的关怀和指教。同时感谢参加 DY105-12、14 航次东太平洋海隆硫化物调查航段，DY105-17 航次、DY115-20 航次、DY115-21 航次和 DY125-22 航次东太平洋海隆航段的所有"大洋一号"船、队员,以及中国大洋矿产资源研究开发协会对我们开展海底热液活动调查研究给予的大力支持。特别强调的是,作为后学,我们的工作得益于国内外诸多先生(包括上述先生们)的先驱性研究及成就,在此对他们表示崇高的敬意。

由于作者水平有限,书中疏漏与不足之处难免,希望读者批评指正。

曾志刚

2020 年 1 月 16 日于英国国家海洋中心

目　　录

第一章　东太平洋海隆地形与构造特征

洋中脊（mid-ocean ridge，MOR）在海底呈"脊"状分布，是海底扩张、岩浆喷出并不断形成新洋壳的地带。东太平洋海隆（East Pacific Rise，EPR）位于太平洋东部，是太平洋洋中脊的一部分，其在太平洋西南部与印度洋洋中脊相连，向东北方向延伸，经过大洋洲与南美洲之间的太平洋，直至隐没于加利福尼亚海湾。该海隆区内地质构造复杂，西侧为太平洋板块，东侧自北向南分别为科科斯（Cocos）板块、纳斯卡（Nazca）板块和南极板块，多个板块之间形成三联点（triple junction），且三联点区域可构成微板块。例如，太平洋板块、科科斯板块和纳斯卡板块之间构成的三联点区域中存在着加拉帕戈斯微板块（Galápagos microplate，GMP），而太平洋板块、纳斯卡板块和南极洲板块之间的三联点区域中则存在着胡安·费尔南德斯微板块（Juan Fernandez microplate）。

EPR 自北向南全扩张速率由 55mm·a^{-1} 变化至 180mm·a^{-1}，呈现出中速-快速-超快速的变化特点（Choukroune et al.，1984）。EPR 地形特征为两侧平缓，洋脊附近高差变化较小，轴部具隆起带，总体上呈隆起的正地形，空间分布不连续，常被长度超过 30km 的转换断层（如 Siqueiros、Clipperton、Orozco 和 Revera 等）所分割（Macdonald and Fox，1988），具岩浆活动强烈的特点（Macdonald et al.，1992）。

在区域构造上，太平洋板块和科科斯板块沿 NE 方向俯冲于美洲大陆之下，形成安第斯型大陆边缘，其洋-陆过渡区的空间重力异常变化十分剧烈。整体上，向洋一侧，EPR 上的重力异常呈近于 NW-SE 向条带状分布；向陆一侧，陆地山脉地区以 100～300mGal[①]的正高值重力异常为主，且正高值（60～120mGal）重力异常条带为安第斯山脉，陆地平原区则以负低值（–20～0mGal）重力异常为主，局部夹有 5～15mGal 正高值重力异常圈闭。相邻海沟区则表现为明显的负重力异常值（–120～–90mGal），其代表为智利海沟。同时，自由空间重力异常可以反映出 EPR 的地形起伏情况。在自由空间重力异常图上，大洋盆地区的空间重力异常主要呈现较低的负低值重力异常，其重力异常值多在–30～–10mGal。EPR 的空间重力异常与相邻洋盆相比，其重力异常值略有增高，以正低重力异常为主，重力异常值在 0～20mGal，整体呈条带状延伸。局部存在垂直于海隆走向的负重力异常条带，对应于转换断层形成的海底峡谷。此外，EPR 的重力异常图上存在两条近平行的负重力异常条带，对应于微板块的交界处。海隆两侧存在数个正高值（30～50mGal）重力异常圈闭区，对应于海隆两侧的离轴海山或海底火山构造。

---

① 1Gal = 1cm·s^{-2}。

第一节　EPR 9°N～21°N

一、EPR 21°N

EPR 21°N 附近的海隆，其全扩张速率为 60～62mm·a⁻¹（Ballard and Francheteau，1982；Larson，1971），走向 38°（图 1-1），顶部发育着一条走向 25°、平均宽度 5km、平均深度 80m、洋壳年龄小于 0.1Ma 的轴向裂谷。裂谷的底部向西南倾斜，东北段中央脊的水深为 2610m，西南段中央脊的水深为 2550m（Ballard et al.，1981）。海底调查结果显示，该地区熔岩广泛分布，从东北向西南，席状熔岩相对增加，而枕状熔岩则相对减少，海隆沉积物覆盖较为稀薄，热液喷口直接位于年轻玄武岩之上，死亡的贝类壳体堆积在古热液喷口周围，硫化物堆积体在玄武质熔岩上呈线状分布（Francheteau et al.，1981，1979）。此外，在 EPR 21°N 附近，热液活动较为发育，北部可见热液活动消亡的硫化物堆积体和活动的加拉帕戈斯型热液区，而分布黑烟囱体的热液活动区则主要位于南部的海隆轴部高地上（Von Damm，1985）。

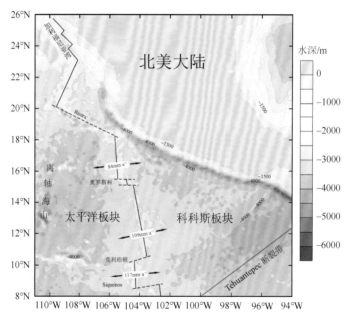

图 1-1　EPR 9°N～21°N 水深及构造简图

Ballard 等（1981）将该海隆的轴部区域划分为三个火山带和一个构造带。其中，火山带 I 最年轻，近期大部分火山喷发均发生在该火山带。从地形看，该火山带正处于生长、活动期，仅受到轻微的构造破坏。火山带 I 的宽度为 0.6～1.2km，带内的火山丘高 20～90m，枕状熔岩较为发育，席状熔岩较少。此外，在火山带 I 中，熔岩是从一系列雁列式分布的断裂中喷出的，这些断裂从海隆的东北段开始，向南穿过中央峡谷，一直延伸到西南段，中间至少存在三个独立控制熔岩喷发的断裂区。火山带 II 位于火山带 I 的两翼，呈不对称分布，宽度相对恒定。轴部裂谷基本上由火山带 I 和火山带 II 组成，平均宽度为 4km。火山带 III 则位于火山带 II 的外围。

二、EPR 13°N

EPR 13°N 附近的海隆位于奥罗斯科（Orozco）转换断裂带和 11°49′N 小断裂带之间（图 1-1），呈一个宽约 8km、高约 250m、南北向、非对称的脊状隆起高地，其全扩张速率为 100～120mm·a^{-1}（Bird，2003；Hékinian et al.，1985），属快速扩张洋中脊，具宽 200～600m、深 20～50m 的轴部地堑，该地堑底部平坦，平均水深 2630m，分布着众多裂隙（Antrim et al.，1988），地堑内外不同的熔岩流显示该区域存在完全不同的火山体系（地堑外为枕状熔岩流，地堑内为片状熔岩流）（Gente et al.，1986），主要由玄武岩组成，具很薄的沉积物盖层（Ballard et al.，1984），发育着块状硫化物堆积体的热液活动系统，且轴部地堑的扩张速率比海隆的扩张速率快，其东西两侧分别为科科斯板块和太平洋板块（Zeng et al.，2008；Fouquet et al.，1996）。此外，该海隆的西部侧翼由一系列与海隆平行的地垒和地堑组成，而东部侧翼的早期构造特征已被后期形成的两座海山所消除（Fouquet et al.，1996）。

使用载人深潜器调查 EPR 12°50′N～12°51′N 的洋脊段，观测到四种熔岩地形：①分布在地堑中部位置的坍塌熔岩湖，长 100～300m，宽 50～80m，平行于轴部地堑裂缝，显示其与新生的断裂体系紧密相关；②熔岩湖的两侧边缘则是宽 100～200m 的叶片状熔岩流分布区；③在地堑底部分布的枕状熔岩；④在断层崖底部分布的大规模玄武岩碎块堆（Fouquet et al.，1996）。不仅如此，在 EPR 13°N 北部（12°52′N～12°54′N），洋脊向东"跃迁" 1.3km，形成两段分开的洋脊，呈左行交错，交错长度达 1.6km，构成了一个规模较大的叠覆洋脊扩张中心（overlapping spreading center，OSC），即海隆分布的不连续带。这两段洋脊高度相当，其两翼均交错延长直至轴部地堑消亡，且重叠长度为 5km，并被一个 80m 深的狭长盆地所分开（Antrim et al.，1988；Hékinian et al.，1985）。该海隆的轴部隆起带上断层和裂隙较为发育，其走向（平均为 345°）与海隆的轴向大致相同，并受到产生弯曲扩张轴的作用力影响（Sempere and Macdonald，1986）。同时，海隆的裂隙密度向海隆末端逐渐增加，而在距海隆末端最后一千米处，其裂隙密度又有所降低，且沉积物覆盖面积有所增加。不仅如此，大部分轴部附近的断层比轴部更发育，这表明轴部的断层多被熔岩所覆盖。在分隔两段海隆的盆地内几乎不存在线形构造带，最主要的构造特征为火山构造，盆地边界则为火山坡，且未发现形成 80m 深盆地的正断层证据。此外，EPR 13°N 南部（12°37′N）也存在一个叠覆洋脊扩张中心，但与其北部不同的是，该处洋脊向西"跃迁"的距离很小，且重叠的两个洋脊扩张中心呈右行交错（Langmuir et al.，1986）。

2003 年，中国在 EPR 实施首次海底热液硫化物调查航段的工作区位于奥罗斯科断裂带（Orozco fracture zone，15°N）和克利珀顿断裂带（Clipperton fracture zone，10°N）之间的国际海底区域，距离墨西哥阿卡普尔科港约 470km，角点坐标：104°30′W，13°N；103°30′W，13°N；104°30′W，12°30′N；103°30′W，12°30′N（图 1-2）。该工作区所处的 12°30′N～13°N 的洋脊段，其轴部地堑的底部分布着一条长 400m、宽几米的裂隙，同时，该洋脊段的西翼分布着平行洋脊的裂隙与断层，断层密度为 5.4 条·km^{-1}，而在洋脊东翼分布的断层，其密度为 2.5 条·km^{-1}，走向一般在 345°～350°，且在洋脊东翼分布着两处海山，一处海山位于洋脊翼部的东北，距洋脊轴部 6km，另一处海山在洋脊翼部的东南，同样位于距洋脊轴部 6km 的区域。

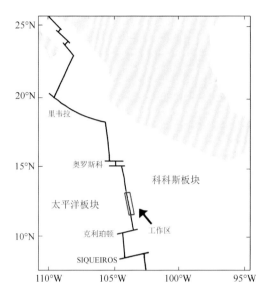

图 1-2　EPR 热液硫化物调查航段的工作区位置及范围

三、EPR 9°N～10°N

EPR 9°N～10°N 属 EPR 上的二级构造单元，北部以克利珀顿转换断层为界（图 1-1），南部边界为大型叠覆洋脊扩张中心。该海隆的全扩张速率为 102～105mm·a^{-1}（Bird，2003），属快速扩张洋脊，古地磁数据显示其扩张速率在过去 2Ma 里保持不变（Carbotte and Macdonald，1992）。其中，在 EPR 9°30′N～9°50′N，洋脊轴的顶部发育有明显的轴顶海槽（axial summit trough，AST），其与海隆平行，宽 10～100m，深 10～50m。海隆附近的火山喷发大部分来自该轴顶海槽，轴部喷发的熔岩流向轴两翼延伸可达数千米，形成新火山带（neo-volcanic zone）（Fornari et al.，2004；Schouten et al.，1999）。海底声学探测结果显示，该新火山带内火山岩类型复杂多样（Soule et al.，2005；Schouten et al.，2002）。Sims 等（2003）将新火山带内的火山岩产状分为三种类型：①AST 内部喷发的相互重叠的叶片状熔岩，局部为席状熔岩；②在 AST 附近喷发的下坡熔岩流，熔岩流沿熔岩表面的熔岩通道或者叶片状熔岩内部的通道向离轴区流动；③在离轴 1～4km 的区域内，断裂发育，熔岩呈枕状丘或者脊，并与断裂构造相伴生。Soule 等（2005）通过对海底地形的精细测量指出，该段海隆熔岩的喷发和流动速度均较快，且轴顶海槽两侧的熔岩通道长 50～1000m，最长可达 3km，宽 10～50m，深 2～3m。在通道中部的熔岩呈线状或平坦的席状，而通道边部的熔岩则呈角砾状。新火山带几乎不发育断层和裂隙，表明海底火山的再造速率比构造破坏速率快。在离轴 2～4km 的区域内，断层和裂隙比较常见，这些断裂构造阻止了熔岩流进一步向离轴方向流动。不仅如此，新火山带的坡度很缓（0°～5°），离轴较远处坡度可增加到 5°～10°。此外，在该区域已发现了多处海底高温热液喷口（Von Damm and Lilley，2004）。

第二节　加拉帕戈斯微板块

洋脊三联点是三条洋脊及其所分隔的板块的交会处，是研究洋脊伸展、生长和板块构造运动的重要窗口，在全球构造，特别是板块构造研究中具有重要的意义。EPR 的三联点区域经历了复杂的地质构造演化过程，即离散型板块边界会聚的三联点区域，在不同方向的拉张作用下，发生扭曲和旋转，并致使该三联点区域构成一个微板块，而其四周分布的裂隙则为热点式岩浆活动提供了良好的上升通道。例如，在复活节微板块（Easter microplate）和胡安·费尔南德斯微板块附近均发现了存在热点活动的证据。

EPR 的加拉帕戈斯三联点（Galápagos triple junction，GTJ）由太平洋板块、科科斯板块和纳斯卡板块交会形成，且科科斯-纳斯卡洋脊（Cocos-Nazca Ridge，CNR）与 EPR 相聚，形成的"脊-脊-脊"（R-R-R）型三联点区域，构成了加拉帕戈斯微板块，其伴随着两条不同扩张速率的扩张轴而逆时针旋转。EPR 在靠近 GTJ 附近的扩张速率约为 133mm·a^{-1}，而与 EPR 相聚的 CNR 洋脊则呈东西向展布，其扩张速率约为 42mm·a^{-1}（Schouten et al.，2008；Klein et al.，2005）。同时，其持续西向的扩张导致该侧新生洋壳开裂，最终形成了 Hess Deep 裂谷（Mitchell et al.，2011；Lonsdale et al.，1992；Lonsdale，1988；Hey and Deffeyes，1972；Holden and Dietz，1972）。

加拉帕戈斯微板块的南部和北部边界分别为 Dietz 火山脊和 Incipient 裂谷（Klein et al.，2005；Lonsdale，1988；Searle and Francheteau，1986）（图 1-3）。Dietz 火山脊与 EPR 在 1°10′N 交会，构成了加拉帕戈斯微板块的南部边界，并向东延伸与 CNR 相交（Lonsdale，1988）。Dietz 火山脊长约 65km，高约 2000m，其与 EPR 的高度相差无几。地球物理资料显示，其扩张持续至今，且伴随着大规模的熔岩喷发，Smith 等（2013）认为该火山脊

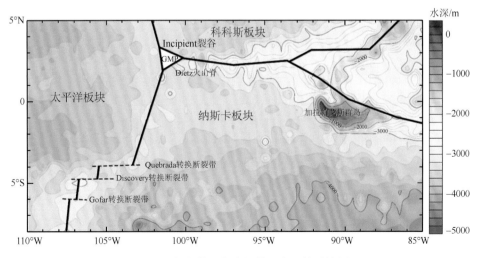

图 1-3　加拉帕戈斯微板块及邻区构造简图

下部存在大规模的岩浆活动，可能与附近的一个热点活动有关。Incipient 裂谷与 EPR 相交于 2°40′N，该裂谷呈东西向展布，以 5mm·a^{-1} 的速率向南北两侧扩张。水深测量结果表明，该裂谷具西浅东深的特点，在其与 EPR 相交之处水深约 2900m，向东水深超过3500m，远大于周围海盆的水深。同时，该裂谷在两端均保持着扩张和生长状态，裂谷横截面呈"V"形，底部未被大量沉积物覆盖，表明其在近期仍处于活动状态，且可能处于 CNR 北部最年轻的裂谷扩张作用阶段（Schouten et al.，2008；Klein et al.，2005；Lonsdale et al.，1992；Lonsdale，1988）。此外，Schouten 等（2008）认为该裂谷形成于 0.5Ma 前，沿东南向科科斯板块延伸，在 EPR 扩张过程中与其始终相连，并在裂谷西缘形成一系列的海山。

同时，GTJ 附近的构造特征也非常复杂，海底地形测量资料显示，除板块边界呈不连续分布的特点之外，在 CNR 北部还发育一系列的新生小型断裂构造（Schouten et al.，2008；Klein et al.，2005）。从整体上看，GTJ 洋中脊处的空间重力异常以正低值重力异常为主，重力异常值在 10～30mGal，异常值大小与洋脊地形高低呈明显的正相关关系。在加拉帕戈斯群岛处，表现为正高值重力异常圈闭，重力异常值在 100～150mGal，由于群岛周围水深较大，地形落差明显，形成包围岛分布的明显负异常环带，重力异常值在−110～−90mGal。在该区东部海沟区，形成沿海沟分布的狭长的负异常条带，呈现出该区最低的重力异常值（−120～−100mGal）。在 EPR 2°40′N 处则存在一条东西走向的负重力异常条带，对应于 Incipient 裂谷。

此外，CNR 洋脊呈东西向展布，EPR 呈南北向展布，在磁异常图上，也相应地存在这两个方向的磁异常排布方向。洋脊处的磁异常值变化幅度较大，向两侧逐渐平缓。正、负磁异常大体沿洋中脊呈对称排列。在 CNR 洋脊和 EPR 交会处，为该区最大磁异常区域，整体为正异常（100～300nT），推测该区岩浆活动十分剧烈，新生洋壳的生长速度较快，且 CNR 洋脊区磁异常较 EPR 更为明显，说明 CNR 洋脊的岩浆活动更为活跃。

第三节　　EPR 3°S～23°S

一、Quebrada-Discovery-Gofar 转换断裂带

Quebrada-Discovery-Gofar（QDG）转换断裂带位于 EPR 3.6°S～4.8°S 和 102°W～107°W 之间（图 1-4）。EPR 在该转换断裂带间的洋脊段长约 150km，其全扩张速率为～140mm·a^{-1}（Searle，1983），属超快速扩张洋中脊，且 QDG 转换断裂带致使该洋脊段偏移～400km（Pickle et al.，2009）。在 QDG 转换断裂带中，每个断层区域均分为多个二级活动段，由短的转换断层内扩张中心（intra-transform spreading center，ITSC）分开，每个 ITSC 长 5～16km。其中，Quebrada 转换断裂带由 4 个活动段组成，Discovery 转换断裂带由 2 个活动段组成，Gofar 转换断裂带则由 3 个活动段组成（Roland et al.，2012）。活动的断层位于裂谷之中，裂谷的宽度不一，其在 Discovery 和 Gofar 转换断裂带中较窄（约 5km），在 Quebrada 转换断裂带中则较宽、较深（Searle，1983）。Quebrada 转换断裂带很稳定，其中一个扩张中心的长度仅有 5km。扩张中心之间的长度和偏移距离在超过 0.7Ma 的时间里保持恒定，

且在过去的 1Ma 内至少又形成了两个新的转换断层，其可能是火山活动造成的，而与板块运动方向的改变无关（Forsyth et al.，2006）。Discovery 转换断裂带地震活跃，其中一个转换断层已经停止活动，且该转换断裂带东端的扩张中心具有轴部裂谷（Forsyth et al.，2007）。此外，在 EPR 3.6°S～4.8°S 和 102°W～107°W 之间还存在三条垂直于洋脊走向的负重力异常条带，对应于 Quebrada-Discovery-Gofar 转换断裂带。

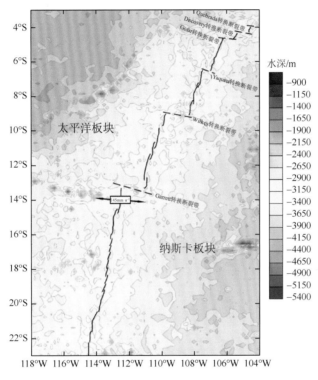

图 1-4　EPR 3°S～23°S 构造简图

二、EPR 5°S～7°S

EPR 5°S～7°S 位于 Gofar 转换断裂带与 Wilkes 转换断裂带之间，其中的 Yaquina 转换断裂带位于 Gofar 转换断裂带的南部（6.5°S）（图 1-4）。EPR 5°S～7°S 轴部地区基底宽 15～20km，水深约 3000m，且该洋脊段北部地区的轴部走向为 21°，到中部地区则变为 14°。其中，EPR 5°S～6.5°S 的轴部地震活跃，并处于向稳定状态调整的过程中。EPR 5°S～7°S 的西部存在两个大型断层，断块宽 6～10km，高约 1000m，呈东北走向，大断层之间的谷地比周围海底低 200～300m，这两个大断层东部斜坡很陡，而西部斜坡则很平缓。在 EPR 6°S 的北部边缘地区也存在一个类似的断块，宽约 10km，高约 600m，其东部斜坡陡峭，而西部斜坡则较为平缓（Rea and Blakely，1975）。

EPR 5°S～7°S 的海山与 EPR 其他地段的海山相似，通常高 100～150m，宽 3～5km，可构成 15～25km 长的海山群。这些海山，除了部分受 Yaquina 转换断裂带的影响而分布较为分散外，大部分平行于海隆轴部排列。EPR 5°S～7°S 东部存在两个大型海山和很多小海山，其中靠西的海山大约高出海底 1000m，呈南北走向，而靠东部的海山大约 800m 高，呈东南走向。在 EPR 6.6°S 附近有一处地堑，其宽 4～9km，长 30km，呈东北走向，平均深度约 800m，最深处可达 3900m（Rea and Blakely，1975）。该海隆段在 Yaquina 转换断裂带附近的轴部，其右旋侧移 55km，且与转换断裂带有关的构造谷地出现在洋中脊轴部的北部和东南部，由于受挤压作用，转换断裂带在洋脊轴部西南端形成一个大型海山，在东南洋脊的北端形成一个较小的海山。此外，在转换断裂带的西南端，其海底平坦，仅在 EPR 6°S（107.5°W～108°W）存在一个小型的南北走向的隆起（Rea and Blakely，1975）。

三、EPR 7°S～9°S

该段海隆可分为三个洋脊段，第一个洋脊段由 Wilkes 转换断裂带到 EPR 8°49′S，轴部由具小型不连续带（偏移距离<1km）的海隆所构成，第二个洋脊段由 EPR 8°49′S 向北延伸至 EPR 8°38′S 的叠覆洋脊扩张中心（偏移距离约 1.2km）构成，而第三个洋脊段最长，由 EPR 8°38′S～7°12′S 的叠覆洋脊扩张中心（偏移距离约 8km）所构成（Cochran et al.，1993）。

EPR 7°12′S～8°38′S 的叠覆洋脊扩张中心，其轴部在约 165km 的范围内，水深保持约为 2725m，且受轴部不连续带的影响较小，仅在 EPR 7°54.4′S 处的洋脊轴部水深较浅，为 2699m。该洋脊段轴部宽 10～20km，高约 400m，且洋脊两翼的水深深度在距轴部 65km 的范围内增加很少，在远离轴部几千米的范围内，水深深度只增加 70m。EPR 7°35′S 以北，洋脊陡峭，顶部平坦，仅 2～5km 宽，高出周围海底 300～400m。EPR 7°50′S～8°15′S 的轴顶高地很宽，具有平缓的斜坡，存在一个深度为 10～15m 的破火山口，而 EPR 8°15′S～8°38′S 的叠覆洋脊扩张中心，其轴顶高地则逐渐变窄。在 EPR 7°12′S～8°38′S 存在大量的海山和高地，由离轴的熔岩流构成，靠近轴部的海山通常地形起伏程度低，受断层的影响明显较小，而轴部两翼的海山通常呈线形排列，地形起伏大，明显与平行于洋脊的断层有关，且大型熔岩流只存在于 EPR 8°17′S 轴部附近以东地区（Cochran et al.，1993）。此外，洋脊地形特征表明该海隆段受岩浆活动的影响显著，在该海隆段的两端岩浆活动则逐渐减少（Sinton et al.，2002）。不仅如此，从 EPR 7°26′S 向南，洋脊轴部，尤其是其北端的岩浆活动偏少。同时，Sinton 和 Detrick（1992）及 Cochran 等（1993）认为在 EPR 7°12′S～8°38′S 下方存在一个连续的、狭窄的（1～2km）、透镜状的岩浆熔融体，且岩浆从该熔融透镜体运移到轴部喷出。

Wilkes 转换断裂带位于 EPR 9°S（图 1-4），是当今活动洋中脊系统中第二快速的滑动转换断层（144mm·a⁻¹）（DeMets et al.，1990）。活动的 Wilkes 转换断裂带长约 100km，处于两个断层之间，含有一个约 10km 长的转换断层内扩张中心（DeMets et al.，1990；Fornari et al.，1989）。Wilkes 转换断裂带是一个板块边界持续变化的转换断层系统，受纳斯卡板块和太平洋板块相对运动的影响，在过去 3.0～4.0Ma 里，Wilkes 转换断裂带沿顺时针方向旋转了 4°～9°，并左旋偏移、阶段式地向南迁移（Goff et al.，1993）。Wilkes 转换断裂带北部 50km 的区域，次级离轴裂谷作用在此形成两个深断裂或者拉分盆地，低于周围海底 1000～1500m，称为 108°35′裂谷。EPR 和 108°35′裂谷之间的区域，则被称为 Wilkes 超微板块（Nannoplate）。由于该超微板块独立于太平洋板块和纳斯卡板块而活动，并且比已知的微板块小且稳定性差（Goff et al.，1993），Schouten 等（1993）认为该 Wilkes 超微板块发生了逆时针旋转（Goff et al.，1993）。此外，Wilkes 转换断裂带附近的热液活动主要分布于洋脊顶和断裂带的西部（Varnavas，1988）。

四、EPR 9°S～14°S

EPR 9°S～12°S 的洋脊段，轴部宽达 15km，高 300～350m，翼部海山宽 3～5km，高 100～200m，且翼部海山面向轴部的一面非常陡峭。该洋脊段在 10°S 处，其轴部发生左旋，偏移大约 10km，在 11.5°S 处发生右旋，且磁异常数据表明在 10°S 处的轴部偏移发生于 1.7～0.9Ma 前，而在 11.5°S 处的偏移发生于 0.7Ma 前。洋脊轴部的偏移是洋中脊不对称扩张或者扩张活动离散跳跃造成的。不仅如此，该洋脊段在 10.5°S 处的轴部，高 300m，宽 15～20km，最浅部位的水深约 2700m，其走向为 18°，在 11°S 处则变为 12°，且轴部的这一走向变化发生于 1.6～1.0Ma 前（Rea，1976）。

Garrett 转换断裂带位于 EPR 13.5°S（图 1-4），全扩张速率为 143mm·a^{-1}（Bird，2003），向南到复活节微板块的全扩张速率为 141～162mm·a^{-1}（DeMets et al.，1990；Naar and Hey，1989），其宽约 24km，水深一般小于 3500m，裂谷最深处则达 5km（Wendt et al.，1999）。Garrett 转换断裂带造成 EPR 轴部右旋，偏移距离约为 130km（Hékinian et al.，1992），断裂带内有三个小型东北-西南走向的洋脊段（分别是 Alpha、Beta 和 Gamma 洋脊），每个洋脊段长约 9km（Wendt et al.，1999；Hékinian et al.，1992），这三个小型洋脊段以走滑断层和裂谷相连（Fox and Gallo，1989），其洋脊轴顶呈块状，表明下部岩浆供应充足（Scheirer and Macdonald，1993），离轴区则是非对称分布的海山，且其西翼太平洋板块上的海山要比东翼纳斯卡板块上的海山高两倍（Grevemeyer et al.，1997；Scheirer et al.，1996）。此外，Garrett 转换断裂带是目前少数已知的沿断裂带发生火山活动的地区之一（Wendt et al.，1999），该转换断裂带主要出露超基性岩和辉长岩（Cannat et al.，1990；Hébert et al.，1983），其南侧的洋脊扩张速率不对称，东部快于西部。此外，转换断裂带以南近 1150km 长的距离内缺乏转换断层（Lonsdale，1989），并具一些小型非转换断层不连续带（如叠覆扩张中心）产生的偏移（Villinger et al.，2002）。

五、EPR 17°S～19°S

EPR 17°S～19°S 的轴部宽度和水深变化较大。EPR 17°26′S 附近是 Garrett 转换断裂带以南洋脊轴部水深最浅的位置（<2590m），在轴部横截面上，轴部呈穹顶形，并且几乎没有沉积物覆盖（Mutter et al.，1995），最近的火山活动发生于 20 世纪 90 年代早期。EPR 17°24′S～17°34′S 的洋脊轴部熔岩流发育，形成大量的熔岩流分布区，熔岩流主要呈叶片状（Embley et al.，1998）。其中，Aldo-Kihi 熔岩流长约 18.5km，覆盖面积 14km^2，且该熔岩流在 EPR 17°27′S 处最宽，为 2.2km。EPR 17°26′S～17°28′S，洋脊段的轴部发育

七处崩塌的破火山口，这七处破火山口分布长 100～500m，宽达 50m，深 12m，且其间发育 Aldo 熔岩湖和 Kihi 热液区。在该热液区内可见几毫米厚的含金属沉积物覆盖在老的叶片状熔岩流之上，其厚度向着一个 10m 高且已经不活动的热液烟囱方向逐渐增加。

不仅如此，除 EPR 18°S～18°30′S 和 EPR 21°S～21°40′S，这两个洋脊段内水深略有减小外，至 EPR 20°30′S 处，水深则达 2900m 以上（Bäcker et al.，1985）。1984 年，"Cyana" 号载人深潜器在 EPR 17°30′S 的一个塌陷凹坑内，观测到一处热液喷发区（直径 5m、深 10m），该凹坑被玄武岩质玻璃碎屑和管状蠕虫包围，凹坑边缘则存在着龙介虫、蠕虫和小型腕足动物，以及丰富的虾。此外，在该处洋脊轴部发现一个黑烟囱喷口区，周围水体的温度异常为 0.45℃，烟囱体中高温矿物组合为硬石膏、纤锌矿、黄铁矿、黄铜矿和方黄铜矿，具低温硅质矿物交代硬石膏，以及铁硫化物交代磁黄铁矿的特点（Renard et al.，1985）。

在 EPR 17°55′S～18°08′S 的洋脊轴部，具有不对称的半地堑、东部侧翼比地堑高（＞100m）的特征。在距该洋脊（113°21′W，17°55′S）轴部裂谷的西部 4km，水深约 2600m 处，发现水样中有高浓度的 Mn（2.3ng·g^{-1}）和甲烷（34nL·L^{-1}），反映出热液流体向西扩散的特点（Sinton et al.，2002）。在 EPR 18°08′S～18°22′S 范围内，洋脊轴部地堑也不对称，宽 200～600m，西部侧翼高 2650m 左右，比东部侧翼高约 50m，地堑峭壁由正断层组成，孤立的地堑内斜坡可高达 20m。1999 年，"Alvin" 号载人深潜器在该区域发现洋脊轴部发生了强烈的构造变形，进而形成地垒和地堑结构。此外，地堑局部崩塌形成熔岩湖和大量的熔岩柱，地堑中大量的熔岩流覆盖在先前形成的熔岩基底之上，还有热液不活动的烟囱体也在此广泛分布。不仅如此，在 EPR 18°10′S 轴部裂谷斜坡上，已探测到水体具明显的温度异常（达到 0.03℃）和光学异常（达到 0.2%）。在 EPR 18°22′S～18°37′S 范围内，洋脊轴部地堑狭窄，不对称，局部地段宽度小于 50m。其中，在 EPR 18°25′S 处，洋脊上具中央地堑，地堑的东壁比西壁陡，地堑底部分布有裂沟和裂缝。在 EPR 18°31′S 处，地堑轴部则有小规模的侧向位移。

进一步向南，在 EPR 18°35′S～18°40′S 范围内，洋脊轴部为 Animal Farm 熔岩流分布区，熔岩流呈席状，覆盖面积约 18.5km^2，平均厚度 5～20m。其中，Animal Farm 热液活动区位于 18°36.5′S，113°24′W，水深 2675m 处（Van Dover，2002），覆盖着薄层沉积物，沉积物年龄不超过 100 年（Carlut and Kent，2000）。1993 年调查显示，该热液活动区内低温热液活动强烈，热液活动区中广泛分布着大量的贻贝、腹足动物、鱼类和其他生物体，但是未见囊舌虫（Enteropneusts）。到 1999 年，再次对该热液活动区进行观测时，不仅没有发现扩散流，与周围海水相比也未测量到高于 0.1℃ 的温度异常，并且发现大多数双壳动物都已死亡或即将死亡，死亡率约 75%，而囊舌虫沿着该热液活动区流体喷出通道广泛分布（Van Dover，2002）。可见，尽管该区的热液活动年龄超过 50 年，但是在 1993～1999 年，这一低温热液活动区发生了明显变化，且热液活动正在逐渐消亡。

六、EPR 20°S～23°S

EPR 20°S 属于超快速扩张洋中脊，呈非对称扩张。洋脊两侧水深不一致，东翼比西翼深

100～200m，这可能是因为热源位于洋脊西翼之下（Rea，1978），或者由非对称洋脊扩张所致（Marchig and Gundlach，1982）。在 EPR 20°S 附近，其洋脊宽 15km，高 300～400m，且在洋脊侧翼，一系列 100～200m 高的海山平行于轴部排列。1984 年，"Cyana"号载人深潜器在 EPR 20°S 处，观察到叶片状熔岩流和块状熔岩流的裂缝中有热液流体流出（Renard et al.，1985）。

EPR 21°S 的洋脊段属于非对称超快速扩张洋中脊，全扩张速率为 152mm·a^{-1}（Von Damm et al.，2003）。该段洋脊轴的顶部发育轴部地堑，其深 50m，宽 1000m，向南深度可达 90m，水深大于 2800m，且轴部地堑的裂谷斜坡非常陡，两侧是垂直的岩壁（Krasnov et al.，1997；Bäcker et al.，1985；Renard et al.，1985），由于受构造作用控制，裂谷北部和中部主要分布新鲜的玄武岩质席状熔岩，而最深处的谷底大多被碎石所覆盖，在该洋脊段的南端，轴部裂谷消失。此外，在 EPR 20°S～21°S 附近，还存在很多活动的和非活动的热液区，其水深多在 2600～3000m。

在 EPR 21°30′S 的洋脊段，其轴部地堑深 50m，宽 1km，水深 2830m。地堑的内部，硫化物有的呈烟囱体状，有的显示典型的生物遗迹结构（主要是管状蠕虫），类似于 EPR 21°N 处的硫化物（Haymon and Kastner，1981）。此外，除了呈烟囱体状的硫化物外，还可见网脉状矿化体，包括矿化的玄武岩质角砾及玄武岩中的浸染状黄铁矿（Bäcker et al.，1985）。在 EPR 21°30′S 的洋脊轴部地堑中，靠近底部和裂谷斜坡下部，存在许多活动的、非活动的硫化物丘状体和烟囱体。这些硫化物丘状体和烟囱体构成的堆积体通常很大，底部直径可达 15m，高达 30m（Renard et al.，1985）。

第四节　复活节微板块

复活节微板块从 EPR 23°S 到 28°S，直径约 550km，位于太平洋板块与纳斯卡板块之间（图 1-5），全扩张速率高达 180mm·a^{-1}，是活动洋中脊中扩张速率最快的板块（Minster and Jordan，1978）。复活节微板块东部和南部边界为宽阔的转换断层，且微板块内部很多区域中均具有明显的剪切结构。不仅如此，其东部扩张中心靠近或者直接位于 Easter 地幔柱之上（Hagen et al.，1990；Hey et al.，1985）。同时，EPR 的洋脊顶，在 23°S 处分裂为两个分支：东部裂谷（east rift）和西部裂谷（west rift）。Schilling 等（1985）认为东部裂谷向北延伸，且延伸裂谷的前端位于 25°S、112°25′W 处（Handschumacher et al.，1981）。同时，东部裂谷延伸速率开始时较快，大约在 3.5Ma 前速度逐渐降低，至 1.5Ma 则完全停止。而西部裂谷向南延伸，开始时延伸速率缓慢，在 3.0～1.0Ma，其延伸速率加快（106km·Ma^{-1}），然后从 1.0Ma 开始，速度降低至约 20km·Ma^{-1}（Searle et al.，1993）。此外，两个裂谷围绕微板块呈逆时针方向延伸（图 1-5）（Searle et al.，1993）。东部裂谷南部的全扩张速率约为 120mm·a^{-1}，北部延伸段（EPR 23°S～24°30′S）的全扩张速率则为 50～60mm·a^{-1}，相应的同一纬度的西部裂谷的全扩张速率则为 120～140mm·a^{-1}。

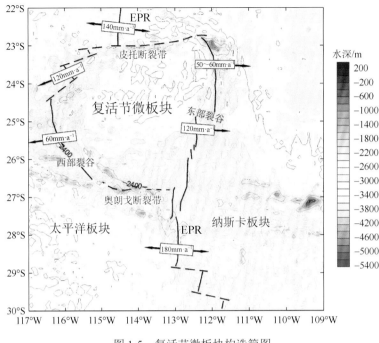

图 1-5　复活节微板块构造简图

伴随复活节微板块边界的快速演化，该微板块发生顺时针方向旋转，旋转速率约为 15°·Ma^{-1}（Naar and Hey，1991），且西部裂谷在 EPR 24°30′S 转换断裂带以南发生弯曲，从西北向东南，其扩张速率也逐渐降低，这可能是转换断层及扩张中心经历复杂演化过程的结果（Engeln and Stein，1984）。

第五节　胡安·费尔南德斯微板块

胡安·费尔南德斯微板块位于太平洋板块、纳斯卡板块和南极洲板块组成的三联点区域，其在 32°S～35°S，109°W～112°W 范围内，大致呈圆形，直径约 300km（图 1-6）（Larson et al.，1992）。胡安·费尔南德斯微板块发生了顺时针旋转，与复活节微板块旋转方向相同，旋转开始于 5.08～3.04Ma 前，并持续到现在（Searle et al.，1993）。Searle 等（1993）认为其旋转动力来自纳斯卡板块和太平洋板块之间的剪切力。3.4Ma 以来，胡安·费尔南德斯微板块共旋转了约 80°，平均旋转速率 24°·Ma^{-1}，实际旋转速率在 1.66～0.98Ma 时明显降低（Larson et al.，1992），现在的旋转速率约为 9°·Ma^{-1}（Searle et al.，1993）。胡安·费尔南德斯微板块东西边界分别是轮廓清晰的扩张中心和延伸的裂谷，并伴随着大型重叠及偏移。与北部的复活节微板块不同，胡安·费尔南德斯微板块没有真正的转换断层。胡安·费尔南德斯微板块，其结构上也分为东西两个裂谷，东部裂谷向北延伸，西部裂谷向南延伸，围绕微板块呈逆时针方向展布，而与复活节微板块的相同之处则是胡安·费尔南德斯微板块和复活节微板块的东部裂谷延伸速率均为开始时快，3.5Ma 以后逐渐降低，且以 22km·Ma^{-1} 的速率延伸，而西部裂谷开始时以约 292km·Ma^{-1} 的超快速率延伸（3.44～3.88Ma），然后逐渐降低至 21km·Ma^{-1}（大约在 1.8Ma），在最后 1.0Ma 内又经历了延伸速率增加（190km·Ma^{-1}）随后又降低（12km·Ma^{-1}）的过程（Searle et al.，1993）。

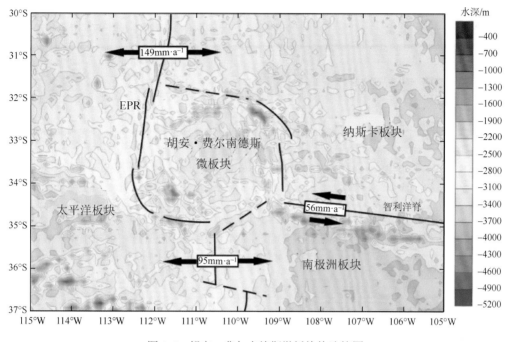

图 1-6　胡安・费尔南德斯微板块构造简图

胡安・费尔南德斯微板块的东部裂谷是胡安・费尔南德斯微板块与纳斯卡板块的分界线，在 0.7～0.4Ma，其扩张速率较慢（70mm·a^{-1}），在最近的 0.4Ma 内，其扩张速率则为 160mm·a^{-1}，且西部裂谷扩张速率自 0.7Ma 以来约为 145mm·a^{-1}。EPR 在复活节微板块和胡安・费尔南德斯微板块之间（30°S～32°S）的全扩张速率约为 172mm·a^{-1}（Yelles-Chaouche et al.，1987），而胡安・费尔南德斯微板块以南，EPR 的全扩张速率约为 95mm·a^{-1}（DeMets et al.，1994）。

此外，水下照相和电视抓斗取样显示，在 EPR 37°40′S 和 EPR 37°48′S 的轴部穹顶（axial dome）地段，可见热液喷口及大量的喷口动物群和硫化物堆积体。其中，已发现的三处硫化物堆积体露头，直径可达 30m（Stoffers et al.，2002）。

参 考 文 献

Antrim L，Sempere J C，Macdonald K C，et al. 1988. Fine scale study of a small overlapping spreading center system at 12°54′ N on the East Pacific Rise. Marine Geophysical Researches，9（2）：115～130.

Bäcker H，Lange J，Marchig V. 1985. Hydrothermal activity and sulphide formation in axial valleys of the East Pacific Rise crest between 18° and 22°S. Earth and Planetary Science Letters，72（1）：9～22.

Ballard R D，Francheteau J. 1982. The relationship between active sulfide deposition and the axial processes of the mid-ocean ridge. Marine Technology Society Journal，16（3）：8～22.

Ballard R D，Francheteau J，Juteau T，et al. 1981. East Pacific Rise at 21°N：The volcanic，tectonic，and hydrothermal processes of the central axis. Earth and Planetary Science Letters，55（1）：1～10.

Ballard R D，Hékinian R，Francheteau J. 1984. Geological setting of hydrothermal activity at 12°50′N on the East Pacific Rise：A submersible study. Earth and Planetary Science Letters，69（1）：176～186.

Bird P. 2003. An updated digital model of plate boundaries. Geochemisty，Geophysics，Geosystems，4（3）：1027.

Brault M，Simoneit B R T，Marty J C，et al. 1988. Hydrocarbons in waters and particulate material from hydrothermal environments at the East Pacific Rise，13°N. Organic Geochemistry，12（3）：209～219.

Cannat M，Bideau D，Hébert R. 1990. Plastic deformation and magmatic impregnation in serpentinized ultramafic rocks from the Garrett transform fault (East Pacific Rise). Earth and Planetary Science Letters，101（2）：216～232.

Carbotte S，Macdonald K. 1992. East Pacific Rise 8°-10°30′N：Evolution of ridge segments and discontinuities from SeaMARC Ⅱ and three-dimensional magnetic studies. Journal of Geophysical Research，97（B5）：6959～6982.

Carlut J，Kent D V. 2000. Paleointensity record in zero-age submarine basalt glasses：Testing a new dating technique for recent MORBs. Earth and Planetary Science Letters，183（3）：389～401.

Choukroune P，Francheteau J，Hékinian R. 1984. Tectonics of the East Pacific Rise near 12°50′N：A submersible study. Earth and Planetary Science Letters，68（1）：115～127.

Cochran J R，Goff J A，Malinverno A，et al. 1993. Morphology of a 'Superfast' mid-ocean ridge crest and flanks：The East Pacific Rise，7°S～9°S. Marine Geophysical Researches，15（1）：65～75.

DeMets C，Gordon R G，Argus D F，et al. 1990. Current plate motions. Geophysical Journal International，101（2）：425～478.

DeMets C，Gordon R G，Argus D F，et al. 1994. Effect of recent revisions to the geomagnetic reversal time scale on estimates of current plate motions. Geophysical Research Letters，21（20）：2191～2194.

Embley R.W，Lupton J E，Massoth G，et al. 1998. Geological，chemical，and biological evidence for recent volcanism at 17.5°S：East Pacific Rise. Earth and Planetary Science Letters，163（1～4）：131～147.

Engeln J F，Stein S. 1984. Tectonics of the Easter plate. Earth and Planetary Science Letters，68（2）：259～270.

Fornari D J，Gallo D G，Edwards M H，et al. 1989. Structure and topography of the Siqueiros transform fault system：Evidence for the development of intra-transform spreading centers. Marine Geophysical Researches，11（4）：263～299.

Fornari D，Tivey M，Schouten H，et al. 2004. Submarine Lava flow emplacement at the East Pacific Rise 9°50′N：Implications for uppermost ocean crust stratigraphy and hydrothermal fluid circulation//German C R，Lin J，Parson L M. Mid-Ocean Ridges. Washington：American Geophysical Union：187～217.

Forsyth D W，Harmon N，Pickle R C，et al. 2006. Stability and instability in an evolving oceanic transform fault system//American Geophysical Union，Fall Meeting 2006.

Forsyth D W，Kerber L. Pickle R. 2007. Co-existing overlapping-spreading-center and ridge-transform geometry//American Geophysical Union，Fall Meeting 2007.

Fouquet Y，Knott R，Cambon P，et al. 1996. Formation of large sulfide mineral deposits along fast spreading ridges. Example from off-axial deposits at 12°43′N on the East Pacific Rise. Earth and Planetary Science Letters，144（1）：147～162.

Fox P J，Gallo D G. 1989. Transforms of the eastern central Pacific//Winterer E L，Hussong D M，Decker R W. The Eastern Pacific Ocean and Hawaii. Boulder：Geological Society of America：111～124.

Francheteau J，Needham H D，Choukroune P，et al. 1979. Massive deep-sea sulphide ore deposits discovered on the East Pacific Rise. Nature，277（5697）：523～528.

Francheteau J，Needham H D，Choukroune P，et al. 1981. First manned submersible dives on the East Pacific Rise at 21°N（Project Rita）：General results. Marine Geophysical Researches，4（4）：345～379.

Gente P，Auzende J M，Renard V，et al. 1986. Detailed geological mapping by submersible of the East Pacific Rise axial graben near 13°N. Earth and Planetary Science Letters，78（2）：224～236.

Goff J A，Fornari D J，Cochran J R，et al. 1993. Wilkes transform system and "nannoplate". Geology，21（7）：623～626.

Grevemeyer I，Renard V，Jennrich C，et al. 1997. Seamount abundances and abyssal hill morphology on the eastern flank of the East Pacific Rise at 14°S. Geophysical Research Letters，24（15）：1955～1958.

Hagen R A，Baker N A，Naar D F，et al. 1990. A SeaMARC Ⅱ survey of recent submarine volcanism near Easter Island. Marine Geophysical Researches，12（4）：297～315.

Handschumacher D W，Pilger R H，Foreman J A，et al. 1981. Structure and evolution of the Easter plate. Geological Society of America Memoirs，154：63～76.

Haymon R M，Kastner M. 1981. Hot spring deposits on the East Pacific Rise at 21°N：Preliminary description of mineralogy and genesis. Earth and Planetary Science Letters，53（3）：363～381.

Hébert R，Bideau D，Hékinian R. 1983. Ultramafic and mafic rocks from the Garret transform fault near 13°30′S on the East Pacific Rise：Igneous petrology. Earth and Planetary Science Letters，65（1）：107～125.

Hékinian R，Auzende J M，Francheteau J，et al. 1985. Offset spreading centers near 12°53′N on the East Pacific Rise：Submersible observations and composition of the volcanics. Marine Geophysical Researches，7（3）：359～377.

Hékinian R，Bideau D，Cannat M，et al. 1992. Volcanic activity and crust-mantle exposure in the ultrafast Garrett transform fault near 13°28′S in the Pacific. Earth and Planetary Science Letters，108（4）：259～275.

Hey R N，Deffeyes K S. 1972. The Galapagos triple junction and plate motions in the East Pacific. Nature，237：20～22.

Hey R N，Naar D F，Kleinrock M C，et al. 1985. Microplate tectonics along a superfast seafloor spreading system near Easter Island. Nature，317：320～325.

Holden J C，Dietz R S. 1972. Galapagos gore，Nazcopac triple junction and Carnegie/Cocos ridges. Nature，235：266～269.

Klein E M，Smith D K，Williams C M，et al. 2005. Counter-rotating microplates at the Galapagos triple junction，eastern equatorial Pacific Ocean. Nature，433：855～858.

Krasnov S，Poroshina I，Cherkashev G，et al. 1997. Volcanism and Hydrothermal Activity on the East Pacific Rise between 21°12′S and 22°40′S. Marine Geophysical Researches，19（4）：287～317.

Langmuir C H，Bender J F，Batiza R. 1986. Petrological and tectonic segmentation of the East Pacific Rise，5°30′-14°30′N. Nature，322（6078）：422～429.

Larson R L. 1971. Near-bottom geologic studies of the East Pacific Rise crest. Geological Society of America Bulletin，82（4）：823～842.

Larson R L，Searle R C，Kleinrock M C，et al. 1992. Roller-bearing tectonic evolution of the Juan Fernandez microplate. Nature，356：571～576.

Lonsdale P. 1988. Structural pattern of the Galápagos Microplate and evolution of the Galápagos Triple Junctions. Journal of Geophysical Research，93（B11）：13511～13574.

Lonsdale P. 1989. Segmentation of the Pacific-Nazca Spreading Center，1°N-20°S. Journal of Geophysical Research，94（B9）：12197～12225.

Lonsdale P，Blum N，Puchelt H. 1992. The RRR triple junction at the southern end of the Pacific-Cocos East Pacific Rise. Earth and Planetary Science Letters，109（1～2）：73～85.

Macdonald K C，Fox P J. 1988. The axial summit graben and cross-sectional shape of the East Pacific Rise as indicators of axial magma chambers and recent volcanic eruptions. Earth and Planetary Science Letters，88（1）：119～131.

Macdonald K C，Fox P J，Miller S，et al. 1992. The East Pacific Rise and its flanks 8°-18°N：History of segmentation，propagation and spreading direction based on SeaMARC Ⅱ and Sea Beam studies. Marine Geophysical Researches，14（4）：299～344.

Marchig V，Gundlach H. 1982. Iron-rich metalliferous sediments on the East Pacific Rise：prototype of undifferentiated metalliferous sediments on divergent plate boundaries. Earth and Planetary Science Letters，58（3）：361～382.

Minster J B，Jordan T H. 1978. Present-day plate motions. Journal of Geophysical Research，83（B11）：5331～5354.

Mitchell G A，Montési L G J，Zhu W，et al. 2011. Transient rifting north of the Galápagos Triple Junction. Earth and Planetary Science Letters，307：461～469.

Mutter J C，Carbotte S M，Su W，et al. 1995. Seismic images of active magma systems beneath the East Pacific Rise between 17°05′ and 17°35′S. Science，268（5209）：391～395.

Naar D F，Hey R N. 1989. Recent Pacific-Easter-Nazca plate motions//Sinton J M. Evolution of Mid Ocean Ridges. Washington：

American Geophysical Union：9～30.

Naar D F，Hey R N. 1991. Tectonic evolution of the Easter microplate. Journal of Geophysical Research，96（B5）：7961～7993.

Pickle R C，Forsyth D W，Harmon N，et al. 2009. Thermo-mechanical control of axial topography of intra-transform spreading centers. Earth and Planetary Science Letters，284（3）：343～351.

Rea D K. 1976. Analysis of a fast-spreading rise crest：The East Pacific Rise，9° to 12° South. Marine Geophysical Researches，2（4）：291～313.

Rea D K. 1978. Asymmetric sea-floor spreading and a nontransform axis offset：The East Pacific Rise 20°S survey area. Geological Society of America Bulletin，89（6）：836～844.

Rea D K，Blakely R J. 1975. Short-wavelength magnetic anomalies in a region of rapid seafloor spreading. Nature，255：126～128.

Renard V R，Hékinian J，Francheteau，et al. 1985. Submersible observations at the axis of the ultra-fast-spreading East Pacific Rise （17°30′ to 21°30′S）. Earth and Planetary Science Letters，75（4）：339～353.

Roland E，Lizarralde D，McGuire J J，et al. 2012. Seismic velocity constraints on the material properties that control earthquake behavior at the Quebrada-Discovery-Gofar transform faults，East Pacific Rise. Journal of Geophysical Research，117：B111012.

Scheirer D S，Macdonald K C. 1993. Variation in cross-sectional area of the axial ridge along the East Pacific Rise：Evidence for the magmatic budget of a fast spreading center. Journal of Geophysical Research，98（B5）：7871～7885.

Scheirer D S，Macdonald K C，Forsyth D W，et al. 1996. A map series of the southern East Pacific Rise and its flanks，15°S to 19°S. Marine Geophysical Researches，18（1）：1～12.

Schilling J G，Sigurdsson H，Davis A N，et al. 1985. Easter microplate evolution. Nature，317（6035）：325～331.

Schouten H，Klitgord K D，Gallo D G. 1993. Edge-driven microplate kinematics. Journal of Geophysical Research，98（B4）：6689～6701.

Schouten H，Smith D K，Montési L. et al. 2008. Cracking of lithosphere north of the Galapagos triple junction. Geology，36：339～342.

Schouten H，Tivey M A，Fornari D J，et al. 1999. Central anomaly magnetization high：Constraints on the volcanic construction and architecture of seismic layer 2A at a fast-spreading mid-ocean ridge，the EPR at 9°30′-50′ N. Earth and Planetary Science Letters，169（1）：37～50.

Schouten H，Tivey M，Fornari D，et al. 2002. Lava Transport and Accumulation Processes on EPR 9°27′N to 10°N：Interpretations Based on Recent Near-Bottom Sonar Imaging and Seafloor Observations Using ABE，Alvin and a new Digital Deep Sea Camera//American Geophysical Union，Fall Meeting 2002.

Searle R C. 1983. Multiple，closely spaced transform faults in fast-slipping fracture zones. Geology，11（10）：607～610.

Searle R C，Bird R T，Rusby R I，et al. 1993. The development of two oceanic microplates：Easter and Juan Fernandez microplates，East Pacific Rise. Journal of the Geological Society，150（5）：965～976.

Searle R C，Francheteau J. 1986. Morphology and tectonics of the Galapagos Triple Junction. Marine Geophysical Research，8：95～129.

Sempere J C，Macdonald K C. 1986. Deep-tow studies of the overlapping spreading centers at 9°03′ N on the East Pacific Rise. Tectonics，5（6）：881～900.

Sims K W W，Blichert-Toft J，Fornari D J，et al. 2003. Aberrant youth：Chemical and isotopic constraints on the origin of off-axis lavas from the East Pacific Rise，9°-10°N. Geochemistry，Geophysics，Geosystems，4（10）：8621.

Sinton J，Bergmanis E，Rubin K，et al. 2002. Volcanic eruptions on mid-ocean ridges：New evidence from the superfast spreading East Pacific Rise，17-19°S. Journal of Geophysical Research，107（B6）：ECV 3-1～ECV 3-20.

Sinton J M，Detrick R S. 1992. Mid-ocean ridge magma chambers. Journal of Geophysical Research，97（B1）：197～216.

Smith D K，Schouten H，Montési L，et al. 2013. The recent history of the Galapagos triple junction preserved on the Pacific plate. Earth and Planetary Science Letters，（371～372）：6～15.

Soule S A，Fornari D J，Perfit M R，et al. 2005. Channelized lava flows at the East Pacific Rise crest 9°-10°N：The importance of off-axis lava transport in developing the architecture of young oceanic crust. Geochemistry，Geophysics，Geosystems，6：Q08005.

Stoffers P，Worthington T，Hékinian R，et al. 2002. Silicic volcanism and hydrothermal activity documented at Pacific-Antarctic Ridge. Eos，Transactions American Geophysical Union，83（28）：301～304.

Van Dover C L. 2002. Community structure of mussel beds at deep-sea hydrothermal vents. Marine Ecology Progress Series，230：137～158.

Varnavas S P. 1988. Hydrothermal metallogenesis at the Wilkes fracture zone-East Pacific rise intersection. Marine Geology，79（1）：77～103.

Villinger H，Grevemeyer I，Kaul N，et al. 2002. Hydrothermal heat flux through aged oceanic crust：Where does the heat escape？Earth and Planetary Science Letters，202（1）：159～170.

Von Damm K L，Lilley M D. 2004. Diffuse flow hydrothermal fluids from 9°50′N East Pacific Rise：Origin，evolution and biogeochemical controls//Wilcock S D，Delong E F，Kelley D S et al. The Subseafloor Biosphere at Mid-Ocean Ridges. Washington：American Geophysical Union，245～268.

Von Damm K L，Lilley M D，Shanks Ⅲ W C，et al. 2003. Extraordinary phase separation and segregation in vent fluidsfrom the southern East Pacific Rise. Earth and Planetary Science Letters，206：365～378.

Von Damm K L. 1985. Chemistry of submarine hydrothermal solutions at 21°N，East Pacific Rise. Geochimica et Cosmochimica Acta，49（11）：2197～2220.

Wendt J I，Regelous M，Niu Y，et al. 1999. Geochemistry of lavas from the Garrett Transform Fault：Insights into mantle heterogeneity beneath the eastern Pacific. Earth and Planetary Science Letters，173（3）：271～284.

Yelles-Chaouche A，Francheteau J，Patriat P. 1987. Evolution of the Juan Fernandez microplate during the last three million years. Earth and Planetary Science Letters，86（2）：269～286.

Zeng Z G，Wang X Y，Zhang G L，et al. 2008. Formation of Fe-oxyhydroxides from the East Pacific Rise near latitude 13°N：Evidence from mineralogical and geochemical data. Science in China（Series D：Earth Sciences），51（2）：206～215.

第二章 东太平洋海隆热液区的岩浆活动

第一节 对洋中脊玄武岩的基本认识

洋中脊贯穿太平洋、印度洋、大西洋和北冰洋并彼此相连，形成长达 80000km 的地形单元，是重要的海底构造单元之一。相对于洋盆，洋中脊的地壳更薄，为 2～6km，且各大洋的洋中脊地壳结构不尽相同。洋中脊是新洋壳诞生的地区之一，在地质构造上是活动的。上地幔物质减压部分熔融作用产生的高温岩浆沿着洋中脊轴部裂隙上涌、迁移、喷发，降温凝固后形成由洋中脊玄武岩（MORB）组成的新洋壳，并不断向洋中脊两翼推移。不仅如此，海底玄武岩覆盖了地球表面 65%以上的面积，记录了上地幔物质的地球化学特征、熔融体的形成、迁移及地幔非均一性等信息，是认识和了解上地幔物质及其化学组成的关键。此外，扩张的洋壳可在汇聚板块边缘发生俯冲作用并进入深部地幔，产生地壳物质的再循环。

洋中脊玄武岩的形成年代与到轴部位置的距离成正比，轴部位置的玄武岩最年轻，距离轴部越远，玄武岩的形成年龄越老。同时，玄武质岩浆在向上迁移的过程中，不可避免地会受到围岩和流体的混染及影响，使其矿物组成与化学特征发生变化。因此，玄武岩的矿物组成和化学特征可为揭示洋中脊的岩浆活动及其构造演化提供重要信息，而这对于了解地球系统的演化历史、现状及其发展趋势尤为关键，有助于更深入地了解洋中脊在全球板块构造系统中所扮演的重要角色及发挥的主要作用。

一般将 MORB 分为两种类型：①亏损不相容元素（如 U、Th、Rb、K、Cs、Ba、Nb、Ta、P 和轻稀土元素）的正常型洋中脊玄武岩[N-MORB，$(La/Sm)_N < 1.00$]；②较少亏损甚至富集不相容元素的富集型洋中脊玄武岩[E-MORB，$(La/Sm)_N > 1.00$]。其中，形成 E-MORB 岩浆的模式有两种：①交代富集作用（Donnelly et al.，2004），此模式也可用于解释洋岛玄武质岩浆的形成（Sun and McDonough，1989）；②碱性大洋玄武岩和海山的循环及俯冲所产生的富集作用（Hemond et al.，2006）。

导致 MORB 组成发生变化的主要因素包括：①地幔熔融体在上地幔和洋壳内的结晶分异过程；②温度和压力的不同及熔融体迁移和分离方式的不同，导致熔融体组分的差异；③地幔物质的常量、微量元素和同位素组成的差异，即地幔组成的非均一性，也会导致 MORB 组成发生变化（Langmuir et al.，1992）。

一、地幔组成的非均一性

在板块构造和海底扩张理论出现（19 世纪 60 年代）之前，橄榄岩一直被认为是上地幔唯一的组成部分。然而，随着对海底玄武岩常量、微量元素和同位素组成的研究，人们逐渐发现地幔和洋壳一样，也是非均一的。研究控制地幔组成非均一性的因素是了解岩浆动力学及其分离结晶作用的关键。通过研究海底玄武岩与地幔岩的元素和同位素组成，可以揭示地幔的非均一性特征（Hofmann，1997；Weaver，1991；Zindler and Hart，1986；Hofmann and White，1982）。

EPR 玄武岩具有较低的 $^{87}Sr/^{86}Sr$ 值，其 $^{143}Nd/^{144}Nd$ 值也低于大西洋 MORB。在 EPR 不同洋脊段的玄武岩也存在小幅度的 Sr、Nd 同位素组成变化，少数洋脊段还出现了 Sr、Nd 同位素组成富集的特征。同时，EPR 玄武岩的 Pb 同位素组成没有表现出 Dupal 异常，也不存在类似于西南印度洋脊的地幔异常；但靠近轴部的年轻海山，其中的玄武岩却反映了形成该火成岩的岩浆，其起源的上地幔岩浆源区存在含量很少且分布很不均匀的富集组分，通常被归结为受到岩浆作用过程和地幔柱（如复活节地幔柱）的影响或者在亏损地幔岩浆源区存在着古老的循环洋壳（Castillo et al.，2000；Niu and Batiza，1997）。此外，仅靠对橄榄岩中常量、微量元素及同位素组成的分析，很难判定地幔起源岩浆中的同位素组成变化是否与源区地幔物质中常量元素的较大组成差异有关（Hauri，1996）。这需要在钻探技术的有力支撑下，将海底玄武岩与地幔岩及海底面以下各类岩石的常量、微量元素及同位素组成信息相结合，共同揭示地幔起源岩浆的地球化学特征，进而"描绘"地球内部的化学结构及组成。

二、地幔物质的部分熔融

大量的地球物理资料显示，快速扩张洋中脊下部存在稳定、持续、浅层的岩浆供应源（Carbotte et al.，1998；Sinton and Detrick，1992）。相对于慢速扩张洋中脊，快速扩张洋中脊地幔物质的熔融程度更高，其岩浆喷出形成的玄武岩表现出 MgO 含量低和结晶程度低等特点。通过 MORB 对比研究发现，虽然其 Na_8、Fe_8、Si_8 等值呈明显的线性关系，但慢速扩张和快速扩张洋中脊环境下的 MORB 差异巨大，前者由于地幔起源岩浆的变压熔融过程而表现为 Na_8/Fe_8、Si_8/Fe_8 和 Ca_8/Al_8 等多个比值的正相关，后者则可能因为岩浆的起源不同而在这些比值上表现为负相关的特征（Niu and Batiza，1993）。

地幔橄榄岩部分熔融体的全岩组分随熔融条件和地幔组分发生系统性变化，其为了解洋中脊地幔物质的熔融过程及建立 MORB 成因的经验模型奠定了基础（Jaques and Green，1980）。大量二辉橄榄岩的熔融实验和洋中脊玄武岩地球化学研究表明，部分熔融程度能够影响原始玄武质岩浆中 Na_2O、TiO_2 含量及 CaO/Al_2O_3 值，而这些元素和比值对熔融压力不敏感。因此，岩浆中的 Na_2O、TiO_2 含量及 CaO/Al_2O_3 值可以反映地幔物质的部分熔融程度。另外，FeO 和 SiO_2 含量对熔融压力比较敏感，而受地幔熔融程度影响不大，因此，它们可以用来指示地幔物质的熔融压力（Niu and O'Hara，2008；Niu and Batiza，1991）。Klein 和 Langmuir（1987）将常量元素按照结晶分异趋势校正至 $w(MgO)= 8\%$，认为校正后的 Na_8、Ca_8、Al_8 等可以更好地指示部分熔融程度，且 Fe_8、Si_8 等可以反映出部分熔融深度（压力）。进一步，Niu 和 O'Hara（2008）研究认为，只有玄武岩的 $Mg^\# = 72$ 时，与软流圈地幔橄榄岩中的橄榄石达到平衡，才能探讨地幔物质的深部过程，即把玄武岩各常量元素校正为 $Mg^\# = 72$，而不是 $w(MgO) = 8\%$。

洋中脊深部的地幔物质熔融是由地幔物质的绝热上涌引起的减压所致，而板块分离可能是地幔物质上涌的驱动力之一，因此快速的板块分离可能造成地幔物质较高程度的熔融。换言之，地幔物质的熔融程度可能随着洋中脊扩张速率的增大而增强（Niu and Hékinian，1997）。Sauter 等（2001）认为快速扩张洋中脊深部的地幔物质温度比慢速扩张洋中脊深部的地幔物质温度更高。同时，慢速扩张洋中脊地幔物质的部分熔融大多停止在 30km 以深，而快速扩张洋中脊地幔物质熔融停止的深度远小于 30km，因此快速扩张洋中脊深部可能存在更大的地幔物质部分熔融的区域，且其具有更高的部分熔融程度，这使得快速扩张洋中脊相对于其他扩张洋中脊具有更大的地幔物质熔融总量和更大的地壳厚度（Niu and Hékinian，1997）。不仅如此，Dick 等（2003）通过对比洋中脊扩张速率和地壳厚度的关系，发现扩张速率大于 20mm·a^{-1} 的洋中脊，其地壳厚度变化较小；而扩张速率小于 20mm·a^{-1} 的慢速扩张和超慢速扩张洋中脊，其地壳厚度变化较大，甚至在部分洋中脊段缺失洋壳。

三、地幔熔体的演化

MORB 为我们了解岩浆作用过程提供了信息。岩浆形成后一般并不能直接喷出洋底，在喷出之前往往经历了不同程度的结晶分异或混合–结晶作用（Johnson et al.，1990；McKenzie，1985，1984）。快速扩张和慢速扩张洋中脊深部的岩浆房在大小、深度和结晶程度上均存在着明显的不同（Sinton and Detrick，1992），且快速扩张洋中脊长期、稳定和开放的岩浆房可接受幔源岩浆的周期性补给，岩浆的演化程度进而更高。

在绝热减压熔融过程中，地幔橄榄岩部分熔融所产生的玄武质岩浆从它们的源区中发生分离，在上升至喷发位置时，组分不发生变化的被称为原始岩浆。然而，MORB 的化学组成（Mg$^\#$<70 时）显示其经历过结晶分异作用过程（Presnall and Hoover，1987），表明在海底喷发的玄武质岩浆在从源区分离、上升直至喷发的过程中普遍经历了一定程度的演化。岩石学家使用了很多判断标准来识别原始岩浆。例如，将 MgO 含量最高的火成岩视为原始岩浆，其组分被认为与幔源中富 MgO 矿物达到均衡的原始岩浆近似。

四、存在的科学问题

（一）洋中脊扩张速率对玄武岩的影响

洋中脊的地形差异与其扩张速率有对应关系（Francheteau and Ballard，1983；Macdonald，1982）。慢速扩张洋中脊通常有很深的轴部裂谷，而快速扩张洋中脊轴部裂谷的深度较浅。此外，慢速和快速扩张洋中脊在岩石学方面也存在差异（Sinton and Detrick，1992；Morel and Hékinian，1980），慢速扩张洋中脊中通常分布着更原始的玄武岩（Mg/Fe值较高），而快速扩张洋中脊则分布着结晶分异程度更高的玄武岩。尽管如此，洋中脊扩张速率作为洋中脊的表象特征，并非是玄武岩化学组成的唯一控制因素。

（二）MORB 化学组成与轴部深度的关系

目前，有关 MORB 化学组成的变化与洋中脊轴部深度或洋壳厚度之间的相关关系尚未建立。但已发现，在大西洋洋中脊北部的近冰岛和 Azores 群岛处，火成岩的 La/Sm 值与放射成因 Sr 同位素组成及洋壳厚度呈正相关关系（Hamelin et al.，1984；Schilling et al.，1983）。

地幔来源的熔融体可以在其喷出产物（玄武岩或地幔残余橄榄岩）中留下能够反映岩浆物理化学过程的岩石化学烙印。Klein 和 Langmuir（1987）认为洋中脊深部地幔物质的部分熔融程度和深度呈正相关关系。地幔温度高，熔融体在较深的部位产生，其熔融程度也高；地幔温度低，熔融体在较浅的部位产生，其熔融程度也低。即地幔的温度变化范围 ΔT 控制了 Fe_8-Na_8-洋中脊水深的关系，该解释被作为事实广泛接受。进一步，Niu 和 O'Hara（2008）则认为 MORB 的 Fe_{72} 和 Na_{72} 值能更有效地反映地幔信息和地幔过程。

（三）E-MORB 的成因

亏损的地幔（或称为 DMM）被认为是 MORB 的岩浆物质起源之地。不仅如此，洋底深部的地幔，其化学组成具有非均一性的特征（Sims and Hart，2006；Zindler and Hart，1986）。例如，富集型（E-）、正常型（N-）和极度亏损型（D-）MORB 在 EPR 均有产出，显示 EPR 的地幔化学组成存在着明显的非均一性（Niu et al.，2002，1999；Langmuir et al.，1986；Zindler et al.，1984）。

通过研究 E-MORB 的起源，发现在远离地幔柱的 EPR 11°21′N 处，玄武质岩浆的物质来源可能是夏威夷地幔柱，这种 EPR 和夏威夷之间"远距离的地幔柱-洋中脊相互作用"与沿着大西洋洋中脊处发现的 "近源的地幔柱-洋中脊相互作用" 形成了对比（Niu et al.，1999）。目前，有关富集型洋中脊地幔的起源及 E-MORB 的成因仍备受争议。

另外，在对不同构造背景下的 MORB 进行系统采样的基础上，进一步分析其 Sr、Nd、Pb 和 He 同位素组成，这对于辨别岩浆源区的特征、岩浆物质来源及其混合作用起到了至关重要的作用。例如，Kurz（1993）指出加拉帕戈斯群岛下部的高 $^4He/^3He$ 值，显示其可能与热点（或地幔柱）活动有关（Graham et al.，1993；Kurz，1993）。进一步，Fernandina 岛附近玄武岩的 $^4He/^3He$ 值高达 22.8～27.4，等同于甚至超过冰岛火山岩的比值，其异常高的放射性成因 Pb（$^{206}Pb/^{204}Pb$ = 19.044～19.049）和 Sr 同位素比值（$^{87}Sr/^{86}Sr$ = 0.703205～0.703211）均表明该岛位于热点活动的中心位置。

（四）EPR 1°N～5°S 玄武岩研究

据地球物理资料显示，EPR 与加拉帕戈斯扩张中心（GSC）两个扩张中心的扩张速率不同，致使加拉帕戈斯三联点中心的微板块经历了复杂的旋转过程。位于该三联点中心的微板块沿逆时针旋转，造成三联点轴部以南的地壳相对薄弱，有利于岩浆的喷出，从而可以解释 1°10′N，101°30′W 附近海山的成因（Lonsdale，1988）。Smith 等（2013）通过分

析地震资料，提出加拉帕戈斯三联点地区存在一个热点，该热点在 EPR 轴部西侧形成
（1.4Ma 之前），在距今 1.25Ma 时穿过 EPR 洋脊并最终停留在加拉帕戈斯微板块东南，Dietz
海山的形成与该热点密切相关。

　　目前，对 EPR 1°N～5°S 地区岩浆作用的研究还不全面，尚存在许多科学问题待解决。
例如，①EPR 1°N～5°S 地区扩张脊下部岩浆源区的性质和特征。前人已经对该地区的
MORB 样品进行了全岩的主微量元素、矿物学及矿物化学的研究，但系统的对比研究还
比较少，尤其是缺乏同位素组成的分析，这制约了深入认识洋中脊深部岩浆源区的性质和
特征。②加拉帕戈斯三联点附近是否有热点存在？截至目前，对该地区可能存在热点的认
识主要来自地球物理资料的解译与分析，还缺少地球化学方面的直接证据。③EPR 1°N～
5°S 地区玄武岩的地球化学组成是否均一？如果存在不均一性，那么具体原因是什么（张
维，2017）？

第二节　岩浆活动及玄武岩的基本特征

　　在 EPR 8°50′N～13°30′N 范围内进行的多道地震调查，揭示出在该洋中脊海底面以下
1.2～2.4km 范围内存在着透镜状的岩浆房，沿洋中脊轴部方向连续分布达数十千米，为
薄且窄（4～6km 宽）的席状熔融体（Detrick et al.，1987；Choukroune et al.，1984；Herron
et al.，1978），覆盖于厚为 1～1.5km 的碎晶带之上（Sinton and Detrick，1992），地震信号
显示在该处还存在着一个壳层-地幔转换区或者莫霍面（图 2-1）（Dunn et al.，2000；Kent
et al.，1990；Detrick et al.，1987）。

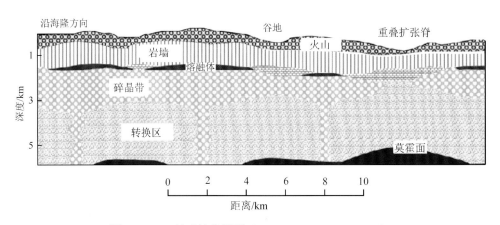

图 2-1　EPR 地壳结构简图（Sinton and Detrick，1992）

　　EPR 12°50′N 附近地壳的地震反射数据（McClain et al.，1985）显示，该区地壳浅部
可能存在一个与岩浆房有关的低速带（宽度至少 6km，最大可达 18km），并作为一个热储
库保障了岩浆的供应（Harding et al.，1989）。Burnett 等（1989）的研究证实了在洋中脊
轴部的地壳内存在着低速带，同时大量的 P 波速度结构也反映了洋中脊轴部三维地壳结构
中存在一个低速带。根据这些观察可以推断，地幔熔融体在海隆轴部下方出现了聚集
（Korenaga and Kelemen，1997）。

EPR 的玄武岩具有块状和枕状构造（Griffin and Neuser，1983），斑状结构，斑晶矿物主要为斜长石、辉石和橄榄石，且斑晶矿物的种类、组合及结晶顺序在不同区域的玄武岩中存在差异。例如，Batiza 等（1977）对取自 EPR 及转换断层处的玄武岩样品进行了研究，结果表明该样品的斑晶矿物及组合主要分为四种类型：①橄榄石；②橄榄石 + 斜长石；③橄榄石 + 斜长石 + 斜长石巨晶；④橄榄石 + 斜长石 + 辉石。Alt（1992）认为 Leg137 航次中获取的玄武岩，其斑晶矿物组合多为橄榄石 + 斜长石 + 单斜辉石，极少数斑晶矿物组合表现为斜长石 + 单斜辉石和无斑结构；而 Storms 等（1993）在大洋钻探 Site 864 处获得的玄武岩中发现，其斑晶矿物主要为斜长石，极少与橄榄石和单斜辉石交生。在斑晶矿物结晶顺序方面，斜长石一般被认为是玄武岩斑晶中最早结晶出的矿物。Griffin 和 Neuser（1983）在大洋钻探 Leg65 航次中，根据岩相学上的特征，认为斑晶矿物的结晶顺序为：斜长石、斜长石和辉石，最后是斜长石、辉石和橄榄石。Dick 等（1992）指出大洋钻探 Leg140 航次获取的玄武岩样品，斑晶矿物的结晶顺序是：斜长石、尖晶石、橄榄石和辉石。此外，Dick 等（1992）根据斑晶矿物含量将玄武岩分为四类：①斑晶矿物含量小于 1%的无斑（aphyric）岩石；②斑晶矿物含量处于 1%～2%的少斑（sparsely phyric）岩石；③斑晶矿物含量处于 2%～10%的中斑（moderately phyric）岩石；④斑晶矿物含量大于 10%的高斑（highly phyric）岩石。

由于淬火结晶程度的不同，玄武岩的基质也具有不同的结构：①完全由玻璃组成（玻璃质）；②由玻璃和互不接触的微晶质小球珠组成，含少量或不含微晶（玻璃质到球状微晶质）；③由连生的微晶质球体和丰富的微晶组成（球粒状到微晶状）；④微晶建造在黑色的隐晶质填隙物质中，且相互连生；⑤相互连生、细粒晶体呈现的间粒结构和次辉绿结构（Storms et al.，1993）。进一步，根据 EPR 玄武岩的全岩化学特征，可将其划分为拉斑玄武岩（Dick et al.，1992；Griffin and Neuser，1983；Natland，1980）、Fe-Ti 玄武岩和玄武质玻璃（Campsie et al.，1984）。Batiza 等（1996）发现 EPR 轴部及附近区域存在约 0.8Ma 的 E-MORB 和 N-MORB，它们的大致分布特征为：E-MORB 在 EPR 11°20′N 附近占很大比例，E-MORB 在 EPR 9°30′N 附近逐渐减少，而在 EPR 10°30′N 附近只有 N-MORB。此外，相对于慢速扩张洋中脊，快速扩张洋中脊深部地幔的熔融程度更高，致使其玄武岩表现出低 MgO 含量和低结晶程度等特点。Griffin 和 Neuser（1983）根据玄武岩的化学组成特点，从玄武岩产出的构造环境角度，将 EPR 22°N 附近的玄武岩归为 N-MORB，其铁镁质矿物和玻璃质具相对低的 $Mg/(Mg + Fe)$ 值，且岩浆经历了演化，但很难确定其演化的程度。此外，Natland（1980）研究了 EPR 9°N 附近的玄武岩，认为该区还存在一些碱性橄榄玄武岩。

EPR 玄武岩的地球化学组成受控于多种因素，其中地幔的非均一性和热点活动是主要因素。最早研究认为太平洋深部地幔为混合良好的均质体（Cohen and O′Nions，1982）；随后，针对 EPR 玄武岩样品的放射性同位素研究不断开展，发现深部地幔沿太平洋板块边界明显具有非均一性（Zhang et al.，2013；Goss et al.，2010；Niu et al.，1999；Regelous et al.，1999；Prinzhofer et al.，1989；Zindler and Hart，1986）。

通过分析 EPR 北部 12°50′N 附近玄武岩的元素化学组成及 U 系同位素组成，发现样品中 ^{226}Ra 含量与 $Mg^{\#}$ 值和 Sm/Nd 值等呈正相关关系，而与 ^{230}Th 含量、La/Sm 值等呈负相关关系，这可能与岩浆停留在岩浆房中时间较长及岩浆的密度较大有关（Zhang et al.，2010）。在 EPR 11°49′N 附近，玄武岩样品的 Zn/Fe、Co/Fe、Sm/Yb、Hf/Zr 值及 Sr-Nd-Pb 同位素组成，指示该区的原始岩浆经历了不同深度、不同性质岩浆的混合作用过程，岩浆组成明显受到源区地幔不均一性的控制（Zhang et al.，2010）。此外，在 EPR 9°03′N，通过对玄武岩的 ^{238}U-^{230}Th 和 ^{226}Ra-^{210}Pb 同位素组成研究，发现不管是洋脊的扩张中心还是离轴的火山喷发，均与洋脊之下深部的岩浆活动十分相关；但洋脊轴部附近的枕状熔岩和海山可能与轴部附近深部的岩浆体系无关，而应源自扩张轴以外独立存在的、具有不同性质的岩浆体系。

EPR 南部三联点附近的岩浆混合作用明显，热点活动对 MORB 也有明显的影响。以复活节微板块为例，其热点中心位于东部裂谷附近复活节群岛下部，附近地形与火山岩地球化学特征均显示热点式岩浆作用印记（Schroeder，1984）。Haase（2002）对东部和西部裂谷区 MORB 的地球化学特征进行了研究，表明东部裂谷区的玄武岩因受到热点活动的影响，(La/Sm)$_N$ 值及放射性成因 Sr 和 Pb 具有异常高值（图 2-2），而西部玄武岩则与附近 EPR 的 N-MORB 类似，说明其未受到热点活动的影响。此外，加拉帕戈斯三联点处的情况有所不同。长期以来，EPR 2°N～2°S 热点活动研究均集中于加拉帕戈斯扩张中心附近。例如，Schilling 等（1976）发现加拉帕戈斯扩张中心附近的玄武岩，其 Mg$^\#$值及 La/Sm 和 Sr/Nb 值等在加拉帕戈斯群岛附近（85°W～87°W）呈明显上升的趋势，推测该群岛下部存在着地幔物质的上涌活动。进一步，对加拉帕戈斯群岛火山岩的地球化学分析表明，其呈强不相容元素（Cs、Rb、Ba、Th 和 U）富集的特征（图 2-3），且高场强元素（如 Nb、Ta）具正异常。除此之外，构成加拉帕戈斯三联点的两条洋脊之间的扩张速率具有明显的差异。其中，南北向洋脊的扩张速率约为 130mm·a^{-1}（于淼，2013），属于典型的快速扩张脊；而东西向的加拉帕戈斯扩张中心扩张速率仅为 40～65mm·a^{-1}，属于中-慢速扩张脊。根据目前现有资料，加拉帕戈斯扩张中心附近的玄武岩（N-MORB）为慢速扩张作用下岩浆活动的产物（Eason and Sinton，2006），与 EPR 21°N、13°N 和 25°S 附近玄武岩相比虽有一定地球化学组成上的差异，但总体上仍具有快速扩张环境中形成的玄武岩的地球化学特征。此外，加拉帕戈斯三联点附近为慢速扩张和快速扩张作用重叠的区域，其玄武岩中长石斑晶的包裹体及其不同的地球化学组成特征指示该地区的玄武岩在形成过程中经历了岩浆混合作用过程（于淼，2013）；但对于参与混合的岩浆端元组成及其源区性质还缺乏全面的了解，并且尚不明确这类岩浆混合作用与 EPR 和 GSC 两种不同扩张速率的洋脊相交是否有关。除此之外，以往对加拉帕戈斯三联点附近岩浆活动的研究主要集中在加拉帕戈斯群岛和三联点东侧的加拉帕戈斯扩张脊，缺乏对三联点附近玄武岩的性质、岩浆源区的组成及其形成和演化过程等方面的细致研究。因此，通过对加拉帕戈斯微板块附近玄武岩的矿物、元素地球化学及放射性成因同位素组成进行对比研究，将对揭示不同扩张速率洋脊的岩浆作用过程有帮助，也能为进一步深入认识加拉帕戈斯三联点地区的构造环境提供研究支撑。

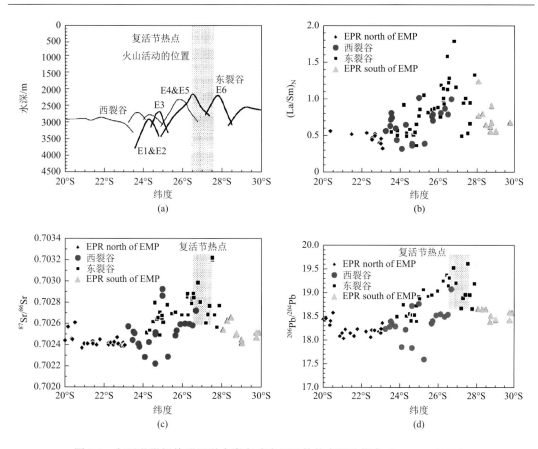

图 2-2　复活节微板块附近洋中脊玄武岩记录的热点活动信息（Haase，2002）

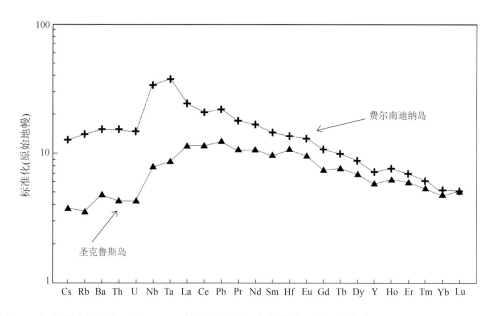

图 2-3　加拉帕戈斯群岛下部 MORB 的原始地幔标准化微量元素配分模式（Kurz and Geist，1999）

目前，中国大洋矿产资源研究开发协会已在 EPR 开展了多个航次的海洋调查，利用电视抓斗和拖网获取了包括玄武岩和热液硫化物在内的多种样品，这为了解 EPR 深部岩浆源区的性质、研究加拉帕戈斯洋中脊三联点及其微板块附近的岩浆活动、探讨 EPR 附近的岩浆作用模式提供了样品及数据资料保障。

第三节　玄武岩样品与测试方法

一、玄武岩样品采集及其站位

（一）EPR 13°N 附近

EPR 13°N 附近的玄武岩及其火山玻璃样品是在 2003 年 11 月使用"大洋一号"科考船执行 DY105-12、14 航次第六航段海底热液硫化物调查期间，在 EPR 12°41′N～12°50′N 和 103°52′W～103°57′W 之间，水深 2528～2709m 的热液活动区（图 2-4），使用拖网获取的（图 2-5），具体采样信息见表 2-1。

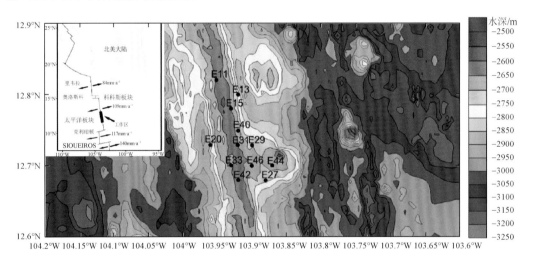

图 2-4　EPR 13°N 附近的等深线图（原始数据来自 http://www.geomapapp.org/）
及玄武岩采样站位（赵慧静，2013）

(a) 具玻璃壳层的玄武岩(E27)　　　　(b) 火山玻璃(E15)

(c) 枕状玄武岩(E15-1X)　　　　　　　　(d) 板状玄武岩(E42-4X)

图 2-5　EPR 13°N 附近的玄武岩及火山玻璃样品（赵慧静，2013；张国良，2010）

表 2-1　EPR 13°N 附近玄武岩的采样位置信息及样品描述（赵慧静，2013）

站位	拖网起点	拖网终点	水深/m	样品描述
E11	12°49′41″N，103°57′38″W	12°50′43″N，103°57′07″W	2626～2676	火山玻璃、新鲜玄武岩
E13	12°48′38″N，103°55′59″W	12°50′34″N，103°56′43″W	2528～2548	火山玻璃、蚀变玄武岩、新鲜玄武岩
E15	12°47′00″N，103°56′24″W	12°48′44″N，103°57′10″W	2563～2624	新鲜玄武岩
E20	12°44′47″N，103°56′08″W	12°48′03″N，103°58′18″W	2633～2732	火山玻璃、新鲜玄武岩
E27	12°41′57″N，103°53′15″W	12°43′02″N，103°55′57″W	2646～2707	火山玻璃、新鲜玄武岩
E29	12°42′26″N，103°54′49″W	12°44′12″N，103°54′46″W	2617～2704	蚀变玄武岩
E31	12°44′39″N，103°55′31″W	12°42′36″N，103°55′28″W	2616～2636	火山玻璃、蚀变玄武岩、新鲜玄武岩
E33	12°42′32″N，103°56′07″W	12°42′17″N，103°55′14″W	2615～2659	蚀变玄武岩
E40	12°45′10″N，103°55′10″W	12°44′39″N，103°56′31″W	2680～2709	蚀变玄武岩、火山玻璃
E42	12°41′24″N，103°55′41″W	12°44′27″N，103°56′26″W	2651～2678	蚀变玄武岩、火山玻璃
E44	12°42′39″N，103°52′38″W	12°43′09″N，103°54′47″W	2626～2653	火山玻璃、新鲜玄武岩
E46	12°42′41″N，103°54′28″W	12°43′11″N，103°54′46″W	2640～2644	蚀变玄武岩

　　显微镜下观察可知，岩石中的斑晶矿物为橄榄石和斜长石。其中，E15、E27、E44 和 E46 站位的岩石斑晶矿物为橄榄石（70%）和斜长石（30%）；而 E29、E33 和 E42 站位的岩石斑晶矿物中，斜长石所占比例（70%）多于橄榄石（30%），且多为细长的斜长石雏晶；E40 站位的岩石中基质均匀，可见少量橄榄石斑晶矿物，基本未见斜长石。

（二）EPR 1°N、1°S、3°S 和 5°S 附近

使用拖网共获得 12 块分别来自 EPR 1°N、1°S、3°S 和 5°S 附近的研究样品，具体采样信息列于表 2-2（21Ⅲ-S6-TVG2 分为核部、边部两块）。其中，EPR 1°N 附近的岩石样品采自加拉帕戈斯三联点东南侧的 Dietz 火山脊上，水深较浅（1444～1641m）（图 2-6）。火山岩样品均为玻璃质结构，块状构造。其中，21Ⅲ-S6-TVG2 样品表面被一层浅黄色土状物所覆盖，推测为热液活动形成的 Fe-Mn 羟基氧化物（图 2-7）。该火山岩样品由基质和斑晶矿物组成，斑晶矿物以斜长石为主，橄榄石含量较低。在该样品中心存在一个结晶程度较高的核，玻璃质及核部均存在大量斜长石斑晶，斑晶在样品中均匀分布，自形程度较高，大小为 5～10mm（图 2-7）。根据样品的斑晶矿物和基质组成分析，自形程度较高的斜长石斑晶指示该洋脊可能在深部发育有岩浆房，从而满足斜长石的结晶空间及时间；而其基质的结晶程度较低，说明岩浆经历了快速上升，喷发过程历时较短且程度剧烈，从而发育了枕状构造和玻璃质结构。因为岩石样品核部和边部的结晶状况有差异，所以分别取样 21Ⅲ-S6-TVG2 的核部和边部样品并进行常量、微量元素组成测试，核部样品命名为 1N-05 样品，边部样品命名为 1N-07 样品（张维，2017）。

表 2-2　EPR 1°N、1°S、3°S 和 5°S 附近玄武岩的采样位置信息（张维，2017）

区域	样品编号	测试编号	水深/m	经度	纬度
1°N	21Ⅲ-S6-TVG2（核部）	1N-05	1444	101°29′35″W	1°13′48″N
	21Ⅲ-S12-TVG8	1N-06	1641	101°28′52″W	1°13′48″N
	21Ⅲ-S6-TVG2（边部）	1N-07	1444	101°29′35″W	1°13′48″N
1°S	22Ⅷ-EPR-TVG02-1	1S-02-1	1611	101°30′W	1°13′12″S
	22Ⅷ-EPR-TVG02-2	1S-02-2	1611	101°30′W	1°13′12″S
	22Ⅷ-EPR-TVG06	1S-06	2869	102°17′24″W	1°44′24″S
	22Ⅷ-EPR-TVG07	1S-07	2872	102°16′48″W	1°41′24″S
	22Ⅷ-EPR-TVG10	1S-10	2915	102°15′36″W	1°36′36″S
	22Ⅷ-EPR-TVG11	1S-11	2826	102°10′48″W	1°2′24″S
3°S	22Ⅵ-EPR-S022-TVG16	3S-03	2980	102°32′42″W	3°6′36″S
	22Ⅵ-EPR-S006-TVG03	3S-04	2906	102°33′7″W	3°6′S
5°S	22Ⅶ-SEPR-S008-TVG06	5S-01	2741	106°28′55″W	5°18′S
	22Ⅶ-SEPR-S012-TVG08	5S-02	2739	106°43′41″W	5°36′36″S

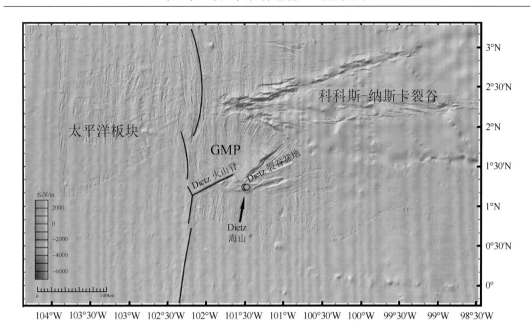

图 2-6 EPR 1°N 附近玄武岩样品的采集位置（张维，2017）

图 2-7 EPR 1°N 附近的玄武岩样品（张维，2017）

共采集到 EPR 1°S 附近的 6 块玄武岩样品（两块 02，06、07、10 和 11）（图 2-8 和图 2-9），呈块状构造，各样品的结晶程度不同，部分 02 和 07 样品为玻璃质，其他样品结晶状况较好。02 样品水深位置为 1611m，距洋中脊较远，位于洋脊附近的离轴海山上，其他样品采集点的水深为 2800～2950m（图 2-8）。此外，部分岩石样品（02、06、07 和 11）表面所覆盖的黄棕色土状物质嵌入在岩石裂隙中，推测是热液活动形成的 Fe-Mn 羟基氧化物（图 2-9）（张维，2017）。

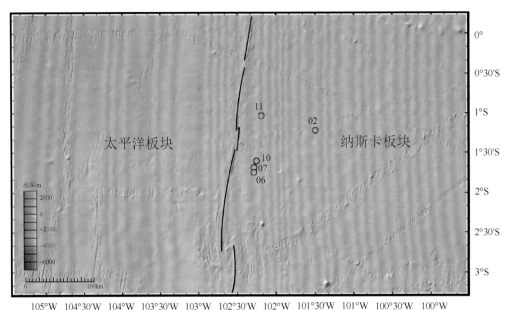

图 2-8　EPR 1°S 附近玄武岩样品的采集站位（张维，2017）

图 2-9　EPR 1°S 附近的玄武岩样品（张维，2017）

　　EPR 3°S 附近的 3S-03 和 3S-04 玄武岩样品均采集于 Quebrada 转换断层附近的洋脊上（图 2-10）。EPR 5°S 附近的 5S-01 和 5S-02 玄武岩样品采集于 Discovery 与 Gofar 转换断层之间的洋脊上（图 2-10）。上述样品均具块状构造（图 2-11），表面多被黄色土状物覆盖，推测其可能受到了热液活动的影响（张维，2017）。

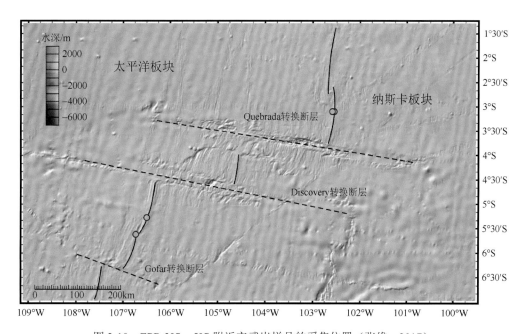

图 2-10　EPR 3°S、5°S 附近玄武岩样品的采集位置（张维，2017）

22Ⅶ-SEPR-S008-TVG06　　　　　22Ⅶ-SEPR-S012-TVG08

图 2-11　EPR 3°S、5°S 附近的玄武岩样品（张维，2017）

二、测试方法

（一）矿物电子探针分析

　　使用电子探针（JXA-8230）进行 Si、Na、Mg、Al、K、Ca、Ti、Fe、Mn 和 Cr 等元素测试。测试环境为：电压 15kV，电流 20nA，光束直径 2μm。Fe 和 Mg 的分析时间为 60s，其他元素分析时间为 30s。所有元素的丰度不确定率小于 3%。

（二）样品进行化学组成测试前的处理

　　使用研钵将玄武岩样品研磨至直径小于 0.1mm 的小颗粒，随后在体视显微镜下进行人工挑选，剔除蚀变的不新鲜样品，新鲜玻璃部分标注为"g"，玄武岩基质部分标注为"m"。分选出来的岩石玻璃和基质部分，分别用浓度为 2%的硝酸通过超声波震荡清洗 0.5h，再用蒸馏水超声波震荡清洗 1h（每 15min 换一次水），然后放入烘箱中（控制温度在 60℃）将样品烘干，最后用玛瑙研钵把岩石样品磨至 200 目。

（三）全岩主微量元素分析

　　玄武岩的主量元素测试使用 X 射线荧光光谱仪（XRF）完成，标准样品为 GBW07101- 07114 和 GBW07295-07429（国际标样），测试精度为±0.20‰。

　　微量元素测试分析在中国科学院海洋地质与环境重点实验室，使用电感耦合等离子体质谱仪（ICP-MS）完成。测试过程中，首先称取 40mg 的岩石粉末样品放置 Teflon 罐中，加入 1.5mL HF 和 0.5mL HNO_3，然后将 Teflon 罐放置于电热板并把温度控制在 150℃，加热 24h 后调节温度至 120℃并加入 0.2mL $HClO_4$，在 120℃下直至 Teflon 罐不冒白烟，再向 Teflon 罐中剩下的残余物中加 1mL HNO_3 和 1mL 的去离子纯水，把样品密封在 Teflon 罐中，置于 120℃电热板上经过 12h 回溶，最后用超纯水配置的浓度为 2%的 HNO_3 稀释样品 1000 倍，上机并用 Re 作为内标测试所有的微量元素，所有元素的 RSD 均小于 4%。测试过程中采用的标准样品为 GBW07315，GBW07316 和 BCR-2（国际标样）。

（四）全岩同位素组成测试

为进行 Sr-Nd-Pb 同位素组成测试分析，样品制备全程在超净实验室内完成。

1. Rb-Sr 同位素组成测试

取新鲜且未蚀变的样品，用机械方法去除样品表层，用压缩空气和去离子水清除样品表面污物，干燥，粉碎到毫米级，研磨至小于 200 目，缩分至 10g 左右，装袋备用。

样品消解前，置于 80℃的烘箱内干燥 3h。称取适量岩石样品，加入 $^{85}Rb + ^{84}Sr$ 混合稀释剂，用 HF 和 $HClO_4$ 溶解样品，采用 Dowex 50×8 阳离子树脂交换法分离和纯化 Rb、Sr。用热电离质谱仪 TRITON 分析 Rb、Sr 同位素组成。在整个同位素组成分析过程中，用 NBS 987、NBS 607 和 GBW 04411 标准物质分别对仪器和分析流程进行监控。NBS 987 的 $^{87}Sr/^{86}Sr$ 同位素组成测定值为 $0.71031 \pm 0.00003（2\sigma）$，与其推荐值 $[0.71024 \pm 0.00026（2\sigma）]$ 在误差范围内一致；测定 NBS 607 的 Rb、Sr 含量与 $^{87}Sr/^{86}Sr$ 值分别为 $523.70\mu g \cdot g^{-1}$、$65.43\mu g \cdot g^{-1}$ 和 $1.20039 \pm 0.00004（2\sigma）$，与其推荐值 $[（523.90 \pm 1.01）\mu g \cdot g^{-1}$、$（65.485 \pm 0.30）\mu g \cdot g^{-1}$、$1.20039 \pm 0.00020（2\sigma）]$ 在误差范围内一致；测定 GBW 04411 的 Rb、Sr 含量与 $^{87}Sr/^{86}Sr$ 值分别为 $249.60\mu g \cdot g^{-1}$、$158.80\mu g \cdot g^{-1}$ 和 $0.76004 \pm 0.00004（2\sigma）$，与其推荐值 $[（249.47 \pm 1.04）\mu g \cdot g^{-1}$、$（158.92 \pm 0.70）\mu g \cdot g^{-1}$、$0.75999 \pm 0.00020（2\sigma）]$ 在误差范围内一致。全流程 Rb、Sr 的空白分别为 $2 \times 10^{-4}\mu g \cdot g^{-1}$ 和 $6 \times 10^{-4}\mu g \cdot g^{-1}$。

2. Sm-Nd 同位素组成测试

平行称取两份适量岩石样品，一份加入 $^{145}Nd + ^{149}Sm$ 混合稀释剂，另一份不加稀释剂，用 HF 和 $HClO_4$ 溶解样品，驱酸后用稀 HCl 提取，离心后清液用 Dowex 50×8 阳离子树脂交换法进行分离和纯化，加了稀释剂的解吸液，将其蒸干后用于 Sm、Nd 含量质谱分析，未加稀释剂的解吸液，将其蒸干后继续用稀酸提取上 P507 有机萃取树脂柱（2-乙基己基膦酸单 2-乙基己基酯）分离和纯化 Nd，用于 Nd 同位素比值分析。样品的 Sm、Nd 含量和 Nd 同位素比值分析采用热电离质谱仪 Triton 完成，质谱分析中产生的质量分馏采用 $^{146}Nd/^{144}Nd = 0.7219$ 进行幂定律校正，Sm、Nd 含量采用同位素稀释法公式进行计算。样品的所有化学分析均在超净实验室内完成，使用的器皿为氟塑料或高纯石英烧杯。所用试剂为市售高纯试剂经亚沸蒸馏器蒸馏所得。整个分析过程用 GBW 04419 和 JNdi-1 标准物质分别对全流程和仪器进行监控。测定 GBW 04419 的 $Sm = 3.047\mu g \cdot g^{-1}$，$Nd = 10.18\mu g \cdot g^{-1}$，$^{143}Nd/^{144}Nd = 0.512722 \pm 0.000006$，JNdi-1 的 $^{143}Nd/^{144}Nd = 0.512115 \pm 0.000005$，与其推荐值在误差范围内一致。全流程 Nd、Sm 空白分别小于 $3 \times 10^{-4}\mu g \cdot g^{-1}$ 和 $1 \times 10^{-4}\mu g \cdot g^{-1}$。

3. Pb 同位素组成测试

称取适量样品置于聚四氟乙烯密封溶样罐，加入适量 HF 和 HNO_3，在 180℃条件下密闭溶解样品。待样品全溶后蒸干，加入 6mol·L^{-1} HCl 溶解，再次蒸干（重复操作 3 次）。加入适量 HBr（1mol·L^{-1}）和 HCl（2mol·L^{-1}）的混合酸。离心，将上清液加入 AG-1×8 阴离子树脂柱，依次用 0.3mol·L^{-1} HBr 和 0.5mol·L^{-1} HCl 淋洗杂质。最后用 6mL 的 6mol·L^{-1} HCl 解吸 Pb，将解吸液蒸干后上质谱测试。Pb 同位素比值分析在热电离质谱仪（MAT-261）上完成。使用标准物质 SRM981 监控仪器状态，其测定的 ^{207}Pb/^{206}Pb 值的平均值为 0.91455±0.00020，与推荐值（0.91464±0.00033）在误差范围内一致。Pb 的全流程空白为 1×10^{-3}μg·g^{-1}。

4. Si 和 O 同位素组成测试

样品的 Si 和 O 同位素组成测试均在中国地质科学院矿产资源研究所（CAGS）完成，分析仪器为 MAT 253EM 同位素质谱仪。Si 同位素组成使用 SiF$_4$ 方法进行 δ^{30}Si 的分析（丁悌平等，1988），测试精度为±0.10‰，同位素数据报告采用 NBS-28 国际标准。O 同位素组成的测试使用 BrF$_5$ 方法，测试精度为±0.20‰，数据报道采用标准平均大洋水（standard mean ocean water，SMOW）国际标准。Si 和 O 同位素比值分析的结果用 δ 标注，具体计算公式如下：

$$\delta^{30}Si_{NBS-28} ‰ = \frac{\delta^{30}Si_{sample-parameter} - \delta^{30}Si_{NBS-28-parameter}}{1 + \delta^{30}Si_{NBS-28-parameter} \times 10^{-3}}$$

$$\delta^{18}O_{sample-SMOW} ‰ = \frac{\delta^{18}O_{sample-parameter} + 10^3}{\delta^{18}O_{standard-parameter} + 10^3}(\delta^{18}O_{sample-SMOW} + 10^3) - 10^3$$

（五）熔体包裹体分析

挑选了 EPR 13°N 和 EPR 1°S～2°S 附近的玄武岩进行熔体包裹体研究。首先磨制玄武岩的岩石薄片（探针片，厚 40μm），然后在电子显微镜下对岩石薄片中的矿物和包裹体进行观测和拍照。

橄榄石和斜长石作为玄武岩主要的组成矿物，以斑晶矿物的形式出现。此次研究中，对含有直径 20μm 以上且没有裂隙的熔体包裹体的寄主矿物（橄榄石和斜长石）进行了标注和拍照，选择的这些包裹体均要求靠近薄片表面。判断包裹体是否出露的标志有：①在透射光下升降物镜，观察包裹体表面是否与样品表面完全在同一焦点平面上；②用反射光在正交偏光下观察，如果包裹体确实已露出表面，则包裹体的玻璃部分呈暗灰色，而寄主矿物显灰色，如果待测包裹体尚未露出表面，则只能看到灰色的寄主矿物。

1. 熔体包裹体常量元素测试

对 MORB 中橄榄石和斜长石内的熔体包裹体常量元素分析所用仪器为 JXA-8230 电子探针（EMPA）。使用 15kV 的加速电压、10nA 的束流，以及 5μm 的电子束斑进行测试。

对熔体包裹体和寄主矿物常量元素（含量大于 1%）的测试峰值时间约为 30s；少量元素（如 MnO_2、K_2O、SO_3 和 Cr_2O_3 等）的分析时间延长至近 60s，以使测试结果更加准确。此次分析中，选取的标准矿物为橄榄石（GSB 01-1415-2001）。电子探针的检测限值为 0.01%，且对标准样品测得的可重复率通常高于±1.0%。

2. 熔体包裹体微量元素测试

熔体包裹体的微量元素分析采用由 ComPex102（德国 Lambda Physik 公司生产，波长为 193nm 的 ArF 准分子激光器）和光学系统（MicroLas 公司设计）组成的 GeoLas 200M 激光剥蚀系统，以及美国 Agilent 公司生产的电感耦合等离子体质谱仪（ICP-MS，Agilent 7500a）（LA-ICP-MS）。在激光剥蚀系统中，通过孔径体系的束斑大小的变化范围为 4～120μm。单个脉冲能量能高达 200mJ，且最高频率为 20Hz。激光剥蚀电感耦合等离子体质谱分析需要的工作参数包括：①电感耦合等离子体质谱工作参数：RF 功率为 1320W，辅助气流束为 0.85L/min；②激光剥蚀工作参数：波长 193nm，单束能量 100mJ，频率 10Hz，束斑直径 20μm，信号测量时间 40s，背景测量时间 30s，剥蚀池载气流束 0.67L/min（Liu et al.，2007）。在实验中，使用氦气作为剥蚀物质的载气。使用一个质量峰采集一个点的跳峰方式对电感耦合等离子体质谱测试的数据进行采集，Nb、Ta、Ti、Si 和稀土元素的单点停留时间设定为 6ms。对每一个分析点设定的气体背景采集时间为 30s，元素数据信号采集时间为 40s。每测定 5 个样品点后，测定一次标准样品，包括 1 个 GSE-1G 和 1 个 NIST610（Liu et al.，2007）。然后，对设备采集到的数据使用 GLITTER 4.0 软件进行处理。

第四节　玄武岩矿物学研究

岩浆的物理性质和化学组成受诸多因素（温度、压力、岩浆混合、挥发性组分等）的控制。以斜长石为例，其结构和化学组成可以用来分析岩浆动力学过程，且对岩浆压力的变化和挥发组分的影响特别敏感（Nakamura and Shimakita，1998；Singer et al.，1995；Johannes et al.，1994；Nelson and Montana，1992）。不仅如此，斜长石的 An 值也是衡量多种因素影响的重要指标。例如，Bindeman 等（1998）通过模拟研究认为，温度的变化（850～1050℃）对斜长石中 Fe 含量的影响很小，FeO 含量仅会发生 0.1%（质量分数）的变化，却对氧逸度变化十分敏感，表明斜长石中的 FeO 含量是指示氧逸度的有效指标。此外，斜长石的矿物学研究还必须考虑压力、岩浆混合和挥发性组分（主要是 H_2O）等因素的作用及影响。

一、斑晶斜长石的矿物学研究

（一）EPR 1°N 附近的玄武岩样品

EPR 1°N 附近的玄武岩样品均具斑状结构，斑晶矿物以斜长石为主，橄榄石斑晶含量较少。部分斜长石斑晶环带结构明显，包括正环带和韵律环带（张维，2017）。

例如，图 2-12 中的斜长石斑晶，从其核部到边部发育"亮—暗—亮—暗"韵律分布的成分环带，与线扫描的结果一致，即从核部到边部的 An 值具有"高—低—高—低"的变化规律：斜长石核部的亮色区域处 An 值较高，且变化范围较小（82.39～85.53），向外到暗色区域处 An 值显著降低（72.52～76.34），再向外到亮色区域处 An 值又上升（78.61～79.78），最终在矿物边界处 An 值达到最低（67.90～73.86）。尽管该斜长石从核部到边部 An 值有明显变化，但其 FeO 含量相对变化较小，除少数几个点外，其他点的 FeO 含量变化范围在 0.4%～0.6%（质量分数）（图 2-12）（张维，2017）。

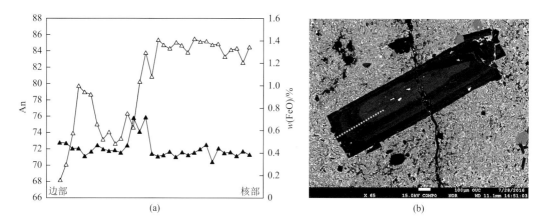

图 2-12　EPR 1°N 附近 1N-07 玄武岩样品中环带斜长石斑晶 1 的成分及背散射图像
（成分数据见表 2-3）（张维，2017）

△为斜长石的 An 值；▲为斜长石的 FeO 含量，下同

前人研究表明，氧逸度、温度等条件会对斜长石中 Fe 元素的含量产生影响（Humphreys et al.，2009，2006；Wilke and Behrens，1999；Bindeman et al.，1998；Phinney，1992），另外，模拟实验的结果显示，寄主岩浆中 Fe 元素的含量是斜长石中 Fe 元素含量的主要控制因素（Ginibre et al.，2002）。如图 2-13 显示，斜长石的 An 值显示出较大的变化范围（77.61～86.25），但 FeO 含量变化范围较小，指示岩浆中 Fe 含量在该斜长石结晶过程中变化很小，这说明斜长石 An 值的变化与寄主岩浆的成分变化无关，而可能与岩浆温度的快速变化（或氧逸度 fO_2 的变化）有关（张维，2017）。

上述现象在 EPR 1°N 附近玄武岩样品的斜长石中非常普遍（图 2-13 和图 2-14）。这些斜长石成分环带均具有变化较大的 An 值（图 2-13 中：77.61～86.25；图 2-14 中：77.32～83.95），而缺少 FeO 含量从核部到边部的变化，说明温度在斜长石结晶过程中变化很小，因此发生岩浆混合作用的可能性也较小（张维，2017）。

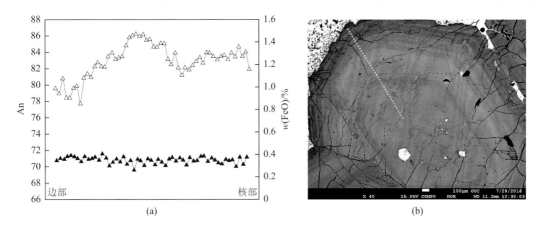

图 2-13　EPR 1°N 附近 1N-07 玄武岩样品中环带斜长石斑晶 2 的成分及背散射图像
（成分数据见表 2-4）（张维，2017）

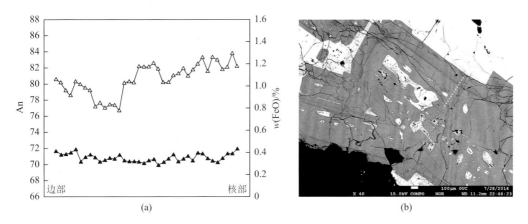

图 2-14　EPR 1°N 附近 1N-06 玄武岩样品中斜长石斑晶的环带 An 值变化范围及背散射图像
（成分数据见表 2-5）（张维，2017）

综上，EPR 1°N 附近玄武岩样品中存在大量的斜长石斑晶，利用电子探针分析这些斜长石斑晶发现，岩浆成分在斜长石结晶过程中并未发生明显变化，说明这些斜长石斑晶是直接从寄主岩浆中结晶出来的，而非捕虏晶。样品中斜长石斑晶具有较高的自形程度，表明其经历了一个较长且稳定的结晶过程，暗示样品采集区深部可能发育有一个稳定的岩浆房。此外，样品采集处为一火山脊（Dietz 火山脊），水深仅 1400～1600m，明显浅于其他样品采集处的水深，而该地区下部的岩浆房成为火山脊形成的潜在物质源区。EPR 1°N 附近的玄武岩样品均为玻璃质，暗示岩浆在上升或喷发过程中经历了快速的冷凝，玄武岩样品中出现类似内核的情况也支持这种推断。此外，玄武岩样品内核和外部玻璃基质的常量元素组成差异很小，表明该地区的岩浆可能发生了剧烈的水下喷发，导致岩浆喷出后快速淬火形成了外部的玻璃质，其内部则因冷凝速率稍缓而形成结晶程度较高的核部（张维，2017）。

（二）EPR 3°S 和 5°S 附近的玄武岩样品

通过镜下观察 EPR 3°S 和 5°S 附近的玄武岩样品，发现其斑晶矿物较小，自形程度较低，不利于对这些样品中的斑晶矿物进行线扫描（张维，2017）。

从 EPR 3°S 和 5°S 附近玄武岩样品的背散射图像可以看出，斑晶矿物以斜长石为主，含少量橄榄石，无辉石斑晶。斜长石斑晶的自形程度较低，不发育环带，与 EPR 1°N 附近玄武岩样品中的斜长石斑晶有差异。此外，EPR 3°S 和 5°S 附近玄武岩样品中的斜长石斑晶有明显差异，EPR 3°S 附近玄武岩中斜长石斑晶有较低的 An 值（54.03～65.50）；而 EPR 5°S 附近玄武岩样品中斜长石斑晶有较高的 An 值，且具有较小的变化范围（84.18～86.22），其他氧化物成分变化也不大，说明该斜长石斑晶形成于相对稳定的环境中（图 2-15）（张维，2017）。

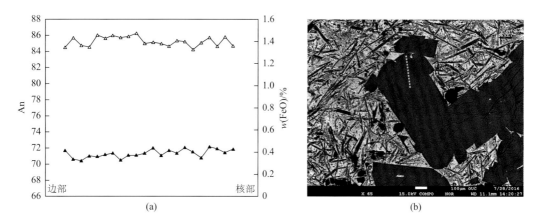

图 2-15　EPR 5°S 附近玄武岩样品中斜长石斑晶的成分变化及背散射图像
（成分数据见表 2-6）（张维，2017）

（三）EPR 1°S 附近的玄武岩样品

EPR 1°S 附近玄武岩样品中的斜长石斑晶可分为以下两类：一类斜长石无成分环带，在 1S-02、1S-06 和 1S-11 样品中比较常见；另一类斜长石发育成分环带，在 1S-07 和 1S-10 样品中比较常见。从矿物化学成分来看，这些样品中斜长石的化学组成差异很大（An 值为 57.57～84.94），有较大的变化范围，即从倍长石变化到拉长石（张维，2017）。

1S-02 样品为玄武岩玻璃质样品，其斑晶矿物以斜长石和橄榄石为主，以橄榄石最为常见，斑晶较大且具有较高的自形程度。1S-02 样品中斜长石有较高含量的 CaO 和较低含量的 Na_2O、Al_2O_3，其 An 值较高且具有较小的变化范围（83.24～84.94），从边部的 83.24 至核部最高的 84.94，仅上升了 1.7，属于倍长石，环带现象不明显（图 2-16）；同时，FeO 含量也具有很小的变化范围（0.38%～0.22%，质量分数）。总而言之，1S-02 样品中斜长石斑晶表现出较小的化学组成变化范围，各元素含量比较稳定，说明在斜长石成长过程中寄主熔体的化学组成变化较小（张维，2017）。

　　1S-06 样品与 1S-11 样品中的斑晶矿物均主要为斜长石，很少见到橄榄石，无辉石斑晶，斑晶矿物的结晶状况较差，矿物较小且破碎。1S-06 样品中斜长石的 An 值（57.57～66.21）较低，1S-11 样品中斜长石的 An 值（68.93～72.63）稍高一些，但均比 1S-02 样品中斜长石的 An 值低，从分类上属于倍长石。1S-06 样品中斜长石具有较高的 FeO 含量（0.52%～0.64%，质量分数），而 1S-11 样品中斜长石有较低的 FeO 含量（0.35%～0.46%，质量分数），两个样品的斜长石均富 Na 而贫 Ca。根据斑晶矿物的大小和自形程度推算，形成 1S-06 与 1S-11 样品的岩浆在岩浆房中经历了较短时间的结晶分异。此外，如果不把斜长石外部的反应边考虑在内，1S-06 和 1S-11 样品中斜长石内部具有较小的化学组成变化范围。例如，1S-06 样品中 7 个测试点的间隔为 10μm，1S-11 样品中 12 个测试点间的间隔也为 10μm，其 An 值最大变化分别为 3.16 和 3.70，FeO 含量的变化也只有约 0.1%（质量分数），说明这两个样品中的斜长石在结晶生长过程中，其寄主岩浆的化学组成保持稳定（张维，2017）。

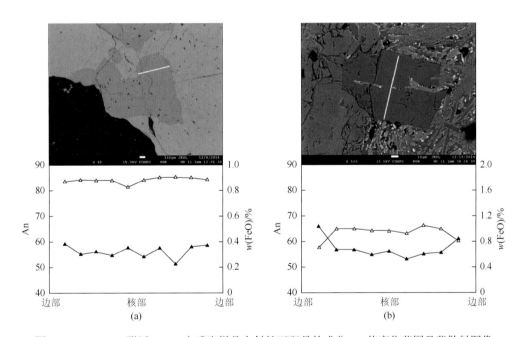

图 2-16　EPR 1°S 附近 1S-02 玄武岩样品中斜长石斑晶的成分 An 值变化范围及背散射图像
（成分数据见表 2-7）（张维，2017）

　　1S-07 和 1S-10 样品中的斜长石与上述样品的差异主要是它们的晶体形态比较完整，斑晶较大，且自形程度较好，说明斜长石在岩浆房内经历了较长时间的结晶分离过程。1S-07 样品中斜长石的化学组成具有较大的变化范围，Na_2O 与 CaO 含量呈现规律性变化，其背散射图像中也表现出明显的韵律环带（图 2-17）。斜长石环带的线扫描结果显示其 An 值为 64.81～81.54，暗色部分的 Na_2O 含量（2.47%～3.96%，质量分数）明显更高，而 CaO 含量（13.25%～15.91%，质量分数）较低，An 值（64.81～77.72）也明显较低，从分类上属拉长石；相比较而言，斜长石环带亮色部分的 An 值（78.60～81.54）较高，从分类上属于倍长石和拉长石，且斜长石内部的 FeO 含量均低于 0.07%（质量分数）（张维，2017）。此外，矿物生长速率主要受控于矿物边界处与熔体的物质交换，如果矿物的结晶速率保持不变，在矿物周围的熔体温度突然下降条件下，元素的扩散受到限制，从而在矿物最边部形成一层化学组成明显不同的冷凝边（Viccaro et al.，2010；Pearce，1994）。大部分样品中的斜长石边部存在 5～8μm 的暗色冷凝边，其 An 值显然比内部低，该暗色冷凝边说明岩浆在斜长石结晶后期发生了快速冷却，可能是岩浆快速上升造成的结果（张维，2017）。

　　总而言之，EPR 1°S 附近玄武岩样品中的斜长石具有较大的 An 值变化范围，从 1S-02 样品具高 An 值（＞80）的倍长石，到 1S-07 样品中的拉长石（An≈75），再到 1S-08 和 1S-11 样品的拉长石（An≈65），最终至 1S-06 样品具有低 An 值（＜60）的拉长石，构成了一个连续的演化序列，也说明 EPR 1°S 附近岩浆的结晶分异过程（张维，2017）。

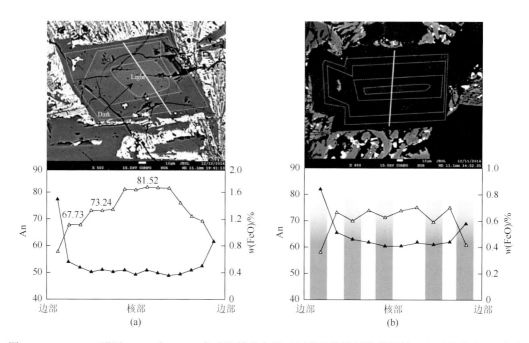

图 2-17　EPR 1°N 附近 1S-07 和 1S-10 玄武岩样品中呈正环带及韵律环带的斜长石斑晶的成分 An 值变化范围及背散射图像（成分数据见表 2-8）（张维，2017）

表 2-3　EPR 1°N 附近 1N-07 玄武岩样品中环带斜长石 1 的电子探针线扫描数据

（张维，2017）　　　　　　　　　　　　　（单位：%）

序号	Na₂O	MgO	Al₂O₃	SiO₂	K₂O	CaO	TiO₂	FeO	MnO	Cr₂O₃	总和
1	1.74	0.14	33.49	47.60	0.01	17.17	0.00	0.38	0.01	0.00	100.54
2	2.01	0.17	33.29	48.20	0.01	17.09	0.02	0.42	0.02	0.00	101.23
3	1.75	0.17	33.68	47.80	0.01	17.08	0.03	0.36	0.01	0.00	100.89
4	1.80	0.15	33.09	47.75	0.00	17.26	0.01	0.41	0.00	0.02	100.49
5	1.92	0.15	33.34	47.95	0.01	17.13	0.00	0.39	0.03	0.03	100.95
6	1.71	0.14	33.84	47.71	0.03	17.46	0.00	0.44	0.01	0.00	101.34
7	1.74	0.14	33.64	47.44	0.02	17.49	0.00	0.31	0.04	0.03	100.85

续表

序号	Na$_2$O	MgO	Al$_2$O$_3$	SiO$_2$	K$_2$O	CaO	TiO$_2$	FeO	MnO	Cr$_2$O$_3$	总和
8	1.67	0.14	33.65	47.58	0.00	17.37	0.05	0.47	0.00	0.01	100.94
9	1.69	0.14	33.27	47.61	0.02	17.38	0.03	0.43	0.00	0.00	100.57
10	1.62	0.12	33.78	47.53	0.00	17.29	0.02	0.40	0.00	0.02	100.78
11	1.81	0.18	33.58	47.55	0.01	16.81	0.00	0.37	0.00	0.00	100.31
12	1.72	0.17	33.59	47.48	0.01	17.30	0.05	0.41	0.00	0.03	100.76
13	1.68	0.16	33.66	47.33	0.00	17.30	0.04	0.36	0.01	0.00	100.54
14	1.79	0.28	33.22	47.39	0.01	17.34	0.03	0.41	0.01	0.00	100.48
15	1.74	0.14	33.75	47.54	0.02	17.49	0.04	0.38	0.01	0.01	101.12
16	1.65	0.15	33.85	47.47	0.03	17.60	0.04	0.36	0.00	0.03	101.18
17	2.16	0.17	33.01	48.78	0.03	16.53	0.02	0.39	0.00	0.00	101.09
18	1.66	0.26	30.97	49.36	0.04	15.86	0.06	0.72	0.02	0.07	99.02
19	2.10	0.24	31.46	49.63	0.04	15.54	0.06	0.57	0.00	0.05	99.69
20	2.71	0.25	29.95	50.95	0.04	14.51	0.08	0.71	0.01	0.03	99.24
21	2.66	0.20	32.12	49.97	0.03	15.60	0.03	0.46	0.02	0.03	101.12
22	3.03	0.23	31.59	50.90	0.00	14.90	0.03	0.40	0.01	0.00	101.09
23	2.95	0.25	30.70	50.90	0.03	14.66	0.02	1.11	0.00	0.03	100.65
24	3.15	0.21	31.40	50.98	0.03	15.12	0.01	0.42	0.00	0.00	101.32
25	2.85	0.22	31.38	50.84	0.00	14.73	0.04	0.42	0.02	0.05	100.51
26	3.01	0.22	31.62	50.98	0.02	14.85	0.00	0.43	0.00	0.00	101.13
27	2.81	0.16	32.12	50.33	0.02	15.29	0.01	0.47	0.01	0.01	101.23
28	2.40	0.18	32.70	49.08	0.03	16.10	0.02	0.41	0.00	0.01	100.93
29	2.40	0.20	32.33	49.31	0.02	16.33	0.03	0.37	0.00	0.04	101.03
30	2.32	0.18	32.70	48.86	0.03	16.70	0.05	0.44	0.00	0.02	101.30
31	2.95	0.20	31.59	50.44	0.02	15.16	0.02	0.43	0.00	0.06	100.87
32	3.16	0.31	29.71	51.94	0.07	14.04	0.08	1.04	0.00	0.03	100.38
33	3.36	0.21	30.74	51.31	0.03	14.27	0.04	0.48	0.00	0.00	100.44
34	3.57	0.26	30.26	51.96	0.02	13.85	0.07	0.49	0.02	0.03	100.53
35	3.35	6.18	17.67	53.82	0.04	12.93	0.98	6.67	0.15	0.03	101.82

表 2-4 EPR 1°N 附近 1N-07 玄武岩样品中环带斜长石 2 的电子探针线扫描数据

（张维，2017） （单位：%）

序号	Na$_2$O	MgO	Al$_2$O$_3$	SiO$_2$	K$_2$O	CaO	TiO$_2$	FeO	MnO	Cr$_2$O$_3$	总和
1	2.24	0.17	32.22	48.93	0.03	16.00	0.05	0.34	0.00	0.00	99.98
2	2.36	0.18	32.50	49.06	0.02	16.07	0.00	0.36	0.03	0.01	100.59
3	2.14	0.21	32.88	48.81	0.01	16.52	0.00	0.36	0.03	0.01	100.97
4	2.43	0.21	32.17	48.98	0.02	16.05	0.04	0.38	0.04	0.03	100.35
5	2.39	0.21	32.10	49.52	0.01	15.66	0.00	0.39	0.03	0.00	100.31
6	2.23	0.17	32.48	49.30	0.01	15.90	0.09	0.38	0.00	0.00	100.56
7	2.24	0.20	32.49	49.17	0.03	16.29	0.05	0.36	0.00	0.00	100.83
8	2.54	0.20	32.15	49.70	0.01	15.96	0.01	0.34	0.02	0.00	100.93
9	2.15	0.18	32.71	48.69	0.00	16.51	0.00	0.38	0.02	0.00	100.64

序号	Na$_2$O	MgO	Al$_2$O$_3$	SiO$_2$	K$_2$O	CaO	TiO$_2$	FeO	MnO	Cr$_2$O$_3$	总和
10	2.09	0.19	32.84	48.61	0.03	16.73	0.03	0.36	0.01	0.00	100.89
11	2.15	0.18	33.02	48.24	0.03	16.61	0.03	0.36	0.03	0.02	100.67
12	2.01	0.17	32.81	48.37	0.00	16.93	0.01	0.38	0.02	0.01	100.71
13	1.93	0.16	33.17	48.50	0.02	16.92	0.03	0.35	0.04	0.01	101.13
14	1.98	0.19	32.88	48.25	0.02	16.80	0.04	0.40	0.00	0.03	100.59
15	2.01	0.16	32.91	48.30	0.00	16.77	0.02	0.37	0.00	0.07	100.61
16	1.83	0.16	33.11	47.54	0.03	17.05	0.02	0.29	0.02	0.01	100.06
17	1.79	0.15	33.38	47.56	0.03	17.31	0.02	0.33	0.00	0.00	100.57
18	1.89	0.20	33.20	47.93	0.02	16.99	0.00	0.36	0.00	0.01	100.60
19	1.89	0.19	33.09	47.53	0.01	17.21	0.00	0.33	0.00	0.00	100.25
20	1.85	0.15	33.32	48.02	0.01	17.02	0.01	0.39	0.00	0.01	100.78
21	1.69	0.16	33.73	47.71	0.01	17.18	0.00	0.31	0.00	0.02	100.81
22	1.57	0.15	33.66	47.26	0.02	17.42	0.01	0.35	0.02	0.00	100.46
23	1.55	0.15	34.14	47.65	0.01	17.40	0.03	0.26	0.00	0.01	101.20
24	1.54	0.16	33.90	47.05	0.01	17.59	0.01	0.36	0.00	0.02	100.64
25	1.59	0.20	33.78	47.21	0.00	17.48	0.00	0.35	0.00	0.00	100.61
26	1.54	0.14	34.08	47.20	0.04	17.69	0.00	0.30	0.03	0.01	101.03
27	1.64	0.12	33.73	47.29	0.02	17.56	0.00	0.36	0.00	0.04	100.76
28	1.61	0.16	33.60	47.55	0.01	17.37	0.01	0.35	0.01	0.00	100.67
29	1.73	0.17	33.39	47.77	0.03	17.30	0.01	0.31	0.02	0.00	100.73
30	1.74	0.11	33.68	47.77	0.02	17.39	0.02	0.36	0.04	0.00	101.13
31	1.68	0.15	33.52	47.72	0.00	17.47	0.02	0.33	0.00	0.00	100.89
32	1.66	0.16	33.66	47.40	0.01	17.29	0.01	0.30	0.01	0.03	100.53
33	1.43	0.22	24.32	47.33	0.03	12.98	0.04	0.47	0.00	0.16	86.98
34	1.97	0.17	33.53	47.84	0.02	16.88	0.02	0.36	0.00	0.00	100.79
35	1.72	0.13	32.52	49.14	0.02	16.52	0.02	0.37	0.00	0.01	100.45
36	2.02	0.15	33.09	48.40	0.01	16.81	0.01	0.34	0.01	0.02	100.86
37	2.11	0.20	32.56	48.67	0.02	16.50	0.01	0.37	0.03	0.02	100.49
38	2.00	0.17	32.98	48.00	0.02	16.76	0.03	0.35	0.00	0.00	100.31
39	2.07	0.18	33.10	48.05	0.01	16.94	0.02	0.30	0.00	0.03	100.70
40	1.95	0.18	32.83	48.29	0.03	16.80	0.00	0.38	0.00	0.00	100.46
41	1.86	0.17	32.63	48.52	0.05	16.61	0.04	0.34	0.00	0.01	100.23
42	1.84	0.18	33.24	47.80	0.02	16.90	0.03	0.35	0.03	0.02	100.41
43	1.96	0.17	32.95	49.52	0.00	16.88	0.02	0.39	0.00	0.03	101.92
44	1.77	0.17	33.22	47.52	0.03	17.07	0.04	0.39	0.05	0.00	100.26
45	1.83	0.15	33.13	47.63	0.00	17.27	0.05	0.34	0.02	0.01	100.43

续表

序号	Na₂O	MgO	Al₂O₃	SiO₂	K₂O	CaO	TiO₂	FeO	MnO	Cr₂O₃	总和
46	1.87	0.19	33.26	47.69	0.01	17.23	0.02	0.37	0.02	0.01	100.67
47	1.87	0.13	33.18	47.92	0.02	16.67	0.03	0.35	0.00	0.01	100.18
48	1.85	0.17	33.27	47.79	0.02	17.13	0.02	0.32	0.01	0.00	100.58
49	1.80	0.17	33.20	47.96	0.00	16.71	0.04	0.31	0.00	0.03	100.22
50	1.90	0.16	33.44	47.84	0.02	16.99	0.01	0.36	0.02	0.04	100.78
51	1.80	0.19	33.40	47.84	0.03	17.32	0.01	0.35	0.00	0.02	100.96
52	1.91	0.18	33.28	48.02	0.01	17.45	0.02	0.36	0.00	0.02	101.25
53	1.72	0.16	33.32	48.06	0.00	17.33	0.01	0.29	0.01	0.00	100.90
54	1.82	0.16	33.28	48.10	0.02	16.64	0.03	0.38	0.02	0.00	100.45
55	1.78	0.16	33.05	48.24	0.02	17.12	0.03	0.31	0.02	0.01	100.74
56	2.03	0.17	32.57	48.84	0.01	16.69	0.00	0.38	0.00	0.00	100.69

表 2-5　EPR 1°N 附近 1N-06 玄武岩样品中斜长石的电子探针线扫描数据

（张维，2017）　　　　　　　　　　　　（单位：%）

序号	Na₂O	MgO	Al₂O₃	SiO₂	K₂O	CaO	TiO₂	FeO	MnO	Cr₂O₃	总和
1	1.94	0.10	33.53	48.66	0.02	16.49	0.01	0.43	0.03	0.00	101.21
2	1.81	0.10	33.54	48.20	0.00	17.09	0.01	0.38	0.00	0.01	101.14
3	1.98	0.11	33.67	48.47	0.03	16.78	0.00	0.38	0.03	0.00	101.45
4	2.03	0.12	33.61	48.53	0.01	16.80	0.00	0.34	0.04	0.06	101.54
5	1.90	0.14	33.71	48.12	0.01	17.02	0.01	0.31	0.03	0.00	101.25
6	1.85	0.07	33.52	48.25	0.00	16.95	0.01	0.32	0.00	0.00	100.97
7	2.06	0.11	33.80	48.39	0.02	16.80	0.01	0.34	0.00	0.04	101.57
8	1.83	0.11	33.38	48.30	0.02	16.82	0.00	0.39	0.01	0.03	100.89
9	1.94	0.08	33.76	48.92	0.01	16.78	0.05	0.39	0.01	0.00	101.94
10	3.09	0.13	31.84	51.27	0.04	14.66	0.00	0.31	0.03	0.01	101.38
11	2.02	0.09	33.65	48.70	0.01	16.70	0.01	0.32	0.00	0.01	101.51
12	2.11	0.07	33.48	49.02	0.01	16.58	0.00	0.36	0.00	0.01	101.64
13	1.98	0.08	33.18	48.42	0.03	16.67	0.00	0.34	0.03	0.01	100.74
14	2.04	0.10	33.21	48.97	0.01	16.41	0.00	0.31	0.00	0.06	101.11
15	2.06	0.13	33.32	49.45	0.01	16.34	0.03	0.38	0.01	0.04	101.77
16	2.18	0.10	33.06	49.28	0.04	16.52	0.03	0.34	0.00	0.02	101.57
17	2.19	0.12	33.34	49.01	0.02	16.44	0.04	0.31	0.03	0.01	101.51
18	2.01	0.10	33.26	48.72	0.01	16.67	0.00	0.28	0.01	0.00	101.06
19	1.91	0.11	33.24	48.58	0.01	16.72	0.00	0.34	0.00	0.03	100.94
20	1.99	0.07	33.22	48.89	0.02	16.86	0.01	0.32	0.00	0.01	101.39
21	1.96	0.12	33.15	48.61	0.00	16.57	0.00	0.30	0.01	0.00	100.72
22	1.96	0.09	33.51	48.68	0.01	16.67	0.02	0.31	0.02	0.07	101.34
23	2.21	0.10	33.24	48.96	0.03	16.65	0.03	0.32	0.01	0.00	101.55
24	2.10	0.12	33.25	48.93	0.03	16.12	0.00	0.32	0.00	0.03	100.90

续表

序号	Na₂O	MgO	Al₂O₃	SiO₂	K₂O	CaO	TiO₂	FeO	MnO	Cr₂O₃	总和
25	2.21	0.11	33.13	48.24	0.01	16.62	0.05	0.32	0.00	0.02	100.71
26	3.09	0.12	31.58	51.21	0.04	14.83	0.00	0.38	0.02	0.01	101.28
27	3.29	2.57	25.85	51.68	0.04	13.40	0.40	3.01	0.05	0.06	100.35
28	2.53	0.11	32.44	49.91	0.04	15.77	0.01	0.38	0.03	0.00	101.22
29	2.44	0.12	32.80	49.71	0.01	15.71	0.07	0.34	0.03	0.02	101.25
30	2.48	0.13	32.82	49.92	0.02	16.06	0.00	0.35	0.00	0.00	101.78
31	2.49	0.11	32.58	49.58	0.03	15.79	0.00	0.33	0.05	0.03	100.99
32	2.40	0.11	32.81	49.65	0.03	15.85	0.01	0.31	0.00	0.00	101.17
33	2.51	0.12	32.77	49.77	0.01	15.92	0.00	0.35	0.02	0.02	101.49
34	2.30	0.13	33.20	48.89	0.02	16.44	0.00	0.38	0.03	0.01	101.40
35	2.25	0.12	32.89	49.12	0.02	16.30	0.00	0.36	0.00	0.02	101.08
36	2.19	0.12	32.87	49.12	0.02	16.35	0.02	0.31	0.00	0.06	101.06
37	2.15	0.13	32.66	48.83	0.02	16.43	0.05	0.43	0.01	0.02	100.73
38	1.76	0.43	21.87	36.83	0.11	10.31	0.08	2.82	0.00	0.08	74.29
39	2.35	0.15	32.83	49.68	0.03	16.14	0.02	0.40	0.00	0.00	101.60
40	2.28	0.13	33.03	49.21	0.01	16.19	0.01	0.38	0.00	0.04	101.28
41	2.16	0.11	33.19	49.28	0.01	16.27	0.02	0.38	0.02	0.01	101.45
42	2.12	0.13	32.80	48.13	0.00	16.28	0.03	0.41	0.05	0.06	100.01
43	3.48	1.85	26.56	51.51	0.03	13.03	0.32	2.11	0.04	0.04	98.97

表 2-6　EPR 5°S 附近玄武岩样品中斜长石的电子探针线扫描数据

（张维，2017）　　　　　　　　　　　　　　　　　　　（单位：%）

序号	Na₂O	MgO	Al₂O₃	SiO₂	K₂O	CaO	TiO₂	FeO	MnO	Cr₂O₃	总和
1	1.74	0.20	33.18	47.68	0.00	17.08	0.02	0.41	0.01	0.00	100.32
2	1.64	0.18	33.62	47.58	0.01	17.77	0.03	0.33	0.01	0.06	101.23
3	1.72	0.20	33.38	47.64	0.02	17.41	0.03	0.32	0.00	0.03	100.75
4	1.75	0.17	33.20	47.45	0.02	17.39	0.00	0.36	0.01	0.03	100.38
5	1.56	0.19	33.25	47.65	0.02	17.49	0.00	0.36	0.03	0.00	100.55
6	1.56	0.18	33.65	46.78	0.02	16.89	0.00	0.37	0.01	0.01	99.47
7	1.59	0.20	33.55	47.33	0.01	17.63	0.01	0.39	0.00	0.01	100.72
8	1.60	0.21	33.60	47.65	0.04	17.67	0.01	0.32	0.00	0.03	101.13
9	1.60	0.21	33.55	47.23	0.02	17.70	0.05	0.37	0.04	0.03	100.80
10	1.54	0.20	33.48	47.26	0.01	17.48	0.00	0.37	0.02	0.02	100.38
11	1.69	0.17	33.28	47.11	0.02	17.40	0.02	0.39	0.00	0.01	100.09
12	1.69	0.19	33.48	47.35	0.01	17.55	0.04	0.43	0.00	0.00	100.74
13	1.69	0.18	33.51	47.26	0.02	17.44	0.05	0.37	0.00	0.00	100.52
14	1.69	0.19	32.75	47.00	0.01	16.84	0.03	0.41	0.02	0.04	98.98
15	1.64	0.17	33.54	47.69	0.01	17.30	0.00	0.39	0.00	0.00	100.74
16	1.66	0.17	33.13	47.48	0.01	17.35	0.01	0.44	0.00	0.00	100.25
17	1.73	0.21	33.35	47.27	0.03	16.81	0.00	0.40	0.00	0.00	99.80

续表

序号	Na₂O	MgO	Al₂O₃	SiO₂	K₂O	CaO	TiO₂	FeO	MnO	Cr₂O₃	总和
18	1.67	0.18	33.52	47.83	0.03	17.40	0.02	0.34	0.02	0.04	101.05
19	1.58	0.19	33.14	47.43	0.00	17.15	0.00	0.45	0.02	0.01	99.97
20	1.75	0.21	33.56	47.32	0.01	17.48	0.03	0.43	0.00	0.00	100.79
21	1.59	0.19	33.43	47.25	0.03	17.57	0.02	0.39	0.02	0.02	100.51
22	1.75	0.20	33.26	48.01	0.00	17.42	0.03	0.42	0.03	0.04	101.16

表 2-7　EPR 1°S 附近 1S-02 玄武岩样品中斜长石的电子探针线扫描数据

（张维，2017）　　　　　　　　（单位：%）

序号	Na₂O	MgO	Al₂O₃	SiO₂	K₂O	CaO	TiO₂	FeO	MnO	Cr₂O₃	总和
1	1.86	0.14	33.27	47.39	0.02	16.82	0.00	0.38	0.00	0.01	99.89
2	1.76	0.12	33.24	47.71	0.04	16.95	0.05	0.30	0.00	0.02	100.19
3	1.76	0.12	33.38	47.47	0.02	16.49	0.00	0.32	0.00	0.01	99.57
4	1.78	0.13	33.15	47.51	0.03	16.72	0.05	0.29	0.00	0.05	99.71
5	2.11	0.14	32.77	46.95	0.07	16.64	0.01	0.35	0.02	0.00	99.06
6	1.77	0.11	33.74	47.83	0.01	16.76	0.07	0.28	0.00	0.03	100.60
7	1.69	0.15	33.48	47.65	0.00	17.01	0.01	0.35	0.01	0.02	100.37
8	1.63	0.16	33.39	47.83	0.03	16.88	0.04	0.22	0.01	0.00	100.19
9	1.69	0.13	33.38	47.55	0.00	16.94	0.01	0.36	0.00	0.01	100.07
10	1.77	0.14	33.47	47.39	0.02	16.90	0.00	0.37	0.01	0.04	100.11
11	4.72	0.40	27.81	54.09	0.15	11.84	0.09	1.03	0.01	0.03	100.17
12	3.90	0.22	29.73	52.05	0.08	13.22	0.05	0.66	0.01	0.06	99.98
13	3.91	0.22	29.62	51.91	0.10	13.29	0.08	0.67	0.02	0.02	99.84
14	4.04	0.22	29.91	52.16	0.09	13.27	0.05	0.59	0.02	0.04	100.39
15	3.99	0.22	29.39	52.63	0.10	13.04	0.06	0.64	0.02	0.04	100.13
16	4.06	0.23	29.49	52.46	0.10	12.74	0.11	0.52	0.00	0.06	99.77
17	3.76	0.23	29.70	51.91	0.11	13.61	0.05	0.60	0.00	0.01	99.98
18	3.99	0.25	29.63	52.09	0.08	13.40	0.03	0.62	0.03	0.07	100.19
19	4.51	0.29	28.20	53.02	0.13	12.57	0.08	0.84	0.00	0.01	99.65

表 2-8　EPR 1°S 附近 1S-07 和 1S-10 玄武岩样品中斜长石的电子探针线扫描数据

（张维，2017）　　　　　　　　（单位：%）

序号	Na₂O	MgO	Al₂O₃	SiO₂	K₂O	CaO	TiO₂	FeO	MnO	Cr₂O₃	总和
1	4.80	0.64	26.47	53.86	0.07	12.01	0.13	1.48	0.02	0.06	99.54
2	3.65	0.23	30.15	50.76	0.05	14.00	0.06	0.56	0.00	0.02	99.48
3	3.66	0.20	30.17	51.46	0.03	13.99	0.01	0.47	0.01	0.01	100.01
4	2.87	0.20	29.70	47.55	0.04	14.23	0.05	0.41	0.03	0.32	95.40
5	3.04	0.16	31.19	49.38	0.03	15.08	0.07	0.44	0.01	0.00	99.40
6	2.97	0.17	31.42	49.67	0.04	15.03	0.02	0.41	0.01	0.00	99.74
7	2.11	0.16	32.82	47.47	0.02	16.39	0.04	0.44	0.03	0.02	99.50

续表

序号	Na₂O	MgO	Al₂O₃	SiO₂	K₂O	CaO	TiO₂	FeO	MnO	Cr₂O₃	总和
8	2.12	0.15	32.73	47.56	0.03	16.37	0.07	0.37	0.00	0.01	99.41
9	2.00	0.16	32.98	47.52	0.03	16.63	0.01	0.44	0.01	0.04	99.82
10	2.02	0.19	32.92	47.33	0.05	16.60	0.04	0.39	0.02	0.00	99.56
11	2.07	0.14	32.63	47.48	0.02	16.60	0.08	0.35	0.00	0.01	99.38
12	2.72	0.21	31.88	49.23	0.03	15.68	0.02	0.38	0.01	0.01	100.17
13	3.29	0.21	30.82	49.90	0.06	14.80	0.05	0.44	0.04	0.01	99.62
14	3.40	0.21	30.35	50.80	0.05	13.97	0.02	0.50	0.00	0.05	99.35
15	4.30	0.39	28.32	53.10	0.03	12.51	0.05	0.86	0.02	0.00	99.58
16	4.67	0.28	28.03	53.18	0.07	11.84	0.04	0.84	0.00	0.04	98.99
17	3.05	0.15	31.51	49.64	0.03	15.18	0.04	0.51	0.00	0.04	100.15
18	3.41	0.16	31.01	50.86	0.02	14.37	0.02	0.46	0.05	0.12	100.48
19	2.96	0.17	31.69	49.43	0.04	15.34	0.06	0.44	0.00	0.00	100.13
20	3.29	0.16	31.40	50.47	0.02	14.79	0.04	0.41	0.00	0.04	100.62
21	2.93	0.17	31.71	50.32	0.03	15.15	0.03	0.41	0.05	0.06	100.86
22	2.80	0.16	31.94	49.10	0.02	15.39	0.04	0.44	0.01	0.01	99.91
23	3.42	0.14	31.15	50.82	0.03	14.17	0.00	0.42	0.02	0.00	100.17
24	2.79	0.15	31.89	49.53	0.04	15.38	0.03	0.44	0.00	0.00	100.25
25	4.47	0.21	29.56	52.78	0.05	12.71	0.00	0.58	0.00	0.08	100.44

二、斑晶橄榄石和单斜辉石的矿物学研究

　　EPR 1°N 附近玄武岩样品中橄榄石斑晶的化学组成比较均一，Fo 值具有较小的变化范围（85.64%～85.99%）；EPR 1°S～2°S 附近玄武岩样品中橄榄石斑晶的化学组成变化也较小，均表现出明显的贫 Fe、富 Mg 的特征，且 Fo 值（80.88%～87.41%）较高。除少数样品的 Fo 和 Fa 比例存在略微差别外，大部分玄武岩样品中橄榄石的化学组成差异不大（表 2-9）。此外，玄武岩样品中高 Fo 值的橄榄石斑晶可能结晶形成于岩浆上升过程中的深度和温度均较高的环境（张维，2017）。

表 2-9　EPR 1°S 附近玄武岩中橄榄石的化学组成[*]（张维，2017）

样品	1S-02	1S-06	1S-07	1S-08	1S-10	1S-11
Na₂O/%	0.04	0.06	0.05	0.04	0.06	0.04
MgO/%	45.26	44.04	46.61	45.26	42.51	43.29
Al₂O₃/%	0.05	0.04	0.04	0.03	0.02	0.03
SiO₂/%	40.72	39.94	40.44	40.10	39.85	39.57
K₂O/%	0.01	0.01	0.00	0.01	0.00	0.00
CaO/%	0.32	0.33	0.30	0.30	0.35	0.33
TiO₂/%	0.01	0.01	0.01	0.01	0.01	0.01
FeO/%	14.26	14.97	11.78	13.80	17.63	15.60
MnO/%	0.24	0.27	0.19	0.25	0.29	0.26

续表

样品	1S-02	1S-06	1S-07	1S-08	1S-10	1S-11
Cr_2O_3/%	0.04	0.05	0.06	0.08	0.05	0.06
总和/%	100.95	99.72	99.48	99.88	100.77	99.19
MgO/FeO	3.17	2.94	3.96	3.28	2.41	2.78
Fo/%	84.76	83.74	87.41	85.16	80.88	82.95
Fa/%	14.98	15.97	12.39	14.57	18.81	16.77
Tp/%	0.26	0.29	0.20	0.26	0.31	0.28

* 表中数值为电子探针测试结果的均值。

通常认为单斜辉石在高压环境下形成，且具有较高的密度，在岩浆上升过程中易因重力作用而从岩浆中分离，即使在岩浆中存留下来，也容易在后期因不稳定而分解。样品中的单斜辉石斑晶比较少见，只在 EPR 1°S～2°S 附近的 1S-10 和 1S-11 玄武岩样品中发现少量具环带的单斜辉石斑晶（图 2-18 和表 2-10）（张维，2017）。

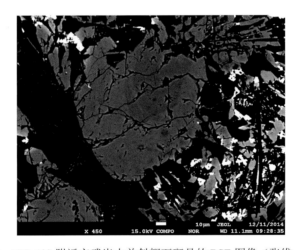

图 2-18　EPR 1°S 附近玄武岩中单斜辉石斑晶的 BSE 图像（张维，2017）

表 2-10　EPR 1°S 玄武岩中单斜辉石斑晶的电子探针线扫描数据
（张维，2017）　　　　　　　　（单位：%）

序号	Na_2O	MgO	Al_2O_3	SiO_2	K_2O	CaO	TiO_2	FeO	MnO	Cr_2O_3	总和
1	0.37	16.02	4.11	51.33	0.01	20.71	0.81	5.16	0.15	1.31	99.98
2	0.35	16.37	4.20	50.65	0.00	20.16	0.89	5.62	0.15	0.76	99.15
3	0.35	16.03	3.70	51.35	0.01	21.07	0.72	4.89	0.14	1.35	99.61
4	0.37	16.05	3.81	51.10	0.00	20.88	0.67	5.07	0.12	1.41	99.48
5	0.28	18.78	1.98	53.27	0.00	18.14	0.42	5.87	0.16	0.78	99.68
6	0.33	15.67	4.08	50.66	0.01	20.72	0.89	5.47	0.10	1.23	99.16
7	0.28	18.35	2.09	52.88	0.00	18.47	0.44	5.68	0.20	0.79	99.18
8	0.22	18.16	2.15	52.79	0.00	18.62	0.53	5.31	0.22	0.79	98.79
9	0.36	17.47	2.17	52.86	0.00	19.92	0.46	5.07	0.18	0.91	99.40

续表

序号	Na₂O	MgO	Al₂O₃	SiO₂	K₂O	CaO	TiO₂	FeO	MnO	Cr₂O₃	总和
10	0.26	17.67	2.03	52.69	0.01	19.57	0.44	5.46	0.18	0.71	99.02
11	0.23	18.01	2.19	52.56	0.00	19.01	0.49	5.83	0.19	0.43	98.94
12	0.31	17.72	2.99	52.12	0.00	18.79	0.75	6.25	0.23	0.60	99.76
13	0.43	14.75	6.55	48.71	0.02	20.47	1.61	6.67	0.12	0.19	99.52

单斜辉石的核部颜色偏深，其轮廓与矿物外部边缘相似。单斜辉石的暗色核部明显富集 Mg 和 Si 元素，而亏损 Al、Ca 和 Ti 元素，在 Fe、Na 等元素含量上差异不大。从矿物分类来说，暗色核部以镁斜方辉石为主，外部浅色部分以硅辉石为主。单斜辉石中化学组成的变化记录了其在结晶过程中，寄主岩浆的温度、压力或化学组成发生了显著变化。鉴于 EPR 深部普遍存在稳定岩浆房，因此岩浆混合作用极有可能是造成矿物化学组成变化的原因。另外，单斜辉石的结晶压力一般较高，这表明在岩浆上升至浅部的迁移过程可能发生岩浆混合作用（张维，2017）。

第五节　玄武岩的常量元素组成研究

一、EPR 13°N 附近

火山岩的常量元素组成对岩浆活动研究有关键作用。其不仅可用来指示岩浆的演化过程，还可用于推算岩浆的熔融压力和部分熔融程度（Niu and Batiza，1991）。

EPR 13°N 附近玄武岩中的 SiO₂ 含量变化不大，为 49.59%～50.57%（质量分数），MgO 含量的变化范围为 7.47%～8.57%（质量分数）（表 2-11），且其 Mg# 值的变化范围为 63.09～68.11，比原始玄武质岩浆的 Mg# 值（72～73）低，这表明岩浆经历了一定程度的结晶分异过程。此外，玄武岩玻璃中的 MgO（7.71%～8.57%，质量分数）、CaO（11.36%～11.74%，质量分数）和 FeO 含量（7.54%～8.30%，质量分数）稍高于基质中相应组分的含量 [MgO（7.47%～8.57%，质量分数）、CaO（11.25%～11.71%，质量分数）和 FeO（7.15%～7.58%，质量分数）]，指示该玄武岩玻璃形成时经历了快速冷凝过程。此外，前人研究表明，K/Ti 值>0.15 的 MORB 被认为是 E-MORB（Sours-Page et al.，2002），本书中玄武岩的 K/Ti 值为 0.10～0.21，且部分玄武岩的 K/Ti 值>0.15，据此可推断，EPR 13°N 附近的洋中脊有 E-MORB 存在（赵慧静，2013）。

表 2-11　EPR 13°N 附近玄武岩的常量元素组成（赵慧静，2013）

样品	E27-m	E29-m	E33-m	E44-m	E46-m	E27-g	E29-g	E33-g	E44-g	E46-g
SiO₂/%	50.54	50.57	50.02	50.41	49.59	50.16	50.36	50.21	50.13	49.77
TiO₂/%	1.59	1.54	1.60	1.53	1.32	1.56	1.55	1.54	1.56	1.27
Al₂O₃/%	14.71	15.19	14.84	15.05	15.93	15.35	15.24	15.16	15.21	15.88
FeOᵀ/%	10.70	10.43	10.87	10.51	9.68	10.68	10.61	10.75	10.66	9.88
MnO/%	0.17	0.17	0.18	0.17	0.16	0.17	0.17	0.18	0.17	0.16

续表

样品	E27-m	E29-m	E33-m	E44-m	E46-m	E27-g	E29-g	E33-g	E44-g	E46-g
MgO/%	7.47	7.62	7.61	7.75	8.57	7.71	7.70	7.75	7.84	8.57
CaO/%	11.49	11.25	11.50	11.28	11.71	11.39	11.36	11.54	11.44	11.74
Na_2O/%	2.66	2.57	2.62	2.58	2.42	2.60	2.58	2.58	2.59	2.50
K_2O/%	0.22	0.23	0.21	0.22	0.10	0.21	0.23	0.15	0.21	0.11
P_2O_5/%	0.16	0.16	0.17	0.17	0.11	0.17	0.17	0.16	0.17	0.12
总和/%	99.71	99.73	99.62	99.67	99.59	100.00	99.97	100.02	99.98	100.00
FeO/%	7.43	7.58	7.72	7.57	7.15	7.98	8.03	8.30	8.01	7.54
$Mg^{\#}$	64.15	64.16	63.71	64.60	68.11	63.26	63.09	62.45	63.55	66.94
Na_{72}/%	2.55	2.46	2.51	2.48	2.35	2.48	2.45	2.44	2.47	2.42
Ca_{72}/%	11.86	11.50	11.76	11.44	11.42	11.58	11.56	11.70	11.54	11.45
Al_{72}/%	15.45	15.93	15.65	15.71	16.05	16.24	16.15	16.18	16.05	16.17
Fe_{72}/%	6.48	6.63	6.73	6.66	6.57	6.94	6.97	7.18	7.00	6.84
K/Ti	0.19	0.21	0.18	0.20	0.10	0.19	0.21	0.13	0.19	0.12
CaO/Al_2O_3	0.78	0.74	0.77	0.75	0.74	0.74	0.75	0.76	0.75	0.74

根据岩浆结晶分异的趋势，要将不同演化程度的岩浆校正到特定的 MgO 含量以便进行对比分析研究。Na_8 和 Fe_8 是将岩浆熔融体中 Na_2O 和 FeO 含量校正到 $w(MgO) = 8\%$ 的结果，曾被广泛地用来示踪洋中脊下地幔熔融程度和压力（Klein and Langmuir，1987）。近期研究表明 $Mg^{\#} = 72$ 是一个比 $w(MgO) = 8\%$ 更加合理的校正标准，而且 Fe_{72}、Ca_{72}、Na_{72} 和 Al_{72} 能更好地指示部分熔融程度（Niu and O'Hara，2008；Niu et al.，1999）。图 2-19（a）中记录地幔部分熔融程度的 Ca_{72}/Al_{72} 值与 Na_{72} 呈正相关关系，说明岩浆中 Na 含量随着地幔的部分熔融程度的增加而增加（Niu and Batiza，1991）。图 2-19（b）中，Fe_{72} 和 Na_{72} 值呈负相关关系，则说明 Na_{72} 所指示的地幔部分熔融程度随着 Fe_{72} 所指示的地幔熔融深度的降低而增加，即位置越浅，地幔部分熔融程度越高。这些特征均表明研究区中的玄武岩来源于不同深度的地幔物质熔融，且经历了不同的部分熔融过程（赵慧静，2013）。

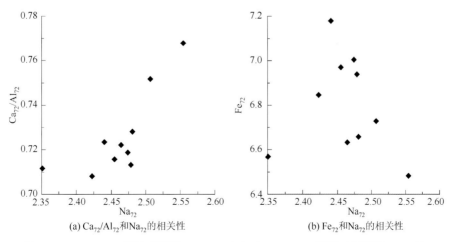

(a) Ca_{72}/Al_{72}和Na_{72}的相关性   (b) Fe_{72}和Na_{72}的相关性

图 2-19　EPR 13°N 附近玄武岩 Na_{72}-Ca_{72}/Al_{72} 与 Na_{72}-Fe_{72} 图解（赵慧静，2013）

为了更直观地反映玄武岩岩浆的演化特征，将玄武岩样品的 MgO 含量与其他氧化物 [包括 SiO_2、Al_2O_3、$Fe_2O_3^T$（FeO^T）、CaO、Na_2O 和 TiO_2] 含量进行作图（图 2-20）。由此可见，Al_2O_3 和 CaO 含量随着 MgO 含量的降低而降低，指示随岩浆的演化，斜长石从岩浆中结晶并分离出来。玄武岩样品中 MgO 含量与 SiO_2、$Fe_2O_3^T$ 含量呈负相关关系，则指示随岩浆的演化，岩浆中 Fe 逐渐富集而 Mg 逐渐亏损，表明橄榄石发生了结晶。玄武岩样品中 Na_2O 和 TiO_2 含量均与 MgO 含量呈负相关关系，说明 Na 和 Ti 在岩浆演化早期均为不相容元素（赵慧静，2013）。基于此，玄武岩中常量元素之间的相关关系说明玄武岩处于斜长石＋橄榄石（Plag＋Olv）的共结晶阶段，而单斜辉石还未发生结晶，其与玄武岩薄片中观察到的斜长石＋橄榄石斑晶矿物组合是相吻合的，表明该区玄武质岩浆主要经历了低压分离结晶作用，这与地球物理资料揭示的该区存在浅部岩浆房（1～2km）这一结论相一致（Harding et al.，1989；Macdonald and Fox，1988）。

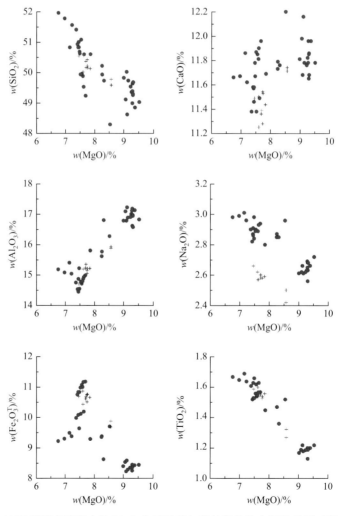

图 2-20　EPR13°N 附近玄武岩中的 MgO 含量及其与其他氧化物之间的关系（赵慧静，2013）

＋为此次研究的岩石样品；●为来自张国良（2010）的岩石样品

CaO/Al₂O₃ 值对于玄武岩的岩浆演化也具有重要的指示意义，其与 MgO 含量常表现出一定的相关关系，可以用来指示不同压力下矿物的结晶分异过程（Roux et al.，2002；Roex et al.，1996）。图 2-21 显示玄武岩样品的 CaO/Al₂O₃ 值与 MgO 含量呈负相关关系，也说明 EPR 13°N 附近的玄武质岩浆经历了橄榄石 + 斜长石的共结晶过程（赵慧静，2013）。

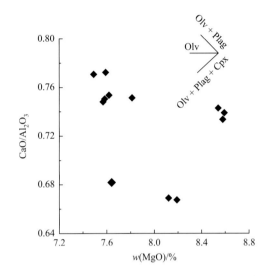

图 2-21　EPR 13°N 附近玄武岩中 CaO/Al₂O₃ 值与 MgO 含量的关系

数据来源于赵慧静，2013；其中，Cpx 代表单斜辉石

总之，从 EPR 13°N 附近玄武岩的常量元素组成结果可以看出，玄武岩的岩浆起源于不同的深度、经历了不同程度的部分熔融过程，在玄武质岩浆演化过程中发生了橄榄石+斜长石的共结晶过程（赵慧静，2013）。

二、EPR 1°N、1°S、3°S 和 5°S 附近

表 2-12 给出了 EPR 1°N、1°S、3°S 和 5°S 附近玄武岩的常量元素组成分析结果。EPR 1°N 附近的玄武岩具有较低的 SiO₂ 含量（48.84%～49.12%，质量分数）和变化较大的 TiO₂ 含量（1.17%～2.02%，质量分数），其 K₂O 含量（0.32%～0.35%，质量分数）明显高于 3°S 和 5°S 附近玄武岩的值（K₂O=0.15%～0.21%，质量分数），K/Ti 值（0.26～0.38）也比较高。相比而言，EPR 1°S 附近玄武岩的常量元素组成则呈现出较大的变化范围，但其 SiO₂ 和 Na₂O + K₂O 含量的变化范围均较小（48.85%～50.08% 和 2.91%～3.44%，质量分数），致使其在 TAS 图上的投点分布在一个相对狭窄的区域内（图 2-22）。此外，1S-07 样品具有最高含量的 Al₂O₃ 和 MgO（分别为 16.90%～17.14% 和 7.80%～8.61%，质量分数），但其 FeOᵀ 含量较低（8.62%～8.77%，质量分数），与前人报道的 EPR 1°N 附近（于淼，2013）和加拉帕戈斯扩张中心（Eason and Sinton，2006）的高铝玄武岩组成相似。进一步，1S-06 和

1S-11 样品的不相容元素的含量较高（在地幔熔融过程中），如 K_2O（0.27%～0.39%，质量分数）和 P_2O_5（0.13%～0.19%，质量分数），所以其 K/Ti 值也明显高于 1S-02 和 1S-10 两个样品的值（0.12～0.15）。其他样品（1S-02 和 1S-10）的常量元素组成介于 1S-06 和 1S-11 样品之间。同时，EPR 3°S 附近的两个玄武岩样品的化学组成相对一致，具有相似的 MgO（6.52%～6.69%，质量分数），TiO_2（1.30%～1.49%，质量分数）和 SiO_2 含量（50.62%～50.82%，质量分数），但其 Al_2O_3 含量偏低（13.84%～14.19%，质量分数）。尽管如此，EPR 5°S 附近的两块玄武岩样品则具不同的化学组成（表 2-12），其 MgO、Al_2O_3 和 TiO_2 含量差异明显（张维，2017）。

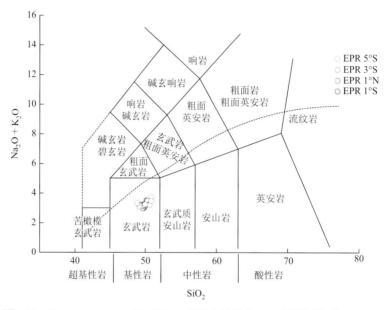

图 2-22　EPR 1°N、1°S、3°S 和 5°S 附近玄武岩的 TAS 图解（张维，2017）

图中虚线代表碱性与钙碱性系列分界线，据 Rollinson，1993

表 2-12　EPR 1°N、1°S、3°S 和 5°S 玄武岩的常量元素组成（张维，2017）

区域	样品号	SiO₂/%	TiO₂/%	Al₂O₃/%	FeOᵀ/%	MnO/%	MgO/%	CaO/%	K₂O/%	Na₂O/%	P₂O₅/%	总和/%	K/Ti
	1N-05	49.12	1.17	15.75	7.65	0.19	7.19	11.39	0.32	3.04	0.14	95.96	0.38
1°N	1N-06	49.11	2.02	18.11	6.40	0.16	6.30	12.18	0.35	2.97	0.12	97.72	0.24
	1N-07	48.84	1.86	15.89	7.51	0.18	7.23	11.32	0.35	3.19	0.14	96.51	0.26
	1S-02-1	48.85	1.48	15.91	10.29	0.17	7.49	11.29	0.15	3.02	0.15	98.80	0.14
	1S-02-2	49.20	1.49	15.69	10.30	0.17	7.34	11.15	0.15	3.04	0.14	98.67	0.14
	1S-02-3	49.01	1.47	15.78	10.28	0.17	7.34	11.17	0.15	2.99	0.14	98.50	0.14
1°S	1S-02-4	49.29	1.47	15.85	10.32	0.17	7.27	11.28	0.15	3.01	0.15	98.96	0.14
	1S-06-1	49.97	1.55	15.48	10.11	0.17	6.94	11.11	0.39	2.93	0.19	98.84	0.35
	1S-06-2	50.08	1.55	15.46	10.15	0.17	6.98	11.11	0.38	2.94	0.19	99.01	0.34
	1S-07-1	49.12	1.15	17.14	8.62	0.14	7.80	11.33	0.12	2.83	0.11	98.36	0.14

续表

区域	样品号	SiO$_2$/%	TiO$_2$/%	Al$_2$O$_3$/%	FeO^T/%	MnO/%	MgO/%	CaO/%	K$_2$O/%	Na$_2$O/%	P$_2$O$_5$/%	总和/%	K/Ti
	1S-07-2	49.47	1.15	16.90	8.77	0.14	8.61	11.23	0.08	2.85	0.11	99.31	0.10
	1S-07-3	49.11	1.15	17.10	8.74	0.14	8.25	11.30	0.12	2.79	0.11	98.81	0.14
1°S	1S-10-1	49.37	1.78	14.75	11.55	0.19	6.44	10.70	0.19	3.24	0.18	98.39	0.15
	1S-10-2	49.85	1.81	14.71	11.64	0.19	6.45	10.83	0.16	3.28	0.16	99.08	0.12
	1S-11-1	49.74	1.49	15.53	9.95	0.16	7.13	11.29	0.29	2.84	0.13	98.55	0.27
	1S-11-2	49.80	1.47	15.60	9.95	0.16	7.26	11.29	0.27	2.88	0.14	98.82	0.25
3°S	3S-03	50.82	1.30	14.19	8.34	0.20	6.52	10.37	0.15	3.10	0.19	95.18	0.16
	3S-04	50.62	1.49	13.84	8.64	0.21	6.69	10.7	0.17	2.95	0.15	95.46	0.16
5°S	5S-01	50.01	1.75	15.65	7.29	0.18	7.94	10.76	0.21	2.90	0.12	96.81	0.17
	5S-02	50.87	1.54	13.07	9.53	0.22	5.94	9.80	0.18	3.38	0.19	94.72	0.16

在 TAS 图上（图 2-22），EPR 1°N、1°S、3°S 和 5°S 附近的玄武岩样品均集中投点于玄武岩区内，里特曼（Rittman）指数为 1.31～1.93，且 MgO 含量（5.94%～7.94%，质量分数）和 Mg$^\#$值（40.7～53.1）的变化范围较大，属于钙碱性系列（图 2-22 和图 2-23）。总而言之，EPR 1°N、1°S、3°S 和 5°S 附近所有玄武岩样品的常量元素组成特征与典型 MORB 相似，均表现出贫 K$_2$O 和 TiO$_2$ 的特征（张维，2017）。

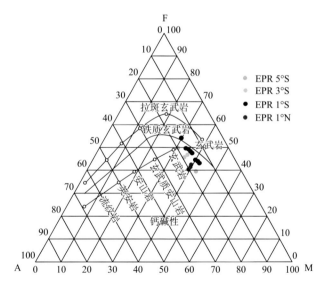

图 2-23　EPR 1°N、1°S、3°S 和 5°S 附近玄武岩的 AFM 图解（A = Na$_2$O + K$_2$O；F = FeO^T；
M = MgO）（张维，2017）

上述研究结果与前人对本区玄武岩的认识基本一致。于淼（2013）对 EPR 1°N、3°S 和 5°S 附近 MORB 的化学分析结果表明，其常量元素含量的变化范围较大（表 2-13）；且与 3°S 和 5°S 附近的玄武岩相比，1°N 附近的玄武岩样品具有较高含量的 Al$_2$O$_3$（15.75%～

17.77%，质量分数）和 K_2O（0.17%～0.38%，质量分数），以及较低含量的 TiO_2（1.24%～1.47%，质量分数）和 MgO（6.30%～7.38%，质量分数）。此外，Eason 和 Sinton（2006）曾经报道过加拉帕戈斯扩张中心的高 Al、高 Mg 玄武岩（$Al_2O_3 > 17\%$，$MgO > 8\%$，质量分数），其模拟实验结果表明，此类玄武岩可能是岩浆演化早期的产物，未经历明显的岩浆上升过程。此外，因岩浆处于高温高压环境下，结晶相以橄榄石和单斜辉石为主，斜长石结晶还比较少（张维，2017）。

表 2-13 EPR 1°N、3°S 和 5°S 玄武岩的常量元素组成（于淼，2013）

区域	样品号	SiO_2/%	TiO_2/%	Al_2O_3/%	FeO^T/%	MnO/%	MgO/%	CaO/%	K_2O/%	Na_2O/%	P_2O_5/%	总和/%	K/Ti
1°N	EPR1	50.91	1.37	16.64	8.41	0.16	7.04	11.55	0.38	2.89	0.13	99.48	0.38
	EPR2	50.59	1.47	15.75	9.65	0.17	7.38	11.50	0.18	2.96	0.13	99.78	0.17
	EPR3	51.05	1.24	17.65	8.19	0.14	6.30	12.18	0.17	2.81	0.11	99.84	0.19
	EPR4	50.84	1.27	17.77	7.95	0.14	6.33	12.32	0.17	2.90	0.11	99.80	0.19
3°S	EPR7	51.88	1.26	14.36	9.93	0.17	8.03	11.63	0.10	2.38	0.09	99.83	0.11
	EPR8	51.32	1.90	13.93	11.60	0.19	6.77	10.73	0.34	2.83	0.18	99.79	0.25
	EPR9	51.99	1.53	13.78	11.07	0.19	7.30	11.14	0.14	2.62	0.12	99.88	0.13
	EPR10	51.47	1.99	13.24	12.99	0.21	6.50	10.26	0.21	2.79	0.16	99.82	0.15
	EPR11	52.11	1.52	13.89	10.39	0.19	7.81	11.20	0.18	2.49	0.11	99.89	0.16
	EPR12	51.31	1.93	12.82	13.99	0.21	6.50	10.14	0.13	2.68	0.15	99.86	0.09
	EPR13	51.66	1.80	13.82	11.47	0.20	6.97	10.78	0.22	2.80	0.14	99.86	0.17
	EPR14	51.05	1.39	14.51	10.08	0.18	8.06	11.80	0.12	2.54	0.10	99.83	0.12
5°S	EPR15	50.75	1.28	15.61	8.97	0.17	8.51	11.88	0.13	2.45	0.10	99.85	0.14
	EPR16	51.04	1.99	13.48	12.76	0.21	6.74	10.53	0.21	2.74	0.17	99.84	0.13
	EPR17	50.90	1.34	14.83	10.10	0.17	8.38	11.45	0.17	2.35	0.11	99.80	0.18
	EPR18	50.59	2.02	13.89	12.19	0.20	7.26	10.80	0.17	2.59	0.17	99.88	0.12

综合本书的分析数据与以往研究结果，发现 EPR 各区玄武岩的 SiO_2、TiO_2、Al_2O_3、Na_2O、K_2O 和 CaO 含量等均与 MgO 含量表现出良好的线性关系，但各地区之间存在一定的差异（图 2-24）（张维，2017）。在 EPR 1°S 附近，在岩浆演化的早期（$MgO > 7.9\%$，质量分数），其 Al_2O_3 含量与 MgO 含量呈负相关性，即 Al_2O_3 含量随 MgO 含量降低而增加，表明该阶段橄榄石是主要的结晶相；随着岩浆演化的进行（$MgO < 7.9\%$，质量分数），Al_2O_3 含量与 MgO 含量之间转变为正相关关系，这可能与斜长石的结晶有关。CaO 含量与 MgO 含量之间也呈现类似的变化特征，当玄武岩样品的 $MgO > 7.3\%$（质量分数）时，CaO 含量与 MgO 含量之间表现出负相关关系，说明该时期的岩浆发

生分离结晶时主要形成橄榄石斑晶矿物；而当 MgO<7.3%（质量分数）时，CaO 含量与 MgO 含量之间表现为正相关关系，意味着斜长石和单斜辉石在该阶段可能同时从岩浆中结晶，使得岩浆中的 CaO 含量快速降低。如表 2-12 所示，1S-07 样品的 MgO 含量较高，主要被橄榄石和单斜辉石的结晶控制；1S-02 和 1S-10 样品位于拐点位置，表明在该岩浆演化阶段已形成斜长石斑晶矿物；1S-06 和 1S-11 样品的 MgO 含量较低，则说明岩浆中已发生大量斜长石的结晶（张维，2017）。

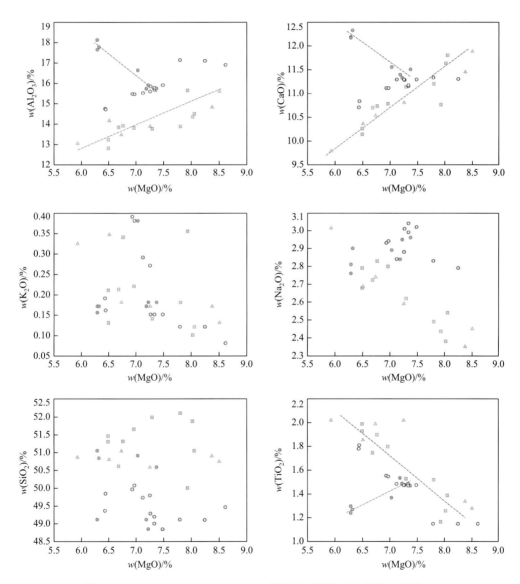

图 2-24　EPR 1°N、1°S、3°S 和 5°S 附近玄武岩的哈克图解（张维，2017）

为 EPR 1°N 附近玄武岩；为 EPR 1°S 附近玄武岩；为 EPR 3°S 附近玄武岩；为 EPR 5°S 附近玄武岩（下同）

　　EPR 3°S 和 5°S 附近玄武岩样品的 MgO 含量与 Al_2O_3、CaO 含量始终表现出正相关关系，从而指示了单斜辉石和斜长石的结晶。当 MgO 含量不变时，EPR 1°S 附近的玄武岩样品中 Al_2O_3 和 CaO 含量比 EPR 3°S 和 5°S 附近玄武岩样品的含量更高。同时，EPR 1°N 附近的岩浆演化模式明显不同于 EPR 1°S、3°S 和 5°S。EPR 1°N 附近玄武岩的 MgO 含量低于 7.5%（质量分数），Al_2O_3 和 CaO 含量较高且与 MgO 含量呈负相关关系，表明在 EPR 1°N 附近的岩浆演化过程中只结晶了橄榄石，未发现单斜辉石和斜长石的大量结晶。此外，EPR 1°N 附近玄武岩样品中 MgO 与 TiO_2 含量的变化与其他区域的样品明显不一致；而且，随着 MgO 含量的下降，TiO_2 含量也有连续下降的趋势，这与钛磁铁矿的结晶过程可能相关（张维，2017）。

第六节　玄武岩的微量元素组成研究

一、EPR 13°N 附近玄武岩的微量元素组成及其地质意义

　　表 2-14 和表 2-15 为 EPR 13°N 附近玄武岩样品的微量元素组成及比值。本书对玄武岩样品的 REE 数据进行了球粒陨石标准化处理（Boynton，1983），结果如图 2-25 所示，与 Sun 和 McDonough(1989)的 E-MORB 和 N-MORB 数据对比，大多数 EPR 13°N 附近的玄武岩样品的稀土元素配分模式与 N-MORB 的相似；样品 E40-m 具有轻微的轻稀土元素富集（如 La、Ce 和 Pr），而 REE 总量表现出一定的差异性，这可能与岩浆发生的不同程度结晶分异有关，也就是说随着岩浆演化程度的增加，REE 作为不相容元素在熔体中不断富集（赵慧静，2013）。

（一）玄武岩的地球化学类型

　　Sun 和 McDonough（1989）将大洋玄武岩分为 La/Nb＞1.0 的 N-MORB 和 La/Nb＜1.0 的 E-MORB 及 0.6＜La/Nb＜0.7 的 HIMU 型洋岛玄武岩（OIB）。EPR 13°N 附近站位的大多数玄武岩样品的 La/Nb 值大于 1.0，而 E29 和 E44 站位玄武岩样品的 La/Nb 值约为 1.0 或稍小于 1.0，表明该研究区域的玄武岩样品大多为 N-MORB 型，但也存在少量 E-MORB 型玄武岩样品，这与玄武岩在 REE 标准化配分模式图上所表现的特征有一致性（图 2-25）（赵慧静，2013）。

　　据以往研究可知，MORB 的不相容元素比值通常有明显的差异。例如，典型 N-MORB 的 Zr/Nb 值＞30，Y/Nb 值＞10，$(La/Sm)_N$ 值＜0.75，而典型 E-MORB 的 Zr/Nb 值为 6～19，Y/Nb 值为 0.9～11.0，$(La/Sm)_N$ 值≥1.0（Roux et al.，2002；Smith et al.，1998；Sun and McDonough，1989；Roex et al.，1987）。EPR 13°N 附近玄武岩样品的 Zr/Nb 值为 22.06～44.19，Y/Nb 值为 5.24～13.23，$(La/Sm)_N$ 值为 0.598～1.02，从而证实该区的玄武岩以 N-MORB 为主，但也有 E-MORB 出现（赵慧静，2013）。

表 2-14 EPR 13°N 附近玄武岩的微量元素组成（赵慧静，2013）

（单位：μg·g⁻¹）

样品号	La	Ce	Pr	Nd	Sm	Eu	Gd	Tb	Dy	Ho	Er	Tm	Yb	Lu	Y	Zr	Nb	Ta	Pb	Th	U
E11-m	4.26	12.9	2.09	11.0	3.78	1.43	4.09	0.97	5.60	1.28	3.35	0.55	3.33	0.50	31.5	114.50	3.48	0.22	0.48	0.22	0.11
E13-m	4.20	12.4	2.03	10.9	3.55	1.32	3.80	0.85	5.07	1.16	3.11	0.50	3.03	0.46	29.4	110.02	3.33	0.21	0.45	0.21	0.14
E15-m1	2.99	9.14	1.54	8.26	2.80	1.07	2.93	0.69	4.01	0.92	2.48	0.40	2.41	0.36	23.3	83.66	2.11	0.13	0.34	0.14	0.05
E15-m2	4.66	14.0	2.23	11.9	3.98	1.52	4.30	0.95	5.66	1.28	3.37	0.57	3.40	0.50	33.0	124.58	3.78	0.23	0.53	0.23	0.14
E20-m1	3.12	9.55	1.56	8.59	2.94	1.14	3.09	0.70	4.23	0.96	2.59	0.42	2.53	0.37	24.5	88.66	2.09	0.14	0.38	0.13	0.09
E20-m2	2.90	9.07	1.54	8.18	2.73	1.05	3.02	0.69	4.00	0.96	2.51	0.40	2.49	0.37	23.6	84.65	2.03	0.12	0.41	0.13	0.06
E27-m1	5.07	14.5	2.30	12.1	4.01	1.45	4.20	0.95	5.60	1.28	3.35	0.55	3.32	0.51	32.5	128.08	4.12	0.25	0.64	0.25	0.10
E27-m2	3.76	11.3	1.85	9.50	3.23	1.23	3.45	0.80	4.57	1.04	2.77	0.44	2.78	0.41	26.6	101.69	2.72	0.17	0.47	0.17	0.07
E29-m1	5.74	15.8	2.44	12.6	3.92	1.41	4.11	0.90	5.26	1.20	3.27	0.52	3.11	0.47	30.7	126.94	5.63	0.32	0.62	0.34	0.13
E29-m2	5.72	15.7	2.45	12.4	3.87	1.35	4.09	0.90	5.27	1.19	3.29	0.51	3.16	0.48	30.7	126.70	5.69	0.32	0.59	0.35	0.13
E31-m1	2.99	9.30	1.62	8.83	3.06	1.12	3.26	0.72	4.49	1.05	2.82	0.45	2.72	0.41	26.6	89.57	2.05	0.12	0.36	0.12	0.12
E31-m2	2.83	9.09	1.57	8.36	2.90	1.08	3.18	0.72	4.26	1.02	2.77	0.43	2.65	0.41	25.3	85.67	1.93	0.12	0.42	0.13	0.09
E33-m1	4.97	14.4	2.32	12.2	3.93	1.38	4.23	0.95	5.67	1.29	3.53	0.56	3.42	0.50	33.2	127.27	4.27	0.26	0.56	0.26	0.14
E33-m2	4.16	12.5	2.07	10.9	3.76	1.37	4.05	0.91	5.55	1.27	3.43	0.54	3.38	0.51	32.5	114.15	3.30	0.20	0.47	0.21	0.09
E40-m	8.97	25.5	3.96	18.9	5.55	1.89	5.73	1.21	6.89	1.61	4.37	0.65	4.08	0.63	39.6	202.39	8.30	0.47	1.12	0.57	0.20
E42-m1	5.06	14.6	2.39	12.2	3.96	1.37	4.13	0.91	5.44	1.29	3.56	0.55	3.37	0.52	32.3	129.04	4.21	0.25	0.56	0.26	0.15
E42-m2	5.03	14.7	2.34	12.0	3.95	1.40	4.28	0.94	5.55	1.28	3.46	0.53	3.36	0.50	32.8	129.26	4.18	0.25	0.60	0.26	0.12
E44-m1	5.32	15.0	2.40	11.7	3.67	1.30	3.96	0.82	4.90	1.18	3.16	0.49	2.96	0.46	28.6	120.62	5.46	0.31	0.54	0.33	0.15
E44-m2	5.26	14.3	2.27	11.5	3.59	1.26	3.70	0.81	4.80	1.11	3.04	0.48	2.83	0.43	28.0	115.44	5.23	0.30	0.53	0.32	0.14
E46-m	2.89	8.98	1.55	8.60	2.92	1.05	3.19	0.73	4.43	1.02	2.78	0.44	2.62	0.40	25.9	86.39	1.99	0.13	0.35	0.12	0.07
E15-g1	3.09	9.36	1.55	8.30	2.84	1.05	2.98	0.70	4.11	0.93	2.51	0.40	2.42	0.36	23.6	84.36	2.12	0.13	0.36	0.13	0.05
E15-g2	3.57	10.7	1.76	9.31	3.17	1.17	3.47	0.79	4.53	1.05	2.80	0.44	2.69	0.41	26.4	96.16	2.67	0.16	0.41	0.16	0.06
E27-g1	5.65	15.6	2.44	12.1	3.80	1.40	4.09	0.92	5.13	1.20	3.21	0.50	3.13	0.47	29.6	124.33	5.58	0.32	0.55	0.35	0.13
E27-g2	5.73	15.9	2.49	12.4	3.89	1.39	4.10	0.90	5.18	1.23	3.26	0.50	3.16	0.48	30.4	126.72	5.70	0.33	0.55	0.35	0.13
E29-g1	5.68	15.7	2.46	12.2	3.84	1.37	4.03	0.87	5.12	1.22	3.24	0.51	3.10	0.47	30.4	125.81	5.66	0.32	0.58	0.34	0.13

续表

样品号	La	Ce	Pr	Nd	Sm	Eu	Gd	Tb	Dy	Ho	Er	Tm	Yb	Lu	Y	Zr	Nb	Ta	Pb	Th	U
E29-g2	5.79	16.0	2.45	12.6	4.02	1.45	4.21	0.92	5.34	1.23	3.14	0.52	3.17	0.47	31.2	128.67	5.81	0.33	0.61	0.35	0.13
E33-g1	4.66	13.5	2.24	11.4	3.93	1.39	4.25	0.95	5.51	1.31	3.51	0.55	3.44	0.53	32.9	120.06	3.69	0.22	0.49	0.24	0.09
E33-g2	4.90	14.0	2.23	12.0	3.97	1.41	4.30	0.95	5.71	1.31	3.48	0.57	3.50	0.52	33.6	123.84	3.94	0.24	0.51	0.24	0.09
E42-g	6.34	18.4	2.86	14.4	4.45	1.58	4.79	1.06	5.95	1.38	3.62	0.58	3.57	0.55	34.1	151.18	5.64	0.33	0.62	0.36	0.13
E44-g1	5.64	15.3	2.37	12.2	3.83	1.36	4.04	0.85	5.13	1.17	3.15	0.51	3.06	0.46	29.7	122.76	5.51	0.33	0.57	0.33	0.13
E44-g2	5.91	16.3	2.49	12.4	4.04	1.48	4.26	0.96	5.46	1.24	3.23	0.52	3.23	0.48	31.1	129.30	5.75	0.35	0.55	0.35	0.13
E46-g1	3.23	9.75	1.68	9.06	3.08	1.14	3.33	0.74	4.51	1.05	2.81	0.45	2.74	0.42	26.5	91.43	2.36	0.15	0.35	0.14	0.05
E46-g2	2.97	9.28	1.62	8.70	3.05	1.15	3.38	0.74	4.50	1.05	2.79	0.45	2.71	0.41	26.7	89.48	2.02	0.13	0.31	0.12	0.05
平行样品																					
E29-m2'	5.37	14.7	2.34	11.7	3.64	1.33	3.86	0.84	4.90	1.15	3.11	0.48	2.92	0.45	28.9	121.54	5.43	0.31	0.55	0.33	0.12
E46-m'	2.68	8.65	1.47	7.95	2.82	1.04	3.10	0.74	4.21	0.97	2.60	0.41	2.57	0.38	24.5	82.89	1.85	0.12	0.34	0.11	0.07
E44-g1'	5.77	15.5	2.41	12.5	3.89	1.38	4.13	0.85	5.28	1.19	3.18	0.52	3.12	0.46	30.3	125.32	5.71	0.33	0.54	0.35	0.13

表 2-15　EPR 13°N 附近玄武岩中的微量元素比值（赵慧静，2013）

样品号	Zr/Nb	Y/Nb	Tb/Lu	Sm/Nd	Nd/Y	La/Nb	Ce/Pb	Nb/U	Nb/Ta	Nb/La	Nb/Th	Ta/U	Nb*	Ta*
E11-m	32.87	9.04	1.94	0.34	0.35	1.22	26.87	32.43	16.02	0.82	15.79	2.02	1.88	1.04
E13-m	33.02	8.82	1.87	0.33	0.37	1.26	27.70	23.50	16.13	0.79	16.02	1.46	1.91	0.75
E15-m1	39.66	11.03	1.94	0.34	0.35	1.42	27.00	38.61	16.25	0.70	15.62	2.38	1.86	1.22
E15-m2	32.97	8.72	1.90	0.33	0.36	1.23	26.50	27.48	16.79	0.81	16.32	1.64	1.95	0.84
E20-m1	42.50	11.73	1.88	0.34	0.35	1.50	24.95	23.73	15.19	0.67	16.35	1.56	1.95	0.80
E20-m2	41.73	11.61	1.88	0.33	0.35	1.43	22.05	31.88	16.67	0.70	15.91	1.91	1.90	0.98
E27-m1	31.12	7.89	1.87	0.33	0.37	1.23	22.65	39.99	16.54	0.81	16.56	2.42	1.97	1.24
E27-m2	37.32	9.75	1.98	0.34	0.36	1.38	24.34	37.01	16.04	0.72	15.77	2.31	1.88	1.18
E29-m1	22.56	5.46	1.91	0.31	0.41	1.02	25.30	42.29	17.60	0.98	16.49	2.40	1.97	1.23
E29-m2	22.26	5.39	1.89	0.31	0.40	1.00	26.48	43.13	17.51	1.00	16.16	2.46	1.93	1.26
E31-m1	43.77	12.98	1.74	0.35	0.33	1.46	25.50	16.95	16.38	0.68	16.54	1.03	1.97	0.53

续表

样品号	Zr/Nb	Y/Nb	Tb/Lu	Sm/Nd	Nd/Y	La/Nb	Ce/Pb	Nb/U	Nb/La	Nb/Ta	Nb/Th	Ta/U	Nb^*	Ta^*
E31-m2	44.30	13.10	1.78	0.35	0.33	1.46	21.54	21.37	0.68	16.59	15.38	1.29	1.83	0.66
E33-m1	29.77	7.77	1.89	0.32	0.37	1.16	25.78	30.62	0.86	16.72	16.61	1.83	1.98	0.94
E33-m2	34.61	9.86	1.79	0.34	0.34	1.26	26.53	36.10	0.79	16.57	15.49	2.18	1.85	1.12
E40-m	24.39	4.77	1.92	0.29	0.48	1.08	22.79	41.78	0.93	17.66	14.58	2.37	1.74	1.21
E42-m1	30.69	7.68	1.75	0.32	0.38	1.20	25.84	27.96	0.83	16.90	16.12	1.65	1.92	0.85
E42-m2	30.95	7.85	1.88	0.33	0.37	1.20	24.40	33.88	0.83	16.93	16.03	2.00	1.91	1.03
E44-m1	22.08	5.24	1.79	0.31	0.41	0.97	27.57	37.58	1.03	17.91	16.44	2.10	1.96	1.07
E44-m2	22.06	5.35	1.87	0.31	0.41	1.00	26.90	37.81	1.00	17.17	16.52	2.20	1.97	1.13
E46-m	43.40	13.02	1.81	0.34	0.33	1.45	25.61	27.94	0.69	15.77	16.60	1.77	1.98	0.91
E15-g1	39.89	11.16	1.94	0.34	0.35	1.46	26.04	39.74	0.69	16.17	16.26	2.46	1.94	1.26
E15-g2	36.76	10.08	1.93	0.34	0.35	1.36	26.29	44.14	0.73	16.74	16.59	2.64	1.98	1.35
E27-g1	22.26	5.30	1.98	0.32	0.41	1.01	28.51	44.11	0.99	17.49	16.05	2.52	1.91	1.29
E27-g2	22.24	5.33	1.89	0.31	0.41	1.01	28.85	44.63	0.99	17.21	16.09	2.59	1.92	1.33
E29-g1	22.21	5.37	1.83	0.32	0.40	1.00	27.04	42.99	1.00	17.49	16.48	2.46	1.96	1.26
E29-g2	22.16	5.37	1.97	0.32	0.40	1.00	26.33	43.39	1.00	17.45	16.41	2.49	1.96	1.27
E33-g1	32.51	8.91	1.80	0.34	0.35	1.26	27.48	41.23	0.79	16.54	15.18	2.49	1.81	1.28
E33-g2	31.39	8.52	1.82	0.33	0.36	1.24	27.17	42.58	0.80	16.36	16.29	2.60	1.94	1.33
E42-g	26.81	6.05	1.93	0.31	0.42	1.12	29.58	41.78	0.89	17.26	15.51	2.42	1.85	1.24
E44-g1	22.29	5.40	1.86	0.31	0.41	1.02	26.81	41.40	0.98	16.61	16.49	2.49	1.97	1.28
E44-g2	22.47	5.41	2.03	0.33	0.4	1.03	29.39	45.28	0.97	16.66	16.44	2.72	1.96	1.39
E46-g1	38.69	11.23	1.78	0.34	0.34	1.37	27.97	45.04	0.73	15.77	16.42	2.86	1.96	1.46
E46-g2	44.31	13.21	1.82	0.35	0.33	1.47	29.89	43.49	0.68	15.85	17.06	2.74	2.03	1.41
平行样品														
E29-m2'	22.40	5.32	1.88	0.31	0.41	0.99	26.57	43.48	1.01	17.50	16.33	2.48	1.95	1.27
E46-m'	44.69	13.23	1.94	0.35	0.32	1.44	25.28	28.00	0.69	15.93	16.31	1.76	1.94	0.90
E44-g1'	21.94	5.30	1.84	0.31	0.41	1.01	29.01	44.62	0.99	17.30	16.31	2.58	1.94	1.32

注：Nb^*和Ta^*被用来揭示玄武岩的地幔来源。

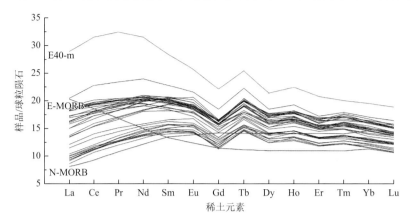

图 2-25　EPR 13°N 附近玄武岩样品中的 REE 球粒陨石标准化配分模式（赵慧静，2013）

N-MORB，E-MORB 数据来自 Sun and McDonough，1989

（二）玄武岩的岩浆过程

利用玄武岩的中等不相容元素（如 Sm、Nd）和强不相容元素（如 La、Rb）能够有效判断并区分部分熔融和分离结晶两种岩浆作用过程。从 La/Sm-La 图解（图 2-26）可以看出，EPR 13°N 附近玄武岩样品的 La/Sm 值和 La 含量呈良好的线性关系，指示部分熔融作用过程，表明虽然该区的玄武质岩浆经历了低压下的分离结晶作用，但部分熔融仍是主导的岩浆作用过程（赵慧静，2013）。

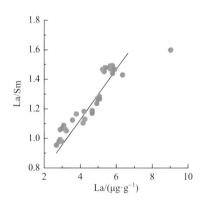

图 2-26　EPR 13°N 附近玄武岩样品的 La/Sm-La 图解（赵慧静，2013）

（三）玄武岩的岩浆源区特征

MORB 和 OIB 的 Nb/U 值稳定在 47±10，Ce/Pb 值稳定在 25±5，均高于原始地幔的 Nb/U 值（约 30）和 Ce/Pb 值（约 9）以及平均陆壳的 Nb/U 值（约 10）和 Ce/Pb 值（约 4）（Hofmann et al.，1986）；EPR 13°N 附近玄武岩样品的 Nb/U 值范围为 16.95～45.28（表 2-15），低于 MORB 和 OIB 的 Nb/U 值，部分样品的 Nb/U 值甚至比初始地幔的 Nb/U

值还低，表明这些玄武岩在岩浆形成、演化过程中可能被富集组分所影响（Niu et al.，1999）。同时，该区玄武岩的 Sr-Nd 同位素组成变化不大，并未发现有熔蚀现象的斑晶矿物出现，表明玄武质岩浆并未被围岩所混染（张国良，2010）。此外，玄武岩中的富集组分可能是岩浆源区特征的表现，即地幔源区自身就有富集组分存在。

图 2-27（a）～（c）显示 Ce/Pb 与 Ce、Nb/U 与 Nb 及 Nb/La 与 Nb 均为正线性相关，这与双组分地幔熔融可能相关（Niu et al.，1999）。图 2-27（d）中，EPR 玄武岩样品的 Nb/Ta 值变化范围为 14.58～17.06，与 Sun 和 McDonough（1989）及 Hofmann（1988）提出的大洋玄武岩中 Nb/Ta 值（16～18）基本一致。实际上，MORB 的 Nb/Ta 值不稳定，在地幔熔融过程中，Nb 比 Ta 更不相容，Nb 比 Ta 更易进入熔体，这使得熔体有较高的 Nb/Ta 值，残余地幔有较低的 Nb/Ta 值（Niu and Batiza，1997）。因此，具有稍低 Nb/Ta 值（<16）的 EPR 13°N 附近玄武岩样品，表明 EPR 13°N 附近的岩浆源区经历了多次熔融（赵慧静，2013）。

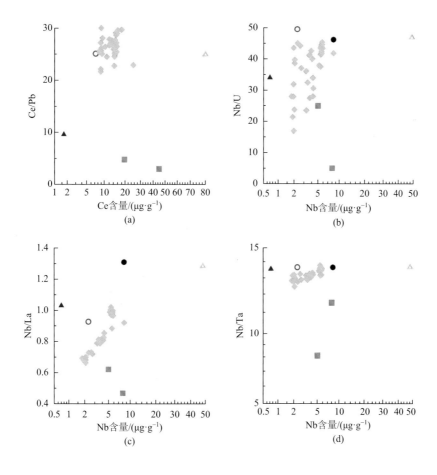

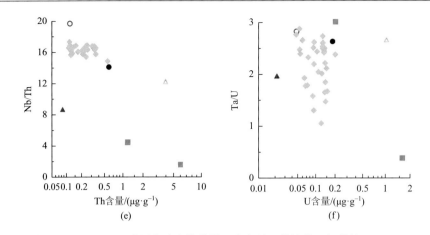

图 2-27　EPR 13°N 附近玄武岩的微量元素含量及其比值（赵慧静，2013）

◆为研究样品，选取▲ PM、○ N-MORB、● E-MORB、△ OIB（Sun and McDonough，1989）和■ CC（陆壳）作为参考

Niu 和 Batiza（1997）认为 Th/U 和 Nb/Ta 值对地幔源区的富集组分有指示意义。在板块俯冲脱水过程中，Th 和 U 易溶于流体而进入地幔楔（Nb 和 Ta 不易溶于流体），这使得残余的俯冲岩石圈相对富集 Nb 和 Ta，因此，俯冲大洋岩石圈的加入会使地幔富集 Nb 和 Ta，从而使玄武岩中的 Nb/Th 和 Ta/U 值增加（Niu et al.，1999；Niu and Batiza，1997）。从图 2-27（e）可以看出，玄武岩的 Nb/Th 值比原始地幔（PM）和洋岛玄武岩（OIB）的要高，接近 E-MORB 的，这表明玄武岩的地幔源区可能被富集组分所影响（赵慧静，2013）。此外，还可以用 Nb^* 和 Ta^* 判别玄武岩地幔源区是否有富集特征，其中 $Nb^* = (Nb/Th)_{sample}/(Nb/Th)_{PM}$，$Ta^* = (Ta/U)_{sample}/(Ta/U)_{PM}$（Niu et al.，1999）。根据 $D_{Nb} \approx D_{Th} < D_{Ta} \approx D_U$（Niu and Batiza，1997；其中，$D$ 代表分配系数），从表 2-15 中可以看出，样品的 Nb^* 均大于 1，但大部分样品的 Ta^* 大于 1，直接表明 EPR 13°N 附近玄武岩的地幔源区可能有富集组分的影响（赵慧静，2013）。

二、EPR 1°N、1°S、3°S 和 5°S 附近玄武岩中的微量元素组成及其地质意义

表 2-16 中是 EPR 1°N、1°S、3°S 和 5°S 附近玄武岩的微量元素组成，EPR 1°N、3°S 和 5°S 附近玄武岩微量元素的原始地幔标准化蛛网图（图 2-28）表明，其微量元素组成具有较大的变化范围及明显的差异（张维，2017）。

从图 2-29 中可以看出 EPR 1°S 附近玄武岩样品中的微量元素组成变化范围较大。其中，1S-06 样品明显呈轻稀土元素富集特征，具有明显轻重稀土元素分馏，以及$(La/Sm)_N$、$(La/Ce)_N$ 和 $(La/Yb)_N$ 值较高的特点；1S-07 样品的轻稀土元素略亏损，而 $(La/Sm)_N$ 和 $(La/Yb)_N$ 值最低，与典型 N-MORB 的特征相似；其他样品（1S-02、1S-10 和 1S-11）的 $(La/Sm)_N$、$(La/Yb)_N$ 值和稀土元素特征也有相似性，介于上述 1S-06 和 1S-07 样品之间，具有与 N-MORB 相似的重稀土元素含量和比 N-MORB 稍高的轻稀土元素含量。图 2-29 表明 1S-06 样品的配分模式最接近 E-MORB，其多个强不相容元素（如 Nb 10.8～11.1μg·g^{-1}、

表 2-16　EPR 1°N、1°S、3°S 和 5°S 附近玄武岩的微量元素组成（张维，2017）

区域	样品号	Rb	Ba	Th	Nb	Ta	La	Ce	Pr	Sr	Nd	Zr	Hf	Sm	Eu	Dy	Ho	Yb	Lu	Y	(La/Sm)$_N$	K/Ti	Hf/Ta	Nb/Y
1°N	1N-05	1.97	23.81	0.30	4.37	0.26	4.87	13.79	2.21	190.69	11.42	106.16	2.50	3.57	1.40	4.74	1.04	2.70	0.40	27.46	0.88	0.38	9.65	0.16
	1N-06	1.61	23.77	0.24	3.57	0.22	3.90	10.80	1.75	208.05	9.00	82.18	1.94	2.79	1.14	3.76	0.86	2.12	0.33	21.58	0.90	0.24	9.01	0.17
	1N-07	1.85	23.78	0.28	4.30	0.25	4.71	13.26	2.11	191.24	11.08	103.98	2.41	3.46	1.39	4.51	1.03	2.53	0.41	26.39	0.88	0.26	9.46	0.16
1°S	1S-02-1	1.93	22.76	0.28	4.51	0.25	4.72	13.62	2.13	173.71	10.96	117.31	2.83	3.55	1.36	4.51	1.04	2.67	0.42	25.99	0.86	0.14	11.09	0.17
	1S-02-2	1.84	22.61	0.26	4.54	0.25	4.65	13.65	2.19	179.23	11.05	117.64	2.83	3.51	1.34	4.60	1.04	2.62	0.41	25.99	0.86	0.14	11.23	0.17
	1S-02-3	1.93	23.55	0.27	4.62	0.26	4.84	13.81	2.18	180.03	11.51	118.19	2.85	3.59	1.35	4.66	1.05	2.69	0.41	27.10	0.87	0.14	10.91	0.17
	1S-02-4	2.03	23.25	0.29	4.53	0.26	4.95	14.62	2.26	185.55	11.75	120.53	2.90	3.69	1.41	4.89	1.12	2.83	0.43	27.92	0.87	0.14	11.29	0.16
	1S-06-1	7.22	71.55	0.82	11.12	0.58	8.05	19.14	2.71	183.18	13.16	132.58	3.18	4.17	1.47	5.37	1.19	3.22	0.48	31.28	1.25	0.35	5.50	0.36
	1S-06-2	7.59	69.96	0.84	10.78	0.58	7.99	19.46	2.72	180.5	13.27	133.22	3.12	4.15	1.51	5.40	1.21	3.14	0.48	31.31	1.24	0.34	5.38	0.34
	1S-07-1	0.96	9.52	0.11	1.77	0.11	2.52	8.55	1.53	148.51	8.29	90.02	2.20	2.91	1.15	4.04	0.92	2.33	0.37	24.02	0.56	0.14	19.43	0.07
	1S-07-2	0.99	9.64	0.10	1.82	0.11	2.64	8.92	1.54	151.45	8.61	92.68	2.30	3.00	1.11	4.21	0.95	2.42	0.37	25.11	0.57	0.10	20.21	0.07
	1S-07-3	1.06	10.04	0.11	1.81	0.12	2.66	9.13	1.55	149.91	8.68	94.11	2.23	3.00	1.18	4.20	0.93	2.45	0.37	25.18	0.57	0.14	19.07	0.07
	1S-10-1	2.08	20.56	0.25	4.09	0.24	4.79	15.24	2.52	153.64	13.30	153.21	3.52	4.48	1.61	6.24	1.44	3.76	0.57	36.79	0.69	0.15	14.74	0.11
	1S-10-2	2.04	21.80	0.24	4.37	0.26	4.64	14.58	2.43	165.45	13.35	167.28	3.80	4.58	1.71	6.40	1.50	3.87	0.59	38.30	0.65	0.12	14.73	0.11
	1S-11-1	3.75	36.47	0.39	6.36	0.34	4.35	12.09	1.89	164.92	9.93	124.57	2.84	3.37	1.29	4.75	1.11	2.91	0.44	27.95	0.83	0.25	8.40	0.23
	1S-11-2	3.90	36.18	0.40	6.20	0.33	4.75	12.78	1.99	163.56	10.62	119.53	2.86	3.41	1.27	4.83	1.09	2.86	0.46	28.81	0.90	0.27	8.72	0.22
3°S	3S-03	5.03	42.59	0.76	7.21	0.41	7.40	18.38	2.76	152.4	13.87	132.84	3.20	4.53	1.60	6.37	1.50	3.83	0.59	37.68	1.06	0.16	7.79	0.19
	3S-04	1.19	8.82	0.18	2.49	0.17	3.85	12.01	2.05	114.03	11.53	118.21	3.10	4.04	1.50	6.33	1.47	3.88	0.60	38.38	0.62	0.16	18.68	0.06
5°S	5S-01	1.02	11.15	0.25	1.94	0.13	2.79	8.55	1.48	125.16	8.38	78.65	2.02	2.93	1.17	4.38	0.99	2.65	0.40	25.50	0.62	0.17	15.06	0.08
	5S-02	1.62	13.70	0.38	4.16	0.25	5.75	17.41	2.91	120.09	15.90	158.05	3.93	5.36	1.92	8.02	1.84	4.93	0.76	47.51	0.69	0.16	15.52	0.09

注：表中 Rb、Ba、Th、Nb、Ta、La、Ce、Pr、Sr、Nd、Zr、Hf、Sm、Eu、Dy、Ho、Yb、Lu、Y 的单位为 μg·g^{-1}。

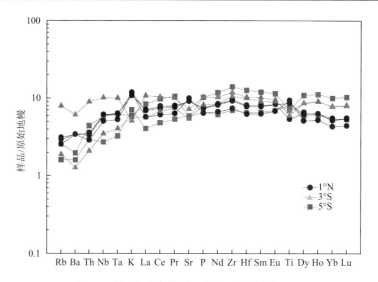

图 2-28　EPR 1°N、3°S 和 5°S 附近玄武岩微量元素的原始地幔标准化蛛网图（张维，2017）

标准化值来源于 Sun and McDonough，1989

Ta 0.578～0.581μg·g^{-1}）有较高的含量，均高于受复活节热点影响的东部裂谷样品（Nb 8.30μg·g^{-1}、Ta 0.47μg·g^{-1}）（Haase，2002），且落于加拉帕戈斯群岛受热点活动影响的玄武岩的强不相容元素的变化范围之内（Nb 5.71～38.25μg·g^{-1}、Ta 0.36～1.75μg·g^{-1}）（Kurz and Geist，1999）。此外，1S-07 玄武岩是 EPR 1°S 附近样品中最"亏损"的，多个强不相容元素含量很低，且与前人报道的 EPR 中 N-MORB 的 Nb/Y、(La/Sm)$_N$ 值相近。而其他样品（1S-02、1S-10 和 1S-11）的 Nb 和 Ta 含量介于上述 1S-06 和 1S-07 样品的 Nb 和 Ta 含量之间（张维，2017）。

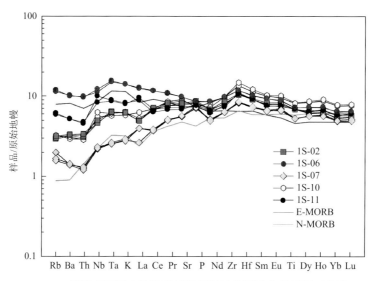

图 2-29　EPR 1°S 附近玄武岩中的微量元素原始地幔标准化蛛网图（张维，2017）

标准化值来源于 Sun and McDonough，1989

EPR 1°N、3°S 和 5°S 附近的玄武岩样品很少，且大部分样品的弱不相容元素有相似的含量。此外，Rb、Ba、Th、Nb 和 Ta 等强不相容元素含量则表现出显著的不同。EPR 1°N 附近各玄武岩样品的元素含量特征较为一致，而且元素配分模式位于 N-MORB 和 E-MORB 之间，除 K 元素外，其他各不相容元素的含量均较低。EPR 3°S 附近两个玄武岩样品的微量元素含量有较大的差异，3S-03 样品的强不相容元素含量较高（Rb 5.03μg·g^{-1}、Ba 42.59μg·g^{-1}、Nb 7.21μg·g^{-1}、Ta 0.41μg·g^{-1}），其(La/Sm)$_N$ 和 Nb/Y 值与 1°S 附近 1S-06 样品的值相近。EPR 3°S 附近的玄武岩样品 3S-04 的各元素的含量明显偏低，与 EPR 5°S 附近的两个玄武岩样品相同，且与 EPR 的 N-MORB 中对应元素的含量相似（张维，2017）。

EPR 的 MORB 有三种类型，包括 N-MORB（亏损不相容元素），E-MORB（富集不相容元素），以及介于 N-MORB 和 E-MORB 的化学组成之间的过渡型 MORB（T-MORB），这三种类型的玄武岩在化学组成上差异十分明显。利用不相容元素的含量、比值以及同位素组成等可以判别这三种玄武岩的类型。Meschede（1986）最早提出利用不活泼元素 Nb 作为区分 MORB 类型的指标，结合 Zr、Y 等元素的比值可以判别出玄武岩类型。从微量元素图（图 2-28 和图 2-29）可以看出，部分 EPR 1°N、1°S 和 3°S 附近的玄武岩样品的微量元素配分模式与 E-MORB 的相似，而且相对富集的样品具有较高含量的强不相容元素，如 Rb、Ba、Nb 等。同时，三角判别图能更直观地显示四个区样品中微量元素的富集程度（张维，2017）。

从图 2-30 上可以看出，EPR 1°N、1°S、3°S 和 5°S 附近的玄武岩样品点均位于 C（钙碱性玄武岩或拉斑玄武岩）和 D（N-MORB）两个区中，且三个区的样品均有从 N-MORB 向 E-MORB 演化的特征，这种演化特征与 EPR 的 MORB 演化特征相似。由于部分样品的 Zr 元素含量较高，EPR 1°S 附近的样品虽然都有相似的演化趋势，但投点位置偏差大。EPR 1°S 附近的玄武岩样品的元素组成在图 2-30 中有很广泛的分布范围，且呈良好的线性关系，总体上表现出过渡性特征；而相对最亏损微量元素的 07 和 10 样品位于 N-MORB 区内，其余样品则落于 E-MORB 区。此外，EPR 1°S、3°S 和 5°S 附近六个样品位于 N-MORB 区内，也具有从 N-MORB 向 E-MORB 演化的趋势，且在图 2-30 中与 EPR 3°S 附近的 3S-03 样品、EPR 1°N 附近的玄武岩样品和 EPR 1°S 的 1S-11 样品有十分相近的投点位置，EPR 5°S 和 3°S 附近的 3S-04 样品则在图 2-30 中与 EPR 1°S 中微量元素相对最亏损的 1S-07 样品有较相近的投点位置（张维，2017）。

Wood（1980）提出一个可利用不活泼元素 Th、Hf 和 Ta 区分不同类型玄武岩的判别图解（图 2-31），即不同的 Hf/Ta 值可以有效地识别 N-MORB（＞7）与 E-MORB（2.5～7）。EPR 1°S 附近 1S-06 样品的 Hf/Ta 值（5.38～5.50）在 E-MORB 的范围内，EPR 3°S 附近 3S-03 样品（7.79）和 EPR 1°S 附近 1S-11 样品（8.40～8.72）在 N-MORB 的范围内（图 2-31）。此外，所有样品均表现出从 N-MORB 向 E-MORB 演化的趋势（图 2-32），且相对最富集微量元素的 1S-06 样品位于 E-MORB 范围内，3S-03 样品位于 N-MORB 和 E-MORB 分界线附近，绝大部分样品位于 N-MORB 区域内（张维，2017）。

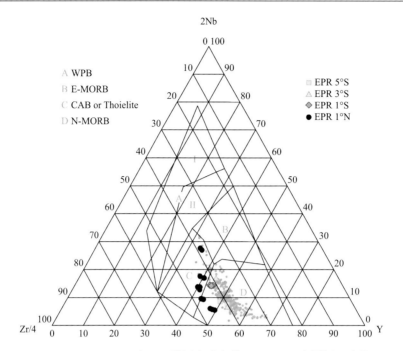

图 2-30 EPR 1°N、1°S、3°S 和 5°S 附近玄武岩的 Zr-Nb-Y 三角图解（张维，2017）

图解中各区域的划分参考 Meschede，1986；WPB 为板内玄武岩；E-MORB 为富集型 MORB；
CAB or Thoielite 为钙碱性玄武岩或拉斑玄武岩；N-MORB 为亏损型 MORB

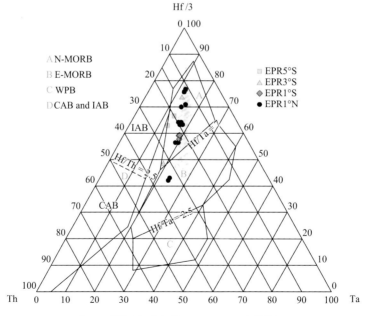

图 2-31 EPR 1°N、1°S、3°S 和 5°S 附近玄武岩的 Th-Hf-Ta 三角图解（Wood，1980）（张维，2017）

CAB 为钙碱性玄武岩，IAB 为岛弧玄武岩

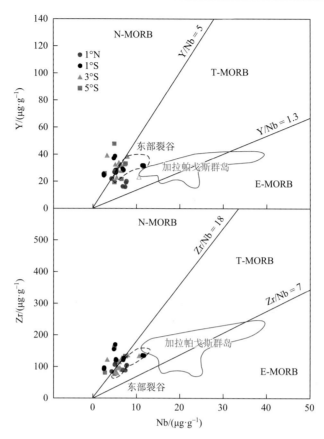

图 2-32　EPR1°N、1°S、3°S 和 5°S 附近玄武岩的 Nb-Y 与 Nb-Zr 协变图解（张维，2017）

东部裂谷样品来源于 Haase，2002；加拉帕戈斯群岛样品来源于 Kurz and Geist，1999

　　EPR 1°N、1°S、3°S 和 5°S 附近的玄武岩样品具有明显不同的化学组成。尤其是 EPR 1°N 的样品均表现出高 K/Ti（0.17～0.38）、高(La/Sm)$_N$（1.01～1.24）、高 Nb/Y（0.36～0.43）和低 Hf/Ta 值（4.96～6.54）的特征，说明 EPR 1°N 附近的玄武岩样品较富集不相容元素（于淼，2013），这与来源于海山（Niu et al.，2002）或受热点活动影响的 E-MORB（Kurz et al.，2009；Haase，2002；Kurz and Geist，1999）有相似的特征。除此之外，EPR 3°S 和 5°S 附近的样品也表现出明显非均一性的化学组成，样品大多与典型的 N-MORB 类似，少数样品在一定程度上富集不相容元素（张维，2017）。

　　综上，EPR 1°N、1°S、3°S 和 5°S 的 MORB 呈现 N-MORB 向 E-MORB 过渡的特征。从 EPR 1°N 到 EPR 5°S，强不相容元素（Rb、Ba、Nb 等）的含量及其比值持续增大，且 Hf/Ta、Nb/La 和(La/Sm)$_N$ 值与 E-MORB 的类似。此外，EPR 1°N、1°S、3°S 和 5°S 样品中的强不相容元素的含量变化范围较大，表现出非均一性的化学组成，这与 EPR 中地幔化学组成的非均一性特点有一致性（张维，2017）。

第七节　玄武岩的同位素组成研究

一、EPR 13°N 附近玄武岩的 Si、O 同位素组成及其地质意义

在自然界中，硅酸盐和 SiO_2 含量分别占地壳总质量的 75% 和 12%，而硅酸盐和 SiO_2 中的重要组成元素是 Si 和 O。研究 Si 和 O 的同位素组成对了解其在地质过程中表现的地球化学行为具有十分重要的意义（赵慧静，2013）。

Si 有三个稳定同位素：^{28}Si、^{29}Si 和 ^{30}Si。前人关于 Si 同位素分馏研究大多集中在生物和非生物的无定形 SiO_2，以及沉积 SiO_2 和黏土中明显富集的 ^{28}Si（Opfergelt et al.，2010；Reynolds et al.，2006；Ding et al.，2005，2004）等研究方向上。研究表明，Si 在变质成岩过程中不会发生明显的同位素分馏，学者们通常认为 Si 同位素的变化实际上是由 SiO_2 从溶液沉淀过程中的动力分馏和生物地球化学过程中的同位素分馏所导致的（Meheut et al.，2009；Georg et al.，2007a，2006；Alleman et al.，2005；Rocha et al.，2000；Douthitt，1982）。因此，Si 同位素在识别富 SiO_2 变质岩石的原岩，如岩浆岩、热液成因岩石以及沉积岩中起到了关键作用（Andre et al.，2006）。另外，Si 同位素还是区分火成岩常用的地球化学指标（Savage et al.，2010；Georg et al.，2007a，2007b；Ziegler，2005a，2005b）。

由于 Si 不能形成稳定的挥发组分，且只有一个化合价（Si^{4+}），因此，一些科学家认为地幔中的 Si 同位素组成是均一的（Savage et al.，2010；Georg et al.，2007a；Douthitt，1982）。实际上，Si 同位素组成在超基性岩和玄武岩中变化较小。除此之外，岛弧玄武岩（IAB）和 MORB 的 $\delta^{30}Si$ 值范围分别为 −0.32‰～−0.25‰ 和 −0.33‰～−0.23‰，而超基性岩的 $\delta^{30}Si$ 值更轻，其范围为 −0.39‰～−0.29‰（Savage et al.，2010）。

此外，研究发现上地幔海底玄武岩的 O 同位素组成呈非均一性，这可能与上地幔物质的循环相关（Niu and Batiza，1997；Harmon and Hoefs，1995）。然而，后续的研究发现地幔中的 O 同位素组成变化较小，表明地壳物质对 MORB 有极小的贡献（Widom and Farquhar，2003；Eiler et al.，1997）。MORB 的 O 同位素组成较均一（$\delta^{18}O = 5.7‰ \pm 0.2‰$）（Muehlenbachs and Clayton，1976），洋岛玄武岩（OIB）的 O 同位素相对多变。前人研究表明玄武岩样品中 O 同位素变化与低温海水的蚀变作用、风化作用及水合作用等过程相关（Matsuhisa and Kurasawa，1983；Muehlenbachs and Clayton，1976，1972；Garlick and Dymond，1970；Taylor，1968），主要是由低温蚀变和水合作用引起海底玄武岩中的 ^{18}O 发生改变（Taylor，1968），而且蚀变作用的影响越强烈，$\delta^{18}O$ 值越大（Pineau et al.，1976）。此外，O 同位素在示踪地壳物质在地幔中的循环上也有很好的用途，因为稳定同位素没有放射性同位素在地幔过程示踪方面的局限性（Widom and Farquhar，2003），且岩浆的分异并非是控制 O 同位素变化的主要原因（Macpherson et al.，2000）。与此同时，火山岩的 O 同位素研究或许也能在地幔非均一性、玄武岩成因及岩石圈地幔演化方面的研究上提供帮助（Harmon and Hoefs，1995）。加之，与化学成分近似的海底火山岩

相比，陆地火成岩富集 ^{18}O（Garlick，1966）。因此，O 同位素也是俯冲大陆地壳物质潜在的示踪剂（Eiler et al.，1998）。

以往的研究工作已经表明 Si 和 O 之间的同位素分馏相似，在沉积过程可能会发生 ^{30}Si 和 ^{18}O 富集（Douthitt，1982；Taylor，1968）。因此，联合研究 Si 和 O 同位素对于火山岩的岩浆源区示踪以及 Si、O 同位素分馏机制研究具有一定的作用（赵慧静，2013）。

（一）玄武岩中的 Si、O 同位素组成特征

EPR 13°N 周围玄武岩的 $\delta^{30}Si$ 值为 -0.4‰～0.2‰，均值为 -0.18‰±0.22‰；$\delta^{18}O$ 值为 4.1‰～6.4‰，均值为 5.35‰±0.73‰（表 2-17）。相比于马努斯（Manus）海盆火山岩的 Si、O 同位素组成（图 2-33），二者的 $\delta^{18}O$ 和 $\delta^{30}Si$ 值有一定的相关性；在 $\delta^{30}Si$ 值小于 0 时，$\delta^{30}Si$ 值和 $\delta^{18}O$ 值表现出正线性关系；当 $\delta^{30}Si$ 值大于 0 时，$\delta^{30}Si$ 值和 $\delta^{18}O$ 值表现出负线性关系［图 2-33（a）］。此外，从图 2-33（b）可以看出，$\delta^{18}O$ 值与 SiO_2 含量呈正相关关系，说明随着岩浆演化过程的进行，O 同位素发生了分馏（赵慧静，2013）。

Pineau 等（1976）依据玄武岩中 ^{18}O 值的特征，将海底玄武岩分为以下三类：①未蚀变玄武岩（$\delta^{18}O$ 值为 5.7‰）；②轻微蚀变玄武岩（$\delta^{18}O$ 值为 6.5‰）；③蚀变玄武岩（$\delta^{18}O$ 值为 7.2‰）。本书中，EPR 13°N 附近的玄武岩均属于第一类未蚀变玄武岩，其 $\delta^{18}O$ 的范围（5.35‰±0.73‰）比 OIB 中拉斑玄武岩的（$\delta^{18}O$ 均值为 5.3‰±0.3‰；Harmon and Hoefs，1995）稍高，但比 MORB 的（$\delta^{18}O$ 均值为 5.71‰±0.17‰；Ito et al.，1987）低。玄武岩和超基性岩之间 $\delta^{30}Si$ 值的差异较小。研究表明，MORB 的 $\delta^{30}Si$ 为 -0.33‰～-0.23‰（Savage et al.，2011，2010），而本书中 EPR 13°N 附近玄武岩的 $\delta^{30}Si$ 均值（-0.18‰±0.22‰）比 MORB 的高，表明研究区中 MORB 的 $\delta^{30}Si$ 和 $\delta^{18}O$ 均值与前人测得的 MORB 的 Si、O 同位素组成不同（赵慧静，2013），这暗示 MORB 形成过程中，Si 同位素组成可能受到了分馏过程的影响。

（二）EPR 13°N 与弧后盆地玄武岩中 Si、O 同位素组成的对比

马努斯海盆是一个快速扩张的弧后盆地（10cm·a^{-1}），位于 Bismarck 海东北部，东部为新爱尔兰岛（New Ireland），西南有 Willaumez 海隆，南部为新不列颠（New Britain）岛，北部为马努斯岛（图 2-34）（Martinez and Taylor，1996）。此外，前人研究认为新几内亚（New Guinea）北部是一个岛弧-大陆碰撞带，与大洋岩石圈板块的俯冲无关（Whitmore et al.，1999；Pascal，1979；Johnson and Molnar，1972；Dewey and Bird，1970）。

从表 2-18 中可以看出马努斯海盆火成岩样品的 $\delta^{30}Si$ 值为 -0.4‰～0.2‰，均值为 -0.17‰±0.17‰，比岛弧玄武岩（-0.32‰～-0.25‰）、MORB（-0.33‰～-0.23‰）和超基性岩（-0.39‰～-0.29‰）高（Savage et al.，2010）。同时其 $\delta^{18}O$ 值为 5.1‰～6.9‰，均值为 6.07‰±0.57‰，明显高于洋岛玄武岩中碱性玄武岩的（5.8‰±0.5‰）和拉斑玄武岩的值（5.3‰±0.3‰）（Harmon and Hoefs，1995）及 MORB 的值（5.71‰±0.17‰）（Ito et al.，1987），且不同于马里亚纳岛弧和 Hackberry 山中火成岩的 Si、O 同位素组成（表 2-19）（Douthitt，1982）。

表 2-17　EPR13°N 附近 MORB 中的 Si、O 同位素组成与常量元素组成（赵慧静，2013）

样品号	δ³⁰Si_NBS-28/‰	δ¹⁸O_V-SMOW/‰	SiO₂/%	TiO₂/%	Al₂O₃/%	Fe₂O₃ᵀ/%	MnO/%	MgO/%	CaO/%	Na₂O/%	K₂O/%	P₂O₅/%	LOI/%	总和/%	K/Ti
E27-1	-0.2	5.7	50.48	1.53	15.12	10.48	0.16	7.57	11.31	2.71	0.22	0.16	-0.42	99.32	0.20
E27-2	-0.3	5.3	50.21	1.55	15.13	10.55	0.17	7.58	11.35	3.02	0.22	0.16	-0.2	99.74	0.20
E29	-0.4	5.8	50.49	1.56	15.14	10.65	0.17	7.62	11.41	2.68	0.21	0.16	-0.18	99.91	0.19
E31-1	-0.3	4.8	50.41	1.62	15.04	10.87	0.17	7.59	11.61	2.76	0.21	0.16	-0.18	100.26	0.18
E31-2	-0.3	6.1	49.93	1.22	16.08	9.64	0.15	8.59	11.88	2.55	0.10	0.11	-0.34	99.91	0.11
E33-1	-0.3	4.4	50.04	1.60	14.92	10.88	0.17	7.49	11.50	2.78	0.21	0.16	-0.02	99.73	0.18
E33-2	-0.4	4.3	49.63	1.92	15.67	10.66	0.17	7.64	10.68	3.09	0.30	0.24	0.14	100.14	0.22
E40-1	-0.3	5.9	49.57	2.06	15.16	11.45	0.18	8.19	10.12	3.12	0.29	0.27	-0.22	100.19	0.19
E40-2	0.1	6.4	49.24	2.07	15.13	11.36	0.17	8.12	10.12	3.14	0.33	0.26	-0.12	99.82	0.22
E44-1	-0.3	5.7	50.57	1.55	15.11	10.6	0.17	7.81	11.36	2.69	0.24	0.16	-0.18	100.08	0.21
E44-2	0.1	5.5	50.45	1.56	15.11	10.65	0.17	7.81	11.35	2.65	0.27	0.16	-0.34	99.84	0.24
E46-1	0.2	5.6	50.03	1.24	16.01	9.70	0.15	8.54	11.89	2.47	0.12	0.11	-0.20	100.06	0.13
E46-2	0.1	4.1	49.81	1.21	16.15	9.59	0.15	8.58	11.85	2.49	0.12	0.11	-0.12	99.94	0.14

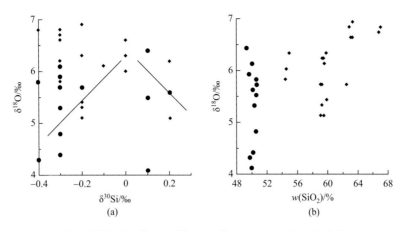

图 2-33　火成岩样品的 $\delta^{18}O$ 与 $\delta^{30}Si$ 及 $\delta^{18}O$ 与 SiO_2 图解（赵慧静，2013）

●为来自 EPR 13°N 地区的洋中脊玄武岩样品；◆为来自马努斯海盆的火成岩样品

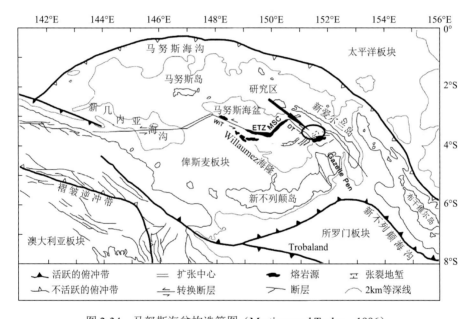

图 2-34　马努斯海盆构造简图（Martinez and Taylor，1996）

以表 2-19 Douthitt（1982）中的 Si、O 同位素数据为依据，计算了不同岩石的 Si 和 O 同位素均值。玄武岩 Si、O 同位素值分别为-0.69‰±0.19‰和 6.06‰±0.71‰，安山岩（包括玄武质安山岩）的 Si、O 同位素均值分别为-0.60‰±0.31‰和 6.45‰±1.37‰，英安岩的 Si、O 同位素均值分别为-0.42‰±0.16‰和 9.00‰±1.58‰。由此可知，从玄武岩到安山岩再到英安岩，$\delta^{30}Si$ 和 $\delta^{18}O$ 值依次增加（赵慧静，2013）。Si 同位素比值随着岩浆演化而增加（Savage et al.，2011），这与火成岩中 SiO_2 含量随岩浆的演化不断增加相同。在玄武岩-安山岩-英安岩的连续演化序列中，火成岩中 $\delta^{30}Si$ 和 $\delta^{18}O$ 值都随着 SiO_2 含量增加而增大。在岩石序列中，当 $\delta^{30}Si$ 值小于 0 时，$\delta^{30}Si$ 值随 $\delta^{18}O$ 值的增

表 2-18 马努斯海盆火成岩中的 Si、O 同位素组成与常量元素组成（赵慧静，2013）

样品号	SiO_2/%	TiO_2/%	Al_2O_3/%	$Fe_2O_3^T$/%	MnO/%	MgO/%	CaO/%	Na_2O/%	K_2O/%	P_2O_5/%	LOI/%	总和/%	$\delta^{30}Si_{NBS-28}$/‰	$\delta^{18}O_{V-SMOW}$/‰	岩性
18-1-8	59.59	0.62	15.75	7.84	0.12	3.22	7.00	3.97	1.08	0.19	0.88	100.26	-0.2	6.3	安山岩
18-1-9	59.35	0.62	15.70	7.73	0.12	3.31	7.00	3.96	1.04	0.19	0.96	99.98	-0.1	6.1	安山岩
18-1-10	54.36	0.56	15.76	8.41	0.13	5.87	9.84	2.64	0.80	0.16	1.46	99.99	0.0	6.0	玄武质安山岩
18-1-14	54.26	0.56	15.83	8.45	0.13	5.86	9.83	2.78	0.83	0.16	1.34	100.03	-0.3	5.8	玄武质安山岩
18-1-17	54.78	0.56	15.75	8.46	0.13	5.53	9.55	2.75	0.80	0.16	1.72	100.19	0.0	6.3	玄武质安山岩
18-3-2	62.81	0.56	13.64	4.83	0.13	1.85	4.54	5.03	1.10	0.12	5.45	100.06	0.0	6.6	安山岩
18-3-6	59.23	0.61	15.75	7.25	0.11	3.23	6.85	4.11	1.11	0.16	1.58	99.99	0.2	6.2	安山岩
18-3-10	58.84	0.62	15.62	7.65	0.12	3.30	6.99	3.85	1.06	0.19	1.76	100.00	-0.2	5.7	安山岩
18-3-12	58.89	0.61	15.78	7.59	0.12	3.25	6.98	3.88	1.11	0.19	1.76	100.16	0.2	5.1	安山岩
18-3-14	58.99	0.61	15.65	7.64	0.12	3.26	6.95	3.90	1.06	0.19	1.78	100.15	-0.2	5.3	安山岩
18-4-5	66.51	0.67	13.77	5.47	0.13	1.29	3.38	5.17	1.67	0.15	1.78	99.99	-0.3	6.7	英安岩
18-4-6	59.63	0.63	15.50	7.39	0.11	3.01	6.63	4.11	1.15	0.20	1.56	99.92	-0.2	5.4	安山岩
18-4-7	59.08	0.62	15.83	7.75	0.12	3.22	6.99	3.96	1.02	0.19	1.12	99.90	-0.3	6.2	安山岩
18-4-9	59.04	0.62	15.69	7.78	0.12	3.17	6.88	3.91	1.12	0.19	1.44	99.96	-0.3	5.7	安山岩
18-4-11	59.27	0.62	15.86	7.76	0.12	3.22	6.97	3.87	1.08	0.19	0.88	99.84	-0.2	5.1	安山岩
18-6-1	66.75	0.67	13.75	5.45	0.13	1.26	3.43	5.19	1.66	0.15	1.70	100.14	-0.3	6.8	英安岩
18-6-2	63.05	0.82	14.62	6.60	0.14	1.84	4.74	4.75	1.43	0.29	1.94	100.22	-0.2	6.9	英安岩
18-6-4	63.06	0.82	14.68	6.56	0.14	1.83	4.65	4.71	1.36	0.29	1.70	99.80	-0.3	6.6	英安岩
18-6-7	62.20	0.82	14.45	6.58	0.14	1.82	4.63	4.77	1.42	0.29	2.40	99.52	-0.2	5.7	安山岩
18-6-8	62.62	0.82	14.62	6.60	0.14	1.84	4.64	4.89	1.40	0.29	1.98	99.84	-0.4	6.8	安山岩

表 2-19　MIA 以及 HM 火成岩中的 Si、O 同位素组成（Douthitt，1982）

序号	$\delta^{30}Si_{NBS-28}$/‰	$\delta^{18}O_{V-SMOW}$/‰	岩性	位置
1	−0.6	5.6	玄武岩	
2	−0.5	5.6	玄武岩	
3	−1.0	5.6	玄武岩	
4	−0.8	6.6	玄武岩	马里亚纳岛弧：海岛
5	−0.7	5.4	玄武岩	
6	−0.8	6.1	玄武岩	
7	−0.7	6.5	安山岩	
8a	−0.7	5.4	玄武质安山岩	
8b	−0.6	5.6	玄武质安山岩	
9	−0.8	6.2	玄武质安山岩	
10	−0.7	6.5	英安岩	
11	−0.7	5.8	安山岩	
12a	−0.7	6.2	玄武岩	马里亚纳岛弧：海山
12b	−0.7	5.7	玄武岩	
13	−0.8	6.0	玄武质安山岩	
14	−0.8	5.8	玄武质安山岩	
15	−0.7	5.8	玄武质安山岩	
16	−0.6	5.9	玄武岩	
17	−0.4	5.4	玄武岩	
18	−0.5	7.8	玄武岩	
19	−1.0	6.8	玄武岩	
20	0.2	7.4	安山岩	
21	−0.4	10	安山岩	火山岩系，Hackberry 山，Yavapai Co.，AZ
22	−0.4	8.9	英安岩	
23	−0.3	9.0	英安岩	
24	−0.3	11.2	英安岩	
25	−0.3	10.0	英安岩	
26	−0.5	8.4	英安岩	

加而增大；而当 $\delta^{30}Si$ 值大于 0 时，$\delta^{30}Si$ 值随 $\delta^{18}O$ 值的增加而减小，这与 Beucher 等（2011）关于 EPR 13°N 附近 MORB 中 Si、O 同位素的研究结论相一致，说明火成岩中 Si 和 O 同位素的分馏与 SiO_2 含量存在密不可分的关联（Beucher et al.，2011）。

在马努斯海盆火山岩样品中，化学组成偏中性火山岩的 $\delta^{30}Si$ 值为−0.17‰±0.17‰，$\delta^{18}O$ 值为 6.07‰±0.57‰，分别比玄武岩和 EPR 13°N 附近 MORB 的 $\delta^{30}Si$ 和 $\delta^{18}O$ 值高，这符合 Si 和 O 同位素分馏受岩浆 SiO_2 含量影响的结论（Grove et al.，1993）。单斜辉石是马努

斯海盆火山岩的重要结晶矿物相之一，EPR 13°N 附近 MORB 中的结晶矿物主要为斜长石和橄榄石，表明火成岩中 Si 和 O 同位素分馏与矿物相的结晶分异作用相关。丁悌平等（1994）认为随着 O 同位素组成变化，花岗岩的石英－长石－云母矿物序列中的 $\delta^{30}Si$ 值会减小，说明火山岩中 Si、O 同位素的分馏被矿物结晶影响。此外，^{30}Si 和 ^{18}O 含量也与 Si—O 键的结构特征有关，与岛状硅酸盐结构的橄榄石相比，Si 和 O 更易在进入链状硅酸盐结构的单斜辉石过程中发生分馏（赵慧静，2013）。

EPR 13°N 玄武岩的 Si、O 同位素组成特征表明，研究区 MORB 的 Si 同位素均值为 −0.18‰（−0.4‰～0.24‰），O 同位素均值为 5.35‰（4.1‰～6.4‰），与正常 MORB 的 $\delta^{30}Si$ 和 $\delta^{18}O$ 值有一些差异，这可能与 Si 和 O 同位素分馏有关。此外，马努斯海盆火成岩 Si、O 同位素均值分别为 −0.17‰±0.17‰（−0.4‰～0.24‰）和 6.07‰±0.17‰（5.1‰～6.9‰），其较高的 $\delta^{30}Si$、$\delta^{18}O$ 值与热液蚀变影响造成的 Si 和 O 同位素分馏有关联（赵慧静，2013）。

二、EPR 1°N、1°S、3°S 和 5°S 附近玄武岩的 Sr、Nd、Pb 同位素组成及其地质意义

（一）Sr-Nd-Pb 同位素组成特征

表 2-20 是 EPR 1°N、1°S、3°S 和 5°S 附近玄武岩中的 Sr、Nd 和 Pb 同位素组成。各样品间 Sr、Nd 和 Pb 同位素组成差异不大。除 3S-04 样品外，大部分样品的 $^{87}Sr/^{86}Sr$ 值（0.702130～0.702740）和 $^{143}Nd/^{144}Nd$ 值（0.513085～0.513271）为中等数值，而 $^{206}Pb/^{204}Pb$ 值（17.9532～18.5399）和 $^{208}Pb/^{204}Pb$ 值（37.5123～38.1893）稍高；且 3S-04 样品的 $^{87}Sr/^{86}Sr$ 值（0.702461）、$^{206}Pb/^{204}Pb$ 值（17.9695）和 $^{208}Pb/^{204}Pb$ 值（37.5123）较低，$^{143}Nd/^{144}Nd$ 值较高（0.513206）（张维，2017）。

表 2-20　EPR 1°N、1°S、3°S 和 5°S 附近玄武岩中的 Sr、Nd 和 Pb 同位素组成（张维，2017）

区域	样品号	$^{87}Sr/^{86}Sr$	$^{143}Nd/^{144}Nd$	$^{206}Pb/^{204}Pb$	$^{207}Pb/^{204}Pb$	$^{208}Pb/^{204}Pb$
	1N-05	0.702580	0.513090	18.5399	15.5075	38.1867
1°N	1N-06	0.702616	0.513085	18.5053	15.5150	38.1811
	1N-07	0.702597	0.513103	18.4974	15.5030	38.1375
	1S-02-1	0.702470	0.513086	—	—	—
	1S-02-2	0.702450	0.513090	—	—	—
	1S-02-3	0.702500	0.513091	—	—	—
1°S	1S-02-4	0.702569	0.513088	18.5064	15.522	38.1893
	1S-06-1	0.702570	0.513147	—	—	—
	1S-06-2	0.702664	0.513143	18.2066	15.4857	37.7869

续表

区域	样品号	$^{87}Sr/^{86}Sr$	$^{143}Nd/^{144}Nd$	$^{206}Pb/^{204}Pb$	$^{207}Pb/^{204}Pb$	$^{208}Pb/^{204}Pb$
1°S	1S-07-1	0.702200	0.513265	—	—	—
	1S-07-2	0.702250	0.513271	—	—	—
	1S-07-3	0.702130	0.513234	17.9532	15.5439	37.8755
	1S-10-1	0.702440	0.513200	—	—	—
	1S-11-1	0.702680	0.513177	—	—	—
3°S	3S-03	0.702740	0.513123	18.3312	15.5232	38.0750
	3S-04	0.702461	0.513206	17.9695	15.4509	37.5123
5°S	5S-01	0.702649	0.513126	18.3411	15.4962	37.9218
	5S-02	0.702718	0.513112	18.4091	15.5095	38.0359

注："—"表示未检出。

EPR 1°S 附近玄武岩样品的 Sr、Nd 和 Pb 同位素组成（$^{87}Sr/^{86}Sr$：0.702130～0.702680，$^{143}Nd/^{144}Nd$：0.513086～0.513271，$^{206}Pb/^{204}Pb$：17.9532～18.5064）变化范围较大；且 1S-06-2 样品微量元素最富集，其 $^{206}Pb/^{204}Pb$ 和 $^{208}Pb/^{204}Pb$ 值分别为 18.2066 和 37.7869，比 CNR 上被加拉帕戈斯热点影响的 E-MORB 要低很多，而且比同区的 1S-02-4 样品还低；1S-07-2 和 1S-07-3 样品微量元素最亏损，而其 $^{143}Nd/^{144}Nd$ 值（0.513234～0.513271）较高，$^{87}Sr/^{86}Sr$ 值（0.702130～0.702250）和 $^{206}Pb/^{204}Pb$ 值（17.9532）较低（张维，2017）。此外，EPR 上绝大多数玄武岩的 Sr、Nd 和 Pb 同位素组成不同于海山玄武岩样品，仅与一些处于特殊构造环境下的非常亏损的玄武岩样品的相似，如样品 1158-2014（Fornari et al.，1989），样品 GN 13-1 和 GN 15-1（Wendt et al.，1999）。

总而言之，EPR 1°N、1°S、3°S 和 5°S MORB 样品在 Sr、Nd 和 Pb 同位素组成上呈现显著的均一性，大部分样品的 Sr、Nd 和 Pb 同位素比值相似。EPR 1°S 的 07 玄武岩样品的 Sr 和 Pb 同位素比值很低，而 Nd 同位素比值较高，且其 $^{87}Sr/^{86}Sr$ 值比以往研究的 EPR 中 MORB 的 $^{87}Sr/^{86}Sr$ 值要低（张维，2017）。

（二）Sr-Nd-Pb 同位素指示的岩浆源区特征

在 EPR 1°N、1°S、3°S 和 5°S 玄武岩样品中，EPR 3°S 附近 3S-03 玄武岩样品 $^{87}Sr/^{86}Sr$ 值最高（0.702740），$^{206}Pb/^{204}Pb$ 值（18.3312）低于 EPR 5°S 附近 N-MORB 样品的 $^{206}Pb/^{204}Pb$ 值（18.3411～18.4091）。EPR 1°S 附近 1S-11 样品的 $^{87}Sr/^{86}Sr$ 值（0.702680）最高，06 样品的微量元素最富集，而 $^{87}Sr/^{86}Sr$ 值（0.702570～0.702664）较低，且 $^{206}Pb/^{204}Pb$ 值（18.2066）比 1S-02 样品低（18.5064）（张维，2017）。

将 EPR 1°N、1°S、3°S 和 5°S 附近样品与邻区的样品相比（图 2-35 和图 2-36），大多数玄武岩中的 Pb、Sr 和 Nd 同位素特征与邻区 N-MORB 有相似性，而 $^{87}Sr/^{86}Sr$ 和 $^{206}Pb/^{204}Pb$ 值相比于科科斯-纳斯卡洋中脊（PetDB）和临近海山 E-MORB 样品（Niu et al.，2002）较低。此外，较亏损微量元素的样品（1S-07）呈现出高 $^{143}Nd/^{144}Nd$（0.513234～0.513271）、低 $^{206}Pb/^{204}Pb$（17.9532）和 $^{208}Pb/^{204}Pb$ 值（37.8755）的特征，且其 $^{87}Sr/^{86}Sr$ 值比 EPR 及其海山上玄武岩样品的比值要低（张维，2017）。

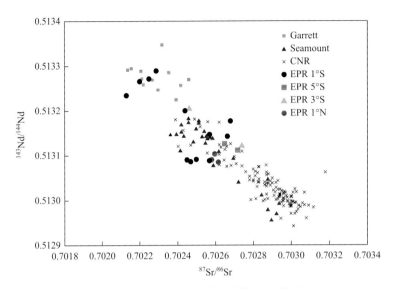

图 2-35　EPR 1°N、1°S、3°S 和 5°S 附近玄武岩的 $^{143}Nd/^{144}Nd$ 与 $^{87}Sr/^{86}Sr$ 协变图解（张维，2017）

CNR：科科斯-纳斯卡洋中脊样品，据 PetDB；Garrett：Garrett 转换断层样品，据 Wendt et al.，1999；
Seamount：EPR 海山样品，据 Niu et al.，2002

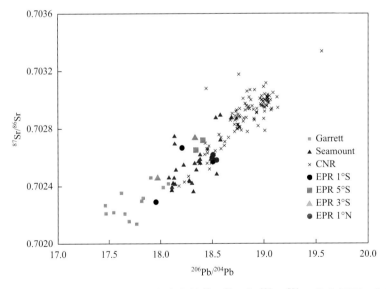

图 2-36　EPR 1°N、1°S、3°S 和 5°S 附近玄武岩的 $^{87}Sr/^{86}Sr$ 与 $^{206}Pb/^{204}Pb$ 协变图解（张维，2017）

　　不同程度熔融或结晶分离过程不会造成同源岩浆同位素组成上的差异，但会造成不相容元素丰度和比值上的差异。EPR 1°N、1°S、3°S 和 5°S 附近的所有样品均存在至少两种富集程度不同的岩浆源，并以不同比例混合或者单独形成了 EPR 1°N、1°S、3°S 和 5°S 附近的 MORB。EPR 1°S 附近的 1S-07 样品和 EPR 3°S 附近的 3S-04 样品较亏损微量元素，$^{143}Nd/^{144}Nd$ 值（0.513206～0.513271）较高，$^{87}Sr/^{86}Sr$ 值（0.702130～0.702461）较低，二者的 Sr 和 Nd 同位素较接近 DM 端元，且所有的玄武岩样品均落在地幔演化线上（图 2-37），表现出一种由亏损地幔端元（DM）向 HIMU 或者 PREMA 端元演化的特点。Pb 同位素组成图解上也有相同的现象，即在图 2-38 和图 2-39 中，EPR 10°N～10°S 的 MORB 样品也有向 HIMU 和 PREMA 方向演化的特征（张维，2017）。

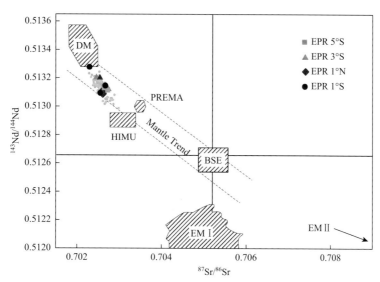

图 2-37　EPR 1°N、1°S、3°S 和 5°S 附近玄武岩的 $^{143}Nd/^{144}Nd$ 和 $^{87}Sr/^{86}Sr$ 协变图解（张维，2017）

为 PetDB 上收集的 EPR 10°S～10°N 的 MORB 数据，下同；各端元数值来源于 Zindler and Hart，1986；DM 为亏损型地幔；HIMU 为高 U/Pb 值型地幔；PREMA 为普通型地幔；BSE 为全硅酸地球；EM Ⅰ 为富集 Ⅰ 型地幔；EM Ⅱ 为富集 Ⅱ 型地幔

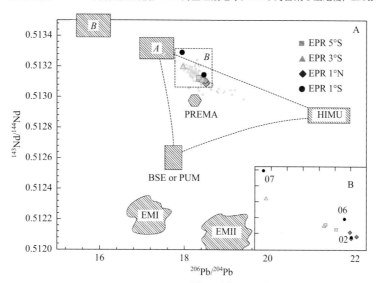

图 2-38　EPR 1°N、1°S、3°S 和 5°S 附近玄武岩的 $^{143}Nd/^{144}Nd$ 和 $^{206}Pb/^{204}Pb$ 协变图解（张维，2017）

各端元数值来源于 Zindler and Hart，1986；PUM 为原始上地幔

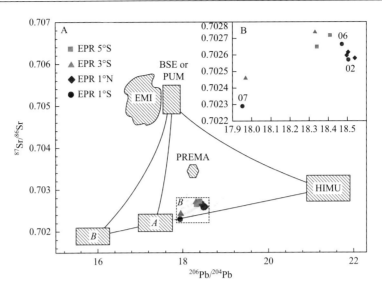

图 2-39　EPR 1°N、1°S、3°S 和 5°S 附近玄武岩中的 $^{87}Sr/^{86}Sr$ 和 $^{206}Pb/^{204}Pb$ 值协变图解（张维，2017）

各端元数值来源于 Zindler and Hart，1986

已知 HIMU 地幔端元的同位素组成特征非常特殊，表现为 $^{87}Sr/^{86}Sr$ 值较低和 $^{143}Nd/^{144}Nd$ 值中等，但 Pb 同位素值较高；还表现为 Pb 含量高、Sr 含量低；U 和 Th 相对于 Pb 明显富集，且与 Rb/Sr 值的变化无关（Zindler and Hart，1986）。本书中所有样品均有很低的 Pb 含量，且 $^{206}Pb/^{204}Pb$ 和 $^{207}Pb/^{204}Pb$ 值也较低；$^{206}Pb/^{204}Pb$ 值（18.5399）最高的样品是 EPR 1°N 附近的 1N-05，而并不是微量元素最富集的 1N-06 样品。此外，该 $^{206}Pb/^{204}Pb$ 值（18.5399）比 EPR 中 MORB 的平均值略高，与复活节群岛和加拉帕戈斯群岛附近被热点活动所影响的 E-MORB 样品的（＞19.0）有很大差异，与复活节群岛附近未被热点活动影响的西部裂谷玄武岩样品的 $^{206}Pb/^{204}Pb$ 值（17.8～18.5）较为一致（张维，2017）。

比较样品中 Th/Pb、U/Pb 和 Rb/Sr 的值（图 2-40），可以发现 EPR 1°N、1°S、3°S 和 5°S 附近的样品指示两种不同的演化方向。EPR 3°S 附近 3S-03 玄武岩样品和 EPR 1°S 附近玄武岩样品的 U/Pb（及 Th/Pb）、Rb/Sr 值具有正相关关系，且未表现出明显的高放射性成因 Pb；而 EPR 3°S 和 5°S 附近的两个 N-MORB 样品在 Rb/Sr 值不变的情况下，具有明显高的 Th/Pb 和 U/Pb 值，且 U 和 Th 含量高于 EPR 1°S 和 1°N 附近的玄武岩样品的含量（张维，2017）。

在 Rb/Zr 和 (La/Sm)$_N$ 相关图上也出现了相同的情况（图 2-41），尽管所有样品均呈现出正相关关系，但表现出明显不同的两种演化趋势，并且两者的相关性很高（R^2＞0.9）。1N-07 样品的微量元素较亏损，且 Rb/Zr 和 (La/Sm)$_N$ 值最低，相交的两条趋势线说明源区混入了一个与此样品同位素比值相似的亏损地幔端元。在 EPR 1°S 附近，较富集微量元素的 1S-06 和 1S-11 样品与 EPR 3°S 附近最富集微量元素的 3S-03 样品的演化趋势相似；而 EPR 1°S 附近的其他样品，1°N 附近的三个样品，以及 5S-01、5S-02、

3S-04 样品均分布于另一条演化趋势线上，在样品$(La/Sm)_N$值不变的情况下，前者的 Rb/Zr 更高（张维，2017）。

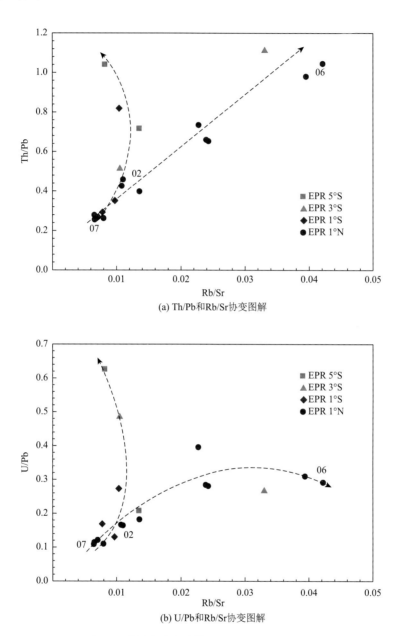

(a) Th/Pb和Rb/Sr协变图解

(b) U/Pb和Rb/Sr协变图解

图 2-40　EPR 1°N、1°S、3°S 和 5°S 附近玄武岩中的 Th/Pb 和 Rb/Sr 与 U/Pb 和 Rb/Sr 协变图解（张维，2017）

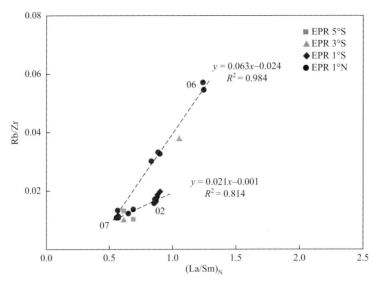

图 2-41　EPR 1°N、1°S、3°S 和 5°S 附近玄武岩中的 Rb/Zr 和(La/Sm)$_N$ 协变图解（张维，2017）

综上，1S-06、1S-11 和 3S-03 样品受相同"富集"地幔源区（源区 A）组分的影响，而除 1S-07 以外的样品受到了另一个"富集"地幔源区（源区 B）组分的影响。两个"富集"地幔源区的同位素组成相差不大。除 1S-07 外的大多数样品的 Sr-Nd-Pb 同位素组成相似，且两类样品并没有明显的系统性差异，这说明源区 A 和源区 B 的 Sr-Nd-Pb 同位素组成很相似，而导致其强不相容元素含量有差别的原因可能是岩浆演化过程中发生了不同程度的结晶分异。也就是说，源区 A 和源区 B 的岩浆可能起源于相同的地幔端元，之后分别与 DMM 端元的岩浆发生混合，或独自发生分离结晶演化，最终形成了本区的MORB 样品（张维，2017）。

此外，于淼（2013）有关 EPR 1°N、3°S 和 5°S 附近 MORB 的测试结果与本书的结果差异很大，其研究得出 EPR 1°N、3°S 和 5°S 附近的 MORB 成分具有不均一性，且 EPR 1°N 附近的玄武岩样品比本书中 EPR 1°N 附近的玄武岩样品的不相容元素更加富集（张维，2017）。

第八节　玄武岩中的熔体包裹体研究

熔体包裹体是指被矿物斑晶捕获并包裹的硅酸盐液滴（直径为 1～300μm），以玻璃的形式产出（Lowenstern，1995）。MORB 往往是岩浆在上升过程中发生减压分离结晶后形成的，矿物中熔体包裹体的地球化学成分能够有效记录岩浆化学组成的演化过程，即矿物中的熔体包裹体具有保存岩浆系统化学组成和环境演化等信息的能力（Sobolev and Chaussidon，1996；Roedder，1984），这些信息往往会在岩浆喷发前被岩浆后期的演化所掩盖（Kress and Ghiorso，2004）。不仅如此，相比于寄主岩浆，熔体包裹体记录了更为原始的岩浆信息，包括发生在轴向岩浆房和熔融区内的各种岩浆成分及成岩作用过程（Sours-Page et al.，2002，1999；Danyushevsky et al.，2002；Nielsen et al.，1995；Sobolev and Shimizu，1994）。熔体包裹体的常量、微量元素组成可以通过电子探针（EMPA）和激光剥蚀电感耦合等离子体质谱仪（LA-ICP-MS）进行精确测定，这为详细揭示火成岩的形成过程提供了一个重要的参考对象。因此，熔体包裹体已被广泛地应用于研究岩浆的起源与演化，以及上地幔中熔体的产生和运移过程（Sours-Page et al.，2002，1999；Shimizu，1998；Sisson and Bronto，1998；Sobolev and Chaussidon，1996；Sobolev and Shimizu，1993；Dungan and Rhodes，1978）。

　　早期，关于玄武岩中熔体包裹体的研究主要集中于洋中脊岩浆体系（Danyushevsky et al.，2004；Michael et al.，2002；Orman et al.，2002；Nielsen et al.，2000；Sinton et al.，1993；Johnson et al.，1990；Dungan and Rhodes，1978）。例如，Sobolev 和 Shimizu（1993）通过研究大西洋 MORB 中橄榄石矿物内的熔体包裹体，识别出一个超亏损的组分，将其解释为洋中脊深部绝热上升的地幔物质在后期产生的亏损熔体。同时，进一步明确了玄武岩中熔体包裹体具有高度多变的微量元素组成特点（Sobolev and Shimizu，1993），这为后期的研究工作奠定了基础。Nielsen 等（1995）借助大量熔体包裹体数据研究了 MORB 岩浆体系化学组分的多样性，提出了有关洋中脊深部熔体产物及采样的统计学模型，该模型得到了广泛的应用。进一步，通过对 EPR 北部的轴部玄武岩中熔体包裹体的研究，Sours-Page 等（2002）发现大部分 N-MORB 的熔体包裹体中具有相似含量的相容和不相容元素，且 EPR 轴部的岩浆存在着广泛的分离结晶和岩浆混合作用。随后，MORB 中熔体包裹体的研究开始集中于原始 MORB 熔体的性质，以及它们与残余地幔和富晶体堆积岩的相互作用等方面（Kamenetsky and Gurenko，2007；Kamenetsky et al.，1998）。不仅如此，熔体包裹体对于了解 MORB 岩浆中挥发分含量及亏损地幔源区的特征也具有重要意义（Saal et al.，2002；Sobolev and Chaussidon，1996）。Saal 等（2002）分析了 Siqueiros 断层区域岩石中的熔体包裹体，认为岩浆来源于亏损地幔，且挥发分/非挥发性元素比值守恒（如 CO_2/Nb、H_2O/Ce、F/P、Cl/K 和 S/Dy）。此外，虽然有学者质疑斜长石对一些微量元素组成的保存能力（Cottrell et al.，2002），但斜长石内熔体包裹体的研究仍然为我们提供了大量关于 MORB 岩浆体系化学组成多样性的信息。

　　本书利用 EPR 玄武岩中橄榄石矿物内的熔体包裹体，重建了初始岩浆的组成，提供了更加丰富的关于 EPR 岩浆演化的信息。同时，结合 EPR 玄武岩的全岩化学组成，模拟了岩浆演化过程中矿物的结晶分异过程。

一、EPR 13°N 附近玄武岩中的熔体包裹体

（一）EPR 13°N 附近玄武岩中熔体包裹体的常量元素研究

　　从图 2-42 中可以看出 EPR 13°N 附近玄武岩的斑晶矿物中含有非常多的熔体包裹体。表 2-21 中是玄武岩中橄榄石内的熔体包裹体常量元素的电子探针（EMPA）数据。

其中，平衡 $Mg^{\#}$ 值（equilibrium $Mg^{\#}$，即与熔体包裹体液相线平衡的橄榄石的 $Mg^{\#}$）的计算公式为 $Mg^{\#}=100\times Mg^{2+}/(Fe^{2+}+Mg^{2+})$（Ford et al.，1983）。与 MORB 的全岩常量元素组成相比，橄榄石中的熔体包裹体的 MgO 含量较低（2.09%～6.49%，质量分数），CaO 含量（11.64%～14.61%，质量分数）、TiO_2 含量（1.21%～2.93%，质量分数）和 Al_2O_3 含量（15.28%～19.35%，质量分数）较高。同时，熔体包裹体中的 FeO^T 含量为6.48%～10.59%（质量分数），明显比全岩中的 FeO^T 含量（9.59%~11.45%，质量分数）高，且寄主矿物的 $Mg^{\#}$ 值为 85.39～90.14，表明这些寄主矿物均是高 $Mg^{\#}$ 橄榄石（赵慧静，2013）。

此外，已知橄榄石的结晶分异作用对熔体中 FeO^T 含量有较小的影响。与 MORB 的常量元素组成相比，不能简单地用橄榄石的结晶分异对熔体包裹体中表现出的明显较低的 FeO^T 含量进行解释，原因如下：①熔体包裹体中 Fe-Mg 元素在被晶体捕获后发生的扩散作用；②单斜辉石的结晶分异可能会导致岩浆中的 FeO^T 含量升高（赵慧静，2013）。

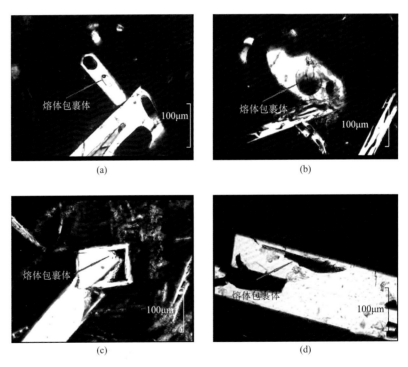

图 2-42　电子显微镜下岩石薄片中的熔体包裹体（赵慧静，2013）

（a）和（b）为橄榄石寄主中的熔体包裹体；（c）和（d）为斜长石寄主中的熔体包裹体

表 2-21　EPR 13°N 附近玄武岩中熔体包裹体的常量元素组分及寄主橄榄石的 $Mg^\#[100\times Mg^{2+}/(Fe^{2+}+Mg^{2+})]$（赵慧静，2013）

样品号	SiO₂/%	TiO₂/%	Al₂O₃/%	FeOᵀ/%	MnO/%	MgO/%	CaO/%	Na₂O/%	K₂O/%	P₂O₅/%	Cr₂O₃/%	SO₃/%	总和/%	K/Ti	平衡 Mg#	寄主 Mg#
E29-1-1	52.47	1.88	17.14	7.95	0.15	2.75	13.62	2.16	0.22	0.29	0.02	0.26	98.91	0.16	65.66	86.93
E29-9-1	51.26	1.69	16.59	9.09	0.15	4.07	13.04	2.39	0.17	0.21	0.03	0.28	98.97	0.14	72.25	86.93
E15-7-1	50.14	1.31	17.98	7.43	0.14	4.89	13.91	2.47	0.07	0.19	0.10	0.02	98.65	0.08	79.73	89.77
E15-5-1	49.70	1.21	17.71	8.54	0.14	5.66	13.35	2.69	0.05	0.11	0.06	0.19	99.41	0.05	80.25	89.93
E15-1-1	49.44	1.25	17.93	8.35	0.09	5.65	13.59	2.42	0.11	0.11	0.07	0.23	99.24	0.12	80.49	89.66
E15-13-1	51.27	1.39	19.35	7.26	0.17	3.43	13.82	2.62	0.08	0.02	0.10	0.08	99.59	0.08	73.09	90.14
E44-13-1	52.38	2.35	16.08	9.78	0.12	2.57	14.07	2.43	0.19	0.04	0.09	0.28	100.38	0.11	60.34	87.28
E44-11-1	54.68	1.78	17.85	7.64	0.08	3.84	12.84	2.70	0.15	0.20	0.03	0.00	101.79	0.12	74.25	87.33
E44-15-1	51.60	1.86	15.90	8.58	0.19	4.33	12.99	2.40	0.15	0.23	0.02	0.23	98.48	0.11	74.69	86.54
E44-1-1	49.98	1.61	15.28	9.45	0.16	6.49	12.31	2.85	0.20	0.18	0.01	0.32	98.84	0.17	81.12	87.13
E44-5-1	52.54	1.86	16.33	8.79	0.19	3.54	13.09	2.97	0.19	0.16	0.08	0.11	99.85	0.14	70.36	87.07
E44-9-1	53.24	1.95	17.13	8.23	0.05	3.60	13.55	1.11	0.23	0.23	0.06	0.06	99.44	0.16	70.11	87.20
E44-9-3	52.77	1.83	17.31	8.37	0.12	3.51	13.43	1.22	0.23	0.18	0.01	0.20	99.18	0.17	69.29	87.20
E40-5-1	47.91	2.53	15.78	10.59	0.24	4.26	14.26	0.60	0.21	0.34	1.83	0.33	98.88	0.11	69.33	86.47
E40-3-1	50.61	2.76	16.66	10.39	0.11	5.32	14.61	0.66	0.18	0.27	0.05	0.13	101.75	0.09	74.68	86.04
E40-1-1	52.05	2.60	18.45	8.15	0.09	2.77	11.64	0.62	0.34	0.41	0.02	0.27	97.41	0.18	63.90	86.64
E40-1-3	49.69	2.93	17.02	8.48	0.19	2.68	12.20	0.29	0.19	0.38	0.24	0.28	94.57	0.09	62.22	86.64
E27-1-1	49.66	2.00	16.47	9.60	0.17	5.20	12.33	2.88	0.18	0.26	0.03	0.26	99.04	0.13	77.04	87.66
E27-5-1	52.12	2.17	18.23	9.15	0.08	2.92	12.03	0.32	0.28	0.40	0.08	0.31	98.09	0.18	61.85	86.98
E27-5-3	51.49	2.44	18.06	7.52	0.11	2.72	12.10	2.74	0.32	0.49	0.09	0.23	98.31	0.18	67.82	86.98
E27-11-1	49.90	2.22	17.19	8.90	0.06	4.63	11.79	2.80	0.25	0.34	0.05	0.18	98.31	0.16	76.10	86.96
E27-9-1	50.68	2.21	16.72	8.90	0.22	5.28	12.37	0.50	0.35	0.22	0.03	0.19	97.67	0.22	76.51	87.48
E27-27-1	51.93	2.32	18.15	8.33	0.10	2.86	12.57	2.44	0.29	0.23	0.07	0.20	99.49	0.17	66.40	86.94
E27-25-1	52.71	2.02	18.78	7.02	0.16	2.47	12.61	2.77	0.25	0.06	0.05	0.23	99.13	0.17	66.58	87.09
E27-25-3	51.01	1.84	18.48	6.48	0.08	2.74	12.01	1.41	0.29	0.32	0.09	0.14	94.89	0.22	69.14	87.09

续表

样品号	SiO$_2$/%	TiO$_2$/%	Al$_2$O$_3$/%	FeO^T/%	MnO/%	MgO/%	CaO/%	Na$_2$O/%	K$_2$O/%	P$_2$O$_5$/%	Cr$_2$O$_3$/%	SO$_3$/%	总和/%	K/Ti	平衡 Mg$^\#$	寄主 Mg$^\#$
E27-19-1	49.81	2.07	17.03	9.45	0.16	3.83	12.89	2.83	0.24	0.26	0.03	0.21	98.81	0.16	71.13	86.82
E27-21-1	51.10	2.03	16.69	9.17	0.17	4.95	12.74	0.39	0.25	0.28	0.04	0.22	98.03	0.17	74.39	87.07
E27-21-3	48.56	2.11	15.45	8.67	0.21	4.36	12.54	2.42	0.18	0.15	0.00	0.24	94.89	0.12	75.24	87.07
E27-21-5	49.64	1.92	17.54	8.47	0.17	3.18	12.77	2.85	0.25	0.19	0.03	0.31	97.32	0.18	69.13	87.24
E27-21-7	50.85	1.83	17.63	7.90	0.19	2.67	12.73	2.82	0.20	0.27	0.03	0.30	97.42	0.15	66.03	87.24
E27-23-1	53.03	2.21	18.56	7.31	0.19	2.30	12.39	1.21	0.34	0.40	0.09	0.25	98.28	0.21	61.95	86.66
E27-13-1	50.79	2.03	15.88	9.10	0.22	5.26	13.15	0.47	0.21	0.26	0.08	0.25	97.70	0.14	75.94	86.94
E27-13-3	47.86	2.12	15.67	8.15	0.20	5.35	12.86	2.71	0.37	0.07	0.46	0.14	95.96	0.24	80.67	86.94
E27-15-1	49.39	1.85	16.04	9.26	0.21	6.05	11.82	2.72	0.20	0.29	0.05	0.23	98.11	0.15	80.16	87.15
E27-17-1	50.34	1.87	16.25	9.47	0.16	5.31	12.45	2.61	0.25	0.20	0.05	0.24	99.20	0.18	77.35	86.58
E27-37-1	52.89	2.20	18.25	7.33	0.13	2.54	12.78	0.82	0.29	0.20	0.08	0.13	97.64	0.18	64.00	87.00
E27-35-1	49.51	2.00	17.70	7.68	0.13	2.79	13.00	1.30	0.28	0.16	2.28	0.26	97.09	0.20	65.68	87.01
E27-33-1	51.23	2.25	18.21	7.35	0.04	2.55	13.23	2.22	0.29	0.27	0.04	0.21	97.89	0.18	66.19	87.14
E27-31-1	51.75	1.86	17.87	7.72	0.16	3.15	12.49	1.13	0.32	0.39	1.33	0.29	98.46	0.24	67.95	87.18
E33-9-1	52.12	1.79	15.68	8.37	0.14	4.64	13.56	2.92	0.10	0.08	0.06	0.28	99.74	0.08	77.04	86.44
E33-11-1	51.13	1.87	16.83	6.71	0.17	3.19	12.79	3.13	0.20	0.15	0.00	0.34	96.51	0.15	73.83	85.76
E33-5-1	52.48	1.86	16.11	9.03	0.13	4.00	13.60	0.52	0.20	0.19	0.05	0.31	98.48	0.15	70.01	85.39
E33-1-1	52.58	1.96	16.31	9.25	0.13	3.53	13.95	0.56	0.24	0.14	0.12	0.11	98.88	0.17	66.75	86.07
E33-3-1	52.37	2.01	17.00	7.91	0.13	2.49	13.55	2.79	0.20	0.03	0.05	0.27	98.80	0.14	64.30	86.81
E46-13-1	53.01	1.54	18.33	7.49	0.04	2.93	14.56	0.52	0.11	0.17	0.09	0.26	99.05	0.10	66.36	88.67
E46-9-1	53.32	1.47	18.99	6.72	0.13	2.09	13.54	1.11	0.08	0.09	0.09	0.27	97.90	0.07	60.56	88.46
E46-11-1	52.65	1.47	18.41	7.51	0.12	3.66	14.20	0.95	0.12	0.01	0.01	0.20	99.31	0.11	72.08	88.17
E46-5-1	50.65	1.42	17.24	7.14	0.08	3.49	14.14	2.41	0.06	0.05	0.07	0.34	97.09	0.06	73.70	88.55
E46-15-1	51.30	1.26	17.66	6.76	0.15	3.47	12.93	3.08	0.15	0.16	1.52	0.43	98.87	0.16	74.56	88.55
E46-3-1	51.02	1.61	17.72	7.87	0.06	3.27	14.06	2.69	0.11	0.21	0.05	0.30	98.97	0.09	70.70	88.42

1. 橄榄石中熔体包裹体原始组分的重建

明确原始岩浆的组成对研究地幔岩浆源区的性质、部分熔融的条件以及岩浆的演化至关重要（张招崇和王福生，2003）。但是，大多原始岩浆在上升到地表的过程中会经历不同程度的同化混染、岩浆混合作用以及分离结晶等过程（O'Hara，1968）。作为岩石学研究的重要对象，斑晶中的熔体包裹体能提供不同岩浆演化阶段岩浆体系的物理和化学参数（如温度、压力和熔体组分等）（Danyushevsky et al.，2002）。然而，由于熔体包裹体组分很容易在被捕获后经历的地质过程中发生变化，因此，需要对冷却后的熔体包裹体进行捕获后的结晶（post-entrapment crystallization，PEC）校正（Kress and Ghiorso，2004）。

目前，已经积累了大量的天然岩浆结晶实验数据，并建立了一系列计算模型来描述岩浆演化过程中矿物与熔体之间的平衡关系。最常用的软件和算法包括MELTS及其衍生产品（Ghiorso et al.，2002，1983）、模拟岩浆分离结晶的计算机模型（Nathan and Vankirk，1978）以及COMAGMAT软件等（Ariskin et al.，1993）。紧接着，又相继出现了大量描述硅酸盐熔体和特定矿物之间平衡的替换模型。本书使用的PETROLOG3是一个模拟矿物-熔体的分异、均衡、半分离结晶机制的、基于独立模型算法的软件（赵慧静，2013）。

一般来说，橄榄石和硅酸盐熔体之间的化学平衡关系着岩浆的起源和演化。虽然分配系数（K_D）在结晶过程中存在变化，但是在模拟橄榄石平衡结晶过程中，Mg和Fe^{2+}的分配系数方程仍十分有用（Ford et al.，1983）。橄榄石矿物与液相之间Mg和Fe^{2+}的交换，可以用下述公式进行表达：Mg（橄榄石）$+Fe^{2+}$（液相）=Mg（液相）$+Fe^{2+}$（橄榄石）（Roeder and Emslie，1970）。因此，这个方法可用于计算与包裹体液相线平衡的橄榄石的$Mg^\#$值。表2-21表明，与熔体包裹体平衡的橄榄石$Mg^\#$为60.34～81.12，远小于橄榄石寄主的$Mg^\#$值（85.39～90.14），这意味着橄榄石寄主和熔体包裹体之间并未实现平衡，该现象可能是由Fe的流失或者含Fe矿物的分离结晶这两个过程引起的。此外，在图2-43中，相比全岩组分，熔体包裹体具有较低的FeO^T含量，而其他的常量元素则有重叠，这说明熔体包裹体受到了"Fe流失"（Fe-loss）的影响（Danyushevsky et al.，2000）。

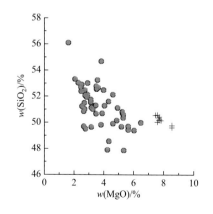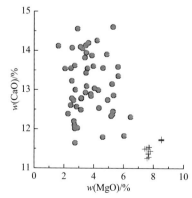

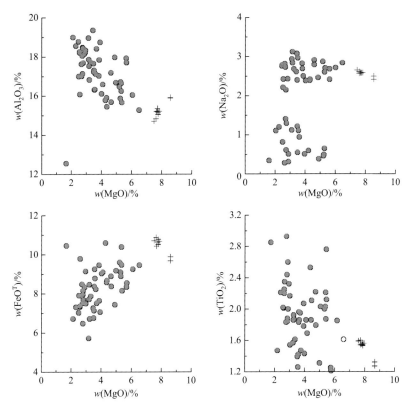

图 2-43 EPR13°N 附近玄武岩中橄榄石的熔体包裹体（●）和同一区域岩石（＋）组分之间的对比（赵慧静，2013）

用 PETROLOG3 软件计算与液相线平衡的矿物组分（Danyushevsky and Plechov，2011），同时模拟橄榄石中熔体包裹体的再均衡过程（即"Fe 流失"）。该程序假设将含有熔体包裹体的橄榄石矿物加热到比熔体包裹体被捕获时更高的温度，熔体包裹体外围的寄主橄榄石会发生熔融；然后，包裹体中的残余熔体的 $Mg^{\#}$ 会增加，使得熔体和寄主橄榄石之间的平衡状态被打破。在此过程中，Mg 渐渐地从包裹的熔体中扩散出来，相反，Fe 则逐渐进入熔体中，最终使得寄主矿物与熔体达到平衡状态，这个过程被称为"Fe 获得"，反之则是"Fe 流失"（Danyushevsky and Plechov，2011；Danyushevsky et al.，2000）。

熔体包裹体原始组分的重建过程与橄榄石结晶分析过程相反，模拟此过程需要分步进行。而每一步都会遇到以下两种情况：①对每个元素：E(熔体中的质量分数)new=E(熔体中的质量分数)old×（1–X)+E(橄榄石中的质量分数)new×X，这里的 X 是指每一步计算的分异程度，通常为 0.01%；②根据 Ford 等（1983）的橄榄石-熔体模型，E(熔体)old 与 E(橄榄石)new 平衡（Danyushevsky et al.，2000；Ford et al.，1983）。根据熔体包裹体组成、寄主橄榄石的组成（表 2-22 中的 $Mg^{\#}$）和捕获熔体的 FeO×(FeO^T)含量，使用 PETROLOG3 软件可以实现熔体包裹体被捕获时原始组分的重建。在本书模拟计算过程中，当熔体包裹体对应橄榄石的 $Mg^{\#}$ 达到寄主橄榄石的 $Mg^{\#}$时，计算停止，此时，计算获得的新熔体组成即被视为熔体包裹体的原始组成（Danyushevsky et al.，2000；Ford et al.，1983）。考虑岩浆体系中的 H_2O 含量很低 $[w(H_2O)<0.2\%$，洋中脊岩浆系统常被认为是一个无水岩浆体系]，我们采用 QFM（石英-铁橄榄石-磁铁矿）氧逸度计算 Fe^{2+}/Fe^{3+} 值。模拟计算后获得的熔体包裹体原始组成见表 2-22，熔体包裹体原始组成中 MgO 含量高于它们的寄主全岩。Green（1976）的研究认为 $Mg^{\#}$ 值在 0.68～0.72 范围内的火山岩组成能够代表地幔来源的原始岩浆组成，邓晋福（1987）获得的地幔源原始岩浆组成的 $Mg^{\#}$ 范围为 0.65～0.75。相关实验研究表明，在橄榄石-熔体相之间的 Fe^{2+}-Mg 分配系数（ $Kd_{Fe^{2+}-Mg}$ ）比较固定（0.30～0.34），该分配系数随压力增加而增加（Thompson and Gibson，2000）。在本书中，使用 PETROLOG3 软件对 EPR 13°N 附近玄武岩中橄榄石内熔体包裹体组成进行校正并获取熔体包裹体原始组成，$Kd_{Fe^{2+}-Mg}=(X_{Ol}^{Fe}/X_{Ol}^{Mg})/(X_{Melt}^{Fe}/X_{Melt}^{Mg})$，$X$ 代表摩尔质量，Ol 代表橄榄石，Melt 代表初始熔体包裹体组成；其中考虑到 Fe^{3+} 的存在，Fe^{2+} 的摩尔质量根据 Fe^{2+}/Fe^{3+} 在 FeO^T 中摩尔质量比为 9：1 进行计算，最终通过计算获得的 $Kd_{Fe^{2+}-Mg}$ 范围在 0.30～0.34，该数值范围符合橄榄石和熔体之间的 Fe-Mg 分配系数，且熔体包裹体初始组分的 $Mg^{\#}$ 值为 0.67～0.74，证明校正后的熔体包裹体的初始组成可以代表熔体包裹体被捕获时母岩浆组成（赵慧静，2013）。

表 2-22　用 Ford 等（1983）模型计算的熔体包裹体初始组成常量元素含量（赵慧静，2013）

样品号	SiO₂/%	TiO₂/%	Al₂O₃/%	Fe₂O₃/%	FeO/%	MnO/%	MgO/%	CaO/%	Na₂O/%	K₂O/%	P₂O₅/%	Cr₂O₃/%	K/Ti	Mg#
E29-1-1	51.73	1.68	15.28	0.79	7.25	0.13	8.60	12.14	1.93	0.20	0.26	0.02	0.16	68.10
E29-9-1	50.61	1.51	14.80	0.95	8.25	0.13	9.63	11.63	2.13	0.15	0.19	0.03	0.14	67.75
E15-7-1	49.78	1.18	16.23	0.74	6.78	0.13	10.06	12.56	2.23	0.06	0.17	0.09	0.07	72.76
E15-5-1	48.88	1.06	15.51	0.91	7.73	0.12	11.55	11.69	2.36	0.04	0.10	0.05	0.05	72.90
E15-1-1	48.86	1.11	15.95	0.85	7.59	0.08	11.05	12.09	2.15	0.10	0.10	0.06	0.12	72.38
E15-13-1	50.05	1.20	16.67	0.71	6.63	0.15	10.27	11.91	2.26	0.07	0.02	0.08	0.03	73.60
E44-13-1	50.32	1.95	13.31	1.09	8.80	0.10	10.52	11.65	2.01	0.16	0.03	0.07	0.11	68.27
E44-11-1	52.38	1.57	15.73	0.76	6.96	0.07	8.49	11.32	2.38	0.13	0.18	0.03	0.11	68.71
E44-15-1	51.41	1.71	14.64	0.91	7.77	0.18	8.84	11.96	2.21	0.14	0.21	0.02	0.11	67.19
E44-1-1	49.98	1.51	14.36	1.07	8.49	0.19	9.83	11.57	2.68	0.17	0.14	0.01	0.17	67.58
E44-5-1	51.20	1.63	14.34	0.98	7.92	0.17	9.28	11.50	2.61	0.17	0.14	0.07	0.14	67.84
E44-9-1	52.00	1.72	15.09	0.75	7.56	0.04	9.48	11.93	0.98	0.16		0.05	0.16	69.30
E44-9-3	51.73	1.61	15.24	0.77	7.69	0.11	9.59	11.82	1.07	0.20	0.16	0.01	0.17	69.18
E40-5-1	47.41	2.18	13.60	1.05	9.66	0.21	11.04	12.29	0.52	0.18	0.29	1.58	0.11	67.29
E40-3-1	48.62	2.38	14.37	1.01	9.48	0.10	10.44	12.60	0.57	0.16	0.23	0.04	0.09	66.47
E40-1-1	51.97	2.33	16.51	0.68	7.55	0.08	9.22	10.42	0.56	0.30	0.37	0.02	0.18	68.73
E40-1-3	51.19	2.69	15.62	0.72	7.83	0.17	9.56	11.20	0.27	0.17	0.35	0.22	0.09	68.73
E27-1-1	49.16	1.79	14.73	1.06	8.65	0.15	10.44	11.03	2.58	0.16	0.23	0.03	0.12	68.48

样品号	SiO₂/%	TiO₂/%	Al₂O₃/%	Fe₂O₃/%	FeO/%	MnO/%	MgO/%	CaO/%	Na₂O/%	K₂O/%	P₂O₅/%	Cr₂O₃/%	K/Ti	Mg#
E27-5-1	51.29	1.86	15.60	0.76	8.47	0.07	10.74	10.29	0.27	0.24	0.34	0.07	0.18	69.53
E27-5-3	51.30	2.22	16.46	0.77	6.83	0.10	7.97	11.03	2.50	0.29	0.45	0.08	0.18	67.75
E27-11-1	49.86	2.04	15.79	0.94	8.08	0.06	9.25	10.83	2.57	0.23	0.31	0.05	0.16	67.33
E27-9-1	50.76	2.01	15.21	0.79	8.20	0.20	10.57	11.26	0.46	0.32	0.20	0.03	0.22	69.88
E27-27-1	50.87	2.04	15.98	0.84	7.58	0.09	8.86	11.07	2.15	0.26	0.20	0.06	0.18	67.78
E27-25-3	52.78	1.77	17.78	0.54	6.01	0.08	7.47	11.55	1.36	0.28	0.31	0.09	0.22	69.11
E27-19-1	49.31	1.84	15.13	1.03	8.53	0.14	9.59	11.45	2.51	0.21	0.23	0.03	0.16	66.93
E27-21-1	50.87	1.82	14.99	0.80	8.45	0.15	10.61	11.44	0.35	0.22	0.25	0.04	0.17	69.33
E27-21-3	50.41	2.02	14.82	0.94	7.83	0.20	9.11	12.03	2.32	0.17	0.14	0.00	0.12	67.68
E27-21-5	49.99	1.75	15.95	0.89	7.68	0.16	8.96	11.61	2.59	0.23	0.17	0.03	0.18	67.74
E27-21-7	51.05	1.66	16.02	0.81	7.18	0.17	8.52	11.57	2.56	0.18	0.25	0.03	0.15	68.11
E27-23-1	52.60	1.99	16.71	0.63	6.75	0.17	8.17	11.16	1.09	0.31	0.36	0.08	0.22	68.54
E27-13-1	50.93	1.86	14.54	0.82	8.36	0.20	10.32	12.04	0.43	0.19	0.24	0.07	0.14	68.96
E27-13-3	49.50	2.09	15.48	0.92	7.33	0.20	8.21	12.70	2.68	0.37	0.07	0.45	0.24	66.84
E27-15-1	49.69	1.74	15.08	1.00	8.37	0.20	9.75	11.11	2.56	0.19	0.27	0.05	0.15	67.71
E27-17-1	49.90	1.71	14.87	1.03	8.56	0.15	9.55	11.39	2.39	0.23	0.18	0.05	0.19	66.76
E27-37-1	52.71	1.99	16.49	0.61	6.78	0.12	8.50	11.55	0.74	0.26	0.18	0.07	0.18	69.29
E27-35-1	49.98	1.82	16.13	0.68	7.07	0.12	8.67	11.85	1.19	0.26	0.15	2.08	0.20	68.82
E27-33-1	51.24	2.05	16.62	0.72	6.71	0.04	7.99	12.07	2.03	0.27	0.25	0.04	0.18	68.19
E27-31-1	51.33	1.67	16.00	0.66	7.13	0.14	9.05	11.19	1.01	0.29	0.35	1.19	0.24	69.56
E33-9-1	51.46	1.65	14.49	0.94	7.54	0.13	8.34	12.53	2.70	0.09	0.07	0.06	0.08	66.57
E33-11-1	52.48	1.83	16.46	0.72	6.08	0.17	6.37	12.51	3.06	0.20	0.15	0.00	0.15	65.35
E33-5-1	52.09	1.69	14.61	0.81	8.31	0.12	9.18	12.33	0.47	0.18	0.17	0.05	0.15	66.54
E33-1-1	51.57	1.72	14.30	0.85	8.49	0.11	9.80	12.23	0.49	0.21	0.12	0.11	0.17	67.51
E33-3-1	51.74	1.80	15.24	0.84	7.16	0.12	8.21	12.14	2.50	0.18	0.03	0.05	0.14	67.36
E46-13-1	51.84	1.33	15.85	0.62	6.94	0.04	10.04	12.59	0.45	0.10	0.15	0.08	0.10	72.25
E46-9-1	52.86	1.31	16.86	0.54	6.24	0.12	8.86	12.02	0.99	0.07	0.08	0.08	0.07	71.88

一般而言，熔体包裹体组成能反映橄榄石斑晶中包裹的残余熔体组成，因为在降温过程中，被捕获的熔体在包裹体壁上发生结晶，从而改变自身成分（Danyushevsky et al.，2000）。图2-44表明，在校正后的熔体包裹体初始组成的常量元素相关性图解上，MgO 与 SiO₂ 的负相关关系表明首先从岩浆中分离结晶出来的是橄榄石矿物；此外，MgO 与 FeO^T 之间的正相关关系则可能是受被熔体包裹体均衡过程中"Fe 流失"所影响，而 MgO、Al₂O₃ 和 CaO 之间的负相关关系可能是斜长石结晶所致（赵慧静，2013）。

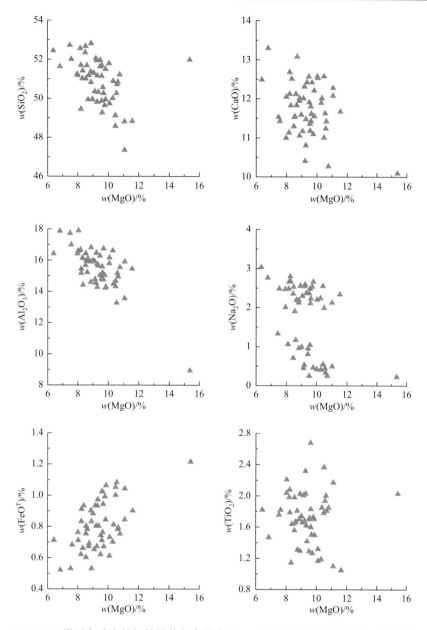

图 2-44　EPR 13°N 附近玄武岩的初始熔体包裹体中 MgO 与其他常量元素的关系（赵慧静，2013）

2.EPR 岩浆的结晶演化分析

玄武岩中的熔体包裹体通常保留岩浆喷发前地幔中初始岩浆组成的信息，而玄武岩的全岩代表了岩浆喷发后的最终产物，这两者之间包含了不同演化阶段岩浆的重要信息。玄武岩全岩和熔体包裹体初始组成中的 SiO_2、Na_2O 和 TiO_2 与 MgO 含量有一致的相关性，而 Al_2O_3、FeO^T 和 CaO 与 MgO 含量的相关性则是相反的（图 2-20 和图 2-44）。MORB 和熔体包裹体的 MgO 与 SiO_2 含量具有相同的负相关关系，说明橄榄石在岩浆演化早期阶段就发生了结晶。MgO 与 FeO^{T}含量在熔体包裹体原始组成中呈正相关关系，而在 MORB 中则表现为负相关关系，表明不同种类矿物在结晶分异过程中发生了结晶。MORB 和熔体包裹体中变化的 Fe 含量表明 Fe 在熔体包裹体中发生扩散，并在与橄榄石接触的边缘逐渐富集，这也证明了"Fe 流失"存在的可能（Danyushevsky et al.，2000）。MgO 与 Al$_2$O$_3$ 或 CaO 含量在校正后的熔体包裹体原始组分中呈负相关关系，但在 MORB 中表现为正相关关系。这些现象表明矿物在岩浆演化过程中发生了结晶分异，同时也表明玄武岩中的矿物相的组成成分并不一定能真实地反映其母岩浆中存在的矿物相的组成成分（Bryan，1983）。除此之外，对来自快速和慢速扩张洋中脊的大多数火成岩进行的研究加深了人们对洋中脊深部岩浆结晶作用的了解（Michael and Cornell，1998），相关研究认为橄榄石（±尖晶石）和斜长石作为主要矿物相，控制了 MORB 组成的变化（Roux et al.，2002）。同时，热力学的研究以及硅酸盐岩浆结晶相关热力学参数值的更新有助于人们更真实地模拟各种环境下岩浆的结晶过程（Ghiorso and Sack，1995；Ariskin et al.，1993；Nielsen，1990，1988）。

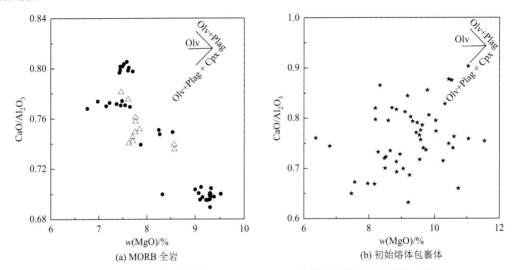

图 2-45　EPR 13°N 附近 MORB 全岩中的 CaO/Al$_2$O$_3$-MgO 关系及初始熔体包裹体中的 CaO/Al$_2$O$_3$-MgO 关系（赵慧静，2013）

△为此次研究的岩石样品；●为来自张国良（2010）的岩石样品；★为此次研究的初始熔体包裹体

EPR 13°N 附近玄武岩的 Mg$^\#$（62.45～68.11）显著低于原始岩浆（即校正后的橄榄石内熔体包裹体中的初始组成）的 Mg$^\#$（65.35～73.60），这表明研究区的岩浆喷发前经历了一定程度的结晶分异作用。一系列地球化学指标可以指示这种结晶分异过程，如 CaO/Al$_2$O$_3$值、Sc 含量等，其中，CaO/Al$_2$O$_3$ 值在斜长石（Plag）分离结晶时会增加，在单斜辉石（Cpx）分离结晶时则会降低，而不受橄榄石（Olv）的分离结晶影响（Roux et al.，2002）。EPR 13°N 附近玄武岩全岩和橄榄石中校正后的熔体包裹体 CaO/Al$_2$O$_3$-MgO 图解（图 2-45）表明，形成 MORB 的岩浆在喷发前经历了 Olv+Plag 共结晶，而熔体包裹体的原始熔体组成则表现出 Olv+Plag+Cpx 的共结晶（赵慧静，2013）。

通常而言，玄武质岩浆中矿物相的结晶顺序为：Olv→Olv+Plag→Olv+Plag+Cpx（Roux et al.，2002；Langmuir et al.，1992），这一结晶顺序适用于低压分离结晶过程。但是，压力的变化影响了单斜辉石的结晶，较高的压力促使单斜辉石的结晶。EPR 13°N 附近洋中脊轴部的深部岩浆房位置较浅，且快速扩张洋中脊深部的岩浆房往往存在稳定的岩浆物质供给，前人经过计算得到的岩浆房内压力约为 1kbar[①]（Sinton and Detrick，1992；Detrick et al.，1987）。利用已获得的熔体包裹体中的初始岩浆组分，结合结晶热力学软件 COMAGMAT，可对该研究区洋中脊深部岩浆房中的初始岩浆在不同压力条件下的结晶分异过程进行模拟，以此来进一步验证该区岩浆演化过程是否经历了单斜辉石的分离结晶过程（赵慧静，2013）。

选取 EPR 13°N 附近玄武岩样品中 MgO 含量最高[w(MgO)=8.57%]的样品（E46-g）代表初始岩浆组成，模拟计算不同压力下（1atm[②]、1kbar、2kbar、4kbar、6kbar、8kbar）的岩浆结晶分异过程（图 2-46）。所有玄武岩投影在压力大于 4kbar 的区域内，表明区域内岩浆发生了 Olv+Plag+Cpx 的共结晶。喷出地表的玄武岩中缺少单斜辉石可能是由于岩浆在较高压力条件下发生了单斜辉石的分离结晶，同时，由于寄主岩浆和单斜辉石之间有密度差，单斜辉石没有被上升的岩浆携带；此外，结晶压力随岩浆上升不断降低，单斜辉石转变为不稳定相，初始结晶的单斜辉石在上升过程中不稳定可能发生分解，使得残余岩浆仅保留了 Olv+Plag 的斑晶矿物组合。因此，岩石虽然在矿物组成上缺失单斜辉石斑晶，但是表现出单斜辉石发生结晶分异后的地球化学特征，这种现象在 MORB 中较为常见，被称为"辉石悖论"（pyroxene paradox）（Roex et al.，1996；Batiza and Niu，1992）。

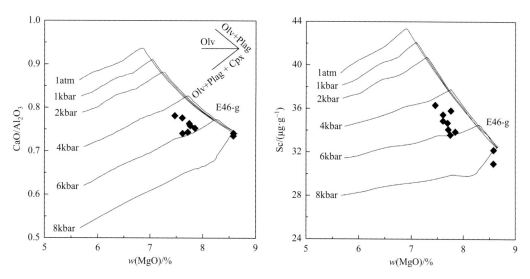

图 2-46　EPR 13°N 附近玄武岩 E46-g 样品在不同压力下的结晶分异过程模拟（赵慧静，2013）

3. EPR 玄武岩中的富集组分及其来源

在由地幔橄榄岩组成的原始玄武质岩浆中，K 和 Ti 表现出相似的地球化学特征（Niu

---

① 1bar = 10^5Pa。

② 1atm = 1.01325×10^5Pa。

et al.，1996）。前人研究表明，K/Ti 值可用来反映熔融环境与/或熔体来源，且不易受小到中等程度分异作用的影响（Rubin and Sinton，2007），K/Ti>0.15 的 MORB 被定义为 E-MORB（Sours-Page et al.，2002）。从表 2-22 可以看出，熔体包裹体初始组分中的 K/Ti 值变化范围为 0.05～0.24，一些常量元素表现出 E-MORB 的特征（K/Ti>0.15），特别是 E27、E33 和 E44 站位的样品，与玄武岩全岩组分（表 2-11）所反映的信息一致，均说明在熔体包裹体被捕获时的岩浆熔体中存在一定比例的富集组分，如地幔柱物质，或板块俯冲过程中加入地幔的地壳循环物质（Niu et al.，1999）。一些类似于 OIB 地球化学性质的碱性 MORB 被认为来源于地幔柱（Sharygin et al.，2011），但该研究区域的前人研究成果并没有发现热点活动迹象，因此推测该区域玄武岩中的富集组分并非来源于地幔物质。图 2-47 中，K/Ti 值与 SiO_2 含量呈正相关关系，而与 MgO 含量呈负相关关系，说明富集组分具有不相容性，也出现在岩浆演化过程中，且其比值随着岩浆演化不断增大。

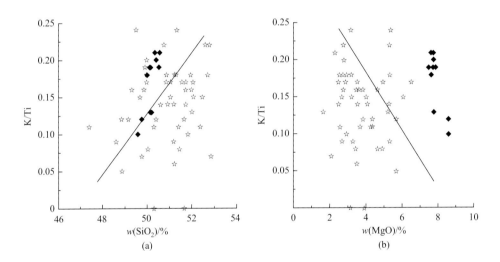

图 2-47　EPR 13°N 附近玄武岩样品中熔体包裹体初始组分和洋中脊玄武岩的 K/Ti-SiO_2 图和 K/Ti-MgO 图（赵慧静，2013）

☆为熔体包裹体初始成分；◆为洋中脊玄武岩

使用结晶热力学软件 COMAGMAT 模拟玄武质岩浆的结晶过程（赵慧静，2013；Zhang et al.，2009），选择 MgO 含量最高的玄武岩样品 E46-g 以及 K/Ti=0.19 的玄武岩样品 E44-g 作为母岩浆，使用 COMAGMAT 计算了不同压力下的岩浆结晶路径（1atm、1kbar、2kbar、4kbar、6kbar 和 8kbar）（图 2-48）。在图 2-48（a）中，MORB 样品表现出高压下（>4kbar）单斜辉石的分离结晶过程，说明该研究区的玄武质岩浆经历了从 Olv+Plag+Cpx 的共结晶到 Olv+Plag 的结晶相转变的过程（Zhang et al.，2009）。同时，从图 2-48（b）可以看出，大部分 MORB 的 K/Ti 值在压力大于 4kbar 时大于 0.15，这个压力值明显比洋中脊深部岩浆房的正常压力（～1kbar）要高。因此推断，在压力大于 4kbar 时，深部的玄武质岩浆房存在富集组分的加入（赵慧静，2013）。

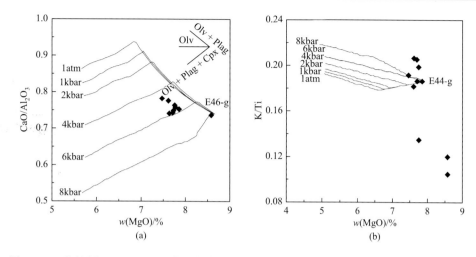

图 2-48　不同压力下 EPR 13°N 附近玄武岩（E46-g 和 E44-g）的结晶路径（赵慧静，2013）

　　由于熔体包裹体能反映比玄武岩更加原始的信息，且熔体包裹体代表的初始岩浆一般有较高的 MgO 含量。因此，可以用一个重建的熔体包裹体 E27-9-1 的初始成分［表 2-22 中 $w(MgO)=10.57\%$ 和 $K/Ti=0.22$］来模拟不同压力下的岩浆分异过程，并探讨富集组分的来源（图 2-49）。在图 2-49（a）中，熔体包裹体原始熔体组成（重建的熔体包裹体）的结晶路径显示 Olv+Plag+Cpx 在压力大于 1kbar 时共存；而在压力大于 2kbar 时，大部分单斜辉石斑晶会出现，这意味着当原始岩浆中的压力低于它在 MORB 中出现的压力时，单斜辉石相会出现。此外，熔体包裹体和 MORB 的 K/Ti 值显示 EPR 13°N 附近玄武质岩浆中存在富集组分。图 2-49（b）显示，熔体包裹体代表的初始熔体中 K/Ti 值随着压力增加而增大；当压力约为 1kbar 时，一部分熔体包裹体的 K/Ti 值大于 0.15，说明岩浆中的富集组分来源于洋中脊海底面以下较浅的位置。与此同时，这些包含在 MORB 中的富集组分可能并非来源于深部地幔，因为该区并未发现地幔柱或热点的存在，因此其更可能

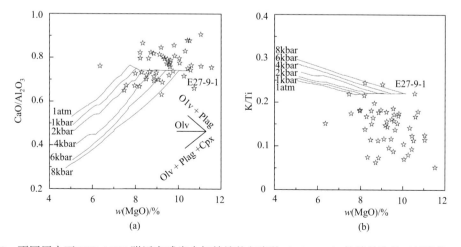

图 2-49　不同压力下 EPR 13°N 附近玄武岩中初始熔体包裹体（E27-9-1）的结晶路径（赵慧静，2013）

来源于软流圈地幔对流过程中携带的富集组分。在岩浆未进入岩浆房时，这些 E-MORB 经历了两种不同的过程，且具有不同的压力：低压环境（1±1kbar）和高压环境（4±2kbar）。鉴于 EPR 13°N 附近岩浆的深部分异作用，这些 E-MORB 中很可能有两种不同的端元组分，一种是从地球内部上升地幔中的普通玄武质岩浆，另一种是地幔对流过程中携带的低压熔融的富集组分。因此，可以认为该区的 E-MORB 可能是上述两种端元组分混合的最终产物。由此可以得出，发生在 EPR 上地幔中的这种混合作用过程可能是富集组分加入的一种重要机制（赵慧静，2013）。

在 EPR 13°N 附近，洋中脊的海底下方有一个位置较浅的狭窄壳层岩浆储库，且 MORB 中的富集型组分可能来源于在软流圈对流过程中被上升地幔所携带的富集型物质的熔融，并在岩浆喷发前的高压环境与上升地幔发生了混合（赵慧静，2013）。

（二）EPR 13°N 附近玄武岩中熔体包裹体的微量元素研究

目前，定量测试熔体包裹体化学组成的技术要求被测的包裹体成分均一，且通过再熔融作用能够适当恢复包裹体在捕获后发生的脱玻化作用，或在包裹体壁上的结晶（Halter et al.，2002）。在加热过程中，裂隙的存在可能使熔体包裹体出现爆裂，致使熔体包裹体很难达到均一化（Zajacz and Halter，2007）。尽管如此，激光剥蚀电感耦合等离子体质谱仪（LA-ICP-MS）提供了一个可以不用加热来实现均一化的方法，能够分析再结晶的熔体包裹体的组分。此外，作为一项快速发展的原位微区分析技术，相比于通过二次离子质谱（SIMS），LA-ICP-MS 可以测试元素周期表上大部分的元素含量（Pettke et al.，2004）。例如，Taylor 等（1997）把四极杆电感耦合等离子体质谱仪（Q-ICP-MS）与一个 UV 激光剥蚀微探针（266nm）组合，并将其应用于单个硅酸盐熔体包裹体的原位测试分析，成功地解决了灵敏度和空间分辨率的问题。因此，LA-ICP-MS 技术逐步被应用于分析测试熔体包裹体，且主要用于分析测试玻璃质熔体包裹体的微量元素（Seo et al.，2011；Zajacz and Halter，2007；Halter et al.，2002）。

1. 玄武岩中熔体包裹体的富集组分及其来源

表 2-23 是通过测试获得的熔体包裹体的微量元素数据。图 2-50 表明与全岩相比，熔体包裹体中 Co、Ni（过渡族元素）、Sr 和 Y（不相容元素）的含量变化范围更大，而稀土元素的含量变化范围较小。在图 2-50 中，熔体包裹体中的一些微量元素（如 Co、Ni、Sr 和 Y）含量高于全岩的，表明不相容元素和过渡族元素在原始地幔中发生了富集，且随着地幔熔体的演化，这些元素的扩散速率比相容元素快，最终导致这些元素在全岩中含量变低（赵慧静，2013）。

EPR 13°N 附近玄武岩中熔体包裹体的稀土元素球粒陨石标准化图（图 2-51）（Boynton，1983）显示轻稀土元素呈现轻微富集，$(La)_N$ 值变化范围为 4.94～28.58，$(Yb)_N$ 值变化范围为 6.17～19.23。在被分析的 15 个熔体包裹体中，13 个具有轻稀土元素（LREE）亏损特征 $[(La/Sm)_N < 1.0]$，2 个轻稀土元素富集$[1.0(La/Sm)_N]$。这些亏损和富集轻稀土元素的熔体包裹体，以及其较大 REE 组成变化范围的特征均表明部分熔体包裹体被富集组分所影响（赵慧静，2013）。

表2-23 EPR 13°N 附近玄武岩中橄榄石的熔体包裹体微量元素组成（赵慧静, 2013）

样品号	Li	Sc	V	Cr	Co	Ni	Ga	Rb	Sr	Y	Zr	Nb	Ba	La	Ce	Pr	Nd	Sm
E15-1-1	4.25	34.50	200.81	688.48	82.58	783.15	10.91	1.29	117.92	20.72	66.23	1.73	11.75	2.65	7.06	1.27	5.60	2.63
E15-5-1	3.66	26.38	150.06	407.33	113.32	1272.38	8.11	0.55	80.24	13.62	44.17	1.17	5.72	1.70	5.45	0.84	5.38	1.78
E15-7-1	3.23	24.76	119.63	912.84	143.43	1657.29	5.01	0.33	62.03	10.49	34.67	0.94	4.21	1.53	4.00	0.76	4.28	1.29
E27-1-1	10.49	43.89	314.87	315.06	42.14	200.73	17.18	3.76	198.07	39.76	174.17	6.84	34.86	8.45	23.07	3.65	17.06	5.75
E27-13-1	14.69	41.33	330.00	311.03	34.69	49.52	19.04	3.57	199.72	36.18	160.47	6.81	34.98	8.12	23.40	3.76	17.63	5.15
E27-17-1	6.62	43.01	327.30	357.83	35.39	79.01	18.98	3.19	207.41	36.42	163.51	7.45	37.03	7.86	24.11	3.72	17.91	4.84
E27-19-1	4.85	30.38	185.71	371.40	111.83	1098.21	10.37	1.85	113.96	20.99	95.05	3.82	21.47	4.43	13.00	2.00	9.43	3.16
E27-9-1	18.11	43.93	340.78	313.58	29.19	23.92	19.73	3.65	198.77	39.51	171.10	7.05	35.99	8.86	24.21	3.57	18.86	5.49
E27-27-1	4.82	34.19	189.12	408.46	123.91	1270.80	9.45	1.70	118.00	25.80	117.36	4.50	27.38	5.50	14.56	2.06	11.84	3.96
E27-29-1	4.10	36.23	262.95	827.21	55.82	399.95	15.20	2.30	150.45	29.30	136.94	5.56	28.45	7.01	19.04	2.67	13.17	4.63
E33-1-1	7.93	44.63	340.39	333.28	47.27	167.08	15.98	1.65	143.93	34.78	128.24	4.18	17.98	5.22	14.72	2.26	12.29	4.12
E33-5-1	6.74	41.00	282.43	950.78	83.11	424.44	13.04	1.48	131.03	28.48	107.95	3.74	17.67	4.33	12.42	2.00	10.97	3.59
E44-1-1	5.67	44.11	316.97	304.64	37.18	48.19	16.78	1.95	175.19	30.75	117.00	5.16	37.92	5.72	15.19	2.20	14.96	3.69
E44-11-1	4.65	46.34	315.97	336.82	48.64	218.97	16.47	2.08	163.49	31.45	120.13	4.85	28.89	5.85	15.96	2.62	12.39	3.88
E46-15-1	3.80	38.16	253.10	442.06	56.44	394.74	12.09	0.75	102.90	24.30	72.81	1.66	7.04	2.79	8.28	1.57	7.65	3.05

样品号	Eu	Gd	Tb	Dy	Ho	Er	Tm	Yb	Lu	Hf	Ta	Pb	Th	U	Ti/Zr	La/Nb	Nb/U	Ce/Pb
E15-1-1	1.01	2.92	0.52	3.87	0.83	1.75	0.58	2.61	0.32	1.70	0.11	0.51	0.16	0.25	92.11	1.53	6.92	13.84
E15-5-1	0.65	2.44	0.34	2.28	0.52	1.19	0.20	1.29	0.28	1.15	0.07	0.22	0.06	<0.04	100.15	1.45	—	24.77
E15-7-1	0.58	2.04	0.25	2.03	0.41	1.01	0.15	1.46	0.23	0.74	<0.03	0.59	0.06	0.07	96.04	1.63	13.43	6.78
E27-1-1	1.90	6.45	0.96	7.56	1.38	3.52	0.64	4.02	0.58	4.41	0.52	0.93	0.53	0.22	69.73	1.24	31.09	24.81
E27-13-1	2.02	6.23	0.95	6.41	1.32	3.12	0.59	3.83	0.54	3.32	0.38	1.03	0.49	0.18	76.73	1.19	37.83	22.72

续表

样品号	Eu	Gd	Tb	Dy	Ho	Er	Tm	Yb	Lu	Hf	Ta	Pb	Th	U	Ti/Zr	La/Nb	Nb/U	Ce/Pb
E27-17-1	2.23	6.29	0.97	6.89	1.42	3.10	0.51	3.79	0.56	3.65	0.46	1.13	0.48	0.21	74.46	1.06	35.48	21.34
E27-19-1	1.13	3.80	0.58	3.58	0.82	1.76	0.33	2.50	0.35	2.32	0.26	1.60	0.35	0.22	73.52	1.16	17.36	8.13
E27-9-1	1.84	7.02	1.11	7.59	1.54	3.48	0.66	3.82	0.60	4.04	0.41	0.76	0.48	0.20	73.62	1.26	35.25	31.86
E27-27-1	1.02	3.83	0.60	4.24	1.11	2.50	0.45	2.70	0.37	3.77	0.30	0.61	0.30	0.13	64.92	1.22	34.62	23.87
E27-29-1	1.59	5.56	0.87	5.32	1.14	2.57	0.50	3.00	0.45	3.20	0.42	0.75	0.48	0.20	73.31	1.26	27.80	25.39
E33-1-1	1.32	5.88	0.96	6.78	1.32	2.87	0.59	3.82	0.57	3.12	0.26	0.94	0.32	0.16	83.16	1.25	26.13	15.66
E33-5-1	1.27	4.89	0.89	5.81	1.24	2.69	0.48	3.53	0.38	2.73	0.24	0.64	0.27	0.12	82.33	1.16	31.17	19.41
E44-1-1	1.59	5.21	0.88	6.08	1.30	2.40	0.49	3.36	0.43	2.77	0.28	0.77	0.43	0.13	86.64	1.11	39.69	19.73
E44-11-1	1.46	5.68	0.83	5.52	1.23	2.49	0.46	3.44	0.48	2.72	0.33	0.68	0.32	0.13	83.25	1.21	37.31	23.47
E46-15-1	1.01	3.87	0.56	4.42	0.99	2.07	0.37	2.68	0.36	1.61	0.08	0.24	0.11	0.05	97.50	1.68	33.20	34.50

注：表中 Li、Sc、V、Cr、Co、Ni、Ga、Rb、Sr、Y、Zr、Nb、Ba、La、Ce、Pr、Nd、Sm、Eu、Gd、Tb、Dy、Ho、Er、Tm、Yb、Lu、Hf、Ta、Pb、Th、U 的单位为 $\mu g \cdot g^{-1}$。

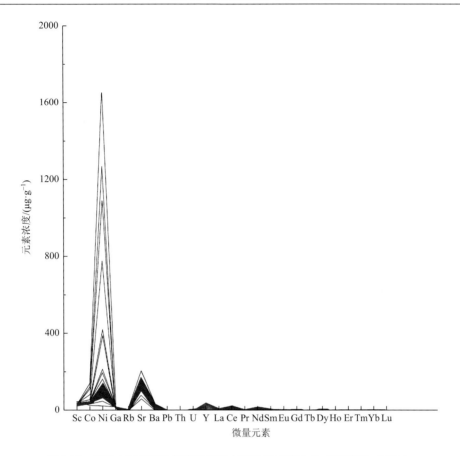

图 2-50　EPR 13°N 附近玄武岩样品中的微量元素含量（赵慧静，2013）

黑线代表橄榄石寄主熔体包裹体的微量元素组分；红线代表 MORB 的微量元素组分

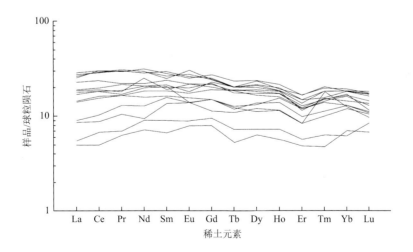

图 2-51　EPR 13°N 附近玄武岩中熔体包裹体的 REE 球粒陨石标准化配分模式（赵慧静，2013）

2. 玄武岩中熔体包裹体的微量元素组成及其对岩浆活动的指示

通常情况下,快速扩张洋中脊处喷发的熔岩比在慢速扩张洋中脊处喷发的熔岩具有更小的组分变化范围,这个现象常被归因于快速扩张洋中脊轴部浅部岩浆房中熔体的组成相对均一(Wanless and Shaw,2012;Batiza et al.,1996;Sinton and Detrick,1992;O'Hara and Mathews,1981)。实际上,在熔体被矿物捕获后,随着温度下降,包裹体壁上会出现矿物结晶(Kent,2008;Kress and Ghiorso,2004;Sobolev and Chaussidon,1996;Roedder,1984)。随着温度或压力改变,结晶作用及脱玻化作用等过程将不可避免地改变初始熔体包裹体的组分,增大了对岩石成因解释的难度(Cottrell et al.,2002)。为此,前人提供了一些有效的数学方法来校正捕获后熔体包裹体的组分(Danyushevsky and Plechov,2011)。我们结合结晶热力学软件 PETROLOG3 来校正熔体包裹体的微量元素组成,从而重建熔体包裹体初始微量元素组成(表 2-24)。

将初始熔体包裹体球粒陨石标准化的微量元素组成校正后显示,$(La/Sm)_N$ 值的变化范围为 $0.58 \sim 1.02$,其中仅有两个样品的$(La/Sm)_N > 1$,分别是 E27-27-1[$(La/Sm)_N = 1.02$]和 E27-9-1[$(La/Sm)_N = 1.01$]。前人的研究把$(La/Sm)_N > 1$ 的玄武岩定义为 E-MORB,这表明上述初始熔体包裹体所在的玄武岩,其大部分为 N-MORB 型。初始熔体包裹体中 La/Nb 值变化范围为 $1.05 \sim 1.68$,即所有已分析的初始熔体包裹体的 La/Nb 值均大于 1,显示轻稀土元素轻微富集,说明熔体包裹体所代表的岩浆组分并未显著富集不相容元素。因此,该区部分玄武岩中的富集组分,并不是来自岩浆源区地幔,而是在岩浆从地幔上升至岩浆房,最终喷出地表的过程中加入的(赵慧静,2013)。

Hofmann 等(1986)的研究表明,MORB 和 OIB 的 Nb/U 与 Ce/Pb 值分别稳定在 47 ± 10 和 25 ± 5,而初始地幔的 Nb/U 值约为 30,Ce/Pb 值约为 9,平均陆壳的 Nb/U 值约为 10,Ce/Pb 值约为 4。本书中获得的校正后初始熔体包裹体的微量元素组成:Nb/U 值为 $6.95 \sim 39.83$,Ce/Pb 值为 $6.72 \sim 34.00$。部分初始熔体包裹体的 Nb/U 值($6.95 \sim 39.83$)在初始地幔的比值(Nb/U$\approx$30)附近,也有部分比值落在平均陆壳组成(Nb/U$\approx$10)附近,说明熔体包裹体中所捕获的岩浆中一部分来源于地幔,一部分来源于地壳。大多数初始熔体包裹体组成中的 Ce/Pb 值($6.72 \sim 34.00$)接近海底玄武岩的 Ce/Pb 值(25 ± 5),但也有部分低于初始地幔的 Ce/Pb 值,这可能与玄武质岩浆中混合了部分初始地幔物质有关(赵慧静,2013)。

总之,综合分析 EPR 13°N 附近玄武岩和熔体包裹体中常量元素组成,发现 EPR 13°N 附近玄武质岩浆中有 Olv + Plag + Cpx 共结晶情况存在,但在喷出地表的岩浆所形成的 MORB 中,只存在 Olv + Plag 共结晶,证实了该区玄武岩中也存在"辉石悖论"。通过研究熔体包裹体和 MORB 中主、微量元素组成,发现 EPR 13°N 附近的 E-MORB 岩浆经历了两个不同的过程:首先是富集型物质的低压熔融[(1 ± 1) kbar],其次是富集型组分和普通地幔岩浆在高压条件[(4 ± 2) kbar]下的混合(赵慧静,2013)。

表 2-24　校正后的初始熔体包裹体微量元素组成（赵慧静，2013）

样品号	Li	Sc	V	Cr	Co	Ni	Ga	Rb	Sr	Y	Zr	Nb	Ba	La	Ce	Pr	Nd	Sm
E15-1-1	3.75	30.43	177.11	607.24	72.84	690.74	9.62	1.14	104.01	18.28	58.41	1.53	10.36	2.34	6.23	1.12	4.94	2.32
E15-5-1	3.18	22.95	130.55	354.38	98.59	1106.97	7.06	0.48	69.81	11.85	38.43	1.02	4.98	1.48	4.74	0.73	4.68	1.55
E15-7-1	2.88	22.06	106.59	813.34	127.80	1476.65	4.46	0.29	55.27	9.35	30.89	0.84	3.75	1.36	3.56	0.68	3.81	1.15
E27-1-1	9.28	38.84	278.66	278.83	37.29	177.65	15.20	3.33	175.29	35.19	154.14	6.05	30.85	7.48	20.42	3.23	15.10	5.09
E27-13-1	13.12	36.91	294.69	277.75	30.98	44.22	17.00	3.19	178.35	32.31	143.30	6.08	31.24	7.25	20.90	3.36	15.74	4.60
E27-17-1	6.00	39.01	296.86	324.55	32.10	71.66	17.21	2.89	188.12	33.03	148.30	6.76	33.59	7.13	21.87	3.37	16.24	4.39
E27-19-1	4.25	26.64	162.87	325.72	98.07	963.13	9.09	1.62	99.94	18.41	83.36	3.35	18.83	3.89	11.40	1.75	8.27	2.77
E27-9-1	16.08	39.01	302.61	278.46	25.92	21.24	17.52	3.24	176.51	35.08	151.94	6.26	31.96	7.87	21.50	3.17	16.75	4.88
E27-27-1	4.22	29.92	165.48	357.40	108.42	1111.95	8.27	1.49	103.25	22.58	102.69	3.94	23.96	4.81	12.74	1.80	10.36	3.47
E27-29-1	2.88	25.43	184.59	580.70	39.19	280.76	10.67	1.61	105.62	20.57	96.13	3.90	19.97	4.92	13.37	1.87	9.25	3.25
E33-1-1	6.88	38.69	295.12	288.95	40.98	144.86	13.85	1.43	124.79	30.15	111.18	3.62	15.59	4.53	12.76	1.96	10.66	3.57
E33-5-1	6.01	36.53	251.65	847.14	74.05	378.18	11.62	1.32	116.75	25.38	96.18	3.33	15.74	3.86	11.07	1.78	9.77	3.20
E44-1-1	5.26	40.89	293.83	282.40	34.47	44.67	15.56	1.81	162.60	28.51	108.46	4.78	35.15	5.30	14.08	2.04	13.87	3.42
E44-11-1	4.18	41.61	283.74	302.46	43.68	196.64	14.79	1.87	146.81	28.24	107.88	4.36	25.94	5.25	14.33	2.35	11.13	3.48
E46-15-1	3.43	34.46	228.55	399.18	50.97	356.45	10.92	0.68	92.92	21.94	65.75	1.50	6.36	2.52	7.48	1.42	6.91	2.75

样品号	Eu	Gd	Tb	Dy	Ho	Er	Tm	Yb	Lu	Hf	Ta	Pb	Th	U	Nb/U	La/Nb	Ce/Pb
E15-1-1	0.89	2.58	0.46	3.41	0.73	1.54	0.51	2.30	0.28	1.50	0.10	0.45	0.14	0.22	6.95	1.53	13.84
E15-5-1	0.57	2.12	0.30	1.98	0.45	1.04	0.18	1.12	0.24	1.00	0.06	0.19	0.05	—	—	1.45	24.95
E15-7-1	0.52	1.82	0.22	1.81	0.36	0.90	0.14	1.30	0.20	0.66	—	0.53	0.05	0.07	12.00	1.62	6.72
E27-1-1	1.68	5.71	0.85	6.69	1.22	3.12	0.57	3.56	0.51	3.90	0.46	0.82	0.47	0.19	31.84	1.24	24.90
E27-13-1	1.80	5.56	0.85	5.72	1.18	2.79	0.52	3.42	0.48	2.96	0.34	0.92	0.44	0.16	38.00	1.19	22.72
E27-17-1	2.02	5.71	0.88	6.25	1.29	2.81	0.46	3.44	0.51	3.31	0.42	1.02	0.44	0.19	35.58	1.05	21.44

续表

样品号	Eu	Gd	Tb	Dy	Ho	Er	Tm	Yb	Lu	Hf	Ta	Pb	Th	U	La/Nb	Nb/U	Ce/Pb
E27-19-1	0.99	3.33	0.51	3.14	0.72	1.54	0.29	2.19	0.31	2.03	0.23	1.40	0.30	0.19	1.16	17.63	8.14
E27-9-1	1.63	6.23	0.99	6.74	1.37	3.09	0.58	3.39	0.54	3.59	0.37	0.67	0.43	0.18	1.26	34.78	32.09
E27-27-1	0.89	3.35	0.53	3.71	0.97	2.19	0.39	2.36	0.32	3.30	0.26	0.53	0.26	0.11	1.22	35.82	24.04
E27-29-1	1.12	3.90	0.61	3.73	0.80	1.80	0.35	2.11	0.32	2.25	0.30	0.53	0.34	0.14	1.26	27.86	25.23
E33-1-1	1.14	5.10	0.83	5.88	1.14	2.49	0.51	3.31	0.49	2.71	0.23	0.81	0.28	0.14	1.25	25.86	15.75
E33-5-1	1.13	4.36	0.79	5.18	1.10	2.40	0.43	3.15	0.34	2.43	0.21	0.57	0.24	0.11	1.16	30.27	19.42
E44-1-1	1.47	4.83	0.82	5.64	1.21	2.22	0.45	3.11	0.40	2.57	0.26	0.71	0.40	0.12	1.11	39.83	19.83
E44-11-1	1.31	5.10	0.75	4.96	1.10	2.24	0.42	3.09	0.43	2.44	0.30	0.61	0.28	0.12	1.20	36.33	23.49
E46-15-1	0.91	3.49	0.51	3.99	0.89	1.87	0.33	2.42	0.32	1.45	0.07	0.22	0.10	0.04	1.68	37.50	34.00

注："—"表示未检出；表中 Li、Sc、V、Cr、Co、Ni、Ga、Rb、Sr、Y、Zr、Nb、Ba、La、Ce、Pr、Nd、Sm、Eu、Gd、Tb、Dy、Ho、Er、Tm、Yb、Lu、Hf、Ta、Pb、Th、U 的单位为 μg·g⁻¹。

二、EPR 1°S～2°S 附近玄武岩中橄榄石的熔体包裹体

EPR 1°S～2°S 附近部分玄武岩样品的橄榄石斑晶中发育熔体包裹体，多数包裹体边缘平滑，根据其形态可细分为椭圆形和不规则形（图 2-52）。此类熔体包裹体在以往研究中也比较常见，Zhang 等（2010）和赵慧静（2013）在 EPR 13°N 的 MORB 中发现橄榄石和斜长石中均发育熔体包裹体，而于淼（2013）在 EPR 1°N、3°S 和 5°S 附近玄武岩中也发现橄榄石发育熔体包裹体，均指示 EPR 上 MORB 样品广泛发育熔体包裹体（张维，2017）。图 2-52（a）～（d）为各样品中橄榄石内的熔体包裹体特征。

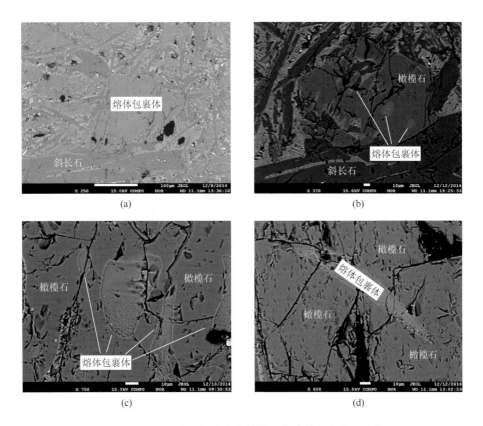

图 2-52 EPR 1°S～2°S 附近玄武岩中橄榄石的熔体包裹体（张维，2017）

1S-02 玄武岩中斜长石和橄榄石均发育熔体包裹体，多呈规律的圆形和椭圆形（图 2-53），边缘平滑。背散射图像显示其与外部玻璃质基质均无矿物结晶现象（张维，2017）。电子探针分析结果表明，其成分与外部玻璃质成分和全岩化学组成非常接近（表 2-25）。

表 2-25　EPR 1°S~2°S 附近玄武岩 1S-02 样品的熔体包裹体、基质与全岩化学组成

化学组成	包裹体		平均		基质			平均	全岩
Na$_2$O/%	2.91	2.88	2.90	2.70	3.29	2.98	3.25	3.06	3.02
MgO/%	7.11	7.85	7.48	7.77	4.42	7.38	7.32	6.72	7.36
Al$_2$O$_3$/%	15.53	15.85	15.69	14.06	17.61	15.50	15.59	15.69	15.81
SiO$_2$/%	51.22	51.22	51.22	46.17	53.82	50.83	50.13	50.24	49.09
K$_2$O/%	0.18	0.17	0.18	0.12	0.09	0.18	0.16	0.14	0.15
CaO/%	11.35	11.63	11.49	11.84	11.78	11.20	11.50	11.58	11.22
TiO$_2$/%	1.68	0.73	1.21	1.42	1.73	1.55	1.42	1.53	1.48
FeO/%	8.94	8.78	8.86	9.18	8.43	9.12	9.39	9.03	10.30
MnO/%	0.17	0.15	0.16	0.19	0.14	0.13	0.17	0.16	0.17
Cr$_2$O$_3$/%	0.08	0.05	0.07	2.72	0.07	0.06	0.07	0.73	—
总和/%	99.15	99.30	99.23	96.16	101.38	98.92	98.99	98.86	98.58
K/Ti	0.15	0.32	0.24	0.12	0.07	0.16	0.16	0.13	0.14
Mg$^\#$	0.63	0.80	0.72	0.65	0.66	0.66	0.70	0.67	0.67

注："—"表示未检出。

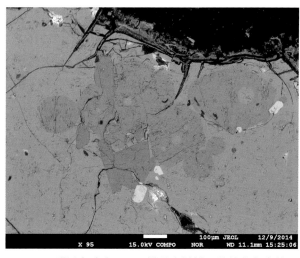

图 2-53　EPR 1°S~2°S 附近玄武岩 1S-02 样品中橄榄石的熔体包裹体（张维，2017）

　　1S-06 玄武岩样品仅在橄榄石中发现熔体包裹体，其形态与寄主橄榄石的轮廓相似，边缘平滑，在结晶早期可能就被矿物所捕获（图 2-54）（张维，2017）。电子探针数据表明，包裹体成分与外部基质有较大差异，熔体包裹体明显富集 Al$_2$O$_3$ 和 SiO$_2$，贫 MgO 和 CaO，Na$_2$O 和 K$_2$O 的含量也略高（表 2-26）。

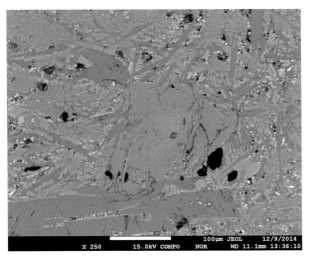

图 2-54 EPR 1°S～2°S 附近玄武岩 1S-06 样品中橄榄石的熔体包裹体（张维，2017）

表 2-26 EPR 1°S～2°S 附近玄武岩 1S-06 样品的熔体包裹体、
基质与全岩化学组成（张维，2017）

化学组成	包裹体						平均	基质			平均	全岩
Na_2O/%	0.66	0.67	0.56	2.46	0.49	0.90	0.96	0.46	0.46	0.49	0.47	2.94
MgO/%	3.53	4.28	3.02	2.55	2.35	261.00	3.06	14.67	13.28	13.78	13.91	6.96
Al_2O_3/%	16.85	16.57	16.82	17.23	16.30	17.47	16.87	5.08	9.36	7.54	7.33	15.47
SiO_2/%	53.47	53.13	54.27	53.68	55.26	54.01	53.97	48.09	46.57	47.47	47.38	50.03
K_2O/%	0.45	0.42	0.49	0.51	0.57	0.50	0.49	0.15	0.02	0.01	0.06	0.39
CaO/%	13.07	13.18	12.58	12.23	12.35	12.85	12.71	14.92	20.25	20.37	18.52	11.11
TiO_2/%	1.88	1.80	1.91	1.89	2.14	1.90	1.92	1.91	1.93	2.17	2.00	1.55
FeO/%	8.48	8.51	8.12	7.41	8.28	7.61	8.07	11.57	7.05	7.10	8.57	10.13
MnO/%	0.10	0.17	0.16	0.13	0.25	0.21	0.17	0.26	0.18	0.14	0.19	0.17
Cr_2O_3/%	0.11	0.04	0.02	0.18	0.09	0.12	0.09	0.06	0.12	0.36	0.18	—
总和/%	98.58	98.78	97.94	98.28	98.08	98.18	98.31	97.19	99.21	99.43	98.61	98.92
K_i/Ti	0.33	0.32	0.35	0.38	0.37	0.37	0.35	0.10	0.01	0.01	0.04	0.34
Fe_8/%	1.03	2.32	−0.17	−1.67	−1.13	−1.37	−0.17	22.68	15.83	16.72	18.41	5.97
Na_8/%	−1.01	−0.71	−1.29	0.43	−1.61	−1.11	−0.88	2.95	2.43	2.65	2.68	2.55
CaO/Al_2O_3	0.78	0.80	0.75	0.71	0.76	0.74	0.76	2.94	2.16	2.70	2.60	0.72

注："—"表示未检出。

　　1S-07、1S-10 和 1S-11 非玻璃质玄武岩样品中也发现了相似的情况，熔体包裹体仅见于橄榄石中，斜长石中则未见任何熔体包裹体。包裹体相对于基质呈现高 Al_2O_3（16.87%～18.65%，质量分数）和 SiO_2（51.92%～55.26%，质量分数）、低 MgO（2.79%～3.85%，质量分数）和 FeO^T 含量（7.28%～8.04%，质量分数）的特点（张维，2017）。

此外，除 1S-02 玄武岩样品外，其他熔体包裹体的化学组成均比较接近，表明样品在橄榄石结晶过程中所包裹的熔体成分变化不大，即熔体包裹体被捕获时的熔体化学组成相对均一（张维，2017）。在 EPR 13°N 玄武岩中也发现橄榄石中的熔体包裹体，电子探针数据表明这些熔体包裹体与本区的类似，相对于寄主玄武岩全岩呈低 MgO 含量和高 CaO（12.3%～16.2%，质量分数）、Al$_2$O$_3$（14.3%～19.3%，质量分数）、TiO$_2$（1.33%～2.82%，质量分数）含量及 CaO/Al$_2$O$_3$ 值（0.60～1.04）的特征（张维，2017）。

EPR 1°S～2°S 附近橄榄石中熔体包裹体的 MgO 含量（2.79%～4.28%，质量分数）相对于 EPR 13°N 附近的值（2.05%～7.09%，质量分数）偏低，且其具有较小的变化范围。由于 MgO 相对于 FeO 在橄榄石中有更高的分配系数（本区的 Kd$_{Mg-Fe}$ = 2.14～3.05），致使熔体中 FeO 含量在橄榄石结晶的过程中随 MgO 含量的下降而上升。与此同时，随着温度和 MgO 含量的下降，MgO 和 FeO 在单斜辉石中的分配系数差比在橄榄石中的小，当岩浆中开始结晶单斜辉石时，FeO 含量随 MgO 含量的降低而降低，从而呈现出正相关关系（图 2-55）。此外，MgO-CaO 协变图解也验证了原始岩浆中单斜辉石的结晶过程，即由于橄榄石中基本不含 Ca，其熔体包裹体中 CaO/Al$_2$O$_3$ 值变化范围（0.71～0.80）极小，反映其未经历大量斜长石结晶。因此，少量单斜辉石的结晶是造成熔体中 CaO 和 MgO 正相关的主导因素（图 2-55）（张维，2017）。

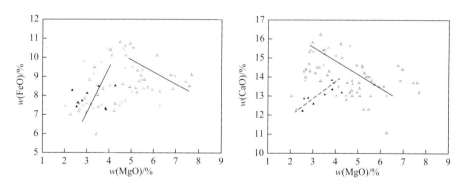

图 2-55　EPR 玄武岩的 MgO-FeO 和 MgO-CaO 协变图解（张维，2017）
·为 EPR 1°S～2°S 样品；△为 EPR 13°N 样品（张国良，2010）

EPR 1°S～2°S 附近玄武岩中橄榄石的熔体包裹体与 EPR 13°N 附近玄武岩样品中熔体包裹体相比表现出一定的差异（图 2-56）。一方面，EPR 1°S～2°S 附近玄武岩中橄榄石的熔体包裹体具有与全岩相似的 K/Ti 值，1S-07 玄武岩样品与 1S-06 样品表现出不同的演化趋势，其 K/Ti 值并未被橄榄石、单斜辉石和斜长石的分离结晶所影响。与此同时，1S-06 和 1S-07 玄武岩样品中熔体包裹体具有较高的 K/Ti 值，说明 E-MORB 物质的加入可能开始于岩浆从深部上升至浅部岩浆房的过程中，且岩浆化学组成的差异形成于橄榄石结晶之前。另一方面，熔体包裹体的 K/Ti 值随 MgO 含量降低而增加，且 1S-06、1S-07 和 1S-10 样品橄榄石中熔体包裹体的 K/Ti 值上升明显，后两者从 0.12 上升至 0.18，超过 E-MORB 与 N-MORB 的界限值 0.15，两者的负相关关系显示在橄榄石结晶的过程中，仍有类似 E-MORB 的物质加入（张维，2017）。

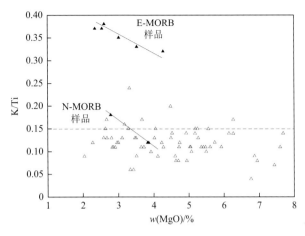

图 2-56 EPR 玄武岩中橄榄石的熔体包裹体 MgO-K/Ti 协变图（张维，2017）

▲为 EPR 1°S～2°S 样品；△为 EPR 13°N 样品（张国良，2010）

第九节　加拉帕戈斯微板块附近可能存在的热点活动

在 EPR 1°N～5°S 范围内，MORB 样品的地球化学组分存在明显的非均一性。前人研究认为，EPR 玄武岩普遍具有非均一性的化学组成，大多由洋中脊下部的地幔非均一性所致（Moreira et al.，2008；Regelous et al.，1999；Niu et al.，1996；Bach et al.，1994）。除此之外，在 EPR 的一些洋脊段，其 MORB 中不相容元素含量和同位素比值的变化可能与岩浆混合作用有关（Kurz et al.，2009；Kurz and Geist，1999；Haase et al.，1997；Haase and Devey，1996；Niu et al.，1996）。

此外，Schilling 等（1985）指出，EPR 轴部 MORB 不相容元素和放射性成因 Sr 的富集大多与热点活动有关（Verati et al.，1999；Bach et al.，1994；Stoffers et al.，1994）。虽然一些学者认为在加拉帕戈斯三联点以南的轴部地区可能存在一个未知的热点（Smith et al.，2013；Lonsdale，1988），但缺少相应的地球化学证据。最近的研究证实热点活动存在于加拉帕戈斯群岛深部，并非三联点的轴部。不仅如此，有研究表明（Koleszar et al.，2009；Eason and Sinton，2006；Kurz and Geist，1999），加拉帕戈斯群岛深部的热点活动仅对科科斯-纳斯卡洋脊 95.5°W 以东的地区有影响，对以西的区域影响较小，这说明 EPR 玄武岩中的富集组分可能与加拉帕戈斯群岛深部的热点活动无关（张维，2017）。

在 EPR 1°N～5°S 范围内，MORB 中的多个强不相容元素含量以及 K/Ti、$(La/Sm)_N$、Nb/Y、Ta/Hf 值的变化范围均较大。此外，将玄武岩的不相容元素比值和同位素比值按照样品的纬度进行投点，结果如图 2-57 所示，从 EPR 5°S 附近到 1°N 附近，K/Ti 值表现出缓慢而持续的增加，即从 0.12～0.18（EPR 5°S 附近），到 0.09～0.25（EPR 3°S 附近），到 0.10～0.35（EPR 1°S 附近），再到 0.17～0.38（EPR 1°N 附近）；$(La/Sm)_N$ 值也表现出类似的上升趋势，即从 0.62～0.73（EPR 5°S 附近），到 0.61～1.12（EPR 3°S 附近），到 0.56～1.25（EPR 1°S 附近），再到 0.88～1.24（EPR 1°N 附近）（张维，2017）。

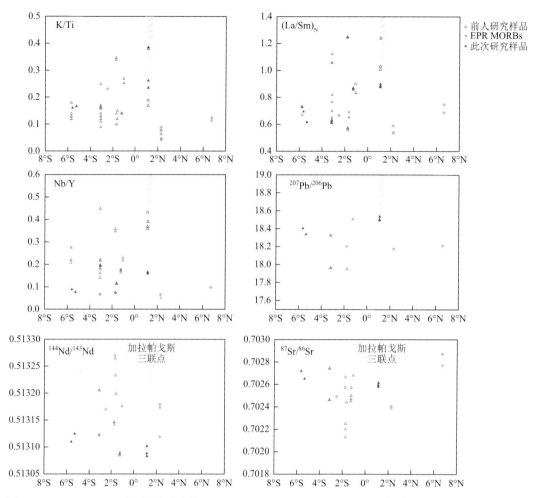

图 2-57　EPR 1°N～5°S 范围内玄武岩的 K/Ti、(La/Sm)$_N$、Nb/Y 和 Sr-Nd-Pb 同位素比值变化（张维，2017）

前人研究结果引自于淼，2013；EPR MORBs 数据引自 PetDB 数据库

　　此外，样品的 Sr-Nd-Pb 同位素比值未出现明显的富集特征。从 EPR 5°S 到 1°N 附近，$^{87}Sr/^{86}Sr$ 和 $^{206}Pb/^{204}Pb$ 值的变化较小。$^{206}Pb/^{204}Pb$ 值从 EPR 5°S 附近（18.3411～18.4091），到 EPR 3°S 附近（17.9695～18.3312），到 EPR 1°S 附近（17.9532～18.5064），再到 EPR 1°N 附近（18.4974～18.5399），仅有轻微的上升；而 $^{87}Sr/^{86}Sr$ 值从 EPR 5°S 附近（0.702649～0.702718），到 EPR 3°S 附近（0.702461～0.702740），到 EPR 1°S 附近（0.702130～0.702680），再到 EPR 1°N 附近（0.70258～0.70261），表现出一定程度的降低，这显示样品的不相容元素含量变化和同位素比值的变化并不一致（张维，2017）。

　　加拉帕戈斯群岛深部的热点活动对 CNR 的 MORB 影响较大，造成部分 MORB 样品具高 Sr、Pb 和 He 同位素比值（Kurz et al.，2009；Eason and Sinton，2006；Kurz and Geist，1999）。但是这种热点活动的影响仅限制在 95.5°W 以东，而三联点和 EPR 附近的玄武岩样品由于距离较远，尚未明确其是否受到热点活动的影响（Eason and Sinton，2006；Cushman et al.，2004）。

结合从 PetDB 数据库收集到的 CNR 的 MORB 样品，将所有样品的不相容元素比值和同位素比值进行投点，并进行对比（图 2-58）。可见加拉帕戈斯群岛深部的热点活动对 CNR 的岩浆活动影响显著，造成了该区 MORB 样品多个不相容元素比值及 $^{87}Sr/^{86}Sr$、$^{206}Pb/^{204}Pb$ 值的升高，以及 $^{144}Nd/^{143}Nd$ 值的下降（张维，2017）。综合分析所有的 CNR 样品数据，发现 95.5°W 是一个明显的分界线，该经度以西，样品的 K/Ti 值＜0.12，$(La/Sm)_N$ 值＜0.8，Nb/Y 值＜0.14，$^{206}Pb/^{204}Pb$ 值＜18.6，$^{87}Sr/^{86}Sr$ 值＜0.7028，而 $^{144}Nd/^{143}Nd$ 值＞0.5130。与 CNR 的 MORB 样品对比，EPR 1°N 附近 Dietz 火山脊上的玄武岩样品具有较高的 K/Ti（＞0.16）、$(La/Sm)_N$（0.85～1.3）和 Nb/Y（0.16～0.44）值，

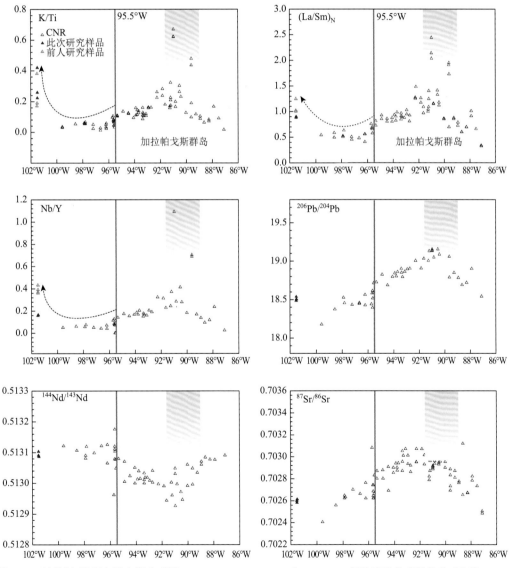

图 2-58 科科斯-纳斯卡洋中脊玄武岩 K/Ti、$(La/Sm)_N$、Nb/Y 和 Sr-Nd-Pb 同位素比值变化趋势（张维，2017）

前人研究结果引自于淼，2013；CNR 代表科科斯-纳斯卡洋中脊样品，其数据引自 PetDB 数据库

但它们的同位素比值有一定的相似性，这进一步说明，不相容元素的变化与同位素比值的变化不一致（张维，2017）。这种不一致的变化趋势也存在于 EPR 其他的多个洋脊段（Niu et al.，1996；Bach et al.，1994；Mahoney et al.，1994；Frey et al.，1993；Hékinian and Walker，1987）。Macdougall 和 Lugmair（1985，1986）最早提出 18°S 附近的玄武岩富集 Sr 同位素和亏损 Nd 同位素，并认为其与地幔非均一性有关。Mahoney 等（1994）认为该区样品中的富集组分源自一个与地幔上涌（或热点）有关的源区，并提出新生的地幔上涌也可能造成玄武岩的这种特征。Bach 等（1994）在 EPR 13°S～23°S 的 MORB 中，识别出了两种不相容元素含量和同位素比值的不协调变化，一种是 17°S 附近的 N-MORB，样品具有较高的 $^{87}Sr/^{86}Sr$ 值，但是却表现出很低的不相容元素含量和比值，另一种是 13°S～15.8°S 和 20.7°S～23°S 的 E-MORB，虽然具有相当程度的不相容元素富集，却并未在同位素比值上表现出匹配的变化。对于前者而言，岩浆部分熔融的程度较高是产生这种现象的合理解释；而对于后者而言，这些样品中不相容元素的富集可能与近期的一次岩浆富集作用有关（Sinton et al.，1991），或与邻区的新生热点活动相关（Mahoney et al.，1994），即本区 MORB 样品中不相容元素含量与同位素比值之间的不匹配变化可能与区内一个未知热点活动相关（张维，2017）。

此结论也得到了地球物理资料的支持。前人研究曾确切指出加拉帕戈斯三联点附近可能有一个新生的热点存在。此外，Lonsdale（1988）认为加拉帕戈斯三联点附近可能有一个稳定的岩浆源存在，且岩浆的上升和喷发破坏了该区域新生的洋壳结构，形成了一个海底火山，并最终形成板块分离和加拉帕戈斯三联点。Smith 等（2013）在此基础上研究了该热点的活动历史，认为其在 1.4Ma 前从 EPR 西部向洋中脊靠近，并在 1.25Ma 前跨越 EPR 后逐步停留在 Dietz 火山脊附近的位置。其次，该热点活动对地形也有一定的影响。EPR 1°N 附近样品的采集处的水深为 1446～1641m，明显比其他样品采集处的水深浅，而样品中厘米级的斜长石斑晶显示其下部存在一个颇具规模的稳定岩浆房，且其喷发过程可能比较缓慢。除此之外，虽然普遍认为快速扩张洋中脊下部存在岩浆房，但这种缓慢的喷发过程并不符合正常 MORB 喷发的特征，而一个与板块边界无关的，相对稳定的岩浆源可能是一个较为合理的解释。此外，假设该火山喷发的时间约为 1Ma，根据本区 EPR 洋中脊扩张速率约为 121mm·a^{-1}，推算形成的火山脊长度应约为 121km，这与 Dietz 火山脊的长度（约为 128km）非常接近（张维，2017）。

基于上述内容，加拉帕戈斯三联点附近，Dietz 火山脊深部可能有一个正在发育的热点存在，并产生较大规模的稳定岩浆房。该热点活动的存在可能是因为 EPR MORB 的化学组成从 1°N 到 5°S 呈规律性变化。部分样品受该新生热点的影响而呈现出富集强不相容元素的特点，且这种富集作用越接近三联点越明显（张维，2017）。除此之外，该热点的形成时间较短，对不相容元素含量的影响较大，而对同位素比值影响较小，故造成了样品中不相容元素与同位素比值变化不一致；此外，洋中脊深部的岩浆房不仅为 EPR 1°N 玄武岩中斜长石斑晶的结晶提供了充足的时间和空间条件，也为 Dietz 火山脊的形成提供了物质（张维，2017）。

参 考 文 献

邓晋福. 1987. 岩石相平衡与岩石成因. 武汉：武汉地质学院出版社.

丁悌平，蒋少涌，万德芳. 1994. 硅同位素地球化学. 北京：地质出版社.

丁悌平，万德芳，李金城，等. 1988. 硅同位素测量方法及其地质应用. 矿床地质，7（4）：90～95.

于淼. 2013. 快、慢速扩张洋中脊玄武岩特征对比及意义. 北京：中国地质大学.

张国良. 2010. 东太平洋海隆 13°N 附近玄武岩特征及其对岩浆作用的指示意义. 北京：中国科学院.

张维. 2017. 东太平洋海隆 5°S～1°N 洋中脊玄武岩的地球化学特征研究. 青岛：中国科学院海洋研究所.

张招崇，王福生. 2003. 一种判别原始岩浆的方法——以苦橄岩和碱性玄武岩为例. 吉林大学学报（地球科学版），33（2）：130～134.

赵慧静. 2013. 东太平洋海隆 13°N 附近洋中脊玄武岩的研究. 北京：中国科学院大学.

Alleman L Y，Cardinal D，Cocquyt C，et al. 2005. Silicon isotopic fractionation in Lake Tanganyika and its main tributaries. Journal of Great Lakes Research，31（4）：509～519.

Alt. 1992. Igneous petrology and alteration//Becker K，Foss G，Shipboard Scientific Party. Proceedings of the Ocean Drilling Program，Initial Reports：College Station，TX （Ocean Drilling Program），137：24～29.

Andre L，Cardinal D，Alleman L，et al. 2006. Silicon isotopes in ~3.8 Ga West Greenland rocks as clues to the Eoarchaean supracrustal Si cycle. Earth and Planetary Science Letters，245（1～2）：162～173.

Ariskin A A，Frenkel M Y，Barmina G S，et al. 1993. Comagmat：A Fortran program to model magma differentiation processes. Computers and Geosciences，19（8）：1155～1170.

Bach W，Hegner E，Erzinger J，et al. 1994. Chemical and isotopic variations along the superfast spreading East Pacific Rise from 6 to 30°S. Contributions to Mineralogy and Petrology，116：365～380.

Batiza R，Rosendahl B R，Fisher R L. 1977. Evolution of oceanic crust：3. Petrology and chemistry of basalts from the East Pacific Rise and the Siqueiros Transform Fault. Journal of Geophysical Research，82（2）：265～276.

Batiza R，Niu Y. 1992. Petrology and magma chamber processes at the East Pacific Rise ~9°30′N. Journal of Geophysical Research：Solid Earth，97（B5）：6779～6797.

Batiza R，Niu Y，Karsten J L，et al. 1996. Steady and non-steady state magma chambers below the East Pacific Rise. Geophysical Research Letters，23（3）：221～224.

Beucher C P，Brzezinski M A，Jones J L. 2011. Mechanisms controlling silicon isotope distribution in the Eastern Equatorial Pacific. Geochimica et Cosmochimica Acta，75（15）：4286～4294.

Bindeman I N，Davis A M，Drake M J. 1998. Ion microprobe study of plagioclase-basalt partition experiments at natural concentration level of trace elements. Geochimica et Cosmochimica Acta，62（7）：1175～1193.

Boynton W V. 1983. Cosmochemistry of the rare earth elements//Henderson P. Rare Earth Element Geochemistry. Amsterdam：Elsevier，63～114.

Bryan W B. 1983. Systematics of modal phenocryst assemblages in submarine basalts：Petrologic implications. Contributions to Mineralogy and Petrology，83（1～2）：62～74.

Burnett M S，Caress D W，Orcutt J A. 1989. Tomographic image of the magma chamber at 12°50′N on the East Pacific Rise. Nature，339（6221）：206～208.

Campsie J，Johnson G L，Rasmussen M H，et al. 1984. Dredged basalts from the western Nazca plate and the evolution of the East Pacific Rise. Earth and Planetary Science Letters，68（2）：271～285.

Carbotte S，Mutter C，Mutter J，et al. 1998. Influence of magma supply and spreading rate on crustal magma bodies and emplacement of the extrusive layer：Insights from the East Pacific Rise at lat 16°N. Geology，26（5）：455～458.

Castillo P R，Klein E，Bender J，et al. 2000. Petrology and Sr，Nd，and Pb isotope geochemistry of mid-ocean ridge basalt glasses from the 11°45′N to 15°00′N segment of the East Pacific Rise. Geochemistry，Geophysics，Geosystems，1（11）：1011.

Choukroune P，Francheteau J，Hékinian R. 1984. Tectonics of the East Pacific Rise near 12°50′ N：A submersible study. Earth and

Planetary Science Letters，68（1）：115～127.

Cohen R S，O'Nions R K. 1982. The lead，neodymium and strontium isotopic structure of ocean ridge basalts. Journal of Petrology，23（3）：299～324.

Cottrell E，Spiegelman M，Langmuir C H. 2002. Consequences of diffusive reequilibration for the interpretation of melt inclusions. Geochemistry，Geophysics，Geosystems，3（4）：1～26.

Cushman B，Sinton J，Ito G，et al. 2004. Glass compositions plume-ridge interaction，and hydrous melting along the Galapagos Spreading Center，90.5°W to 98°W. Geochemistry，Geophysics，Geosystems，5（8）：8～17.

Danyushevsky L V，Della-Pasqua F N，Sokolov S. 2000. Re-equilibration of melt inclusions trapped by magnesian olivine phenocrysts from subduction-related magmas：Petrological implications. Contributions to Mineralogy and Petrology，138（1）：68～83.

Danyushevsky L V，Sokolov S，Falloon T J. 2002. Melt inclusions in olivine phenocrysts：Using diffusive re-equilibration to determine the cooling history of a crystal，with implications for the origin of olivine-phyric volcanic rocks. Journal of Petrology，43（9）：1651～1671.

Danyushevsky L V，Leslie R A J，Crawford A J，et al. 2004. Melt inclusions in primitive olivine phenocrysts：The role of localized reaction processes in the origin of anomalous compositions. Journal of Petrology，45（12）：2531～2553.

Danyushevsky L V，Plechov P. 2011. Petrolog3：Integrated software for modeling crystallization processes. Geochemistry，Geophysics，Geosystems，12（7）：Q07021.

Detrick R S，Buhl P，Vera E，et al. 1987. Multi-channel seismic imaging of a crustal magma chamber along the East Pacific Rise. Nature，326（6108）：35～41.

Dewey J F，Bird J M. 1970. Mountain belts and the new global tectonics. Journal of Geophysical Research，75（14）：2625～2647.

Dick H J B，Erzinger J，Stokking L B，et al. 1992. Site 504. Proceedings of the Ocean Drilling Program，Initial Reports，140：College Station，TX（Ocean Drilling Program），37～200.

Dick H J B，Lin J，Schouten H. 2003. An ultraslow-spreading class of ocean ridge. Nature，426（6965）：405～412.

Ding T P，Ma G R，Shui M X，et al. 2005. Silicon isotope study on rice plants from the Zhejiang province，China. Chemical Geology，218（1）：41～50.

Ding T，Wan D，Wang C，et al. 2004. Silicon isotope compositions of dissolved silicon and suspended matter in the Yangtze River，China. Geochimica et Cosmochimica Acta，68（2）：205～216.

Donnelly K E，Goldstein S L，Langmuir C H，et al. 2004. Origin of enriched ocean ridge basalts and implications for mantle dynamics. Earth and Planetary Science Letters，226（3）：347～366.

Douthitt C B. 1982. The geochemistry of the stable isotopes of silicon. Geochimica et Cosmochimica Acta，46（8）：1449～1458.

Dungan M A，Rhodes J M. 1978. Residual glasses and melt inclusions in basalts from DSDP Legs 45 and 46：Evidence for magma mixing. Contributions to Mineralogy and Petrology，67（4）：417～431.

Dunn R A，Toomey D R，Solomon S C. 2000. Three-dimensional seismic structure and physical properties of the crust and shallow mantle beneath the East Pacific Rise at 9°30'N. Journal of Geophysical Research：Solid Earth，105（B10）：23537～23555.

Eason D，Sinton J. 2006. Origin of high-Al N-MORB by fractional crystallization in the upper mantle beneath the Galápagos Spreading Center. Earth and Planetary Science Letters，252（3）：423～436.

Eiler J M，Farley K A，Valley J W，et al. 1997. Oxygen isotope variations in ocean island basalt phenocrysts. Geochimica et Cosmochimica Acta，61（11）：2281～2293.

Eiler J M，McInnes B，Valley J W，et al. 1998. Oxygen isotope evidence for slab-derived fluids in the sub-arc mantle. Nature，393（6687）：777～781.

Ford C E，Russell D G，Craven J A，et al. 1983. Olivine-liquid equilibria：Temperature，pressure and composition dependence of the crystal/liquid cation partition coefficients for Mg，Fe^{2+}，Ca and Mn. Journal of Petrology，24（3）：256～266.

Fornari D J，Gallo D G，Edwards M H，et al. 1989. Structure and topography of the Siqueiros transform fault system：Evidence for the development of intra-transform spreading centers. Marine Geophysical Researches，11（4）：263～299.

Francheteau J，Ballard R D. 1983. The East Pacific Rise near 21°N，13°N and 20°S：Inferences for along-strike variability of axial processes of the mid-ocean ridge. Earth and Planetary Science Letters，64（1）：93～116.

Frey F A，Walker N，Stakes D，et al. 1993. Geochemical characteristics of basaltic glasses from the AMAR and FAMOUS axial valleys，Mid-Atlantic Ridge（36°-37°N）：Petrogenetic implications. Earth and Planetary Science Letters 115：117～136.

Garlick G D. 1966. Oxygen isotope fractionation in igneous rocks. Earth and Planetary Science Letters，1（6）：361～368.

Garlick G D，Dymond J R. 1970. Oxygen isotope exchange between volcanic materials and ocean water. Geological Society of America Bulletin，81（7）：2137.

Georg R B，Halliday A N，Schauble E A，et al. 2007a. Silicon in the Earth's core. Nature，447（7148）：1102～1106.

Georg R B，Reynolds B C，West A J，et al. 2007b. Silicon isotope variations accompanying basalt weathering in Iceland. Earth and Planetary Science Letters，261（3～4）：476～490.

Georg R B，Reynolds B C，Frank M，et al. 2006. Mechanisms controlling the silicon isotopic compositions of river waters. Earth and Planetary Science Letters，249（3）：290～306.

Ghiorso M S，Carmichael I S E，Rivers M L，et al. 1983. The Gibbs free energy of mixing of natural silicate liquids：an expanded regular solution approximation for the calculation of magmatic intensive variables. Contributions to Mineralogy and Petrology，84（2～3）：107～145.

Ghiorso M S，Hirschmann M M，Reiners P W，et al. 2002. The pMELTS：A revision of MELTS for improved calculation of phase relations and major element partitioning related to partial melting of the mantle to 3 GPa. Geochemistry，Geophysics，Geosystems，3（5）：1～35.

Ghiorso M S，Sack R O. 1995. Chemical mass transfer in magmatic processes IV. A revised and internally consistent thermodynamic model for the interpolation and extrapolation of liquid-solid equilibria in magmatic systems at elevated temperatures and pressures. Contributions to Mineralogy and Petrology，119（2～3）：197～212.

Ginibre C，Wörner G，Kronz A. 2002. Minor-and trace-element zoning in plagioclase：Implications for magma chamber processes at Parinacota volcano，northern Chile. Contribution to Mineralogy and Petrology，143：300～315.

Goss A R，Perfit M R，Ridley W L，et al. 2010. Geochemistry of lavas from the 2005-2006 eruption at the East Pacific Rise 9°46′-9°56′N：Implications for ridge crest plumbing and decadal changes in magma chamber compositions. Geochemistry，Geophysics，Geosystems，11（5）：Q05T09.

Graham D W，Christie D M，Harpp K S，et al. 1993. Mantle Plume Helium in Submarine Basalts from the Galápagos Platform. Science，262（5142）：2023～2026.

Green D H. 1976. Experimental testing of "equilibrium" partial melting of peridotite under water-saturated，high-pressure conditions. The Canadian Mineralogist，14（3）：255～268.

Griffin，B J，Neuser R D. 1983. 24. Lithology，petrography，and mineralogy of basalts from DSDP Sites 482，483，484，and 485 at the mouth of the Gulf of California//Lewis B T R，Robinson P，Benson R N，et al. Initial Reports of the Deep Sea Drilling Project，65：Washington（U.S. Govt. Printing Office），527～548.

Grove T L，Kinzler R J，Bryan W B. 1993. Fractionation of mid-ocean ridge basalt（MORB）//Morgan J P，Blackman D K，Sinton J M，et al. Mantle Flow and Melt Generation at Mid-ocean Ridges. Washington：American Geophysical Union，281～310.

Haase K M，Devey C W. 1996. Geochemistry of lavas from the Ahu and Tupa volcanic fields，Easter Hotspot，southeast Pacific：Implications for intraplate magma genesis near a spreading axis. Earth and Planetary Science Letters，137：129～143.

Haase K M，Stoffers P，Garbe-Schonberg C D. 1997. The petrogenitic evolution of lavas from Easter Island and neighbouring seamounts，near-ridge hotspot volcanoes in the SE Pacific. Journal of Petrology，38：785～813.

Haase K M. 2002. Geochemical constraints on magma sources and mixing processes in Easter Microplate MORB（SE Pacific）：A case study of plume-ridge interaction. Chemical Geology，182（2）：335～355.

Halter W E，Pettke T，Heinrich C A，et al. 2002. Major to trace element analysis of melt inclusions by laser-ablation ICP-MS：Methods of quantification. Chemical Geology，183（1）：63～86.

Hamelin B，Dupré B，Allègre C J. 1984. Lead-strontium isotopic variations along the East Pacific Rise and the Mid-Atlantic Ridge：A comparative study. Earth and Planetary Science Letters，67（3）：340～350.

Harding A J，Orcutt J A，Kappus M E，et al. 1989. Structure of young oceanic crust at 13°N on the East Pacific Rise from expanding spread profiles. Journal of Geophysical Research：Solid Earth，94（B9）：12163～12196.

Harmon R S，Hoefs J. 1995. Oxygen isotope heterogeneity of the mantle deduced from global 18O systematics of basalts from different geotectonic settings. Contributions to Mineralogy and Petrology，120（1）：95～114.

Hauri E H. 1996. Major-element variability in the Hawaiian mantle plume. Nature，382（6590）：415～419.

Hékinian R，Walker D. 1987. Diversity and spatial zonation of volcanic rocks from the East Pacific Rise near 21°N. Contribution to Mineralogy and Petrology，96：265～280.

Hemond C，Hofmann A W，Vlastelic I，et al. 2006. Origin of MORB enrichment and relative trace element compatibilities along the mid-Atlantic Ridge between 10°and 24°N. Geochemistry，Geophysics，Geosystems，7（12）：Q12010.

Herron T J，Ludwig W J，Stoffa P L，et al. 1978. Structure of The East Pacific Rise crest from multichannel seismic reflection data. Journal of Geophysical Research：Solid Earth，83（B2）：798～804.

Hofmann A W. 1988. Chemical differentiation of the Earth：The relationship between mantle，continental crust，and oceanic crust. Earth and Planetary Science Letters，90（3）：297～314.

Hofmann A W. 1997. Mantle geochemistry：The message from oceanic volcanism. Nature，385（6613）：219～229.

Hofmann A W，Jochum K P，Seufert M，et al. 1986. Nb and Pb in oceanic basalts：New constraints on mantle evolution. Earth and Planetary Science Letters，79（1～2）：33～45.

Hofmann A W，White W M. 1982. Mantle plumes from ancient oceanic crust. Earth and Planetary Science Letters，57（2）：421～436.

Humphreys M C S，Blundy J D，Sparks R S J. 2006. Magma evolution and open-system processes at Shiveluch volcano：Insights from phenocryst zoning. Journal of Petrology，47（12）：2303～2334.

Humphreys M C S，Christopher T，Hards V. 2009. Microlite transfer by disaggregation of mafic inclusions following magma mixing at Soufrière Hills volcano，Montserrat. Contributions to Mineralogy and Petrology，157（5）：609～624.

Ito E，White W M，Göpel C. 1987. The O，Sr，Nd and Pb isotope geochemistry of MORB. Chemical Geology，62（3）：157～176.

Jaques A L，Green D H. 1980. Anhydrous melting of peridotite at 0-15 kb pressure and the genesis of tholeiitic basalts. Contributions to Mineralogy and Petrology，73（3）：287～310.

Johannes W，Koepke J，Behrens H. 1994. Partial melting reactions of plagioclase and plagioclase bearing systems. Feldspar and Their Reactions：161～194.

Johnson K，Dick H J B，Shimizu N. 1990. Melting in the oceanic upper mantle：An ion microprobe study of diopsides in abyssal peridotites. Journal of Geophysical Research：Solid Earth，95（B3）：2661～2678.

Johnson T，Molnar P. 1972. Focal mechanisms and plate tectonics of the southwest Pacific. Journal of Geophysical Research，77(26)：5000～5032.

Kamenetsky V S，Eggins S M，Crawford A J，et al. 1998. Calcic melt inclusions in primitive olivine at 43°N MAR：Evidence for melt-rock reaction/melting involving clinopyroxene-rich lithologies during MORB generation. Earth and Planetary Science Letters，160（1）：115～132.

Kamenetsky V S，Gurenko A A. 2007. Cryptic crustal contamination of MORB primitive melts recorded in olivine-hosted glass and mineral inclusions. Contributions to Mineralogy and Petrology，153（4）：465～481.

Kent A J R. 2008. Melt inclusions in basaltic and related volcanic rocks. Reviews in Mineralogy and Geochemistry，69（1）：273～331.

Kent G M，Harding A J，Orcutt J A. 1990. Evidence for a smaller magma chamber beneath the East Pacific Rise at 9°30′N. Nature，344（6267）：650～653.

Klein E M，Langmuir C H. 1987. Global correlations of ocean ridge basalt chemistry with axial depth and crustal thickness. Journal of Geophysical Research：Solid Earth，92（B8）：8089～8115.

Koleszar A M，Saal A E，Hauri E H，et al. 2009. The volatile contents of the Galápagos plume：Evidence for H_2O and F open system behavior in melt inclusions. Earth and Planetary Science Letters，287：442～452.

Korenaga J，Kelemen P B. 1997. Origin of gabbro sills in the Moho transition zone of the Oman ophiolite：Implications for magma transport in the oceanic lower crust. Journal of Geophysical Research: Solid Earth, 102 (B12): 27729~27749.

Kress V C, Ghiorso M S. 2004. Thermodynamic modeling of post-entrapment crystallization in igneous phases. Journal of Volcanology and Geothermal Research, 137 (4): 247~260.

Kurz M D. 1993. Mantle heterogeneity beneath oceanic islands: Some inferences from isotopes. Philosophical Transactions of the Royal Society of London A: Mathematical, Physical and Engineering Sciences, 342 (1663): 91~103.

Kurz M D, Curtice J, Fornari D, et al. 2009. Primitive neon from the center of the Galápagos hotspot. Earth and Planetary Science Letters, 286: 23~34.

Kurz M D, Geist D. 1999. Dynamics of the Galápagos hotspot from helium isotope geochemistry. Geochimica et Cosmochimica Acta, 63 (23/24): 4139~4156.

Langmuir C H, Bender J F, Batiza R. 1986. Petrological and tectonic segmentation of the East Pacific Rise, 5°30′-14°30′ N. Nature, 322 (6078): 422~429.

Langmuir C H, Klein E M, Plank T. 1992. Petrological systematics of mid-ocean ridge basalts: Constraints on melt generation beneath ocean ridges//Morgan J P, Blackman D K, Sinton J M. Mantle Flow and Melt Generation At Mid-ocean Ridges. Washington: American Geophysical Union, 183~280.

Liu X M, Gao S, Diwu C R, et al. 2007. Simultaneous in-situ determination of U-Pb age and trace elements in zircon by LA-ICP-MS in 20 μm spot size. Chinese Science Bulletin, 52 (9): 1257~1264.

Lonsdale P. 1988. Structural Pattern of the Galápagos Microplate and Evolution of the Galápagos Triple Junctions. Journal of Geophysical Research, 93 (B11): 13511~13574.

Lowenstern J B. 1995. Applications of silicate-melt inclusions to the study of magmatic volatiles//Thompson J F H. Magmas, fluids, and ore deposits. Québec: Mineralogical Association of Canada, 71~99.

Macdonald K C. 1982. Mid-ocean ridges: Fine scale tectonic, volcanic and hydrothermal processes within the plate boundary zone. Annual Review of Earth and Planetary Sciences, 10: 155~190.

Macdonald K C, Fox P J. 1988. The axial summit graben and cross-sectional shape of the East Pacific Rise as indicators of axial magma chambers and recent volcanic eruptions. Earth and Planetary Science Letters, 88 (1): 119~131.

Macdougall J D, Lugmair G W. 1985. Extreme isotopic homogeneity among basalts from the southern East Pacific Rise: Mantle or mixing effect? Nature, 313 (5999): 209~211.

Macdougall J D, Lugmair G W. 1986. Sr and Nd isotopes in basalts from the East Pacific Rise: significance for mantle heterogeneity. Earth and Planetary Science Letters, 77 (3~4): 273~284.

Macpherson C G, Hilton D R, Mattey D P, et al. 2000. Evidence for an ^{18}O-depleted mantle plume from contrasting ^{18}O/^{16}O ratios of back-arc lavas from the Manus Basin and Mariana Trough. Earth and Planetary Science Letters, 176 (2): 171~183.

Mahoney J J, Sinton J M, Kurz M D, et al. 1994. Isotope and Trace-Element Characteristics of a Super-Fast Spreading Ridge-East Pacific Rise, 13-23ºS. Earth and Planetary Science Letters, 121: 173~193.

Martinez F, Taylor B. 1996. Backarc spreading, rifting, and microplate rotation, between transform faults in the Manus Basin. Marine Geophysical Researches, 18 (2~4): 203~224.

Matsuhisa Y, Kurasawa H. 1983. Oxygen and strontium isotopic characteristics of calc-alkalic volcanic rocks from the central and western Japan arcs: Evaluation of contribution of crustal components to the magmas. Journal of Volcanology and Geothermal Research, 18 (1): 483~510.

McClain J S, Orcutt J A, Burnett M. 1985. The East Pacific Rise in cross section: A seismic model. Journal of Geophysical Research: Solid Earth, 90 (B10): 8627~8639.

McKenzie D. 1984. The generation and compaction of partially molten rock. Journal of Petrology, 25 (3): 713~765.

McKenzie D. 1985. The extraction of magma from the crust and mantle. Earth and Planetary Science Letters, 74 (1): 81~91.

Meheut M, Lazzeri M, Balan E, et al. 2009. Structural control over equilibrium silicon and oxygen isotopic fractionation: A first-principles density-functional theory study. Chemical Geology, 258 (1~2): 28~37.

Meschede M. 1986. A method of discriminating between different types of mid-ocean ridge basalts and continental tholeiites with the

Nb-Zr-Y diagram. Chemical geology, 56（3）: 207～218.

Michael P J, Cornell W C. 1998. Influence of spreading rate and magma supply on crystallization and assimilation beneath mid-ocean ridges: Evidence from chlorine and major element chemistry of mid-ocean ridge basalts. Journal of Geophysical Research: Solid Earth, 103（B8）: 18325～18356.

Michael P J, McDonough W F, Nielsen R L, et al. 2002. Depleted melt inclusions in MORB plagioclase: Messages from the mantle or mirages from the magma chamber? Chemical Geology, 183（1）: 43～61.

Moreira M A, Dosso L, Ondreas H. 2008. Helium isotope on the Pacific-Antarctic ridge（52.5°S-41.5°S）. Geophysical Research Letters, 35: 49～54.

Morel J M, Hékinian R. 1980. Compositional variations of volcanics along segments of recent spreading ridges. Contributions to Mineralogy and Petrology, 72（4）: 425～436.

Muehlenbachs K, Clayton R N. 1972. Oxygen isotope studies of fresh and weathered submarine basalts. Canadian Journal of Earth Sciences, 9（2）: 172～184.

Muehlenbachs K, Clayton R N. 1976. Oxygen isotope composition of the oceanic crust and its bearing on seawater. Journal of Geophysical Research, 81（23）: 4365～4369.

Nakamura M, Shimakita S. 1998. Dissolution origin and syn-entrapment compositional change of melt inclusions in plagioclase. Earth and Planetary Science Letters, 161: 119～133.

Nathan H D, Vankirk C K. 1978. A model of magmatic crystallization. Journal of Petrology, 19（1）: 66～94.

Natland J H. 1980. Effect of axial magma chambers beneath spreading centres on the compositions of basaltic rocks. Initial Reports of the Deep Sea Drilling Project, 47: 833～850.

Nelson S T, Montana A. 1992. Sieve-textured plagioclase in volcanic rocks produced by rapid decompression. American Mineralogist, 77: 1242～1249.

Nielsen R L. 1988. TRACE FOR: A program for the calculation of combined major and trace-element liquid lines of descent for natural magmatic systems. Computers and Geosciences, 14（1）: 15～35.

Nielsen R L. 1990. Simulation of igneous differentiation processes. Reviews in Mineralogy and Geochemistry, 24（1）: 65～105.

Nielsen R L, Crum J, Bourgeois R, et al. 1995. Melt inclusions in high-An plagioclase from the Gorda Ridge: An example of the local diversity of MORB parent magmas. Contributions to Mineralogy and Petrology, 122（1～2）: 34～50.

Nielsen R L, Sours-Page R E, Harpp K S. 2000. Role of a Cl-bearing flux in the origin of depleted ocean floor magmas. Geochemistry, Geophysics, Geosystems, 1（5）: 1007.

Niu Y L, Batiza R. 1991. An empirical method for calculating melt compositions produced beneath mid-ocean ridges: Application for axis and off-axis（seamounts）melting. Journal of Geophysical Research, Solid Earth, 96（B13）: 21753～21777.

Niu Y L, Batiza R. 1993. Chemical variation trend at fast and slow spreading mid-ocean ridges. Journal of Geophysical Research, 98: 7887～7902.

Niu Y L, Batiza R. 1997. Trace element evidence from seamounts for recycled oceanic crust in the eastern equatorial Pacific mantle. Earth and Planetary Science Letters, 148: 471～484.

Niu Y L, Collerson K D, Batiza R, et al. 1999. Origin of enriched-type mid-ocean ridge basalt at ridges far from mantle plumes: The East Pacific Rise at 11°20′N. Journal of Geophysical Research, Solid Earth, 104（B4）: 7067～7087.

Niu Y L, Hékinian R. 1997. Spreading-rate dependence of the extent of mantle melting beneath ocean ridges. Nature, 385（6614）: 326～329.

Niu Y L, O'Hara M J. 2008. Global correlations of ocean ridge basalt chemistry with axial depth: A new perspective. Journal of Petrology, 49（4）: 633～664.

Niu Y L, Regelous M, Wendt I J, et al. 2002. Geochemistry of near-EPR seamounts: Importance of source vs. process and the origin of enriched mantle component. Earth and Planetary Science Letters, 199: 327～345.

Niu Y L, Waggoner D G, Sinton J M, et al. 1996. Mantle source heterogeneity and melting processes beneath seafloor spreading centres: The East Pacific Rise, 18°-19°S. Journal of Geophysical Research, 101: 27711～27733.

O'Hara M J. 1968. Are ocean floor basalts primary magma? Nature, 220 (5168): 683~686.

O'Hara M J, Mathews R E. 1981. Geochemical evolution in an advancing, periodically replenished, periodically tapped, continuously fractionated magma chamber. Journal of the Geological Society, 138 (3): 237~277.

Opfergelt S, Cardinal D, André L, et al. 2010. Variations of $\delta^{30}Si$ and Ge/Si with weathering and biogenic input in tropical basaltic ash soils under monoculture. Geochimica et Cosmochimica Acta, 74 (1): 225~240.

Orman J A V, Grove T L, Shimizu N. 2002. Diffusive fractionation of trace elements during production and transport of melt in Earth's upper mantle. Earth and Planetary Science Letters, 198 (1): 93~112.

Pascal G. 1979. Seismotectonics of the Papua New Guinea-Solomon Islands Region. Tectonophysics, 57 (1): 7~34.

Pearce T H. 1994. Recent work on oscillatory zoning in plagioclase. Feldspar and Their Relations: 313~349.

Pettke T, Halter W E, Webster J D, et al. 2004. Accurate quantification of melt inclusion chemistry by LA-ICPMS: A comparison with EMP and SIMS and advantages and possible limitations of these methods. Lithos, 78 (4): 333~361.

Phinney W C. 1992. Partition coefficients for iron between plagioclase and basalt as a function of oxygen fugacity: Implications for Archean and lunar anorthosites. Geochimica et Cosmochimica Acta, 56 (5): 1885~1895.

Pineau F, Javoy M, Hawkins J W, et al. 1976. Oxygen isotope variations in marginal basin and ocean-ridge basalts. Earth and Planetary Science Letters, 28 (3): 299~307.

Presnall D C, Hoover J D. 1987. High pressure phase equilibrium constraints on the origin of mid-ocean ridge basalts//Mysen B O. Magmatic Processes: Physicochemical Principles. Pennsylvania: Geochemical Society, 75~89.

Prinzhofer A, Lewin E, Allegre, C J. 1989. Stochastic Melting of the Marble Cake Mantle-Evidence from Local Study of the East Pacific Rise at 12º50'. Earth and planetary Science Letters, 92: 189~206.

Regelous M, Niu Y L, Wendt J L, et al. 1999. Variations in the Geochemistry of magmatism on the East Pacific Rise at 10º30'N since 800 ka. Earth and Planetary Sciences Letters, 168: 45~63.

Reynolds B C, Frank M, Halliday A N. 2006. Silicon isotope fractionation during nutrient utilization in the North Pacific. Earth and Planetary Science Letters, 244 (1): 431~443.

Rocha C D L, Brzezinski M A, DeNiro M J. 2000. A first look at the distribution of the stable isotopes of silicon in natural waters. Geochimica et Cosmochimica Acta, 64 (14): 2467~2477.

Roedder E.1984. Fluid Inclusions. Washington, DC: Mineralogical Society of America.

Roeder P L, Emslie R F. 1970. Olivine-liquid equilibrium. Contributions to Mineralogy and Petrology, 29 (4): 275~289.

Roex A P L, Dick H J B, Gulen L, et al. 1987. Local and regional heterogeneity in MORB from the Mid-Atlantic Ridge between 54.5°S and 51°S: Evidence for geochemical enrichment. Geochimica et Cosmochimica Acta, 51 (3): 541~555.

Roex A P L, Frey F A, Richardson S H. 1996. Petrogenesis of lavas from the AMAR Valley and Narrowgate region of the FAMOUS Valley, 36°-37°N on the Mid-Atlantic Ridge. Contributions to Mineralogy and Petrology, 124 (2): 167~184.

Rollinson H R. 1993. Using geochemical data: Evaluation, presentation, interpretation. London: Longman Publishing Group.

Roux P J L, Roex A P L, Schilling J G. 2002. Crystallization processes beneath the southern Mid-Atlantic Ridge (40-55º S), evidence for high-pressure initiation of crystallization. Contribution to Mineralogy and Petrology, 142: 582~602.

Rubin K H, Sinton J M. 2007. Inferences on mid-ocean ridge thermal and magmatic structure from MORB compositions. Earth and Planetary Science Letters, 260 (1): 257~276.

Saal A E, Hauri E H, Langmuir C H, et al. 2002. Vapour undersaturation in primitive mid-ocean-ridge basalt and the volatile content of Earth's upper mantle. Nature, 419 (6906): 451~455.

Sauter D, Patriat P, Rommevaux-Jestin C, et al. 2001. The Southwest Indian Ridge between 49°15′ E and 57°E: Focused accretion and magma redistribution. Earth and Planetary Science Letters, 192 (3): 303~317.

Savage P S, Georg R B, Armytage R M G, et al. 2010. Silicon isotope homogeneity in the mantle. Earth and Planetary Science Letters, 295 (1): 139~146.

Savage P S, Georg R B, Williams H M, et al. 2011. Silicon isotope fractionation during magmatic differentiation. Geochimica et Cosmochimica Acta, 75 (20): 6124~6139.

Schilling J G, Anderson R N, Vogt P. 1976. Rare earth, Fe and Ti variations along the Galapagos spreading centre, and their relationship to the Galapagos mantle plume. Nature, 261 (5556): 108~113.

Schilling J G, Sigurdsson H, Davis A N, et al. 1985. Easter microplate evolution. Nature, 317 (6035): 325~331.

Schilling J G, Zajac M, Evans R, et al. 1983. Petrologic and geochemical variations along the Mid-Atlantic Ridge from 29°N to 73°N. American Journal of Science, 283 (6): 510~586.

Schroeder W. 1984. The empirical age-depth relation and depth anomalies in the Pacific ocean basin. Journal of Geophysical Research: Solid Earth, 89 (B12): 9873~9883.

Seo J H, Guillong M, Aerts M, et al. 2011. Microanalysis of S, Cl, and Br in fluid inclusions by LA-ICP-MS. Chemical Geology, 284 (1): 35~44.

Sharygin V V, Kóthay K, Szabó C, et al. 2011. Rhönite in alkali basalts: Silicate melt inclusions in olivine phenocrysts. Russian Geology and Geophysics, 52 (11): 1334~1352.

Shimizu N. 1998. The geochemistry of olivine-hosted melt inclusions in a FAMOUS basalt ALV519-4-1. Physics of the Earth and Planetary Interiors, 107 (1): 183~201.

Sims K W W, Hart S R. 2006. Comparison of Th, Sr, Nd and Pb isotopes in oceanic basalts: Implications for mantle heterogeneity and magma genesis. Earth and Planetary Science Letters, 245 (3): 743~761.

Singer B S, Dungan M A, Layne G D. 1995. Textures and Sr, Ba, Mg, Fe, K and Ti compositional profiles in volcanic plagiocalse: Clues to the dynamics of calcalcaline magma chamber. American Mineralogist, 80: 776~798.

Sinton C W, Christie D M, Coombs V L, et al. 1993. Near-primary melt inclusions in anorthite phenocrysts from the Galapagos Platform. Earth and Planetary Science Letters, 119 (4): 527~537.

Sinton J M, Detrick R S. 1992. Mid-ocean ridge magma chambers. Journal of Geophysical Research, 97 (B1): 197~216.

Sinton J M, Smaglik S M, Mahoney J J. 1991. Magmatic processes at superfast spreading mid-ocean ridges: Glass compositional variations along the East Pacific Rise 13°~23°S. Journal of Geophysical Research, 96: 6133~6155.

Sisson T W, Bronto S. 1998. Evidence for pressure-release melting beneath magmatic arcs from basalt at Galunggung, Indonesia. Nature, 391 (6670): 883~886.

Smith S E, Casey J R, Bryan W B, et al. 1998. Geochemistry of basalts from the Hayes Transform region of the Mid‐Atlantic Ridge. Journal of Geophysical Research: Solid Earth, 103 (B3): 5305~5329.

Smith D K, Schouten H, Montesi L, et al. 2013. The recent history of the Galápagos triple junction preserved on the Pacific plat. Earth and Planetary Sciences Letters, 371: 6~15.

Sobolev A V, Chaussidon M. 1996. H₂O concentrations in primary melts from supra-subduction zones and mid-ocean ridges: Implications for H₂O storage and recycling in the mantle. Earth and Planetary Science Letters, 137 (1): 45~55.

Sobolev A V, Shimizu N. 1993. Ultra-depleted primary melt included in an olivine from the Mid-Atlantic Ridge. Nature, 1993, 363 (6425): 151~154.

Sobolev A V, Shimizu N. 1994. The origin of typical N-MORB: The evidence from a melt inclusion study. Mineralogical Magazine, 58: 862~863.

Sours-Page R, Johnson K T M, Nielsen R L, et al. 1999. Local and regional variation of MORB parent magmas: Evidence from melt inclusions from the Endeavour Segment of the Juan de Fuca Ridge. Contributions to Mineralogy and Petrology, 134 (4): 342~363.

Sours-Page R, Nielsen R L, Batiza R. 2002. Melt inclusions as indicators of parental magma diversity on the northern East Pacific Rise. Chemical Geology, 183 (1): 237~261.

Stoffers P, Hékinian R, Haase K M. 1994. Geology of Young Submarine Volcanos West of Easter-Island, Southeast Pacific. Marine Geology, 118 (3~4): 177~185.

Storms M A, Batiza R, Shipboard Scientific Party. 1993. 4. SITE 864. Proceedings of the Ocean Drilling Program, Initial Reports, 142: 55~72. doi: 10.2973/odp.proc.ir.142.104.1993.

Sun S S, McDonough W F. 1989. Chemical and Isotopic Systematic of Oceanic Basalts: Implications for Mantle Composition and

Processes. London: Geological Society, Special Publications, 42: 313~345.

Taylor H P. 1968. The oxygen isotope geochemistry of igneous rocks. Contributions to Mineralogy and Petrology, 19 (1): 1~71.

Taylor R P, Jackson S E, Longerich H P, et al. 1997. In situ trace-element analysis of individual silicate melt inclusions by laser ablation microprobe-inductively coupled plasma-mass spectrometry (LA-ICP-MS). Geochimica et Cosmochimica Acta, 61 (13): 2559~2567.

Thompson R N, Gibson S A. 2000. Transient high temperatures in mantle plume heads inferred from magnesian olivines in Phanerozoic picrites. Nature, 407 (6803): 502~506.

Verati C, Lancelot J, Hékinian R. 1999. Pb isotope study of black-smokers and basalts from Pito Seamount site (Easter microplate). Chemical Geology, 155 (1~2): 45~63.

Viccaro M, Giacomoni P P, Ferlito C, et al. 2010. Dynamics of magma supply at Mt. Etna volcano (Southern Italy) as revealed by textural and compositional features of plagioclase phenocrysts. Lithos, 116: 77~91.

Wanless V D, Shaw A M. 2012. Lower crustal crystallization and melt evolution at mid-ocean ridges. Nature Geoscience, 5 (9): 651~655.

Weaver B L. 1991. The origin of ocean island basalt end-member compositions: Trace element and isotopic constraints. Earth and Planetary Science Letters, 104 (2): 381~397.

Wendt J I, Regelous M, Niu Y L, et al. 1999. Geochemistry of lavas from the Garrett Transform Fault: Insights into mantle heterogeneity beneath the eastern Pacific. Earth and Planetary Science Letters, 173: 271~284.

Whitmore G P, Crook K A W, Johnson D P. 1999. Sedimentation in a complex convergent margin: The Papua New Guinea collision zone of the western Solomon Sea. Marine Geology, 157 (1): 19~45.

Widom E, Farquhar J. 2003. Oxygen isotope signatures in olivines from Sao Miguel (Azores) basalts: Implications for crustal and mantle processes. Chemical Geology, 193 (3): 237~255.

Wilke M, Behrens H. 1999. The dependence of the partitioning of iron and europium between plagioclase and hydrous tonalitic melt on oxygen fugacity. Contributions to Mineralogy and Petrology, 137 (1~2): 102~114.

Wood D A. 1980. The application of a Th-Hf-Ta diagram to problems of tectonomagmatic classification and to establishing the nature of crustal contamination of basaltic lavas of the British Tertiary Volcanic Province. Earth and Planetary Science Letters, 50 (1): 11~30.

Zajacz Z, Halter W. 2007. LA-ICPMS analyses of silicate melt inclusions in co-precipitated minerals: Quantification, data analysis and mineral/melt partitioning. Geochimica et Cosmochimica Acta, 71 (4): 1021~1040.

Zhang G L, Zeng Z G, Yin X B, et al. 2009. Deep Fractionation of Clinopyroxene in the East Pacific Rise 13°N: Evidence from High MgO MORB and Melt Inclusions. Acta Geologica Sinica (English Edition), 83 (2): 266~277.

Zhang G L, Jiang S Q, Ouyang H G, et al. 2010. Magma mixing in upper mantle: Evidence from high Mg# olivine hosted melt inclusions in MORBs near East Pacific Rise 13°N. Chinese Science Bulletin, 55 (16): 1643~1656.

Zhang G L, Chen L H, Li S Z. 2013. Mantle dynamics and generation of a geochemical mantle boundary along the East Pacific Rise-Pacific/Antarctic ridge. Earth and Planetary Science Letters, 383, 153~163.

Ziegler K, Chadwick O A, Brzezinski M A, et al. 2005a. Natural variations of δ30Si ratios during progressive basalt weathering, Hawaiian Islands. Geochimica et Cosmochimica Acta, 69 (19): 4597~4610.

Ziegler K, Chadwick O A, White A F, et al. 2005b. δ^{30}Si systematics in a granitic saprolite, Puerto Rico. Geological Society of America, 33: 817~820.

Zindler A, Hart S. 1986. Chemical geodynamics. Annual Review of Earth and Planetary Sciences, 14: 493~571.

Zindler A, Staudigel H, Batiza R. 1984. Isotope and trace element geochemistry of young Pacific seamounts: Implications for the scale of upper mantle heterogeneity. Earth and Planetary Science Letters, 70 (2): 175~195.

第三章　东太平洋海隆热液硫化物研究

海底热液硫化物，记录了热液活动的历史，是继多金属结核、富钴结壳之后，又一引人瞩目的海底重要战略资源。研究海底热液硫化物的结构构造、矿物组成、元素和同位素组成，可深入认识海底热液硫化物形成过程中的流体演变过程，有助于对深部流体-岩石相互作用，以及对海水的物质贡献情况有更详尽的了解，是海底热液地质学（涉及热液地球化学、热液成因矿物学、热液蚀变岩石学、热液沉积学、热液成矿学和热液生物学等方面）的重要研究对象之一（曾志刚等，2009）。有关海底热液活动及其硫化物所涉及的科学问题已成为当今海底科学领域关注的焦点问题之一，也是国际洋中脊研究计划（InterRidge）、深海钻探计划（Deep-sea Drilling Program，DSDP，1968—1983）、大洋钻探计划（Ocean Drilling Program，ODP，1983—2003）、综合大洋钻探计划（Integrated Ocean Drilling Program，IODP，2003—2013）和国际大洋发现计划（International Ocean Discovery Program，IODP，2013—2023）等多项国际科学研究计划的主要目标之一。

国内外学者围绕 EPR 的热液活动及其硫化物已开展了多方面、长期调查研究，使 EPR 成为开展海底热液活动研究较早、调查程度较高的区域之一。例如，在 EPR 13°N 附近，自 1981 年 Clipperton 航次首次用拖网采到硫化物样品以来，国内外学者对该区开展了多次调查研究工作。截至目前，对热液区已超过 100 次深潜取样，基本认识了 EPR 13°N 附近海底热液活动的分布特征（Zeng et al.，2010；Fouquet et al.，1996）。EPR 13°N 附近的热液活动主要分布在以下三个构造单元：①地堑轴部区；②地堑两侧断层区，硫化物多位于地堑断层顶部，并倒塌形成斜坡；③离轴地段（Zeng et al.，2008；Fouquet et al.，1996）。在离轴地段，三个热液硫化物分布区已被发现，它们分别位于边缘高地的西侧、顶部，以及东南海山的南翼上。在边缘高地的西侧，硫化物位于海山的西部边界，该边界是由熔岩组成的地堑的东壁，矿化区呈线状分布在小凹陷中，其边界为正断层。边缘高地顶部的一个硫化物丘状体由三个台阶构成，第一阶为丘状体的基底，主要由硫化物碎块组成，外侧的枕状熔岩被棕色的热液沉积物所覆盖，在沉积物表面或者枕状熔岩的裂缝中发现有黄色的绿脱石。第二阶以不活动烟囱体（高达 50cm）和已坍塌的硫化物烟囱体碎块为主，表面被一层较薄的锰氧化物壳体覆盖。第三阶，丘状体的顶部由烟囱体（高达 12m）组成，在小烟囱体处可见低温扩散流，并有海葵、螃蟹和鱼等生物生长在喷口附近（Zeng et al.，2008；Fouquet et al.，1996，1988）。在东南海山南翼，火山群西侧的三角面上发育大型的硫化物堆积体。据 Hékinia 和 Bideau（1985）的推测，该硫化物堆积体的总量约为 $3.8×10^6$ t。除此之外，Fouquet 等（1988）通过分析 EPR 13°N 附近取得的大量硫化物等热液产物样品，将硫化物等热液产物划分为以下九种类型：铜烟囱体、铜-锌烟囱体、锌烟囱体、多孔硫化物、块状硫化物、硅石、网状脉、铁氢氧化物和锰氧化物。此外，Lalou 等（1985）提出 EPR 13°N 附近轴部地区热液烟囱体的年龄为 0～78 年。Auclair 等（1987）通过研究 EPR 13°N

附近热液硫化物中的硒（Se）元素分布情况，认为黄铜矿是 Se 的主要载体，并探讨了 S/Se 值的意义。Fouquet 等（1996）通过研究硫化物的硫同位素组成，指出扩张轴外侧的海山硫化物的硫同位素组成变化不大，这说明该地区的硫化物是从端元热液流体中沉淀形成的，而轴部地区的热液硫化物则是在热液和海水混合的过程中形成的，并造成其硫同位素组成的变化范围较宽。同时，EPR 13°N 附近热液硫化物的铅同位素组成范围较窄（$^{206}Pb/^{204}Pb = 18.29 \sim 18.44$；$^{207}Pb/^{204}Pb = 15.46 \sim 15.54$；$^{208}Pb/^{204}Pb = 37.80 \sim 38.00$），且离轴海山和轴部硫化物的铅同位素组成范围有重叠，相比于离轴硫化物，轴部硫化物富含放射性成因铅，说明二者的铅来源不同，并形成于不同的热液循环系统（Fouquet and Marcoux，1995）。不仅如此，在 EPR 13°N 附近，热液硫化物中流体包裹体的 He、Ne 和 Ar 浓度在标准温度和压力下分别为 $0.21 \times 10^{-8} \sim 8.85 \times 10^{-8} cm^3 \cdot g^{-1}$、$0.8 \times 10^{-10} \sim 7.8 \times 10^{-10} cm^3 \cdot g^{-1}$ 和 $0.4 \times 10^{-7} \sim 5.8 \times 10^{-7} cm^3 \cdot g^{-1}$，且其压碎样品的 $^3He/^4He$ 值为大气比值（$R_a = 1.38 \times 10^{-6}$）的 $6.85 \sim 8.10$ 倍，显示喷口流体是硫化物中流体包裹体所含稀有气体的主要来源（Stuart and Turner，1998；Jean-Baptiste and Fouquet，1996）。此外，Ono 等（2007）还利用 GC-LS 测定了 EPR 13°N 附近热液硫化物中黄铁矿和闪锌矿的硫同位素组成（$\delta^{33}S$ 和 $\delta^{34}S$），结果显示黄铁矿形成过程中 $\Delta^{33}S$ 与 $\delta^{34}S$ 和海水硫酸盐之间的交换均是不平衡的，进而指出可将 $\Delta^{33}S$（$= \delta^{33}S - 0.515 \times \delta^{34}S$）作为海底热液系统中示踪硫同位素混合和交换的替代性指标。

中国大洋矿产资源研究开发协会也对 EPR 的热液硫化物开展了多次海上调查工作，利用拖网和电视抓斗先后获取了热液硫化物、玄武岩等样品。例如，2003 年的 DY105-12、14 航次第六航段，首次在 EPR 13°N 附近获得了珍贵的硫化物样品。2005 年，DY105-17A 航次在 EPR 航段（EPR 13°N 附近）中用电视抓斗再次获得硫化物样品。随后，针对获得的样品、数据及资料，陆续开展了研究。研究工作包括观察硫化物的显微结构特征；分析硫化物的常量、微量元素、稀土元素，以及硫、铅、稀有气体和 Re-Os 同位素组成；探讨硫化物的物质来源及其形成过程中流体物理化学条件变化对硫化物自流体相沉淀的影响；绘制热液 Fe-S-H$_2$O 系统布拜图（Pourbaix diagram）。研究结果揭示了硫化物形成的地球化学过程及其资源潜力，为深入了解硫化物形成过程中流体特征（如温度、pH、Cu、Zn、Pb、Mn、Ba、K 和 Fe 等）的变化提供了研究基础（Zeng et al.，2017，2015a，2015b，2014）。

尽管如此，关于 EPR 的热液硫化物依然有许多科学问题值得深入研究和探讨。例如，对硫化物中稀有和分散元素的研究较少，不明确硫化物中元素的空间变化和相关性，以及海水对硫化物中元素组成的改造情况，更缺乏对 EPR 硫化物成因的系统认识。本章将在介绍已有工作成果的基础上，分析 EPR 热液硫化物的矿物和化学组成特征，探讨热液硫化物的形成条件及物质来源，为深入认识 EPR 海底热液硫化物的形成机理提供研究基础（曾志刚等，2009）。

第一节　硫化物的分布及其构造环境

一、EPR 21°N

1978 年由法国、美国和墨西哥科学家组成的考察队使用法国 "Cyana" 号载人深潜器，在 EPR 21°N 附近首次直接观察到了海底热液硫化物丘状体（Hékinian et al.，1980；Francheteau et al.，1979）。次年，美国"Alvin"号载人深潜器在 EPR 21°N 附近再度下潜，发现了黑烟囱体及其喷出的具有热液端元组分特征的高温热液流体，温度高达 380±30℃（Spiess et al.，1980）。目前，在 EPR 21°N 附近已发现 4 个热液活动喷口区，分别是 National Geographic Smoker（NGS）、Ocean Bottom Seismometer（OBS）、Southwest（SW）和 Hanging Gardens（HG），均沿 EPR 轴部产出，空间上与裂隙的展布密切相关。在 EPR 21°N 附近，由闪锌矿、黄铁矿和较少黄铜矿组成的 Zn、Fe、Cu 硫化物丘状体上分布着活动的和不活动的烟囱体，"Alvin"号载人深潜器选择性地从其中 8 个活动的和不活动的烟囱体中采集了热液硫化物-硫酸盐样品，发现在活动的烟囱体的外壁，不仅含有黄铁矿和闪锌矿，还含有丰富的硬石膏；而不活动烟囱体样品有一个富黄铜矿的核心，烟囱体中没有斑铜矿，且烟囱体中部主要由含少量富 Zn 硫化物的黄铁矿、黄铜矿和白铁矿组成。同时，白铁矿含量朝向烟囱体外壁增加，硬石膏稀少且主要出现在富黄铜矿的通道内壁。总体上，此处的烟囱体可分为两大类：黄铁矿-富 Zn 硫化物组合和黄铁矿-富 Cu 硫化物组合。据 Bischoff 等（1983）的化学分析结果，该处硫化物富含的有用元素主要为 Zn 和 Ag。

1982 年，"Alvin"号载人深潜器在 EPR 21°N 附近 Larson 海山群的红海山和绿海山发现了低温喷口以及热液氧化物、绿脱石和块状硫化物堆积体，并采集了样品。1985 年，"Alvin"号载人深潜器再次返回这些海山采样调查，并对硫化物样品进行了详细描述（Alt et al.，1987）。其中，红海山高约 700m，坐落在 600ka 的洋壳上，距 EPR 的轴部约 20km，破火山口内存在着低温热液活动（流体温度为 10～15℃），其所形成的非晶质 Fe 的羟基氧化物覆盖了数个低矮的（30～70m）枕状熔岩锥，且被 Mn 氧化物结壳覆盖的绿脱石堆积体（形成温度为 30℃）分布在红海山南部山顶的大部分区域。此外，绿脱石堆积体中的富 Fe 滑石和硫化物颗粒证实了该处以前存在着高温热液活动，并暗示附近存在着硫化物堆积体。

绿海山距 EPR 轴部约 30km，与大部分洋中脊硫化物堆积体相比，绿海山上的硫化物堆积体富 Si、Fe 和 Cu，贫 Zn，含有丰富的石英，其硫化物烟囱体外壁由胶状黄铁矿、白铁矿、Zn 硫化物和少量方铅矿组成，烟囱体内部的高温部分（>250℃）沉淀了粗颗粒黄铁矿和黄铜矿，当烟囱体向外生长时，其内壁温度升高，导致黄铁矿重结晶以及黄铁矿和黄铜矿在孔隙中沉淀。同时，烟囱体外部相对低的温度环境（80～170℃）可促使蛋白石的沉淀，而在硫化物堆积体内部温度相对高的环境中，蛋白石受热并重结晶形成玉髓和石英。此外，烟囱体内部通道的阻塞、流径的改变及硫化物堆积体的冷却作用可导致后期伊利石-蒙皂石混层、Fe 硫化物、贫 Fe 闪锌矿、蛋白石和重晶石沉淀。

二、EPR 13°N

EPR 13°N 附近分布着众多的海底热液喷口区。其中，海隆中央的轴部地堑，分布有 80 多个活动和不活动的热液区，每个热液区的平均直径约 50m，其由多个直径为 1～2m、高度为 1～25m（平均高度为 5～6m）的不规则锥形热液硫化物堆积体构成。这些硫化物堆积体沿 20km 长的轴部地堑分布在一条狭窄的带内（宽度<200m），形成局部的、不连

续的热液区，主要由 Fe、Cu 和 Zn 硫化物组成。据估计，在 EPR 13°N 附近的轴部地堑区，过去 100a 内所形成的硫化物资源总量不超过 20000t。

EPR 13°N 附近的离轴海山与 EPR 轴部的距离不到 7km，底部直径可达 6km，高度 <400m。其中，在东南海山的顶部和侧翼上发现了大范围（约 800m 长，200m 宽）的热液硫化物堆积体，其体积约为轴部地堑硫化物堆积体的 10 倍，热液产物主要由赭石状 Fe-羟基氧化物（针铁矿）（占 62%）组成，其次为富 Fe 块状硫化物（占 24%）、富二氧化硅硫化物（占 13%）和块状 Fe-Cu 硫化物（占 1%）。此外，在靠近 12°41′N、104°04′W 且距轴部地堑 18km 处的 Clipperton 海山，观测到片状熔岩流上覆盖有新形成的 Fe-Mn 氢氧化物。1992 年，"Nautile" 号深潜器在靠近 EPR 12°43′N 的边缘高地（轴部以东 2km）顶部的破火山口内，又发现了一个大型的（高 70m，直径 200m）硫化物丘状体。这些离轴海山上的硫化物堆积体与轴部硫化物堆积体存在一定的差异，前者缺乏 Zn 硫化物、富集 Co 和 Se，S 同位素组成变化小，表明其沉淀形成于从未发生变化的端元热液流体。

三、EPR 11°N

在 1981 年的 Clipperton 航次中，对 EPR 11°N 进行了较详细的调查。在 1982 年，Cyatherm 航次用 "Cyana" 号深潜器又对 EPR 11°N 进行了调查。EPR 11°30′N 附近的海隆位于 Clipperton 断裂带以北 110km 处，由 300～400m 高的轴部地堑组成，平均水深为 2510m，中心是深度 <50m 的洼陷，其热液产物具有不同的形状，包括块状、板状或柱状、类丘状、锥状或不规则状集合体。从 EPR 11°N 附近（10°58′N）采获的烟囱体，由 4 个独立的通道组成，采样时仅一个通道有流体活动，喷出的流体温度为 347℃。烟囱体外壁有一层薄的硬石膏(约 1mm)，具白铁矿、纤锌矿和黄铁矿组成的过渡带(约 4cm)，烟囱体内衬层由黄铜矿组成（约 2cm），富斑铜矿带则出现在黄铜矿的外层。从 11°14′N 采获的烟囱体由单一的 69cm 长的流体通道组成，同时还有 5 个附属通道，且 2/3 的烟囱体外壁由块状 Zn、Fe 硫化物组成，而 1/3 的烟囱体内部（厚约 5cm）富黄铜矿。

第二节　硫化物样品采集与手标本特征

一、硫化物样品采集

2003 年，"大洋一号"轮科考船 DY105-12、14 航次在 EPR 13°N 附近的热液区，采用海底拖网获得了 3 块硫化物样品和近 100 片（块）的 Fe-羟基氧化物样品（103°54.48′W，12°42.30′N，水深 2655m）。最大的一块硫化物样品长 12.1cm，宽 9.5cm，厚 3.0cm，重达 500g（现存于中国大洋样品馆），本书从中选取了一块（长 6.5cm，宽 5.5cm，厚 1.5cm，重达 200g）作为研究对象。

2005 年、2008 年、2009 年和 2011 年，"大洋一号"轮科考船 DY105-17、DY115-20、DY115-21 和 DY125-22 航次，使用电视抓斗先后在东太平洋海隆获得了不同站位（包括快速扩张洋中脊 EPR 13°N 附近和超快速扩张洋中脊 EPR 1°S～2°S 附近）的硫化物样品（Zeng et al.，2017，2015a，2015b，2014，）。

二、硫化物手标本特征

（一）ep-c 样品

该样品取自 EPR 13°N 附近的热液区（图 3-1），属于硫化物烟囱体沿生长方向上的一段，长 27.5cm、宽 24cm、高 19.5cm，在样品的横截面可观察到厘米级的流体通道（图 3-2）。样品表面除了被褐黄-红褐色氧化层覆盖外，还发育疑似生物的形迹［图 3-2（b）］。为方便取样，使用金刚砂切割机将该硫化物样品切为三片。其中，两个切片编号分别为 ep-c-o［图 3-3（a）和 3-3（b）］和 ep-c-b［图 3-3（c）］（表 3-1）。样品 ep-c-o 靠近烟囱体生长方向，切面显示出较明显的环带结构［图 3-3（b）］，根据该切片的结构，在六个部位［图 3-3（d）］进行取样；与褐黄-红褐色风化表层毗邻的 ep-c-o-1 为浅灰-灰绿色薄层；ep-c-o-2 呈灰黄色，较 ep-c-o-1 更富含铁硫化物，孔隙度也明显大一些；样品 ep-c-o-5 位于环带的核部，颜色为灰色，较致密；样品 ep-c-o-4 与样品 ep-c-o-5 毗邻，黄铁矿分布极不均匀，流体通道被黄铁矿颗粒所填充；样品 ep-c-o-3 颜色为浅灰色，可见大量的流体通道，铁硫化物粒度比毗邻的部位小，质地较坚硬；样品 ep-c-o-6 的颜色和孔隙度与样品 ep-c-o-2 相似。

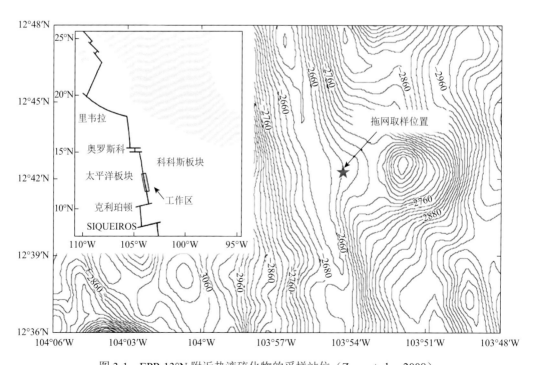

图 3-1　EPR 13°N 附近热液硫化物的采样站位（Zeng et al.，2008）

图 3-2 EPR 13°N 附近热液硫化物（ep-c）样品的手标本照片

图 3-3 EPR 13°N 附近热液硫化物 ep-c-o 切片照片及取样（陈代庚，2009）

（a）为切片 ep-c-o 外表层；（b）为切片 ep-c-o 新鲜切面；（c）为切片 ep-c-b；（d）为 ep-c-o 取样示意图

表 3-1　　EPR 13°N 附近热液硫化物 ep-c 样品描述（陈代庚，2009）

样品	取样层号	描述
ep-c-o	ep-c-o-1	呈浅灰-灰绿色，与褐黄-红褐色风化表层毗邻，为一薄层
	ep-c-o-2	较 ep-c-o-1 更富含铁硫化物，呈灰黄色，孔隙度明显大
	ep-c-o-3	呈浅灰色，可见大量的流体通道，铁硫化物粒度明显小于毗邻部位，质地较坚硬
	ep-c-o-4	黄铁矿分布极不均匀，厘米级的流体通道被黄铁矿颗粒填充
	ep-c-o-5	为环带的核部，呈灰色，较致密
	ep-c-o-6	颜色和孔隙度与 ep-c-o-2 层相近
ep-c-b	ep-c-b-h1	为中心部位，呈灰色，矿物粒度细小，易于研磨
	ep-c-b-h2	颜色较 ep-c-b-h1 浅，较致密
	ep-c-b-h3	呈浅灰-灰绿色，可见大量的流体通道，流体通道内填充细小的黄铁矿颗粒
	ep-c-b-h4	呈灰褐色-紫灰色，疏松、易碎，局部可见近毫米级的矿物颗粒
	ep-c-b-n	与 ep-c-b-h4 毗邻，出现了富含黄铁矿的不规则薄层，空间上不连续，部分黄铁矿颗粒的粒径达到了数百微米，取样编号为 ep-c-b-n

　　切片 ep-c-b 的长、宽、厚度均为 20cm 左右，切面的核部呈现出不规则但有一定连续性的分带，由中心向外可分为 4 个部分。其中，样品 ep-c-b-h1 为中心部位，颜色为灰色，矿物粒度细小，易于研磨；样品 ep-c-b-h2 的颜色比样品 ep-c-b-h1 的浅，较致密；样品 ep-c-b-h3 呈浅灰-灰绿色，可见大量的流体通道，流体通道内填充很细小的黄铁矿颗粒；样品 ep-c-b-h4 呈灰褐色-紫灰色，疏松、易碎，局部可见近毫米级的矿物颗粒。富含黄铁矿的不规则薄层与 ep-c-b-h4 毗邻，空间上不连续，部分黄铁矿颗粒的粒径达到了数百微米，取样编号为 ep-c-b-n。取样过程中还发现，切片 ep-c-b 的局部边缘碎块出现了分层（图 3-4），可以分出三个较明显的不同部分，它们之间的界面极不规则，连续性也差。其中，样品 ep-c-b-f2 部分以带灰黄色的色调与相邻的样品 ep-c-b-f1 和样品 ep-c-b-f3 相区别；肉眼可辨样品 ep-c-b-f1 部分有较少的黄铁矿，黄铁矿细小且不均匀分布；样品 ep-c-b-f3 部分较脆、易碎，可见黄铁矿，粒径小于样品 ep-c-b-f2，且均匀分布。

(a)　　　　　　　　　　　　　　　　　(b)

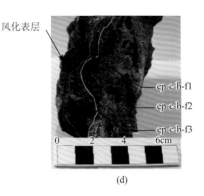

图 3-4　EPR 13°N 附近热液硫化物样品的 ep-c-b-f 切片及取样（陈代庚，2009）

（a）～（c）为切片 ep-c-b 边缘部位碎块照片；（d）为取样示意图

（二）EPR05-TVG1 和 EPR05-TVG2 站位样品

EPR05-TVG1 和 EPR05-TVG2 站位分别位于 EPR 13°N 附近边缘高地中热液硫化物丘状体的东坡和中部（图 3-5）。通过海底摄像观察到 EPR05-TVG1 站位的热液硫化物呈不规则块状，含红棕色金属沉积物，未发现热液喷口。在 EPR05-TVG2 站位，观察到有流体从侧向喷涌而出，并偶有白色的虾、海葵等典型热液区生物出现，该处的硫化物主要为块状Fe 的硫化物碎块，以黄铁矿为主。EPR05-TVG1 和 EPR05-TVG2 站位的硫化物样品特征见表 3-2。

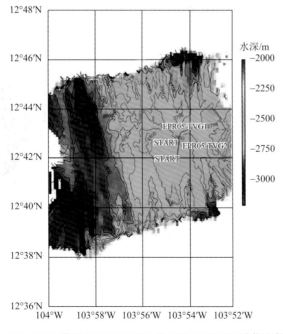

图 3-5　EPR 13°N 附近 EPR05-TVG1 和 EPR05-TVG2 站位取样位置图

表 3-2   EPR 13°N 附近 EPR05-TVG1 和 EPR05-TVG2 站位的硫化物样品描述

站号	取样位置与地形特征	水深/m	样品描述
EPR05-TVG1	12°42.69′N, 103°54.43′W, 热液硫化物丘状体东坡	2628	获取约 200kg 的块状热液硫化物和少量棕红色含金属沉积物。硫化物表面为一层不均匀的褐色、砖红色铁氧化物，厚约 3mm。内部灰绿色，致密，矿物颗粒较细小，局部黄铁矿颗粒较粗，呈立方体，以黄铁矿和黄铜矿组合为主；也见灰黑色矿物颗粒和黄绿色土状沉淀物。偶见热液通道，其内径约 10mm，通道截面见不同的矿物，通道壁沉淀的矿物呈黄色，为黄铜矿，其上往往沉淀有灰黑色矿物（图 3-6）。 所分析样品为其中一碎块（图 3-7），其表层有少量的红褐色氧化物，未形成明显的壳层；自形的黄铁矿通过放大镜可观察到立方晶体的截面，颜色较 EPR05-TVG2 站位的样品深
EPR05-TVG2	12°42.68′N, 103°54.41′W, 热液硫化物丘状体中部	2633	共获取两块约 300kg 的热液硫化物样品，两块样品的特征有所差异。一块为致密的铁灰色块状硫化物，表面为一薄层棕红色铁氧化物，较光滑，无虫迹，大小为 52cm×40cm×26cm（图 3-8）。另一块新鲜面为灰黑色，似烟囱体，表面密布虫管的化石遗迹，虫管直径最大为 3cm，一般为 1cm 左右，样品大小为 54cm×68cm×40cm。富热液流体通道，并见矿物分带现象（图 3-9）。矿物以黄铜矿和黄铁矿为主。 所分析样品为第一块中的碎块（图 3-10），其表层也有少量的红褐色氧化物，未形成明显的壳层；通过放大镜可观察到自形的黄铁矿具立方晶体的截面，摩氏硬度大于 5.5，孔隙更大

图 3-6   EPR05-TVG1 灰黑色块状热液硫化物

0   2   4cm

图 3-7   EPR05-TVG1 热液硫化物手标本

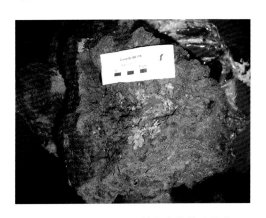

图 3-8   EPR05-TVG2 铁灰色块状硫化物

图 3-9   EPR05-TVG2 灰黑色硫化物烟囱体

初步研究了 2005 年 DY105-17A 航次在 EPR 航段中用电视抓斗获得的 EPR05-TVG1 和 EPR05-TVG2 站位的硫化物样品。两块手标本颜色较深，可见较多毫米级的孔隙，但均未观察到明显的流体通道（图 3-7 和图 3-10）；表层覆盖有少量的红褐色氧化物，并未形成明显的壳层；通过放大镜观察到自形的黄铁矿呈浅黄（铜黄）色，条痕为绿黑色，具强金属光泽，硬度较大，粒度达数百个微米以上，发育立方晶体的截面。两块样品呈（浅）灰-灰绿色，无氧化物的新鲜面；灰色表层部分质地较疏松，灰绿色表层部分质地较坚硬。两块样品相比较，EPR05-TVG1 样品的颜色更深（图 3-11），EPR05-TVG2 样品的孔隙更大（图 3-12）。

图 3-10　EPR05-TVG2
热液硫化物手标本

图 3-11　EPR05-TVG1 热液硫化物
箭头示意切片位置

图 3-12　EPR05-TVG2 热液硫化物
箭头示意切片位置

第三节　硫化物的矿物组成及显微结构

根据形貌和矿物组合特征可将 EPR 13°N 附近的硫化物分为以下类型：烟囱体、网状脉、多孔硫化物、块状硫化物等（Fouquet et al., 1988）。根据元素富集特征和矿物组成，又可将该区的烟囱体分为三个类型：富 Cu（Ⅰ）型、Cu-Zn（Ⅱ）型和 Zn（Ⅲ）型。此外，富 Cu（Ⅰ）型烟囱体可细分为Ⅰa、Ⅰb 两个类型。Ⅰa 型烟囱体的主要矿物组成为硬石膏，烟囱壁厚达 10cm，由大颗粒的（200～300μm）硬石膏晶体组成；硫化物主要为黄铜矿和黄铁矿，向内黄铜矿含量增加，在中央流体通道周围形成厚度约数毫米的连续层，向外则磁黄铁矿含量增加。磁黄铁矿上生长有闪锌矿，后者被黄铜矿局部交代。Ⅰb型烟囱体的矿物组成以黄铜矿为主，在通道周围形成了厚度近1cm的矿物层，烟囱体外壁覆盖有1～10mm厚的薄层硬石膏。Zn（Ⅲ）型烟囱体具有由内向外的分带，可以区分出三层：第一层为多孔内层由小颗粒（1～2mm）和自形、簇状的黄铁矿晶体组成（含少量的Zn硫化物），且黄铁矿中可看到微小的（<10μm）黄铜矿包体，孔隙中可见氧化的磁黄铁矿晶体，这种共生关系反映出高温流体条件下形成的矿物组合特征；向外第二层主要为Zn硫化物，黄铁矿含量逐渐减少，同时黄铁矿和Zn硫化物的颗粒粒径和结晶程度也逐渐降低；外部第三层较薄，由胶粒结构黄铁矿和填充其他硫化物孔隙的白铁矿组成。Cu-Zn（Ⅱ）型烟囱体矿物学特征介于Ⅰ型和Ⅲ型之间，可分为四个矿物带：中轴通道轮廓分明，三个矿物带与Ⅲ型类似，另一个矿物带在烟囱体的核部，形成了一层厚1～20mm的黄铜矿，向内和向外均被Zn硫化物所替代。在Cu-Zn型烟囱体中，黄铁矿层减至几毫米，自形的黄铁矿组成了Cu硫化物和Zn硫化物的接触边界。此外，作为晚期形成的矿物，硅石沉积于硫化物周围，起到了黏合剂的作用（曾志刚，2011）。网状脉主要由磁黄铁矿、闪锌矿、黄铜矿、黄铁矿和硅石等矿物组成。网状脉中早期沉积的是磁黄铁矿，后来被黄铜矿和硫酸盐矿物部分取代，同时黄铁矿晶体开始生长。闪锌矿是最晚结晶的硫化物矿物，在闪锌矿沉淀之后，脉体中的开放空间被蛋白石填充，并向内胶结多孔蚀变的玄武岩。这个共生组合指示了在热液活动减弱过程中，当脉体逐渐填充开放空间时，随着流体温度降低，氧逸度与pH则升高。

EPR 13°N附近的硫化物，在洋脊轴部区域表现为年轻的硫化物，以直接生长在新鲜玄武岩上的富Cu或Zn型烟囱体、多孔且富Fe或Zn硫化物为代表；在边缘高地则以富Fe或Cu型块状硫化物为代表，矿物共生组合指示了在热液活动成熟阶段中形成的硫化物流体具有较高的温度。此外，东南海山的硫化物与边缘高地的富Fe型块状硫化物均具有富Cu的核。

一、ep-c 样品

对EPR 13°N附近热液硫化物样品进行分层取样，并在中国科学院地质与地球物理研究所进行了XRD（D/MAX-2400）测定，分析结果（表3-3）表明，EPR 13°N附近的热液硫化物主要包括Fe硫化物（黄铁矿、白铁矿）和闪锌矿。在硫化物样品切片中，从ep-c-o样品的核部至外缘，黄铁矿的含量总体上呈减少的趋势。在硫化物的表层形成了针铁矿、黄钠铁矾等次生氧化产物（陈代庚，2009）。

表 3-3　EPR 13°N 附近硫化物的矿物组成（陈代庚，2009）

样品层位	黄铁矿	白铁矿	闪锌矿	其他
ep-c-b-1	较多	较多	少	
ep-c-b-2	较多	较多	少	
ep-c-b-3	为主	较多	少	
ep-c-b-4	较多	较多	少	

续表

样品层位	黄铁矿	白铁矿	闪锌矿	其他
ep-c-b-5	为主	较多	少	
ep-c-b-6	为主	较多	少	
ep-c-b-f1	较多	为主	少	少量水铁矾
ep-c-b-f2	较多	为主	少	少量水铁矾
ep-c-b-f3	较多	较多	少	少量针铁矿、黄钠铁矾
ep-c-b-h1	为主	较多	少	
ep-c-b-h2	为主	较多	少	
ep-c-b-h3	为主	较多	少	
ep-c-b-h4	少	少	少	
ep-c-b-n	90%	少	为主	
风化表面	较多	较多		

对 EPR 13°N 附近的热液硫化物样品（ep-c），共制备了四块矿片，使用中国科学院海洋研究所的 Nikon E600 POL 透/反两用显微镜对矿片进行观察，发现矿片中具典型的交代 [图 3-13（a）～（c）、（f）、（h）～（j）] 及增生结构，如"镶边"、环带 [图 3-13（d）、（k）、（m）～（o）]；可见矿物组合分带 [图 3-13（e）]，即由 Fe 硫化物为主向以富 Zn 硫化物为主转变，这种矿物分带在空间上的界限为不规则曲面；部分黄铁矿发生了重结晶，形成了似斑状结构 [图 3-13（l）]，粗大的黄铁矿晶粒间呈现三联点平衡结构 [图 3-13（n）]（陈代庚，2009）。值得注意的是，在硫化物 ep-c 矿片中观察到了大量的具胶状结构的黄铁矿 [图 3-13（p）～（t）]。相比于弧后盆地的硫化物显微结构（Kim et al.，2006；Ueno et al.，2003），不存在可在弧后盆地环境中形成的 Pb-As-Sb 的硫盐，也不存在硅石等矿物，这与化学组成的分析结果一致（陈代庚，2009）。

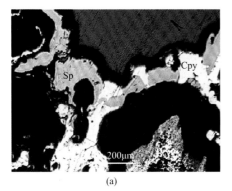

(a)

(b)

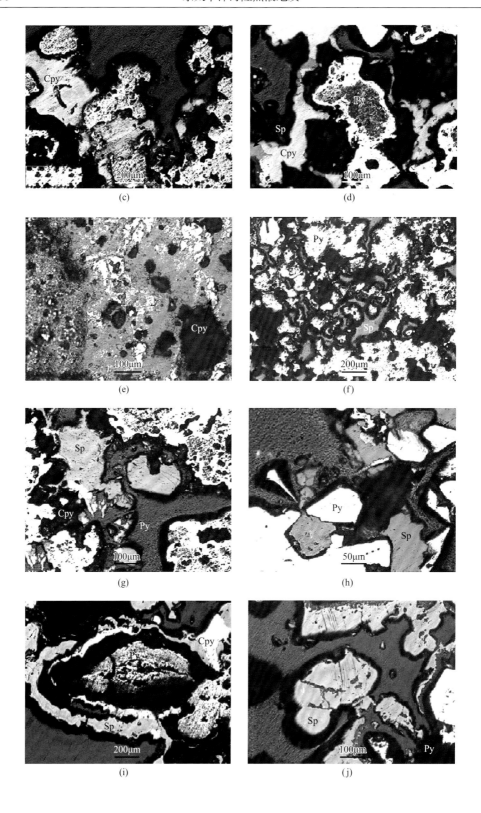

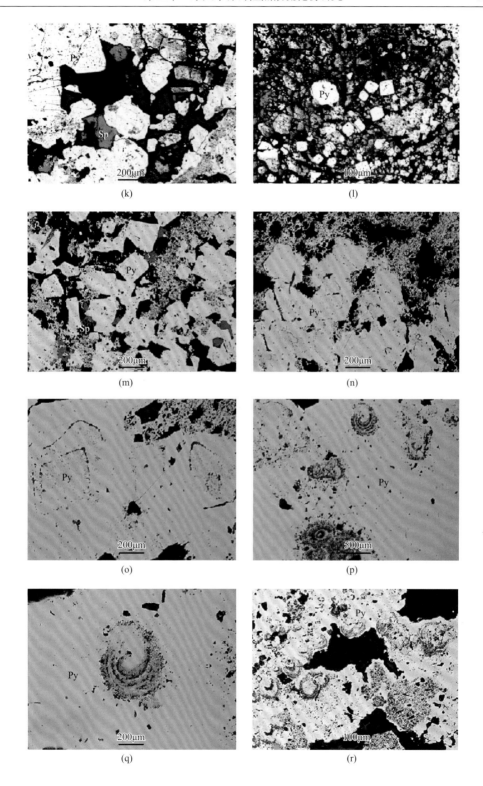

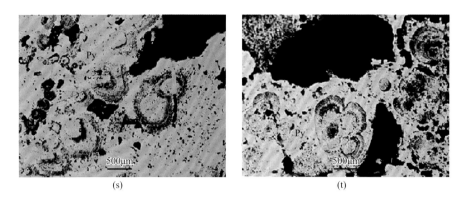

图 3-13　EPR 12°42.68'N 处 ep-c 硫化物样品的典型显微结构（陈代庚，2009）

（a）和（b）为黄铜矿（Cpy）和闪锌矿（Sp）呈脉状共生，少量闪锌矿被黄铜矿包裹，不规则深黑色部分为孔隙；（c）为黄铜矿交代填隙胶状黄铁矿；（d）为在早期胶状黄铁矿周围生长形成的黄铁矿"镶边"；（e）为视域中矿物组合的分界，红色标识线左边以 Fe 硫化物为主，右边出现了黄铁矿，富 Zn 硫化物；（f）为闪锌矿交代填隙黄铁矿形成的网脉状结构；（g）为黄铜矿在闪锌矿边缘生长，黄铁矿发生了重结晶；（h）为闪锌矿交代填隙黄铁矿；（i）为闪锌矿、黄铜矿在黄铁矿周围形成"包壳"；（j）被溶蚀的闪锌矿残余；（k）为闪锌矿填隙于黄铁矿构成的骨架中，黄铁矿显示环带；（l）黄铁矿呈自形晶，黄铁矿形成的似斑状结构；（m）为闪锌矿沿自形、半自形黄铁矿边缘生长，有的被黄铜矿"包含"；（n）为黄铁矿重结晶形成粗大颗粒，并显示"泡沫"胶状结构及增生环带；（o）为（n）的放大照片；（p）～（t）为黄铁矿形成的胶状结构；（q）为（o）的放大照片

二、ep-s 样品

根据颜色、显微镜下观察和 XRD 分析结果，认为该样品属于烟囱体的碎块，具层状构造，可分 6 层，其中表层为红褐色的硫化物氧化层，含少量针铁矿，其余硫化物层具有不同的矿物组合。显微镜下可见交代结构和固溶体分离结构，主要由闪锌矿、纤锌矿、黄铜矿、等轴古巴矿、黄铁矿和白铁矿等矿物组成，且在样品 ep-s-1 层含次生氧化形成的针铁矿，属于富 Zn 型硫化物（图 3-14 和表 3-4）（曾志刚等，2009）。

表 3-4　EPR 13°N 附近热液硫化物的矿物组成和结构特征（曾志刚等，2009）

层号	描述
ep-s-1	硫化物的红褐色氧化层，主要由黄铁矿和白铁矿组成，含少量针铁矿
ep-s-2	青灰色黄铁矿层，较脆但不坚硬，主要由黄铁矿和白铁矿组成，具黄铁矿结晶结构
ep-s-3	紫灰色闪锌矿层，较疏松，主要由闪锌矿、黄铁矿、白铁矿和纤锌矿组成，具黄铁矿结晶结构
ep-s-4	灰绿色含铜矿物层，致密、较坚硬，主要由闪锌矿、黄铁矿、白铁矿、黄铜矿、等轴古巴矿和纤锌矿组成，具叶片状结构
ep-s-5	褐黄色闪锌矿-黄铜矿层，见黄铜矿构成的细纹层，具金属光泽，主要由闪锌矿、黄铜矿、等轴古巴矿、白铁矿、黄铁矿和纤锌矿组成，具交代结构
ep-s-6	褐紫色闪锌矿-黄铜矿层，矿物颗粒粒径达 1mm，质地不坚硬，具金属光泽，主要由闪锌矿、黄铜矿、等轴古巴矿、白铁矿、黄铁矿和纤锌矿组成，具结晶结构和交代结构

图 3-14 EPR 13°N 附近热液硫化物的结构与矿物组成（曾志刚等，2009）

（a）为热液硫化物样品为烟囱体的碎块，分为 6 层；（b）为热液硫化物样品的截面；（c）为闪锌矿（Sp）中叶片状黄铜矿（Cpy）；（d）为黄铁矿（Py）呈自形晶，被黄铜矿交代

三、EPR05-TVG1 和 EPR05-TVG2 样品

EPR05-TVG1 和 EPR05-TVG2 热液硫化物样品经历了多期次矿物沉淀，主要含有黄铁矿、白铁矿、黄铜矿、闪锌矿，以及少量的 Pb-硫化物（图 3-15 和表 3-5）。

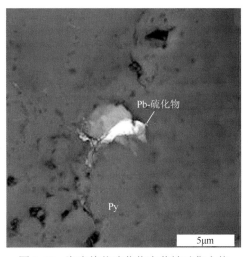

图 3-15 海底块状硫化物中黄铁矿集合体

EPR05-TVG1-2-4 样品背散射电子探针图像中块状黄铁矿中含有 Pb-硫化物微晶及黄铁矿（Py）（Zeng et al.，2014）

表 3-5　EPR 13°N 附近热液硫化物的取样位置及其矿物组合

样品号	纬度	经度	水深/m	硫化物矿物组合*
EPR05-TVG1-2	12°42.669′N	103°54.426′W	2628	Py+++；Sp+，Cpy+
EPR05-TVG1-3	12°42.669′N	103°54.426′W	2628	Py+++；Cpy+，Sp+
EPR05-TVG2-1	12°42.678′N	103°54.414′W	2633	Py+++，Mc+++；Sp+

*Py 为黄铁矿, Sp 为闪锌矿, Mc 为白铁矿, Cpy 为黄铜矿, +++表示含量>30%, ++表示含量 5%~30%, +表示含量≤5%。

使用中国科学院海洋研究所的 Nikon E600 POL 透/反两用显微镜进行了镜下观察, 可见:

(1) 闪锌矿交代填隙黄铁矿 (图 3-16), 但又被后期生成的黄铜矿交代 (图 3-17)。黄铁矿被强烈交代后, 其在交代矿物闪锌矿中形成残余体。形成的矿物组合为 Py + Sp + Cpy。

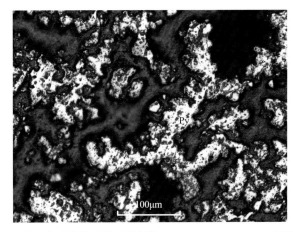

图 3-16　EPR 13°N 附近热液黄铁矿的显微结构 (EPR05-TVG1) ——网脉状结构 (反光)

黑色部分为孔隙

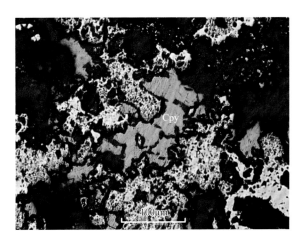

图 3-17　EPR 13°N 附近热液硫化物的显微结构 (EPR05-TVG1) ——交代结构 (反光)

黄铜矿 (Cpy) 交代填隙黄铁矿

（2）黄铁矿发生重结晶作用，但结晶程度很低，之后生成的黄铜矿、闪锌矿交代填隙黄铁矿（图3-18）。除反射色外，浅灰色闪锌矿与反射色较深的灰色闪锌矿的特征（均质性、中等硬度、大于黄铜矿的相对突起）相似；它们之间反射色的不同代表了流体组分及矿物沉淀时流体温度的变化。形成的矿物组合表现为 Py + Sp + Cpy。

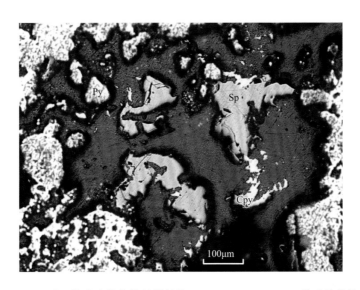

图 3-18　EPR 13°N 附近热液硫化物的显微结构（EPR05-TVG1）——他形粒状结构（反光）

总而言之，除自形、半自形晶的黄铁矿外，大部分矿物，其自形程度差，视域中观察到的孔隙较多，这与手标本的观察结果是一致的。采用面积法进行矿物相对含量推断（30个视域），样品 EPR05-TVG1 中含量最高的矿物是黄铁矿（约 55%），其次是闪锌矿（约23%）、黄铜矿（约 15%）；样品 EPR05-TVG2 中黄铁矿相对含量更高（约 66%），闪锌矿约占 15%，黄铜矿约占 10%。

矿物的共生序列表明，在硫化物形成过程中，存在后期闪锌矿、黄铜矿沉淀和流体温度升高的过程。

四、EPR 1°S～2°S 附近硫化物样品

在超快速扩张洋脊 EPR 1°S～2°S 附近，块状硫化物堆积体的基底为洋中脊玄武岩（MORB）。本书分析了 EPR 1°S～2°S 附近的 3 个块状硫化物样品，20III-S4-TVG1-1样品由电视抓斗采样获取，取自 EPR 1°22.130′N，102°37.360′W，水深 2747m 处，样品为多孔的烟囱体碎块，覆盖着黄褐色的 Fe-羟基氧化物，部分流体通道被填充，烟囱体以黄铁矿为主，且含黄铜矿、白铁矿和闪锌矿；20III-S4-TVG1-2 样品与 20III- S4-TVG1-1 样品的取样位置（经纬度）相同，均由电视抓斗采样获取，样品为烟囱体碎块，覆盖着黄褐色 Fe-羟基氧化物，以黄铁矿为主，含大量的白铁矿和黄铜矿，以及少量的闪锌矿；20III-

S6-TVG3 样品取自 EPR 2°09.102′N，102°38.760′W，水深 2921m 处，样品为烟囱体外壁，覆盖着红褐色 Fe-羟基氧化物和白色硬石膏层，以白铁矿和黄铁矿为主，且含大量的闪锌矿，以及少量的黄铜矿。总之，EPR 1°S～2°S 附近的海底块状硫化物样品经历了多期次的矿物沉淀过程，主要含黄铁矿±白铁矿、黄铜矿、闪锌矿，以及少量的重晶石、Pb-硫化物或方铅矿。

第四节　硫化物的常量与微量元素组成

　　Fouquet 等（1988）对 EPR 13°N 附近硫化物样品进行的化学分析结果（表 3-6）表明，Ⅰ 型烟囱体的硫化物中 Cu（2.6%～32.20%，质量分数）、Ca（0.01%～17.90%，质量分数）、Fe（10.15%～31.90%，质量分数）、S（25.50%～34.50%，质量分数）和 Au（0～3000ng·g^{-1}）含量变化范围较大，且 Sr（0～2070μg·g^{-1}）、Se（61～1095μg·g^{-1}）含量很高，As、Ag、Pb、Cd 含量低（<250μg·g^{-1}），其 Ca 含量的变化取决于烟囱体中硬石膏的含量。此外，除个别样品外，大部分样品的 Al、Mg 和 Mn 含量均较低。Ⅲ型烟囱体中的硫化物与 Ⅰ 型烟囱体的硫化物具有相似的 Fe、Ca 含量，但前者含有更高的 S（31.70%～45.85%，质量分数），Zn 含量为 2.59%～46.9%（质量分数）。此外，Ⅲ型烟囱体中的硫化物的 As、Ag、Pb 和 Cd 含量也明显高于 Ⅰ 型烟囱体的硫化物，其 Al$_2$O$_3$ 含量也较高（0.05%～0.50%，质量分数），烟囱体中出现了高岭石。此外，由于围岩中 Ba 含量很低（2～117μg·g^{-1}），硫化物中缺失重晶石（曾志刚，2011）。

　　相比于洋中脊轴部的热液硫化物，离轴热液硫化物堆积体的规模较大。对热液硫化物样品进行年龄测定，结果表明边缘高地处热液硫化物的形成年龄为 1900～2000a，东南海山处热液硫化物的形成年龄在 20000a 以上（Lalou et al., 1985）。根据其 Cu 和 Zn 的含量，热液硫化物可以划分为三种类型：富 Fe 型、富 Cu 型和富 Zn 型。但是由于富 Zn 型硫化物完全被黄铜矿取代，以及流体中亏损 Zn，Fouquet 等（1988）分析的样品中缺乏富 Zn 型硫化物。富 Cu 型热液硫化物以高含量的 Fe（30.20%～41.25%，质量分数）、Cu（4.0%～28.80%，质量分数）和 S（34.30%～45.40%，质量分数）为特征，Co 含量最高达 1374～6007μg·g^{-1}，Au 含量则低于 100ng·g^{-1}。

　　EPR 13°N 附近离轴硫化物丘状体的研究结果（Fouquet et al., 1996）表明，相比于洋中脊轴部的热液硫化物，离轴硫化物堆积体中缺乏锌硫化物，仅出现在顶部低温热液喷口附近。与 Zn 相关的微量元素 Cd、Pb、Ag、Sb 广泛富集在洋中脊轴部的硫化物中；Co、Se、Mo 在离轴的热液硫化物中富集，尤其是 Co，在离轴热液硫化物中 Co 的含量可达到洋中脊轴部热液硫化物 Co 的 4～5 倍，这与上述微量元素易在高温流体条件下形成的硫化物中富集的特征相一致。

表3-6　EPR 13°N 附近烟囱体样品的化学组成

类型	样品	质量分数/%									含量/(μg·g⁻¹)									含量/(ng·g⁻¹)
		Zn	Cu	Fe	Ca	S	SiO_2	Al_2O_3	MgO	MnO	Co	As	Se	Sr	Mo	Ag	Cd	Pb	Ba	Au
I a	Cy82-31-3c	2.95	11.60	16.69	7.18	28.70	5.40	0.26	2.63	0.07	450	105	61	651	—	40	143	56	4	—
	Cy82-03-1	0.25	2.60	15.00	17.90	31.30	—	—	—	—	500	45	90	2070	—	6	12	26	—	<100
	Cy82-30-6-2	0.04	9.40	10.15	15.95	25.50	—	—	—	—	110	0	110	1510	—	6	4	3	—	<100
	Cy82-25-2	2.06	7.35	22.00	10.14	33.20	1.31	0.20	0.63	0.03	500	105	112	884	—	39	75	208	117	—
	Cy82-30-4	0.08	1.43	10.15	23.16	25.60	—	—	—	—	70	5	25	2250	—	3	4	13	—	<100
	Cy82-16-2	0.58	0.67	2.65	25.44	23.50	—	—	—	—	30	2	12	2560	—	0	21	45	—	900
	Cy82-01-2	0.04	31.60	30.60	0.01	33.40	—	—	—	—	160	0	241	0	—	0	4	2	—	<100
I b	Cy82-21-2	0.12	32.00	29.60	0.46	32.90	1.43	0.05	0.23	0.01	180	0	470	32	32	5	7	0	18	3000
	Cy84-13-1	0.08	30.80	28.30	2.50	31.80	1	0.05	0.02	0.01	250	10	1095	293	111	9	6	218	17	—
	Cy84-29-7a	0.02	32.20	31.90	0.10	34.50	—	—	—	—	259	10	818	10	—	11	5	224	—	—
IIIa	Cy82-31-4	24.55	0.76	16.65	6.67	33.45	1.25	0.16	0.05	0.01	190	119	3	832	—	155	817	786	98	1200
	Cy82-13-4	16.30	0.10	30.50	0.09	40.70	0.18	0.05	0.01	0.01	1000	237	0	13	—	125	497	1114	70	—
	Cy84-38a	10.50	0.10	10.60	19.10	36.00	0.18	0.05	0.01	0.01	10	84	5	1577	57	70	95	898	70	—
	Cy84-38b	28.40	0.45	12.20	10.80	31.70	—	—	—	—	10	67	30	1075	52	91	782	706	—	—
IIIb	Cy82-12-1	46.90	0.40	10.90	0.20	32.15	—	—	—	—	20	399	0	0	—	274	1267	2882	—	<100
	Cy82-21-3a	14.00	2.92	26.45	0.35	36.40	—	—	—	—	50	184	0	0	—	186	557	948	—	<100
	Cy82-21-3b	41.70	0.32	14.75	0.25	34.20	1.47	0.24	0.07	0.01	30	1253	15	0	—	79	815	2391	2	<100
	Cy82-25-5	2.59	0.27	39.75	0.04	45.85	—	—	—	—	1500	630	0	0	—	27	95	277	—	—
	Cy84-17-3	20.40	0.45	28.30	0.10	38.20	8.72	0.50	0.01	0.07	82	511	19	10	80	93	549	2209	63	780

注：数据引自 Fouquet et al., 1988；"—"表示未检出。

一、测试分析

使用电感耦合等离子体发射光谱仪（ICP-AES）和电感耦合等离子体质谱仪（ICP-MS）对新采集的硫化物样品分别进行常量和微量元素组成测定。样品前处理及常量和微量元素测试过程如下：将样品放在蒸馏水中使用超声波振荡 15min 后用纯水清洗，清除样品表面的杂质；将洗好的样品于 65℃烘至近干，再于 105℃完全烘干，然后在玛瑙研钵中磨成小于 200 目的粉末；准确称取此粉末 50mg 于 Teflon 罐中，依次加入 0.5mL HF、2mL HCl 和 0.7mL HNO$_3$，在加热板上于 150℃密封加热 24h，随后加入 1mL HNO$_3$ 于 120℃将样品蒸至近干，并不再冒白烟，最后加入 1mL HNO$_3$ 和 1mL 超纯水（18.2MΩ），在加热板上于 120℃密封加热 12h 回溶样品（Yin et al.，2011）。然后采用热电公司生产的 ICP-AES 测试 Al、Fe、Na、Cu、Pb 和 Zn 元素，精度（RSD）＜2%，采用 PE 公司生产的 ICP-MS（ELAN DRC Ⅱ）测试样品中的微量元素，精度＜5%。

二、ep-c 样品的常量、微量元素组成

（一）ep-c 样品的常量元素组成

热液硫化物中 Cu、Pb 和 Mg 含量的变化范围很小，分别为 0.01%～0.31%（质量分数）、0.01%～0.04%（质量分数）和 0.005%～0.020%（质量分数）；Ca、Na 含量分别为 0.04%～0.05%（质量分数）、0.04%～0.11%（质量分数）（表 3-7）。除切片 ep-c-b 核部的 ep-c-b-h4 层以外，各硫化物样品中 Fe 含量较高（39.84%～45.87%，质量分数），Zn 含量较低（0.16%～4.47%，质量分数），与 Fouquet 等（1988）报道的Ⅲb 型富 Zn 硫化物样品 Cy82-25-5 的（表 3-6）很接近。ep-c-b-h4 层样品中 Zn 和 Fe 含量的变化范围分别为 46.23%～46.24% 和 15.50%～17.04%，分别比 Fouquet 等（1988）报道的Ⅲb 型富 Zn 硫化物样品 Cy82-12-1 的（表 3-6）低和高，且前者的 Cu、Ca 含量更低，Co 含量则与其他元素保持一致。这意味着除 ep-c-b-h4 层以外，各硫化物样品的矿物以 Fe 硫化物为主，ep-c-b-h4 层硫化物的矿物则以 Zn 硫化物为主，表明中温流体条件沉淀的硫化物组合形成于热液活动晚期。

表 3-7　EPR 13°N 附近热液硫化物的常量元素组成[*]　　　　（单位：%）

样品号	Fe	Zn	Cu	Pb	Co	Mg	Ca	Na
ep-c-o-1-1	42.72	1.18	0.01	0.03	0.020	0.010	0.05	0.11
ep-c-o-1-2	42.41	1.14	0.01	0.03	0.020	0.010	0.05	0.10
ep-c-o-1-3	43.52	1.21	0.01	0.03	0.020	0.010	0.05	0.11
ep-c-o-2-1	45.51	0.41	0.02	0.02	0.020	0.010	0.05	0.08
ep-c-o-2-2	43.96	0.34	0.02	0.02	0.020	0.010	0.05	0.07
ep-c-o-2-3	45.75	0.35	0.02	0.02	0.020	0.010	0.05	0.08
ep-c-o-3-1	43.65	0.19	0.04	0.02	0.010	0.020	0.05	0.11

续表

样品号	Fe	Zn	Cu	Pb	Co	Mg	Ca	Na
ep-c-o-3-2	41.93	0.16	0.03	0.02	0.010	0.010	0.04	0.08
ep-c-o-3-3	44.20	0.17	0.04	0.02	0.010	0.020	0.05	0.11
ep-c-o-4-1	43.47	0.72	0.04	0.02	0.010	0.010	0.05	0.07
ep-c-o-4-2	44.22	0.82	0.04	0.02	0.010	0.010	0.05	0.07
ep-c-o-4-3	43.83	0.75	0.04	0.02	0.010	0.010	0.05	0.06
ep-c-o-5-1	45.67	0.20	0.06	0.01	0.010	0.010	0.05	0.08
ep-c-o-5-2	44.47	0.21	0.06	0.01	0.010	0.010	0.05	0.09
ep-c-o-5-3	45.57	0.21	0.06	0.02	0.010	0.010	0.05	0.09
ep-c-o-6-1	45.84	0.72	0.04	0.02	0.030	0.010	0.05	0.06
ep-c-o-6-2	45.82	0.76	0.04	0.02	0.030	0.010	0.05	0.06
ep-c-o-6-3	43.23	0.77	0.04	0.02	0.030	0.010	0.05	0.06
ep-c-b-f1-1	43.51	1.00	0.07	0.03	0.040	0.010	0.05	0.10
ep-c-b-f1-2	43.65	0.93	0.07	0.02	0.040	0.010	0.05	0.10
ep-c-b-f1-3	41.47	2.02	0.07	0.02	0.050	0.010	0.05	0.09
ep-c-b-f2-1	42.84	2.15	0.07	0.02	0.050	0.010	0.05	0.09
ep-c-b-f2-2	44.63	2.21	0.07	0.02	0.050	0.010	0.05	0.09
ep-c-b-f2-3	41.83	4.17	0.31	0.02	0.030	0.010	0.05	0.10
ep-c-b-f3-1	40.03	4.25	0.31	0.02	0.030	0.010	0.05	0.10
ep-c-b-f3-2	39.84	3.96	0.29	0.02	0.030	0.010	0.05	0.10
ep-c-b-h1-1	42.37	4.47	0.14	0.02	0.020	0.010	0.05	0.07
ep-c-b-h1-2	41.86	4.28	0.14	0.03	0.020	0.010	0.05	0.07
ep-c-b-h2-1	43.34	0.43	0.06	0.03	0.010	0.005	0.04	0.04
ep-c-b-h2-2	42.85	0.49	0.06	0.03	0.004	0.010	0.04	0.04
ep-c-b-h2-3	43.53	0.50	0.07	0.03	0.005	0.005	0.05	0.04
ep-c-b-h3-1	43.30	0.79	0.03	0.03	0.010	0.010	0.04	0.05
ep-c-b-h3-2	42.67	0.81	0.03	0.03	0.005	0.010	0.04	0.05
ep-c-b-h3-3	44.26	0.83	0.03	0.03	0.010	0.010	0.05	0.05
ep-c-b-h4-1	15.50	46.24	0.19	0.03	0.020	0.010	0.05	0.06
ep-c-b-h4-2	17.04	46.23	0.18	0.04	0.020	0.010	0.05	0.05
ep-c-b-n-1	46.72	0.77	0.06	0.01	0.020	0.010	0.05	0.08
ep-c-b-n-2	45.87	0.76	0.06	0.01	0.020	0.010	0.05	0.08

*在青岛海洋地质研究所测试（数据引自陈代庚，2009）。

　　根据硫化物中 Fe、Zn、Cu 的相对含量百分比进行分类，除样品 ep-c-b-h4-1、ep-c-b-h4-2 [Zn 含量分别为 46.24%、46.23%]属富 Zn 型热液硫化物外，各样品均属于富 Fe 型（图 3-19）；根据硫化物中 Cu、Pb 和 Zn 的相对含量百分比进行分类，EPR 13°N 附近的热液硫化物为富 Zn 型（图 3-20）（陈代庚，2009）。

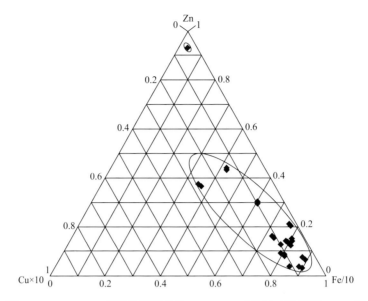

图 3-19　EPR 13°N 附近热液硫化物 Fe-Cu-Zn 三角图（陈代庚，2009）

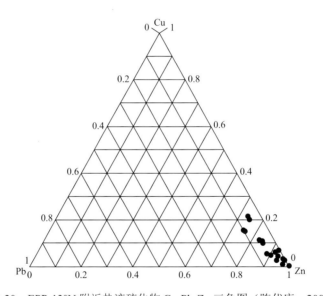

图 3-20　EPR 13°N 附近热液硫化物 Cu-Pb-Zn 三角图（陈代庚，2009）

（二）ep-c 样品的微量元素组成

将 EPR 13°N 附近热液硫化物的微量元素（表 3-8），与有沉积物覆盖的北胡安·德富卡洋脊 Middle Valley 热液硫化物（V 含量<5μg·g^{-1}，Cr 含量<10μg·g^{-1}，Mn 含量 77~155μg·g^{-1}，Co 含量<5μg·g^{-1}，Ni 含量<10μg·g^{-1}，Ag 含量<2μg·g^{-1}，Sr 含量 1400~1700μg·g^{-1}，Zr 含量<20μg·g^{-1}，Ba 含量 100~550μg·g^{-1}，Au 含量 4~51ng·g^{-1}）（Ames et al.，1993）以及弧后盆地北斐济海盆 Zn 富集型硫化物（Sc 含量<0.9μg·g^{-1}，Cr 含量<10μg·g^{-1}，Co 含量 159~2210μg·g^{-1}，Ni 含量<11μg·g^{-1}，Mo 含量 123~407μg·g^{-1}，Sr 含

表 3-8 EPR 13°N 附近热液硫化物的微量元素组成

（单位：μg·g⁻¹）

样品号	Li	Be	Sc	Ti	V	Cr	Mn	Ni	Ga	Rb	Sr	Y	Zr	Nb	Mo	Ag	Cd	In	Cs	Ba	La	Ce	Pr	Nd	Er	Au	U
ep-c-o-1-1	0.61	0.020	0.54	3.78	55.42	10.29	47.66	14.69	21.88	0.37	5.04	0.07	1.29	0.16	50.06	23.83	30.54	0.12	0.06	75.24	0.10	0.22	0.01	0.05	0.01	0.54	0.52
ep-c-o-1-2	0.51	0.010	0.48	3.46	55.92	7.11	46.57	35.13	20.70	0.32	4.83	0.07	1.17	0.18	48.75	24.48	27.70	0.11	0.05	73.22	0.09	0.20	0.01	0.05	0.01	0.48	0.50
ep-c-o-1-3	0.57	0.001	0.51	3.74	59.27	14.28	47.07	25.53	21.59	0.34	4.90	0.08	1.27	0.21	49.71	26.73	30.35	0.12	0.06	77.67	0.09	0.25	0.01	0.05	0.01	0.43	0.55
ep-c-o-2-1	0.52	0.020	0.46	2.80	54.70	2.79	72.16	4.84	6.96	0.30	2.41	0.10	1.27	0.23	55.03	14.42	9.76	0.06	0.06	32.33	0.09	0.23	0.02	0.04	0.01	0.39	1.09
ep-c-o-2-2	0.52	—	0.55	2.70	57.94	3.06	75.21	4.97	6.92	0.31	2.42	0.09	1.24	0.24	57.89	15.21	7.44	0.05	0.06	30.14	0.09	0.24	0.01	0.05	0.01	0.37	0.99
ep-c-o-2-3	0.48	0.020	0.48	2.79	51.46	2.88	73.27	4.56	6.71	0.31	2.57	0.09	1.18	0.22	56.41	15.08	7.44	0.04	0.06	31.47	0.08	0.21	0.02	0.06	0.01	0.36	1.08
ep-c-o-3-1	0.54	—	0.38	3.37	48.55	2.83	113.46	4.05	4.07	0.40	3.07	0.13	1.32	0.26	56.70	16.47	4.88	0.02	0.10	34.11	0.13	0.29	0.02	0.07	0.01	0.23	3.88
ep-c-o-3-2	0.33	0.010	0.15	2.25	34.17	1.75	93.19	3.31	2.78	0.30	2.23	0.09	0.88	0.17	48.09	16.92	3.43	0.02	0.07	26.81	0.07	0.29	0.02	0.06	0.01	0.17	3.72
ep-c-o-3-3	0.56	0.010	0.45	3.98	46.03	2.46	119.32	4.07	3.87	0.40	2.85	0.12	1.32	0.27	54.99	16.06	4.31	0.02	0.10	29.92	0.11	0.29	0.02	0.06	0.02	0.24	3.22
ep-c-o-4-1	0.45	0.030	0.37	2.47	45.64	2.10	185.37	3.73	7.25	0.35	1.97	0.09	1.13	0.21	52.77	15.34	18.14	0.09	0.08	21.07	0.09	0.22	0.01	0.05	0.01	0.26	2.99
ep-c-o-4-2	0.41	0.010	0.36	2.38	44.93	2.19	173.59	3.84	7.46	0.34	2.08	0.09	1.12	0.23	53.53	16.29	19.01	0.11	0.08	19.76	0.09	0.19	0.01	0.05	0.01	0.28	2.98
ep-c-o-4-3	0.43	0.010	0.34	2.26	43.36	1.96	180.83	3.65	7.68	0.34	1.96	0.08	1.11	0.21	56.19	13.85	18.61	0.10	0.08	19.71	0.10	0.21	0.02	0.06	0.01	0.26	3.17
ep-c-o-5-1	0.40	0.010	0.38	2.80	47.38	3.31	296.83	5.53	4.37	0.31	2.00	0.08	1.18	0.21	74.33	12.45	4.91	0.06	0.07	16.81	0.08	0.31	0.01	0.05	0.01	0.26	6.61
ep-c-o-5-2	0.45	0.010	0.42	2.90	52.74	3.88	328.19	6.28	5.16	0.31	2.36	0.09	1.20	0.22	81.19	12.51	5.57	0.07	0.07	20.57	0.08	0.18	0.02	0.06	0.01	0.23	6.17
ep-c-o-5-3	0.52	0.010	0.41	3.53	55.52	4.44	344.86	6.28	5.28	0.33	2.35	0.10	1.34	0.25	84.92	12.06	5.81	0.07	0.07	22.84	0.09	0.24	0.01	0.06	0.01	0.26	5.89
ep-c-o-6-1	0.49	0.010	0.24	2.57	49.75	1.95	117.72	4.69	12.43	0.29	2.13	0.09	1.16	0.26	65.19	13.36	23.79	0.15	0.05	22.78	0.08	0.20	0.01	0.03	0.01	0.24	1.01
ep-c-o-6-2	0.39	0.010	0.21	2.39	47.42	1.83	124.53	4.28	13.59	0.28	2.22	0.08	1.15	0.24	65.89	13.63	25.84	0.19	0.06	23.96	0.08	0.19	0.01	0.03	0.01	0.20	0.89
ep-c-o-6-3	0.46	—	0.15	2.20	44.06	1.26	110.84	4.39	13.92	0.28	2.19	0.08	1.17	0.21	63.43	13.55	26.07	0.17	0.05	23.94	0.08	0.19	0.01	0.04	0.01	0.19	0.78
ep-c-b-fl-1	0.46	0.020	0.24	2.35	63.47	5.99	64.99	6.99	17.19	0.31	1.63	0.08	1.17	0.22	89.43	15.86	29.17	0.18	0.05	11.84	0.08	0.16	0.01	0.04	0.01	0.20	1.01
ep-c-b-fl-2	0.52	—	0.04	2.72	61.05	2.55	61.15	5.33	17.41	0.31	1.60	0.08	1.15	0.21	82.56	19.34	27.79	0.18	0.06	11.29	0.07	0.17	0.01	0.04	0.01	0.20	1.05
ep-c-b-f2-1	0.43	0.001	—	2.18	54.15	1.32	56.46	3.89	18.13	0.31	1.29	0.08	1.17	0.25	71.94	17.86	60.88	0.21	0.06	10.51	0.08	0.17	0.01	0.03	0.01	0.21	0.80

续表

样品号	Li	Be	Sc	Ti	V	Cr	Mn	Ni	Ga	Rb	Sr	Y	Zr	Nb	Mo	Ag	Cd	In	Cs	Ba	La	Ce	Pr	Nd	Er	Au	U
ep-c-b-f2-2	0.47	0.020	—	2.44	59.58	1.84	59.81	3.92	19.85	0.31	1.26	0.08	1.13	0.29	73.70	17.20	68.55	0.23	0.06	11.38	0.08	0.17	0.01	0.04	0.01	0.26	0.76
ep-c-b-f2-3	0.46	0.020	—	2.54	58.45	2.27	60.90	4.27	19.38	0.32	1.39	0.08	1.18	0.31	72.42	15.89	68.33	0.22	0.06	10.13	0.08	0.17	0.01	0.04	0.01	0.30	0.74
ep-c-b-f3-1	0.40	0.020	—	2.94	57.76	4.18	74.66	6.13	26.06	0.29	1.49	0.08	1.15	0.28	99.76	29.79	115.76	0.62	0.05	14.00	0.08	0.15	0.01	0.03	0.01	0.29	0.76
ep-c-b-f3-2	0.43	0.002	0.01	2.77	55.29	4.21	72.16	6.03	27.66	0.29	1.57	0.08	1.13	0.26	97.49	28.72	123.4	0.63	0.06	13.51	0.07	0.15	0.01	0.04	0.01	0.25	0.71
ep-c-b-f3-3	0.42	0.020	0.02	2.78	52.78	4.61	74.29	5.80	26.21	0.30	1.59	0.08	1.17	0.24	95.86	29.4	115.10	0.61	0.06	14.78	0.08	0.18	0.01	0.04	0.01	0.22	0.80
ep-c-b-h1-1	0.46	—	0.31	3.05	39.07	4.56	210.59	5.91	28.21	0.35	1.78	0.09	1.20	0.18	89.94	51.18	102.70	0.19	0.08	15.34	0.10	0.24	0.02	0.08	0.01	0.33	3.11
ep-c-b-h1-2	0.48	0.010	0.30	2.66	41.00	5.22	214.34	6.08	27.92	0.36	1.84	0.09	1.31	0.19	91.77	49.26	102.09	0.19	0.09	16.04	0.11	0.27	0.02	0.07	0.01	0.25	3.04
ep-c-b-h2-1	0.48	0.001	0.25	2.62	46.86	2.48	332.87	4.55	2.90	0.26	0.71	0.07	1.19	0.22	58.81	10.69	5.44	0.04	0.06	10.71	0.07	0.15	0.01	0.03	0.01	0.20	5.81
ep-c-b-h2-2	0.43	0.010	0.21	2.90	45.44	2.33	292.93	4.38	3.34	0.28	0.72	0.07	1.17	0.22	56.42	10.69	6.42	0.03	0.05	10.46	0.08	0.18	0.01	0.03	0.01	0.22	6.11
ep-c-b-h2-3	0.44	0.010	0.26	2.71	45.39	2.09	286.74	4.50	3.03	0.27	0.77	0.07	1.13	0.24	56.83	10.68	6.07	0.03	0.05	9.97	0.07	0.15	0.01	0.03	0.01	0.20	5.99
ep-c-b-h3-1	0.40	0.030	0.36	5.74	39.77	1.59	96.11	5.96	6.21	0.31	1.10	0.08	1.24	0.26	44.55	19.48	14.68	0.10	0.07	14.49	0.08	0.19	0.02	0.04	0.03	0.25	2.49
ep-c-b-h3-2	0.43	—	0.08	3.41	37.04	1.14	89.87	4.44	5.66	0.31	1.00	0.07	1.11	0.25	40.98	18.09	13.40	0.07	0.06	14.62	0.08	0.18	0.01	0.03	0.01	0.25	2.16
ep-c-b-h3-3	0.42	0.020	0.16	3.02	38.95	1.33	94.40	4.99	6.35	0.33	1.07	0.08	1.28	0.26	46.28	23.07	15.63	0.09	0.07	15.55	0.08	0.21	0.01	0.04	0.01	0.26	2.57
ep-c-b-h4-1	0.45	0.010	0.16	2.22	33.47	—	87.26	0.45	356.92	0.28	1.50	0.06	1.08	0.13	17.30	61.64	1532.81	2.58	0.06	17.34	0.08	0.19	0.01	0.04	0.01	0.35	0.38
ep-c-b-h4-2	0.43	0.010	0.14	1.98	32.24	—	88.09	0.52	365.05	0.28	1.13	0.05	1.04	0.13	18.39	75.46	1569.29	2.62	0.05	13.62	0.08	0.16	0.01	0.03	—	0.32	0.39
ep-c-b-n-1	0.35	0.010	0.12	2.46	41.08	8.17	144.23	14.57	8.91	0.24	2.50	0.08	1.12	0.23	154.86	7.88	24.58	0.07	0.04	25.03	0.08	0.18	0.01	0.03	0.01	0.16	4.50
ep-c-b-n-2	0.48	0.020	0.23	3.09	43.82	9.36	147.15	14.84	8.70	0.26	2.55	0.08	1.24	0.24	159.18	7.99	26.68	0.07	0.06	27.87	0.08	0.19	0.01	0.04	0.01	0.16	4.62

注：中国科学院海洋研究所测试；"—"表示未检出（数据引自陈代庚，2009）。

量 2～148μg·g^{-1}, Zr 含量 4～16μg·g^{-1}, Ba 含量 43～5012μg·g^{-1}, Ag 含量 11.9～75.4μg·g^{-1},
Cd 含量<26.3μg·g^{-1}, Au 含量 392～1220ng·g^{-1}, Pb 含量 115～365μg·g^{-1})(Kim et al., 2006)
进行对比,发现 EPR 13°N 附近热液硫化物(表 3-8)相对上述 Middle Valley 热液硫化物,
V、Mn 和 Ag 含量高,Sr、Zr 和 Ba 含量低,Mn 含量变化范围较大(陈代庚,2009);与
弧后盆地北斐济海盆的 Zn 富集型硫化物相比,EPR 13°N 附近热液硫化物中 Cd、Ag 含量
高,Sr、Zr、Mo 和 Ba 含量低。除 La、Ce、Pr、Nd、Er 外,EPR 13°N 附近热液硫化物
中稀土元素含量极低,但 Ce 含量相对略高(0.15～0.31μg·g^{-1})(表 3-8),表现出显著的
正 Ce 异常(陈代庚,2009)。

将热液硫化物的化学组成(表 3-7 和表 3-8)用各自的标准差进行标准化后可以发现,
微量元素 Mo 在硫化物样品中的变化趋势与 Cu 近似一致(图 3-21)。

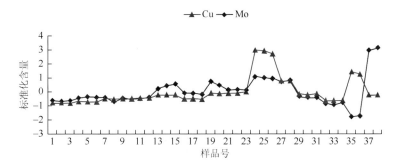

图 3-21 EPR 13°N 附近硫化物中 Cu、Mo 含量标准化(标准差,无量纲)后在空间上的变化

图中样品号与表 3-8 中样品号对应关系:1 对应 ep-c-o-1-1,2 对应 ep-c-o-1-2,3 对应 ep-c-o-1-3,4 对应 ep-c-o-2-1,5 对应
ep-c-o-2-2,6 对应 ep-c-o-2-3,7 对应 ep-c-o-3-1,8 对应 ep-c-o-3-2,9 对应 ep-c-o-3-3,10 对应 ep-c-o-4-1,11 对应 ep-c-o-4-2,
12 对应 ep-c-o-4-3,13 对应 ep-c-o-5-1,14 对应 ep-c-o-5-2,15 对应 ep-c-o-5-3,16 对应 ep-c-o-6-1,17 对应 ep-c-o-6-2,18
对应 ep-c-o-6-3,19 对应 ep-c-b-f1-1,20 对应 ep-c-b-f1-2,21 对应 ep-c-b-f2-1,22 对应 ep-c-b-f2-2,23 对应 ep-c-b-f2-3,24 对
应 ep-c-b-f3-1,25 对应 ep-c-b-f3-2,26 对应 ep-c-b-f3-3,27 对应 ep-c-b-h1-1,28 对应 ep-c-b-h1-2,29 对应 ep-c-b-h2-1,30 对
应 ep-c-b-h2-2,31 对应 ep-c-b-h2-3,32 对应 ep-c-b-h3-1,33 对应 ep-c-b-h3-2,34 对应 ep-c-b-h3-3,35 对应 ep-c-b-h4-1,36 对应
ep-c-b-h4-2,37 对应 ep-c-b-n-1,38 对应 ep-c-b-n-2

三、ep-s 样品的常量、微量元素组成

(一)ep-s 样品的常量元素组成

EPR 13°N 附近的热液硫化物矿物主要包括黄铁矿、白铁矿、闪锌矿和黄铜矿,其 Zn、
Fe 和 Cu 的含量分别达到 45.97%、39.86%、3.46%(质量分数)(表 3-9)。根据 Cu、Pb
和 Zn 的相对百分含量(将 Cu、Pb、Zn 含量的总和按 100%计算),可以将热液硫化物分
为三大类:①富 Cu 型,其 Cu、Zn 和 Pb 的相对含量分别为>50%、<50%和<50%;
②Cu-Zn 型,其 Cu、Zn 和 Pb 的相对含量分别为<50%、<50%和<50%;③富 Zn 型,
Cu、Zn 和 Pb 的相对含量分别<50%、>50%和<50%。ep-s 硫化物样品属于富 Zn 型热
液硫化物(图 3-22)(曾志刚等,2009)。

表 3-9　EPR 13°N 附近热液硫化物的常量元素组成（曾志刚等，2009）

（单位：%）

样品号	矿物组成	Al$_2$O$_3$	P$_2$O$_5$	Fe	Cu	Zn	Pb
ep-s-1	Py + Marc + Go	0.36	0.17	39.86	0.29	1.09	0.15
ep-s-2-1	Marc + Py	0.07	0.03	37.18	0.13	10.64	0.04
ep-s-2-2	Py + Marc	0.07	0.03	34.84	0.12	10.51	0.04
ep-s-3-1	Sp + Py + Marc + Wu	0.33	0.07	18.85	0.51	25.33	0.03
ep-s-3-2	Sp + Py + Marc + Wu	0.40	0.08	22.09	0.64	29.30	0.04
ep-s-3-3	Sp + Py + Marc + Wu	0.40	0.08	22.09	0.65	29.73	0.04
ep-s-3-4	Sp + Py + Marc + Wu	0.40	0.08	21.52	0.75	38.25	0.04
ep-s-4-1	Py + Marc + Sp + Cpy + Is	0.93	0.18	29.67	2.11	11.60	0.03
ep-s-4-2	Py + Marc + Sp + Cpy + Is + Wu	0.96	0.27	31.70	2.21	29.64	0.03
ep-s-4-3	Py + Marc + Sp + Cpy + Is + Wu	0.95	0.35	30.69	2.17	13.07	0.03
ep-s-5-1	Sp + Cpy + Is + Marc + Py + Wu	1.02	0.72	24.06	3.46	21.70	0.02
ep-s-6-1	Sp + Cpy + Is + Py + Marc + Wu	0.55	0.44	16.78	3.12	42.04	0.14
ep-s-6-2	Sp + Cpy + Is + Py + Marc + Wu	0.52	0.54	15.86	3.01	43.29	0.14
ep-s-6-3	Sp + Py + Marc + Wu + Cpy + Is	0.51	0.56	15.18	2.89	42.89	0.14
ep-s-6-4	Sp + Py + Marc + Wu + Cpy + Is	0.51	0.54	14.89	2.94	45.97	0.14
ep-s-6-5	Sp + Py + Marc + Wu + Cpy + Is	0.51	0.53	14.98	2.90	42.95	0.14

注：Py 为黄铁矿；Marc 为白铁矿；Sp 为闪锌矿；Wu 为纤锌矿；Go 为针铁矿；Cpy 为黄铜矿；Is 为等轴古巴矿。

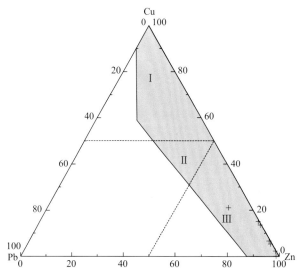

图 3-22　EPR 13°N 附近热液硫化物的 Cu-Pb-Zn 三角图（曾志刚等，2009）

Ⅰ 富 Cu 型热液硫化物；Ⅱ Cu-Zn 型热液硫化物；Ⅲ 富 Zn 型热液硫化物。斜线区的热液硫化物数据分别引自 Petersen et al.，2000；Murphyand Meyer，1998；Halbach et al.，1998；Marchig et al.，1997；Langmuir et al.，1997；Mozgova et al.，1996；Mossand Scott，1996；Fouquet et al.，1996；Kuriyama et al.，1994；Bendel et al.，1993；Binns and Scott，1993；Lisitsyn et al.，1992；Hannington et al.，1991；Barrett et al.，1990；Koski et al.，1988；Fouquet al.，1988；Zierenberg et al.，1984；Bischoff et al.，1983；Hékinian et al.，1980

此外，热液硫化物中 Al 和 P 的含量变化范围分别为 0.04%～0.54%和 0.01%～0.31%（质量分数），Al 含量的变化范围大于以往报道的该值（0.02%～0.27%，质量分数）（Moss and Scott，1996；Fouquet et al.，1996，1988）。不仅如此，与其他层的硫化物样品不同，样品 ep-s-1 中 Fe 和 Pb 含量分别达到最高（39.86%和 0.15%，质量分数），而 Zn 的含量则达到最低（1.09%，质量分数）（曾志刚等，2009）。

（二）ep-s 样品的微量元素组成

EPR 13°N 附近热液硫化物（不考虑取自硫化物红褐色氧化层的样品 ep-s-1）（表 3-10），与 EPR 21°N、13°N、16°43′S、7°24′S、21°50′S，以及胡安·德富卡洋脊中南勘探者洋脊和劳海盆的富 Zn 型热液硫化物（Au 含量 0.162～3.344μg·g^{-1}，Co 为 3～2340μg·g^{-1}，Ni 为 1～700μg·g^{-1}，Sr 为 5～9962μg·g^{-1}，Cs 为 2.5～6.6μg·g^{-1}，Ba 为 50～900μg·g^{-1}，Bi 为 0.1～5μg·g^{-1}，U 为 1.3～3.1μg·g^{-1}，Ag 为 4～280μg·g^{-1}，Cr 为 3～29μg·g^{-1}，Mn 为 48～892μg·g^{-1}，Ga 为 18～115μg·g^{-1}，Cd 为 50～1360μg·g^{-1}，In 为 1～40μg·g^{-1}，Hg 为 1～31μg·g^{-1} 和 Tl 为 9.2～61.3μg·g^{-1}）（Marchig et al.，1997；Moss and Scott，1996；Fouquet et al.，1988；Zierenberg et al.，1984；Bischoff et al.，1983）相比，Au 含量高，Co、Ni、Sr、Cs、Ba、Bi 和 U 含量低，Ag、Cr、Mn、Ga、Cd、In、Hg 和 Tl 含量一致。此外，EPR 13°N 附近热液硫化物具有较低含量的 Li、Be、V、Zr、Nb、Hf 和 Ta（表 3-10），远低于洋壳中对应元素的含量（Li 含量为 10μg·g^{-1}，Be 为 0.5μg·g^{-1}，V 为 250μg·g^{-1}，Zr 为 80000ng·g^{-1}，Nb 为 2200ng·g^{-1}，Hf 为 2500ng·g^{-1} 和 Ta 为 300ng·g^{-1}）（Taylor and McLennan，1985）。

四、EPR05-TVG1 和 EPR05-TVG2 样品的常量、微量元素组成

EPR05-TVG1 硫化物样品以黄铁矿为主，黄铜矿、闪锌矿较少，分布不均匀。该样品以含 Fe 为主，Zn 含量高、Cu 含量低，Fe$_2$O$_3$、Cu 和 Zn 含量的变化范围分别为 42.3%～53.8%、0.46%～0.92%和 0.49%～2.71%（质量分数）（表 3-11），且其 Cu/Zn 值变化大，最小值为 0.18，最大值达 1.02。

从相关性矩阵（表 3-12）以及分类谱系图（图 3-23）可以看出，EPR05-TVG1 硫化物样品中 Fe 与其他元素的相关性很差；Zn 与 Cd 显著正相关，Mo 和 W 呈显著的正相关关系；Ni 和 Cu、U 分别呈较显著的负相关关系、正相关关系；Au、Ag、In 和 Bi 与其他元素之间相关性很差（表 3-12）。

EPR05-TVG2 硫化物样品也是以含 Fe 为主，Cu（0.39%～1.39%，质量分数）、Zn（0.20%～1.98%，质量分数）含量较低（表 3-13），其 Fe$_2$O$_3$ 含量变化（37.4%～63.6%，质量分数）较 EPR05-TVG1 的大（表 3-11），与 Fouquet 等（1988）划分的 EPR 九种硫化物类型中的 Va 型硫化物相似。此外，与 EPR05-TVG1 硫化物样品相比，其 Cu/Zn 值变化更大（0.21～5.76），推测其属于 Va 型硫化物，且其化学组成和 EPR05-TVG1 相比有所差别。与 Va 型硫化物相比，该样品的十组数据中有三组是高 Cu、低 Zn，其余七组为高 Zn、低 Cu 含量。EPR05-TVG2 样品的 Co 含量较低，且其变化范围较 EPR05-TVG1 硫化物样品的大，Ag、Cd 的含量相对偏高一些。

表 3-10 EPR 13°N 附近热液硫化物的微量元素组成* (曾志刚等, 2009)

样品号	Li	Be	V	Cr	Mn	Co	Ni	Ga	Sr	Zr	Nb	Ag	Cd	In	Cs	Ba	Hf	Ta	Au	Hg	Tl	Bi	U
ep-s-1	0.33	0.05	52.0	10.7	1387.0	3.95	18.5	102.0	24.80	1344.0	64.70	150	403	23.90	0.12	27.50	28.0	1.21	2.85	22.20	23.00	0.05	3.03
ep-s-2-1	0.19	0.01	14.6	11.7	37.5	0.32	2.73	30.0	3.38	89.1	10.50	127	351	3.83	0.11	18.90	3.43	0.52	4.98	25.30	27.00	—	0.51
ep-s-2-2	0.15	—	17.7	10.4	25.7	0.30	1.96	29.0	3.38	85.1	11.50	126	342	6.68	0.11	20.60	4.04	0.20	4.46	25.80	26.50	—	0.50
ep-s-3-1	0.38	—	26.8	24.2	37.3	0.33	0.50	177.0	3.41	73.8	8.14	110	1060	26.70	0.07	16.90	3.01	0.30	8.26	24.20	8.02	—	0.52
ep-s-3-2	0.40	—	29.2	31.6	36.4	0.30	1.08	180.0	3.70	81.7	9.62	168	1067	31.90	0.06	17.10	2.76	0.43	8.28	25.40	8.43	—	0.55
ep-s-3-3	0.40	—	24.9	48.8	37.1	0.27	0.49	178.0	3.29	81.7	9.25	153	1053	27.20	0.06	16.70	3.43	0.52	8.14	24.80	8.27	—	0.55
ep-s-3-4	0.40	0.01	26.7	39.7	37.5	0.39	0.51	178.0	3.45	83.5	9.08	127	1069	27.90	0.07	16.50	2.54	0.45	8.03	25.00	8.26	—	0.53
ep-s-4-1	0.31	—	53.3	18.5	25.2	0.36	0.63	81.5	2.95	111.0	10.20	84	664	26.40	0.10	8.26	3.40	0.49	3.11	6.81	7.25	—	0.42
ep-s-4-2	0.28	—	55.3	18.6	40.0	0.35	0.34	85.3	2.76	99.1	11.00	89	709	29.70	0.11	8.69	3.99	0.41	2.64	7.07	7.79	—	0.45
ep-s-4-3	0.25	—	55.7	16.8	57.3	0.30	0.77	83.2	2.62	93.4	12.80	85	697	27.60	0.11	8.24	2.65	0.41	3.09	6.56	7.64	—	0.45
ep-s-5-1	0.16	—	57.0	29.9	189.0	0.49	1.68	140.0	2.09	128.0	11.60	103	745	59.90	0.17	5.05	4.54	0.52	2.86	11.80	11.0	0.02	0.37
ep-s-6-1	0.19	—	31.0	50.2	88.5	0.44	0.79	139.0	4.57	120.0	12.10	29	891	54.80	0.04	9.30	3.29	0.65	5.05	42.30	7.62	0.02	1.08
ep-s-6-2	0.15	—	31.8	52.5	107.0	0.41	1.81	134.0	4.38	131.0	12.50	222	869	54.40	0.04	8.37	5.66	0.71	4.95	44.30	7.92	0.02	1.06
ep-s-6-3	0.17	—	33.7	58.3	114.0	0.60	0.83	139.0	4.54	128.0	14.90	32	884	53.60	0.05	7.68	4.04	0.38	5.09	44.80	8.08	0.03	1.12
ep-s-6-4	0.19	0.01	32.0	53.8	138.0	0.40	0.77	129.0	4.47	120.0	8.42	44	846	54.70	0.04	9.76	4.77	0.32	4.74	44.00	7.85	0.02	1.04
ep-s-6-5	0.17	0.01	32.3	55.1	137.0	0.41	0.78	135.0	4.48	130.0	13.70	165	868	51.40	0.05	9.98	3.50	0.59	5.15	42.30	7.85	0.01	1.05

*中国科学院海洋研究所测试; Li、Be、V、Cr、Mn、Co、Ni、Ga、Sr、Ag、Cd、In、Cs、Ba、Au、Hg、Tl、Bi 和 U 单位均为 $\mu g \cdot g^{-1}$; Zr、Nb、Hf 和 Ta 单位均为 $ng \cdot g^{-1}$; "—" 表示未检出。

表 3-11 EPR 13°N 附近 EPR05-TVG1 硫化物样品的化学组成*

样品号	Fe₂O₃	Cu	Zn	Mn	Mo	Co	Cd	Ag	Ni	Bi	U	In	Au	W
TVG1-1	47.0	0.55	1.27	59.4	32.5	24.3	15.9	14.3	7.67	0.95	0.73	0.22	275.4	47.8
TVG1-2	49.1	0.46	0.89	53.6	35.7	91.2	14.0	9.30	10.49	1.00	1.67	0.25	159.5	36.3
TVG1-3	51.4	0.47	1.69	85.2	45.1	83.6	22.1	11.9	13.14	0.94	2.46	0.30	210.1	65.4
TVG1-4	46.0	0.48	2.71	70.8	48.1	82.9	45.9	13.0	12.68	1.25	2.07	0.30	272.0	68.8
TVG1-5	46.2	0.52	1.20	80.4	35.8	66.6	15.1	15.5	10.77	0.94	2.02	0.34	227.3	33.8
TVG1-6	53.8	0.50	0.49	55.0	28.8	72.1	7.90	12.7	10.74	1.38	1.50	0.21	219.8	28.9
TVG1-7	51.7	0.58	0.90	64.0	35.5	52.8	12.8	9.20	8.70	0.84	1.34	0.16	323.5	19.3
TVG1-8	44.3	0.71	1.64	50.6	38.6	84.4	26.0	13.7	10.14	1.18	1.62	0.37	406.7	31.5
TVG1-9	46.4	0.92	1.40	62.3	41.5	60.1	16.1	9.30	6.18	0.87	1.42	0.37	136.8	28.2
TVG1-10	42.3	0.55	1.06	67.8	32.4	76.6	14.1	11.8	11.13	1.13	1.64	0.22	53.4	26.0

*Fe₂O₃、Cu、Zn 由 ICP-AES 分析检测，其余元素由 ICP-MS 分析检测；Fe₂O₃、Cu 和 Zn 单位均为%；Mn、Mo、Co、Cd、Ag、Ni、Bi、U 和 In 单位均为 μg·g⁻¹；Au 和 W 单位为 ng·g⁻¹。

表 3-12 EPR 13°N 附近 EPR05-TVG1 硫化物样品的相关系数矩阵

	Cu	Zn	Mn	Mo	Co	Cd	Ag	Ni	Bi	U	In	Au	W
Fe₂O₃	−0.34	−0.40	0.01	−0.14	−0.04	−0.34	−0.28	0.09	−0.02	0.05	−0.43	0.16	0.03
Cu		0.04	−0.29	0.12	−0.23	−0.08	−0.27	−0.73	−0.28	−0.33	0.51	0.02	−0.41
Zn			0.35	0.88	0.22	0.97	0.24	0.35	0.11	0.43	0.50	0.26	0.76
Mn				0.46	0.07	0.22	0.23	0.47	−0.32	0.67	0.15	−0.24	0.48
Mo					0.37	0.81	−0.10	0.32	−0.14	0.61	0.55	0.15	0.69
Co						0.32	−0.16	0.69	0.43	0.77	0.32	−0.15	0.18
Cd							0.23	0.44	0.28	0.42	0.40	0.34	0.72
Ag								0.30	0.35	0.09	0.28	0.33	0.31
Ni									0.47	0.80	0.00	−0.02	0.56
Bi										0.13	−0.02	0.08	0.13
U											0.40	−0.12	0.48
In												0.12	0.24
Au													0.11
W													

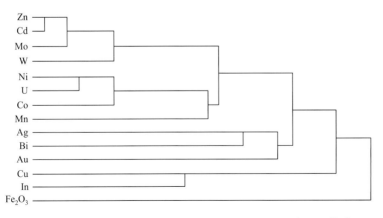

图 3-23 EPR 13°N 附近 EPR05-TVG1 硫化物样品的元素分类谱系图

表 3-13　EPR 13°N 附近 EPR05-TVG2 硫化物样品的化学组成*

样品号	Fe₂O₃	Cu	Zn	Mn	Mo	Co	Cd	Ag	Ni	Bi	U	In	Au	W
TVG2-1	44.5	1.39	1.54	6.9	41.2	3.23	40.5	15.16	1.37	2.24	0.07	0.63	133.1	44.0
TVG2-2	63.6	0.47	1.98	118.2	28.2	2.82	30.3	7.60	3.63	1.00	0.21	0.26	532.1	23.6
TVG2-3	43.3	0.95	1.26	59.4	28.6	3.57	25.5	21.45	2.59	1.09	0.26	0.46	766.6	89.6
TVG2-4	45.1	0.62	1.01	52.0	34.2	74.10	4.6	7.60	8.37	1.35	1.09	0.33	135.4	65.7
TVG2-5	51.5	0.84	0.20	19.6	41.6	19.89	10.4	10.11	3.72	1.17	0.36	1.05	89.2	91.7
TVG2-6	47.4	0.95	0.54	18.6	23.7	4.59	52.1	24.73	1.60	0.85	0.13	0.80	242.8	58.3
TVG2-7	42.6	0.39	1.85	76.6	23.7	2.46	14.2	12.74	1.38	0.91	0.24	0.28	467.9	181.3
TVG2-8	49.1	0.48	0.53	74.2	30.9	65.14	4.4	8.34	8.84	1.47	0.87	0.26	136.4	13.4
TVG2-9	37.4	1.21	0.21	94.1	25.1	17.27	15.9	8.56	3.64	0.94	0.58	0.49	420.2	57.3
TVG2-10	53.1	0.60	0.86	68.9	29.3	34.28	26.3	7.43	5.07	1.23	0.80	0.37	230.3	28.9

*Fe₂O₃、Cu、Zn 由 ICP-AES 分析检测，其余元素由 ICP-MS 分析检测；Fe₂O₃、Cu 和 Zn 单位均为%；Mn、Mo、Co、Cd、Ag、Ni、Bi、U 和 In 单位为 $\mu g \cdot g^{-1}$；Au 和 W 单位为 $ng \cdot g^{-1}$。

从相关性矩阵（表 3-14）以及分类谱系图（图 3-24）可以看出，EPR05-TVG2 硫化物样品中元素的相关性，整体上不如 EPR05-TVG1 的相关性显著，其 Fe、Cu、Zn、Au、Ag 含量与其他元素含量之间的相关性都很差，而 Co、Ni 和 U 三者之间显著正相关，且 Mo 与 Bi 呈较显著的正相关关系，Mn 与 In 则呈较显著的负相关关系（图 3-24）。

表 3-14　EPR 13°N 附近 EPR05-TVG2 硫化物样品的元素相关系数矩阵

	Cu	Zn	Mn	Mo	Co	Cd	Ag	Ni	Bi	U	In	Au	W
Fe₂O₃	−0.51	0.29	0.27	0.13	−0.01	0.15	−0.30	0.15	−0.07	−0.07	−0.09	−0.06	−0.44
	Cu	−0.29	−0.53	0.32	−0.36	0.45	0.41	−0.44	0.41	−0.38	0.54	−0.07	−0.15
		Zn	0.28	−0.11	−0.37	0.22	0.03	−0.33	0.15	−0.38	−0.53	0.45	0.25
			Mn	−0.58	0.06	−0.34	−0.52	0.25	−0.48	0.25	−0.75	0.54	−0.10
				Mo	0.20	−0.16	−0.22	0.16	0.74	0.04	0.46	−0.58	−0.20
					Co	−0.66	−0.54	0.96	0.19	0.94	−0.31	−0.54	−0.35
						Cd	0.68	−0.69	0.06	−0.70	0.31	0.15	−0.19
							Ag	−0.61	−0.11	−0.63	0.41	0.31	0.25
								Ni	0.12	0.92	−0.39	−0.40	−0.46
									Bi	0.03	0.04	−0.49	−0.34
										U	−0.41	−0.38	−0.30
											In	−0.36	0.09
												Au	0.30
													W

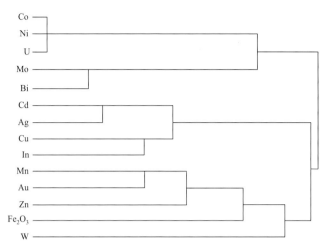

图 3-24　EPR 13°N 附近 EPR05-TVG2 硫化物样品的元素分类谱系图

　　表 3-15 对比了海底扩张中心热液系统（围岩包括超基性和基性岩）的热液硫化物的地球化学特征（Marques et al.，2007）。其中，EPR 13°N 附近热液硫化物展示的 Cu、Zn（8%左右，质量分数）、Co、Pb 和 Au（0.26μg·g^{-1}）含量较高，Cu/Zn 值约为 1。根据 EPR05-TVG1 和 EPR05-TVG2 硫化物样品的化学组成，可以看出，其硫化物中 Cu、Zn 含量较低。在 EPR05-TVG1 硫化物样品中，Cu 和 Zn 含量的变化范围分别为 0.46%～0.92%和 0.49%～2.71%（质量分数），其 Cu/Zn 值变化大（0.18～1.02）。Co 含量偏低，而 Au 的含量较高（53.4ng·g^{-1}～406.7μg·g^{-1}）。在 EPR05-TVG2 中，Cu 和 Zn 含量的变化范围分别为 0.39%～1.39%和 0.20%～1.98%（质量分数），其 Cu/Zn 值变化更大（0.21～5.76）。Co 含量虽然低，但是变化范围很大，Au 的含量也较高（89.2ng·g^{-1}～766.6ng·g^{-1}）。

　　对比 EPR05-TVG1 与 EPR05-TVG2 硫化物样品的元素分类谱系图（图 3-23 和图 3-24）可以看出，作为在热液系统中趋向与 Zn 相关的元素 Cd，其在 EPR05-TVG1 硫化物样品中与 Zn 可归为一小类，且在 EPR05-TVG2 硫化物样品中与 Zn 之间呈现出较大的类间距离；作为在热液系统中趋向与高温热液硫化物相关的微量元素 Mo，其在 EPR05-TVG1 硫化物样品中与 Zn 可归为一类，且在 EPR05-TVG2 硫化物样品中与 Zn 之间呈现出极大的类间距离。比较二者的 Cd-Zn、Mo-Zn 图解（图 3-25 和图 3-26、图 3-27 和图 3-28）可见，在 EPR05-TVG1 硫化物样品中 Cd 与 Zn 及 Mo 与 Zn 之间有良好的相关性；而 EPR05-TVG2 硫化物样品中 Cd 与 Zn 及 Mo 与 Zn 之间基本上不存在相关性。此外，Co、Ni、U 在 EPR05-TVG1 和 EPR05-TVG2 样品中都可归为一类，但在 EPR05-TVG1 硫化物样品中这三个元素之间有较大的距离，即在 EPR05-TVG1 硫化物样品中 Co 与 Ni 及 U 与 Ni 之间并不明显相关，而在 EPR05-TVG2 硫化物样品中 Co 与 Ni 及 U 与 Ni 之间有明显的相关关系。这表明，在形成 EPR05-TVG1 与 EPR05-TVG2 硫化物的过程中，Co、Ni（甚至包括 U）表现出不同的地球化学行为。

表 3-15　超基性和基性岩环境中海底热液循环系统及其热液硫化物的特征比较（Marques et al., 2007）

热液区	坐标	地质背景*	水深/m	围岩	矿物组合	热液硫化物的元素组成							年龄/a	流体温度/℃
						Cu/%	Zn/%	Co/(μg·g⁻¹)	Ni/(μg·g⁻¹)	Au/(μg·g⁻¹)	Pb/(μg·g⁻¹)	Ag/(μg·g⁻¹)		
Rainbow	36°14′N	MAR	2300	蛇纹岩	Po+Is/Ccp+Sp	8.4	5.1	6300	<1	5.8	65	46.2	~30000	365
					Cu-MS	28	0.1	4770	<1	6.3	40	5	—	—
					SMS（n=4）	11.3	0.09	2335	325	2.3	28.75	5.4	—	—
Logatchev	14°45′N	MAR	2970	蛇纹岩	Logatchev 1	28	2.86	409	149	9.61	—	—	3900	353
					Logatchev 2	14.7	25.4	500	20	23.8	—	—	—	—
Lost City	30°N	MAR	800	蛇纹岩	Cc+Arg+Brc	—	—	—	—	—	—	—	~30000	40~75
Saldanha		MAR		蛇纹岩		—	—	—	—	—	—	—	—	<10
TAG	26°N	MAR	3650	玄武岩	SC	13.4	0.6	531	48	0.48	—	—	—	300
					Py-Ccp	12.8	1.4	75	50	1.43	—	—	—	—
					SM	2.4	0.4	234	b10	0.5	59	9	—	—
Snake Pit	23°N	MAR	3530	玄武岩	MS	12.4	7	228	21	2.2	665	111	—	341
Galapagos		GSC		玄武岩	MS	4.48	4.02	2.88	16	0.3	420	46	—	—
Juan de Fuca	44°N	太平洋		玄武岩	MS	0.16	36.7	11	8	0.1	2600	178	—	—
EPR	13°N	EPR		玄武岩		7.83	8.17	968	<20	0.26	500	49	—	—
EPR	11°N	EPR		玄武岩		1.92	28	16	—	0.154	670	38	—	—
EPR		EPR		玄武岩		0.58	19.8	14	3	0.15	2100	98	—	—
Bent Hill		MV		玄武岩/沉积物	Po+Wt+IS	1.2	11.2	—	—	—	2600	—	—	265
MESO Zone	23°25′S	CIR	2865	玄武岩	Py+Ccp	29.4	0.5	583.7	127.8	0.7	300	55.3	<50000	—
					Py+Marc	6.2	0.8	1089.6	70.4	0.6	500	22.4	—	—

*大西洋洋中脊（MAR）、加拉帕戈斯扩张中心（GSC）、东太平洋海隆（EPR）、中央裂谷（MV）和中印度洋脊（CIR）；磁黄铁矿（Po）、块状硫化物（MS）、半块状硫化物（SMS）、硫化物烟囱体（SC）、硫化物丘状体（SM）、等轴古巴矿（Is）、黄铜矿（Ccp）、闪锌矿（Sp）、黄铁矿（Py）、方解石（Cc）、文石（Arg）、水铁矿（Brc）、白铁矿（Marc）、纤锌矿（Wt）；"—"表示未检测。

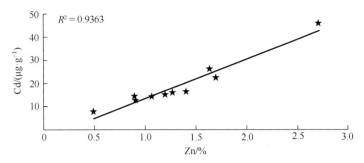

图 3-25　EPR 13°N 附近 EPR05-TVG1 硫化物样品中元素 Cd-Zn 线性相关图解

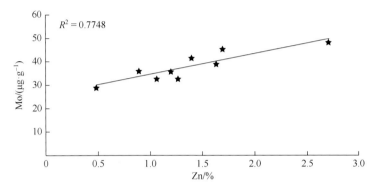

图 3-26　EPR 13°N 附近 EPR05-TVG1 硫化物样品中元素 Mo-Zn 线性相关图解

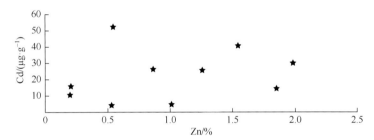

图 3-27　EPR 13°N 附近 EPR05-TVG2 硫化物样品中元素 Cd-Zn 图解

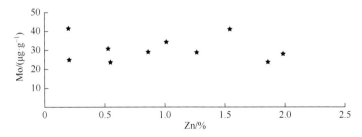

图 3-28　EPR 13°N 附近 EPR05-TVG2 硫化物样品中元素 Mo-Zn 图解

此外，EPR05-TVG2 硫化物样品中微量元素 In 的含量总体比 EPR05-TVG1 高，以 In 为因变量，即随机变量；以 Fe_2O_3 和 Cu、Zn、Mn、Mo、Co、Cd、Ag、Ni、Bi、U、Au、W 12 个元素为自变量，即影响因素；采用逐步回归法建立最优非标准化回归方程，其中标准化后 Mn 的回归方程为

$$Y_{In} = 0.819 - 0.006X_{Mn} \hfill (3-1)$$

式中，Y_{In} 为因变量 In 的含量；X_{Mn} 为自变量 Mn 的含量。获得的标准化回归系数为 −0.749，这说明如果仅考虑 Fe_2O_3 和 Cu、Zn 等 12 个元素的影响，则 EPR05-TVG2 硫化物样品中 In 的含量主要受控于元素 Mn，且方程显著性检验统计量 $p = 0.013$，这表明回归方程是合理的。

五、硫化物常量、微量元素组成的空间变化及其地质意义

（一）ep-c 样品

EPR 13°N 附近热液硫化物中 Fe、Cu、Zn 元素的空间变化 [图 3-29（a）] 表明，在 ep-c 样品形成过程中，其至少经历了三种不同的地球化学过程：①以铁硫化物为主，Zn、Cu 元素含量变化很小，随 Cu 元素含量增加，Zn 元素含量减少 [图 3-29（a）中 ep-c-b-f1 之前]；②以铁硫化物为主，Cu 元素含量相对明显增加（ep-c-b-f1）；③以锌硫化物为主，Zn 和 Cu 元素含量同步变化，但 Zn 含量的增加更为显著（ep-c-b-h4）（陈代庚，2009）。样品中的微量元素组成也证实其形成过程经历了上述三类不同的地球化学过程：以表 3-8 中排列编号为序，Ni、Mn、U 含量在 ep-c-b-f1 前后表现出了截然相反的变化趋势，即其与 Cu 元素含量变化趋势由一致转变为相反 [图 3-29（b）、图 3-29（h）、图 3-30（a）]，且 Rb、Cr、Ni 与 Zn 元素的皮尔逊（Pearson）相关系数在样品 ep-c-o 中表现为正值，在样品 ep-c-b-h 中表现为负值（表 3-17 和表 3-18）（陈代庚，2009）。

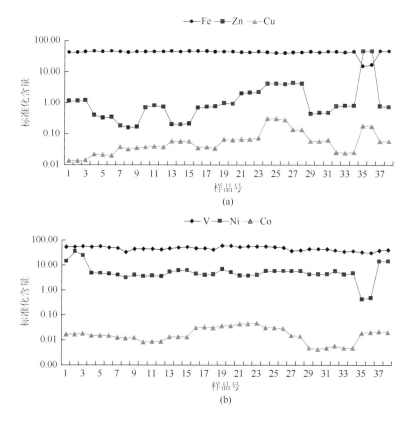

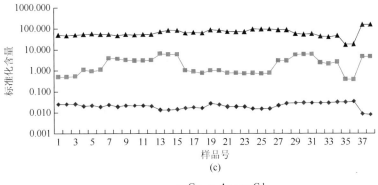

(c)

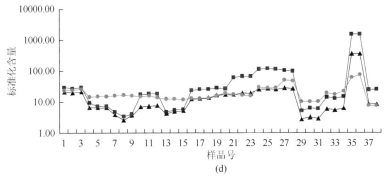

(d)

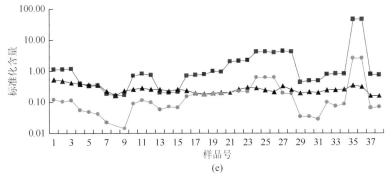

(e)

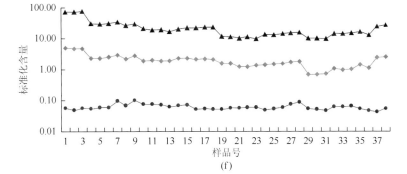

(f)

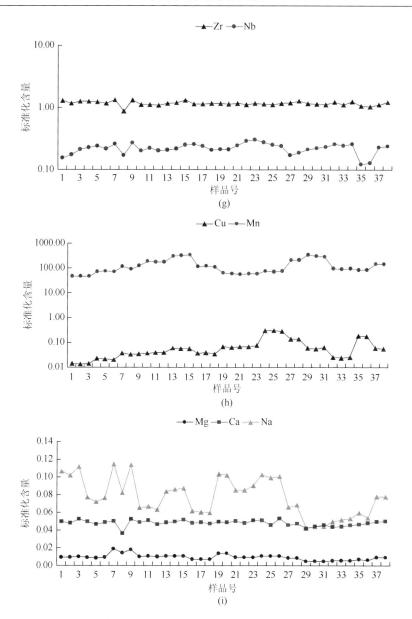

图 3-29　EPR 13°N 附近 ep-c 硫化物样品中元素含量标准化（标准差，无量纲）
后在空间上的变化（陈代庚，2009）

图中样品号与表 3-8 中样品号对应关系：1 对应 ep-c-o-1-1，2 对应 ep-c-o-1-2，3 对应 ep-c-o-1-3，4 对应 ep-c-o-2-1，5 对应 ep-c-o-2-2，6 对应 ep-c-o-2-3，7 对应 ep-c-o-3-1，8 对应 ep-c-o-3-2，9 对应 ep-c-o-3-3，10 对应 ep-c-o-4-1，11 对应 ep-c-o-4-2，12 对应 ep-c-o-4-3，13 对应 ep-c-o-5-1，14 对应 ep-c-o-5-2，15 对应 ep-c-o-5-3，16 对应 ep-c-o-6-1，17 对应 ep-c-o-6-2，18 对应 ep-c-o-6-3，19 对应 ep-c-b-f1-1，20 对应 ep-c-b-f1-2，21 对应 ep-c-b-f2-1，22 对应 ep-c-b-f2-2，23 对应 ep-c-b-f2-3，24 对应 ep-c-b-f3-1，25 对应 ep-c-b-f3-2，26 对应 ep-c-b-f3-3，27 对应 ep-c-b-h1-1，28 对应 ep-c-b-h1-2，29 对应 ep-c-b-h2-1，30 对应 ep-c-b-h2-2，31 对应 ep-c-b-h2-3，32 对应 ep-c-b-h3-1，33 对应 ep-c-b-h3-2，34 对应 ep-c-b-h3-3，35 对应 ep-c-b-h4-1，36 对应 ep-c-b-h4-2，37 对应 ep-c-b-n-1，38 对应 ep-c-b-n-2

在 EPR 13°N 附近 ep-c 硫化物样品中，Mo 含量的总体变化趋势与 Fe 元素近于一致［图 3-29（c）］，Co 元素的含量变化则与 Zn 元素含量变化基本一致（样品 ep-c-b-f3 除外）［图 3-29（b）］；Pb 元素的含量变化范围较小，在样品 ep-c-b-o、ep-c-b-f 中表现出的变化趋势与 Zn 元素的变化趋势相似；Ga、Cd、In 元素的含量变化趋势总体上与 Zn 元素的变化趋于一致 [图 3-29（d）和（e）]，Au 元素含量的变化范围相对 Ga、Cd、In 元素的变化来说较小，但其总体变化趋势与 Zn 元素的变化趋势相似 [图 3-29（e）]；除样品 ep-c-o-1～3、ep-c-b-h4、ep-c-n 外，Sr、Ba 元素含量的总体变化趋势与 Zn 元素的相反 [图 3-29（f）]。此外，样品的 Zr 元素含量变化很小； ep-c-b-f3 之前（以表 3-8 中排列编号为序）样品的 Nb 元素含量随 Cu 元素含量的增加而增加，之后样品的 Nb 元素含量的变化趋势与 Cu 元素含量的变化趋势相反 [图 3-29（g）]；样品的 Na 元素含量变化幅度明显比 Mg、Ca 元素的大，在环带结构（ep-c-o-1～6）中呈现出"振荡"变化，且相对于两侧毗邻层位，在环带核部（ep-c-o-5）表现出明显的正异常。以标准差对元素含量进行标准化后发现，微量元素 Ga、Cd、In 的含量变化与 Zn 元素的含量变化几乎是重合的 [图 3-30（b）]，这意味着在 EPR 13°N 附近热液硫化物中的 Ga、Cd、In 元素是以类质同象的形式存在；微量元素 Co 含量的总体变化趋势与 Zn 元素的一致 [图 3-30（b）]，但其含量变化幅度在各硫化物样品间显著不同 [图 3-30（b）]（陈代庚，2009）。

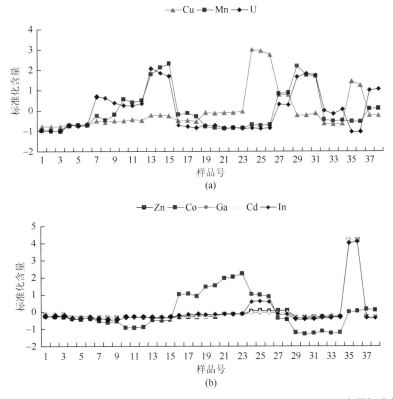

图 3-30 EPR 13°N 附近 ep-c 硫化物样品中 Cu、Mn、U、Zn、Co、Ca、Cd、In 含量标准化（标准差，无量纲）后在空间上的变化（陈代庚，2009）

图中样品号与表 3-8 中样品号对应关系：1 对应 ep-c-o-1-1，2 对应 ep-c-o-1-2，3 对应 ep-c-o-1-3，4 对应 ep-c-o-2-1，5 对应 ep-c-o-2-2，6 对应 ep-c-o-2-3，7 对应 ep-c-o-3-1，8 对应 ep-c-o-3-2，9 对应 ep-c-o-3-3，10 对应 ep-c-o-4-1，11 对应 ep-c-o-4-2，12 对应 ep-c-o-4-3，13 对应 ep-c-o-5-1，14 对应 ep-c-o-5-2，15 对应 ep-c-o-5-3，16 对应 ep-c-o-6-1，17 对应 ep-c-o-6-2，18 对应 ep-c-o-6-3，19 对应 ep-c-b-f1-1，20 对应 ep-c-b-f1-2，21 对应 ep-c-b-f2-1，22 对应 ep-c-b-f2-2，23 对应 ep-c-b-f2-3，24 对应 ep-c-b-f3-1，25 对应 ep-c-b-f3-2，26 对应 ep-c-b-f3-3，27 对应 ep-c-b-h1-1，28 对应 ep-c-b-h1-2，29 对应 ep-c-b-h2-1，30 对应 ep-c-b-h2-2，31 对应 ep-c-b-h2-3，32 对应 ep-c-b-h3-1，33 对应 ep-c-b-h3-2，34 对应 ep-c-b-h3-3，35 对应 ep-c-b-h4-1，36 对应 ep-c-b-h4-2，37 对应 ep-c-b-n-1，38 对应 ep-c-b-n-2

（二）ep-s 样品

通过分析硫化物的矿物组合和化学组成，了解热液硫化物形成过程中的流体温度变化及热液流体–海水的混合状况。一般情况下，热液硫化物中以黄铜矿为主的矿物组合指示高温流体条件（＞300℃），以锌硫化物为主的矿物组合指示中温流体条件（200～300℃），而以铁硫化物、隐晶质二氧化硅和重晶石为主的矿物组合则指示相对低温流体条件（＜200℃）（Butterfield et al.，2003）。在 EPR 13°N 附近的热液硫化物中，从以铁硫化物为主的样品 ep-s-1 和样品 ep-s-2（矿物组合是 Py + Marc），到以锌硫化物为主的样品 ep-s-3（矿物组合是 Sp + Py + Marc + Wu），再到以锌和铜硫化物为主的样品 ep-s-4、ep-s-5、ep-s-6，反映了一个从低温流体到高温流体的变化过程（陈代庚，2009）。其中，样品 ep-s-1 中出现的针铁矿是海底低温风化作用的产物（Hékinian et al.，1980）。

在 EPR 13°N 附近的热液硫化物中，元素含量在空间上的分布伴随着矿物组合的变化也发生了相应变化。可以看出，相比于硫化物样品中的其他层，ep-s-3、ep-s-6 层由于 Zn 元素含量较高，对应的 Cr、Ga、Cd 和 Au 元素含量也明显较高（表 3-9 和表 3-10）。从样品 ep-s-1 到 ep-s-6，Ba 和 Tl 元素含量大致降低，In 元素含量大致增加，而 Ag 元素含量的变化则说明其不受矿物组合变化的限制（表 3-10）。与热液硫化物各部分中 Zn 元素含量的变化相反，在 ep-s-1、ep-s-2、ep-s-4 的 Fe 元素含量较高，且自出现含锌硫化物以来，各部分中 Fe、Al 和 V 元素含量呈相同的变化趋势（图 3-31）。从样品 ep-s-1～ep-s-6，热液硫化物中 Cu 和 P 元素含量的变化同样呈现增加的趋势，而从含锌硫化物出现以来，各部分中 Li 元素含量与 Cu、P 元素含量，以及 Cs 元素含量与 Hg、U 元素含量的变化特点均相反（图 3-31）。除样品 ep-s-1、ep-s-5 外，从样品 ep-s-2 到 ep-s-4 和 ep-s-6，热液硫化物中 Mn、Ni 和 Sr 元素含量的变化呈现增加的趋势（图 3-31），且热液硫化物中的 Mn、Sr 元素含量与 Pb 元素含量的变化相同。以上表明，热液硫化物中 Cd、Ga、Cr 和 Au 元素主要存在于锌硫化物中，Cs 元素主要存在于铁硫化物中，而 P 元素存在于铜硫化物中。因此，热液硫化物中的锌、铁和铜硫化物控制了其 Cd、Cs 和 P 等元素含量的变化（曾志刚等，2009）。

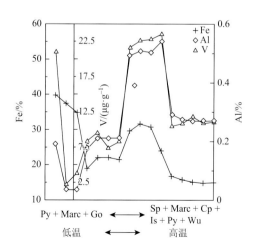
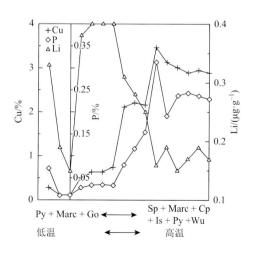

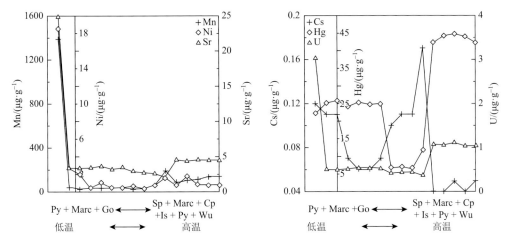

图 3-31 EPR13°N 附近热液硫化物中元素含量的变化（曾志刚等，2009）

沿横坐标方向，从左至右，每个数据点对应的样品号依次为：ep-s-1，ep-s-2-1，ep-s-2-2，ep-s-3-1，ep-s-3-2，ep-s-3-3，ep-s-3-4，ep-s-4-1，ep-s-4-2，ep-s-4-3，ep-s-5-1，ep-s-6-1，ep-s-6-2，ep-s-6-3，ep-s-6-4，ep-s-6-5

EPR 13°N 附近的热液硫化物，其一些元素之间有良好的相关性。从图 3-32 可见，Zn-Cr，Ga-Cd，P-Cu 和 P-In 之间的含量均表现出良好的正相关关系（$R^2 > 0.8$），进一步证实了热液硫化物中锌和铜硫化物分别控制了 Cr、Cd、Ga、P 和 In 等元素含量的变化。同时，Zn-Fe 和 Ba-Cu 之间的含量均呈现出显著的负相关关系（$R^2 > 0.8$），进一步说明低温有利于铁硫化物和 Ba 元素的富集，而中、高温则有利于 Zn 和 Cu 硫化物的沉淀（曾志刚等，2009）。

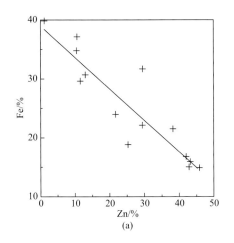

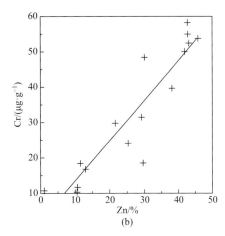

(a)

(b)

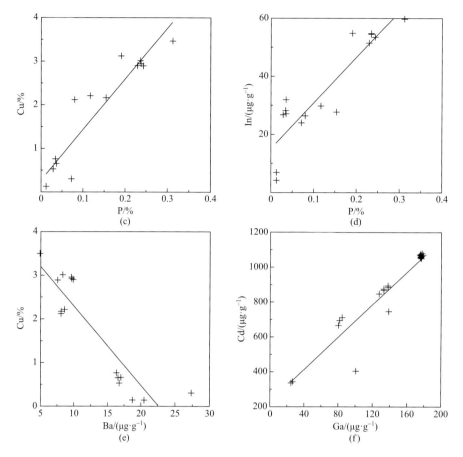

图 3-32　EPR 13°N 附近热液硫化物中元素的相关性（曾志刚等，2009）

六、硫化物元素组成的多元统计分析

在洋中脊与弧后盆地这两种构造环境中，海底热液硫化物的成矿过程近乎相同。在这两种环境下，海底热液硫化物的围岩由以玄武质火成岩为主变成以长英质火成岩为主，造成了硫化物化学组成的差异（Herzig and Hannington，1995）。与弧后盆地相比，EPR 硫化物中表现出明显不同的微量元素是 Ba 和 Ni。以 Ba 为随机变量，即因变量；以 Fe、Zn、Cu、Pb、Co、Mg、Ca、Na 等常量元素及 Li、V、Cr、Mn、Ni、Ga、Sr、Zr、Nb、Mo、Ag、Cd、In、Cs、Au、U 等微量元素为自变量，即影响因素；采用逐步回归法（张宜华，2001），得到了最优线性回归方程。标准化后 Ba 的回归方程为

$$Y_{Ba} = 1.120 X_{Sr} + 0.206 X_{Pb} - 0.174 X_{Mg} + 0.110 X_{Nb} - 0.079 X_{Zr} \qquad (3-2)$$

式中，Y_{Ba}、X_{Sr}、X_{Pb}、X_{Mg}、X_{Nb} 和 X_{Zr} 分别为元素 Ba、Sr、Pb、Mg、Nb 和 Zr 的含量。式（3-2）的显著性检验统计值 $p < 0.001$，说明得到的回归方程是极为显著的。从式（3-2）可以看出，硫化物中元素 Ba 的含量由元素 Sr、Pb、Mg、Nb、Zr 的含量决定。比较 EPR 13°N 附近玄武岩与弧后盆地环境中北斐济海盆三联点玄武岩的化学组成 [Sr 含量 148～335μg·g⁻¹，Pb 含量 2.6～28.1μg·g⁻¹，Mg 含量 5.70%～7.76%（质量分数），Nb 含量 2.6～

28.1μg·g^{-1}，Zr 含量 56.9～153.6μg·g^{-1}，Ba 含量 23.0～278.0μg·g^{-1}，Cr 含量 160.0～247.8μg·g^{-1}]（Kim et al.，2006），后者的 Sr 元素含量远比前者要高，Mg 元素含量略低于前者，二者的 Zr 元素含量一致。鉴于式（3-2）中 Sr 元素的标准化相关系数远比 Pb、Mg、Nb、Zr 元素及玄武岩中 Pb、Nb 元素的含量大，可以认为该研究区硫化物样品中 Ba 元素的含量相比于处于弧后盆地的北斐济海盆的差别是由源岩的差异引起的（陈代庚，2009）。

　　类似地，以 Ni 元素为随机变量，即因变量；以 Fe、Zn、Cu、Pb、Mg、Ca、Na 等常量元素及 Li、V、Cr、Mn、Ga、Sr、Zr、Nb、Mo、Ag、Cd、In、Cs、Ba、Au、U 等微量元素为自变量，即影响因素；采用逐步回归法（张宜华，2001），得到最优线性回归方程。标准化后的 Ni 元素回归方程为

$$Y_{Ni} = 0.495X_{Ba} + 0.420X_{Cr} - 0.184X_{Cs} \qquad (3-3)$$

式中，Y_{Ni} 为因变量 Ni 的含量；X_{Ba}、X_{Cr} 和 X_{Cs} 则分别为影响因素 Ba、Cr 和 Cs 元素的含量。式（3-3）的显著性检验统计值 $p < 0.001$，表明 Ni 元素的回归方程也是显著的。由式（3-3）可以看出，硫化物中 Ni 元素的含量由 Ba、Cr 的含量决定，EPR 13°N 附近玄武岩中 Ba 元素的含量远比北斐济海盆低（Kim et al.，2006），Cr 元素含量则相近，因此研究区热液硫化物中 Ni 元素含量与北斐济海盆的差别可能与原岩的差异有关（陈代庚，2009）。

　　EPR 13°N 附近的硫化物，其 Fe 与 Zn 元素含量整体上表现为显著的负相关关系，除 Ga、In 和 Cd 元素外，微量元素与常量元素的 Pearson 相关系数均较小（<0.6）（表 3-16）。针对切片 ep-c-o（环带外缘至核部，ep-c-o-1～5）和切片 ep-c-b 核部（ep-c-b-h-1～4），通过求取其元素的相关系数矩阵（表 3-17 和表 3-18）发现，大多数微量元素与常量元素含量之间均表现出良好的相关性。值得注意的是，在获得的所有样品中，微量元素 Ag 与常量元素 Zn 含量表现为明显的正相关关系（Pearson 相关系数>0.8），这意味着在 EPR 13°N 附近硫化物中的 Ag 可能主要富集在 Zn 硫化物中（表 3-16～表 3-18）。此外，硫化物切片 ep-c-o 的 Pb 与 Cu 含量表现出明显的负相关关系（表 3-16），而硫化物切片 ep-c-b 核部样品中的 Pb 与 Cu 含量之间不存在明显相关性（Pearson 相关系数=0.02）（表 3-18）（陈代庚，2009）。

表 3-16　EPR 13°N 附近硫化物中常量、微量元素的相关系数矩阵（陈代庚，2009）

	Fe	Zn	Cu	Pb	Mg	Ca	Na	Li	Ti	V	Cr	Mn	Ni	Ga
Fe	1.00	−0.98	−0.45	−0.47	0.19	0.10	0.18	0.11	0.26	0.42	0.29	0.18	0.22	−0.98
Zn		1.00	0.42	0.41	−0.21	−0.03	−0.21	−0.11	−0.28	−0.43	−0.27	−0.15	−0.23	1.00
Cu			1.00	−0.13	0.00	0.13	0.16	−0.29	−0.21	0.01	−0.06	−0.09	−0.21	0.38
Pb				1.00	−0.34	−0.35	−0.38	0.17	0.15	−0.30	−0.26	−0.08	−0.09	0.41
Mg					1.00	0.37	0.81	0.28	0.08	0.31	0.19	−0.19	0.06	−0.20
Ca						1.00	0.56	0.40	0.04	0.50	0.35	−0.16	0.20	−0.02
Na							1.00	0.44	0.17	0.64	0.52	−0.40	0.40	−0.19

	Rb	Sr	Y	Zr	Nb	Ag	Cd	In	Cs	Ba	La	Ce	Nd	Au
Fe	0.17	0.20	0.20	0.37	0.60	−0.83	−0.98	−0.97	0.19	0.13	0.06	0.19	0.16	−0.19
Zn	−0.21	−0.19	−0.21	−0.34	−0.58	0.82	1.00	0.98	−0.21	−0.14	−0.06	−0.18	−0.17	0.19

续表

	Rb	Sr	Y	Zr	Nb	Ag	Cd	In	Cs	Ba	La	Ce	Nd	Au
Cu	−0.21	−0.33	−0.18	−0.21	−0.02	0.54	0.40	0.54	−0.16	−0.36	−0.17	−0.33	−0.15	−0.10
Pb	0.19	−0.19	0.05	−0.01	−0.38	0.45	0.40	0.34	0.02	0.01	0.10	−0.08	−0.07	0.30
Mg	0.59	0.39	0.07	0.16	0.12	−0.14	−0.21	−0.19	0.59	0.20	0.51	0.49	0.52	−0.08
Ca	0.30	0.35	−0.11	0.51	0.27	−0.02	−0.03	0.02	0.13	0.21	0.33	0.00	0.05	0.19
Na	0.47	0.60	−0.05	0.28	0.16	−0.07	−0.21	−0.14	0.23	0.46	0.36	0.26	0.29	0.25

表 3-17 EPR 13°N 附近硫化物切片 ep-c-o 中常量、微量元素的相关系数矩阵（陈代庚，2009）

	Fe	Zn	Cu	Pb	Mg	Ca	Na	Li	Ti	V	Cr	Mn	Ni	Ga
Fe	1.00	−0.46	0.45	−0.59	−0.19	0.49	−0.27	0.04	−0.04	0.26	−0.28	0.49	−0.42	−0.44
Zn		1.00	−0.61	0.72	−0.46	0.19	0.13	0.33	0.21	0.35	0.71	−0.46	0.72	0.91
Cu			1.00	−0.87	0.24	0.09	−0.25	−0.46	−0.24	−0.35	−0.49	0.96	−0.54	−0.68
Pb				1.00	0.01	0.10	0.35	0.50	0.31	0.22	0.47	−0.87	0.53	0.68
Mg					1.00	0.03	0.56	0.06	0.32	−0.45	−0.25	0.01	−0.26	−0.41
Ca						1.00	0.34	0.64	0.59	0.58	0.30	0.17	0.14	0.21
Na							1.00	0.65	0.89	0.31	0.58	−0.28	0.50	0.41

	Rb	Sr	Y	Zr	Nb	Mo	Ag	Cd	In	Cs	Ba	Nd	Au	U
Fe	−0.20	−0.48	0.29	0.41	0.58	0.63	−0.63	−0.47	−0.14	0.02	−0.49	−0.14	−0.17	0.35
Zn	0.11	0.71	−0.67	0.03	−0.59	−0.54	0.81	1.00	0.87	−0.46	0.75	−0.44	0.75	−0.65
Cu	−0.04	−0.67	0.32	−0.05	0.38	0.82	−0.77	−0.59	−0.21	0.43	−0.76	0.33	−0.77	0.98
Pb	0.42	0.68	−0.16	0.13	−0.26	−0.87	0.81	0.70	0.34	−0.09	0.72	−0.10	0.63	−0.87
Mg	0.68	−0.06	0.79	0.12	0.44	−0.05	−0.09	−0.44	−0.63	0.85	−0.16	0.81	−0.55	0.33
Ca	0.50	0.23	0.24	0.84	0.53	0.26	0.07	0.21	0.38	0.22	0.15	0.03	0.26	−0.01
Na	0.59	0.73	0.27	0.53	0.08	−0.11	0.57	0.17	−0.10	0.20	0.64	0.38	0.27	−0.12

表 3-18 EPR 13°N 附近硫化物切片 ep-c-h 中常量、微量元素的相关系数矩阵（陈代庚，2009）

	Fe	Zn	Cu	Pb	Mg	Ca	Na	Li	Ti	V	Cr	Mn	Ni	Ga
Fe	1.00	−1.00	−0.79	−0.55	−0.18	−0.55	−0.24	0.07	0.48	0.76	0.60	0.48	0.94	−1.00
Zn		1.00	0.81	0.54	0.22	0.58	0.28	−0.06	−0.49	−0.77	−0.58	−0.49	−0.92	1.00
Cu			1.00	0.02	0.63	0.67	0.62	0.41	−0.60	−0.54	0.00	−0.14	−0.61	0.80
Pb				1.00	−0.50	0.22	−0.41	−0.50	−0.25	−0.39	−0.85	−0.43	−0.71	0.55
Mg					1.00	0.60	0.98	0.42	−0.15	−0.43	0.55	−0.23	0.12	0.21
Ca						1.00	0.65	0.03	−0.49	−0.64	−0.04	−0.43	−0.40	0.58
Na							1.00	0.34	−0.16	−0.52	0.44	−0.35	0.06	0.26

	Rb	Sr	Y	Zr	Nb	Ag	Cd	In	Cs	Ba	La	U	Nd	Au
Fe	0.34	−0.24	0.27	0.71	0.86	−0.79	−1.00	−1.00	0.38	−0.37	0.05	0.19	0.20	−0.73
Zn	−0.30	0.27	−0.28	−0.69	−0.87	0.82	1.00	1.00	−0.36	0.38	−0.01	−0.16	−0.16	0.76
Cu	0.05	0.63	−0.38	−0.40	−0.98	0.91	0.79	0.79	0.05	0.41	0.42	0.25	0.33	0.74

续表

	Rb	Sr	Y	Zr	Nb	Ag	Cd	In	Cs	Ba	La	U	Nd	Au
Pb	−0.56	−0.46	−0.17	−0.47	−0.13	0.13	0.56	0.56	−0.64	−0.05	−0.53	−0.54	−0.79	0.08
Mg	0.79	0.97	−0.05	0.28	−0.52	0.71	0.20	0.20	0.78	0.71	0.92	0.87	0.90	0.64
Ca	0.33	0.57	−0.33	−0.20	−0.58	0.78	0.58	0.57	0.19	0.48	0.53	0.41	0.28	0.61
Na	0.80	0.99	−0.07	0.24	−0.51	0.72	0.25	0.25	0.76	0.81	0.89	0.87	0.84	0.69

通过分析 EPR 13°N 附近的硫化物相关矩阵因子（R 型），获得主因子矩阵后，再进行四次正交最大旋转（张宜华，2001），并选取因子载荷较大的变量（元素）作为特征元素组合。样品因子得分在空间上的变化（图 3-33 和表 3-19）表明，以常量元素 Zn、Fe、Cu 及与 Zn 密切相关的微量元素 Cd、Ga、In、Ag、Nd 为特征元素组合的因子 F_1，其反映的是硫化物化学组成的背景值，因子 F_5、F_6 很可能反映的是偶然因素（如盐度），且以亲铁元素 Ni、Au 和大离子亲石元素 Sr、Ba 为特征元素组合的因子 F_2，以亲石元素 V、U 和亲铁元素 Co、Mn 为特征元素组合的因子 F_3，以 Mo、Pb 为特征元素组合的因子 F_4 反映的则是硫化物化学组成的局部异常。F_2、F_3 因子得分由硫化物切片 ep-c-b-o 环带外缘至核部逐渐降低，但 F_3 在核部的因子得分远低于毗邻层位 [图 3-33（c）]；由 ep-c-b-h1～ep-c-b-h4，F_2 因子得分先降低再升高 [图 3-33（b）]，F_3 因子得分总体上呈现出由低到高的变化趋势。F_4 因子得分由硫化物切片 ep-c-b-o 环带外缘至核部逐渐升高，且在环带核部的因子得分明显高于毗邻层位 [图 3-33（d）]（陈代庚，2009）。

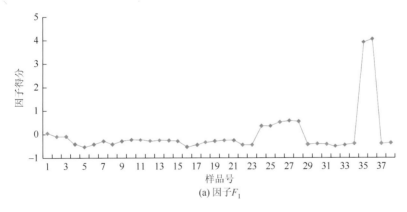

(a) 因子 F_1

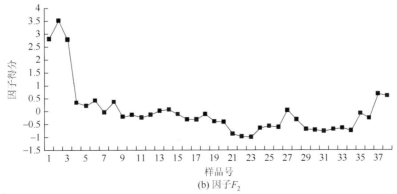

(b) 因子 F_2

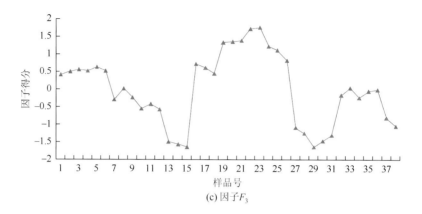

(c) 因子F_3

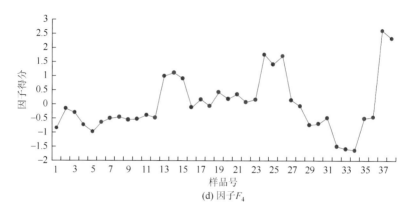

(d) 因子F_4

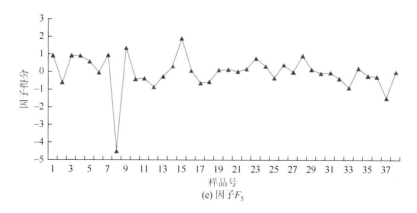

(e) 因子F_5

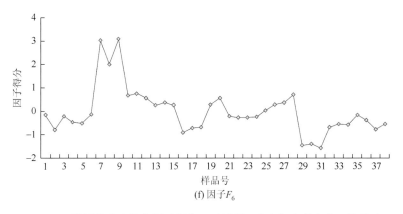

图 3-33　EPR 13°N 附近热液硫化物因子得分（无量纲）在空间上的变化（陈代庚，2009）

图中样品号与表 3-8 中样品号对应关系：1 对应 ep-c-o-1-1，2 对应 ep-c-o-1-2，3 对应 ep-c-o-1-3，4 对应 ep-c-o-2-1，5 对应 ep-c-o-2-2，6 对应 ep-c-o-2-3，7 对应 ep-c-o-3-1，8 对应 ep-c-o-3-2，9 对应 ep-c-o-3-3，10 对应 ep-c-o-4-1，11 对应 ep-c-o-4-2，12 对应 ep-c-o-4-3，13 对应 ep-c-o-5-1，14 对应 ep-c-o-5-2，15 对应 ep-c-o-5-3，16 对应 ep-c-o-6-1，17 对应 ep-c-o-6-2，18 对应 ep-c-o-6-3，19 对应 ep-c-b-f1-1，20 对应 ep-c-b-f1-2，21 对应 ep-c-b-f2-1，22 对应 ep-c-b-f2-2，23 对应 ep-c-b-f2-3，24 对应 ep-c-b-f3-1，25 对应 ep-c-b-f3-2，26 对应 ep-c-b-f3-3，27 对应 ep-c-b-h1-1，28 对应 ep-c-b-h1-2，29 对应 ep-c-b-h2-1，30 对应 ep-c-b-h2-2，31 对应 ep-c-b-h2-3，32 对应 ep-c-b-h3-1，33 对应 ep-c-b-h3-2，34 对应 ep-c-b-h3-3，35 对应 ep-c-b-h4-1，36 对应 ep-c-b-h4-2，37 对应 ep-c-b-n-1，38 对应 ep-c-b-n-2

表 3-19　**EPR 13°N 附近热液硫化物的因子分析**（陈代庚，2009）

公共因子	F_1	F_2	F_3	F_4	F_5	F_6
元素组合	Zn、Fe^*、Cu、Cd、Ga、In、Ag、Nb^*	Ni、Sr、Ba、Au	Co、Mn^*、U^*、V	Mo、Pb^*	Ca、Li、Zr^*	Mg、Cs、Na
特征值	7.128	3.951	2.995	2.767	2.68	2.272
方差贡献/%	29.101	16.327	12.501	11.091	9.698	8.474
累积方差贡献/%	29.101	45.429	57.929	69.02	78.718	87.192

*因子得分系数为负。

第五节　硫化物的稀土元素组成

一、EPR 13°N 附近的硫化物

除了样品 ep-s-1 的 REE 含量（$\Sigma REE = 3315.59 ng\cdot g^{-1}$）较高外，EPR 13°N 附近热液硫化物的 REE 含量均较低（$\Sigma REE = 22.20\sim138.33 ng\cdot g^{-1}$）。采用球粒陨石进行标准化后，除样品 ep-s-1 表现出明显的负 Ce 异常[$(Ce/Ce^*)_{CN} = 0.12$]和轻微的正 Eu 异常[$(Eu/Eu^*)_{CN} = 1.98$]外，其他热液硫化物样品均表现出明显的正 Eu 异常[$(Eu/Eu^*)_{CN} = 2.69\sim5.35$]和轻微的正或负 Ce 异常[$(Ce/Ce^*)_{CN} = 0.65\sim1.68$]（表 3-20 和图 3-34）（曾志刚等，2009）。

表 3-20　EPR 13°N 附近热液硫化物的稀土元素组成（曾志刚等，2009）*（单位：$ng\cdot g^{-1}$）

样品号	La	Ce	Pr	Nd	Sm	Eu	Gd	Tb	Dy	Ho	Er	Tm	Yb	Lu	Y
ep-s-1	1221.0	264.0	231.00	1093.0	231.00	161.00	267.00	32.6	271.0	64.9	181.0	33.20	191.0	30.2	1764.00
ep-s-2-1	20.0	35.1	3.91	16.2	11.20	9.11	2.50	0.4	3.7	0.8	—	0.45	3.2	0.6	31.10
ep-s-2-2	27.6	46.6	4.88	15.9	10.20	10.50	4.34	0.6	2.9	0.6	—	0.48	2.1	0.2	25.80
ep-s-3-1	21.8	32.9	2.53	11.3	8.92	5.80	2.04	0.2	2.6	0.5	—	0.23	2.3	0.4	16.50
ep-s-3-2	16.2	32.1	2.53	13.4	9.48	6.35	1.79	0.2	—	0.2	—	0.32	2.7	0.2	18.90
ep-s-3-3	18.0	32.2	2.12	10.6	10.50	6.73	1.92	0.3	1.5	0.3	—	0.26	2.1	0.3	14.80
ep-s-3-4	18.6	37.3	1.59	9.0	8.86	5.32	2.08	0.3	2.1	0.3	—	0.26	1.7	0.3	14.90
ep-s-4-1	12.7	27.8	1.93	7.7	5.52	3.41	0.86	0.2	—	0.3	—	0.24	0.9	0.1	11.20
ep-s-4-2	11.3	22.5	2.00	8.6	4.26	2.76	1.21	0.2	—	—	—	0.16	—	0.1	9.76
ep-s-4-3	10.9	22.1	1.71	7.9	5.05	2.78	1.98	0.2	1.6	0.2	—	0.22	1.2	0.1	11.50
ep-s-5-1	15.2	24.3	2.09	11.0	4.07	2.97	1.63	0.1	—	0.3	—	0.28	0.6	0.2	15.20
ep-s-6-1	36.5	37.4	5.19	25.2	13.10	15.10	5.69	0.7	5.3	1.8	9.6	1.27	6.2	1.2	67.00
ep-s-6-2	47.3	69.2	9.36	47.0	15.60	13.70	11.50	1.5	10.6	2.3	11.8	1.33	7.0	1.3	86.50
ep-s-6-3	38.8	40.1	5.94	31.6	15.40	15.50	7.02	0.8	7.1	2.1	10.6	1.00	5.6	1.1	65.70
ep-s-6-4	40.5	47.6	5.26	28.1	12.60	14.60	6.92	1.0	5.6	1.9	9.9	1.46	5.4	1.0	68.40
ep-s-6-5	37.0	39.6	5.76	24.8	9.64	13.40	7.09	0.7	—	1.5	9.8	1.23	7.6	1.4	65.60

*中国科学院海洋研究所测试；“—”表示未检出。

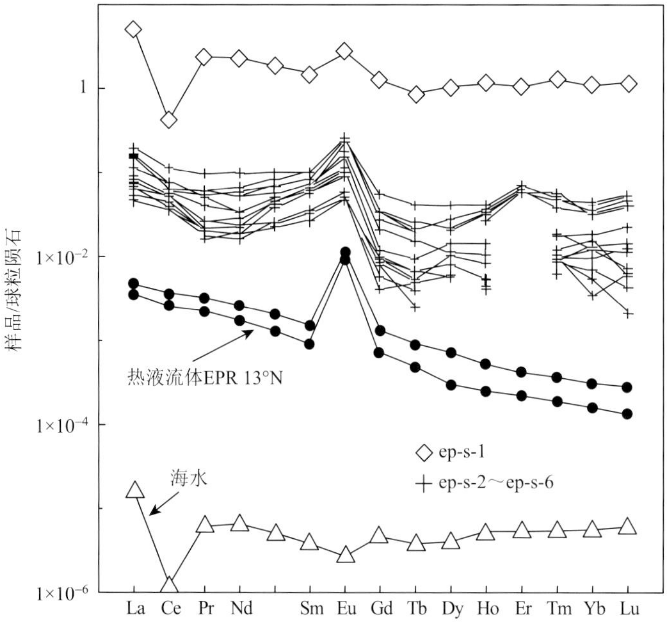

图 3-34　EPR 13°N 附近热液硫化物的球粒陨石标准化 REE 配分模式（曾志刚等，2009）

海水和 EPR 13°N 热液流体的数据分别引自 Piepgras and Jacobsen，1992 和 Douville et al.，1999

样品 ep-s-1 的 LREE/HREE 值为 2.99，(La/Yb)$_{CN}$ 值为 4.58，(Nd/Yb)$_{CN}$ 值为 2.08，这些比值均较小，表明硫化物的轻重稀土元素未发生明显的分馏。同时，其(La/Sm)$_{CN}$ 值为 3.41，(Gd/Yb)$_{CN}$ 值为 1.16，表明样品 ep-s-1 的各轻稀土元素之间和各重稀土元素之间的分馏程度均不高，但前者的分馏程度要比后者的分馏程度高，且样品 ep-s-1 的轻稀土也略富集。此外，样品 ep-s-1 具有负 Ce 异常[(Ce/Ce*)$_{CN}$ = 0.12]，(Ce/Yb)$_{CN}$ 值为 0.38，(La/Sm)$_{CN}$ 值为 3.41，(Gd/Yb)$_{CN}$ 值为 1.16 和(Sm/Nd)$_{CN}$ 值为 0.65，与海水的稀土元素组成[(Ce/Ce*)$_{CN}$ = 0.12，(Ce/Yb)$_{CN}$ = 0.21，(La/Sm)$_{CN}$ = 4.13，(Gd/Yb)$_{CN}$ = 0.84，(Sm/Nd)$_{CN}$ = 0.62] (Piepgras and Jacobsen，1992) 一致，反映出 EPR 13°N 附近硫化物的红褐色氧化层（样品 ep-s-1）的 REE 配分模式与海水相似。除此之外，硫化物的红褐色氧化层中存在针铁矿，导致其与热液流体具有明显不同的 REE 配分模式（图 3-34）。在热液硫化物形成过程中及形成后，海水与流体的混合作用及海底风化作用均能对热液硫化物产生影响。受海底风化作用的影响，样品 ep-s-1 产生了次生氧化矿物（针铁矿），使得该处的 REE 相对富集，且使其 REE 配分模式与海水一致（图 3-34）（曾志刚等，2009）。

其他部位热液硫化物的 LREE/HREE 值（4.17～31.51），(La/Yb)$_{CN}$ 值（3.50～18.18）和(Nd/Yb)$_{CN}$ 值（1.19～6.70）均较高，且具有较大的变化范围，表明其轻重稀土元素分馏程度较高，这与样品 ep-s-1 的稀土元素组成明显不同。同时，其(La/Sm)$_{CN}$ 值（1.10～2.47）和(Gd/Yb)$_{CN}$ 值（0.56～2.25）均变化不大，表明各样品的 LREEs 之间和 HREEs 之间分馏程度较低，前者的分馏程度要比后者的分馏程度高，且热液硫化物中轻稀土相对富集。其中，样品 ep-s-5 的正 Eu 异常[(Eu/Eu*)$_{CN}$ = 3.53]，轻微的正 Ce 异常[(Ce/Ce*)$_{CN}$ = 1.06]，(La/Yb)$_{CN}$ 值（18.18），(Ce/Yb)$_{CN}$ 值（11.26），(La/Sm)$_{CN}$ 值（2.41），(Gd/Yb)$_{CN}$ 值（2.25）和(Sm/Nd)$_{CN}$ 值（1.13），与 EPR 13°N 附近热液流体的稀土元素组成[(Eu/Eu*)$_{CN}$ = 7.81～11.49，(Ce/Ce*)$_{CN}$ = 0.92，(La/Yb)$_{CN}$ = 17.04～26.63，(Ce/Yb)$_{CN}$ = 12.74～19.28，(La/Sm)$_{CN}$ = 3.17～3.93，(Gd/Yb)$_{CN}$ = 4.65～5.39，(Sm/Nd)$_{CN}$ = 0.53～0.58] (Douville et al.，1999) 接近，反映出其与热液流体的 REE 配分模式相似，且与海水的 REE 配分模式明显不同（图 3-34）（曾志刚等，2009）。

二、EPR 1°S～2°S 附近的热液硫化物

EPR 1°S～2°S 附近的海底热液硫化物，其 ΣREE 的变化范围较大，为 75.3～315ng·g^{-1}，且与 NEPR 和大西洋洋中脊热液产物（包括硫化物、硫酸盐和氧化物）中的 ΣREEs 相似。不仅如此，EPR 1°S～2°S 附近热液硫化物中的 ΣREE（<1μg·g^{-1}）（表 3-21），远小于玄武岩和超基性岩（Augustin et al.，2008），且与其 Fe、Cu、Zn 含量不具相关性（Zeng et al.，2015a）。

表 3-21 **EPR 1°S～2°S 附近海底热液硫化物中的常量元素与稀土元素含量**（Zeng et al.，2015a）

	20III-S4-TVG1-1-2	20III-S4-TVG1-1-3	20III-S4-TVG1-1-3*	20III-S4-TVG1-1-4
Fe	46.4	46.4	—	46.6
Cu	8365	5130	—	1051
Zn	609	327	—	531
Mn	139	101	—	159
Al	247	296	—	165
Ti	18.8	21.4	—	17.3
Ba	0.21	0.35	—	—
La	19.6	69.6	69.9	17.0
Ce	37.2	148.0	142.0	36.5
Pr	4.08	15.20	14.70	3.22
Nd	15.4	50.6	50.0	10.6
Sm	2.82	8.47	8.33	1.91
Eu	0.56	1.73	1.97	0.48
Gd	2.86	8.88	8.50	2.09
Tb	0.33	0.98	0.91	0.24
Dy	2.04	5.09	5.44	1.38
Ho	0.31	0.98	0.97	0.27
Er	1.22	2.95	3.02	0.74
Tm	0.17	0.38	0.38	0.10
Yb	1.28	2.39	2.38	0.65
Lu	0.20	0.36	0.33	0.09
ΣREEs	88.0	315.0	308.0	75.3
$(Eu/Eu^*)_{CN}$	0.60	0.61	0.72	0.74
$(Ce/Ce^*)_{CN}$	1.02	1.12	1.08	1.21

*代表平行样；"—"表示未检出；Fe 含量单位为%（质量分数）；Cu、Zn、Mn、Al、Ti、Ba 含量单位为 $\mu g \cdot g^{-1}$；La、Ce、Pr、Nd、Sm、Eu、Gd、Tb、Dy、Ho、Er、Tm、Yb、Lu、ΣREEs 含量单位为 $ng \cdot g^{-1}$。

同时，EPR 1°S～2°S 附近热液硫化物中的 REE 球粒陨石标准化配分模式图明显富集 LREE（ΣLREE/ΣHREE = 9.47～13.34）和 Eu 负异常 $[(Eu/Eu^*)_{CN} = 0.6～0.74]$，以及不明显的 Ce 异常 $[(Ce/Ce^*)_{CN} = 1.02～1.21]$（图 3-35）（Zeng et al.，2015a）。

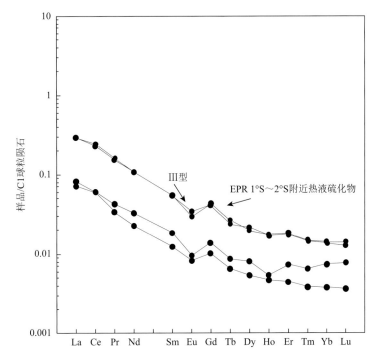

图 3-35　EPR 1°S~2°S 附近热液硫化物中 REE 球粒陨石标准化配分模式图（Zeng et al.，2015a）

球粒陨石标准数据引自 Sun and McDonough，1989

　　硫化物中的 Eu 负异常与低温海水相似（Baar et al.，1985），低温流体中大部分 Eu 以三价形式存在，而二价 Eu 在高于 250℃ 的高温流体条件下较稳定（Sverjensky，1984）。同时，成矿流体中的 Eu^{2+}/Eu^{3+} 值与热液硫化物形成过程中流体温度的降低直接相关（Mills and Elderfield，1995），如从中温（200~300℃）到低温（<200℃），热液硫化物中含有的 Eu^{2+} 含量减少，这与硫化物的低 Eu 含量及 Eu 负异常相一致。成矿流体中的 Eu 含量可能对形成硫化物中的 Eu 异常有影响，且 EPR 1°S~2°S 附近硫化物中的 Eu 负异常，意味着其可能来自热液流体与海水混合形成的中到低温、低 Eu 含量的热液流体（Michard and Albarede，1986）。此外，海底热液重结晶作用也可能造成 REEs 的活化和迁移以及硫化物中的 Eu 呈负异常（Mills and Elderfield，1995）。

　　硫化物中的 REEs 含量或特征反映了热液流体的来源和演化（Mills and Elderfield，1995）。早期在大西洋洋中脊 Rainbow、Broken Spur 和 TAG 热液区的研究表明，其硫化物的 REEs 来自热液流体（Rimskaya-Korsakova and Dubinin，2003；Barrett et al.，1990），是在热液流体与海水混合过程中进入硫化物晶体中的，且 EPR 1°S~2°S 附近热液硫化物中的 REEs 配分模式与海底热液流体相一致，说明海底热液硫化物中的 REEs 均源于热液流体，即热液流体从海底的岩墙（洋中脊玄武岩或者超基性岩）中淋滤 REEs，然后在硫化物中沉淀下来（Langmuir et al.，1997；Piepgras and Wasserburg，1985）。

第六节　硫化物的硫、铅同位素组成

一、硫同位素组成

相比于其他海底热液硫化物样品，EPR 13°N 附近样品 ep-s-1 有最大的 $\delta^{34}S$ 值（表 3-22）（曾志刚等，2009）。EPR 13°N 附近热液硫化物的 $\delta^{34}S$ 值，与以往报道的该区硫化物的 $\delta^{34}S$ 值（1.7‰～5.0‰）（Fouquet et al.，1996；Bluthand Ohmoto，1988）相比，其变化范围较小，均值约为 1.3‰，相对偏轻。此外，EPR 13°N 附近硫化物的 $\delta^{34}S$ 值（表 3-22）与 EPR 11°N 的硫化物（$\delta^{34}S = 3.7‰～4.9‰$）（Bluth and Ohmoto，1988）相比偏轻，没有 EPR 21°N 附近硫化物中 $\delta^{34}S$ 值的变化范围（0.73‰～6.2‰）（Stuart et al.，1994a，1994b；Woodruff and Shanks，1988；Zierenberg et al.，1984；Styrt et al.，1981；Hékinian et al.，1980）大（图 3-36），与现代海水硫酸盐的（$\delta^{34}S$ 值为 20.99‰左右）（Rees et al.，1978）明显不同，较接近海底玄武岩的硫同位素组成（$\delta^{34}S$ 值为 0.3‰±0.5‰）（Sakai et al.，1984），这表明 EPR 13°N 附近热液硫化物中硫的来源不是单一来源，可能是海水硫酸盐和玄武岩中硫不同程度混合后的结果，且玄武岩来源中硫占了较大的比例。据简单的二端元混合模式计算（Styrt et al.，1981）可以得出，流体中的 H_2S 如果有 1%～9% 来自海水硫酸盐的还原作用，有 91%～99% 来自玄武岩，将产生 0.6‰～2.1‰的 $\delta^{34}S$ 值。因此，EPR 13°N 附近热液硫化物中的硫主要源于玄武岩（Zeng et al.，2017）。

表 3-22　**EPR 13°N 附近热液硫化物的铅和硫同位素组成**[*]（曾志刚等，2009）

样品号	$^{206}Pb/^{204}Pb$	$^{207}Pb/^{204}Pb$	$^{208}Pb/^{204}Pb$	$\delta^{34}S_{V\text{-}CDT}/‰$
ep-s-1	18.3908±0.0008	15.5024±0.0007	37.8862±0.0018	2.1
ep-s-2-1	18.3918±0.0009	15.5033±0.0008	37.8875±0.0019	1.6
ep-s-2-2	18.3907±0.0008	15.5024±0.0007	37.8835±0.0016	1.9
ep-s-3-1	18.3924±0.0007	15.5044±0.0006	37.8918±0.0015	0.8
ep-s-3-2	18.3925±0.0007	15.5044±0.0005	37.8911±0.0015	1.4
ep-s-3-3	18.3922±0.0009	15.5043±0.0007	37.8912±0.0018	1.5
ep-s-3-4	18.3921±0.0011	15.5044±0.0009	37.8915±0.0020	1.3
ep-s-4-1	18.3910±0.0007	15.5039±0.0007	37.8892±0.0017	1.2
ep-s-4-2	18.3899±0.0006	15.5027±0.0005	37.8856±0.0014	1.5
ep-s-4-3	18.3934±0.0008	15.5058±0.0007	37.8942±0.0015	1.3
ep-s-5-1	18.3909±0.0009	15.5027±0.0007	37.8867±0.0020	1.0
ep-s-6-1	18.3937±0.0009	15.5047±0.0008	37.8943±0.0021	1.3
ep-s-6-2	18.3970±0.0006	15.5088±0.0005	37.9076±0.0016	0.6
ep-s-6-3	18.3930±0.0010	15.5042±0.0010	37.8928±0.0027	0.9
ep-s-6-4	18.3970±0.0006	15.5084±0.0006	37.9057±0.0016	0.8
ep-s-6-5	18.3915±0.0006	15.5065±0.0006	37.8993±0.0014	1.1

[*]铅和硫同位素组成分别由中国地质科学院地质研究所和中国地质科学院矿产资源研究所测试。

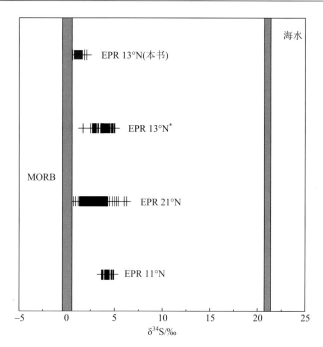

图 3-36 不同海底热液区中硫化物样品与洋中脊玄武岩以及海水的硫同位素组成对比（曾志刚等，2009）

EPR 13°N*附近热液硫化物的硫同位素数据引自 Fouquet et al.，1996；Bluth and Ohmoto，1988。EPR 11°N 的引自 Bluth and Ohmoto，1988。EPR 21°N 的引自 Stuart et al.，1994a，1994b；Woodruff and Shanks，1988；Zierenberg et al.，1984；Styrt et al.，1981；Hékinian et al.，1980。海水的数据引自 Rees et al.，1978。MORB 数据引自 Sakai et al.，1984

二、铅同位素组成

　　EPR 13°N 附近 9 个轴部区域的硫化物样品和 8 个轴外区域硫化物样品的铅同位素比值具有较小的变化范围（$^{206}Pb/^{204}Pb = 18.29 \sim 18.44$，$^{207}Pb/^{204}Pb = 15.46 \sim 15.54$，$^{208}Pb/^{204}Pb = 37.80 \sim 38.00$）（Fouquet and Marcoux，1995）。同时，洋中脊离轴海山区域的硫化物和轴部硫化物的铅同位素组成有重叠，但后者相比于更古老的离轴硫化物明显富含放射性成因铅，这表明二者的铅来源不同。此外，Fouquet 和 Marcoux（1995）认为该研究区流体的通道系统是稳定的，且集中于海山下的浅部岩浆房之上。这种结构远比不稳定的轴部过程更能有效地在若干个热液期内形成规模较大的热液硫化物堆积体，加之离轴海山深部有足够的岩浆储存，使其能长期驱动热液系统。

　　EPR 13°N 附近热液硫化物的铅同位素组成变化范围非常小（表 3-22 和图 3-37），落在前人报道的 EPR 13°N 附近热液硫化物的铅同位素组成变化范围内（$^{206}Pb/^{204}Pb = 18.294 \sim 18.443$，$^{207}Pb/^{204}Pb = 15.462 \sim 15.536$，$^{208}Pb/^{204}Pb = 37.800 \sim 38.001$）（Fouquet and Marcoux，1995）。同时，相比于有沉积物覆盖的洋中脊（如加利福尼亚海湾的 Guaymas 海盆，北胡安·德富卡洋脊的 Middle Valley 和南戈达洋脊的 Escanaba 海槽）中硫化物的铅同位素组成（$^{206}Pb/^{204}Pb = 18.745 \sim 19.129$，$^{207}Pb/^{204}Pb = 15.554 \sim 15.689$，$^{208}Pb/^{204}Pb = 38.369 \sim 39.237$）（Fouquet and Marcoux，1995；Goodfellow and Franklin，1993；Zierenberg et al.，1993；LeHuray et al.，1988），其放射性成因铅含量较低，且落在 EPR 玄武岩的

铅同位素组成范围内，从而可以排除沉积物作为铅来源的可能（EPR 13°N 附近的热液活动区位于无或少沉积物覆盖的洋脊段）。因此，EPR 13°N 附近热液硫化物中的铅主要源于上洋壳玄武岩（曾志刚等，2009）。

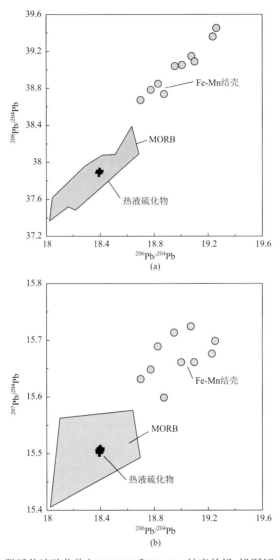

图 3-37　EPR 13°N 附近热液硫化物与 MORB 和 Fe-Mn 结壳的铅-铅图解（曾志刚等，2009）

MORB 数据引自 Regelous et al.，1999；Bach and Humphris，1999；Niu et al.，1996；Mahoney et al.，1994；Othman and Allegre，1990；Hékinian and Walker，1987；Hamelin et al.，1984；Vidal and Clauer，1981。Fe-Mn 结壳数据引自 Blanckenburg et al.，1996；Mills et al.，1993；Othman et al.，1989

热液硫化物中铅同位素比值与硫同位素组成的相关性（图 3-38）表明，$^{206}Pb/^{204}Pb$、$^{207}Pb/^{204}Pb$ 和 $^{208}Pb/^{204}Pb$ 随着 $\delta^{34}S$ 值的增加而减小，证实了热液硫化物形成过程中存在海水与流体的混合作用，并对硫、铅同位素组成产生了影响。同时，热液硫化物中的铅、硫同位素组成与 Fe、Cu 和 Zn 之间的相关性（图 3-38）也进一步证实，海水对硫化物形成过程中的元素和硫、铅同位素组成的影响从高温到低温逐渐增加，导致热液硫化物中 Fe 等元素含量和 $\delta^{34}S$ 值逐渐增加，Zn 等元素含量和铅同位素比值逐渐减小（曾志刚等，2009）。

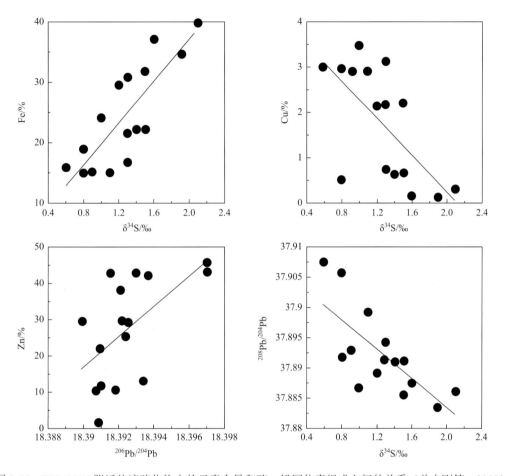

图 3-38　EPR 13°N 附近热液硫化物中的元素含量和硫、铅同位素组成之间的关系（曾志刚等，2009）

第七节　硫化物的稀有气体同位素组成

一、He 同位素

Jean-Baptiste 和 Fouquet（1996）利用压碎和加热提取技术测得 EPR 13°N 附近轴部地堑中热液硫化物捕获流体的氦浓度在标准温度和压力下约为 $5.5 \times 10^{-5} cm^3 \cdot g^{-1}$，压碎样品的 $^3He/^4He$ 值为大气比值（$R_a = 1.38 \times 10^{-6}$）的 6.85～8.10 倍，且几乎无法区分出压碎样品与热液喷口流体的氦同位素组成，这说明硫化物中的矿物相形成于高温条件下（很少被周围海水稀释），且有效地保留了流体中氦的信息。

MORB 的 $^3He/^4He$ 值约为 $8.5R_a$（Graham，2002；Moreira and Allègre，1998），现代 OIB 中 $^3He/^4He$ 值变化范围更大，最大可达约 $33R_a$（Honda et al.，1993）。全球海底热液

流体中 ^{3}He/^{4}He 值变化范围为 5.7～10.0R_a（Keir et al.，2008；Jean-Baptiste et al.，2004，1998，1997，1991；Gamo et al.，2001；Charlou et al.，2000，1996a；Ishibashi et al.，1995，1994；Rudnick and Elderfield，1992；Merlivat et al.，1987； Welhan and Craig，1983；Lupton et al.，1980；Jenkins et al.，1978），其变化范围包含 MORB 的 ^{3}He/^{4}He 值，因此海底硫化物堆积体中 He 同位素组成可被用作 He 来源的示踪剂（Stuart et al.，1994a）。

EPR 13°N 附近热液硫化物中流体包裹体的 He、Ne 和 Ar 浓度在标准温度和压力下分别为 0.21×10^{-8}～8.85×10^{-8} cm^3 STP·g^{-1}、0.8×10^{-10}～7.8×10^{-10} cm^3 STP·g^{-1} 和 0.4×10^{-7}～5.8×10^{-7} cm^3 STP·g^{-1}。EPR 1°S～2°S 附近的 3 个热液硫化物样品中 ^{3}He/^{4}He（R_a）值变化不大（7.9～8.22R_a），处于 MORB 的范围内，硫化物中 ^{3}He/^{4}He（R_a）的放射性远比现代大气层低（Ozima et al.，2002），表明这些矿物是在高温热液流体条件下形成，且仅被周围微量的海水稀释，硫化物中流体包裹体缺乏放射性的 He，表明热液流体更倾向进入活动的岩浆系统中，而不是位于压力小于 1Ma 的洋壳中（Huchon et al.，1994；Tanahashi et al.，1991；Auzende et al.，1988）。

此外，EPR 1°S～2°S 附近硫化物样品中 ^{3}He/^{22}Ne 值和 ^{3}He/^{36}Ar 值相比大气层的 ^{3}He/^{22}Ne（4.36×10^{-6}）和 ^{3}He/^{36}Ar（2.33×10^{-6}）值（Ozima et al.，2002）偏高，而与洋中脊岩浆的相似［MORB 的 ^{3}He/^{22}Ne = 5.1，^{3}He/^{36}Ar = 0.45（Moreira and Allègre，1998）；OIB 的 ^{3}He/^{22}Ne ≈2.4，^{3}He/^{36}Ar ≈0.4（Füri et al.，2010；Raquin and Moreira，2009；Trieloff et al.，2000）］，这也表明其 He 直接源于岩浆去气过程（Zeng et al.，2015b，2001；Stuart et al.，1994b；Baker and Lupton，1990）。

本书硫化物样品中高含量的 He 与前人获得的海底硫化物中 He 含量数据相吻合（Zeng et al.，2015b，2014，2001；Webber et al.，2011；Lüders and Niedermann，2010；Jean-Baptiste and Fouquet，1996；Stuart et al.，1995，1994a，1994b；Turner and Stuart，1992），进一步表明其确实来自岩浆的去气过程，并被注入流动的热液流体系统中（Baker and Lupton，1990）。硫化物样品中的 He 含量明显要比低温热液条件下（<200℃）形成的贫 He 含量（Trull et al.，1991）的蛋白石矿物（Fouquet et al.，1988）高，且热液流体中 He 的含量在标准温度和压力下为 10^{-6}～10^{-5} cm^3 STP·g^{-1}（Fourre et al.，2006），明显比海水中的 He 含量（约 3.8×10^{-8} cm^3 STP·g^{-1}）高。此外，蛋白石中的 He 含量低，更可能是被周围海水稀释的结果（Jean-Baptiste and Fouquet，1996）。

二、Ne、Ar、Kr 及 Xe 同位素

硫化物样品中 ^{20}Ne、^{40}Ar、^{84}Kr 和 ^{132}Xe 含量在标准温度和压力下的变化范围分别是 0.0321×10^{-8}～0.794×10^{-8} cm^3 STP·g^{-1}、28.4×10^{-8}～511×10^{-8} cm^3 STP·g^{-1}、25.5×10^{-12}～418×10^{-12} cm^3 STP·g^{-1} 和 1.73×10^{-12}～20.7×10^{-12} cm^3 STP·g^{-1}，且 Ne、Ar、Xe 的同位素比值变化范围很小，其 ^{20}Ne/^{22}Ne、^{38}Ar/^{36}Ar 和 ^{129}Xe/^{132}Xe 值的变化范围分别为 9.748～9.853、0.1883～0.1886 和 0.979～0.983（表 3-23）。同时，硫化物中的 Ne、Ar 和 Xe 同位素组成与现代大气层的吻合（Ozima et al.，2002），而与 MORB 和 OIB 地幔端元的完全不同，进一步确认硫化物中的 Ne、Ar 和 Xe 直接来自周围的海水，这也

是海水进入热液流体的证据之一（Stuart et al.，1994a）。此外，硫化物中流体包裹体的 Ne、Ar、Kr、Xe 含量与气体饱和水中的类似，也进一步表明这些硫化物中的重稀有气体主要来自周围的海水（Zeng et al.，2015b）。

表 3-23 EPR1°S～2°S 附近热液硫化物中稀有气体含量及其同位素组成（Zeng et al.，2015b）

样品	S4-TVG1-1（Ⅰ）*	S4-TVG1-1（Ⅱ）	S4-TVG1-2*	S6-TVG3*
矿物	黄铁矿	黄铁矿	黄铁矿	黄铁矿
重量/g	0.78554	0.5678	1.1015	0.882
^{4}He	0.765±0.038	2.21±0.11	0.542±0.027	4.18±0.21
^{20}Ne	0.0321±0.0021	0.278±0.016	0.1125±0.0074	0.794±0.036
^{40}Ar	28.4±4.6	158±11	114±10	511±70
^{3}He/^{4}He（R_a）	8.1±0.71	7.9±0.7	8.2±0.9	8.22±0.44
^{20}Ne/^{22}Ne	9.748±0.048	9.853±0.077	9.820±0.034	9.824±0.024
^{21}Ne/^{22}Ne	0.02930±0.00094	0.02896±0.00036	0.02889±0.00041	0.02873±0.00021
^{40}Ar/^{36}Ar	298.4±1.4	295.8±1.5	297.0±2.3	295.6±2.1
^{38}Ar/^{36}Ar	0.1886±0.0010	0.1884±0.0011	0.1885±0.0011	0.1883±0.0010
^{84}Kr	25.5±2.1	149±11	82.0±6.2	418±46
^{132}Xe	1.73±0.12	$10.93^{+0.90}_{-0.80}$	$4.49^{+0.39}_{-0.23}$	20.7±1.1
^{128}Xe/^{132}Xe	0.0703±0.0053	0.0728±0.0022	0.0719±0.0016	0.0724±0.0015
^{129}Xe/^{132}Xe	0.980±0.025	0.983±0.011	0.979±0.012	0.9825±0.0078
^{130}Xe/^{132}Xe	0.1524±0.0093	0.1510±0.0028	0.1516±0.0026	0.1520±0.0021
^{131}Xe/^{132}Xe	0.800±0.019	0.7855±0.0092	0.785±0.011	0.7891±0.0049
^{134}Xe/^{132}Xe	0.387±0.010	0.3865±0.0049	0.3849±0.0071	0.3871±0.0036
^{136}Xe/^{132}Xe	0.329±0.013	0.3272±0.0040	0.3273±0.0059	0.3284±0.0032

注：在标准温度和压力下，^{4}He、^{20}Ne 和 ^{40}Ar 含量单位为 10^{-8}cm^3 STP·g^{-1}，^{84}Kr 和 ^{132}Xe 含量单位为 10^{-12}cm^3 STP·g^{-1}；*代表的样品在 100℃下烘烤 24h 后粉碎。

第八节 硫化物的铼-锇同位素组成

一、Re-Os 含量及同位素组成

表 3-24 展示了 EPR 各热液活动区块状硫化物中 Re-Os 的含量及其同位素组成数据。在 EPR 13°N 和 EPR 1°S～2°S 附近、MAR、CIR、SWIR 和 BAB 的热液硫化物样品中，其 Os 含量为 1.70～79.90pg·g^{-1}，Re 含量为 0.10～73.60ng·g^{-1}［表 3-24，图 3-39（a）和（b）］。其中，BAB 中 S99HF 热液硫化物样品的 Re 含量变化范围最大（0.10～73.60ng·g^{-1}），其具两个最大值（44.45ng·g^{-1} 和 73.60ng·g^{-1}）和一个最小值（0.10ng·g^{-1}）（表 3-24）。CIR 中 EHF 硫化物样品的 Os 含量比其他热液区的变化范围更大（1.70～79.90pg·g^{-1}），而如果排除三个样品 IR05-TVG12-8-2、IR05-TVG13-9.2-1、19Ⅲ-S18-TVG9 之后，则剩余样品中 Os 含量的变化范围较小（1.70～8.84pg·g^{-1}）（表 3-24）。在 EPR 13°N 附近，硫化物样品中的 Os

表 3-24 EPR 各热液活动区块状硫化物中的 Re-Os 含量及其同位素组成（Zeng et al., 2014）

样品号	矿物组成	Re /(ng·g⁻¹)	±2σ	Os /(pg·g⁻¹)	±2σ	¹⁸⁷Re/¹⁸⁸Os	±2σ	¹⁸⁷Os/¹⁸⁸Os	±2σ	(¹⁸⁷Os/¹⁸⁸Os)ᵢ	Fe/%	Cu /(μg·g⁻¹)	Zn /(μg·g⁻¹)	Pb /(μg·g⁻¹)
EPR 13°S 附近														
EPR05-TVG1-2-1	Py	1.26	0.03	16.70	0.73	410.5	43.7	1.090	0.117	1.090	45.9	8169	4170	35.10
EPR05-TVG1-2-5	Py	1.53	0.02	13.50	0.50	610.6	52.7	1.038	0.094	1.038	45.9	11430	488	39.90
EPR05-TVG1-3-1	Py	4.59	0.02	25.11	0.55	987.6	46.9	1.057	0.056	1.057	46.2	8272	6083	94.70
EPR05-TVG1-3-2	Py	1.05	0.02	5.74	0.44	990.6	187.1	1.046	0.209	1.046	46.4	15935	141	17.00
EPR05-TVG2-1-1	Py	15.91	0.07	46.18	0.73	1857.6	58.9	1.037	0.039	1.036	47.1	227	2801	223.50
EPR05-TVG2-1-6	Py + Sp	11.54	0.04	53.36	0.78	1155.6	33.3	0.961	0.034	0.961	45.2	1610	34790	243.00
EPR 1°S~2°S 附近														
20III-S4-TVG1-1-1	Py	26.8	0.09	3.21	0.45	45589.5	16091.1	1.143	0.416	1.141	40.9	5958	865	1.15
20III-S4-TVG1-2-1	Py + Cpy	0.55	0.02	8.85	0.48	334.0	45.0	1.070	0.145	1.070	37.8	40054	2334	0.80
20III-S6-TVG3	Py + Sp	3.54	0.02	12.95	0.49	1475.2	129.8	1.054	0.098	1.054	36.6	1393	51142	0.70
Logatchev 热液区（LHF），大西洋中脊（MAR）														
MAR05-TVG1-10-2	Py + Cpy	3.2	0.02	11.35	0.45	1450.3	133.4	0.645	0.066	0.645	37.3	125219	267	13.30
MAR05-TVG1-9	Cpy + Py	1.42	0.03	14.31	0.69	528.7	60.7	0.917	0.114	0.917	31.0	314180	1422	14.70
MAR05-TVG1-21	Cpy + Py + Sp	0.84	0.02	12.92	0.47	339.5	29.2	0.730	0.066	0.730	27.9	344227	20820	41.40
Kairei 热液区（KHF），中印度洋脊（CIR）														
IR05-TVG9-1	Py + Cpy	2.21	0.03	10.22	0.69	1174.5	193.1	1.109	0.189	1.109	42.3	76665	3054	27.90
IR05-TVG9-3	Py + Cpy	19.78	0.07	3.31	0.45	32379.8	10888.0	1.093	0.380	1.092	42.7	70004	30130	45.90
19III-S12-TVG6	Cpy	0.22	0.02	5.84	0.46	206.3	44.4	1.067	0.215	1.067	24.1	376988	801	1.54
Edmond 热液区（EHF），中印度洋脊（CIR）														
IR05-TVG12-5-4	Sp + Py	0.11	0.02	2.56	0.43	237.7	108.3	1.029	0.450	1.029	8.61	5560	492389	216.00
IR05-TVG12-8-2	Sp + Py	1.63	0.02	13.96	0.49	629.8	52.0	1.041	0.090	1.041	25.1	5287	246400	758.00
IR05-TVG12-8-3	Sp + Py	0.22	0.02	7.40	0.46	157.9	28.1	1.052	0.167	1.052	18.6	854	405000	1024.00

续表

样品号	矿物组成	Re/(ng·g⁻¹)	±2σ	Os/(pg·g⁻¹)	±2σ	^{187}Re/^{188}Os	±2σ	^{187}Os/^{188}Os	±2σ	(^{187}Os/^{188}Os)$_i$	Fe/%	Cu/(μg·g⁻¹)	Zn/(μg·g⁻¹)	Pb/(μg·g⁻¹)
IR05-TVG12-9-1	Sp+Py	0.12	0.02	8.68	0.02	73.4	15.9	1.004	0.138	1.004	14.9	912	455500	1571.00
IR05-TVG12-11	Sp+Py	0.15	0.02	8.84	0.02	90.0	16.6	1.038	0.137	1.038	14.9	1010	443500	1560.00
IR05-TVG12-12	Sp+Py	0.17	0.02	7.58	0.02	123.3	22.4	1.025	0.153	1.025	14.4	1058	425900	1528.00
IR05-TVG12-14	Sp+Py	0.10	0.0	8.40	0.0	64.7	15.2	1.094	0.149	1.094	11.9	938	432404	1515.00
IR05-TVG13-4-1	Cpy+Py+Sp	1.00	0.0	6.00	0.0	861.2	159.5	1.125	0.215	1.125	32.2	114193	40755	959.00
IR05-TVG13-9.1	Py	0.50	0.0	1.70	0.0	1514.3	1002.3	1.209	0.82	1.209	38.4	803	270	677.00
IR05-TVG13-9.2-1	Py+Cpy	1.50	0.0	11.80	0.0	684.0	65.1	1.058	0.105	1.058	36.4	39067	10404	748.00
19Ⅲ-S18-TVG9	Py+Cpy	33.50	0.1	79.90	1.10	2264.0	56.2	1.048	0.034	1.048	43.8	39713	332	442.00
A区，西南印度洋脊（SWIR）														
19Ⅱ-S7-TVG4	Py+Sp	0.30	0.0	2.70	0.40	560.6	233.2	0.968	0.413	0.968	12.0	2575	244281	337.00
20Ⅴ-S35-TVG17-3-2	Po+Py	3.50	0.0	13.30	0.50	1399.0	120.1	0.993	0.090	0.993	41.3	2637	2480	134.00
20Ⅴ-S35-TVG17-4-2	Po+Py	4.20	0.0	9.20	0.50	2494.5	307.6	1.076	0.140	1.076	41.1	2580	1386	121.00
20Ⅴ-S35-TVG17-7	Po+Py	1.50	0.0	10.20	0.50	813.9	93.1	1.174	0.140	1.174	—	—	—	—
21Ⅶ-TVG22	Cpy+Py	12.40	0.0	37.30	0.70	1792.4	64.7	1.061	0.045	1.061	40.6	73348	515	17.40
S99热液区（S99HF），北斐济（NFB），弧后盆地（BAB）														
113.1GTV-1	Py	4.79	0.03	19.46	0.61	1330.4	93.8	1.053	0.087	1.053	37.9	10357	7875	227.00
113.1GTV-2	Py+Cpy	4.97	0.03	18.84	0.60	1426.3	102.8	1.057	0.089	1.057	36.0	22903	3734	143.00
42GTV-1	Py+Cpy	44.45	0.15	2.83	0.44	85800.7	33324.5	1.160	0.466	1.160	39.0	48071	5146	240.00
42GTV-3	Py+Cpy	73.60	0.25	3.96	0.45	100334.7	28260.7	1.052	0.310	1.052	29.3	197581	10239	78.40
113.2GTV	Py+Cpy+Sp	0.79	0.02	14.61	0.54	291.1	25.8	1.066	0.102	1.066	38.3	20238	15960	297.00
26.1GTV-1	Sp	0.10	0.02	2.15	0.38	252.1	120.7	1.197	0.551	1.197	5.5	8896	520500	200.00
26.2GTV-1	Sp	0.18	0.02	4.21	0.45	234.0	66.1	1.051	0.287	1.051	6.6	7882	531900	289.00

注：Py-Fe硫化物，包括黄铁矿和白铁矿；Sp-Zn硫化物，包括闪锌矿和纤锌矿；"—"指没有检测结果。

含量，其变化范围也很大（5.74～53.36pg·g^{-1}）。此外，在热液硫化物样品中，黄铁矿和 Fe-Cu 硫化物矿物集合体中的 Re 含量要高于富 Zn 硫化物矿物集合体中的 Re 含量 [图 3-40（a）]，且 EPR 13°N 和 EPR 1°S～2°S 附近、LHF、EHF、KHF、A 区和 NFB 热液硫化物样品中的 Os 含量大致相似 [表 3-24 和图 3-39（a）]。

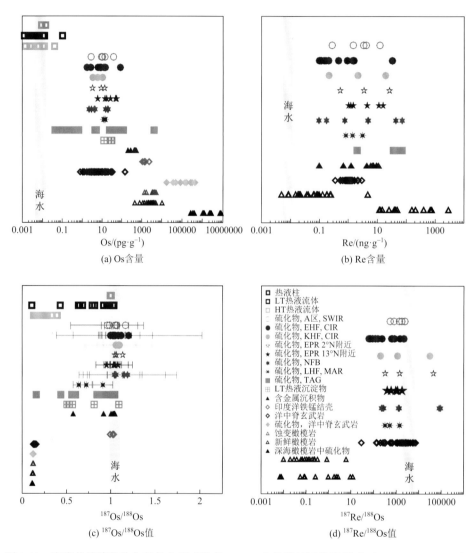

(a) Os含量　　　　　　　　　　　　(b) Re含量

(c) ^{187}Os/^{188}Os值　　　　　　　　　(d) ^{187}Re/^{188}Re值

图 3-39　海底热液硫化物与其他热液产物的 Re-Os 含量及其同位素组成（Zeng et al.，2014）

海底块状硫化物的 Re-Os 含量及其同位素组成数据引自 Brügmann et al.，1998、Ravizza et al.，1996 和本书；高温（HT）、低温（LT）热液流体和热液柱的数据引自 Sharma et al.，2007，2000；TAG 低温（LT）热液沉淀和含金属沉积物的数据引自 Ravizza et al.，1996；MORBs 以及 MORBs 中硫化物的 Re-Os 含量及其同位素组成数据引自 Schiano et al.，1997 和 Gannoun et al.，2007；深海橄榄岩和橄榄岩中硫化物的数据引自 Snow and Reisberg，1995 和 Harvey et al.，2006；海水的数据引自 Peucker- Ehrenbrink and Ravizza，2000

硫化物样品中 ^{187}Os/^{188}Os 值的变化范围为 0.645～1.209（表 3-24），且 ^{187}Os/^{188}Os 值与矿

物集合体类型（如 Fe-硫化物，Fe-Cu-硫化物，富 Zn-硫化物）不具相关性 [图 3-40（c）]。所有样品的 $^{187}Os/^{188}Os$ 值与 MORB 相比更具放射性特征 [图 3-40（c）]，且大多数 $^{187}Os/^{188}Os$ 值与现代海水值（约为 1.06）相似或稍低，类似于约 2ka 前的海水值（Peucker-Ehrenbrink and Ravizza，2000）[图 3-39（c）]。除此以外，仅有两个样品的 $^{187}Os/^{188}Os$ 值明显低于海水的（MAR05-TVG1-10-2 样品：0.645±0.066；MAR05-TVG1-21 样品：0.730±0.066）（图 3-39）。

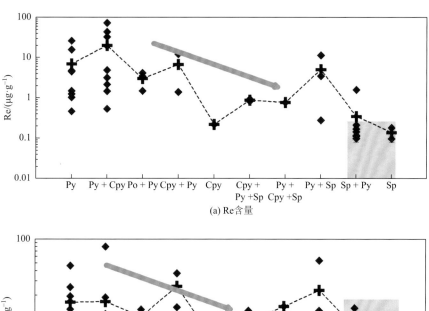

(a) Re含量

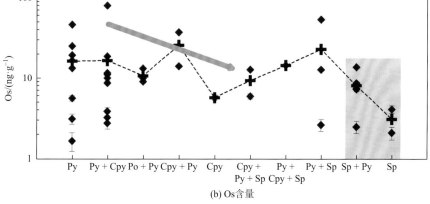

(b) Os含量

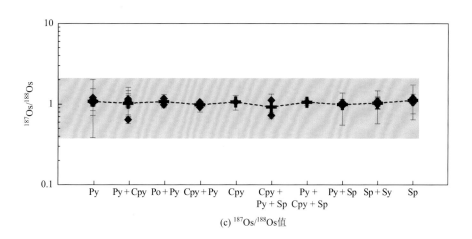

(c) $^{187}Os/^{188}Os$值

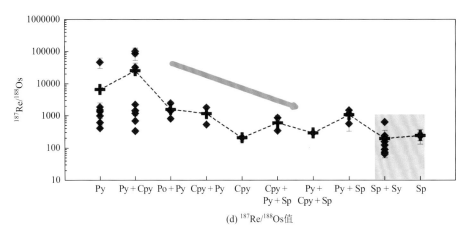

图 3-40　海底热液硫化物样品中不同硫化矿物集合体中的 Re-Os 含量及其同位素组成（Zeng et al.，2014）

◆在（a）～（d）中分别代表不同硫化矿物集合体中 Re 含量、Os 含量、$^{187}Os/^{188}Os$ 值、$^{187}Re/^{188}Os$ 值；✚在（a）～（d）中分别代表不同硫化矿物集合体中 Re 含量、Os 含量、$^{187}Os/^{188}Os$ 值、$^{187}Re/^{188}Os$ 值的平均值

　　此外，硫化物样品的 $^{187}Re/^{188}Os$ 值具有非常大的变化范围（64～100334）[图 3-40（d）]。在相对短的时间间隔内，^{187}Os 的内部增生可能改变硫化物样品的 $^{187}Os/^{188}Os$ 值（Brügmann et al.，1998），但是硫化物较年轻（1900～2100a，EPR 13°N 硫化物）（Lalou et al.，1985），尽管其 $^{187}Re/^{188}Os$ 值大（EPR05-TVG2-1-1 和 EPR05-TVG2-1-6），仍然可排除 Os 发生显著内部增生的可能。同时，大多数样品所呈现的相对恒定的 $^{187}Os/^{188}Os$ 值，以及其 Re/Os 值差异大，均表明 Os 也没有明显地内部增生（Brügmann et al.，1998）（表 3-24）。此外，热液硫化物样品中黄铁矿和 Fe-Cu 硫化物集合体的 $^{187}Re/^{188}Os$ 值通常高于闪锌矿和富 Zn-硫化矿物集合体 [图 3-40（d）]。

二、海水 Os 的贡献

　　MORB 的 Os 同位素组成为 0.133（Gannoun et al.，2007；Schiano et al.，1997），深海橄榄岩的 Os 同位素组成为 0.121（Harvey et al.，2006；Snow and Reisberg，1995）。同时，胡安·德富卡洋脊热液流体中的 $^{187}Os/^{188}Os$ 值为 0.110～1.040（Sharma et al.，2007，2000），处于洋中脊玄武岩和海水值（约 1.06）之间。不仅如此，现代和约 2ka 前海水的 Os 同位素都是放射性成因的（约 1.0）（Peucker-Ehrenbrink and Ravizza，2000），其与 MORB 和超基性岩中非放射性成因的 Os 同位素组成明显不同（Roy-Barman and Allègre，1994）。因此，海底热液硫化物中的 Os 同位素组成可以示踪其 Os 的来源，并用于推断金属活化过程中相关金属元素（Fe、Cu、Zn）的行为及物理化学作用（Brügmann et al.，1998）。

　　大多数海底硫化物的 $^{187}Os/^{188}Os$ 值变化范围较小（0.968～1.209）（图 3-41），与现代海水（约 1.06，Peucker-Ehrenbrink and Ravizza，2000）的接近，要比 MORB 的更具放射性 [图 3-41（a）]。EPR 13°N 和 EPR 1°S～2°S 附近、KHF、EHF、A 区和 S99HF 硫化物样品中的 Os 同位素数据表明，其 Os 主要来自海水 [图 3-41（b）]，可以作为海水进入热液

流体的证据（Ravizza et al.，1996；Roy-Barman and Allègre，1994）。即使是相同的古代 VMS 矿床，其初始 $^{187}Os/^{188}Os$ 同位素组成的变化也很大。以伊比利亚黄铁矿带为例，富硫化物网状脉矿床中黄铁矿的初始 Os 同位素比值为 0.451～1.080，明显低于富锡石网状脉矿床中黄铁矿（4.89～7.85）和块状铜-锡矿床中的（0.376～14.100）（Munhá et al.，2005；Mathuret al.，1999）。高的初始 $^{187}Os/^{188}Os$ 值被认为是受到后期热液和华力西期变质作用的影响（Munhá et al.，2005），这些比值不适合于研究同时期古海水的 Os 同位素组成。然而，使用伊比利亚黄铁矿带中 Neves-Corvo 富硫化物脉状矿床中的初始 $^{187}Os/^{188}Os$ 值（0.49±0.07），并根据最佳拟合计算结果所得的等时线年龄 [（358±29）Ma]（Munhá et al.，2005）显示，其与晚泥盆纪海水 [（358±9）Ma] 的非常相似（0.3～0.7，Harris et al.，2013），另外，中泥盆纪吉维阶（～385Ma）海水的 Os 同位素组成与南乌拉尔泥盆纪海底含金属沉积物的初始 Os 同位素组成相同（$^{187}Os/^{188}Os = 0.17～0.2$），且与 Alexandrinka 硫化物矿床有关（Harris et al.，2013；Tessalina et al.，2008）。不仅如此，在日本三波川变质带中，Iimori Besshi 型矿床中块状硫化物的 Re-Os 同位素组成，其模式等时线年龄为 148.4±1.4Ma，初始 $^{187}Os/^{188}Os$ 值为 0.41±0.14（Nozaki et al.，2013），与富有机质泥岩记录的古海水 $^{187}Os/^{188}Os$ 值相似（古海水年龄 155±4.3Ma，初始 $^{187}Os/^{188}Os$ 值为 0.59±0.07；Cohen et al.，1999），这些均表明古代的块状硫化物矿床是由古海水与热液流体混合作用形成的，其初始 $^{187}Os/^{188}Os$ 值在形成后的很长地质时间内不会被热液流体与变质作用所改变。如果这一推断正确，那么古代块状硫化物矿床中 Os 同位素比值可被用于讨论 Os 和相关金属元素的物质来源（Zeng et al.，2014）。

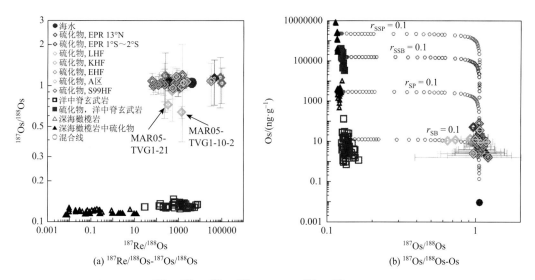

图 3-41　海底热液硫化物的 $^{187}Re/^{188}Os$-$^{187}Os/^{188}Os$ 图解与 $^{187}Os/^{188}Os$-Os 含量图解（Zeng et al.，2014）

海水与 MORBs 的混合曲线，混合参数 $r_{SB} = [^{188}Os]_{MORBs}/[^{188}Os]_{Seawater} = 0.1$，适合于块状硫化物中部分 Os 数据；海水与深海橄榄岩混合曲线，混合参数 $r_{SP} = [^{188}Os]_{abyssal\ peridotites}/[^{188}Os]_{Seawater} = 0.1$，适合于块状硫化物中部分 Os 数据；海水与 MORBs 中硫化物以及深海橄榄岩的混合曲线，混合参数分别为 $r_{SSB} = [^{188}Os]_{sulfides\ in\ MORBs}/[^{188}Os]_{Seawater} = 0.1$，$r_{SSP} = [^{188}Os]_{sulfides\ in\ abyssal\ peridotites\ MORBs}/[^{188}Os]_{Seawater} = 0.1$，$r$ 反映了混合曲线的弯曲程度（Langmuir et al.，1978）。$[^{188}Os]_{Seawater}$、$[^{188}Os]_{MORBs}$、$[^{188}Os]_{abyssal\ peridotites}$、$[^{188}Os]_{sulfides\ in\ MORBs}$、$[^{188}Os]_{sulfides\ in\ abyssal\ peridotites}$ 分别是海水、MORBs、深海橄榄岩、MORBs 中硫化物、深海橄榄岩中硫化物的 ^{188}Os 含量

进一步，海水中 Os 同位素组成随时间而变化（Peucker-Ehrenbrink and Ravizza，2012）。尽管，目前还缺乏古生代海水的记录，但是新生代海水的记录表明放射性 Os 同位素比值呈递增趋势，这意味着如果海底硫化物记录了海水的 Os 同位素组成，那么古代硫化物矿床中的 Os 同位素组成将是变化的。

另外，在 MAR 的 LHF，有两个样品中的 Os 同位素比值［0.645±0.066（MAR05-TVG1-10-2）和 0.730±0.066（MAR05-TVG1-21）］低于海水，表明其极可能受到海水中放射性成因 Os 和 MORB 或超基性岩蚀变释放出的非放射性成因 Os 的共同影响［图 3-41（a）］。根据 Langmuir 等（1978）提出的混合计算方法进行计算，结果表明通常被认为是为热液流体形成提供物质来源的 MORBs 端元，其与海水的混合曲线适用于硫化物样品中大多数 Os 同位素组成的数据点［图 3-41（b）］。不仅如此，低放射性的 $^{187}Os/^{188}Os$ 值表明来自洋壳蚀变的 Os 在热液流体与海水混合作用过程中进入热液流体中，这一过程可能发生在热液喷口位置或海底之下，而海水常常被夹带进入已存在的硫化物堆积体中。此外，将这两个硫化物样品（MAR05-TVG1-10-2 和 MAR05-TVG1-21）与其他硫化物（如 EPR 1°S～2°S 附近，KHF，S99HF）样品的 Os 同位素组成进行比较，结果表明其含有相对少的海水组分。

三、Re-Os 富集

部分海底硫化物样品中的 Re 含量（0.1～73.6ng·g^{-1}）（Zeng et al.，2014）低于 Iimori Besshi-型块状硫化物矿床（24～300ng·g^{-1}）（Nozaki et al.，2010），Alexandrinka 古海底热液系统（11～31ng·g^{-1}）（Tessalina et al.，2008），Dergamish 块状硫化物矿床（6～41ng·g^{-1}，Gannoun et al.，2003）和 Red Dog 矿床（0.644～383ng·g^{-1}）（Morelli et al.，2004）中的 Re 含量，但是类似于 TAG 热液区中硫化物（2.1～72ng·g^{-1}）（Brügmann et al.，1998）和 Ivanovka 块状硫化物矿床（0.18～6ng·g^{-1}）（Gannoun et al.，2003）。不仅如此，硫化物中 Re 含量的变化，反映了温度、氧化还原条件和热液流体络合作用的改变，Re 极易溶于氧化性海水中（大量的海水与热液流体相混合可形成氧化条件），导致硫化物中 Re 含量低，而热液流体还原条件下，Re 活动性低，因此易于在硫化物中富集（Xiong and Wood，1999；Brügmann et al.，1998；Keppler，1996）。

本书的海底硫化物样品中 Os 含量（1.7～79.9ng·g^{-1}）通常高于 TAG 热液区中块状硫化物的 Os 含量（0.04～4.20ng·g^{-1}）（Brügmann et al.，1998），且与古代块状硫化物相比，其 Os 含量要明显低于 Iimori Besshi-型块状硫化物矿（224～660ng·g^{-1}）（Nozaki et al.，2010），Alexandrinka 古海底热液系统（69～1071pg·g^{-1}）（Tessalina et al.，2008），Dergamish 和 Ivanovka 块状硫化物矿床（18～2463pg·g^{-1}）（Gannoun et al.，2003），以及 Red Dog 矿床的（14～3353pg·g^{-1}，Morelli et al.，2004）。由于高温热液系统中 Os 的高度活动性，EPR 13°N 和 EPR 1°S～2°S 附近、MAR、CIR、SWIR 和 BAB 块状硫化物样品中 Os 含量通常高于 TAG 热液区，表明这些地区的硫化物形成温度明显低于 TAG 热液区（＞300℃）（Chiba et al.，2001）。

在很多海底热液系统中，低温（＜200℃）条件下，可见硫化物烟囱体形成于弥散流喷口附近（Ames et al.，1993），且形成于不同流体温度条件下的硫化物集合体具有明显不同的主、微量元素组成,如 Pb 富集于硫化物集合体中的方铅矿和 Pb-As 硫酸盐矿物中,而这些矿物通常是在低温、轻微氧化条件下,由热液活动晚期或衰减期沉淀形成的(Kim et al.,2006;Kristall et al.,2006;Fouquet et al.,1996)。进一步,EHF 硫化物中 Os/Re 值与 Pb 含量(高达 0.15%,质量分数)具有正相关性($R^2 = 0.67$,$p < 0.01$,$n = 11$)[图 3-42(a)],则表明 Os 是在低温(约低于 200℃)的流体条件下进入硫化物的(Hannington et al.,1991)。

在海底热液硫化物中,Re 含量非常低(<1ng·g^{-1}),与 Fe 含量呈正相关性,而含量高的 Re(>10ng·g^{-1})则与 Fe 呈负相关性 [图 3-42(b)],这意味着块状硫化物中 Re 富集与 Fe 含量无关。某些 Fe 含量高的样品 [如 19Ⅲ-S18-TVG9 样品,其 Fe 含量为 43.8%(质量分数);IR05-TVG13-9.1 样品,其 Fe 含量为 38.4%(质量分数)] 具有最高的 Os 含量(79.9pg·g^{-1}),而某些则具有最低的 Os 含量(1.7pg·g^{-1}),表明这些硫化物样品中的 Os 含量不受 Fe 含量控制。同时,Re 含量非常低的(<0.2ng·g^{-1})海底硫化物样品具有非

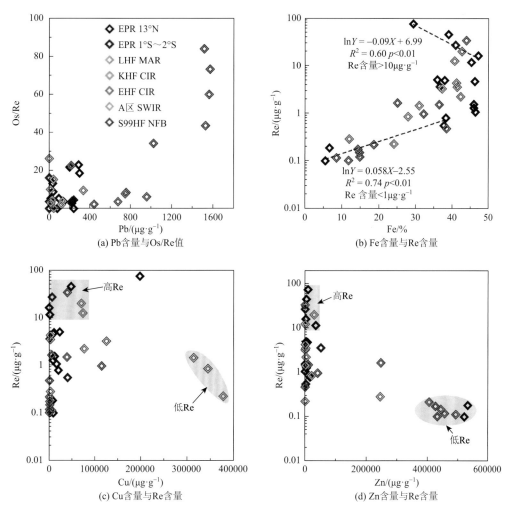

图 3-42 海底热液硫化物样品中 Pb 含量与 Os/Re 值、Fe 含量与 Re 含量、Cu 含量与 Re 含量及 Zn 含量与 Re 含量(Zeng et al.,2014)

热液硫化物样品 Re 含量<1ng·g^{-1},Re 与 Fe 呈正相关;Re 含量>10ng·g^{-1},Re 和 Fe 呈负相关

常低的 Cu 含量；Re 含量中等的（0.2～5ng·g^{-1}）海底热液硫化物样品，其 Cu 含量变化范围较大；而 Re 含量高的（＞5ng·g^{-1}）海底硫化物样品，其 Cu 含量也具有明显大的变化范围 [图 3-42（c）]。此外，Re 含量低的块状硫化物样品，通常其 Zn 含量较高 [图 3-42（d）]，而 Os/Re 值在富 Zn-硫化物矿物集合体样品中（如样品 26.1GTV-1、IR05-TVG12-8-3、IR05-TVG12-14）也高，表明在闪锌矿或富 Zn-硫化物集合体样品中 Re 比 Os 的相容性小，这也说明 Re-Os 富集与富 Zn-硫化物相无关。在古代 VMS 矿床如 Red Dog 矿床中也具有这种现象，其硫化物中黄铁矿的 Re 和 Os 含量高于闪锌矿（Morelli et al.，2004）。

另外，处于岛弧环境中的 Alexandrinka、Dergamish 和 Ivanovka 块状硫化物矿床，其硫化物的高 Os 含量，表明 ^{187}Re 衰变已造成硫化物中 ^{187}Os 富集（Tessalina et al.，2008；Brügmann et al.，1998），而泥盆纪流体中估算的最小 Os 含量（20pg·g^{-1}）（Tessalina et al.，2008）要比胡安·德富卡洋脊的热液流体高三个数量级（1.9～98pg·g^{-1}）（Sharma et al.，2007，2000）。对海底热液成因硫化物而言，洋中脊玄武岩亏损 Re 和 Os，这就可以作为 EPR 1°S～2°S 附近热液硫化物中 ^{187}Re/^{188}Os 值高的原因，即增高的 ^{187}Re/^{188}Os 值呈现出氧化性海水与还原性热液流体相互作用的特征（Brügmann et al.，1998）。

四、Re-Os 通量

现代海底热液硫化物可用于估算热液 Re 和 Os 的物质通量。前提条件是喷口流体一直提供 Re 和 Os，且其硫化物的 ^{187}Os/^{188}Os 值类似于现代海水值（约 1.06）。全球海底硫化物堆积体的总量可以用新的数据来估算，即 10000km 的洋中脊、岛弧和弧后扩张中心，分布着 6×10^{8}t 的热液硫化物资源量，其中铜和锌的资源量约为 3×10^{7}t（Hannington et al.，2011）。可用式（3-4）和式（3-5）估算海底硫化物中 Re 和 Os 的量：

$$S_{Re} = M_{sulfide} \times X_{Re} \tag{3-4}$$

$$S_{Os} = M_{sulfide} \times X_{Os} \tag{3-5}$$

式中，S_{Re} 和 S_{Os} 代表热液流体提供给海底硫化物堆积体的可溶性 Re 和 Os；$M_{sulfide}$ 代表海底硫化物堆积体的总量；X_{Re} 和 X_{Os} 分别代表硫化物中 Re 和 Os 的含量。以 EPR 13°N 和 EPR 1°S～2°S 附近、MAR、CIR、SWIR 和 BAB 的海底硫化物中 Re（0.1～73.60ng·g^{-1}）和 Os（1.7～79.9pg·g^{-1}）含量数据为基础，估算出热液流体为硫化物堆积体提供了 0.6～44t（平均 4t，$n = 38$）的 Re 和 1～48kg（平均 8kg，$n = 38$）的 Os。

另外，EPR 13°N 和 EPR 1°S～2°S 附近、LHF、KHF、EHF、A 区和 S99HF 的海底硫化物样品中 Os 富集是在低温热液流体条件下形成的。在洋中脊，低温（＜350℃）热液流体的通量是 6～12×10^{13}kg·a^{-1}（Elderfield and Schultz，1996）。假设 Sharma 等（2000）提出的低温热液流体中 Os 含量为 98pg·kg^{-1}，那么全球低温热液喷口 Os 通量应该为 5～11kg·a^{-1}，这远低于 Ravizza 等（1996）估算的 100kg·a^{-1}。基于这些数据可以看出，只需几年时间，仅洋中脊处低温热液喷口释放到海洋中的 Os 含量就要高于洋中脊、岛弧和弧后盆地中所有的海底低温热液硫化物堆积体中的 Os 含量，剩余 Os 的去处尚不清楚，但是与洋中脊热液系统及其热液柱有关的含金属沉积物、Fe-Mn 结壳和结核，其均相对富集 Os 的特征等却早为人所知（Burton et al., 1999; Ravizza et al., 1996; Ravizza and McMurtry, 1993; Palmer and Turekian, 1986），这意味着热液柱沉降形成含金属沉积物的同时，也可能从喷口流体带走大量的 Os（Zeng et al., 2014）。

第九节　海底热液循环系统及其热液成矿模式

通过了解 EPR 海底热液区的岩浆、构造环境，明确海底热液区的断层构造及其流体通道结构，揭示海底热液区及其邻区的岩浆活动及其形成与演化过程，剖析海底热液成矿与生物活动的关系，可进一步明确海底热液循环系统的结构与物质组成，揭示硫化物的形成机理，构建海底热液成矿模式。为此，在本书第一章、第二章的基础上，重点分析 EPR 热液硫化物的形成阶段、海水对热液硫化物的影响、硫化物的形成温度和热液 Fe-S-H_2O 系统的 Pourbaix 图，进而阐述 EPR 的热液成矿特征及模式。

一、热液硫化物形成阶段的划分

EPR 13°N 附近热液硫化物（ep-c）的形成至少经历了以下四个阶段（陈代庚，2009）。

（1）黄铁矿阶段：以黄铁矿为主并形成少量闪锌矿，矿物组合表现为 Py + Sp；

（2）黄铜矿阶段：黄铜矿交代早期的黄铁矿和闪锌矿，矿物粒径较大，矿物组合为 Py + Sp + Cpy；

（3）黄铁矿-闪锌矿阶段：闪锌矿交代早期形成的黄铁矿和黄铜矿，矿物组合为 Py + Sp±Cpy；

（4）闪锌矿阶段：矿物组合转变为以 Zn 硫化物为主，黄铜矿和闪锌矿交代早期生成的矿物，矿物组合为 Sp + Py + Cpy。

EPR 13°N 附近硫化物中常见矿物以 Fe 硫化物与 Zn 硫化物为主，经历了早期以 Fe 硫化物为主向晚期以 Zn 硫化物为主的转变过程。

二、海水对热液硫化物的影响

在海底热液硫化物形成后，海水可通过海底风化作用对硫化物产生影响。ep-s-1 层的硫化物被海底风化作用改造后产生了次生氧化矿物——针铁矿（Hékinian et al., 1980），使得该层明显相对富集 Al、P、Cu、Pb、Li、V、Mn、Co、Ni、Ga、Sr、Zr、Nb、Hf、Ta 和 REE，具有与海水一致的 REE 配分模式，而该层的 Cr、Ag、Cd、Cs、Ba、Au、Hg 和 Tl 则表现出不受海底风化作用的影响。同时，海底风化作用明显影响硫化物中元素之间的相关性。例如，热液硫化物中 P-Zr、Pb-Y、Mn-P、Pb-Hg 和 Hg-Sr 之间呈正相关性，Cs-Sr 之间呈负相关性，其与含次生氧化矿物的红褐色硫化物氧化层明显不一致，即海底风化作用使得该层中上述元素比值之间的相关性不存在（图 3-43）。此外，在中高温阶段所形成的硫化物中，Al/P-Fe/Cu 和 Li/Co-Fe/Cu 之间有良好的线性关系（$R^2>0.8$），且 Al/P 和 Li/Co 值随着 Fe/Cu 值的增加明显增加（图 3-44）。上述相关性是否存在于低温阶段和海底风化作用阶段则需要进一步研究证实。而且，不仅从高温到低温阶段，硫化物中 Ga/Au 和 Cr/Ba 值会呈现明显减小的趋势，且海底风化作用会使含次生氧化矿物的红褐色硫化物氧化层中 Ga/Au 和 Cr/Ba 值表现出增加或降低的特点（曾志刚等，2009）。

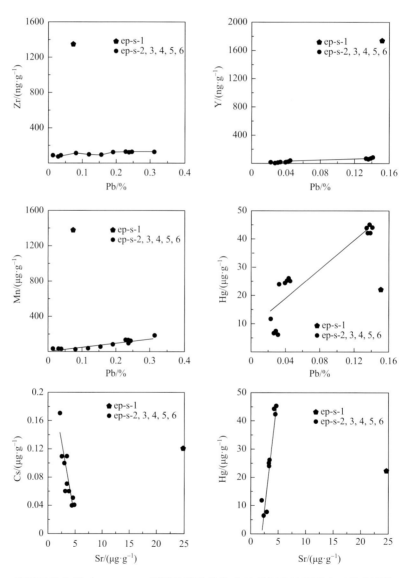

图 3-43　海底风化作用对 EPR 13°N 附近热液硫化物中元素相关性的影响（曾志刚等，2009）

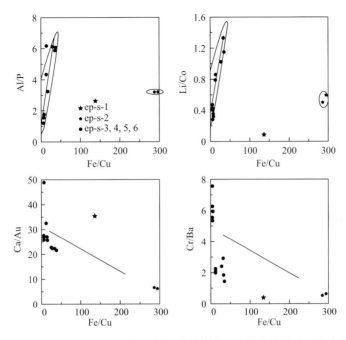

图 3-44　海底风化作用对 EPR 13°N 附近热液硫化物中元素比值的影响（曾志刚等，2009）

三、形成硫化物的流体温度

与高温流体（＞300℃）相比，低温（＜300℃）条件下喷口流体中 Cu、Mo 和 Co 的浓度显著偏低（Metz and Trefry，2000；Trefry et al.，1994），且喷口流体中 Zn、Cd、Pb、Ga 等元素的浓度在 214～365℃ 的温度范围内与温度无关（Metz and Trefry，2000）。因此，Cu、Mo 和 Co 等元素趋向于富集在黑烟囱体的硫化物中，而 Zn、Cd、Pb、Ga 等元素则趋向于富集在白烟囱体的硫化物中。换言之，Cu、Mo 和 Co 等元素趋向于在高温条件下自热液流体中沉淀，而 Zn、Cd、Pb、Ga 等元素则趋向于在中、低温条件下自热液流体中沉淀（Kim et al.，2006）。尽管如此，热液流体中的 Mo 在某些情况下并不一定表现出上述倾向，如 Mo 有可能以类质同象的形式进入 Zn 硫化物的晶格。此外，在大西洋洋中脊 15°N 附近的 Logatchev 热液区，流体观测结果表明，热液流体的 Cu/Zn 值在 170～350℃ 范围内与温度表现出明显的正相关性，即 Cu/Zn 值随温度降低而急剧降低（由约 1.5 降至＜0.5），但低温流体中 Mo 的浓度远高于高温流体（Schmidt et al.，2007）；与大西洋洋中脊 Snake Pit 热液区（$T=341℃$，Cu 浓度 35μmol·L^{-1}，Cu/Zn = 0.66）（Douville et al.，2002；Jean-Baptiste et al.，1991）、TAG 热液区（$T=363℃$，Cu 浓度 130μmol·L^{-1}，Cu/Zn = 1.57）（Douville et al.，2002；Charlou et al.，1996a）和 Rainbow 热液区（$T=365℃$，Cu 浓度 140μmol·L^{-1}，Cu/Zn = 0.88）（Charlou et al.，2002；Douville et al.，2002）的高温（＞300℃）热液流体相比，Cu 的浓度与温度明显呈正相关性。需要注意的是，Logatchev 热液区低温流体的 Cu/Zn 值（$T=280℃$，Cu/Zn = 0.78）明显高于大西洋洋中脊 Snake Pit 热液区，且 Logatchev 热液区高温（$T=300℃$）流体的 Cu/Zn 值（Cu 浓度 30.9μmol·L^{-1}，Cu/Zn = 1.19）远比 Rainbow 热液区的高温（$T=365℃$）流体高，这说明热液流体 Cu/Zn 值可能会因为流体化学组成的显著差异而出现不遵循与温度的正相关关系。

Koschinsky 等（2002）通过对北斐济海盆低温（<13℃）热液流体中金属元素进行研究，指出北斐济海盆低温流体 Cu 的浓度（0.15～0.54μmol·L^{-1}，Cu/Zn<0.04）远低于胡安·德富卡洋脊 Pipe Organ 喷口（T = 262℃，Cu 浓度 1.4μmol·L^{-1}，Cu/Zn = 0.003）（Butterfield and Massoth，1994；Trefry et al.，1994）、胡安·德富卡洋脊 Grotto 喷口（T = 357℃，Cu 浓度 21μmol·L^{-1}，Cu/Zn = 0.6）（Butterfield et al.，1994）和 EPR 17°S～19°S 喷口流体的（T = 340℃，Nadir site，Cu 浓度 10μmol·L^{-1}，Cu/Zn = 0.11；Akorta site，T>305℃，Cu 浓度 88μmol·L^{-1}，Cu/Zn = 0.28）（Charlou et al.，1996b），但其 Cu/Zn 值并未表现出与温度呈正相关关系。尽管如此，EPR 13°N 附近硫化物中元素含量的空间变化特征显示，微量元素 Co 与常量元素 Zn 在样品中的变化趋势一致（尤其是切片 ep-c-b-o 环带外缘至核部切片 ep-c-b-h），在样品 ep-c-b-o-1～3 和 ep-c-b-h 中元素的 Pearson 相关系数分别为 0.932 和 0.836，这说明 EPR 13°N 附近的 Zn 硫化物可能是 Co 的主要寄主矿物（陈代庚，2009）。因此，对于 EPR 13°N 附近硫化物而言，与 Co、Mo 及 Cu/Zn 值相比，Cu 的含量在各部位样品中的变化可能会更好地判识形成硫化物时流体的温度变化（从高温至低温）。

根据取样观察，EPR 13°N 附近硫化物切片 ep-c-o 中各部位形成次序为：ep-c-o-5→ep-c-o-4→ep-c-o-3→ep-c-o-2→ep-c-o-1；切片 ep-c-b 核部各部位形成次序为：ep-c-b-h1→ep-c-b-h2→ep-c-b-h3；ep-c-b-h4 则很可能代表了 EPR 13°N 附近热液硫化物形成晚期的矿物沉淀组合（陈代庚，2009）。

硫化物切片 ep-c-o 环带结构的 Cu 含量及元素比值由外缘 ep-c-o-1 至核部 ep-c-o-5 的变化（图 3-45）表明，其 Cu 含量、Mo/Pb 及 Cu/Pb 值呈指数函数规律升高；除 ep-c-o-4 外，其 Cu/Zn 值总体上也呈现出升高的趋势，这可能说明形成硫化物的流体由外缘至核部经历了一个由低温到高温的过程。同时，硫化物切片 ep-c-o 中环带构造（ep-c-o-1～ep-c-o-5）的 Zn/Cu、Pb/Cu、Co/Cu、V/Cu、Y/Cu、Zr/Cu、Cs/Cu、Rb/Cu、Mo/Cu 值与 1/Cu 之间呈显著的正线性相关性（图 3-46），Sr/Cu、Nb/Cu、Ba/Cu、Au/Cu 值取对数后与 1/Cu 之间呈显著的正线性相关，Mn/Cu 值与 1/Cu 之间呈显著的负线性相关性，这均说明由 ep-c-o-5 至 ep-c-o-1 对应温度由高温至低温的演化，Zn、Pb、Co、V、Rb、Sr、Y、Zr、Nb、Mo、Cs、Ba、Au、Mn 等元素的浓度很可能也随之发生了改变（Mn 趋向于亏损，微量元素 Sr、Ba、Nb、Au 按指数函数规律富集），即流体的化学组成也相应地发生了变化（陈代庚，2009）。

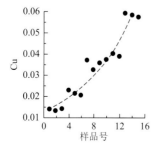
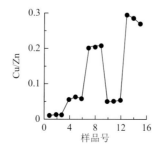
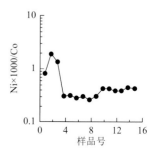

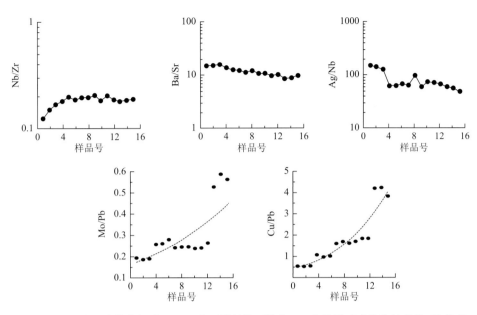

图 3-45 EPR 13°N 附近硫化物切片 ep-c-o 中环带外缘至核部 Cu 含量及元素比值的变化（陈代庚，2009）

图中样品号与表 3-8 中样品号对应关系见表 3-8

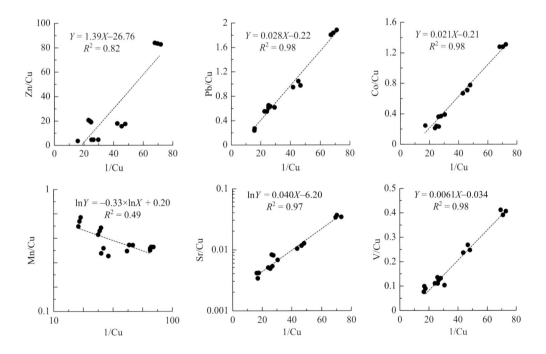

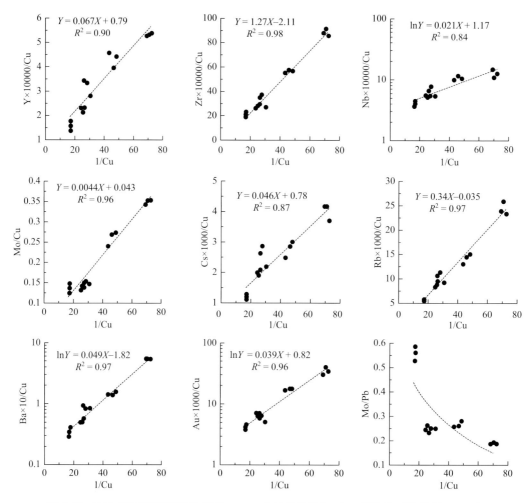

图 3-46   EPR 13°N 附近硫化物切片 ep-c-o 中元素比值与 1/Cu 相关性（陈代庚，2009）

    切片 ep-c-b 核部（ep-c-b-h1～ep-c-b-h3）Cu 含量及元素比值的变化（图 3-47）表明，Cu 含量、Mo/Pb 及 Cu/Pb 值由 ep-c-b-h1 至 ep-c-b-h3 也是按指数函数规律降低的。考虑到切片 ep-c-b 核部由 ep-c-h1 至 ep-c-h3 对应形成时间的先后次序，这说明形成硫化物的流体由 ep-c-b-h1 至 ep-c-b-h3 对应从高温演化至低温，并且硫化物样品中的 Mo/Pb 及 Cu/Pb 值可以用来指示形成硫化物的流体温度变化。切片 ep-c-b 核部（ep-c-b-h1～ep-c-b-h3）元素比值与 1/Cu（质量分数）的相关性（图 3-48）表明，V/Cu、Y/Cu、Zr/Cu、Nb/Cu、Rb/Cu、Mo/Cu 值与 1/Cu 之间表现出明显的正线性相关，Co/Cu、Ni/Cu、Sr/Cu、Cs/Cu、Ba/Cu、Au/Cu 值取对数后与 1/Cu 之间呈明显的正线性相关关系，这说明形成硫化物的流体由 ep-c-b-h1 至 ep-c-b-h3 对应于其温度由高温至低温变化，且其 Co、V、Rb、Sr、Y、Zr、Nb、Mo、Cs、Ba、Au 等元素的浓度很可能发生了富集（Co、Ni、Sr、Cs、Ba、Au 遵循指数函数规律），即流体的化学组成也相应地发生了变化。硫化物切片 ep-c-o 环带构造和切片 ep-c-b 核部样品中 Mo/Pb 值与 1/Cu 之间均呈负的幂函数相关性，进一步说明 EPR 13°N 附近热液硫化物样品中 Mo/Pb 值可以用来指示形成硫化物的流体温度变化。此外，通过比较硫化物切片 ep-c-o 的环带构造和切片 ep-c-b 核部样品中元素比值的变化（图 3-45 和图 3-47）还发现，硫化物中 Ni/Co、Ba/Sr 值对应于形成硫化物的流体由高温至低温的演化均呈现出减小的趋势（切片 ep-c-b 由核部向边部样品序号由低到高）（陈代庚，2009）。

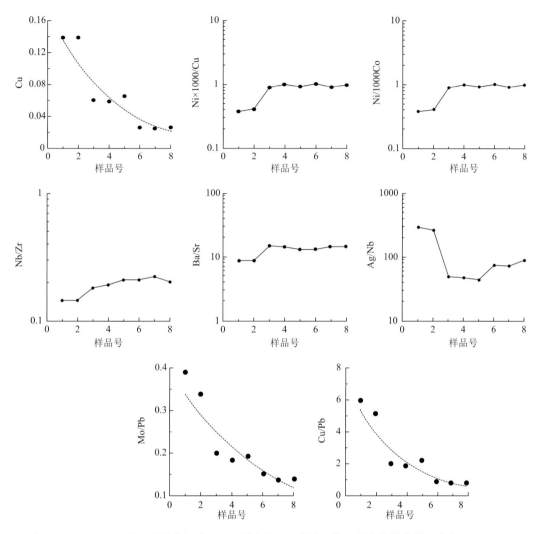

图 3-47　EPR 13°N 附近硫化物切片 ep-c-b 核部的 Cu 含量及其元素比值的变化（陈代庚，2009）

图中样品号与表 3-8 中样品号对应关系见表 3-8

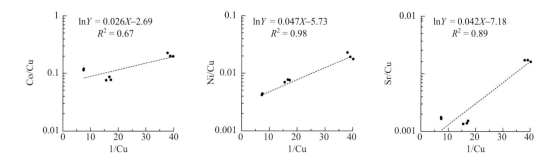

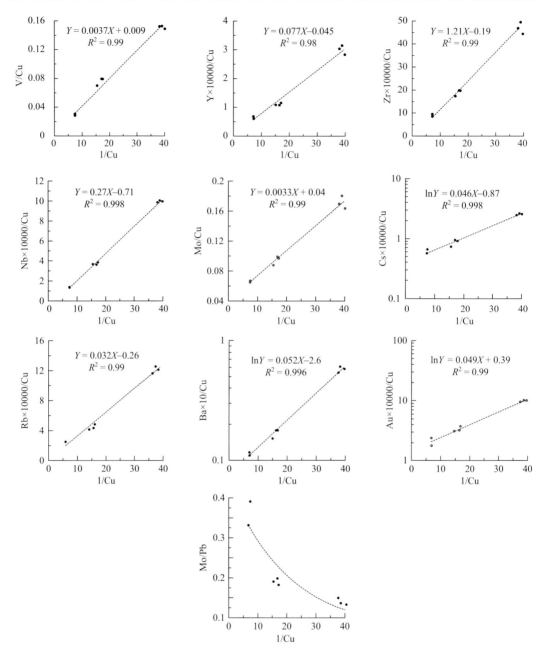

图 3-48　EPR 13°N 附近硫化物切片 ep-c-b 核部元素比值与 1/Cu 相关性（陈代庚，2009）

值得注意的是，EPR 13°N 附近硫化物因子 F_4 得分与 Cu 含量之间呈明显的正相关关系（图 3-49）。因子 F_4 特征元素组合为 Mo 和 Pb，这两个微量元素在因子 F_4 中的得分系数分别为 0.372、–0.320。从图 3-46 中则可以看出，Mo 的含量由 ep-c-o-1 至 ep-c-o-5 趋向于增加，由 ep-c-b-h1 至 ep-c-b-h3 趋向于降低；而 Pb 的含量由 ep-c-o-1 至 ep-c-o-5 趋向于降低，由 ep-c-b-h1 至 ep-c-b-h3 变化很小。Mo 和 Pb 元素的含量变化及二者在因子 F_4 中的得分系数决定了因子 F_4 在硫化物切片 ep-c-o 环带、ep-c-b 核部的演化趋势（图 3-50）。

这说明因子 F_4 携带了形成硫化物的流体温度演化的信息，且微量元素 Mo 在 EPR 13°N 附近硫化物形成过程中趋向于在高温条件下自热液流体进入矿物中沉淀（陈代庚，2009）。

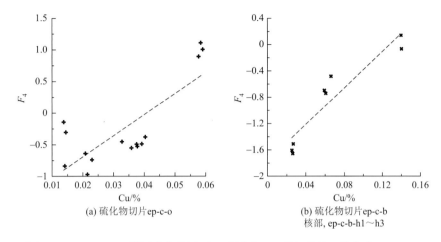

图 3-49 EPR 13°N 附近硫化物因子 F_4 得分与 Cu 的相关性（陈代庚，2009）

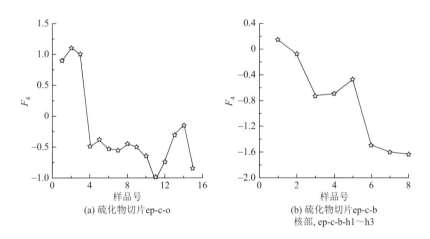

图 3-50 EPR 13°N 附近硫化物因子 F_4 得分的演化（陈代庚，2009）

图中样品号与表 3-8 中样品号对应关系见表 3-8

此外，鉴于因子 F_4 与因子 F_1、F_2、F_3 是正交的，F_4 在一定程度上反映的是形成硫化物的流体温度。这说明因子 F_1、F_2 和 F_3 已不受温度的影响，它们的变化很可能反映的是流体化学组成的变化。同时，以因子 F_1-Cu 含量数据点作图（图 3-51）可以看出，EPR 13°N 附近硫化物因子 F_1 得分与 Cu 含量之间不存在相关性（陈代庚，2009）。

通过比较 EPR 13°N 附近硫化物标准化的常量元素 Cu 含量、微量元素 Mo 含量、Mo/Pb 值及因子 F_4 得分的空间变化（图 3-52）（样品 ep-c-b-h4 及 ep-c-b-n 除外）可以看出，Cu 含量、Mo 含量、Mo/Pb 值及因子 F_4 得分标准化以后，其在样品中的变化趋势基本上一致，这进一步说明在 EPR 13°N 附近硫化物形成过程中，微量元素 Mo 与常量元素 Cu 均趋向

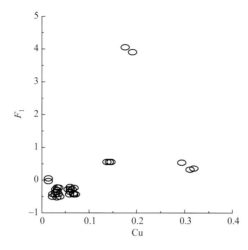

图 3-51　EPR 13°N 附近硫化物因子 F_1-Cu 图（陈代庚，2009）

于在高温条件下自热液流体中沉淀分离，而样品中 Cu 含量、Mo/Pb 值可以用来指示形成
硫化物的流体温度变化，且获得的因子 F_4（特征元素组合为 Mo、Pb）反映的很可能是形
成硫化物时的流体温度（陈代庚，2009）。

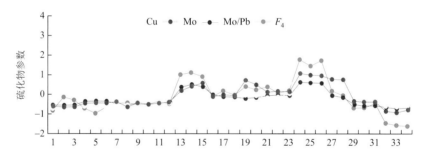

图 3-52　EPR 13°N 附近硫化物参数（标准化 Cu 含量、Mo 含量、Mo/Pb 值及因子 F_4 得分）的空间变化
（陈代庚，2009）

图中样品号与表 3-8 中样品号对应关系见表 3-8

四、EPR 13°N 附近热液 Fe-S-H$_2$O 系统的 Pourbaix 图及地质意义

（一）热液 Fe-S-H$_2$O 系统的热力学计算

Pourbaix 图在解释流体参与的地质过程研究中已得到广泛应用（Glynn et al.，2006；
Descostes et al.，2004；Filella et al.，2002；Pichler and Veizer，1999；Vink，1996），其中
一个重要的方面就是揭示地质过程中的流体物理化学条件。就海底热液活动来说，影响硫
化物矿物形成过程的物理化学条件包括流体的化学组成、氧逸度、硫逸度、Eh 和 pH 等。
与 Eh 相比，对氧逸度的测定和应用存在较大难度。如本章第三节所述，除以 Zn 硫化物
为主的样品 ep-c-b-h4-1、ep-c-b-h4-2 外，其他样品中最主要的优势矿物（predominant

mineral)是黄铁矿。因此，选择 Eh 作为一个重要的参考变量绘制 Fe-S-H$_2$O 系统的 Pourbaix 图，可以讨论研究区硫化物形成过程中 Eh、pH 的演化，即黄铁矿稳定场在由高温演化至低温过程中的变化，以及有助于了解黄铁矿形成过程中的主要化学反应过程。此外，可从热力学角度阐明研究区海底热液活动过程中黄铁矿沉淀的有效机制，并给出对应于硫化物矿化需要满足的快速及时埋藏条件的 Eh、pH 范围（陈代庚等，2010）。

从热力学角度来看，低温条件下的针铁矿（α-FeOOH）和赤铁矿是铁氧化物、铁羟基氧化物中最稳定的两种矿物。在 $p = p^{\ominus}$ 的条件下（p 为压力），由 α-FeOOH 失水转变为赤铁矿（α-Fe$_2$O$_3$），其临界温度为 250℃（Christel and Alexandra，1998）：

$$2FeOOH \rightarrow Fe_2O_3 + H_2O$$

就本研究区而言，近似取 $p = 266p^{\ominus}$ 时，相对 $\Delta_r G_m^{\ominus}$ 来说压力引起的 $\Delta_r G_m$ 的变化很小，且讨论低温条件下形成黄铁矿的过程时，以针铁矿作为 Eh 升高时最稳定的矿物。值得注意的是，海水压力变化会引起摩尔体积的变化，从而影响含水系统的化学平衡。此外，还存在其他由压力决定的影响离子——溶剂、离子间反应行为的物理化学因素（Byrne and Laurie，1999），且对这些影响还缺乏详细研究，因此，本书中暂未考虑由压力引起的这些影响。

实际测得研究区热液流体中总铁含量为 1800μmol·kg^{-1}，海水中总铁含量为 0.001μmol·kg^{-1}，结合前人对 EPR 13°N 附近热液流体的研究（Bowers et al.，1988；Michard et al.，1984）及热液颗粒物的观测结果（German et al.，2000），进行 Fe-S-H$_2$O 系统热力学计算时取 $\Sigma Fe = 10^{-3} mol·L^{-1}$、$\Sigma S = 4.8 \times 10^{-3} mol·L^{-1}$。再结合观察到的矿物组合，本研究区热液 Fe-S-H$_2$O 系统可以用以下 22 个独立反应来描述。

$$Fe^{3+} + e \rightarrow Fe^{2+} \tag{1}$$

$$Fe^{3+} + 2H_2O \rightarrow FeOOH + 3H^+ \tag{2}$$

$$FeOOH + 3H^+ + e \rightarrow Fe^{2+} + 2H_2O \tag{3}$$

$$Fe^{2+} + 2HSO_4^- + 14H^+ + 14e \rightarrow FeS_2 + 8H_2O \tag{4}$$

$$Fe^{2+} + 2SO_4^{2-} + 16H^+ + 14e \rightarrow FeS_2 + 8H_2O \tag{5}$$

$$FeOOH + 2SO_4^{2-} + 19H^+ + 15e \rightarrow FeS_2 + 10H_2O \tag{6}$$

$$3FeOOH + H^+ + e \rightarrow Fe_3O_4 + 2H_2O \tag{7}$$

$$HSO_4^- + 9H^+ + 8e \rightarrow H_2S + 4H_2O \tag{8}$$

$$HSO_4^- \rightarrow SO_4^{2-} + H^+ \tag{9}$$

$$SO_4^{2-} + 10H^+ + 8e \rightarrow H_2S + 4H_2O \tag{10}$$

$$H_2S \rightarrow HS^- + H^+ \tag{11}$$

$$SO_4^{2-} + 9H^+ + 8e \rightarrow HS^- + 4H_2O \tag{12}$$

$$Fe_3O_4 + 6SO_4^{2-} + 56H^+ + 44e \rightarrow 3FeS_2 + 28H_2O \tag{13}$$

$$FeS_2 + 4H^+ + 2e \rightarrow 2H_2S + Fe^{2+} \tag{14}$$

$$FeS + 2H^+ \rightarrow Fe^{2+} + H_2S \qquad (15)$$

$$FeS_2 + 2H^+ + 2e \rightarrow FeS + H_2S \qquad (16)$$

$$FeS_2 + H^+ + 2e \rightarrow FeS + HS^- \qquad (17)$$

$$3FeS_2 + 4H_2O + 4e \rightarrow Fe_3O_4 + 6HS^- + 2H^+ \qquad (18)$$

$$Fe_3O_4 + 3HS^- + 5H^+ + 2e \rightarrow 3FeS + 4H_2O \qquad (19)$$

$$Fe^{2+} + 2e \rightarrow Fe \qquad (20)$$

$$FeS + 2H^+ + 2e \rightarrow Fe + H_2S \qquad (21)$$

$$FeS + H^+ + 2e \rightarrow Fe + HS^- \qquad (22)$$

代入相关元素形式的 $\Delta_f G_m^{\ominus}$ （表 3-25）可求得上述各反应的 $\Delta_r G_m^{\ominus}$。

表 3-25　Fe-S-H$_2$O 系统各元素形式的生成吉布斯自由能（$\Delta_f G_m^{\ominus}$）*

元素形式	$\Delta_f G_m^{\ominus}$ (298.15K)/(kJ·mol^{-1})
Fe^{3+}（aq）	-16.7 ± 2.0（Robie and Hemingway，1995）
FeOH^{2+}（aq）	-242.23（Beverskog and Puigdomenech，1996）
Fe(OH)$_2^+$（aq）	-459.50（Beverskog and Puigdomenech，1996）
Fe^{2+}（aq）	-91.5（Kelsall and Williams，1991）
FeOH$^+$（aq）	-277.4（Kelsall and Williams，1991）
H$_2$O	-237.1 ± 0.1（Robie and Hemingway，1995）
Fe$_3$O$_4$（s）	-1012.57（Hemingway，1990）
α-FeOOH（针铁矿）	-489（Cornell and Schwertmann，1996）
FeS（硫铁矿，troilite）	-100.7（Mills，1974）
FeS$_2$（黄铁矿）	-160.2（Mills，1974）
α-Fe$_2$O$_3$	-744.3（Hemingway，1990）

*其他元素形式的 $\Delta_f G_m^{\ominus}$ 引自《物理化学》（傅献彩等，1990）

由能斯特公式反应（1）电极电势 $\varphi_1 = \dfrac{\Delta_r G_{m1}^{\ominus}}{-F} - \dfrac{2.303RT}{F} \lg \dfrac{a_{Fe^{2+}}}{a_{Fe^{3+}}}$，$T = 298.15$K 时代入 $\Delta_r G_{m1}^{\ominus} = -74.8$kJ·mol^{-1}，并由边界条件取 $a_{Fe^{2+}} = a_{Fe^{3+}}$ 即得反应（1）平衡线方程：

$$\varphi_1 = 0.775\text{V} \qquad (3\text{-}6)$$

此式与 pH 无关，在 Pourbaix 图中为一与横轴平行的直线。

反应（2）没有发生氧化还原，由等温方程式 $\dfrac{\Delta_r G_{m2}^{\ominus}}{2.303RT} = -\lg \dfrac{a_{H^+}^3}{a_{Fe^{3+}}}$，$T = 298.15$K 时代入 $\Delta_r G_{m2}^{\ominus} = 1.9$kJ·mol^{-1} 即得反应（2）平衡线方程：

$$\text{pH} = -\lg a_{H^+} = 1.1 \qquad (3\text{-}7)$$

此式与 Eh 无关，在 Pourbaix 图中为一与纵轴平行的直线。

反应（3）电极电势 $\varphi_3 = \dfrac{\Delta_r G_{m3}^{\ominus}}{-F} - \dfrac{2.303RT}{F}\lg\dfrac{a_{Fe^{2+}}}{a_{H^+}^3}$，$T = 298.15K$ 时代入 $\Delta_r G_{m3}^{\ominus} = -76.7kJ\cdot mol^{-1}$

即得反应（3）平衡线方程：

$$\varphi_3 = 0.972 - 0.177pH \tag{3-8}$$

反应（4）电极电势 $\varphi_4 = \dfrac{\Delta_r G_{m4}^{\ominus}}{-14F} - \dfrac{2.303RT}{14F}\lg\dfrac{1}{a_{Fe^{2+}}\cdot a_{HSO_4^-}^2\cdot a_{H^+}^{14}}$，代入 $\Delta_r G_{m4}^{\ominus} = -459.78kJ\cdot mol^{-1}$

可得反应（4）平衡线方程：

$$\varphi_4 = 0.308 - 0.0592pH \tag{3-9}$$

反应（5）电极电势 $\varphi_5 = \dfrac{\Delta_r G_{m5}^{\ominus}}{-14F} - \dfrac{2.303RT}{14F}\lg\dfrac{1}{a_{Fe^{2+}}\cdot a_{SO_4^{2-}}^2\cdot a_{H^+}^{16}}$，代入 $\Delta_r G_{m5}^{\ominus} = -481.52kJ\cdot mol^{-1}$

可得反应（5）平衡线方程：

$$\varphi_5 = 0.324 - 0.0676pH \tag{3-10}$$

反应（6）电极电势 $\varphi_6 = \dfrac{\Delta_r G_{m6}^{\ominus}}{-15F} - \dfrac{2.303RT}{15F}\lg\dfrac{1}{a_{SO_4^{2-}}^2\cdot a_{H^+}^{19}}$，代入 $\Delta_r G_{m6}^{\ominus} = -558.22kJ\cdot mol^{-1}$

可得反应（6）平衡线方程：

$$\varphi_6 = 0.368 - 0.0749pH \tag{3-11}$$

反应（7）电极电势 $\varphi_7 = \dfrac{\Delta_r G_{m7}^{\ominus}}{-F} - \dfrac{2.303RT}{F}\lg\dfrac{1}{a_{H^+}}$，代入 $\Delta_r G_{m7}^{\ominus} = -19.77kJ\cdot mol^{-1}$ 即得

反应（7）平衡线方程：

$$\varphi_7 = 0.205 - 0.0592pH \tag{3-12}$$

反应（8）电极电势 $\varphi_8 = \dfrac{\Delta_r G_{m8}^{\ominus}}{-8F} - \dfrac{2.303RT}{8F}\lg\dfrac{a_{H_2S}}{a_{Fe^{2+}}\cdot a_{HSO_4^-}\cdot a_{H^+}^9}$，代入 $\Delta_r G_{m8}^{\ominus} = -222.96kJ\cdot mol^{-1}$

可得反应（8）平衡线方程：

$$\varphi_8 = 0.289 - 0.0666pH \tag{3-13}$$

反应（9）没有发生氧化还原，由等温方程式 $\dfrac{\Delta_r G_{m9}^{\ominus}}{2.303RT} = -\lg\dfrac{a_{HSO_4^-}}{a_{SO_4^{2-}}\cdot a_{H^+}}$，代入 $\Delta_r G_{m9}^{\ominus} = -10.87kJ\cdot mol^{-1}$，由边界条件取 $a_{HSO_4^-} = a_{SO_4^{2-}}$ 即得反应（9）平衡线方程：

$$pH = -\lg a_{H^+} = 1.9 \tag{3-14}$$

反应（10）电极电势 $\varphi_{10} = \dfrac{\Delta_r G_{m10}^{\ominus}}{-8F} - \dfrac{2.303RT}{8F}\lg\dfrac{a_{H_2S}}{a_{SO_4^{2-}}\cdot a_{H^+}^{10}}$，代入 $\Delta_r G_{m10}^{\ominus} = -233.77kJ\cdot mol^{-1}$

可得反应（10）平衡线方程：

$$\varphi_{10} = 0.303 - 0.0740pH \tag{3-15}$$

反应（11）没有发生氧化还原，由等温方程式 $\dfrac{\Delta_r G_{m11}^{\ominus}}{2.303RT} = -\lg\dfrac{a_{HS^-}\cdot a_{H^+}}{a_{H_2S}}$，代入 $\Delta_r G_{m11}^{\ominus} = 39.95kJ\cdot mol^{-1}$，由边界条件取 $a_{H_2S} = a_{HS^-}$ 即得反应（11）平衡线方程：

$$pH = -\lg a_{H^+} = 7 \tag{3-16}$$

反应（12）电极电势 $\varphi_{12} = \dfrac{\Delta_r G^{\ominus}_{m12}}{-8F} - \dfrac{2.303RT}{8F} \lg \dfrac{a_{HS^-}}{a_{SO_4^{2-}} \cdot a^9_{H^+}}$，代入 $\Delta_r G^{\ominus}_{m12} = -193.82kJ \cdot mol^{-1}$

可得反应（12）平衡线方程：

$$\varphi_{12} = 0.251 - 0.0666pH \qquad (3-17)$$

反应（13）电极电势 $\varphi_{13} = \dfrac{\Delta_r G^{\ominus}_{m13}}{-44F} - \dfrac{2.303RT}{44F} \lg \dfrac{1}{a^6_{SO_4^{2-}} \cdot a^{56}_{H^+}}$，代入 $\Delta_r G^{\ominus}_{m13} = -1654.89kJ \cdot mol^{-1}$

即得反应（13）平衡线方程：

$$\varphi_{13} = 0.371 - 0.0753pH \qquad (3-18)$$

反应（14）电极电势 $\varphi_{14} = \dfrac{\Delta_r G^{\ominus}_{m14}}{-2F} - \dfrac{2.303RT}{2F} \lg \dfrac{a_{Fe^{2+}} \cdot a^2_{H_2S}}{a^4_{H^+}}$，代入 $\Delta_r G^{\ominus}_{m14} = 13.98kJ \cdot mol^{-1}$

可得反应（14）平衡线方程：

$$\varphi_{14} = 0.154 - 0.118pH \qquad (3-19)$$

反应（15）没有发生氧化还原，由等温方程式 $\dfrac{\Delta_r G^{\ominus}_{m15}}{2.303RT} = -\lg \dfrac{a_{Fe^{2+}} \cdot a_{H_2S}}{a^2_{H^+}}$，代入 $\Delta_r G^{\ominus}_{m15} =$

$-18.16kJ \cdot mol^{-1}$ 可得反应（15）平衡线方程：

$$pH = -\lg a_{H^+} = 4.25 \qquad (3-20)$$

反应（16）电极电势 $\varphi_{16} = \dfrac{\Delta_r G^{\ominus}_{m16}}{-2F} - \dfrac{2.303RT}{2F} \lg \dfrac{a_{H_2S}}{a^2_{H^+}}$，代入 $\Delta_r G^{\ominus}_{m16} = 32.14kJ \cdot mol^{-1}$ 即得

反应（16）平衡线方程：

$$\varphi_{16} = -0.097 - 0.0592pH \qquad (3-21)$$

反应（17）电极电势 $\varphi_{17} = \dfrac{\Delta_r G^{\ominus}_{m17}}{-2F} - \dfrac{2.303RT}{2F} \lg \dfrac{a_{HS^-}}{a_{H^+}}$，代入 $\Delta_r G^{\ominus}_{m17} = 72.09kJ \cdot mol^{-1}$ 即得

反应（17）平衡线方程：

$$\varphi_{17} = -0.305 - 0.0296pH \qquad (3-22)$$

反应（18）电极电势 $\varphi_{18} = \dfrac{\Delta_r G^{\ominus}_{m16}}{-4F} - \dfrac{2.303RT}{4F} \lg a^6_{HS^-} \cdot a^2_{H^+}$，代入 $\Delta_r G^{\ominus}_{m18} = 491.97kJ \cdot mol^{-1}$

可得反应（18）平衡线方程：

$$\varphi_{18} = -0.863 + 0.0296pH \qquad (3-23)$$

反应（19）电极电势 $\varphi_{19} = \dfrac{\Delta_r G^{\ominus}_{m19}}{-2F} - \dfrac{2.303RT}{2F} \lg \dfrac{1}{a^3_{HS^-} \cdot a^5_{H^+}}$，代入 $\Delta_r G^{\ominus}_{m19} = -275.7kJ \cdot mol^{-1}$

即得反应（19）平衡线方程：

$$\varphi_{19} = 0.811 - 0.148pH \qquad (3-24)$$

反应（20）电极电势 $\varphi_{20} = \dfrac{\Delta_r G^{\ominus}_{m20}}{-2F} - \dfrac{2.303RT}{2F} \lg \dfrac{1}{a_{Fe^{2+}}}$，代入 $\Delta_r G^{\ominus}_{m20} = 91.5kJ \cdot mol^{-1}$，取

$a_{Fe^{2+}} = 10^{-3}$ 即得反应（20）平衡线方程：

$$\varphi_{20} = -0.563V \qquad (3-25)$$

此式与 pH 无关，在 Pourbaix 图中为一与横轴平行的直线。

反应（21）电极电势 $\varphi_{21} = \dfrac{\Delta_r G_{m21}^{\ominus}}{-2F} - \dfrac{2.303RT}{2F} \lg \dfrac{a_{H_2S}}{a_{H^+}^2}$，代入 $\Delta_r G_{m21}^{\ominus} = 73.34 kJ \cdot mol^{-1}$ 即得

反应（21）平衡线方程：

$$\varphi_{21} = -0.311 - 0.0592pH \tag{3-26}$$

反应（22）电极电势 $\varphi_{22} = \dfrac{\Delta_r G_{m22}^{\ominus}}{-2F} - \dfrac{2.303RT}{2F} \lg \dfrac{a_{HS^-}}{a_{H^+}}$，代入 $\Delta_r G_{m22}^{\ominus} = 113.29 kJ \cdot mol^{-1}$ 即得反应（22）平衡线方程：

$$\varphi_{22} = -0.518 - 0.0296pH \tag{3-27}$$

（二）热液 Fe-S-H₂O 系统 Pourbaix 图的地质意义

在 $T = 298.15K$ 时，根据上述的平衡线方程［式（3-6）～式（3-27）］，绘制了 Pourbaix 图（图3-53）（陈代庚，2009）。图中（a）线实际上是水［H₂O（l）］稳定区上限，电极反应为

$$O_2(g) + 4H^+ + 4e \rightarrow 2H_2O(l) \tag{a}$$

电极电势 $\varphi_a = \dfrac{\Delta_r G_{ma}^{\ominus} - RT \cdot \ln(226 p^{\ominus}/p^{\ominus})}{-4F} - \dfrac{2.303RT}{2F} \lg \dfrac{1}{a_{H^+}^4 a_{O_2}}$，代入 $\Delta_r G_{ma}^{\ominus} = -474.2 kJ \cdot mol^{-1}$，

并取 $a_{O_2} = 10^{-6}$（实际上应低于此值）可得该平衡线方程为

$$\varphi_a = 1.175 - 0.0592pH \tag{3-28}$$

根据 Born-Harber 循环作压力校正后该反应电极电势为（b）线，其是水稳定区下限，电极反应为

$$2H^+ + 2e \rightarrow H_2(g) \tag{b}$$

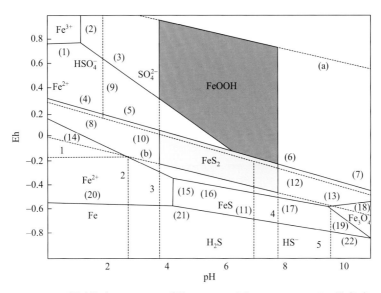

图 3-53　EPR 13°N 附近热液 Fe-S-H₂O 系统 Pourbaix 图（$T = 298.15K$）（陈代庚，2009）

1 线，Eh=-0.179；2 线，pH = 2.82；3 线，pH = 3.8，即热液 pH 下限；4 线，pH = 7.8 即海水 pH 上限；5 线，pH = 9.58

根据 Born-Harber 循环作压力校正后，其电极电势为

$$\varphi_b = \frac{\Delta_{\mathrm{r}} G_{\mathrm{m}b}^{\ominus} - \mathrm{RT} \cdot \ln(267 p^{\ominus}/p^{\ominus})}{-2F} - \frac{2.303\mathrm{RT}}{2F} \lg \frac{a_{\mathrm{H}_2}}{a_{\mathrm{H}^+}^2} \text{，} \quad 代入 \ \Delta_{\mathrm{r}} G_{\mathrm{m}b}^{\ominus} = 0\mathrm{kJ \cdot mol^{-1}}，并取$$

$a_{\mathrm{H}_2} = 10^{-2}$，可得该反应平衡线方程为

$$\varphi_b = -0.0126 - 0.0592\mathrm{pH} \tag{3-29}$$

1、2 线分别对应反应（14）与（b）交点的 Eh、pH，5 线对应反应（18）与（b）交点的 pH。从 Pourbaix 图中可以看出，在 $\Sigma\mathrm{Fe} = 10^{-3}\mathrm{mol \cdot L^{-1}}$、$\Sigma\mathrm{S} = 4.8 \times 10^{-3}\mathrm{mol \cdot L^{-1}}$ 的低温条件下，研究区热液流体中黄铁矿的沉淀过程主要发生在反应（4）、（5）、（6）、（13）、（14）、（16）、（17）、（18）平衡线所限制的区域。鉴于热液活动过程中 pH 的范围（热液 pH 下限和海水 pH 上限），黄铁矿的形成过程应位于 Pourbaix 图中黄色区域（实际上在热液流体 a_{H_2} $>10^{-2}$ 条件下，该范围比图示的要宽）；当温度升高时，平衡线均趋于向左下移动，反应（b）平衡线可能会处于反应（16）下方，Pourbaix 图中的解析表达式为

$$-0.0126 - 0.0592\mathrm{pH} \leqslant \mathrm{Eh} \leqslant 0.324 - 0.0676\mathrm{pH}，3.8 \leqslant \mathrm{pH} \leqslant 6$$
$$-0.0126 - 0.0592\mathrm{pH} \leqslant \mathrm{Eh} \leqslant 0.368 - 0.0749\mathrm{pH}，6 < \mathrm{pH} \leqslant 7.8$$

$\mathrm{Eh} \leqslant 0.324 - 0.0676\mathrm{pH}$（$\mathrm{pH} < 6$）、$\mathrm{Eh} \leqslant 0.368 - 0.0749\mathrm{pH}$（$\mathrm{pH} \geqslant 6$）代表了形成的黄铁矿在低温条件下矿化需要满足的快速及时埋藏条件的 Eh、pH 范围（陈代庚，2009）。

生成黄铁矿的反应可能包括反应（5）、（6）、（14）、（16）、（17）、（18）。但在所讨论的 pH 范围（3.8～7.8）内，反应（14）、（16）、（17）平衡线均在反应（5）、（6）平衡线的下方，且形成硫化物的流体均是酸性、还原性流体，这说明在海底热液活动过程中，反应（14）、（16）、（17）是形成黄铁矿的主要机制。然而，在所讨论的 pH 范围内，黄铁矿（$\mathrm{FeS_2}$）比 FeS 更稳定，且在强还原条件下 FeS 很可能为形成黄铁矿的前体（precursor）物种（Anderko and Shuler，1997）。因此，EPR 13°N 附近热液体系中的黄铁矿主要通过以下两种机制形成：①$\mathrm{Fe^{2+}}$（aq）与 $\mathrm{H_2S}$ 反应；②强还原条件下 FeS 前体的转变。通过第一种机制，即由 $\mathrm{Fe^{2+}}$（aq）与 $\mathrm{H_2S}$ 反应直接生成黄铁矿，其可能会在酸性（$\mathrm{pH} < 4.25$）、热液流体未来得及充分混合、Eh 越过反应（14）平衡线（$\mathrm{Eh} > 0.154 - 0.118\mathrm{pH}$）的情形下发生。第二种机制已得到动力学实验（Rickard and Luther，1997；Rickard，1997；Wilkin and Barnes，1997）和硫同位素分馏实验（Butler et al.，2004）的验证。动力学实验的结果（Rickard and Luther，1997）显示，黄铁矿晶核形成的势垒（barrier）被克服以后，黄铁矿微晶（microcryst）在二价铁的一硫化物（monosulfide）表面单个或成簇生长。Rickard 和 Luther（1997）的动力学实验是在 0.250mV 和 pH = 6 的缓冲条件下进行的，形成硫化物的海底热液流体，其 Eh、pH 值相比之下要低得多。Butler 等（2004）根据硫同位素分馏的研究结果提出了两个可能的反应途径：

$$\mathrm{Fe^{32}S} + \mathrm{H_2^{34}S} = \mathrm{Fe^{32}S^{34}S} + \mathrm{H_2} \tag{①}$$

$$\mathrm{FeS} + \mathrm{S}_n^{2-} = \mathrm{FeS_2} + \mathrm{S}_{n-1}^{2-} \tag{②}$$

途径①的净反应（net reaction）为形成黄铁矿的 $\delta^{34}\mathrm{S} = (\delta^{34}\mathrm{S_{FeS}} + \delta^{34}\mathrm{S_{H_2S}}/\mathrm{S}_4^{2-})/2$。途径②又称为多硫化物（polysulfide）途径，多硫化物中零价硫加入 FeS 中，形成的黄铁矿的硫同位素组成（$\delta^{34}\mathrm{S}$）将继承多硫化物的硫同位素组成（陈代庚等，2010）。Ono 等（2007）

通过研究 EPR 12°48'N 附近热液硫化物中黄铁矿和闪锌矿的硫同位素组成（$\delta^{33}S$ 和 $\delta^{34}S$），提出了海底热液系统中黄铁矿经由多硫化物的下述反应历程（*S 代表来自海水的硫）：

$$H_2S + *SO_4^{2-} + 2H^+ \Leftrightarrow H_2S - *SO_3 + H_2O \qquad ③$$

$$H_2S - *SO_3 \Leftrightarrow H_2*S - SO_3 \qquad ④$$

$$FeS + H_2*S - SO_3 \rightarrow FeS*S + SO_3^{2-} + 2H^+ \qquad ⑤$$

净反应为

$$FeS + SO_4^{2-} + H_2S \rightarrow FeS_2 + SO_3^{2-} + H_2O \qquad ⑥$$

反应⑥意味着涉及与 SO_4^{2-} 之间同位素交换（③～⑤）的硫酸盐的还原过程，会造成形成的黄铁矿具相对高的 $\Delta^{33}S$ 值（$\delta^{33}S \sim 0.515^{34}S$），$\delta^{34}S$、$\Delta^{33}S$ 相应地偏离二元混合线，且 Fe^{2+} 经由下述硫酸盐还原反应［即反应（10）～（14）］：

$$Fe^{2+} + SO_4^{2-} + H_2S + 6H^+ \rightarrow FeS_2 + 4H_2O \qquad ⑦$$

形成的黄铁矿，其 $\Delta^{33}S$ 值应准确地落在二元混合线上。实际上，EPR 12°48'N 附近硫化物矿物的 $\delta^{34}S$、$\Delta^{33}S$（$\delta^{33}S \sim 0.515^{34}S$）既未准确地落在二元混合线上，也未准确地落在硬石膏缓冲线上，说明⑥和⑦这两种地球化学过程在 EPR 12°48'N 附近热液系统中黄铁矿自流体相形成过程中都是存在的（陈代庚等，2010）。

高温条件下以赤铁矿（α-Fe_2O_3）作为 Eh 升高时铁氧化物和 Fe-羟基氧化物中最稳定的矿物相，研究区热液 Fe-S-H_2O 系统可以用反应（4）、（8）～（17）、（20）～（22）及下述独立反应来描述：

$$Fe_2O_3 + 6H^+ + 2e \rightarrow 2Fe^{2+} + 3H_2O \qquad (3)'$$

$$Fe_2O_3 + 4HSO_4^- + 34H^+ + 30e \rightarrow 2FeS_2 + 19H_2O \qquad (5)'$$

$$Fe_2O_3 + 4SO_4^{2-} + 38H^+ + 30e \rightarrow FeS_2 + 19H_2O \qquad (6)'$$

$$3Fe_2O_3 + 2H^+ + 2e \rightarrow 2Fe_3O_4 + H_2O \qquad (7)'$$

取 $T = 473.15K$，由能斯特公式反应(3)'电极电势 $\varphi_{3'T} = \varphi_{3'T}^{\ominus} - \dfrac{2.303RT}{F} \lg \dfrac{a_{Fe^{2+}}^2}{a_{H^+}^3}$，代入

$\varphi_{3'T}^{\ominus} = 0.432V$（$\varphi_{3'T}^{\ominus} = 0.432V$ 为 473.15K 时标准条件下电极电势，据 Taylor，1978 和 Naumov et al.，1974）即得反应(3)'平衡线方程：

$$\varphi_{3'T}^{\ominus} = 0.713 - 0.281pH \qquad (3-30)$$

反应（4）电极电势 $\varphi_{4T} = \varphi_{4T}^{\ominus} - \dfrac{2.303RT}{14F} \lg \dfrac{1}{a_{Fe^{2+}} \cdot a_{HSO_4^-}^2 a_{H^+}^{14}}$ 代入 $\varphi_{4T}^{\ominus} = 0.294V$，（Taylor，1978；Naumov et al.，1974）可得反应（4）平衡线方程：

$$\varphi_{4T} = 0.243 - 0.0939pH \qquad (3-31)$$

反应(5)'电极电势 $\varphi_{5T} = \varphi_{5T}^{\ominus} - \dfrac{2.303RT}{30F} \lg \dfrac{1}{a_{HSO_4^-}^4 \cdot a_{H^+}^{34}}$，代入 $\varphi_{5T}^{\ominus} = 0.304V$（Taylor，1978；Naumov et al.，1974）即得反应(5)'平衡线方程：

$$\varphi_{5'T} = 0.275 - 0.106pH \qquad (3-32)$$

反应（6）′电极电势 $\varphi_{6'T} = \varphi_{6'T}^{\ominus} - \dfrac{2.303RT}{30F}\lg\dfrac{1}{a_{SO_4^{2-}}^4 \cdot a_{H^+}^{38}}$，代入 $\varphi_{6'T}^{\ominus} = 0.365V$（Taylor，1978；Naumov et al.，1974）即得到反应（6）′平衡线方程：

$$\varphi_{6'T} = 0.336 - 0.119pH \tag{3-33}$$

反应（7）′电极电势 $\varphi_{7'T} = \varphi_{7'T}^{\ominus} - \dfrac{2.303RT}{2F}\lg\dfrac{1}{a_{H^+}^2}$ 代入 $\varphi_{7'T}^{\ominus} = 0.195V$（Taylor，1978；Naumov et al.，1974）即得到反应（7）′平衡线方程：

$$\varphi_{7'T} = 0.195 - 0.939pH \tag{3-34}$$

以此类推，分别代入 $\varphi_{8T}^{\ominus} = 0.237V$、$\varphi_{10T}^{\ominus} = 0.295V$、$\varphi_{12T}^{\ominus} = 0.215V$、$\varphi_{13T}^{\ominus} = 0.369V$、$\varphi_{14T}^{\ominus} = 0.165V$、$\varphi_{16T}^{\ominus} = -0.097V$、$\varphi_{17T}^{\ominus} = -0.413V$、$\varphi_{20T}^{\ominus} = -0.385V$、$\varphi_{21T}^{\ominus} = -0.453V$、$\varphi_{22T}^{\ominus} = -0.769V$（Taylor，1978；Naumov et al.，1974）可得到 $T = 473.15K$ 时反应（8）～（17）、（20）～（22）平衡线方程分别为

$$\varphi_{8T}^{\ominus} = 0.237 - 0.106pH \tag{3-35}$$

$$pH = 4.9 \tag{3-36}$$

$$\varphi_{10T}^{\ominus} = 0.295 - 0.117pH \tag{3-37}$$

$$pH = 6.8 \tag{3-38}$$

$$\varphi_{12T}^{\ominus} = 0.237 - 0.106pH \tag{3-39}$$

$$\varphi_{13T}^{\ominus} = 0.339 - 0.119pH \tag{3-40}$$

$$\varphi_{14T}^{\ominus} = 0.193 - 0.188pH \tag{3-41}$$

$$pH = 1.9 \tag{3-42}$$

$$\varphi_{16T}^{\ominus} = 0.0118 - 0.0939pH \tag{3-43}$$

$$\varphi_{17T}^{\ominus} = -0.304 - 0.047pH \tag{3-44}$$

$$\varphi_{20T}^{\ominus} = -0.526 \tag{3-45}$$

$$\varphi_{21T}^{\ominus} = -0.344 - 0.0939pH \tag{3-46}$$

$$\varphi_{22T}^{\ominus} = -0.66 - 0.047pH \tag{3-47}$$

当 $T = 473.15K$ 时，根据平衡线方程式[（3-31）～式（3-47）]绘制的 Pourbaix 图见图 3-54。对于反应（a），代入 $\varphi_{aT}^{\ominus} = 1.088V$（Taylor，1978；Naumov et al.，1974），并取 $a_{O_2} = 10^{-6}$（实际应低于此值）可得到平衡线方程：

$$\varphi_{aT} = 1.036 - 0.0939pH \tag{3-48}$$

反应（b）的平衡线方程则为

$$\varphi_{bT} = -0.0199 - 0.0592pH \tag{3-49}$$

其中，φ_{aT}、φ_{bT} 为电极电势。通过图 3-53 和图 3-54 的对比可以发现，与低温流体环境不同，当 $T = 473.15K$ 时，黄铁矿的稳定场（图 3-54 中黄色填充部分）范围急剧缩小（陈代庚等，2010），Pourbaix 图中解析表达式为

$$0.0118-0.0939\mathrm{pH}\leqslant Eh\leqslant0.275-0.106\mathrm{pH},\quad 3.8\leqslant\mathrm{pH}<4.9$$

$$0.0118-0.0939\mathrm{pH}\leqslant Eh\leqslant0.336-0.119\mathrm{pH},\quad 4.9\leqslant\mathrm{pH}<5.6$$

$$0.0118-0.0939\mathrm{pH}\leqslant Eh\leqslant0.339-0.119\mathrm{pH},\quad 5.6\leqslant\mathrm{pH}<6.8$$

$$-0.304-0.047\mathrm{pH}\leqslant Eh\leqslant0.339-0.119\mathrm{pH},\quad 6.8\leqslant\mathrm{pH}\leqslant7.8$$

在相对高温且快速及时埋藏条件下形成黄铁矿的 Eh、pH 范围要符合，$Eh\leqslant0.275-0.106\mathrm{pH}$（$3.8\leqslant\mathrm{pH}<4.9$）、$Eh\leqslant0.336-0.119\mathrm{pH}$（$4.9\leqslant\mathrm{pH}<5.6$）、$Eh\leqslant0.339-0.119\mathrm{pH}$（$5.6\leqslant\mathrm{pH}\leqslant7.8$）。需要注意的是，图 3-53 中反应（b）平衡线跨过了黄铁矿的稳定场（黄色填充部分），但图 3-54 中反应（b）均位于黄铁矿的稳定场（黄色填充部分）下方，从热力学角度观察，这说明当温度 $T>200℃$ 时，$Fe^{32}S + H_2{}^{34}S = Fe^{32}S^{34}S + H_2$ 这个前体转变途径不可能形成黄铁矿，也就是说，在 EPR 13°N 附近的海底热液系统中，随着热液流体由高温（$T>200℃$）演化至低温（25～200℃），黄铁矿的形成机制很可能发生了明显的改变；高温流体条件下黄铁矿主要是由前体硫化物（FeS）经由多种反应途径（如反应②、⑥）形成，低温流体条件下黄铁矿还可以由前体硫化物（FeS）通过 H_2S 反应途径（反应①）形成（陈代庚，2009）。此外，随着热液流体的演化（图 3-54 箭头所示），关于上述硫化物形成机制的改变对于 EPR 12°42.68′N 附近热液系统硫同位素组成的影响，还需硫同位素（^{33}S）示踪的进一步验证（陈代庚，2009）。

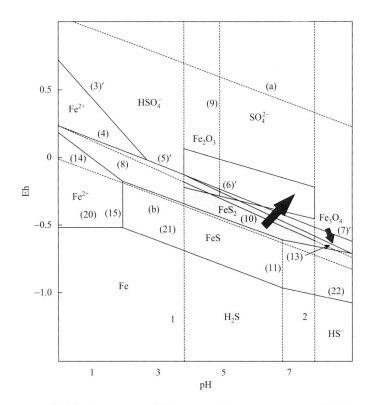

图 3-54　EPR 13°N 附近热液 Fe-S-H_2O 系统 Pourbaix 图（$T = 473.15\mathrm{K}$）（陈代庚，2009）

1 线，pH = 3.8，即热液 pH 下限；2 线，pH = 7.8，即海水 pH 上限；黄色区域代表 $T = 298.15\mathrm{K}$ 时 FeS_2 的稳定场

五、东太平洋海隆热液成矿特征及模式

在研究东太平洋海隆热液硫化物的成矿地质背景、成矿条件及其成矿过程的基础上，总结了 EPR 热液成矿特征及模式如下（图 3-55）。

（1）EPR 热液硫化物的矿石类型主要包含以下三种：

①Fe 型；②Fe-Cu 型；③Fe-Zn 型。

（2）硫化物矿物组合包含以下三种类型：

①高温矿物组合（黄铁矿＋黄铜矿）；②中温矿物组合（黄铁矿＋闪锌矿＋硬石膏）；③低温矿物组合（黄铁矿＋方铅矿＋重晶石）。

（3）热液硫化物中有用元素 Cu、Zn、Au 和 Ag 的含量分别达到 4%（质量分数）、10%（质量分数）、$0.5g \cdot t^{-1}$ 和 $66g \cdot t^{-1}$。

（4）形成 EPR 热液硫化物的物质来源有以下三种：

①岩浆；②海水；③玄武岩。

（5）硫化物成矿的流体条件：

①温度（150～350℃）；②酸碱度（pH＝4～6）；③还原条件；④富含 H_2S、SO_2 和 CH_4 等气体组分。

（6）EPR 热液硫化物成矿的主要控制因素包括：

①岩浆活动；②断裂构造。

（7）EPR 热液硫化物成矿作用有以下四种：

①流体-岩石相互作用；②岩浆去气作用；③热液-海水混合作用；④生物富集作用。

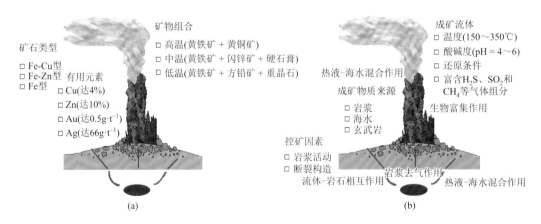

图 3-55　东太平洋海隆的热液成矿特征及模式

参 考 文 献

陈代庚. 2009. 东太平洋海隆 13°N 附近热液硫化物形成过程. 北京：中国科学院研究生院.

陈代庚，曾志刚，翟滨，等. 2010. 东太平洋海隆 13°N 附近热液 Fe-S-H₂O 系统布拜图及其地质意义. 海洋地质与第四纪地质，30（2）：9～15.

傅献彩, 沈文霞, 姚天扬. 1990. 物理化学. 4 版. 北京: 高等教育出版社.

曾志刚, 陈代庚, 殷学博, 等. 2009. 东太平洋海隆 13°N 附近热液硫化物中的元素、同位素组成及其变化. 中国科学,（12）: 1780~1794.

曾志刚. 2011. 海底热液地质学. 北京: 科学出版社.

张宜华. 2001. 精通 SPSS. 北京: 清华大学出版社.

Alt J C, Lonsdale P, Haymon R, et al. 1987. Hydrothermal sulfide and oxide deposits on seamounts near 21°N, East Pacific Rise. Geological Society of America Bulletin, 98（2）: 157~168.

Ames D E, Franklin J M, Hannington M D. 1993. Mineralogy and geochemistry of active and inactive chimneys and massive sulfide, Middle Valley, northern Juan de Fuca Ridge: An evolving hydrothermal system. Canadian Mineralogist, 31: 997~1024.

Anderko A, Shuler P J. 1997. A computational approach to predicting the formation of iron sulfide species using stability diagrams. Computers and Geosciences, 23（23）: 647~658.

Auclair G, Fouquet Y, Bohn M. 1987. Distribution of selenium in high temperature hydrothermal sulfide deposits at 13° North, East Pacific Rise. Canadian Mineralogist, 25（4）: 577~587.

Augustin N, Lackschewitz K S, Kuhn T, et al. 2008. Mineralogical and chemical mass changes in mafic and ultramafic rocks from the Logatchev hydrothermal field（MAR 15°N）. Marine Geology, 256（1）: 18~29.

Auzende J M, Rissen J P, Lafoy Y, et al. 1988. Seafloor spreading in the North Fiji Basin（Southwest Pacific）. Tectonophysics, 146（88）: 317~352.

Baar H J D, Bacon M P, Brewer P G, et al. 1985. Rare earth elements in the Pacific and Atlantic Oceans. Geochimica et Cosmochimica Acta, 49（9）: 1943~1959.

Bach W, Humphris S E. 1999. Relationship between the Sr and O isotope compositions of hydrothermal fluids and the spreading and magma-supply rates at ocean spreading centers. Geology, 27: 1067~1070.

Baker E T, Lupton J E. 1990. Changes in submarine hydrothermal 3He/heat ratios as an indicator of magmatic/tectonic activity. Nature, 346: 556~558.

Barrett T J, Jarvis I, Jarvis K E. 1990. Rare earth element geochemistry of massive sulfides-sulfates and gossans on the Southern Explorer Ridge. Geology, 18: 583~586.

Bendel V, Fouquet Y, Auzende J M, et al. 1993. The White Lady hydrothermal field, North Fiji back-arc basin, Southwest Pacific. Economic Geology, 88（8）: 2237~2249.

Beverskog B, Puigdomenech I. 1996. Revised pourbaix diagrams for iron at 25-300℃. Corrosion Science, 38（12）: 2121~2135.

Binns R A, Scott S D. 1993. Actively forming polymetallic sulfide deposits associated with felsic volcanic rocks in the eastern Manus back-arc basin. Papua New Guinea. Economic Geology, 88（8）: 2226~2236.

Bischoff J L, Rosenbauer R J, Aruscavage P J, et al. 1983. Seafloor massive sulfide deposits from 21°N, East Pacific Rise and Galapagos Rift: Bulk chemical composition and economic implications. Economic Geology, 78: 1711~1720.

Blanckenburg F V, O'Nions R K, Hein J R. 1996. Distribution and sources of pre-anthropogenic lead isotopes in deep ocean water from Fe-Mn crusts. Geochimica et Cosmochimica Acta, 60: 4957~4963.

Bluth G J, Ohmoto H. 1988. Sulfidesulfate chimneys on the East Pacific Rise, 11°N and 13°N latitude. Part Ⅱ: Sulfur isotopes. Canadian Mineralogist, 26: 505~515.

Bowers T S, Campbell A C, Measures C I, et al. 1988. Chemical controls on the composition of vent-fluids at 13°N-11°N and 21°N, East Pacific Rise. Journal of Geophysical Research, 93（B5）: 4522~4536.

Brügmann G E, Birck J L, Herzig P M, et al. 1998. Os isotopic composition and Os and Re distribution in the active mound of the TAG hydrothermal system, Mid-Atlantic Ridge. Proceedings of the Ocean Drilling Program, Scientific Reports, 158: 91~100.

Burton K W, Bourdon B, Birck J L, et al. 1999. Osmium isotope variations in the oceans recorded by Fe-Mn crusts. Earth and Planetary Science Letters, 171: 185~197.

Butler I B, Bottcher M E, Rickard D, et al. 2004. Sulfur isotope partitioning during experimental formation of pyrite via the polysulfide and hydrogen sulfide pathways: Implications for the interpretation of sedimentary and hydrothermal pyrite isotope records. Earth and Planetary Science Letters，228：495～509.

Butterfield D A，Fouquet Y，Halbach M，et al. 2003. Group report：How can we describe fluid mineral processes and the related energy and material fluxes？//Halbach P E，Tunnicliffe V，Hein J R. Energy and Mass Transfer in Marine Hydrothermal Systems. Berlin：Dahlem University Press.

Butterfield D A，Massoth G J. 1994. Geochemistry of north Cleft segment vent fluids：Temporal changes in chlorinity and their possible relation to recent volcanism. Journal of Geophysical Research，99（B3）：4951～4968.

Butterfield D A，McDuff R E，Mottl M J，et al. 1994. Gradients in the composition of hydrothermal fluids from the Endeavour segment vent field：Phase separation and brine loss. Journal of Geophysical Research，99（B5）：9561～9583.

Byrne R H，Laurie S H. 1999. Influence of pressure on chemical equilibria in aqueous systems-with particular reference to seawater. Pure and Applied Chemistry，71：871～890.

Charlou J L，Donval J P，Douville E，et al. 2000. Compared geochemical signatures and the evolution of Menez Gwen（37°50′N）and Lucky Strike（37°17′N）hydrothermal fluids，south of the Azores Triple Junction on the Mid Atlantic Ridge. Chemical Geology，171：49～75.

Charlou J L，Donval J P，Jean-Baptiste P，et al. 1996a. Gases and helium isotopes in high temperature solutions sampled before and after ODP Leg 158 drilling at TAG hydrothermal field（26°N，MAR）. Geophysical Research Letters，23：3491～3494.

Charlou J L，Fouquet Y，Donval J P，et al. 1996b. Mineral and gas chemistry of hydrothermal fluids on an ultrafast spreading ridge：East Pacific Rise，17° to 19°S（Naudur cruise，1993）phase separation processes controlled by volcanic and tectonic activity. Journal of Geophysical Research，101（B7）：15899～15919.

Charlou J L，Donval J P，Fouquet Y，et al. 2002. Geochemistry of high H_2 and CH_4 vent fluids issuing from ultramafic rocks at the rainbow hydrothermal field（36°14′N，MAR）. Chemical Geology，191：345～359.

Chiba H，Masuda H，Lee S Y，et al. 2001. Chemistry of hydrothermal fluids at the TAG active mound，MAR 26°N，in 1998. Geophysical Research Letters，28：2919～2922.

Christel L，lexandra N. 1998. Energetics of stable and metastable low-temperature iron oxides and oxyhydroxides. Geochimica et Cosmochimica Acta，62（17）：2905～2913.

Cohen A S，Coe A J，Bartlett J M，et al. 1999. Precise Re-Os ages of organic-rich mudrocks and the Os isotopic composition of Jurassic seawater. Earth and Planetary Science Letters，167：159～173.

Cornell R M，Schwertmann U. 1996. The Iron Oxides：Structure，Properties，Reactions，Occurrences and Uses. Weinheim：Wiley-VCH GmbH and Co. KGaA.

Descostes M，Vitorge P，Beaucaire C. 2004. Pyrite dissolution in acidic media. Geochimica et Cosmochimica Acta，68（22）：4559～4569.

Douville E，Bienvenu P，Charlou J L，et al. 1999. Yttrium and rare earth elements in fluids from various deep-sea hydrothermal systems. Geochimica et Cosmochimica Acta，63（5）：627～643.

Douville E，Charlou J L，Oelkers E H，et al. 2002. The Rainbow vent fluids（36°14′N，MAR）：The influence of ultramafic rocks and phase separation on trace metal content in Mid-Atlantic Ridge hydrothermal fluids. Chemical Geology，184：37～48.

Elderfield H，Schultz A. 1996. Mid-ocean ridge hydrothermal fluxes and the chemical composition of the ocean. Earth and Planetary Science Letters，24：191～224.

Filella M，Nelson B N，Chen Y W. 2002. Antimony in the environment：A review focused on natural waters Ⅱ. Relevant solution chemistry. Earth-Science Reviews，59：265～285.

Fouquet Y，Aucla G，Cambon P，et al. 1988. Geological setting and mineralogical and geochemical investigations on sulfide deposits near 13°N on the East Pacific Rise. Marine Geology，84（3～4）：145～178.

Fouquet Y，Marcoux E. 1995. Lead isotope systematics in Pacific hydrothermal sulfide deposits. Journal of Geophysical Research，100：6025～6040.

Fouquet Y，Knott R，Cambon P，et al. 1996. Formation of large sulfide mineral deposits along fast spreading ridges. Example from off-axial deposits at 12°43′N on the East Pacific Rise. Earth and Planetary Science Letters，144：147～162.

Fourre E，Jean-Baptiste P，Charlou J L，et al. 2006. Helium isotopic composition of hydrothermal fluids from the Manus back-arc Basin，Papua New Guinea. Geochemical Journal，40（3）：245～252.

Francheteau J，Needham H D，Choukroune P，et al. 1979. Massive deep-sea sulphide ore deposits discovered on the East Pacific Rise. Nature，277：523～528.

Füri E，Hilton D R，Halldorsson S A，et al. 2010. Apparent decoupling of the He and Ne isotope systematics of the Icelandic mantle：The role of He depletion，melt mixing，degassing fractionation and air interaction. Geochimica et Cosmochimica Acta，74（11）：3307～3332.

Gamo T，Chiba H，Yamanaka T，et al. 2001. Chemical characteristics of newly discovered black smoker fluids and associated hydrothermal plumes at the Rodriguez Triple Junction，Central Indian Ridge. Earth and Planetary Science Letters，193：371～379.

Gannoun A，Burton K W，Parkinson I J，et al. 2007. The scale and origin of the osmium isotope variations in mid-ocean ridge basalts. Earth and Planetary Science Letters，259：541～556.

Gannoun A，Tessalina S，Bourdon B，et al. 2003. Re-Os isotopic constraints on the genesis and evolution of the Dergamish and Ivanovka Cu（Co，Au）massive sulphide deposits，south Urals，Russia. Chemical Geology，196：193～207.

German C R，Colley S，Palmer M R，et al. 2000. Hydrothermal plume-particle fluxes at 13°N on the East Pacific Rise. Deep-Sea Research I，49：1921～1940.

Glynn S，Mills R A，Palmer M R，et al. 2006. The role of prokaryotes in supergene alteration of submarine hydrothermal sulfides. Earth and Planetary Science Letters，244：170～185.

Goodfellow W D，Franklin J M. 1993. Geology，mineralogy，and chemistry of sediment-hosted clastic massive sulfides in shallow cores，Middle Valley，Northern Juan de Fuca Ridge. Economic Geology，88：2037～2068.

Graham D W. 2002. Noble gas isotope geochemistry of mid-ocean ridge and ocean island basalts：Characterization of mantle source reservoirs. Reviews in Mineralogy and Geochemistry，47（1）：247～317.

Halbach P，Blum N，Muench U，et al. 1998. Formation and decay of a modern massive sulfide deposit in the Indian Ocean. Mineralium Deposita，33（3）：302～309.

Hamelin B，Dupre B，Allegre C J. 1984. Lead-strontium isotopic variations along the East Pacific Rise and the Mid-Atlantic Ridge：A comparative study. Earth and Planetary Science Letters，67：340～350.

Hannington M，Herzig P M，Scott S D，et al. 1991. Comparative mineralogy and geochemistry of gold-bearing sulfide deposits on the mid-ocean ridges. Marine Geology，101：217～248.

Hannington M，Jamieson J，Monecke T，et al. 2011. The abundance of seafloor massive sulfide deposits. Geology，39：1155～1158.

Harris N B，Mnich C A，Selby D，et al. 2013. Minor and trace element and Re-Os chemistry of the upper Devonian Woodford Shale，Permian Basin，west Texas：Insights into metal abundance and basin processes. Chemical Geology，356：76～93.

Harvey J，Gannoun A，Burton K W，et al. 2006. Ancient melt extraction from the oceanic upper mantle revealed by Re-Os isotopes in abyssal peridotites from the Mid-Atlantic ridge. Earth and Planetary Science Letters，244：606～621.

Hékinian R，Bideau D. 1985. Volcanism and mineralisation of the oceanic crust on the East Pacific Rise//Gallagher M J，Ixer R A，Neary C R，et al. Metallogeny of basic and ultrabasic rocks. London：The Institution of Mining and Metallurgy：1～20.

Hékinian R，Fevrier M，Bischoff J L，et al. 1980. Sulfide deposits from the East Pacific Rise near 21 degrees N. Science，207：1433～1444.

Hékinian R，Walker D. 1987. Diversity and spatial zonation of volcanic rocks from the East Pacific Rise near 21 degree N. Contributions to Mineralogy and Petrology，96：265～280.

Hemingway B S. 1990. Thermodynamic properties for bunsenite，NiO，magnetite，Fe$_3$O$_4$，on selected oxygen buffer reactions. American Mineralogist，75：781～790.

Herzig P M，Hannington M D. 1995. Polymetallic massive sulfides at the modern seafloor a review. Ore Geology Reviews，10（2）：95～115.

Honda M，McDougall I，Patterson D B，et al. 1993. Noble gases in submarine pillow basalt glasses from Loihi and Kilauea，Hawaii：

A solar component in the Earth. Geochimica et Cosmochimica Acta, 57（4）: 859～874.

Huchon P, Gràcia E, Ruellan E, et al. 1994. Kinematics of active spreading in the central North Fiji Basin（Southwest Pacific）. Marine Geology, 116（94）: 69～87.

Ishibashi J I, Wakita H, Nojiri Y, et al. 1994. Helium and carbon geochemistry of hydrothermal fluids from the North Fiji Basin spreading ridge（southwest Pacific）. Earth and Planetary Science Letters, 128（3）: 183～197.

Ishibashi J I, Sano Y, Wakita H, et al. 1995. Helium and carbon geochemistry of hydrothermal fluids from the Mid-Okinawa Trough, back arc basin, southwest of Japan. Chemical Geology, 123（1）: 1～15.

Jean-Baptiste P, Bougault H, Vangriesheim A, et al. 1998. Mantle ^{3}He in hydrothermal vents and plume of the Lucky Strike site（MAR 37 17′N）and associated geothermal heat flux. Earth and Planetary Science Letters, 157（1）: 69～77.

Jean-Baptiste P, Charlou J L, Stievenard M, et al. 1991. Helium and methane measurements in hydrothermal fluids from the mid-Atlantic Ridge: The Snake Pit site at 23°N. Earth and Planetary Science Letters, 106: 17～28.

Jean-Baptiste P, Dapoigny A, Stievenard M, et al. 1997. Helium and oxygen isotope analyses of hydrothermal fluids from the East Pacific Rise between 17°S and 19°S. Geo-Marine Letters, 17: 213～219.

Jean-Baptiste P, Fouquet Y. 1996. Abundance and isotopic composition of helium in hydrothermal sulfides from the East Pacific Rise at 13°N. Geochlmica et Cosmochimica Acta, 60（1）: 87～93.

Jean-Baptiste P, Fourré E, Charlou J L, et al. 2004. Helium isotopes at the Rainbow hydrothermal site（Mid-Atlantic Ridge, 3614′N）. Earth and Planetary Science Letters, 221（1）: 325～335.

Jenkins W J, Edmond J M, Corliss J B. 1978. Excess ^{3}He and ^{4}He in Galapagos submarine hydrothermal waters. Nature, 272（5649）: 156～158.

Keir R S, Schmale O, Walter M, et al. 2008. Flux and dispersion of gases from the "Drachenschlund" hydrothermal vent at 8°18′S, 13°30′W on the Mid-Atlantic Ridge. Earth and Planetary Science Letters, 270（3）: 338～348.

Kelsall G H, Williams R A. 1991. Thermodynamics of Fe-Si-H$_2$O at 298K. Journal of the Electrochemical Society, 138: 931～940.

Keppler H. 1996. Constraints from partitioning experiments on the composition of subduction zone fluids. Nature, 380: 237～240.

Kim J, Lee I, Halbach P, et al. 2006. Formation of hydrothermal vents in the North Fiji Basin: Sulfur and lead isotope constraints. Chemical Geology, 233: 257～275.

Koschinsky A, Seifert R, Halbach P, et al. 2002. Geochemistry of diffuse low temperature hydrothermal fluids in the North Fiji Basin. Geochimica et Cosmochimica Acta, 66（8）: 1409～1427.

Koski R A, Shanks W C Ⅲ, Bohrson W A, et al. 1988. The composition of massive sulfide deposits from the sediment covered floor of Escanaba trough, Gorda Ridge: Implications for depositional processes. Canadian Mineralogist, 26（3）: 655～673.

Kristall B, Kelly D S, Hannington M D, et al. 2006. Growth history of a diffusely venting sulfide structure from the Juan de Fuca Ridge: A petrological and geochemical study. Geochemistry, Geophysics, Geosystems, 7（7）: Q07001.

Kuriyama T, Matsumoto K, Fujioka H. 1994. Polymetallic sulfides on the off-axis volcanoes around the East Pacific Rise, 11°30′N latitude. Resource Geology, 44（3）: 187～199.

Lalou C, Brichet E, Hékinian R. 1985. Age dating of sulfide deposits from axial and off-axial structures on the East Pacific Rise near 12°50′N. Earth and Planetary Science Letters, 75（1）: 59～71.

Langmuir C, Humphris S, Fornari D, et al. 1997. Hydrothermal vents near a mantle hot spot: the Lucky Strike vent field at 37°N on the Mid-Atlantic Ridge. Earth and Planetary Science Letters, 148（1～2）: 69～91.

Langmuir C H, Vocke R D, Hanson G N. 1978. A general mixing equation with applications to Icelandic basalts. Earth and Planetary Science Letters, 37: 380～392.

LeHuray A P, Church S E, Koski R A, et al. 1988. Pb isotopes in sulfides from mid-ocean ridge hydrothermal sites. Geology, 16: 362～365.

Lisitsyn A P, Malahoff A R, Bogdanov Y A, et al. 1992. Hydrothermal formations in the northern part of the Lau Basin, Pacific Ocean. International Geology Review, 34（8）: 828～847.

Lüders V, Niedermann S. 2010. Helium isotope composition of fluid inclusions hosted in massive sulfides from modern submarine hydrothermal systems. Economic Geology，105（2）：443～449.

Lupton J E，Klinkhammer G P，Normark W R，et al. 1980. Helium-3 and manganese at the 21°N East pacific Rise hydrothermal site. Earth and Planetary Science Letters，50（1）：115～127.

Mahoney J J，Sinton J M，Kurz M D，et al. 1994. Isotope and trace element characteristics of a super-fast spreading ridge：East Pacific Rise 13-23 °S. Earth and Planetary Science Letters，121：171～191.

Marchig V，Blum N，Roonwal G. 1997. Massive sulfide chimneys from the East pacific rise at 7°24′S and 16°34′S. Marine Georesources and Geotechnology，15：49～66.

Marques A F A，Barriga F J A S，Scott S D. 2007. Sulfide mineralization in an ultramafic-rock hosted seafloor hydrothermal system：From serpentinization to the formation of Cu-Zn-（Co）-rich massive sulfides. Marine Geology，245（1）：20～39.

Mathur R，Ruiz J，Tornos F. 1999. Age and sources of the ore at Tharsis and Rio Tinto，Iberian Pyrite Belt，from Re-Os isotopes. Mineralium Deposita，34：790～793.

Merlivat L，Pineau F，Javoy M. 1987. Hydrothermal vent waters at 13°N on the East Pacific Rise：Isotopic composition and gas concentration. Earth and Planetary Science Letters，84：100～108.

Metz S，Trefry J H，2000. Chemical and mineralogical influences on concentrations of trace metals in hydrothermal fluids. Geochlmica et Cosmochimica Acta，64：2267～2279.

Michard A，Albarède F. 1986. The REE content of some hydrothermal fluids. Chemical Geology，55（86）：51～60.

Michard G，Albarede F，Michard A，et al. 1984. Chemistry of solutions from the 13°N East Pacific Rise hydrothermal site. Earth and Planetary Science Letters，67：297～307.

Mills K C. 1974. Thermodynamic Data for Inorganic Sulphides，Selenides and Tellurides. London：Butterworths.

Mills R A，Elderfield H. 1995. Rare earth element geochemistry of hydrothermal deposits from the active TAG Mound，26°N Mid-Atlantic Ridge. Geochimica et Cosmochimica Acta，59（17）：3511～3524.

Mills R A，Elderfield H，Thompson J. 1993. A dual origin for the hydrothermal component in a metalliferous sediment core from the Mid-Atlantic Ridge. Journal of Geophysical Research，98：9671～9681.

Moreira M，Allègre C J. 1998. Helium-neon systematics and the structure of the mantle. Chemical Geology，147（1）：53～59.

Morelli R M，Creaser R A，Selby D，et al. 2004. Re-Os sulfide geochronology of the Red Dog sediment-hosted Zn-Pb-Ag deposit，Brooks range，Alaska. Economic Geology，99：1569～1576.

Moss R，Scott S D. 1996. Silver in sulfide chimneys and mounds from 13°N and 21°N，East Pacific Rise. Canadian Mineralogist，34（4）：697～716.

Mozgova N N，Efimov A V，Borodaev Y S，et al. 1996. Cobalt pentlandite from an oceanic hydrothermal deposit，14°45′N，Mid-Atlantic Ridge. Canadian Mineralogist，34：23～28.

Munhá J，Relvas J S，Barriga F S，et al. 2005. Osmium isotope systematics in the Iberian Pyrite Belt//Mao J，Bierlein F. Mineral Deposit Research：Meeting the Global Challenge. Berlin，Heidelberg：Springer.

Murphy P J，Meyer G. 1998. A gold-copper association in ultramafic-hosted hydrothermal sulfides from the Mid-Atlantic Ridge. Economic Geology，93（7）：1076～1083.

Naumov G B，Ryzhenko B N，Khodakovsky I L. 1974. Handbook of Thermodynamic Data. Washington，D. C.：U. S. Geological Survey.

Niu Y，Waggoner D G，Sinton J M，et al. 1996. Mantle source heterogeneity and melting processes beneath seafloor spreading centers：The East Pacific Rise，18°～19°S. Journal of Geophysical Research，101：27711～27733.

Nozaki T，Kato Y，Suzuki K. 2010. Re-Os geochronology of the Iimori Besshitype massive sulfide deposit in the Sanbagawa metamorphic belt，Japan. Geochimica et Cosmochimica Acta，74：4322～4331.

Nozaki T，Kato Y，Suzuki K. 2013. Late Jurassic ocean anoxic event：Evidence from voluminous sulphide deposition and preservation in the Panthalassa. Scientific Reports，3：1889.

Ono S，Shanks Ⅲ W C，Rouxel O J，et al. 2007. S-33 constraints on the seawater sulfate contribution in modern seafloor hydrothermal vent sulfides. Geochimica et Cosmochimica Acta，71（5）：1170～1182.

Othman D B，White W M，Patchett J. 1989. The geochemistry of marine sediments，island arc magma genesis and crust-mantle recycling. Earth and Planetary Science Letters，94：1～21.

Othman D B，Allegre C J. 1990. U-Th systematics at 13°N East Pacific Ridge segment. Earth and Planetary Science Letters，98：129～137.

Ozima M，Miura N Y，Podosek A F. 2002. Elemental fractionation in primitive solar nebula and early solar chronology//Lindstrom M M. Antarctic Meteorites XXⅦ. Dordrecht：Springer.

Palmer M R，Turekian K K. 1986. $^{187}Os/^{186}Os$ in marine manganese nodules and the constraints on the crustal geochemistries of rheniumand osmium. Nature，319：216～220.

Petersen S，Herzig P，Hannington M. 2000. Third dimension of a presently forming VMS deposit，TAG hydrothermal mound，Mid-Atlantic Ridge，26°N. Mineralium Deposita，35（2～3）：233～259.

Peucker-Ehrenbrink B，Ravizza G. 2000. The marine osmium isotope record. Terra Nova，12：205～219.

Peucker-Ehrenbrink B，Ravizza G. 2012. Chapter 8-Osmium isotope stratigraphy//Gradstein F M，Ogg J G，Schmitz M D，et al. The Geologic Time Scale 2012. Boston：Elsevier B.V.，145～166.

Pichler T，Veizer J. 1999. Precipitation of Fe (Ⅲ) oxyhydroxide deposits from shallow-water hydrothermal fluids in Tutum Bay，Ambitle Island，Papua New Guinea. Chemical Geology，162：15～31.

Piepgras D J，Jacobsen S B. 1992. The behavior of rare earth elements in seawater：Precise determination of variations in the North Pacific water column. Geochimica et Cosmochimica Acta，56：1851～1862.

Piepgras D J，Wasserburg G J. 1985. Strontium and neodymium isotopes in hot springs on the East Pacific Rise and Guayamas Basin. Earth and Planetary Science Letters，72（4）：341～356.

Raquin A，Moreira M. 2009. Atmospheric $^{38}Ar/^{36}Ar$ in the mantle：Implications for the nature of the terrestrial parent bodies. Earth and Planetary Science Letters，287（3）：551～558.

Ravizza G，Martin C E，German C R，et al. 1996. Os isotopes as tracers in seafloor hydrothermal systems：Metalliferous deposits from the TAG hydrothermal area，26°N Mid-Atlantic Ridge. Earth and Planetary Science Letters，138：105～119.

Ravizza G，McMurtry G M. 1993. Osmium isotopic variations in metalliferous sediments from the East Pacific Rise and the Bauer Basin. Geochimica et Cosmochimica Acta，57：4301～4310.

Rees C E，Jenkins W J，Monster J. 1978. The sulphur isotopic composition of ocean water sulphate. Geochimica et Cosmochimica Acta，42：377～381.

Regelous M，Niu Y，Wendt J I，et al. 1999. Variations in the geochemistry of magmatism on the East Pacific Rise at 10°～30°N since 800 ka. Earth and Planetary Science Letters，168：45～63.

Rickard D. 1997. Kinetics of pyrite formation by the H_2S oxidation of iron (Ⅱ) monosulfide in aqueous solutions between 25 and 125℃：The rate equation. Geochimica et Cosmochimica Acta，61（1）：115～134.

Rickard D，Luther Ⅲ G W. 1997. Kinetics of pyrite formation by the H_2S oxidation of iron (Ⅱ) monosulfide in aqueous solutions between 25 and 125℃：The mechanism. Geochimica et Cosmochimica Acta，61（1）：135～147.

Rimskaya-Korsakova M N，Dubinin A V. 2003. Rare earth elements in sulfides of submarine hydrothermal vents of the Atlantic Ocean. Doklady Earth Sciences，389A：432～436.

Robie R A，Hemingway B S. 1995. Thermodynamic properties of minerals and related substances at 298.15 K and 1 bar（105pascals）pressure and at higher temperatures. U.S. Geological Survey Bulletin，2131：461.

Roy-Barman M，Allègre C J. 1994. $^{187}Os/^{186}Os$ ratios of mid-ocean ridge basalts and abyssal peridotites. Geochimica et Cosmochimica Acta，58：5043～5054.

Rudnicki M D，Elderfield H. 1992. Helium，radon and manganese at the TAG and Snakepit hydrothermal vent fields，26° and 23° N，Mid-Atlantic Ridge. Earth and Planetary Science Letters，113：307～321.

Sakai H，Marais D J D，Ueda A. 1984. Concentrations and isotope ratios of carbon，nitrogen and sulfur in ocean-floor basalts. Geochimica et Cosmochimica Acta，48：2433～2441.

Schiano P，Birck J L，Allègre C J. 1997. Osmium-strontium-neodymium-lead isotopic covariations in mid-ocean ridge basalt glasses and the heterogeneity of the upper mantle. Earth and Planetary Science Letters，150：363~379.

Schmidt K，Koschinsky A，Garbe Schönberg D，et al. 2007. Geochemistry of hydrothermal fluids from the ultramafic-hosted Logatchev hydrothermal field，15°N on the Mid-Atlantic Ridge：Temporal and spatial investigation. Chemical Geology，242：1~21.

Sharma M，Wasserburg G J，Hofmann A W，et al. 2000. Osmium isotopes in hydrothermal fluids from the Juan de Fuca Ridge. Earth and Planetary Science Letters，179（1）：139~152.

Sharma M，Rosenberg E J，Butterfield D A. 2007. Search for the proverbial mantle osmium sources to the oceans：Hydrothermal alteration of midocean ridge basalt. Geochimica et Cosmochimica Acta，71：4655~4667.

Snow J E，Reisberg L. 1995. Os isotopic systematics of the MORB mantle：Results from altered abyssal peridotites. Earth and Planetary Science Letters，133：411~421.

Spiess F N，MacDonald K C，Atwater T. 1980. East Pacific Rise：Hot springs and geophysical experiments. Nature，207：1421.

Stuart F M，Duckworth R，Turner G，et al. 1994a. Helium and sulfur isotopes in sulfides from the Middle Valley，northern Juan de Fuca Ridge. Proceedings of the Ocean Drilling Program，Scientific Results，139：387~392.

Stuart F M，Harrop P J，Knott R，et al. 1995. Noble gas isotopes in 25000 years of hydrothermal fluids from 13° N on the East Pacific Rise. London：Geological Society，Special Publications，87（1）：133~143.

Stuart F M，Turner G. 1998. Mantle-derived ^{40}Ar in mid-ocean ridge hydrothermal fluids：Implications for the source of volatiles and mantle degassing rates. Chemical Geology，147：77~88.

Stuart F M，Turner G，Duckworth R C，et al. 1994b. Helium isotopes as tracers of trapped hydrothermal fluids in ocean-floor sulfides. Geology，22（9）：823~826.

Styrt M M，Brackmann A J，Holland H D，et al. 1981. The mineralogy and the isotopic composition of sulfur in hydrothermal sulfide/sulfate deposits on the East Pacific Rise，21°N latitude. Earth and Planetary Science Letters，53：382~390.

Sun S S，McDonough W F. 1989. Chemical and isotopic systematics of oceanic basalts：Implications for mantle composition and processes. Geological Society，London，Special Publications，42（1）：313~345.

Sverjensky D A. 1984. Europium redox equilibria in aqueous solution. Earth and Planetary Science Letters，67（1）：70~78.

Tanahashi M，Kisimoto K，Joshima M，et al. 1991. Geological structure of the central spreading system，North Fiji Basin. Marine Geology，98（91）：187~200.

Taylor D F. 1978.Thermodynamic properties of metal-water systems at elevated temperatures. Journal of the Electrochemical Society，125：808~812.

Taylor S R，McLennan S M. 1985.The Continental Crust：Its Composition and Evolution. Oxford：Blackwell.

Tessalina S G，Bourdon B，Maslennikov V V，et al. 2008. Osmium isotope distribution within the Palaeozoic Alexandrinka seafloor hydrothermal system in the Southern Urals，Russia. Ore Geology Reviews，33：70~80.

Trefry J H，Butterfield D B，Metz S，et al. 1994. Trace metals in hydrothermal solutions from Cleft segment on the southern Juan de Fuca Ridge. Journal of Geophysical Research，99（B3）：4925~4935.

Trieloff M，Kunz J，Clague D A，et al. 2000. The nature of pristine noble gases in mantle plumes. Science，288（5468）：1036~1038.

Trull T W，Kurz M D，Jenkins W J. 1991. Diffusion of cosmogenic 3He in olivine and quartz：Implications for surface exposure dating. Earth and Planetary Science Letters，103：241~256.

Turner G，Stuart F. 1992. Helium/heat ratios and deposition temperatures of sulphides from the ocean floor. Nature，357(6379)：581~583.

Ueno H，Hamasaki H，Murakawa Y，et al. 2003. Ore and gangue minerals of sulfide chimneys from the North Knoll，Iheya Ridge，Okinawa trough，Japan. JAMSTEC Journal of Deep Sea Research，22：49~62.

Vidal P，Clauer N. 1981. Pb and Sr isotopic systematics of some basalts and sulfides from the East Pacific Rise at 21°N（Project Rita）. Earth and Planetary Science Letters，55：237~246.

Vink B W. 1996. Stability relations of antimony and arsenic compounds in the light of revised and extended Eh-pH diagrams.

Chemical Geology，130：21～30.

Webber A P，Roberts S，Burgess R，et al. 2011. Fluid mixing and thermal regimes beneath the PACMANUS hydrothermal field，Papua New Guinea：Helium and oxygen isotope data. Earth and Planetary Science Letters，304（1）：93～102.

Welhan J A，Craig H. 1983. Methane，hydrogen and helium in hydrothermal fluids at 21°N on the East Pacific Rise//Rona P A，Bostrom K，Laubier L. Hydrothermal Processes at Seafloor Spreading Centers. New York：Plenum Press.

Wilkin R T，Barnes H L. 1997. Formation processes of framboidal pyrite. Geochimica et Cosmochimica Acta，61（2）：323～339.

Woodruff L G，Shanks W C Ⅲ. 1988. Sulfur isotope study of chimney minerals and hydrothermal fluids from 21°N，East Pacific Rise：Hydrothermal sulfur sources and disequilibrium sulfate reduction. Journal of Geophysical Research，93：4562～4572.

Xiong Y，Wood S. 1999. Experimental determination of the solubility of ReO_2 and the dominant oxidation state of rhenium in hydrothermal solutions. Chemical Geology，158：245～256.

Yin X B，Zeng Z G，Li S Z，et al. 2011. Determination of trace elements in sulfide samples by inductively coupled plasma-mass spectrometry. Chinese Journal of Analytical Chemistry，39：1228～1232.

Zeng Z，Chen D，Yin X，et al. 2010. Elemental and isotopic compositions of the hydrothermal sulfide on the East Pacific Rise near 13°N. Science in China：Earth Sciences，53（2）：253～266.

Zeng Z，Chen S，Selby D，et al. 2014. Rhenium-osmium abundance and isotopic compositions of massive sulfides from modern deep sea hydrothermal systems：Implications for vent associated ore forming processes. Earth and Planetary Science Letters，396：223～234.

Zeng Z，Ma Y，Chen S，et al. 2017. Sulfur and lead isotopic compositions of massive sulfides from deep-sea hydrothermal systems：Implications for ore genesis and fluid circulation. Ore Geology Reviews，87：155～171.

Zeng Z，Ma Y，Yin X，et al. 2015a. Factors affecting the rare earth element compositions in massive sulfides from deep-sea hydrothermal systems. Geochemistry，Geophysics，Geosystems，16（8）：2679～2693.

Zeng Z，Niedermann S，Chen S，et al. 2015b. Noble gases in sulfide deposits of modern deep sea hydrothermal systems：Implications for heat fluxes and hydrothermal fluid processes. Chemical Geology，409：1～11.

Zeng Z，Qin Y，Zhai S. 2001. He，Ne and Ar isotope compositions of fluid inclusions in hydrothermal sulfides from the TAG hydrothermal field Mid-Atlantic Ridge. Science in China Series D，44（3）：221～228.

Zeng Z，Wang X，Zhang G，et al. 2008. Formation of Fe-oxyhydroxides from the East Pacific Rise near latitude 13°N：Evidence from mineralogical and geochemical data. Science in China Series D: Earth Sciences，51（2）：206～215.

Zierenberg R A，Shanks W C，Bischoff J L. 1984. Massive sulfide deposits at 21 degrees，East Pacific Rise：Chemical composition，stable isotopes，and phase equilibria. Geological Society of America Bulletin，95：922～929.

Zierenberg R A，Koski R A，Morton J L，et al. 1993. Genesis of massive sulfide deposits on a sediment covered spreading center，Escanaba tough，Southern Gorda Ridge. Economic Geology，88：2069～2098.

第四章　东太平洋海隆热液柱研究

海底热液柱起源于喷口流体，与海底冷泉流体区相比，喷口热液流体区在流体 CO_2、CH_4 以及碳酸盐矿物和生物群落等方面与其一致，这意味着氢（H）、碳（C）和氧（O）等元素的来源可以相同，但归属（热液和冷泉流体）可以不同，进一步表明至少可使用物源及其物质供给这个桥梁。为此，我们提出海底热液活动、冷泉及天然气水合物的同源异汇假说，将海底热液活动及其成矿与冷泉流体活动及天然气水合物的成藏联系起来，深化对海底热液和冷泉流体活动之间物质循环的认识，这一认识将有助于建立新的海底热液-冷泉-生物-碳酸盐系统物质及关键元素循环模式。目前，随着海洋探测技术的不断提高，越来越多的技术手段应用于寻找海底热液喷口。其中，通过探测水体中海底热液活动所产生的各种物理、化学异常（如温度、浊度、Mn 和 CH_4 等）可有效地寻找海底热液活动及其喷口分布区。

通过对东太平洋海隆（Hauschild et al.，2003；German et al.，2002；Field and Sherrell，2000；Lupton et al.，1993；Khripounoff and Alberic，1991；Crane et al.，1988；Hékinian et al.，1983；Michard et al.，1983；Edmond et al.，1982）、胡安·德富卡洋脊（Cruse and Seewald，2006；Skebo et al.，2006；Kadko and Butterfield，1998；Baker et al.，1995；Thomson et al.，1992；Chadwickj et al.，1991；Baker and Massoth，1987；Crane and Frank，1985）、大西洋洋中脊（Baptiste et al.，2004；Henrietta and German，2004；Cave et al.，2002；曾志刚等，1999；German and Parson，1998）和冲绳海槽（刘焱光等，2005；翟世奎等，2001）等热液活动区的调查研究，人们逐渐认识到海底热液流体与沉积物和玄武岩之间的相互作用以及热液柱中物质的迁移等地球化学行为是影响全球地球化学循环的重要因素。热液柱产生的物理化学异常，会远离洋脊轴向外扩散数千米。热液柱的物理化学异常既可通过物理性质进行描述，如温度（Lupton et al.，1999，1985，1980；Kelley et al.，1998；Baker and Lupton，1990）、浊度（Wilson et al.，1996；Lupton et al.，1993；McConachy and Scott，1987）、盐度和密度等（栾锡武和秦蕴珊，2002），也可通过水柱中的氢（Lupton et al.，1999，1980；Jean-Baptiste et al.，1990）、锰（Goodman and Collins，2004；Hauschild et al.，2003；German and Parson，1998；Mottl et al.，1995；Massoth et al.，1995；Klinkhammer and Bender，1980）、铁（Hauschild et al.，2003；Massoth et al.，1995）、甲烷（Mottl et al.，1995）和氯异常（Von Damm and Bischoff，1987）等来刻画。因此，研究热液柱的物理、化学特征及其运动特征不仅有助于了解海底热液活动中元素的地球化学行为，同时也为评估热液活动对近海底水体环境的影响提供了工作基础。例如，沿着 Endeavour 洋脊段，温度和浊度异常不仅可以显示热液柱的存在，还可为预测热液区位置提供依据。进一步，在此基础上，将温度和浊度异常与热液柱的水平移动距离相结合，可以估算各热液区的热通量（Thomson et al.，1992；Baker and Lupton，

1990；Baker and Massoth，1987，1986）；此外，依据热液柱中衰变消耗的 ^{222}Rn 与喷口流体增加的 ^{222}Rn 相平衡这一原理，将温度异常与热液柱的 ^{222}Rn 和 ^{3}He 分析结果相结合，也可估算热通量（Rosenberg et al.，1988）。

本章介绍了新提出的热液柱温度异常计算方法、EPR 13°N 附近海底热液柱的温度异常和 Mg、Cl、Br、Ca 及 SO_4^{2-} 特征，阐述了 Ca 在海水中的地球化学行为以及热液活动对海水中钙元素的影响，并指出 E55 站位附近可能存在新的热液喷口区。

第一节 热液柱的温度异常自动化计算方法

温度异常是反映热液柱的显著特征之一，同时也是评估热液柱向大洋输入热通量的重要参数（翟世奎等，2005；Speer and Rona，1989），此外，温度异常还与热液柱水体中的沉淀-溶解、氧化-还原化学反应（曾志刚，2011；Dick et al.，2009；Zhou et al.，2007；王晓媛和曾志刚，2005；Statham et al.，2005；Field and Sherrell，2000；Tsunogal et al.，2000；Rudnick and Elderfield，1992）密切相关，其直接引起这些反应的焓变、熵变及吉布斯自由能等许多物理量的变化，进而对化学平衡常数和化学反应速率产生重要影响，且计算温度异常并将其与颗粒物浓度异常及光衰减异常结合，可在走航时快速探测热液柱的空间展布结构（Lam et al.，2004；Rudnick et al.，1994；Baker and Massoth，1987）。因此，在海上调查工作中不仅需要精准的探测热液柱的温度，以便寻找热液活动的分布区域，还需要对温度异常进行定量计算，从而更好地把握热液柱的形成过程及其对近海底水体环境的影响（王晓媛等，2012）。

热液柱温度异常值是指在同一地区等密度层位处热液柱温度与正常海水温度之间的差值。计算海底热液柱温度异常值的方法主要有以下三种：第一种方法主要是通过拟合背景海水的位势温度-位势密度或位势温度-盐度曲线，得到它们两两之间的关系变化。随后将获得的温度、盐度或密度变化值与海水背景值作比较，从而得到温度异常值（Charlou et al.，1991）；第二种方法则是利用热液柱内的位势温度-位势密度或位势温度-盐度曲线，找出并扣除曲线上的异常节点，之后再将剩余的点作位势温度-密度或位势温度-盐度拟合曲线。随后将新获得的曲线延伸到异常区域，并将此假设的正常海水曲线与异常区域内的变化曲线相比较，从而计算出温度异常值（王晓媛等，2007；Klinkhammer et al.，2001；Gamo et al.，1993；Baker and Lupton，1990）；第三种方法则是通过热液柱平衡高度和盐度梯度或密度梯度计算得出：

$$\Delta\theta \approx \frac{-Z_{eq}S_z\beta}{3.81\alpha} \qquad (4-1)$$

式中，$\Delta\theta$ 代表温度异常；Z_{eq} 代表热液柱上升到平衡位置时的高度；S_z 代表盐度梯度；α 为热膨胀系数；β 为卤水收缩系数（McDougall，1990）。尽管如此，这三种方法在动态反映热液柱扩散方面各有不足：第一种方法，需要获得未受热液活动影响的正常海水值，然而有的热液柱会延伸数千米（可达 20km），加上海流等因素的影响，较难获得合适的正常海水值；第二种方法操作复杂，不利于批量处理数据，而且还因为存在人为操作，所以仅可粗略估算不同的热液柱温度异常之间的差异；第三种方法计算得来的温度异常值为热液柱平衡位置处的最大温度异常值，而且该方法使用的参数均为定值，因而得到的温度异常值也为定值，这无法动态示踪热液柱的扩散（王晓媛等，2012）。

为了快速获得海底热液柱的温度异常值及其动态变化量，使不同热液柱的温度异常值具可比性，对在 EPR 13°N、西太平洋东马努斯海盆以及大西洋 Logatchev 热液区获得的位势温度和位势密度数据进行了分析，提出了两种新的自动化计算海底热液柱温度异常值的方法，可以快速、高效地自动判别热液柱温度异常的动态信息（王晓媛等，2012）。

一、数据与方法

对 2003 年、2005 年和 2008 年分别于 DY105-12、14 航次第 6 航段在 EPR 13°N 附近、DY105-17A 航次大西洋航段在 Logatchev 热液区附近以及 KX08-973 航次在东马努斯海盆热液区内，使用 SeaBird 911 Plus CTD[①]获得的位势温度和位势密度数据进行了分析。其中，在 EPR 13°N 附近 E55 站位通过水体的化学异常分析，已证实热液柱的存在（王晓媛等，2007）。此外，在东马努斯海盆的 18A（Desmos 热液区附近）和 MAR CTD4（Logatchev 1 热液区）站位也发现可能有热液柱的存在（王晓媛等，2012）。

在太平洋深部，正常海水的位势温度和位势密度之间呈明显的线性关系［图 4-1（a）和（d）］。但在大西洋深部，正常海水的位势温度和位势密度之间则符合多项式关系［图 4-2（a）］。热液柱的存在，会使水团局部不满足这样的关系［图 4-1（b）、（c）和图 4-2（b）］。为了快速、高效地计算热液柱的温度异常值，我们提出了两种新的计算方法——重采样法和迭代法（王晓媛等，2012）。

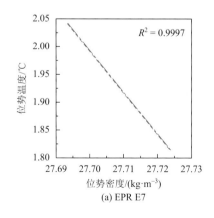
(a) EPR E7

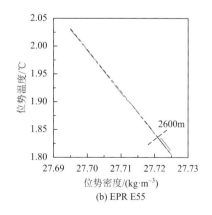
(b) EPR E55

---

① CTD 为 conductivity，temperature，depth 的缩写，指温盐深剖面仪。

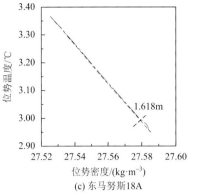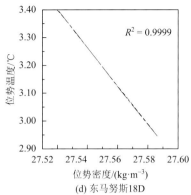

(c) 东马努斯18A　　　　　　　　　　　　(d) 东马努斯18D

图 4-1　EPR 13°N 附近 E7 站位、E55 站位、西太平洋东马努斯海盆 18A 站位和 18D 站位的
位势温度-位势密度相关关系（王晓媛等，2012）

E7 站位和 18D 站位位势温度与位势密度之间符合很好的线性关系（R^2 分别为 0.9997 和 0.9999）

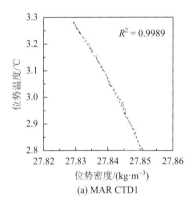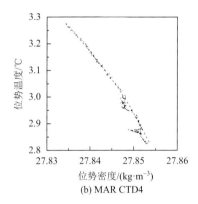

(a) MAR CTD1　　　　　　　　　　　　(b) MAR CTD4

图 4-2　大西洋 Logatchev 1 热液区附近 MAR CTD1 站位和 MAR CTD4 站位的位势温度-位势密度相关
关系（王晓媛等，2012）

MAR CTD1 站位的位势温度与位势密度之间符合三项式关系（$R^2 = 0.9989$），该处没有温度异常出现

（一）重采样法

假设一共测试了 N 个观测点，随机抽取 M（$M = \sqrt{N}$）个点进行线性拟合得到 1 组斜率和截距，进行 n 次随机抽样，这样每次抽样都拟合 1 条直线并得到相应的斜率和截距，将此 n 个斜率和截距分别作直方图（图 4-3），观察到直方图呈近似正态分布的对称分布，但带有拖尾 [图 4-3（a）和（b）]。若 CTD 所测数据点的位势温度和位势密度完全符合线性关系，斜率和截距的直方图应该完全符合对称分布 [图 4-3（c）和（d）]，且斜率和截距各自的均值应等于其各自的中位数，此时 n 次拟合得到的斜率和截距的均值或者中位数即为所有数据点拟合出的直线的斜率和截距（王晓媛等，2012）。

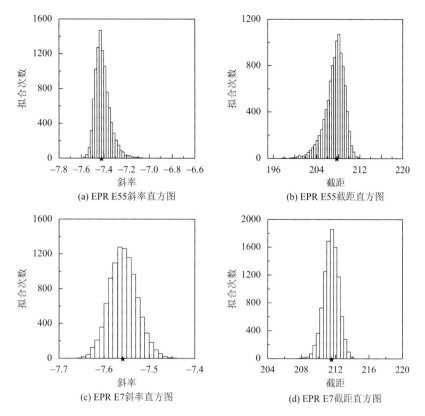

图 4-3　对 EPR 13°N 附近 E7 和 E55 站位位势温度与位势密度使用重采样法拟合 10001 次得到的斜率与
截距直方图（王晓媛等，2012）

在 E55 站位底部有温度异常，其斜率与截距的直方图存在拖尾；E7 站位没有温度异常，其斜率与截距呈对称分布。
★为中位数位置

　　拖尾是热液柱影响的结果，此时 n 次拟合得到的斜率和截距的均值与中位数不等，斜率和截距的直方图分布不对称，因此均值不是数据集中程度最好的衡量指标，而由于中位数对少数异常值不敏感，更适合用于估计数据的集中程度。因此，使用 n 次拟合得到的斜率和截距的中位数可用于表示扣除异常点之后剩余部分的斜率和截距，由此得到的直线方程，可很好地拟合未受热液活动影响的背景海水的位势温度与位势密度之间的线性关系。进而，将观测到的真实值减去该直线代表的背景值，即可得到温度异常值（王晓媛等，2012）。

（二）迭代法

　　首先对观测得到的所有数据点进行直线或多项式拟合，然后扣除位于拟合线上方或下方的异常点。一般情况下，太平洋海区内热液柱温度异常的计算，需要扣除拟合线上方的点（该海区温度异常为正值），大西洋海区内热液柱温度异常的计算，需要扣除拟合线下方的点（该海区温度异常为负值），然后对剩余的点再次拟合，第 2 次获得的拟合线再扣除异常点，如此反复迭代，当 $|\sigma_n - \sigma_{n-1}| < 0.0001$ 时（σ_n 代表第 n 次偏差，σ_{n-1} 代表第 $n-1$

次偏差，CTD 测量位势温度的精度为 0.0002℃，故将差值也精确到小数点之后第 4 位）停止迭代，得到的拟合线关系式即为背景海水的位势温度与位势密度关系式［图 4-4（a）和（b）］。进而，将观测到的真实值减去拟合线所代表的背景值，即为温度异常值（王晓媛等，2012）。

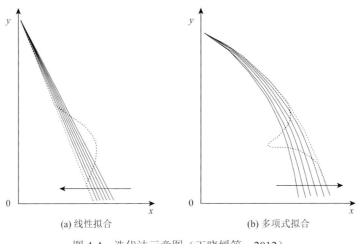

(a) 线性拟合　　　　　　　　　　(b) 多项式拟合

图 4-4　迭代法示意图（王晓媛等，2012）

图中箭头所指方向为迭代方向

二、处理结果

用两种方法处理相同的总数据。首先，在 E55 站位和 MAR-CTD4 站位，从海底到距海底约 800m 范围内每 1m 收集 1 组数据；在东马努斯海盆 18A 站位，由于热液柱的上升高度较低，从海底到距海底约 400m 范围内每 1m 收集 1 组数据。进一步，使用重采样法和迭代法进行计算，得到 E55 站位、18A 站位和 MAR-CTD4 站位的温度异常图（图 4-5和图 4-6），结果显示 E55 站位和 18A 站位在距海底 300m 之内出现正温度异常，MAR-CTD4站位在距海底 500m 内有 2 个层位显示负温度异常。进而从计算结果可以看出用

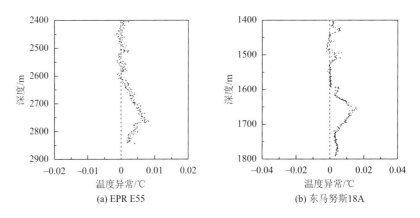

(a) EPR E55　　　　　　　　　　(b) 东马努斯18A

图 4-5　由重采样法获得 EPR 13°N 附近 E55 站位和西太平洋东马努斯海盆 18A 站位温度异常图
（王晓媛等，2012）

迭代法和重采样法拟合的线性关系较好（R^2 均在 0.999 左右）（表 4-1）；用迭代法和重采样法计算的结果与手动法的相似，但使用迭代法得到的结果更理想，且手动法无法给出误差范围，而重采样法相比于迭代法波动和误差更大，且仅能对太平洋区域内的热液柱进行温度异常计算（王晓媛等，2012）。

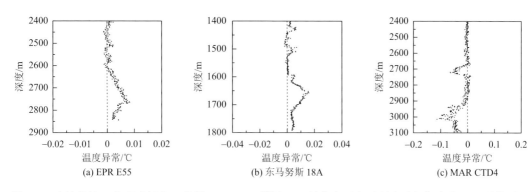

图 4-6　由迭代法（多项式拟合）获得 EPR 13°N 附近 E55 站位和西太平洋东马努斯海盆 18A 站位以及 Logatchev 1 热液区 MAR CTD4 站位温度异常图（王晓媛等，2012）

表 4-1　用手动法、迭代法与重采样法计算温度异常的结果比较（王晓媛等，2012）

站位	手动法	迭代法		重采样法	
	ΔT_{max}/℃	ΔT_{max}/℃	R^2	ΔT_{max}/℃	R^2
EPR E55	0.01	0.0082 ± 0.0005	0.9984	0.0093 ± 0.0012	0.9989
东马努斯 18A	0.015	0.169 ± 0.0007	0.9984	0.0211 ± 0.0054	0.9999
MAR CTD4	−0.114	$−0.1125 \pm 0.0037$	0.9993	—	—

三、方法误差计算

方法误差计算是预测拟合后得到的位势温度与位势密度的回归方程的偏差，即计算剩余标准差 σ：

$$\sigma = \sqrt{\frac{S_{偏}}{f_{偏}}}, \ S_{偏} = \sum_{i=1}^{n}(T_i - T_i')^2, \ f_{偏} = n - 2$$

其中，T_i 为实际观测的位势温度值；T_i' 为使用拟合方程在位势密度保持不变的情况下得到的位势温度理论值；$f_{偏}$ 为自由度；n 为实际观测的数量（王晓媛等，2012）。

通过比较发现迭代法的误差范围比重采样法小（表 4-1），这是由于重采样法中使用的斜率和截距的中位数仅近似等于回归线的理论斜率和截距值，即中位数与理论值存在偏差，因此采用重采样法得到的温度异常随水深变化趋势波动较大，误差范围也较大，但若能找到一种方法可以精确消除拖尾后对称分布的中位数，则可减小重采样法的误差（王晓媛等，2012）。

四、重采样法和迭代法的优势

重采样法和迭代法的优势在于可以进行自动计算，操作简便，实现对大量数据的快速处理（就目前计算的总数据而言，迭代法的计算用时少于重采样法），大幅度提高热液柱温度异常值的计算效率。该方法可在科考船走航时即时快速获得水体的温度异常值和出现温度异常的水深层位，对热液区采水站位的布设具有很好的参考及指导价值（王晓媛等，2012）。

重采样法和迭代法的另一个优点是其得到的结果仅存在方法误差和仪器测试误差，不存在手动取点的人为误差，结果更接近真实情况，精确度更高。由于温度传感器的分辨率较高（0.0002℃），因此人为选择节点位置的不同，而引起的细微差异都会影响到温度异常值的计算结果，而重采样法和迭代法避免了人为因素的影响，得到的结果不仅可清楚地显示温度异常值和异常层位，而且误差范围也较小，可以更真实、直观地反映热液柱的温度异常情况。此外，若被调查热液区所处的环境中背景海水位势温度与位势密度之间关系相近，即线性相关或多项式相关，则使用一致的方法对温度异常进行计算，可更有效地对比不同热液柱温度之间的差异（王晓媛等，2012）。

五、重采样法和迭代法适用条件

（一）重采样法适用条件

重采样法适用于参数之间是线性关系时，且其中一个参数异常的计算。子样本数较少会导致误差增加，子样本数太大会影响循环计算的速度，因此，计算过程中使用的子样本数要求适中，即选择进行重采样法计算的参数的数量要适中，通过多次模拟计算，我们认为拟合的子样本数为总指标数的二次方根的整数（王晓媛等，2012）。需要说明的是，重采样法也可对背景海水参数之间符合二项关系式的参数异常进行计算，此时需要拟合的不是一元函数关系式，而是二元函数关系式，即将式（4-2）变为式（4-3）。

$$y = ax^2 + bx + c \qquad (4-2)$$

$$y = at + bx + c \qquad (4-3)$$

式中，$t = x^2$。

受多种因素影响，海水中各种参数变化复杂，水深范围不同，参数符合的关系式也不同，而重采样法仅适用于一定水深范围内温度异常的计算（王晓媛等，2012）。由于热液柱一般从海底上升 300~1000m，在此范围内，背景海水参数之间具有简单的相关关系，因此重采样法适用于计算热液柱的温度异常值（王晓媛等，2012）。

（二）迭代法适用条件

使用迭代法计算温度异常值的前提是了解背景海水参数之间的相关关系，按照指定的相关关系表达式进行迭代计算（王晓媛等，2012）。与重采样法一致，迭代法也仅适用于一定水深范围内，背景海水参数之间符合简单函数关系式的热液柱温度异常值计算（王晓媛等，2012）。

第二节　东太平洋海隆热液区水文调查

2005 年 9 月 11～24 日，中国大洋矿产资源研究开发协会组织的环球航次（DY105-17A航次），在"大洋一号"轮科考船上先后使用了 MAPRs、CTD 等调查设备，对 EPR 13°N附近以及 1°N～3°S（尚属于一个调查研究程度较低的洋脊段）两个洋脊段，进行了海底热液活动调查，获得了近海底的水文资料及水体样品，使我们对该区域的水体特征有了初步了解和认识。同时在 EPR 赤道附近的水体中发现了新的浊度和温度异常，为进一步证实该区存在的海底热液活动提供了必要的证据及前期工作基础。

一、CTD 测量的初步结果

使用 SeaBird 911 Plus CTD，对工作区的海水进行了温度、盐度等调查测量。由于工作海区（EPR 赤道附近）表层海流太大（＞2kt），钢缆放出长度约为水深的 3 倍，普通 CTD不可能下放至海底，因此在两个站位作业，CTD 均没有下放到距海底 50m 的高度（表 4-2）。EPR02 站位因水流大、海况恶劣，CTD 仅放至海平面以下 300m 处。根据已有的温度和盐度观测结果，可以得到上层水体的部分温度和盐度特征，即观测海区水体的上混合层为27～30m，温跃层为 1 正 1 负的双跃层结构，主温跃层并不显著。主温跃层厚度均为 100m，强度为 0.04℃/m。EPR01 站位，其高盐度水体位于海底面以下 100～400m 处，而 EPR02站位，其高盐度水体位于海底面以下 50～300m 处（表 4-3）。表层海水温度为 19～22℃，且混合层厚度很小，表明工作海区正处于东太平洋赤道冷水区。该区域受到秘鲁/智利上升流和赤道潜流的共同作用，而深层低温水的上升导致了海洋表面温度的降低。

表 4-2　EPR 赤道附近 CTD 观测站位信息

站位	观测时间	经度	纬度	水深/m
EPR01	09/15/05 23:03	102°20.50′W	1°07.07′N	3284
EPR02	09/24/05 16:37	102°23.87′W	0°16.08′N	3209

表 4-3　EPR 赤道附近水体的温盐特征值

站位	海面		温度跃层		观测
	温度/℃	盐度	厚度/m	位置/m	时间
EPR01	19.7817	34.6297	100	27～127	9 月
EPR02	21.9269	33.6349	100	20～120	9 月

二、水体浊度的空间变化

在"十五"863 计划[①]（属资源与环境技术领域海洋资源开发技术主题大洋矿产资源探测关键技术专题：大洋固体矿产资源成矿环境及海底异常条件探测）的资助下，由自然资源部第二海洋研究所、中国海洋大学、中国地质科学院矿产资源研究所、浙江大学、自然资源部第一海洋研究所共同研制出一套深海拖体探测系统（又称集成化拖体）。

在 DY105-17A 航次第一航段，中国大洋协会使用该集成化拖体（美国科学家在该拖体上加载了 MAPRs 和近底磁力仪）在 EPR 赤道附近的未知区，进行了温度、盐度、深度、浊度、近底磁力、离底高度等参数的原位连续测量及水下摄像观测，共发现 18 处可能的浊度异常、7 处可能的温度异常（表 4-4）。

表 4-4　集成化拖体作业记录

测线	开拖		结束		水深/m	发现异常量/处
	时间	经纬度	时间	经纬度		
17A-EPR-MM1-MM2	9 月 15 日 12:07	1°09.83′N, 102°11.78′W	9 月 15 日 22:45	0°59.74′N, 102°12.33′W	2999～3192	浊度异常 3 温度异常 2
17A-EPR-MM3-MM4	9 月 17 日 3:35	2°01.82′S, 102°37.52′W	9 月 18 日 21:50	3°14.94′S, 102°34.61′W	2903～3232	浊度异常 7 温度异常 2
17A-EPR-MM5-MM6	9 月 19 日 11:01	3°13.30′S, 102°34.38′W	9 月 20 日 6:24	3°45.06′N, 102°38.43′W	2894～3074	浊度异常 2 温度异常 1
17A-EPR-MM7-MM8	9 月 21 日 5:55	1°49.97′S, 102°31.49′W	9 月 23 日 3:50	00°20.74′S, 102°20.99′W	3106～3241	浊度异常 5 温度异常 1
17A-EPR-MM9-MM10	9 月 23 日 9:17	0°22.65′S, 102°21.47′W	9 月 24 日 7:27	0°18.90′N, 102°18.70′W	2945～3230	浊度异常 1 温度异常 1

在 EPR 赤道附近的热液柱探测过程中，水体异常主要体现为浊度异常，温度异常往往不明显。若水体中浊度异常与温度异常的位置基本一致，则说明该处附近可能存在活动的热液喷口。如果仅见浊度异常，没有伴随温度异常，有可能是探测到离热液喷口较远的热液柱，或是水体中存在生物活体。此外，美国科学家加载在集成化拖体上的近海底磁力仪也可用于寻找热液喷口的位置，即根据热液喷口及其附近具低磁力值的特点去发现海底热液区，同时可用该数据资料间接验证浊度异常的存在。

进一步，利用便携自容式海水热液柱自动探测仪［MAPR，由美国国家海洋与大气局（NOAA）太平洋海洋环境实验室（PMEL）的科研小组于 1995 年研制成功，具有轻便、经济、耐用、自容式及容易使用等特点，可以搭载在深拖系统的拖缆上，连续对水体的温度、压力和浊度进行测量；该仪器曾多次探测到沿洋中脊分布的热液柱，并为后续发现新的海底热液喷口提供了关键数据及资料］组成的阵列，对于近海底水体的浊度实施连续观测，有助于探测海底热液喷口流体产生的热液柱，并确定该海底热液喷口区的位置。在 DY105-17A 航次中，对未知区的 MAPR 测量数据进行初步处理、分析后，发现在 17A-EPR-MM7-MM8 剖面中显示一个明显的浊度异常区，位置是 0°58′S～0°28′S，且该

---

① 863 计划是国家高技术研究发展计划的简称。

洋脊段上方水体不同深度的 6 个 MAPR 测量的浊度数据，也均呈现不同程度的浊度值增加，其浊度异常范围较大（沿洋中脊长约 50km），推测是热液柱产生的浊度异常，且该结果同以往在 EPR 14°S～19°S 范围内探测到的热液柱结果（Baker and German，2004）相似，这值得进一步在该区开展深入的热液柱调查工作，并加以证实。此外，在长达 400 多千米的测线上，6 台 MAPR 的测量数据还显示若干个强度和规模略小的浊度异常区。

第三节　热液柱的温度异常特征

2003 年 DY105-12、14 航次第六航段海底热液硫化物调查中，在 EPR 12°39′N～12°54′N 内布设了 8 个 CTD 采水站位（其中 7 个站位在海隆上，1 个站位 E55 位于海隆东翼距海隆轴部 8.7km 处）（图 4-7），采样位置及水深见表 4-5。由于热液柱一般从海底上升 300～400m，所以采水层位设置在距离海底 50～400m 的范围内，共在 12 个层位内进行采水（王晓媛等，2012）。

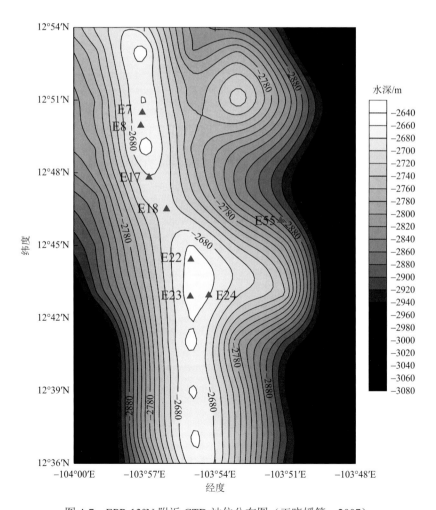

图 4-7　EPR 13°N 附近 CTD 站位分布图（王晓媛等，2007）

表 4-5　2003 年 EPR13°N 附近 CTD 采水与测温的站位位置及水深（王晓媛，2008）

站位	经度	纬度	水深/m
E7	103°57.048′W	12°50.532′N	2654
E8	103°57.114′W	12°49.998′N	2656
E17	103°56.766′W	12°47.850′N	2591
E18	103°56.016′W	12°46.536′N	2606
E22	103°54.984′W	12°44.448′N	2616
E23	103°55.014′W	12°42.918′N	2640
E24	103°54.234′W	12°42.966′N	2630
E55	103°51.150′W	12°46.068′N	2894

一、EPR 12°39′N ～ 12°54′N 热液柱的温度异常

E22、E24 和 E55 站位的水体呈现明显温度异常；E17 和 E23 站位呈较小的温度异常；而 E7、E8 和 E18 站位的水体则未出现温度异常（图 4-8）。同时，水柱有如下表现：①温度异常值先增大后减小并逐渐恢复到正常海水温度；②温度异常值先增大后减小，但在底部未恢复到海水温度，而是仍然呈现一个小的温度异常（王晓媛，2008）。

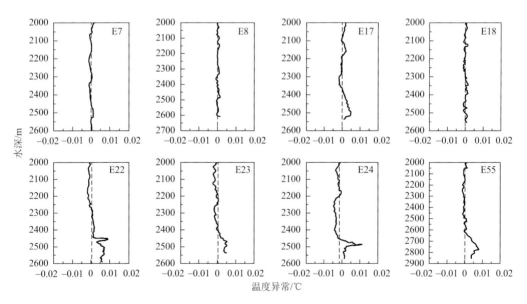

图 4-8　EPR 13°N 附近热液区中水体温度异常随深度变化图（王晓媛，2008）

二、EPR 12°39′N ～ 12°54′N 热液柱的温度异常层位分析

一般情况下，从水深 2400m 开始水体出现温度异常。E55 站位从水深 2600m 开始水

体出现温度异常，异常范围在海底之上 300m 内。E17 站位从 2400m 开始水体出现温度异常，且异常值逐渐增大，2512m 处达到最大异常值 0.007℃，随后异常值逐渐减小，在 2580m 处水体的温度恢复到近似正常海水的温度。E22 站位在 2457m 处水体的温度异常值突然增加至 0.011℃，随深度增加异常值减小，但未恢复到正常海水温度，且水体在 2500～2560m 的温度异常值维持在 0.006～0.007℃。E23 站位在 2400～2536m 内水体表现出较小的温度异常，在 2470m 处出现最大温度异常（0.006℃），在最底端也未恢复到正常海水的温度值。E24 站位的水体呈现出明显的温度异常，且在 8 个站位中呈现的温度异常值最大，温度异常层位为 2450～2580m，最大温度异常值 0.015℃出现在 2489m 处。E55 站位虽然处于距海隆轴部约 8.7km 处，但其温度异常明显，且与 E17 站位表现出来的温度异常变化特征相似，即从 2600m 处异常开始逐渐增大，2763m 处呈现最大温度异常（0.01℃）。随后，随着水深的增加，温度异常值减小，且在 CTD 作业的最底端，温度没有恢复到正常海水的温度（王晓媛，2008）。

第四节 热液柱的 Mg、Cl、Br 浓度异常及其影响因素

一、测试方法

使用带有电导传感器、温度传感器、压力传感器、高度传感器和 12 个 8L 的常规采水器进行了测温、采水作业，且采水深度均在海底之上 50～400m。进一步，使用建立二项关系式的方法对获得的温度数据进行处理，得到温度异常值。将采得的水样过滤后，使用离子色谱（IC 2500）测量其 Mg、Cl 和 Br 浓度。Mg 浓度使用接枝型阳离子交换树脂柱（DIONEX AS14 型）进行离子交换测定，$20mmol \cdot L^{-1}$ 的 MSA（甲烷磺酸）为淋洗液，淋洗速率为 $1.0mL \cdot min^{-1}$。Cl 和 Br 浓度使用乳胶型阴离子交换树脂柱（DIONEX CS12 型）进行离子交换测定，$3.5mmol \cdot L^{-1}$ Na_2CO_3/$1.0mmol \cdot L^{-1}$ $NaHCO_3$ 为淋洗液，淋洗速率为 $1.2mL \cdot min^{-1}$。离子色谱仪的测定精密度为 ±1%。

二、EPR 13°N 附近热液柱中 Mg、Cl、Br 浓度异常

Mg、Cl、Br 浓度变化在 EPR 12°39′N～12°54′N 附近这 8 个站位表现出不同的特征（图 4-9）。其中，E7 和 E18 站位的水体既无温度异常也无 Mg、Cl、Br 浓度异常，E8 站位无温度和 Mg 浓度异常，但显示出较小的 Cl 和 Br 浓度异常，E17 站位只显示温度异常而没有化学异常。E22、E23、E24 和 E55 站位的水体均表现出明显的温度异常和 Mg、Cl、Br 浓度异常，且 E22、E23 和 E24 站位的水体温度异常和元素浓度异常均出现在 2400～2600m，E55 站位水体的温度和化学异常出现在 2700～2850m。存在异常的水体都显示 Mg 浓度低于正常海水，亏损值在 9.3%～22.4%，Cl 和 Br 浓度高于正常海水，且富集程度分别为 10.3%～28.7% 和 10.7%～29.0%（表 4-6）（王晓媛，2008）。

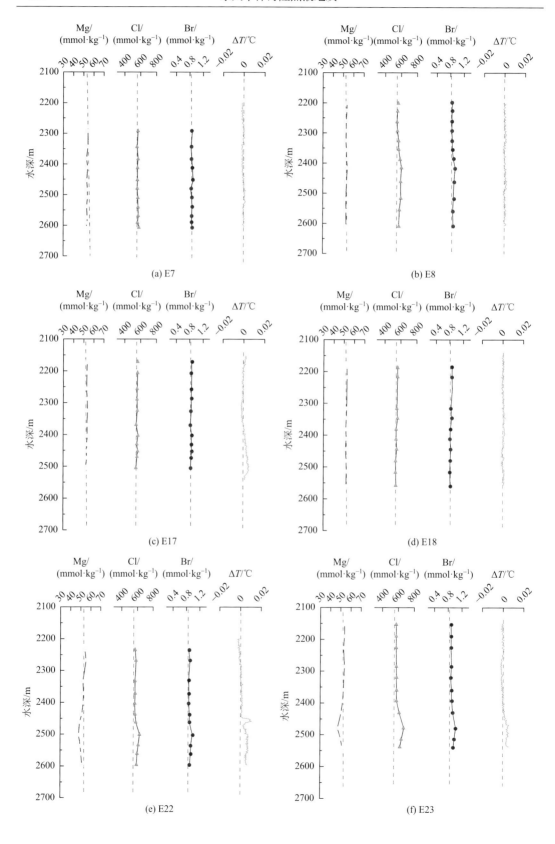

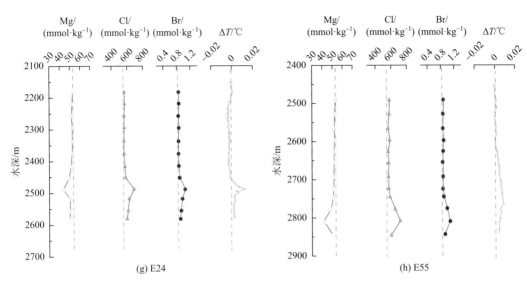

图 4-9　E7、E8、E17、E18、E22、E23、E24 和 E55 站位水柱中温度异常和 Mg、Cl、Br 浓度异常
剖面图（王晓媛等，2007）

表 4-6　异常水柱中最大异常层位的 Mg、Cl、Br 浓度及其相对正常海水的变化量（王晓媛等，2007）

站位	Mg		Cl		Br	
	浓度/ （mmol·kg^{-1}）	负异常变化量/%	浓度/ （mmol·kg^{-1}）	正异常变化量/%	浓度/ （mmol·kg^{-1}）	正异常变化量/%
E8	—	—	606.466	10.3	0.932	10.7
E22	48.049	9.3	622.112	13.1	0.975	15.8
E23	46.760	11.8	662.596	20.5	1.012	20.2
E24	43.589	17.8	684.156	24.4	1.052	24.9
E55	41.132	22.4	707.982	28.7	1.086	29.0
海水	53.000	—	550.000	—	0.842	—

注："—"表示未检出。

三、热液柱中的 Mg 亏损，Cl、Br 富集

在高温水-岩相互作用过程中，大多数端元热液流体的溶解 Mg 含量几乎为零
（Michard et al.，1984）。且因为该研究区是海底热液活动活跃的地区之一，所以观察到
水体中的 Mg 浓度相对海水亏损明显（9.3%～22.4%），最有可能引起较大 Mg 亏损的原
因是贫 Mg 热液流体的注入。此外，研究发现测得的水体最大 Mg 异常层位的 Mg 浓度
（表 4-6）与以往在 EPR 17°S 和 19°S 热液区内距海底几米处的水样中观测到的相差不大
（Jean-Baptiste et al.，1997），说明研究区与 EPR 17°S 和 19°S 热液区相似，存在热液流体
和周围海水的混合作用。不仅如此，研究测得的水体中出现 Mg 浓度的最大异常处，位于
海底之上 100～150m，反映热液流体喷出后与周围海水混合，在距喷口几米处与海水达到

一种动态平衡，使水体中的 Mg 浓度变化范围为 40～50mmol·kg^{-1}，随后这种平衡态下的流体不断上浮直至达到中性浮力面结束，因此水体中的最大 Mg 浓度异常层位处的 Mg 浓度与以往在 EPR 17°S 和 19°S 热液区喷口附近测得的水体中 Mg 的浓度相差不大（王晓媛，2008；Jean-Baptiste et al.，1997）。

在水体的最大 Cl 和 Br 浓度异常层位，测得的 Cl 和 Br 浓度值恰好处于 EPR 热液端元流体中 Cl、Br 浓度（Cl 浓度 740mmol·kg^{-1}；Br 浓度 1.14mmol·kg^{-1}）（Stuart et al.，2001）和海水中 Cl、Br 浓度（Cl 浓度 550mmol·kg^{-1}；Br 浓度 0.842mmol·kg^{-1}）之间，因此，研究区内出现的 Cl、Br 浓度异常是富集 Cl、Br 的热液流体注入海水的结果。许多地质过程都可以出现 Cl 浓度异常，包括岩石的水合作用，富 Cl 矿物的沉淀和溶解，来自岩浆去气的 HCl 的输入以及相分离，但目前普遍认为，相分离过程最可能引起 Cl 浓度的较大变化。研究洋中脊热液系统可知，不同条件下流体的 Cl 浓度有着较大变化范围（Gamo et al.，1997），即使在同一喷口，其流体也会呈现不同的 Cl 浓度（Phyllis et al.，2004）。前人已分别于 1991 年和 1994 年在同一喷口，测出两种具有不同 Cl 浓度［低 Cl（46.5mmol·kg^{-1}）和高 Cl（846mmol·kg^{-1}）］的流体，可能是 1991 年气相流体喷出后，卤水储存在洋壳中，随后又在 1994 年喷出（Hedenquist et al.，1994）。而且，当海水在 390℃ 和 250 个大气压下发生相分离时，将会产生含 0.24%（质量分数）NaCl（40.5mmol·kg^{-1} Cl）的气相和 5.00%（质量分数）NaCl（844mmol·kg^{-1} Cl）的卤水。不仅如此，研究测得的水体 Cl、Br 异常浓度均处于海水和卤水的 Cl、Br 浓度之间，这可能是热液活动导致的流体相分离后，卤水注入海水的结果（王晓媛，2008）。

四、海底热液活动状态分析

EPR 13°N 附近热液区存在多个活动和不活动的热液喷口。1986 年，在 E8 站位 Totem 热液区附近（HF06 站位 12°49.70′N，103°56.66′W）进行调查，发现该站位在底部和水深 2400m 之间有明显的温度异常，最高异常值达到 0.05℃，且 CH$_4$ 和 TDM（总溶解锰）数据也表明有热液柱的存在［图 4-10（a）］（Charlou et al.，1991）。E8 站位的水体虽然表现出较小的 Cl、Br 浓度异常，但却没有温度异常，因此推断 Totem 热液区在调查期间可能正处于不活动状态（王晓媛，2008）。

与 Totem 热液区上方水体表现行为相反的是南部的 E24 站位附近的热液喷口流体。1991 年，测得 E24 站位附近（HF19 站位，12°43.29′N，103°55.20′W）的水体在 2200～2360m 有较小的温度异常，从 2360m 到底部表现出大的温度异常，且在 2450m 处出现温度异常最大值（Charlou et al.，1991）。另外，此站位水体在 2400～2600m 还出现了 CH$_4$ 和 TDM 浓度异常［图 4-10（b）］，且最大浓度异常值出现在水深约 2500m 处。测试结果显示，E24 站位水体在 2450～2600m 存在较大的温度和化学浓度异常，最大异常值也出现在水深 2500m 处，与 Charlou 等（1991）观测到的温度和化学浓度异常层位吻合，据此推断 E24 站位附近的热液喷口可能从 1991 年开始，一直或间歇性地处于活动状态，这可能与 2003 年 9～10 月，在 EPR 10°44′N，105°W 发生的火山活动有关（王晓媛，2008；Voight et al.，2004）。

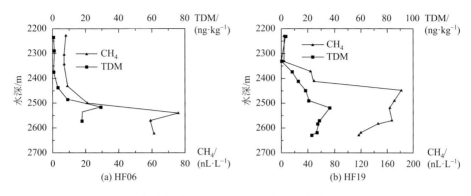

图 4-10　HF06、HF19 站位水柱中 CH$_4$ 和 TDM 浓度随深度变化（Charlou et al.，1991）

五、温度和 Mg、Cl、Br 浓度异常在热液柱中的滞留时间

温度和 He 等在海水中停留的时间较长，Mn 和 CH$_4$ 等则较短（Charlou et al.，1991），这可能受稀释作用、氧化还原环境、共沉淀或细菌活动等因素的影响。在 E17 站位，水体只有温度异常却无 Mg、Cl、Br 浓度异常，而 E8 站位无温度异常和 Mg 浓度异常，但却表现出较小的 Cl、Br 浓度异常，这一现象说明温度异常存在的时间可能比 Mg 浓度的异常存在的时间长，但相对 Cl、Br 浓度异常却不一定。一般情况下，热液端元流体都具有极低的 Mg 浓度，所以水体中 Mg 浓度异常的存在时间可能与其他因素有关而与其亏损程度关系不大。但是流体中的 Cl、Br 亏损和富集程度却不同，说明存在 Cl、Br 亏损且变化范围大的流体（Oosting and Damm，1996），也有 Cl、Br 富集且同样变化范围大的流体（Campbell and Edmond，1989；Michard et al.，1984）。因此，Cl、Br 浓度异常在海水中的存在时间与其喷口流体中 Cl、Br 的富集和亏损程度有很大的关系。在 E17 站位，早期水体中的 Cl、Br 浓度异常程度可能较低，所以其浓度异常存在时间短于温度异常；在 E8 站位，其早期水体中的 Cl、Br 富集程度可能较高，以至于存在时间较长的温度异常消失后，水体中仍有微弱的 Cl、Br 浓度异常。此外，由于曾在 E8 站位附近发现了 Totem 热液区（Khripounoff and Alberic，1991），因此推断在 E8 站位的水体中，早期出现的富集程度较高的 Cl、Br 浓度异常这一现象可能是多个喷口流体同时或陆续注入海水中的结果（王晓媛，2008）。

六、热液柱中 Cl/Br 值没有发生变化

Michard 等（1984）研究 EPR 13°N 附近高温热液流体时，发现热液流体中的 Br/Cl 值与海水的值一致。Campbell 和 Edmond（1989）以及 You 等（1994）研究无/贫沉积物覆盖洋中脊热液流体时，也发现同样的特征。进一步，Oosting 和 Damm（1996）研究 EPR 9°N～10°N 附近海底热液流体中的 Br/Cl 值，认为 Cl≥250mmol·kg^{-1} 的流体，其 Br/Cl 值与海水基本相同，Cl<250mmol·kg^{-1} 的流体，其 Br/Cl 值比海水低 40%。此次研究则发现，调查区热液柱水体中的 Br/Cl 值（1.52×10^{-3}～1.56×10^{-3}）与海水的值（1.53×10^{-3}）一致（表 4-7）（王晓媛，2008）。

表 4-7　E8、E22、E23、E24 和 E55 站位水柱中异常层位的 Br/Cl 值（王晓媛等，2007）

E8		E22		E23		E24		E55		海水
Br/Cl	水深/m	Br/Cl	水深/m	Br/Cl	水深/m	Br/Cl	水深/m	Br/Cl	水深/m	Br/Cl
1.52	2387	1.56	2436	1.52	2431	1.55	2453	1.53	2745	
1.54	2415	1.53	2461	1.52	2479	1.54	2488	1.54	2776	
1.53	2462	1.56	2500	1.53	2514	1.56	2519	1.53	2808	1.53
1.52	2519	1.53	2533	1.53	2539	1.53	2555	1.53	2843	
1.53	2558	1.55	2559	—	—	1.53	2581	—	—	
1.55	2608	1.53	2594	—	—	—	—	—	—	

注："—"表示未检出。

当石盐在蒸发过程中沉淀时，因为 Br$^-$ 半径大于 Cl$^-$，不易填补到石盐的晶格中，所以石盐更容易结合 Cl，导致溶液的 Br/Cl 值升高；同样，如果石盐溶解到溶液中，溶液的 Br/Cl 值会明显下降（Oosting and Damm，1996）。研究表明热液流体喷出时不仅没有发生石盐的溶解（或沉淀），其挟带海水上浮形成热液柱的过程中也未发生该过程，且由于 Cl、Br 处于周期表同一主族，物理化学性质极为相似，所以它们受外界的影响程度和变化程度也相似（王晓媛，2008）。

七、E55 站位附近可能存在新的热液活动区

E55 站位在洋脊轴东翼约 8.7km 处，通过比较其与海隆上其他站位水体出现的温度异常层位，E55 站位水体出现的温度异常的原因不是 EPR 上的热液柱漂移而产生的结果，而是因为该站位附近可能存在新的热液喷口。此站位水体中出现显著的 Mg、Cl、Br 浓度异常和温度异常，且异常出现的层位（2750～2850m）一致；在 Mg、Cl、Br 浓度最大异常层位处，相对于海水值，Mg 浓度亏损 22.4%，Cl 浓度富集 28.7%，Br 浓度富集 29.0%，且 Mg、Cl、Br 的浓度异常程度明显高于海隆轴部上的站位，进一步反映出 E55 站位水体出现的异常不是海隆上方热液柱漂移的结果，而极有可能是此站位附近存在新热液喷口所导致（王晓媛，2008）。

第五节　热液柱的 Ca^{2+}、SO$_4^{2-}$ 浓度异常及其影响因素

钙是海水中的常量元素，在海水常量阳离子中，其浓度（10.3mmol·kg^{-1}）仅次于 Na$^+$ 和 Mg^{2+}。海水中的 Ca^{2+} 与海洋生物密切相关，是植物细胞壁和动物骨骼的重要组分，且参与一些重要的酶反应，同时其在碳酸盐体系、硫酸盐体系中发挥重要作用，因此它在海水中的含量变化很大（张正斌，2004）。另外，自 1977 年"Alvin"号载人深潜器在加拉帕戈斯扩张洋脊（86°W）的水深 2500m 处第一次发现活动热液喷口以来（Edmond，1981），人们对许多热液区进行了海底热液活动以及生命活动的调查研究，逐渐认识到热液系统中钙的循环也是一个关系生命物质扩散迁移的重要方面。

一、测试方法

采得的水样经过 0.45μm 的滤膜过滤后,保存在冷藏室中,随后在实验室中使用离子色谱(IC 2500)进行 Ca^{2+} 和 SO_4^{2-} 的浓度测定。Ca^{2+} 浓度使用接枝型阳离子交换树脂柱(DIONEX AS14 型)进行离子交换测定,20mmol·L^{-1} 的 MSA(甲烷磺酸)为淋洗液,淋洗速率为 1.0mL·min^{-1}。SO_4^{2-} 浓度使用乳胶型阴离子交换树脂柱(DIONEX CS12 型)进行离子交换测定,3.5mmol·L^{-1} Na_2CO_3/1.0mmol·L^{-1} $NaHCO_3$ 为淋洗液,淋洗速率为 1.2mL·min^{-1}。离子色谱仪测定精密度为±1%。

二、热液柱的 Ca^{2+}、SO_4^{2-} 浓度异常特征

由图 4-11 和图 4-12 显示,E8、E17 站位水体中 Ca^{2+} 浓度异常值很小,其浓度与大洋海水 Ca^{2+} 浓度的平均值相近;而在 E7 站位底部水体存在 Ca^{2+} 浓度的负异常(相对正常海水的 Ca^{2+} 浓度亏损 16.6%),在 E18 站位水深 2400m 处出现最大 Ca^{2+} 浓度负异常,相对正常海水

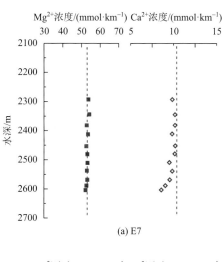

(a) E7

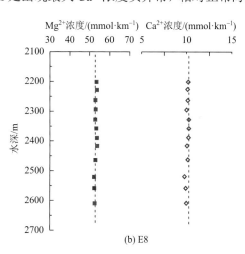

(b) E8

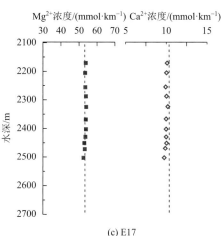

(c) E17

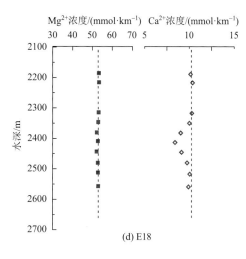

(d) E18

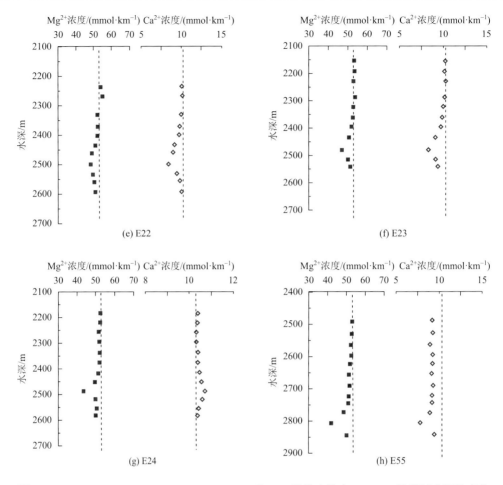

图 4-11　E7、E8、E17、E18、E22、E23、E24 和 E55 站位水柱中 Mg、Ca 浓度随水深的变化
（王晓媛，2008）

的 Ca^{2+}浓度值亏损 18.0%；E22、E23、E24、E55 站位的 Ca^{2+}和 SO$_4^{2-}$表现出两种不同的浓度异常特征：一种（E24 站位）为 Ca^{2+}浓度富集（最大浓度异常相对正常海水的 Ca^{2+}浓度富集 4.0%）、SO$_4^{2-}$浓度亏损（最大浓度异常相对正常海水亏损 8.3%），另一种（E22、E23 和 E55 站位）则表现为 Ca^{2+}浓度亏损（最大钙浓度异常相对正常海水值分别亏损 17.9%、19.4%和 24.4%），SO$_4^{2-}$浓度富集（最大 SO$_4^{2-}$浓度异常相对正常海水值，分别富集 9.8%、14.5%和 34.3%）（王晓媛，2008）。

三、E7、E18 站位水柱中 Ca^{2+}浓度异常与浮游生物的关系

2003 年在 E7、E18 站位获得的水样，均未在热液柱内（王晓媛，2008），所以在这两个站位，其水体中表现出的 Ca^{2+}浓度亏损并非热液活动所致。

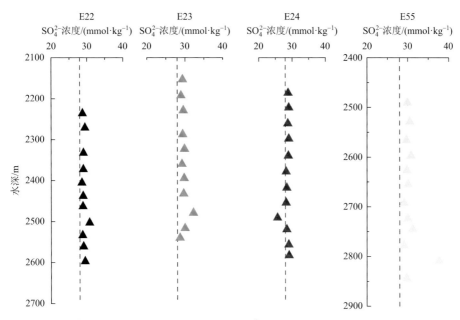

图4-12　E22、E23、E24 和 E55 站位水柱中 SO_4^{2-} 浓度随水深的变化（王晓媛，2008）

　　另外，金属离子从颗粒物中释放出来的主要途径之一是碱金属和碱土金属阳离子与吸附在固体颗粒物上的金属离子之间发生交换，且水体中 Ca^{2+}、Mg^{2+}均对悬浮颗粒物中的金属离子有交换释放作用（戴树桂，1997），但从测试结果看，E7 站位和 E18 站位水体中仅表现出 Ca^{2+}浓度的负异常却无 Mg^{2+}浓度异常，据此推断在这两个站位，水柱中出现的 Ca^{2+}浓度异常不是由颗粒物吸附交换作用引起的。大量的浮游生物存在于东太平洋海隆上（Campbell and Cary，2001；Girguis et al.，2000；Embley et al.，1998；Shank et al.，1998），它们在大洋钙循环中起着不可忽视的作用，钙不仅能用来组成其硬组织，还可参与一些酶反应，因此 E7、E18 站位水体中出现的 Ca^{2+}浓度减小有可能是浮游生物吸收引起的（王晓媛，2008）。

四、富 CO_2 流体是热液柱中 Ca^{2+}浓度亏损的主要因素

　　海水会沿洋壳冷却过程中形成的断裂或裂隙下渗，在高温反应带与岩石发生水-岩相互作用，从围岩中淋滤金属元素，结合岩浆去气的物质输入，随后从裂隙上升喷出海底，并与周围海水混合形成含有 H_2S、CH_4、CO_2 等气体和 Fe、Mn、Cu、Zn、Ca、Pb 等金属元素（离子）的还原性流体（冯军等，2005）。

　　加拉帕戈斯（Edmond et al.，1982，1979）、EPR（Michard et al.，1984）、Endeavour 洋脊段（Butterfield et al.，1994）以及 Menez Gwen（Charlou et al.，2002）、Broken Spur（James et al.，1995）、Lost City（Kelley et al.，2001）等热液区的研究结果表明，其热液流体富集 Ca^{2+}，亏损 SO_4^{2-}，且海底热液活动也会引起热液柱中的 Ca^{2+}富集（de Villiers and Nelson，1999；de Villiers，1998）。不仅如此，在 EPR 13°N 附近，存在两种 Ca^{2+}、SO_4^{2-}

浓度异常的热液柱：一种（E24 站位）类似于一般的热液柱，富集 Ca^{2+}、亏损 SO_4^{2-}；另一种（E22、E23 和 E55 站位）为特殊热液柱，亏损 Ca^{2+}、富集 SO_4^{2-}。

　　Ca^{2+}亏损很有可能是富 CO_2 流体挟带周围海水上升过程中发生一系列反应导致的。Merlivat 等（1987）对东太平洋海隆 13°N 附近热液流体的研究显示，该流体的 CO_2 浓度比加拉帕戈斯扩张中心的稍高，是 EPR 21°N 热液流体的三倍。热液流体挟带周围海水上升形成热液柱的过程中，CO_2 与 H_2O 反应形成 HCO_3^- 和 CO_3^{2-}，Ca^{2+} 与 CO_3^{2-} 和 HCO_3^- 反应形成 $CaCO_3$（反应①、②和③）（夏建荣，2006；Locklair and Lerman，2005），从而引起 Ca^{2+}浓度减小。

$$CO_2 + H_2O \leftrightarrow HCO_3^- + H^+ \leftrightarrow CO_3^{2-} + 2H^+ \qquad ①$$

$$Ca^{2+} + CO_3^{2-} \rightarrow CaCO_3 \qquad ②$$

$$Ca^{2+} + 2HCO_3^- \rightarrow CaCO_3 + CO_2 + H_2O \qquad ③$$

　　但是，这些反应的循环进行不会像在大西洋洋中脊的 Lost City 热液区一样形成碳酸盐烟囱体（James et al.，1995），而是在热液柱中形成碳酸盐颗粒。German 等（2002）在研究 EPR 13°N 附近的热液柱颗粒通量时发现，距离喷口越远（无论是向上扩散还是横向扩散），$CaCO_3$ 颗粒的含量越多。不仅如此，前人也观察到 EPR 上的热液柱表现为碳酸盐正异常，认为这是 EPR 热液系统向大洋中输入大量 CO_2 的结果（Shitashima，1998）。另外，$CaCO_3$ 的溶解度随温度上升而下降（陈骏和王鹤年，2004），调查区内热液柱中的温度高于周围海水（王晓媛等，2007），喷口流体的酸性（Michard et al.，1984）在上升过程中逐渐趋于中性，这些条件均有利于 $CaCO_3$ 颗粒的形成。因此，调查区热液柱中 Ca^{2+}亏损与 $CaCO_3$ 颗粒的形成有很大的关系。

　　当然也无法排除 Ca^{2+}亏损热液流体注入、颗粒物和浮游生物对热液柱中 Ca^{2+}浓度减小的影响。Pichler 等（1999）研究 Tutum 海湾热液流体时，曾观察到 Ca^{2+}亏损（4.9～5.8mmol·L^{-1}）的现象。同时，在 EPR 13°N 附近的热液区内存在多个热液喷口，可能也会有贫 Ca^{2+}流体喷出，所以热液柱中 Ca^{2+}亏损也有可能是 EPR 13°N 附近喷出的贫 Ca^{2+}流体注入海水的结果（王晓媛，2008）；另外，我们在调查区获得了近 100 片（块）Fe-羟基氧化物样品，这些 Fe-羟基氧化物的形成与热液柱颗粒物的沉降有关（曾志刚等，2007），且热液柱中的 Fe-羟基氧化物颗粒会捕获水体中 Ca、Si、P、V 等元素（Feely et al.，1994），所以 Ca^{2+}的减少也可能与颗粒物的捕获、吸附有关；此外，海底黑烟囱体周围存在密集的生物群落，包括嗜热细菌、管状蠕虫、双壳类的蛤和贻贝、腹足类、蟹类、虾类、鱼等多种动物（Kelley et al.，2001；Rona et al.，1986），它们一般以黑烟囱喷口为中心向四周呈带状分布（李江海等，2005；冯军等，2005），它们的卵、幼虫还有许多浮游生物会随着热液柱的扩散而扩散（Damien and Marie，2006；Phyllis et al.，2004；Hauschild et al.，2003；Paul and Craig，2003；Stuart et al.，2001），因此这些生物的存在也可能是引起热液柱中 Ca^{2+}亏损的原因之一。

　　同时，在 E22、E23 和 E55 站位的热液柱中，Ca^{2+}浓度出现异常的层位上 SO_4^{2-}浓度异常高，这可能是因为富 SO_4^{2-} 流体喷发所致。Gamo 等（1993）研究马努斯海盆

DESMOS 热液区中的 88℃热液流体时，发现酸性富 SO_4^{2-}（32.8mmol·L^{-1}）流体从海底破火山口喷出，是破火山口下岩浆体内存在大量 SO_2 气体喷发并发生反应：$4H_2O + 4SO_2 \rightarrow H_2S + 3H_2SO_4$ 引起的（Gamo et al.，1993），这一现象类似于陆地上的酸性热泉水（Hedenquist et al.，1994）。因此，在调查区观察到的 SO_4^{2-} 富集现象也可能是类似机理产生的富 SO_4^{2-} 流体注入海水的结果。

五、热液柱与喷口的距离及其成因分析

热液柱可沿（或跨越）洋脊轴扩散数千米，且随着扩散距离的增大，热液柱的各种物理化学指标渐渐趋近于正常海水值。E22 站位和 E23 站位水体表现出相同的元素变化趋势，说明它们可能同处一个热液柱内，且从水体中最大异常变化程度来看（E22 站位 Mg 和 Ca 浓度相对于正常海水分别亏损 9.3%和 17.9%，SO_4^{2-} 浓度富集 9.8%；E23 站位 Mg 和 Ca 浓度相对于正常海水分别亏损 11.8%和 19.4%，SO_4^{2-} 浓度富集 14.5%），E23 站位比 E22 站位更接近于喷口，这与 E23 站位更接近于 2003 年 9～10 月在 EPR 上发生火山活动的地点（10°44′N～105°W）（Voight et al.，2004）一致。E24 站位位于 E23 站位东侧不远处，因此该处也会受到 E22 站位和 E23 站位热液活动的影响，所以虽然 E24 站位表现出大多数热液柱所具有的特征，但其特征比较弱，可能是两种热液柱混合的结果。

综上所述，EPR 12°45′N～12°70′N 至少存在两种类型的热液柱：一种为常见热液柱，富集 Ca^{2+}、亏损 SO_4^{2-}；另一种为特殊热液柱，Ca^{2+}亏损、SO_4^{2-} 富集。E22、E23、E55 站位水柱中出现的 Ca^{2+}亏损，可能是富 CO_2 流体喷发、贫 Ca^{2+}流体注入、颗粒物捕获吸附和浮游生物吸收中的一种或几种因素影响的结果；异常高的 SO_4^{2-} 浓度可能与富 SO_4^{2-} 流体的喷发有关。根据热液柱的物理化学最大异常变化程度，E23 站位比 E22 站位更接近喷口，同时 E24 站位的热液柱可能是两种类型热液柱混合的结果。由以上分析可见，热液流体在挟带周围海水上升过程中，不仅受到海水的稀释作用，还存在其他多种因素的影响，因此热液柱中元素含量的变化趋势不一定与喷口流体的一致。

参 考 文 献

陈骏，王鹤年. 2004. 地球化学. 北京：科学出版社.

戴树桂. 1997. 环境化学. 北京：高等教育出版社.

冯军，李江海，牛向龙. 2005. 现代海底热液微生物群落及其地质意义. 地球科学进展，20（7）：732～739.

李江海，初凤友，冯军. 2005. 深海底热液微生物成矿与深部生物圈研究进展. 自然科学进展，15（12）：1416～1425.

刘焱光，孟宪伟，付云霞. 2005. 冲绳海槽 Jade 热液场烟囱物稀土元素和锶、钕同位素地球化学特征. 海洋学报，27：67～72.

栾锡武，秦蕴珊. 2002. 现代海底热液活动的调查研究方法. 地球物理学进展，17（4）：592～597.

王晓媛. 2008. 东太平洋海隆 13°N 和大西洋 Logatchev 热液区附近热液柱的研究. 北京：中国科学院.

王晓媛，武力，曾志刚，等. 2012. 海底热液柱温度异常自动化计算方法探讨. 海洋学报，34（2）：185～191.

王晓媛，曾志刚. 2005. 现代海底热液柱中锰元素的分析及其地球化学. 海洋地质动态，21（7）：13～18.

王晓媛，曾志刚，刘长华，等. 2007. 东太平洋海隆 13°N 附近热液柱的地球化学异常. 中国科学（D 辑：地球科学），37（7）：974～989.

夏建荣. 2006. 大气 CO_2 浓度升高对海洋浮游植物影响的研究进展. 湛江海洋大学学报，26（3）：106～110.

曾志刚. 2011. 海底热液地质学. 北京：科学出版社.

曾志刚，王晓媛，张国良，等. 2007. 东太平洋海隆 13°N 附近 Fe-氧羟化物的形成：矿物和地球化学证据. 中国科学，D 辑，37（10）：1349～1357.

曾志刚，翟世奎，赵一阳，等. 1999. 大西洋中脊 TAG 热液活动区中的热液沉积物的稀土元素地球化学特征. 海洋地质与第四纪地质，19（3）：59～66.

翟世奎，王兴涛，于增慧，等. 2005. 现代海底热液活动的热和物质通量估算. 海洋学报，27（2）：115～121.

翟世奎，许淑梅，于增慧，等. 2001. 冲绳海槽北部两个可能的现代海底热液喷溢点. 科学通报，46（6）：400～403.

张正斌. 2004. 海洋化学. 青岛：中国海洋大学出版社.

Baker E T, Lupton J E. 1990. Changes in submarine hydrothermal ^{3}He/heat ratios as an indicator of magmatic/tectonic activity. Nature，346：556～558.

Baker E T，Massoth G J. 1986. Hydrothermal plume measurements：A regional perspective. Science，234：980～982.

Baker E T，Massoth G J. 1987. Characteristics of hydrothermal plumes from two vent fields on the Juan de Fuca Ridge，northeast Pacific Ocean. Earth and Planetary Science Letters，85（1～3）：59～73.

Baker E T，Massoth G J，Feely R A，et al. 1995. Hydrothermal event plumes from the CoAxial seafloor eruption site，Juan de Fuca Ridge. Geophysical Research Letters，22（2）：147～150.

Baker E T，German C R. 2004. On the Global Distribution of Hydrothermal Vent Fields// German C R，Lin J，and Parson L. Mid-Ocean Ridges：Hydrothermal Interactions Between the Lithosphere and Oceans. Washington：American Geophysical Union，Geophysical Monograph Series，148：245～266.

Baptiste P J，Charlou J L，German C R，et al. 2004. Helium isotopes at the Rainbow hydrothermal site（Mid-Atlantic Ridge，36°14′N）. Earth and Planetary Science Letters，221（1～4）：325～335.

Butterfield D A，McDuff R E，Mottl M J，et al. 1994. Gradients in the composition of hydrothermal fluids from Endeavour Ridge vent field：Phase separation and brine loss. Journal of Geophysical Research，99：9561～9583.

Campbell A C，Edmond J M. 1989. Halide systematics of submarine hydrothermal vents. Nature，432：168～170.

Campbell B J，Cary S C. 2001. Characterization of a Novel Spirochete Associated with the Hydrothermal Vent Polychaete Annelid，Alvinella pompejana. Applied and Environmental Microbiology，67（1）：110～117.

Cave R R，German C R，Thomson J，et al. 2002. Fluxes to sediments underlying the Rainbow hydrothermal plume at 36°14′N on the Mid-Atlantic Ridge. Geochimica et Cosmochimica Acta，66（11）：1905～1923.

Chadwickj W W，Embley R W，Fox C G. 1991. Evidence for volcanic eruption on the southern Juan de Fuca ridge between 1981 and 1987. Nature，350：416～418.

Charlou J L，Bougault H，Appriou P，et al. 1991. Water column anomalies associated with hydrothermal activity between 11°40′ and 13°N on the East Pacific Rise：Discrepancies between tracers. Deep-Sea Research，38（5）：569～596.

Charlou J L，Donval J P，Fouquet Y，et al. 2002. Geochemistry of high H_2 and CH_4 vent fluids issuing from ultramafic rocks at the Rainbow hydrothermal field（36°14′N，MAR）. Chemical Geology，191：345～359.

Crane K，Aikman F，Foucher J P. 1988. The distribution of geothermal fields along the East Pacific Rise from 13°10′N to 8°20′N：implications for deep seated origins. Marine Geophysical Researches，9：211～236.

Crane K，Frank A. 1985. The distribution of geothermal fields on the Juan de Fuca Ridge. Journal of Geophysical Research，90：727～744.

Cruse A M，Seewald J S. 2006. Geochemistry of low-molecular weight hydrocarbons in hydrothermal fluids from Middle Valley，northern Juan de Fuca Ridge. Geochimica et Cosmochimica Acta，70（8）：2073～2092.

Damien G，Marie M. 2006. Feeding and territorial behavior of Paralvinella sulfincola，a polychaete worm at deep-sea hydrothermal vents of the Northeast Pacific Ocean. Journal of Experimental Marine Biology and Ecology，329：174～186.

de Villiers S. 1998. Excess dissolved Ca in the deep ocean：A hydrothermal hypothesis. Earth and Planetary Science Letters，164：627～641.

de Villiers S，Nelson B K. 1999. Detection of low-temperature hydrothermal fluxes by seawater Mg and Ca anomalies. Science，285：721～723.

Dick G J，Clement B G，Webb S M，et al. 2009. Enzymatic microbial Mn（Ⅱ）oxidation an Mn biooxide production in the Guaymas Basin deep-sea hydrothermal plume. Geochimica et Cosmochimica Acta，73：6517～6530.

Edmond J M. 1981. Hydrothermal activity at mid-ocean ridge axes. Nature，290（5802）：87-88.

Edmond J M，Damm K L V，McDuff R E，et al. 1982. Chemistry of hot springs on the East Pacific Rise and their effluent dispersal. Nature，297：187～191.

Edmond J M，Measures C，McDuff R E，et al. 1979. Ridge crest hydrothermal activity and the balance of the major and minor elements in the ocean：The Galapagos data. Earth and Planetary Science Letters，46：1～18.

Embley R W，Lupton J E，Massoth G，et al. 1998. Geological，chemical，and biological evidence from recent volcanism at 17.5°S：East Pacific Rise. Earth and Planetary Science Letters，163（1～4）：131～147.

Feely R A，Gendron J F，Baker E T，et al. 1994. Hydrothermal plumes along the East Pacific Rise，8°40′to 11°50′N：Particle distribution and composition. Earth and Planetary Science Letters，128：19～36.

Field M P，Sherrell R M. 2000. Dissolved and particulate Fe in a hydrothermal plume at 9°45′N，East Pacific Rise：Slow Fe（Ⅱ）oxidation kinetics in Pacific plumes. Geochimica et Cosmochimica Acta，64（4）：619～628.

Gamo T，Sakai H，Ishibashi J，et al. 1993. Hydrothermal plumes in the eastern Manus Basin，Bismarck Sea：CH4，Mn，Al and pH anomalies. Deep-Sea Research I，40（11/12）：2335～2349.

Gamo T，Okamura K，Charlou J L，et al. 1997. Acidic and sulfate-rich hydrothermal fluids from the Manus back-arc basin，Papua New Guinea. Geology，25（2）：139～142.

German C R，Colley S，Palmer M R，et al. 2002. Hydrothermal plume-particle fluxes at 13°N on the East Pacific Rise. Deep-Sea Research I，49：1921～1940.

German C R，Parson L M. 1998. Distributions of hydrothermal activity along the Mid-Atlantic Ridge：Interplay of magmatic and tectonic controls. Earth and Planetary Science Letters，160：327～341.

Girguis P R，Lee R W，Desaulniers N，et al. 2000. Fate of Nitrate Acquired by the Tubeworm Riftia pachyptila. Applied and Environmental Microbiology，66（7）：2783～2790.

Goodman J C，Collins G C. 2004. Hydrothermal Plume Dynamics on Europa：Implications for Chaos Formation. Journal of Geophysical Research，109（E3）：1～47.

Hauschild J，Grevemeyer I，Kau N，et al. 2003. Asymmetric sedimentation on young ocean floor at the East Pacific Rise，15°S. Marine Geology，193（1～2）：49～59.

Hedenquist J W，Aoki M，Shinohara H. 1994. Flux of volatiles and ore-forming metals from magmatic-hydrothermal system of Satsuma Iwojima volcano. Geology，22（7）：585～588.

Hékinian R，Fevrier M，Avedik F，et al. 1983. East Pacific Rise near 13°N：Geology of new hydrothermal fields. Science，219（4590）：1321～1324.

Henrietta N E，German C R. 2004. Particle geochemistry in the Rainbow hydrothermal plume，Mid-Atlantic Ridge. Geochimica et Cosmochimica Acta，68（4）：759～772.

James R H，Elderfield H，Palmer M R. 1995. The chemistry of hydrothermal fluids from the Broken Spur site，29°N Mid-Atlantic Ridge. Geochmica et Cosmochimica Acta，59（4）：651～659.

Jean-Baptiste P，Belviso S，Alaux G，et al. 1990. ³He and methane in the Gulf of Aden. Geochimica et Cosmochimica Acta，54：111～116.

Jean-Baptiste P，Dapoigny A，Stievenard M，et al. 1997. Helium and oxygen isotope analyses of hydrothermal fluids from the East Pacific Rise between 17°S and 19°S. Geo-Marine Letter，17（3）：213～219.

Kadko D，Butterfield D A. 1998. The relationship of hydrothermal fluid composition and crustal residence time to maturity of vent fields on the Juan de Fuca Ridge. Geochimica et Cosmochimica Acta，62（9）：1521～1533.

Kelley D S，Lilley M D，Lupton J E，et al. 1998. Enriched H2，CH4 and 3He concentrations in hydrothermal plumes associated with the 1996 Gorda Ridge eruptive event. Deep-Sea Research Ⅱ，45（12）：2665～2682.

Kelley D S，Karson J A，Blackman D K，et al. 2001. An off-axis hydrothermal vent field near the Mid-Atlantic Ridge at 30°N. Nature，412（6843）：145～149.

Khripounoff A，Alberic P. 1991. Settling of particles in a hydrothermal vent field（East Pacific Rise 13°N）measured with sediment traps. Deep-Sea Research I，38（6）：729～744.

Klinkhammer G P，Bender M L. 1980. The distribution of manganese in the Pacific Ocean. Earth and Planetary Science Letters，46（3）：361～384.

Klinkhammer G P，Chin C S，Keller R A，et al. 2001. Discovery of new hydrothermal vent sites in Bransfield Strait Antarctica. Earth and Planetary Science Letters，193（3）：395～407.

Lam P，Cowen J P，Jones R D. 2004. Autotrophic ammonia oxidation in a deep-sea hydrothermal plume. FEMS Microbiology Ecology，47（2）：191～206.

Locklair R E，Lerman A. 2005. A model of Phanerozoic cycles of carbon and calcium in the global ocean：Evaluation and constraints on ocean chemistry and input fluxes. Chemical Geology，217（1）：113～126.

Lupton J E，Baker E T，Massoth G J. 1999. Helium，heat，and the generation of hydrothermal event plumes at mid-ocean ridges. Earth and Planetary Science Letters，171（3）：43～350.

Lupton J E，Klinkhammer G P，Normark W R，et al. 1980. Helium 3 and manganese at the 21°N East Pacific Rise hydrothermal site. Earth and Planetary Science Letters，50（1）：115～127.

Lupton J E，Baker E T，Mottl M J，et al. 1993. Chemical and physical diversity of hydrothermal plumes along the East Pacific Rise，8°45′N to 11°50′N. Geophysical Research Letters，20（24）：2931～2916.

Lupton J E，Delaney J R，Johnson H P，et al. 1985. Entrainment and vertical transport of deep-ocean water by buoyant hydrothermal plumes. Nature，316（6029）：621～623.

Massoth G J，Baker E T，Feely R A，et al. 1995. Observations of manganese and iron at the Coaxial seafloor eruption site，Juan de Fuca Ridge. Geophysical Research Letters，22（2）：151～154.

McConachy T F，Scott S D. 1987. Real-time mapping of hydrothermal plumes over southern Explorer Ridge，NE Pacific Ocean. Marine Mining，6（3）：181～204.

McDougall T J. 1990. Bulk properties of "hot smoker" plumes. Earth and Planetary Science Letters，99（1～2）：185～194.

Merlivat L，Pineau F，Javoy M. 1987. Hydrothermal vent waters at 13°N on the East Pacific Rise：Isotopic composition and gas concentration. Earth and Planetary Science Letters，84（1）：100～108.

Michard A，Albarede F，Michard G，et al. 1983. REE and U in high temperature solutions from the EPR 13°N hydrothermal vent field. Nature，303（5920）：795.

Michard G，Albarede F，Michard A. 1984. Chemistry of solution from the 13°N East Pacific Rise hydrothermal site. Earth and Planetary Science Letters，67（3）：297～307.

Mottl M J，Sansone F J，Wheat C G. 1995. Manganese and methane in hydrothermal plumes along the East Pacific Rise，8°40′ to 11°50′N. Geochimica et Cosmochimica Acta，59（20）：4147～4165.

Oosting S E，Damm K L V. 1996. Bromide/chloride fractionation in seafloor hydrothermal fluids from 9°-10°N East Pacific Ris. Earth and Planetary Science Letters，144（1～2）：133～145.

Paul A T，Craig M Y. 2003. Dispersal at hydrothermal vents：A summary of recent progress. Hydrobiologia，503：9～19.

Pichler T，Veizer J，Hall G E M. 1999. The chemical composition of shallow-water hydrothermal fluids in Tutum Bay，Ambitle Island，Papua New Guinea and their effect on ambient seawater. Marine Chemistry，64（3）：229～252.

Phyllis L，James P C，Ronald D J. 2004. Autotrophic ammonia oxidation in a deep-sea hydrothermal plume. FEMS Microbiology Ecology，47（2）：191～206.

Rona P A，Klinkhammer G，Nelsen T A，et al. 1986. Black smokers，massive sulphides and vent biota at the Mid-Atlantic Ridge. Nature，321（6065）：33～37.

Rosenberg N D，Lupton J E，Kadko D，et al. 1988. Estimation of heat and chemical fluxes from a seafloor hydrothermal vent field using radon measurements. Nature, 334 (6183): 604~607.

Rudnick M D, Elderfield H A. 1992. chemical model of the buoyant and neutrally buoyant plume above the TAG vent field, 26°N, Mid-Atlantic Ridge. Geochimica et Cosmochimica Acta, 57 (13): 2939~2957.

Rudnick M D, James R H, Elderfield H. 1994. Near-field variability of the TAG non-buoyant plume, 26°N, Mid-Atlantic Ridge. Earth and Planetary Science Letters, 127 (1~4): 1~10.

Shank T M, Fornari D J, Damm K L V, et al. 1998. Temporal and spatial patterns of biological community development at nascent deep-sea hydrothermal vents (9°50′N, East Pacific Rise). Deep-Sea Research II, 45 (1): 465~515.

Shitashima K. 1998. CO_2 supply from deep-sea hydrothermal systems. Waste Management, 17 (5~6): 385~390.

Skebo K, Tunnicliffe V, Johnson H P, et al. 2006. Spatial patterns of zooplankton and nekton in a hydrothermally active axial valley on Juan de Fuca Ridge. Deep Sea Research I, 53 (6): 1044~1060.

Speer K G, Rona P A. 1989. A model of an Atlantic and Pacific hydrothermal plume. Journal of Geophysical Research, 94 (C5): 6213~6220.

Statham P J, German C R, Connelly D P. 2005. Iron (II) distribution and oxidation kinetics in hydrothermal plumes at the Kairei and Edmond vent sites, Indian Ocean. Earth and planetary Science Letters, 236 (3): 588~596.

Stuart G W, James P C, Brenda J B, et al. 2001. Lipid-rich ascending particles from the hydrothermal plume at Endeavour Segment, Juan de Fuca Ridge. Geochimica et Cosmochimica Acta, 65 (6): 923~939.

Thomson R E, Delaney J R, Mcduff R E, et al. 1992. Physical characteristics of the Endeavour Ridge hydrothermal plume during July 1988. Earth and Planetary Science Letters, 111 (1): 141~154.

Tsunogal U, Yoshida N, Ishiba J. 2000. Carbon isotopic distribution of methane in deep-sea hydrothermal plume, Myojin Knoll Caldera, Izu-Bonin arc: Implication for microbial methane oxidation in the oceans and applications to heat flux estimation. Geochimica et Cosmochimica Acta, 64 (14): 2439~2452.

Voight J R, Zierenberg R A, McClain J, et al. 2004. FIELD cruise to the northern EPR: Discoveries made during biological investigations from 8°37′N to 12°48′N. Ridge 2000 Events, 2 (1): 22~24.

Von Damm K L, Bischoff J L. 1987. Chemistry of hydrothermal solutions from southern Juan de Fuca Ridge. Journal of Geophysical Research, 92 (B11): 11334~11346.

Wilson C, Charlou J L, Ludford E, et al. 1996. Hydrothermal anomalies in the Lucky Strike segment on the Mid-Atlantic Ridge (37°17′N). Earth and Planetary Science Letters, 142 (3): 467~477.

You C F, Buttermore D A, Spivack A J, et al. 1994. Boron and halide systematics in submarine hydrothermal systems: Effects of phase separation anf sedimentary contributions. Earth and Planetary Science Letters, 123: 227~238.

Zhou H Y, Wu Z Y, Peng X T, et al. 2007. Detection of methane plumes in the water column of Logatchev hydrothermal vent field, Mid-Atlantic Ridge. Chinese Science Bullentin, 52 (15): 2140~2146.

第五章　东太平洋海隆 Fe-羟基氧化物研究

Fe-羟基氧化物广泛分布于海底热液活动区中，如在 EPR 21°N、冲绳海槽和第勒尼安海的 Marsili 海山等均有分布（Dekov et al.，2006；Hékinian et al.，1993；Kimura et al.，1988），其产出形态多呈烟囱体、丘状体以及熔岩流之间的裂隙充填物和其他不规则形态（Hékinian et al.，1993）。热液 Fe-羟基氧化物按成因分为三类：热液硫化物的氧化产物、直接从热液中沉淀形成的氧化物和热液柱沉降物形成的含金属沉积物（Yang et al.，2014；曾志刚等，2007；Little et al.，2004；Hékinian et al.，1993）。

前人已经对 Fe-羟基氧化物的矿物学特征、元素和同位素组成进行了大量研究，并且讨论了 Fe-羟基氧化物的成因及其与热液成矿和岩浆活动之间的关系。例如，Hékinian 等（1993）研究了 EPR（21°N、12°50′N 和 11°30′N）和板内海底火山（Society 群岛、Austral 群岛和 Pitcairn 海区）的 Fe-羟基氧化物，根据现场观察和化学组成数据，将其分为四种类型：①产状为烟囱体和丘状体的 Fe-羟基氧化物，其地化特征表现为微量元素亏损（Co + Cu + Zn + Ni<0.1%），Fe 含量为 27%～45%；②硫化物蚀变形成的 Fe-羟基氧化物，其地化特征表现为微量元素富集（Co + Cu + Zn + Ni>0.4%～1%），Fe 含量为 30%～50%；③产状为烟囱体和丘状体的 Fe-Si 羟基氧化物，富含黏土矿物（绿脱石），其地化特征表现为微量元素亏损，Si 和 Fe 含量分别为 7%～20%和 20%～30%；④在蛋白石质氧化硅中富集的 Fe-Si 羟基氧化物，其地化特征表现为具有高 Si（>35%）、低 Fe（<10%）和微量元素强烈亏损的特点。该地区的 Fe-羟基氧化物与相关的火山岩相比具有较低的 ΣREE，以及不同程度的 Ce 和 Eu 异常，另外 EPR（21°N、12°50′N 和 11°30′N）和板内海底火山（Society 群岛、Austral 群岛和 Pitcairn 海区）的 Fe-羟基氧化物在形态与组成上没有本质的区别。以上四种类型除类型②的 Fe-羟基氧化物是硫化物蚀变的产物外，其他三种类型均是低温（<70℃）热液产物，且形成该类型 Fe-羟基氧化物的低温热液曾经历下渗冷海水与上升热液流体的混合作用。Iizasa 等（1998）对西南太平洋 Coriolis 海槽中 Fe-Si 羟基氧化物的矿物学特征和化学组成进行了研究，发现隐晶质的 Fe-羟基氧化物可以转换形成针铁矿。Dekov 等（2006）对在第勒尼安海的 Marsili 海山东北部采集到的 Fe-羟基氧化物样品进行地球化学组分分析的结果显示，其化学组成和稀土元素配分模式同样表明 Fe-羟基氧化物是低温热液流体与海水混合作用的产物（曾志刚等，2007）。

本章在介绍 EPR 13°N 附近热液 Fe-羟基氧化物矿物学和化学组成特征的基础上，进一步阐述其元素富集机制，海水和热液柱的物质供给，以及与其他海区 Fe-羟基氧化物存在差异的原因。

第一节　样品采集与分析方法

一、样品采集

2003 年，"大洋一号"轮 DY105-12、14 航次在 EPR 13°N 附近热液区使用拖网一次获得近 100 片（块）Fe-羟基氧化物（长度为 1～5cm，重 1～18g）样品（103°54.48′W，12°42.30′N，水深 2655m）（图 3-1），从中选取了 17 片（块）样品（长度为 1～2cm，重1.5～3.5g）进行分析。这些样品均为褐红色（烘干后为棕黄色）的块状或片状，具有多孔隙，质轻，成分均一的特点。其中块状样品主要由棕黄色松散物质组成，其颜色及条痕色均呈深、浅略有不同的棕黄色。少许样品被压碎并置于载玻片上，滴加折射率为 1.70 的油，显微镜下观察发现单偏光下样品为半透明的褐红色，部分为片状和无定形态，折射率高于 1.70，正交光下全消光，为隐晶质物质（曾志刚等，2007）。

二、分析测试方法

样品的 XRD 分析所用的仪器为 D/MAX-2400 和 D8 Advance。D8 Advance 测定的电压和电流为 40kV 和 40mA，扫描范围 $2\theta=3°\sim65°$，扫描步长 0.02，扫描速度 0.5s/step。另外使用 XRF 和 ICP-MS 进行了样品的常量、微量和稀土元素组成测定。样品的处理测试过程如下：将样品置于洁净的烧杯中，加适量去离子水，超声波振荡 15min 后，用去离子水清洗，去除样品表面的杂质。将洗好的样品于 65℃烘至近干，然后于 105℃完全烘干，并在玛瑙研钵中磨成小于 200 目的粉末。精确称取粉末 40mg 于 Teflon 罐中，依次加入1mL HF、1.5mL HCl 和 0.5mL HNO_3，在加热板上于 150℃密封加热 24h，随后加入 0.25mL $HClO_4$，于 120℃将样品蒸至近干，直到其冒白烟，最后加入 1mL HNO_3 和 1mL 水，在加热板上于 120℃密封加热 12h，回溶样品。溶解完全的样品冷却后，用经过亚沸蒸馏的 2%的高纯硝酸稀释 1000 倍测定样品的 REE、Y、Be、Cd、Cr、Cs、Ga、Li、Rb、Th、U、Bi 和 Tl 含量，稀释 1000×40 倍测定样品的 As、Ba、Co、Mo、Ni、Sr、V、Pb 和 Zn 含量，稀释 1000×40×20 倍测试样品的 Cu 含量。样品在称量 40mg 粉末时就加入 0.8mL $100\mu g\cdot L^{-1}$ 的 REE、Y、Be、Cd、Cr、Cs、Ga、Li、Rb、Th、U、Bi、Tl，0.32mL $10mg\cdot L^{-1}$ 的 As、Ba、Co、Mo、Ni、Sr、V、Pb，以及 2mL $1g\cdot L^{-1}$ 的 Cu 和 Zn 做回收率测试。稀释后的样品，使用 ICP-MS（ELAN DRC Ⅱ）进行测试。将 REE 和 Y 混标（美国 PE 公司提供）以及其他元素混标（由美国 Lab Tech 公司提供的单标配成）$10mg\cdot L^{-1}$ 先后稀释成 $1\mu g\cdot L^{-1}$、$10\mu g\cdot L^{-1}$、$50\mu g\cdot L^{-1}$ 和 $100\mu g\cdot L^{-1}$ 的标准溶液做标准曲线，其线性相关性均在0.9999 之上。仪器的检测精密度（RSD）REE 均小于 3%，其他元素均小于 5%。加标回收率 REE 在 87%（La）～103%（Lu），其他元素在 75%～119%（曾志刚等，2007）。

第二节　矿物组成

从 XRD 衍射图上可以看出样品衍射峰不尖锐，呈现出强度弥散且较为宽化的衍射峰，仅在约 32°（2θ）（d = 2.7659Å）处有一个较宽缓的隆起（图 5-1），说明 Fe-羟基氧化物粒度极细，显示其为隐晶质，表明其形成于低温条件，是快速沉淀的产物，尚未经历结晶过程。图上出现的微弱衍射峰 3.1271Å、2.7659Å、2.4747Å 和 1.9145Å 与闪锌矿的特征衍射峰吻合，显示其含少量闪锌矿微晶，推测其中的微晶有可能是热液硫化物在海底次生氧化过程中的残留物。另外，Fe-羟基氧化物的隐晶质特点，使其能够有效地从海水中捕获到许多微量元素，包括稀土元素（Fleet，1984），表明这是 Fe-羟基氧化物开始结晶的初始阶段（曾志刚等，2007；Pichler and Veizer，1999）。

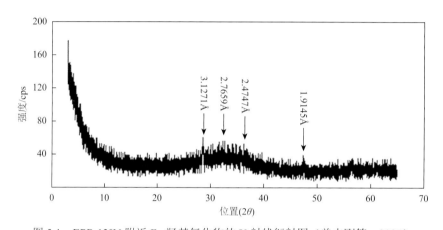

图 5-1　EPR 13°N 附近 Fe-羟基氧化物的 X 射线衍射图（曾志刚等，2007）

d 值为 3.1271Å、2.7659Å、2.4747Å 和 1.9145Å 处显示微晶闪锌矿的存在，强度单位 cps：counts per second

第三节　常量与微量元素组成

一、常量元素组成

EPR 13°N 附近 Fe-羟基氧化物的常量元素组成（表 5-1），与 EPR 21°N、11°30′N 附近，以及加拉帕戈斯三联点的 Hess 海渊和板内海底火山 Society 群岛的 Fe-羟基氧化物（Si 含量为 2.72%～8.69%、Fe 含量为 23.10%～52.80%、Mn 含量为 0.07%～3.33%、Cu 含量为 12×10^{-6}～4900×10^{-6} 和 Al 含量为 0.20%～3.62%）（Hékinian et al.，1993）相比，Si、Fe、Mn 和 Cu 含量较高，Al 含量较低（曾志刚等，2007）。

表 5-1　EPR 13°N 附近 Fe-羟基氧化物的常量元素组成（曾志刚等，2007）（单位：%）

样号	SiO_2	Al_2O_3	TiO_2	Fe_2O_3	MnO	MgO	CaO	Na_2O	K_2O	P_2O_5	LOI	总量	Cu^*
1	17.88	0.18	0.04	55.75	1.25	0.87	2.17	1.02	0.29	<0.01	20.42	99.87	1.68
2	17.98	0.19	0.01	55.57	1.12	0.86	2.11	0.97	0.25	<0.01	20.45	99.51	1.59
3	18.07	0.23	0.01	55.82	1.37	0.98	2.17	1.00	0.27	<0.01	20.43	100.40	1.84
4	18.04	0.17	0.00	55.78	1.33	0.92	2.29	1.04	0.28	<0.01	20.51	100.40	1.19
5	18.01	0.23	0.01	55.46	1.26	0.92	2.29	0.95	0.24	<0.01	20.53	99.90	1.53

续表

样号	SiO$_2$	Al$_2$O$_3$	TiO$_2$	Fe$_2$O$_3$	MnO	MgO	CaO	Na$_2$O	K$_2$O	P$_2$O$_5$	LOI	总量	Cu[*]
6	18.99	0.17	0.12	55.66	0.56	0.86	1.93	0.99	0.24	<0.01	20.53	100.10	1.65
7	18.05	0.15	0.01	55.28	1.26	0.94	2.16	1.07	0.28	0.15	20.51	99.86	1.30
8	18.98	0.11	0.01	54.05	2.06	0.90	2.05	0.93	0.23	<0.01	20.52	99.83	—
9	17.36	0.12	0.00	57.05	0.46	0.93	2.28	1.04	0.28	<0.01	20.61	100.10	1.28
10	18.67	0.14	0.01	55.23	1.16	0.91	2.00	0.91	0.22	<0.01	20.51	99.76	1.74
11	19.10	0.11	0.08	54.65	1.19	0.81	2.06	1.00	0.27	<0.01	20.72	99.99	1.32
12	18.04	0.13	0.01	55.29	0.77	0.96	2.25	1.11	0.31	0.76	20.52	100.10	1.21
13	18.06	0.21	0.02	56.05	0.37	0.88	2.17	1.10	0.28	0.71	20.47	100.30	0.88
14	18.10	0.20	0.01	55.21	1.47	0.98	2.26	1.06	0.27	<0.01	20.51	100.10	1.85
15	18.36	0.12	0.02	57.05	1.06	0.77	1.90	0.80	0.22	<0.01	20.67	101.00	—
16	18.06	0.14	0.03	56.27	0.27	0.88	2.24	0.88	0.24	0.14	20.43	99.58	1.37
17	18.02	0.29	0.01	55.86	0.94	0.98	2.33	1.06	0.26	<0.01	20.47	100.20	1.68

[*] Cu 在中国科学院海洋研究所测试，其他元素在中国科学院地质与地球物理研究所测试；"—"表示未检出。

EPR 13°N 附近 Fe-羟基氧化物的常量元素组成与岛弧火山（西南太平洋 Ambitle 岛的 Tutum 湾）、弧后扩张中心（Woodlark 海盆的 Franklin 海山和第勒尼安海的 Marsili 海山）、弧后火山（Santorini 的 Kameni 岛）和弧后海槽（Vanuatu 弧后的 Vate 和 Futuna 海槽）的 Fe-羟基氧化物（Fe 含量 14.58%～42.30%、Mg 含量 0.34%～2.26%、Ca 含量 0.31%～5.06%、Na 含量 0.29%～2.11%和 K 含量 0.07%～1.30%）（Dekov et al.，2006；Pichler and Veizer，1999；Iizasa et al.，1998；Bogdanov et al.，1997；Varnavas and Cronan，1988；Bostrom and Widenfalk，1984）相比，其 Fe 含量明显偏高，具 Mg、Ca、Na 和 K 含量相近或较低的特点（曾志刚等，2007）。

二、微量元素组成

EPR 13°N 附近热液 Fe-羟基氧化物的微量元素组成（表 5-2），与离轴海山（EPR 21°N 附近的红海山和 13°N 附近的 5 号海山）、EPR 11°30′N 附近的西部海山、加拉帕戈斯三联点的 Hess 海渊、板内海底火山（Society 群岛、Austral 群岛和 Pitcairn 海区）、岛弧火山（西南太平洋 Ambitle 岛的 Tutum 湾）、弧后扩张中心（Woodlark 海盆的 Franklin 海山和第勒尼安海的 Marsili 海山）、弧后火山（Santorini 的 Kameni 岛）和弧后海槽（Vanuatu 弧后的 Vate 和 Futuna 海槽）的 Fe-Si 羟基氧化物（Dekov et al.，2006；Pichler and Veizer，1999；Iizasa et al.，1998；Bogdanov et al.，1997；Hékinian et al.，1993；Alt，1988；Varnavas and Cronan，1988；Bostrom and Widenfalk，1984）相比，Pb 含量变化范围（0.92～416.00 μg·g^{-1}）更大（曾志刚等，2007）。

表 5-2　EPR 13°N 附近 Fe 羟基氧化物的微量元素组成[*]（曾志刚等，2007）

样号	Li	Be	V	Cr	Co	Ni	Zn	Ga	As	Rb	Sr	Cd	Cs	Ba	Tl	Pb	Bi	Th	U
1	115	41	156	2049	—	25.60	844	5050	140.0	684	400.0	940	9.3	128.0	746.0	4.64	23.7	6.87	4430
2	220	42	151	—	124.4	3.32	512	—	184.0	839	408.0	940	17.5	102.0	164.0	26.80	268.0	48.95	3080
3	117	46	143	2509	122.4	3.80	1140	3220	158.0	683	424.0	2590	10.2	104.4	159.0	9.68	67.0	7.05	3330
4	290	37	192	—	141.2	8.24	1304	—	186.8	770	432.0	1420	7.9	98.8	347.0	14.12	52.0	4.93	3250
5	350	58	140	5370	218.8	7.72	1452	10900	184.0	1270	322.0	1290	41.0	144.0	420.0	416.00	52.0	40.01	4750
6	280	36	158	2490	145.6	15.20	1200	4680	147.2	673	378.8	900	11.1	91.2	159.0	10.76	50.4	51.51	2650
7	163	45	181	2970	—	16.40	1328	—	206.4	760	432.0	1540	10.9	134.4	605.0	9.60	30.0	5.71	3280
8	97	33	155	1460	704.0	22.40	1312	4200	172.0	659	419.2	3700	5.7	116.0	894.0	3.92	4.8	2.02	3690
9	89	40	171	2160	98.8	12.00	1152	—	171.6	684	441.6	3700	8.2	94.0	229.0	14.92	22.8	2.84	2990
10	92	45	204	2090	432.0	15.20	1528	5080	153.2	676	432.0	5900	33.0	117.6	722.0	7.88	24.5	1.96	2830
11	209	30	130	—	—	14.40	792	—	212.0	730	434.0	2030	20.9	112.0	146.0	0.92	—	2.96	3500
12	125	69	170	2290	296.0	8.36	1252	—	308.0	760	492.8	1560	17.3	138.4	324.0	7.28	—	2.80	2610
13	163	70	185	—	78.4	6.56	1272	—	248.0	741	454.4	1630	—	124.0	1670.0	77.60	10.3	3.81	3050
14	210	112	259	3590	536.0	16.80	1240	—	252.0	850	466.4	1070	30.0	194.0	679.0	36.80	55.0	20.10	4090
15	77	52	158	—	212.8	13.20	—	—	214.4	620	412.0	Cd	11.4	111.2	735.0	39.60	1420.0	4.82	2850
16	166	42	158	1670	66.0	6.60	1328	3130	188.8	700	460.0	4650	10.8	92.0	184.3	8.00	12.8	2.80	2740
17	106	69	191	2580	323.6	13.20	2004	5310	186.4	719	456.0	3570	14.6	126.4	511.0	130.00	24.9	9.03	3780

[*] 中国科学院海洋研究所测试；Li、Be、Cr、Ga、Rb、Cd、Cs、Tl、Bi、Th 和 U 单位为 $ng \cdot g^{-1}$；V、Co、Ni、Zn、As、Sr、Ba 和 Pb 单位为 $\mu g \cdot g^{-1}$；"—"表示未检出。

　　EPR 13°N 附近热液 Fe-羟基氧化物与 EPR 13°N 附近由硫化物次生氧化形成的 Fe-羟基氧化物的 Co、Ni、Zn、As、Sr、Ba 含量（分别为 $148\mu g \cdot g^{-1}$、$23\mu g \cdot g^{-1}$、$674\mu g \cdot g^{-1}$ 和 $163 \sim 350\mu g \cdot g^{-1}$、$227\mu g \cdot g^{-1}$、$33\mu g \cdot g^{-1}$）（Hékinian et al.，1993）相比，其 Co、Ni、Zn 和 As 含量较为一致，Sr、Ba 含量较高；与 EPR 21°N 附近由硫化物次生氧化形成的 Fe-羟基氧化物的 Co、Ni、Zn、As 含量（分别为 $116 \sim 1004\mu g \cdot g^{-1}$、$48\mu g \cdot g^{-1}$、$3220 \sim 8000\mu g \cdot g^{-1}$、$508\mu g \cdot g^{-1}$）（Hékinian et al.，1993）相比，其 Co、Ni 含量一致，而 Zn、As 的含量较低，且 Co 和 Zn 含量均高于其他海区 Fe-Si 羟基氧化物的（曾志刚等，2007）。

　　EPR 13°N 附近热液 Fe-羟基氧化物的 Li、Be、V、Cr、Ni、Rb、Cs、Ba、Tl、Th、U 和 Ga 含量与 Woodlark 海盆的 Franklin 海山（依次为 $47.2\mu g \cdot g^{-1}$、$0.6\mu g \cdot g^{-1}$、$270\mu g \cdot g^{-1}$、$29\mu g \cdot g^{-1}$、$196\mu g \cdot g^{-1}$、$63\mu g \cdot g^{-1}$、$4.9\mu g \cdot g^{-1}$、$111\mu g \cdot g^{-1}$、$8.9\mu g \cdot g^{-1}$、$0.2\mu g \cdot g^{-1}$、$5.3\mu g \cdot g^{-1}$、$2.3\mu g \cdot g^{-1}$）（Bogdanov et al.，1997）和第勒尼安海 Marsili 海山（依次为 $8.9 \sim 10.7\mu g \cdot g^{-1}$、$1.8 \sim 7\mu g \cdot g^{-1}$、$300 \sim 477\mu g \cdot g^{-1}$、$9.2 \sim 16.7\mu g \cdot g^{-1}$、$22.1 \sim 34.9\mu g \cdot g^{-1}$、$2 \sim 12.3\mu g \cdot g^{-1}$、$0.2 \sim 1.9\mu g \cdot g^{-1}$、$194 \sim 306\mu g \cdot g^{-1}$、$5.8 \sim 13.8\mu g \cdot g^{-1}$、$0.14 \sim 1.12\mu g \cdot g^{-1}$、$5.3 \sim 33.5\mu g \cdot g^{-1}$、$1.5 \sim$

$2.6\mu g\cdot g^{-1}$）（Dekov et al.，2006）中 Fe-Si 羟基氧化物的相比，其 Li、Be、V、Cr、Ni、Rb、Cs、Ba、Tl、Th 和 U 含量较低，Ga 含量较高（曾志刚等，2007）。

EPR 13°N 附近热液 Fe-羟基氧化物与 Ambitle 岛的 Tutum 湾中 Fe-Si 羟基氧化物的 Be、Cr、As、Rb、Sr、Cs、Tl、V、Ni、Ga、U 和 Ba（依次为 28～50$\mu g\cdot g^{-1}$、16～45$\mu g\cdot g^{-1}$、49000～62000$\mu g\cdot g^{-1}$、770～1500$\mu g\cdot g^{-1}$、0.98～5.3$\mu g\cdot g^{-1}$、0.59～4.2$\mu g\cdot g^{-1}$、6～80$\mu g\cdot g^{-1}$、0.08～0.55$\mu g\cdot g^{-1}$、3.8～13$\mu g\cdot g^{-1}$、0.8～3.1$\mu g\cdot g^{-1}$、0.34～0.9$\mu g\cdot g^{-1}$、70～220$\mu g\cdot g^{-1}$）（Pichler and Veizer，1999）相比，其 Be、Cr、As、Rb、Sr、Cs 和 Tl 含量较低，V、Ni、Ga 和 U 含量较高，Ba 含量较一致。此外，其 As、Sr 含量低于 Austral 群岛中 Fe-Si 羟基氧化物（969$\mu g\cdot g^{-1}$ 和 1303$\mu g\cdot g^{-1}$），高于 Vanuatu 弧后的 Vate 海槽中 Fe-Si 羟基氧化物（3～77$\mu g\cdot g^{-1}$、52～288$\mu g\cdot g^{-1}$），且未有板内海底火山中 Fe-Si 羟基氧化物［如 Society 群岛（As 含量为 34～555$\mu g\cdot g^{-1}$，Sr 含量为 88～608$\mu g\cdot g^{-1}$）］（Iizasa et al.，1998；Hékinian et al.，1993）的变化范围大，其 Cd 含量高于 Vanuatu 弧后的 Vate 海槽（0.11～0.51$\mu g\cdot g^{-1}$）和 Futuna 海槽（0.08～0.71$\mu g\cdot g^{-1}$）中 Fe-Si 羟基氧化物的 Cd 含量（Iizasa et al.，1998）。此外，EPR 13°N 附近热液 Fe-Si 羟基氧化物的 Bi 含量变化范围较大（0.0048～1.42$\mu g\cdot g^{-1}$），与第勒尼安海的 Marsili 海山（0.01～0.06$\mu g\cdot g^{-1}$）（Dekov et al.，2006）和 Santorini 的 Kameni 岛（0.05$\mu g\cdot g^{-1}$）（Varnavas and Cronan，1988；Bostrom and Widenfalk，1984）中 Fe-Si 羟基氧化物的较一致。同时，与 Kameni 岛中 Fe-Si 羟基氧化物的 V、Ba 和 Sr 含量（111$\mu g\cdot g^{-1}$、77$\mu g\cdot g^{-1}$、480$\mu g\cdot g^{-1}$）（Varnavas and Cronan，1988；Bostrom and Widenfalk，1984）相比，其具有高 V、Ba 含量，低 Sr 含量的特点；与加拉帕戈斯三联点 Hess 海渊中 Fe-Si 羟基氧化物的 Ni、Sr、Ba 和 As 含量（21～196$\mu g\cdot g^{-1}$、470～578$\mu g\cdot g^{-1}$、199～612$\mu g\cdot g^{-1}$、120$\mu g\cdot g^{-1}$）（Hékinian et al.，1993）相比，其具有低 Ni、Sr、Ba 含量，高 As 含量的特点（曾志刚等，2007）。

第四节　稀土元素组成

与板内海底火山（Society 群岛）、EPR（21°N、13°N 和 11°30′N 附近）、加拉帕戈斯三联点的 Hess 海渊、西南太平洋 Ambitle 岛的 Tutum 湾、Woodlark 海盆的 Franklin 海山和第勒尼安海的 Marsili 海山中 Fe-Si 羟基氧化物（Dekov et al.，2006；Pichler and Veizer，1999；Bogdanov et al.，1997；Hékinian et al.，1993）相比，EPR 13°N 附近 Fe-羟基氧化物的 REE 含量较低（ΣREE = 5.44×10^{-6}～17.01×10^{-6}）。其球粒陨石标准化稀土元素配分模式图表现出明显的负 Ce 异常（δCe = 0.12～0.28）和轻微的正 Eu 异常（δEu = 1.19～1.62）（图 5-2 和表 5-3）。不仅如此，EPR 13°N 附近 Fe-羟基氧化物的 LREE/HREE 值（2.02～2.55）、(La/Yb)$_N$ 值（2.85～3.35）和(Nd/Yb)$_N$ 值（0.77～1.26）其变化范围不大，且各个比值均较小，这说明其轻重稀土元素分馏不明显。同时，(La/Sm)$_N$ 值（3.20~4.72）和(Gd/Yb)$_N$ 值（0.52~0.81）变化程度均不大，表明各样品的 LREEs 之间和 HREEs 之间分馏程度均不高。相比之下，Fe-羟基氧化物样品 LREEs 之间的分馏程度要比 HREEs 之间的分馏程度高，具明显的负 Ce 异常，反映出 EPR 13°N 附近 Fe-羟基氧化物与海水

具有相似的 REE 配分模式,明显不同于喷口流体的 REE 配分模式（图 5-2）（曾志刚等,
2007）。

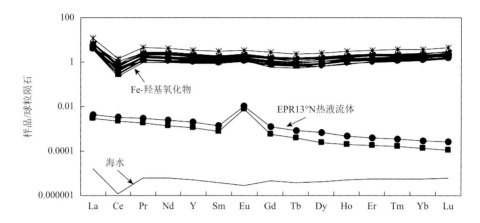

图 5-2　EPR 13°N 附近 Fe-羟基氧化物的 REE 球粒陨石标准化分布模式（曾志刚等,2007）

海水和 EPR 13°N 热液流体的数据分别引自 Douville et al.,1999 和 Piepgras and Jacobsen,1992

表 5-3　**EPR 13°N 附近 Fe-羟基氧化物的稀土元素组成**[*]（曾志刚等,2007）（单位：ng·g^{-1}）

样号	La	Ce	Pr	Nd	Sm	Eu	Gd	Tb	Dy	Ho	Er	Tm	Yb	Lu	Y
1	980	182	124	564	171	84	184	28.5	228	62	219	31.4	230	43.2	3310
2	1090	500	182	830	212	95	236	36	265	70	218	34	240	42	2930
3	1150	291	161	745	184	80	229	37.3	269	73	240	39.3	276	51.4	3310
4	1118	331	144	650	167	76	207	29.6	231	66	232	35.5	259	48.3	3620
5	1480	634	253	1140	299	127	332	50.7	370	96	316	49.8	343	57.6	3750
6	860	273	109	500	131	65	148	24.2	177	51	168	27.3	193	36.4	2860
7	1550	387	202	950	239	106	282	40.9	328	89	304	48	337	62.8	4400
8	865	138	95	441	132	69	128	20.2	164	46	175	26.3	192	39.4	2912
9	1082	189	121	580	148	63	171	27.4	222	65	231	37.8	272	52	3690
10	1280	222	152	705	178	78	218	35.4	269	78	272	42.8	308	59	4190
11	1005	174	117	529	144	69	164	23.7	196	59	193	30.6	215	41.4	3090
12	1780	425	245	1120	264	119	336	55.1	400	108	364	58.8	419	74.6	4970
13	1630	379	217	1010	240	109	292	49.6	361	99	336	51.5	366	67.7	4520
14	2820	900	415	1940	460	202	560	88	649	174	580	91.8	650	119.6	7360
15	1216	270	164	780	197	85	221	34.7	277	79	257	42.4	298	53	3650
16	1121	276	148	666	160	69	195	26.1	231	66	226	34.5	261	47.6	3230
17	1820	488	271	1270	300	137	357	58.8	422	114	380	57.4	412	76	4890

* 中国科学院海洋研究所测试。

第五节　Fe-羟基氧化物的成因模式

EPR 13°N 的 Fe-羟基氧化物分布于热液丘状体处，其形成可能与热液硫化物、热液柱以及海水有较大关系。由 EPR 13°N 附近 Fe-羟基氧化物的常量元素组成特征可知，其 Al 和 Fe 含量落在 EPR 13°N 附近热液硫化物样品中 Al（0.026%～0.169%，质量分数）和 Fe（10.60%～47.00%，质量分数）含量的变化范围内（图 5-3），Si 含量高于 EPR 13°N 附近热液硫化物（0.08%～5.60%，质量分数），Fe 含量高于 EPR 13°N 附近热液柱颗粒物（0.30%～20%，质量分数）和喷口流体（0.02%～0.06%，质量分数），Mn 含量则明显高于 EPR 13°N 附近热液硫化物（0.002%～0.054%，质量分数）、热液柱颗粒（0.002%～0.290%，质量分数）和喷口流体（0.009%～0.016%，质量分数），其 Al/(Al + Mn + Fe)值（0.001～0.004）与 EPR 13°N 附近热液硫化物的（0.001～0.009）相差较小，且低于热液柱颗粒物（0.004～0.856），其 Si/Fe 值（0.20～0.23）明显高于 EPR 13°N 附近热液硫化物（0.002～0.144），Fe/Mn 值（23.7～190）则明显低于 EPR 13°N 附近热液硫化物（525～10824），这表明 EPR 13°N 附近 Fe-羟基氧化物的形成受到海底硫化物在海水环境中的氧化作用和热液柱颗粒物的沉降两个过程的影响。这两个过程中，由于 Fe-羟基氧化物具有较高的 Fe 和 Mn 含量，而其 Al 含量则基本继承了该区热液硫化物的特点，说明 Fe-羟基氧化物的形成可能受到海水的影响。另外，硅质抑制 Fe-羟基氧化物的结晶也是 Fe-羟基氧化物呈隐晶质的原因之一（曾志刚等，2007；Dekov et al.，2006）。

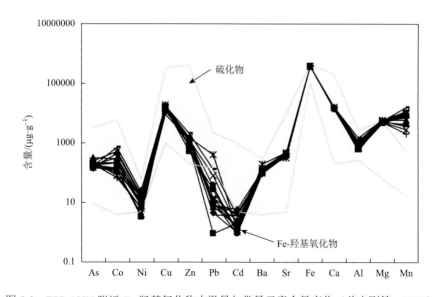

图 5-3　EPR 13°N 附近 Fe-羟基氧化物中微量与常量元素含量变化（曾志刚等，2007）

阴影部分为 EPR 13°N 附近热液区中硫化物的微量与常量元素含量变化范围，数据引自 Fouquet et al.，1988 和 Moss and Scott，1996

分析 EPR 13°N 附近 Fe-羟基氧化物的微量元素组成，其 As、Co、Ni、Cu、Zn、Ba

和 Sr 的含量均在 EPR 13°N 附近热液硫化物的变化范围内，且与 EPR 13°N 附近硫化物的平均值 [Fe（29.88%，质量分数）；Cu（8.48%，质量分数）；Co（1172.52×10^{-6}）；Zn（11.06%，质量分数）；Pb（0.06%，质量分数）；Cd（315.16×10^{-6}），样品数 $n = 19$]（Moss and Scott，1996；Fouquet et al.，1988）相比，具有较高的 Fe、Co 和 Cu 含量，以及较低的 Zn、Pb 和 Cd 含量（图 5-3），说明该 Fe-羟基氧化物的形成是由于海水环境中硫化物的氧化。与 EPR 13°N 附近热液柱颗粒物（Cu = 300×10^{-6}~1800×10^{-6} 和 V = 25×10^{-6}~84×10^{-6}）相比，Fe-羟基氧化物的 Cu 和 V 含量明显偏高，其 V/Fe 值和 P/Fe 值均在 EPR 13°N 附近热液柱颗粒物的变化范围之内（0.0001~0.0045 和 0.0004~0.5667），且远低于海水的 V/Fe 值（0.56）和 P/Fe 值（25.9），进一步反映出热液柱颗粒物的沉降对 Fe-羟基氧化物的形成有物质贡献，且在热液柱颗粒物的沉降过程中从海水中捕获了部分的 V 和 P。研究认为在含水体系中，金属元素的羟基氧化物捕获元素，可以通过共沉淀、吸附、表面形成络合物、离子交换和晶格渗透等方式实现（Chao and Theobald，1976），一般很难区分共沉淀和吸附这两种情况（Stumm and Morgan，1996；Drever，1988），且吸附作用是大多数表面化学反应的基础（Stumm and Morgan，1996），可以推测出 Fe-羟基氧化物中的微量元素极有可能是由吸附作用捕获所得（曾志刚等，2007）。

与其他类似的 Fe-羟基氧化物相比，EPR 13°N 附近的 Fe-羟基氧化物具有较高的 Mn 含量（0.20%~1.59%，质量分数），但是其 Mn/Fe 值（0.005~0.042）较低，且其在（Co + Ni + Cu）×10-Fe-Mn 三角图上的投点 [图 5-4（a）]，靠近 Fe 顶点，表现出热液成因的特征。同时，其富集过渡族金属元素（Co + Ni + Cu + Zn = 1.01%~3.62%，质量分数），在（Co + Ni + Cu + Zn）×10-Fe-Si 三角图中 [图 5-4（b）]，它们落在 Fe-（Co + Ni + Cu + Zn）×10 一侧近富 Fe 处，这与前人的研究是一致的（曾志刚等，2007）。

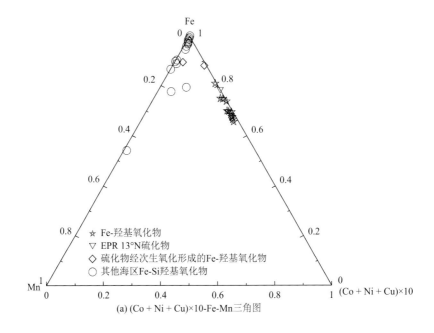

(a) (Co + Ni + Cu)×10-Fe-Mn三角图

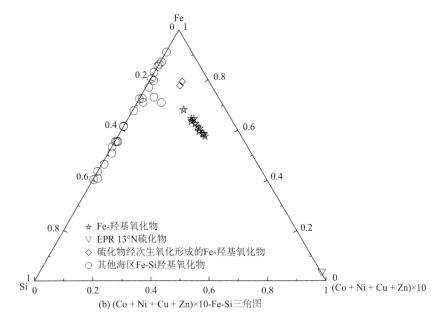

(b) (Co + Ni + Cu + Zn)×10-Fe-Si三角图

图 5-4　EPR 13°N 附近 Fe-羟基氧化物的（Co + Ni + Cu）×10-Fe-Mn 三角图和（Co + Ni + Cu + Zn）×
10-Fe-Si 三角图（曾志刚等，2007）

EPR 13°N 附近硫化物、Fe-羟基氧化物和其他海区 Fe-Si 羟基氧化物的数据分别引自 Dekov et al.，2006；Pichler and Veizer，
1999；Iizasa et al.，1998；Fouquet et al.，1996；Moss and Scott，1996；Hékinian et al.，1993

　　EPR 13°N 附近 Fe-羟基氧化物的 REE 配分模式，具有明显的 Ce 负异常（图 5-2），这一特征反映了其在低温环境下形成（Marchig et al.，1982），且由于其轻微的 Eu 正异常，与其他海区的 Fe-羟基氧化物明显不同（δEu = 0.36～1.26），反映出热液柱颗粒物的加入以及 Fe-羟基氧化物与海水的相互作用（图 5-5）。与 EPR 13°N 附近热液柱中 Fe-羟基氧化

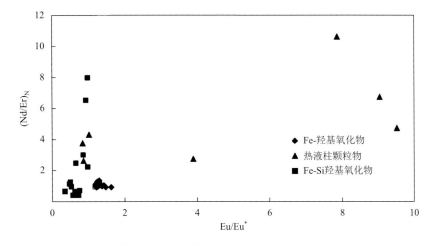

图 5-5　EPR 13°N 附近 Fe-羟基氧化物的(Nd/Er)$_N$-Eu/Eu*图（曾志刚等，2007）

包括 EPR 13°N 附近热液柱颗粒物和其他海区［包括板内火山（Society、Austral 和 Pitcairn 岛）、EPR
（21°N、12°50′N 和 11°30′N）、Hess 海渊、Tuturn 海湾、Franklin 海山和 Marsili 海山］Fe-Si 羟基氧化物
（Dekov et al.，2006；German et al.，2002；Hékinian et al.，1993）

物的 REE（ΣREE = 3.87～17.4）相比，两者的 ΣREE 基本一致，且热液柱中 Fe-羟基氧化物的 Eu 异常变化范围（δEu = 0.82～17.42）较大，随着与喷口距离的增加，热液柱中 Fe-羟基氧化物的 Eu 由正 Eu 异常向负 Eu 异常变化（German et al.，2002）。另外，Fe-羟基氧化物样品 REE/Fe 值很低（$6.69×10^{-6}$～$24.9×10^{-6}$），说明其经历了快速沉淀的过程（Olivarez and Owen，1989）。由 XRD 测试结果反映的 Fe-羟基氧化物呈隐晶质，这一特点支持了其快速沉淀的观点（Hékinian et al.，1993）。同时，Fe-羟基氧化物中 REE 含量及 REE 配分模式特征表明 Fe-羟基氧化物并非成岩成因或水成成因。低 ΣREE、微量元素和 Mn 含量反映出 EPR 13°N 附近 Fe-羟基氧化物是在低温条件下硫化物次生氧化作用所形成，而非低氧成岩成因，且 Fe-羟基氧化物的元素组成特征受到了氧化和吸附作用的影响（图 5-6）（曾志刚等，2007）。

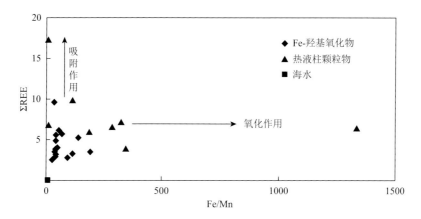

图 5-6　EPR 13°N 附近 Fe-羟基氧化物的 ΣREE-Fe/Mn 图（曾志刚等，2007）

海水和 EPR 13°N 附近热液柱颗粒物数据分别引自 Turekian，1968 和 German et al.，2002

　　上述研究表明，Fe-羟基氧化物是在低温、偏碱性及含氧量较高的海水环境中，通过 Fe^{2+} 被氧化形成的（Millero et al.，1987）。因此，Eh 和 pH 增加以及温度降低有利于 Fe-羟基氧化物的形成。低氧环境会导致富 Mn 或富 As 矿物（Pichler and Veizer，1999）的沉淀，这一现象显然与实际情况不符。EPR 13°N 附近的 Fe-羟基氧化物是海底热液硫化物经次生氧化作用形成的，在这一过程中热液柱颗粒物的沉降对其物质组成产生了影响，导致其 ΣREE、V 和 P 含量增加（图 5-7）。此外，与元素 Cs 相比，EPR 13°N 附近 Fe-羟基氧化物中更富集在水中构成氢氧络合物的微量金属元素 Tl（Bogdanov et al.，1997），致使其 Cs/Tl 值（0.01～0.14）较低。另外，Fe-羟基氧化物的形成受到 pH、Eh、温度、离子浓度和微生物活动的影响（Savelli et al.，1999），且其快速沉淀的特点将导致弱结晶或隐晶质矿物相的形成（Moss and Scott，1996）。特别是在热液环境和低需氧的条件下，微生物的离子氧化活动有利于 Fe-羟基氧化物的沉淀和聚集（Kennedy et al.，2003；Jannasch and Mottl，1985），这同时也是大洋环境中 Fe 沉淀的一个重要机制。在 EPR 13°N 附近，有关 Fe-羟基氧化物形成过程中微生物的作用，尚需进一步的研究了解（曾志刚等，2007）。

图 5-7　EPR 13°N 附近 Fe-羟基氧化物的成因模式（曾志刚等，2007）

Fe-羟基氧化物的形成包括两个过程：①热液硫化物经次生氧化作用形成 Fe-羟基氧化物；②热液柱颗粒物沉降到 Fe-羟基氧化物中

参 考 文 献

曾志刚, 王晓媛, 张国良, 等. 2007. 东太平洋海隆 13°N 附近 Fe-氧羟化物的形成:矿物和地球化学证据[J].中国科学(D 辑:地球科学),37(10):1349-1357.

Alt J C. 1988. Hydrothermal oxide and nontronite deposits on seamounts in the eastern Pacific. Marine Geology，81：227～239.

Bogdanov Y A，Lisitzin A P，Binns R A，et al. 1997. Low-temperature hydrothermal deposits of Franklin Seamount，Woodlark Basin，Papua New Guinea. Marine Geology，142：99～117.

Bostrom K，Widenfalk L. 1984. The origin of iron-rich muds at the Kameni Islands，Santorini，Greece. Chemical Geology，42：203～218.

Chao T T，Theobald J P K. 1976. The significance of secondary iron and manganese oxides in geochemical exploration. Economic Geology，71：1560～1569.

Dekov V M，Kamenov G D，Savelli C et al. 2006. Anthropogenic Pb component in hydrothermal ochres from Marsili Seamount（Tyrrhenian Sea）. Marine Geology，229（3～4）：199～208.

Douville E，Bienvenu P，Charlou J L et al. 1999. Yttrium and rare earth elements in fluids from various deep-sea hydrothermal systems. Geochimica et Cosmochimica Acta，63（5）：627～643.

Drever J I. 1988. The Geochemistry of Natural Waters. Englewood Cliffs：Prentice Hall.

Fleet A J. 1984. Aqueous and sedimentary geochemistry of the rare earth elements//Henderson P. Rare Earth Element Geochemistry. Amsterdam：Elsevier.

Fouquet Y，Auclair G，Cambon P，et al. 1988. Geological setting and mineralogical and geochemical investigations on sulfide deposits near 13°N on the East Pacific Rise. Marine Geology，84：145～178.

Fouquet Y，Knott R，Cambon P，et al. 1996. Formation of large sulfide mineral deposits along fast spreading ridges. Example from off-axial deposits at 12°43′N on the East Pacific Rise. Earth and Planetary Science Letters，144：147～162.

German C R，Colly S，Palmer M R. 2002. Hydrothermal plum-particle fluxes at 13°N on the East pacific Rise. Deep-Sea Research

Part I，49：1921～1940.

Hékinian R，Hoffert M，Larque P，et al. 1993. Hydrothermal Fe and Si oxyhydroxide deposits from south Pacific intraplate volcanoes and East Pacific Rise axial and offaxial regions. Economic Geology，88：2099～2121.

Iizasa K，Kawasaki K，Maeda K，et al. 1998. Hydrothermal sulfide-bearing Fe-Si oxyhydroxide deposits from the Coriolis Troughs，Vanuatu backarc，southwestern Pacific. Marine Geology，145：1～21.

Jannasch H W，Mottl M J. 1985. Geomicrobiology of deep-sea hydrothermal vents. Science，229：717～725.

Kennedy C B，Scott S D，Ferris F G. 2003. Ultrastructure and potential sub-seafloor evidence of bacteriogenic iron oxides from axial volcano，Juan de Fuca Ridge，north-east Pacific Ocean. FEMS Microbiology Ecology，43：247～254.

Kimura M，Uyeda S，Kato Y et al. 1988. Active hydrothermal mounds in the Okinawa Trough backarc basin. Tectonopysics，145：319～324.

Little C T S，Glynn S E J，Mills R A. 2004. Four-hundred-and-ninety-million-year record of bacteriogenic iron oxide precipitation at sea-floor hydrothermal vents. Geomicrobiology Journal，21：415～429.

Marchig V，Gundlach H，Moller P，et al. 1982. Some geochemical indicators for discrimination between diagenetic and hydrothermal metalliferous sediments. Marine Geology，50：241～256.

Millero F J，Sotolongo S，Izaguirre M. 1987. The oxidation kinetics of Fe（II）in seawater. Geochimica et Cosmochimica Acta，51：793～801.

Moss R，Scott S D. 1996. Silver in sulfide chimneys and mounds from 13°N and 21°N，East Pacific Rise. Canadian Mineralogist，34（4）：697～716.

Olivarez A M，Owen R M. 1989. REE/Fe variations in hydrothermal sediments：Implications for the REE content of seawater. Geochimica et Cosmochimica Acta，53：757～762.

Pichler T，Veizer J. 1999. Precipitation of Fe III oxyhydroxide deposits from shallow-water hydrothermal fluids in Tutum Bay，Ambitle Island，Papua New Guinea. Chemical Geology，162：15～31.

Piepgras D J，Jacobsen S B. 1992. The behavior of rare earth elements in seawater：Precise determination of variations in the North Pacific water column. Geochimica et Cosmochimica Acta，56：1851～1862.

Savelli C，Marani M，Gamberi F. 1999. Geochemistry of metalliferous，hydrothermal depositions in the Aeolian arc（Tyrrhenian Sea）. Journal of Volcanology and Geothermal Research，88：305～323.

Stumm W，Morgan J J. 1996. Aquatic Chemistry. New York：John Wiley & Sons.

Turekian K K. 1968. Oceans. Prentice-Hall，New Jersey：Englewood Cliffs，120.

Varnavas S P，Cronan D S. 1988. Arsenic，antimony and bismuth in sediments and waters from the Santorini hydrothermal field，Greece. Chemical Geology，67：295～305.

Yang B J，Zeng Z G，Wang X Y，et al. 2014. Pourbaix diagrams to decipher precipitation conditions of Si-Fe-Mn-oxyhydroxides at the PACMANUS hydrothermal field. Acta Oceanologica Sinica，33（12）：58～66.

第六章　东太平洋海隆热液区蚀变岩石特征

在东太平洋海隆与新鲜玄武质熔岩流有关的热液喷口处，可见热液硫化物堆积体直接坐落于玄武质熔岩流基底之上，且硫化物堆积体与玄武质熔岩流基底之间存在低温流体活动。此外，在断裂崖壁附近和热液喷口周围，通常会出露较多玄武岩碎块和硫化物（Hékinian et al.，1983），其中的玄武岩与热液流体相互作用，普遍发育较强烈的热液蚀变。而玄武岩和流体的化学组成也因经历流体-玄武岩相互作用而发生相应的变化（Bowers et al.，1988；Fouquet et al.，1988；Michard et al.，1984）。

基于蚀变温度和蚀变矿物等特征，热液蚀变洋壳可以划分为三个带：①火山岩层（0～320m），发生低温蚀变；②过渡带，发生中温蚀变；③岩墙段，发生高温蚀变（Alt，1992）。火山岩层出现两个不同的蚀变类型，火山岩层的上部 300m，表现出低温（<110℃）流体-岩石相互作用的特征，流体从洋壳中摄取 Si、Mg、K、H 和 O 等元素的同时，也释放出一定量的 Ca 和 Al 元素。火山岩层的下部，在流体循环过程中，发生非氧化态下的流体-岩石相互作用（温度通常达 150℃），Mg、Si、Al、Fe、H 和 O 以及少量的 Ca 和 Na 残留于洋壳中（Alt et al.，1996b；Laverne et al.，2001）。低温蚀变的主要蚀变矿物组合依次为：上部是含绿鳞石和皂石的火山岩层；在过渡带，随着深度的增加，皂石逐渐发生蚀变形成皂石-绿泥石不规则混合的层状矿物；在岩墙段，则以绿泥石为主，同时可观察到少量不规则混合的层状皂石-绿泥石，而规则混合的层状皂石-绿泥石相对少见，仅在下部偶尔出露（Alt et al.，1996a）。

本章将介绍 EPR 13°N 附近蚀变玄武岩的 Fe-Si-Mn 羟基氧化物壳以及热液活动对玄武岩中矿物化学组成的影响。

第一节　蚀变玄武岩的 Fe-Si-Mn 羟基氧化物壳

2003 年 11 月 4 日，"大洋一号"科考船在由中国大洋协会组织的 DY105-12、14 航次中，于 EPR 13°N 附近，距离热液喷口不到 1km 处（103°57′W，12°50′N，水深为 2626m），采集到了附着在枕状玄武岩断口面上的结壳，呈棕褐色，长达 30cm，厚度为 1～2cm（图 6-1）。

在镜下观察发现，这些样品均含有橄榄石、辉石、斜长石、玄武质玻璃和 Fe-Si-Mn 羟基氧化物等。Fe-Si-Mn 羟基氧化物以细层状、微细脉状和浸染状的球状颗粒分散于样品表面［图 6-2（a）～（f）］。该结壳主要由非晶质 Fe-Si-Mn 羟基氧化物组成（图 6-3），含少量长石、石英、硬石膏、绿脱石和生物碎屑［图 6-3，图 6-4（a）～（e）］，可见草莓状结构［图 6-4（f）］。其中，Fe-Si-Mn 羟基氧化物的主要元素组成为 Fe、Si 和 Mn，其次为 Na、K、Ca、Al、Mg、Ti、P、S、Cl、Cu、Zn、Co、Ni 和 Cr［（由 Oxford INCA X-Max 能谱仪（EDS）测得］（Wang et al.，2014）。

图 6-1　EPR 13°N 附近 E11 站位枕状玄武岩的深棕色 Fe-Si-Mn 羟基氧化物壳体（Wang et al.，2014）

图 6-2　EPR 13°N 附近玄武岩表面的 Fe-Si-Mn 羟基氧化物（FSM）BSE 图像和能谱分析（Wang et al.，2014）

BSE 为背散射电子检测器

　　根据化学成分的差异，该研究识别出两种不同的羟基氧化物：低 Mn 含量的 Fe-Si 羟基氧化物（表 6-1）和 Fe-Si-Mn 羟基氧化物。同时，可见部分 Fe-Si 羟基氧化物覆盖于玄武质玻璃表面之上 [图 6-5（b）] 和斜长石矿物表面（图 6-6），部分则充填于玄武质玻璃的裂隙中 [图 6-5（a）]。Fe-Si-Mn 羟基氧化物具层状结构 [图 6-7（a）和图 6-7（c）]，含少量的 Ni、Cu 和 Zn [图 6-7（b）和图 6-7（d）]。同心层由 Fe-Si 羟基氧化物构成的致密核心与 Fe-Si-Mn-羟基氧化物组成的疏松多孔的边部组成[图 6-8（a）和图 6-8（b）]（Wang et al.，2014）。

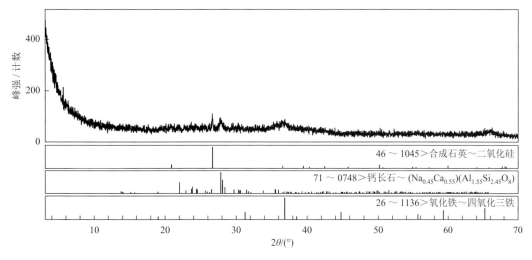

图 6-3　枕状玄武岩表面的 Fe-Si-Mn 羟基氧化物 XRD 分析（Wang et al.，2014）

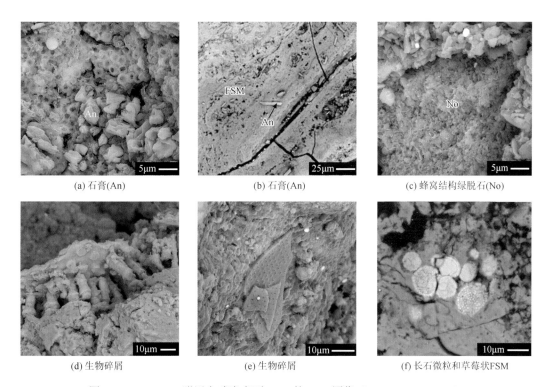

图 6-4　EPR 13°N 附近玄武岩表面 FSM 的 BSE 图像（Wang et al.，2014）

表 6-1　EPR 13°N 附近玄武岩表面 FSM 中的 Fe、Si 和 Mn 含量（Wang et al.，2014）

图	氢氧化物	EDS 分析点	Si/%	Mn/%	Fe/%	Fe/Mn
	FS	1	15	0.14	10.8	—
6-5b	FS	2	15.3	—	11.5	—
	FSM	3	6.67	4.6	18.8	4.1

图	氢氧化物	EDS 分析点	Si/%	Mn/%	Fe/%	Fe/Mn
	FS	1	8.08	—	12.9	—
	FS	2	7.75	0.07	12.7	—
6-6	FSM	3	6.62	5.3	15.2	2.9
	FSM	4	6.88	4.66	18	3.9
	FSM	1	6.94	12.9	29.6	2.3
	FSM	2	6.55	19.4	27.2	1.4
6-7c	FSM	3	8.25	6.34	49	7.73
	FSM	4	5.99	14.3	24.4	1.7
	FSM	5	2.23	35.1	7.6	0.22
	FSM	1	6.6	4.76	28.7	6.02
	FS	2	10.9	—	24.4	—
6-8a	FS	3	10.2	—	23.1	—
	FS	4	10.3	—	23.2	—
	FS	5	10.5	0.13	11.9	—
	FS	6	18.9	0.12	18.3	—

注："—"表示未检出。

结合前人研究发现，水成成因的 Fe-Si-Mn 羟基氧化物的生长速率通常为 0.15～0.27mm·a^{-1}。同时，该区域的玄武岩约在 10ka 前开始出现（Manheim and Lane-Bostwick，1988），但采集到的 Fe-Si-Mn 羟基氧化物样品厚度仅为 1～2mm，这与时间及生长速率是不匹配的，指示了除水成成因外，其他因素对该 Fe-Si-Mn 羟基氧化物壳体的生长产生了显著影响（Wang et al.，2014）。

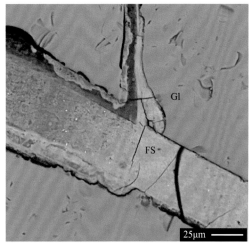

(a) 微细脉 Fe-Si 羟基氧化物 (FS)

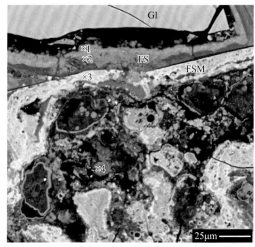

(b) FS 和 FSM 与玄武质玻璃 (Gl) 交界

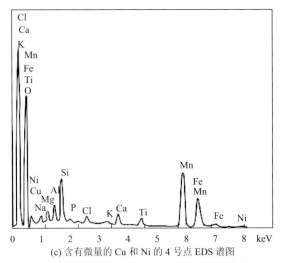

(c) 含有微量的 Cu 和 Ni 的 4 号点 EDS 谱图

图 6-5　EPR 13°N 附近玄武岩表面 FSM 的 BSE 图像与能谱分析（Wang et al.，2014）

（b）中 1、2、3 和 4 是进行 EDS 分析的点位

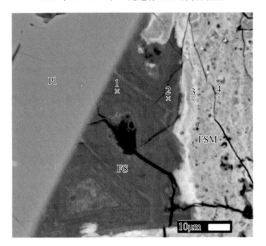

图 6-6　EPR 13°N 附近玄武岩表面紧邻斜长石斑晶（Pl）的 FS 和 FSM（Wang et al.，2014）

1，2，3，4 是进行 EDS 分析的点位

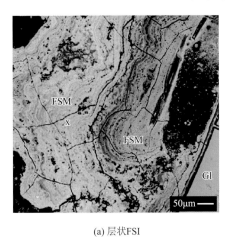

(a) 层状FSI

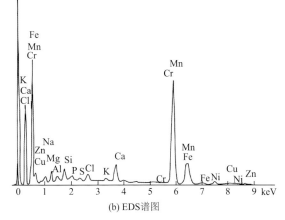

(b) EDS谱图

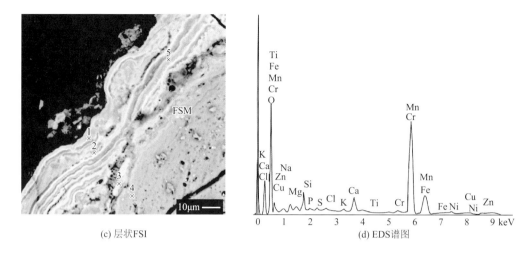

(c) 层状FSI　　　　　　　　　　　　　　(d) EDS谱图

图 6-7　EPR 13°N 附近玄武岩表面 FSM 的 BSE 图像和 XRD 分析（Wang et al.，2014）

（a）和（c）中×为 EDS 测点

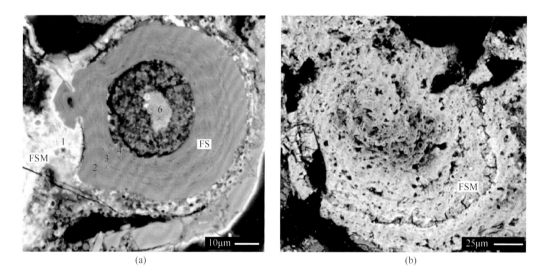

(a)　　　　　　　　　　　　　　　　　(b)

图 6-8　EPR 13°N 附近玄武岩表面 FSM 中的同心结构 FS 及与其交界的 FSM（Wang et al.，2014）

　　基于以上对层状 Fe-Si-Mn 羟基氧化物的分析，并结合其中所发现的少量石膏（形成温度＞150℃）及绿脱石（形成温度＜96℃），指示出该氧化物的成因主要为热液-水成成因，在热液和海水的共同作用后沉淀在海底枕状玄武岩的表面。其中，Fe-Si 羟基氧化物先沉淀，然后沉淀 Fe-Si-Mn 羟基氧化物。从 Fe-Si 羟基氧化物到 Fe-Si-Mn 羟基氧化物，Mn 和 Fe 的含量不断增加，而 Si 的含量则相应地减少。说明在生长初始阶段，热液流体相对强的还原性使得 Fe-Si 羟基氧化物发生沉淀，随着热液流体由还原状态转变为氧化状态，Si 氧化物的沉淀被抑制，Mn 氧化物和 Fe-羟基氧化物析出（Wang et al.，2014）。

第二节　东太平洋海隆热液活动对玄武岩的改造

在洋中脊（MOR），热液流体-玄武岩之间的相互作用不仅是海水和洋壳间发生元素交换的重要方式（Nakamura et al.，2007；Alt et al.，1986），而且会对海水中的众多元素的分布和行为（如 Li、Sr、Si、Mg 和 S）产生影响（Wetzel et al.，2001；Elderfield and Schultz，1996；Palmer and Edmond，1989；Von Damm et al.，1985a，1985b；Edmond et al.，1982，1979；Wolery and Sleep，1976）。为探究热液流体-玄武岩相互作用过程中元素的地球化学行为（Gillis and Thompson，1993；Dill et al.，1992；Humphris and Thompson，1978a，1978b），评估全球海水中幔源元素的输入以及蚀变洋壳中地球化学平衡状况（Nakamura et al.，2007；Kelley et al.，2003；Staudigel et al.，1995，1981；Hart and Staudigel，1982；Humphris and Thompson，1978a），前人对热液流体以及热液蚀变玄武岩开展了一系列研究。此外，俯冲后的蚀变洋壳也会对岛弧火山岩、陆壳以及地幔的地球化学组成产生影响（Rehkämper and Hofmann，1997；Ishikawa and Nakamura，1994；Hofmann and White，1982）。因此，热液蚀变是影响洋壳、陆壳和地幔化学演化的关键过程之一（Nakamura et al.，2007）。

20 世纪 80 年代以来，在洋中脊、岛弧以及弧后盆地陆续发现了一系列可开展玄武岩热液蚀变研究的热液喷口，而且在这些区域的研究工作已加深了我们对洋中脊和弧后盆地热液蚀变过程的了解。例如，Schramm 等（2005）对 EPR 14°15′S 东翼玄武岩（洋壳年龄范围 0~9Ma）的研究发现，绿鳞石和钙十字沸石是不同时期玄武岩的主要蚀变矿物，前者的年代为 0.12~4.6Ma，后者的年代早于 4.6Ma。在蚀变早期，玄武质玻璃发生的溶解和橄榄石的分解提供了 Fe 元素，并在此基础上形成 Fe 羟基氧化物和绿鳞石，在更还原的环境中还会形成皂石。此外，蚀变过程中海水和次生矿物会释放出 Rb、Cs 和 Ba 元素，逐渐增强的氧化作用还会释放出更多的 U 元素，使得离轴蚀变玄武岩的化学组成相比新鲜玄武岩具有更高的 Rb、Cs、Ba 和 U 含量。而绿鳞石的形成会对离轴蚀变玄武岩中 K 的含量产生影响。Lackschewitz 等（2004）通过对 ODP Leg 193 航次中 PACMANUS 热液区的研究，发现该热液区有 5 个火成岩蚀变带：①绿泥石±伊利石-方石英-斜长石蚀变带，后被叶蜡石蚀变带覆盖，温度在 260~310℃；②绿泥石±混层矿物蚀变带，温度为 230℃；③绿泥石和伊利石蚀变带；④伊利石和绿泥石±伊利石混层蚀变带，温度为 250~260℃；⑤伊利石±绿泥石蚀变带，温度为 290~300℃。而且，质量平衡计算结果显示，在绿泥石、伊利石和硅酸-叶蜡石蚀变过程中都伴随着火成岩化学组成不同程度的变化。Nakamura 等（2007）通过显微镜观察，将印度洋脊附近 Rodriguez 三联点的玄武质岩石样品分为 3 类：新鲜的熔岩、低温蚀变岩石和高温蚀变岩石。低温蚀变岩石富集 K、Rb 和 U 等元素，这是由于蚀变过程中产生了富 K 绿鳞石和吸附 U 的 Fe 羟基氧化物以及黏土矿物。Porter 等（2000）在胡安·德富卡洋脊东翼的沉积物钻孔中，发现基底岩石样品（枕状玄武岩、块状玄武岩和火山玻璃角砾岩）也表现出低温热液蚀变的特点，即次生黏土矿物含量较高，富 Mg 和富 Fe 皂石以及绿鳞石黏土含量可达到百分之几甚至 10%~

20%，还观察到三八面体的皂石和黄铁矿等低氧逸度条件下形成的蚀变矿物。此外，Howard和 Fisk（1988）研究了 Gorda 洋脊北部玄武岩的热液蚀变特征，发现该区玄武岩中主要蚀变矿物是一水软铝石[AlO(OH)]，其次是富 Al 的蒙皂石/绿泥石混层矿物以及少量的锐钛矿。

此外，国际上开展了一系列关于玄武岩热液蚀变的实验岩石学即钻探工作，如玄武岩蚀变实验（温压条件为 70～500℃，400～1000bar，流体与岩石比值为 0.5～125）（Seyfried et al.，1988；Seyfried and Mottl，1982；Seyfried and Birschoff，1981，1979；Mottl et al.，1979；Mottl and Holland，1978；Bischoff and Dickson，1975；Hajash，1975），深海钻探计划（DSDP）和大洋钻探计划（ODP）执行的钻探项目（Kelley et al.，2003；Alt et al.，1996a，1986，1985；Staudigel et al.，1995，1981；Spivack and Staudigel，1994；Anderson et al.，1989，1982；Emmermann，1984；Hart and Staudigel，1982），这些研究均表明玄武岩蚀变过程受控于流体-玄武岩相互作用过程中的化学变化，以及温度、压力、流体与岩石比值、岩石和流体化学组成等多种因素（曾志刚等，2014）。

相较于前人集中研究的海底之下玄武岩蚀变过程方面，对海底表面玄武岩蚀变过程的关注则相对缺乏。因此，为进一步了解海底表面枕状玄武岩的热液蚀变过程，本节使用 SEM 和 EDS 对 EPR 13°N 附近的热液蚀变枕状玄武岩中的斜长石微斑晶以及玄武质玻璃进行了观测与研究。

一、样品与方法

2003 年 11 月 4 日，在由中国大洋协会组织的 DY105-12、14 航次中，"大洋一号"科考船使用拖网在 EPR 13°N 附近，采集到热液蚀变枕状玄武岩样品。利用光学显微镜对样品进行了岩相学观测，发现样品主要由橄榄石、辉石、斜长石微斑晶和玄武质玻璃组成（图 6-9）（曾志刚等，2014）。

此外，使用扫描电子显微镜[型号为 TESCAN VEGA 3 LMH。配备有 BSE，二次电子检测器和 EDS，其能量分辨率为 124eV(Mn Kα)，计数率＞500000cps，输出率＞200000cps。分析参数加速电压为 20kV，束流强度为 15，电子束流约为 798pA 和 15mm 的工作距离。系统的分辨率受束斑大小控制，分析时的束斑大小为 370nm]对薄片进行了进一步观察。该仪器分析中采集了 BSE 信号并进行了 EDS 分析。使用橄榄石、辉石、顽火辉石、透辉石和歪长石作为标准样品，最后用 XPP 方法进行数据结果校正。数据结果相对标准偏差，O 和 Si＜3%，Al、Ca 和 Fe＜10%，Na、Mg 和 Ti＜30%（曾志刚等，2014）。

二、斜长石微斑晶中的新鲜和轻微蚀变区

在 EPR 13°N 附近，枕状玄武岩中斜长石微斑晶的新鲜区基本未受到热液蚀变作用影响，其化学组成与斜长石微晶的原始化学组成基本一致（表 6-2）；轻微蚀变区位于新鲜区的边缘，由于受热液蚀变影响，轻微蚀变区相较于新鲜区，具有更高的 Fe 含量（平均值为 1.16%，新鲜区平均值为 0.48%，质量分数），略低的 Al 和 Ca 含量（平均值分别为 14.72%、11.81%，

新鲜区平均值分别为16.08%、12.45%，质量分数），以及低的K、Mg和Ti含量（平均值分别为0.44%、0.72%和0.35%，质量分数）（表6-3）。此外，研究发现，新鲜区的斜长石微斑晶为倍长石（An = 72.45%～85.96%，Ab = 14.04%～27.55%和Or = 0%）（图6-10），轻微蚀变区的斜长石微斑晶也为倍长石（An = 68.37%～76.76%，Ab = 23.24%～27.28%和Or = 0～4.35%）（图6-10）（曾志刚等，2014）。

(a)

(b)

图6-9 EPR 13°N附近E11站的热液蚀变枕状玄武岩上覆薄层铁锰氧化物和玄武质玻璃和蚀变斜长石
（曾志刚等，2014）

Pl 为斜长石；Gl 为玄武岩质玻璃

表6-2 EPR 13°N附近枕状玄武岩中斜长石微斑晶新鲜区的EDS分析结果[*]

（曾志刚等，2014） （单位：%）

薄片号	点	O	Na	Mg	Al	Si	Cl	K	Ca	Ti	Fe	总量	An	Ab	Or
	1-1	45.97	2.53	—	15.36	23.21	—	—	11.99	—	0.43	99.49	73.11	26.89	0
	1-2	46.42	2.24	—	15.67	22.44	—	—	12.58	—	0.47	99.82	76.31	23.69	0
E11-S-3（17）	1-3	46.83	2.49	—	15.28	22.86	—	—	12.10	—	0.48	100.04	73.60	26.40	0
	1-5	45.62	2.24	0.26	15.66	22.72	—	—	12.45	—	0.54	99.49	76.12	23.88	0
	2-1	45.79	2.22	—	16.23	23.16	—	—	12.23	—	0.51	100.14	75.96	24.04	0

续表

薄片号	点	O	Na	Mg	Al	Si	Cl	K	Ca	Ti	Fe	总量	An	Ab	Or
	2-2	45.89	2.29	0.20	15.86	23.05	—	—	12.02	—	0.59	99.90	75.07	24.93	0
	2-3	45.77	2.30	—	15.86	23.00	—	—	12.14	—	0.55	99.62	75.17	24.83	0
	3-1	46.18	2.33	0.17	15.54	23.14	—	—	11.84	—	0.55	99.75	74.46	25.54	0
	3-2	46.37	2.33	—	15.49	23.21	—	—	11.95	—	0.48	99.83	74.63	25.37	0
	3-3	46.06	2.39	—	15.56	23.22	—	—	11.80	—	0.48	99.51	73.90	26.10	0
	4-1	45.87	2.50	0.18	15.52	23.56	—	—	11.46	—	0.51	99.60	72.45	27.55	0
	4-2	46.45	2.44	—	15.66	23.51	—	—	11.69	—	0.56	100.31	73.32	26.68	0
	4-3	45.79	2.39	0.18	15.68	23.45	—	—	11.72	—	0.49	99.70	73.77	26.23	0
	4-4	46.83	2.33	—	15.52	22.92	—	—	11.77	—	0.42	99.79	74.34	25.66	0
	4-5	45.55	2.32	—	16.18	23.51	—	—	12.08	—	0.47	100.11	74.92	25.08	0
	4-6	44.98	2.36	—	15.94	23.75	—	—	11.98	—	0.63	99.64	74.44	25.56	0
	5-1	47.28	2.22	—	15.71	22.31	—	—	11.91	—	0.43	99.86	75.47	24.53	0
	5-2	44.48	2.32	—	16.19	24.05	—	—	11.65	—	0.47	99.16	74.23	25.77	0
	5-3	44.67	2.43	—	16.35	23.98	—	—	11.76	—	0.56	99.75	73.52	26.48	0
	5-4	44.95	2.36	0.23	16.23	24.14	—	—	11.73	—	0.54	100.18	74.03	25.97	0
	5-5	44.80	2.42	0.17	16.26	23.94	—	—	11.73	—	0.48	99.80	73.55	26.45	0
E11-S-3（17）	5-6	45.06	2.42	—	15.93	23.68	—	—	11.46	—	0.72	99.27	73.09	26.91	0
	6-2	43.92	2.57	—	16.63	23.87	0.13	—	12.25	—	0.48	99.85	73.22	26.78	0
	6-3	45.02	2.21	—	16.77	23.47	—	—	12.23	—	0.45	100.15	76.04	23.96	0
	6-4	45.30	2.51	—	16.39	23.73	—	—	11.73	—	0.40	100.06	72.83	27.17	0
	7-1	47.32	1.28	—	17.11	20.47	—	—	13.66	—	0.34	100.18	85.96	14.04	0
	7-2	46.01	1.44	—	17.22	20.98	—	—	13.70	—	0.26	99.61	84.51	15.49	0
	7-3	46.27	2.08	—	16.50	22.27	—	—	12.21	—	0.21	99.54	77.10	22.90	0
	8-1	46.42	2.14	—	16.17	22.64	—	—	12.11	—	0.41	99.89	76.45	23.55	0
	8-2	46.41	2.37	0.18	16.06	23.02	—	—	11.54	—	0.50	100.08	73.64	26.36	0
	8-3	45.92	2.33	0.18	16.02	23.08	—	—	11.73	—	0.47	99.73	74.28	25.72	0
	8-4	46.12	2.38	—	15.92	22.86	—	—	11.56	—	0.39	99.23	73.59	26.41	0
	9-1	46.01	1.98	—	16.37	22.47	—	—	12.26	—	0.56	99.65	78.03	21.97	0
	9-2	46.28	2.00	—	16.54	22.46	—	—	12.45	—	0.44	100.17	78.12	21.88	0
	9-3	45.73	2.09	—	16.52	22.58	—	—	12.28	—	0.47	99.67	77.12	22.88	0
	9-4	45.37	2.13	—	16.57	22.62	—	—	12.36	—	0.50	99.55	76.90	23.10	0
	9-5	44.59	1.39	—	17.46	21.81	—	—	13.72	—	0.42	99.39	84.99	84.51	0
	9-6	44.52	1.46	—	17.40	21.72	—	—	13.89	—	0.56	99.55	84.51	15.49	0

续表

薄片号	点	O	Na	Mg	Al	Si	Cl	K	Ca	Ti	Fe	总量	An	Ab	Or
	1-1	46.66	2.04	—	15.60	21.66	—	—	13.12	—	0.58	99.66	78.67	21.33	0
	1-2	46.07	2.18	—	15.64	22.24	—	—	13.03	—	0.53	99.69	77.42	22.58	0
	1-3	45.06	2.06	—	16.04	22.49	—	—	13.05	—	0.53	99.23	78.42	21.58	0
	1-4	46.38	2.01	—	15.77	22.14	—	—	13.22	—	0.51	100.03	79.05	20.95	0
	1-5	44.80	2.11	—	16.12	22.84	—	—	13.05	—	0.61	99.53	78.01	21.99	0
E11-S-3（18）	3-3	46.85	2.47	—	15.10	22.71	—	—	12.09	—	0.54	99.76	73.74	26.26	0
	4-1	46.40	2.35	0.15	15.30	22.78	—	—	12.37	—	0.55	99.90	75.12	24.88	0
	4-2	46.29	2.02	—	15.92	22.19	—	—	13.25	—	0.38	100.05	79.00	21.00	0
	5-1	45.77	2.35	0.18	15.54	22.91	—	—	12.40	—	0.59	99.74	75.17	24.83	0
	5-2	45.16	2.31	0.19	15.31	23.03	—	—	12.67	—	0.65	99.32	75.88	24.12	0
	6-1	45.58	2.14	—	16.14	23.04	—	—	12.74	—	0.31	99.95	77.35	22.65	0
	6-2	44.79	1.44	—	17.11	21.36	—	—	14.53	—	0.25	99.48	85.27	14.73	0
	6-3	45.29	1.59	—	16.89	21.53	—	—	13.99	—	0.39	99.68	83.46	16.54	0
	7-1	43.81	1.47	—	17.15	21.86	—	—	14.81	—	0.30	99.40	85.25	14.75	0
	7-2	44.52	1.60	—	16.96	21.98	—	—	14.33	—	0.35	99.74	83.71	16.29	0
E11-S-3（19）	10-1	48.15	1.95	—	15.47	21.36	—	—	12.54	—	0.49	99.96	78.67	21.33	0
	10-2	45.59	2.23	—	15.96	22.95	—	—	12.52	—	0.45	99.70	76.31	23.69	0
	10-3	45.51	2.33	—	15.91	23.53	—	—	12.27	—	0.49	100.04	75.13	24.87	0
	10-6	46.39	2.22	0.17	15.60	22.77	—	—	12.25	—	0.51	99.91	75.99	24.01	0
	10-7	46.15	2.26	—	15.63	22.86	—	—	12.26	—	0.72	99.88	75.68	24.32	0

* 中国科学院海洋研究所测定；"—"表示未检测。

表6-3 EPR 13°N 附近枕状玄武岩中斜长石微斑晶轻微蚀变区的 EDS 分析结果*

（曾志刚等，2014） （单位：%）

薄片号	点	O	Na	Mg	Al	Si	Cl	K	Ca	Ti	Fe	总量	An	Ab	Or
	1-4	48.45	2.03	3.06	12.86	21.39	0.10	0.55	8.87	0.63	1.69	99.63	68.37	27.28	4.35
E11-S-3（17）	6-1	45.93	2.23	0.2	15.66	23.65	—	—	11.82	—	0.73	100.22	75.25	24.75	0
	10-1	44.18	2.24	0.51	15.10	23.58	—	—	12.90	0.26	1.31	100.08	76.76	23.24	0
	10-2	45.37	2.25	0.21	15.40	23.05	—	0.32	12.45	—	1.04	100.09	74.55	23.49	1.96
	3-1	44.14	2.37	0.50	15.45	23.82	—	—	12.60	—	0.65	99.53	75.31	24.69	0
E11-S-3（18）	3-2	47.42	2.30	0.45	14.24	22.34	—	—	12.27	—	0.85	99.87	75.37	24.63	0
	5-3	45.79	2.31	0.61	14.49	22.69	—	—	12.27	0.25	1.08	99.49	75.29	24.71	0
E11-S-3（19）	10-5	47.86	2.20	0.22	14.58	21.39	—	—	11.32	0.27	1.92	99.76	74.69	25.31	0
V			15.17	397	17.59	10.69			34.12		109				

* 中国科学院海洋研究所测定；"—"表示未检测；V 是斜长石微斑晶中轻微蚀变区元素的变化率，$V = 100 \times (X_{max} - X_{min})/X_{ave}$，$X_{max}$、$X_{min}$ 和 X_{ave} 是元素 X 的最大、最小和平均含量。

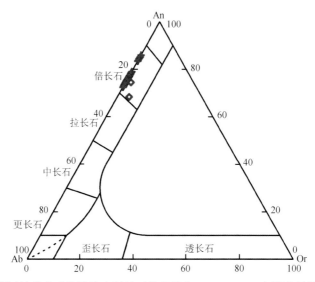

图 6-10　EPR 13°N 附近枕状玄武岩边缘中斜长石微斑晶在 An-Ab-Or 三角图上的投点（曾志刚等，2014）

✚是新鲜区斜长石微斑晶的 An-Ab-Or 投点；◆是轻微蚀变区斜长石微斑晶的 An-Ab-Or 投点

三、玄武质玻璃中的新鲜和轻微蚀变区

EPR 13°N 附近出露的玄武质玻璃的新鲜区 Na、Mg、Al、Si、Ca、Ti 和 Fe 等元素含量相对较高（均值分别为 1.92%、1.34%、7.34%、21.87%、10.03%、1.41% 和 9.95%，质量分数）（表 6-4）。位于玄武质玻璃新鲜区边缘的蚀变区，Fe 元素的含量明显较高（均值为 10.92%，质量分数），Al 和 Si 元素的含量（均值分别为 7.05% 和 21.63%，质量分数）则表现出相对新鲜区略微亏损的特征（表 6-5）（曾志刚等，2014）。

表 6-4　EPR 13°N 附近枕状玄武岩中玻璃新鲜区的 EDS 分析结果[*]

（曾志刚等，2014）　　　　　　　　　　　　　　　（单位：%）

薄片编号	点	O	Na	Mg	Al	Si	S	Cl	K	Ca	Ti	Mn	Fe	总量
	1-1	44.68	1.83	1.30	7.41	22.26	—	—	—	10.76	1.47	—	9.74	99.45
	1-2	44.25	1.85	1.31	7.40	22.29	—	—	0.20	10.72	1.46	0.10	9.87	99.45
	1-3	44.67	1.87	1.31	7.36	22.68	0.13	—	0.17	10.64	1.44	—	9.75	100.02
	2-1	45.43	1.84	1.45	7.58	22.46	—	—	—	9.29	1.60	0.11	10.11	99.87
	2-2	45.26	1.91	1.40	7.54	22.25	0.14	—	—	9.41	1.57	—	10.24	99.72
E11-S-3（17）	2-3	45.63	1.95	1.41	7.46	22.13	—	—	—	9.44	1.64	—	10.54	100.20
	3-1	46.11	1.96	1.43	7.46	21.71	0.13	0.11	—	8.85	1.53	—	10.27	99.56
	5-1	43.33	2.00	1.37	7.82	23.43	—	—	—	10.56	1.37	—	10.31	100.19
	5-2	42.51	2.06	1.39	7.82	23.44	—	—	0.19	10.84	1.45	—	10.19	99.89
	5-3	42.08	2.08	1.36	7.76	23.38	0.18	—	—	10.74	1.33	—	10.48	99.39
	6-1	44.73	1.90	1.30	7.41	22.32	—	—	0.16	10.41	1.27	—	10.14	99.64

续表

薄片编号	点	O	Na	Mg	Al	Si	S	Cl	K	Ca	Ti	Mn	Fe	总量
E11-S-3（17）	6-2	44.04	2.00	1.30	7.41	22.33	0.16	0.09	0.21	10.48	1.36	—	10.07	99.45
	6-3	44.89	2.02	1.30	7.47	22.40	0.17	—	—	10.45	1.34	—	9.76	99.80
	7-2	43.54	2.04	1.37	7.84	23.23	—	—	—	10.55	1.39	—	9.94	99.90
	8-1	43.08	1.91	1.34	7.72	22.89	0.17	—	—	10.66	1.38	—	10.29	99.44
	8-2	42.93	1.96	1.37	7.66	22.96	—	—	0.19	10.63	1.36	—	10.22	99.28
	8-3	44.27	1.96	1.32	7.61	22.79	—	—	0.19	10.62	1.29	—	9.86	99.91
	8-4	44.48	2.07	1.30	7.60	22.54	0.17	—	—	10.39	1.37	—	10.10	100.02
E11-S-3（18）	1-1	44.13	1.95	1.39	7.41	22.58	0.15	—	—	10.24	1.49	—	10.30	99.64
	1-3	44.25	1.89	1.40	7.18	21.95	—	—	—	10.49	1.45	0.24	10.33	99.18
	1-4	44.42	1.99	1.40	7.42	22.56	—	—	—	10.40	1.47	0.22	10.35	100.23
	5-5	45.11	1.79	1.55	7.21	21.96	—	—	—	10.72	1.91	—	9.32	99.57
E11-S-3（19）	1-2	46.86	2.02	1.35	7.15	21.11	0.15	—	—	10.16	1.30	—	9.60	99.70
	1-3	45.94	2.55	0.93	7.58	21.33	0.16	—	—	8.88	1.22	—	10.96	99.55
	1-5	47.57	1.81	1.31	7.09	20.89	0.15	—	0.17	9.89	1.37	—	9.79	100.04
	2-1	46.87	1.77	1.34	7.01	21.01	0.14	—	—	9.84	1.46	—	9.76	99.20
	2-3	46.56	1.87	1.35	7.21	21.20	0.15	—	0.17	9.90	1.45	0.21	9.92	99.99
	3-1	46.86	1.91	1.37	7.38	21.52	0.15	—	—	9.71	1.42	—	9.42	99.74
	3-2	47.22	1.90	1.34	7.24	21.34	0.14	—	—	9.70	1.27	—	9.53	99.68
	3-3	47.32	1.87	1.38	7.05	21.30	—	—	—	9.74	1.38	—	9.68	99.72
	4-1	48.13	1.93	1.28	6.87	20.42	0.14	—	0.18	9.85	1.45	—	9.65	99.90
	4-3	46.86	1.88	1.34	7.15	20.92	—	—	—	9.79	1.43	—	9.64	99.01
	4-4	47.18	1.87	1.32	7.15	20.95	—	—	0.21	9.68	1.31	—	9.80	99.47
	6-1	46.82	1.84	1.34	7.20	21.25	—	—	0.16	9.75	1.35	0.21	9.81	99.73
	6-2	47.75	1.96	1.34	7.13	21.06	—	—	—	9.77	1.23	—	9.94	100.18
	6-3	47.09	1.94	1.35	7.08	21.24	0.14	—	0.21	9.70	1.37	—	9.51	99.63
	6-4	46.78	1.82	1.34	7.19	21.10	0.18	—	—	9.74	1.27	—	9.84	99.26
	7-1	46.95	1.81	1.35	7.27	21.31	—	—	0.20	9.53	1.35	—	9.73	99.50
	7-2	47.07	1.86	1.39	7.02	20.99	—	—	—	9.73	1.38	—	9.82	99.26
	7-3	46.94	1.93	1.36	7.08	20.92	0.14	—	—	9.72	1.32	—	9.78	99.19
	7-4	47.14	1.91	1.36	7.06	21.16	0.14	—	—	9.79	1.39	0.21	9.61	99.77
	7-5	46.96	1.85	1.34	7.25	21.33	0.15	—	—	9.77	1.41	—	9.63	99.69
	7-6	47.11	1.77	1.33	7.17	21.09	—	—	—	9.71	1.43	0.23	9.75	99.59
	8-1	46.37	1.93	1.37	7.23	21.54	—	—	—	9.70	1.33	—	9.72	99.19
	8-2	47.10	1.83	1.41	7.23	21.18	0.15	—	—	9.61	1.37	—	9.79	99.67
	8-3	47.43	1.84	1.32	7.11	21.31	0.16	—	—	9.67	1.33	—	9.55	99.72
	8-4	47.78	1.87	1.35	7.20	21.12	—	—	—	9.64	1.37	—	9.60	99.93

续表

薄片编号	点	O	Na	Mg	Al	Si	S	Cl	K	Ca	Ti	Mn	Fe	总量
	8-6	47.17	1.93	1.38	7.09	21.43	0.16	—	—	9.74	1.39	—	9.72	100.01
	8-7	47.06	1.91	1.36	7.22	21.17	0.16	—	—	9.73	1.22	—	9.57	99.40
	8-8	47.41	1.85	1.37	7.18	21.20	—	—	—	9.64	1.43	—	9.71	99.79
	9-1	43.69	1.97	1.29	7.48	22.67	—	—	0.24	10.26	1.48	—	10.58	99.66
E11-S-3（19）	9-2	43.99	1.97	1.24	7.52	22.68	0.18	—	—	10.46	1.55	—	10.31	99.90
	9-3	43.49	1.86	1.28	7.45	22.60	0.15	—	0.19	10.46	1.61	—	10.46	99.55
	9-4	43.37	1.92	1.24	7.52	22.61	0.16	—	—	10.35	1.66	—	10.40	99.23
	9-5	44.23	1.86	1.30	7.53	22.77	0.15	—	—	10.42	1.53	—	10.08	99.87
	9-6	43.95	1.98	1.24	7.64	22.64	—	—	0.19	10.39	1.44	0.2	10.19	99.86

* 中国科学院海洋研究所测定；"—"表示未检测。

表 6-5 EPR 13°N 附近枕状玄武岩中玻璃轻微蚀变区的 EDS 分析结果*

（曾志刚等，2014）　　　　　　　　　　　　　　（单位：%）

薄片编号	点	O	Na	Mg	Al	Si	S	Cl	K	Ca	Ti	Mn	Fe	总量
	3-1	45.06	1.08	1.44	6.46	21.44	—	—	—	10.16	1.84	0.21	11.88	99.57
	3-2	44.49	1.56	1.19	7.06	21.94	0.15	—	—	9.70	1.58	0.22	12.04	99.93
	3-3	44.20	1.46	1.63	6.57	21.43	—	—	—	11.50	1.78	—	11.26	99.83
	3-4	43.12	1.33	1.48	7.22	22.86	0.16	—	0.20	10.17	1.79	—	11.53	99.86
	3-5	43.29	1.84	1.37	7.45	22.60	0.15	—	—	10.35	1.72	0.24	11.28	100.29
	4-2	45.48	1.27	1.35	6.80	20.81	0.20	—	0.16	10.15	1.77	—	11.17	99.16
	4-3	45.34	1.88	1.19	7.00	21.29	—	—	—	9.36	1.63	—	11.78	99.47
E11-S-3（17）	4-4	43.40	2.18	1.10	6.99	21.53	0.15	—	—	9.14	1.80	—	13.68	99.97
	4-6	42.24	1.89	1.27	7.06	21.90	—	—	—	9.62	1.98	—	13.65	99.61
	5-1	42.65	1.90	1.56	7.19	22.93	—	—	—	10.00	1.70	—	11.86	99.79
	5-2	42.75	1.95	1.46	7.17	22.72	—	—	—	10.53	1.72	—	11.49	99.79
	5-3	43.32	1.84	1.58	7.11	22.70	—	—	—	10.71	1.70	—	11.02	99.98
	7-1	46.82	1.81	1.24	7.06	21.38	—	—	—	10.20	1.22	—	10.10	99.83
	7-3	46.64	1.72	1.23	7.09	21.29	—	—	—	10.34	1.32	—	10.00	99.63
	1-2	44.45	1.83	1.42	7.13	22.01	—	—	—	10.42	1.57	0.21	10.56	99.60
E11-S-3（18）	4-1	46.62	1.11	1.20	7.08	21.42	—	—	0.26	9.80	1.62	—	10.41	99.52
	4-6	43.71	1.64	1.68	7.23	22.24	—	—	—	11.42	1.82	—	9.55	99.29

续表

薄片编号	点	O	Na	Mg	Al	Si	S	Cl	K	Ca	Ti	Mn	Fe	总量
	1-1	46.77	1.21	1.33	7.33	21.24	—		—	10.02	1.26	—	10.39	99.55
	1-4	47.62	1.08	1.24	7.23	21.16	0.15		0.24	9.88	1.45	—	10.03	100.08
	2-2	47.06	1.81	1.36	7.09	21.08	0.18		—	9.85	1.42	—	10.01	99.86
	2-4	46.33	1.78	1.51	6.3	21.04	0.15		0.17	9.84	1.39	—	10.78	99.29
	2-5	46.93	1.77	1.48	6.54	21.07	—		0.17	9.68	1.57	—	10.63	99.84
E11-S-3（19）	4-2	46.95	1.77	1.33	7.05	21.08	0.13		—	9.68	1.34	—	9.99	99.32
	5-1	46.63	1.19	1.39	7.26	21.41	—		0.20	10.07	1.30	—	10.29	99.74
	5-2	46.93	1.30	1.34	7.33	21.35	—		0.16	9.96	1.31	—	10.30	99.98
	5-3	46.60	1.19	1.24	7.27	21.14	0.14		0.18	9.83	1.25	—	10.26	99.10
	5-4	47.89	0.83	1.25	7.25	21.27	—		0.25	9.55	1.26	—	10.01	99.56
	8-5	46.98	1.66	1.37	7.19	21.4	—		0.25	9.10	1.33	0.21	9.76	99.25
V			86.14	42.48	16.30	9.79				23.91	48.99		37.83	

* 中国科学院海洋研究所测定；"—"表示未检测；V 是斜长石微斑晶中轻微蚀变区元素的变化率，$V = 100 \times (X_{max} - X_{min}) / X_{ave}$，$X_{max}$、$X_{min}$ 和 X_{ave} 是元素 X 的最大、最小和平均含量。

四、蚀变岩石中矿物组成的化学变化

海底热液活动在岩石圈和水圈之间进行物质和能量交换的过程中扮演着非常重要的角色，海底热液活动通常会产生富 Na-Ca-Cl 的热液流体，这种流体会捕获并迁移金属元素。在洋中脊，热液流体循环深度可达海底面以下 5km 处，且在高温条件下能与玄武岩、辉长岩以及超基性岩石"接触"（Hajash and Chandler，1981；Andrews and Fyfe，1976；Bonatti，1975）。

前人开展的海水-玄武岩相互作用的实验结果表明，相较于初始海水，反应后形成的流体中 Fe、Mn、Si 和 H 元素浓度升高，而 Mg 进入蚀变玄武岩中，使得其在流体中的浓度降低。同时，少量 Ni 和 Cu 也进入流体。此外，流体的 pH 变化受 Mg-OH-硅酸盐的形成影响。同时，海水-玄武岩相互作用实验的结果表明玄武质玻璃的 K、Rb 和 Sr 含量以及 $^{87}Sr/^{86}Sr$ 值会发生明显变化，且这些元素的变化与反应温度和流体与岩石比值有关（Ghiara et al.，1993；Hajash and Chandler，1981；Hajash and Archer，1980；Menzies and Seyfried，1979）。

（一）斜长石微斑晶蚀变期间的化学变化

通过观测发现 EPR 13°N 附近的枕状玄武岩中斜长石微斑晶在热液蚀变过程中存在 5 种类型的化学变化（图 6-11）。

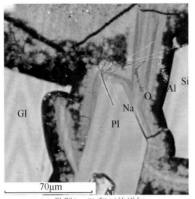

(a) 类型1：Si 和Al的增加—
降低—增加型变化

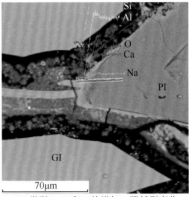

(b) 类型2：Si和Al的增加—降低型变化

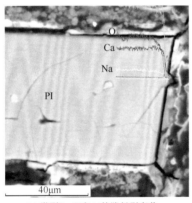

(c) 类型3：Si和Al的降低型变化

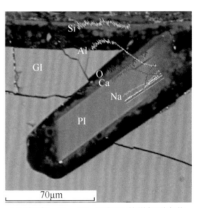

(d) 类型4：Fe、Ti、K和Mg的增加型变化

(e) 类型5：Fe的增加型变化

图 6-11　EPR 13°N 附近玄武岩中斜长石微斑晶边缘的化学变化（曾志刚等，2014）

Gl 为玄武岩质玻璃；Pl 为斜长石微斑晶

　　类型 1，在大约 4μm 的微区中，从内部到边缘，Si 和 Al 含量明显增加，而 Na 含量仅在斜长石微斑晶的边缘轻微增加。此外，在斜长石微斑晶边缘的最外侧，Fe 含量发生明显增加，Ti 含量则表现出轻微增加，而 Si、Al、Ca 和 Na 元素含量明显降低。在斜长

石微斑晶边缘的最外侧 6μm 左右的微区范围内，Si、Al、K 和 Mg 含量明显增加，Fe 含量略有降低后又增加。在斜长石微斑晶边缘 5μm 左右的微区范围内，Ti 含量减少。类型 2，在约 4μm 的微区范围内，从内部到边缘，Si 和 Al 含量表现出明显增加，而 Ca 含量略有增加。在一个 11μm 左右的微区范围内，其 Si、Al、Ca 和 Na 含量明显减少，而 Fe、Ti、K 和 Mg 元素含量逐渐增加。类型 3，在约 10μm 的微区范围内，其 Si、Al、Ca 和 Na 含量由内向外递减，而 Fe 含量先增加后减少。类型 4，在约 12μm 的微区范围内，从内部到边缘，Si、Al、Ca 和 Na 含量逐渐减少，而 Fe、Ti、K 和 Mg 含量则逐渐增加。类型 5，分布于梭形残余斜长石上，在 8μm 左右的微区范围内，由内向外，Si、Al 和 Ca 含量逐渐减少，Fe 含量在残余斜长石的边缘逐渐升高（曾志刚等，2014）。

在斜长石微斑晶与热液流体发生相互作用的过程中，Si、Al、Na 和 Ca 元素由斜长石内部向外迁移。若两者相互作用的程度较低，Si、Al、Ca 和 Na 将会在斜长石微斑晶的边缘聚集。若两者相互作用的程度较高，Si、Al、Ca 和 Na 的含量由内向外逐渐减少，且在斜长石微斑晶的边缘 Fe、Ti、K 和 Mg 的含量将逐渐增加。这与前人报道的斜长石中 Ca、Si 和 Na 元素在大西洋洋中脊玄武岩热液蚀变过程中的行为是类似的（Gillis and Thompson，1993；Humphris and Thompson，1978a）。

（二）玄武质玻璃蚀变期间的化学变化

实验结果表明，EPR 13°N 附近的枕状玄武岩边缘的玄武质玻璃在热液蚀变过程中可以观察到 4 种类型的化学变化（图 6-12）。

类型 1，在 5μm 左右的微区范围内，其 Ca 和 Na 含量由内部向外缘逐渐降低，而 Fe、Si 和 Al 含量在玄武质玻璃边缘则未发生明显变化。类型 2，在 5μm 左右的微区范围内，其 Si、Al 和 Na 含量由内向外先升高后降低，且在玄武质玻璃的边缘 Fe 和 Ca 含量降低。类型 3，在 5μm 左右的微区范围内，Si、Al、Na、Ca 和 Fe 含量在玄武质玻璃的边缘由内向外先降低后升高。类型 4，在 8μm 左右的微区范围内，玄武质玻璃边缘的 Si、Al 和 Na 含量由内向外表现出先降低之后又增加的变化特征，而 Ca 和 Fe 含量则逐渐降低（曾志刚等，2014）。

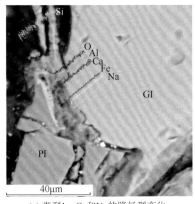
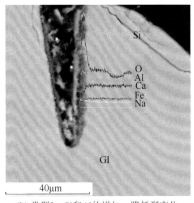

(a) 类型1：Ca和Na的降低型变化　　　　(b) 类型2：Si和Al的增加—降低型变化

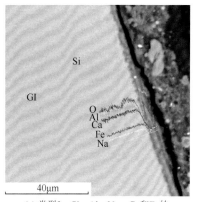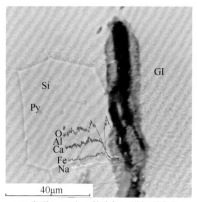

(c) 类型3：Si、Al、Na、Ca和Fe的
降低—增加型变化

(d) 类型4：Si和Al的降低—增加型变化

图 6-12　EPR 13°N 附近玄武质玻璃边缘的化学变化（曾志刚等，2014）

Gl 为玄武质玻璃；Pl 为斜长石微斑晶；Py 为辉石

在玄武质玻璃与热液流体发生相互作用的过程中，其 Si、Al、Na 和 Ca 元素由内向外迁移。若两者相互作用的程度较低，在玄武质玻璃边缘 Ca 和 Na 含量将降低。若两者相互作用的程度较强，在玄武质玻璃边缘 Si 和 Al 含量将逐渐降低（曾志刚等，2014）。该现象与前人的流体-玄武岩相互作用实验所得到的认识基本一致（Ghiara et al.，1993；Seyfried and Mottl，1982；Hajash and Chandler，1981；Hajash and Archer，1980；Mottl and Holland，1978）。

（三）元素富集因子

可通过式（6-1）来计算富集因子，以便有效评估热液蚀变期间化学元素的交换：

$$R_x = (A_x / A_{Al}) / (F_x / F_{Al}) \qquad (6-1)$$

式中，R_x 代表元素 x 的富集因子；A_x 代表斜长石微斑晶或玄武质玻璃的轻微蚀变区中元素 x 的含量；A_{Al} 代表斜长石微斑晶或玄武质玻璃的轻微蚀变区中 Al 的含量；F_x 代表斜长石微斑晶或玄武质玻璃的新鲜区中元素 x 的平均含量；F_{Al} 代表斜长石微斑晶或玄武质玻璃的新鲜区中 Al 的平均含量。相较于 Si、Ca、Fe 和 Ti 等元素，Al 在长石微斑晶和玄武质玻璃新鲜区的含量变化较小，因此选择 Al 进行富集因子计算（曾志刚等，2014）。

图 6-13 展示了斜长石微斑晶和玄武质玻璃边缘轻微蚀变区的元素平均富集因子，直观地表现出在热液蚀变过程中元素的富集或亏损状况。斜长石微斑晶的轻微蚀变区与新鲜区具有基本相同的 Na 和 Ca 含量，同时，轻微蚀变区相对富集 Fe、Si 和 Mg 等元素 [图 6-13（a）]。与此相反，在玄武质玻璃的轻微蚀变区，热液蚀变作用引起的化学变化非常明显 [图 6-13（b）]，表现为明显富集 Fe、Si、Ca、Mg、K、S 和 Ti 元素（曾志刚等，2014）。

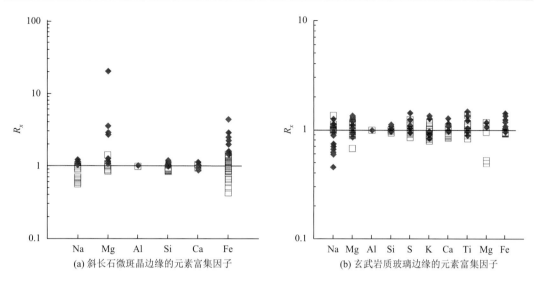

图6-13　EPR 13°N附近玄武岩中斜长石微斑晶边缘的元素富集因子和玄武质玻璃边缘的元素富集
因子（曾志刚等，2014）

（a）中◆是斜长石微斑晶轻微蚀变区中元素的R_x，□是斜长石微斑晶新鲜区中元素的R_x；（b）中◆是玄武质玻璃轻微蚀变区
中元素的R_x，□是玄武质玻璃新鲜区中元素的R_x。R_x值<1显示亏损，
>1显示富集，R_x是元素x的富集因子

上述研究说明，在热液流体和斜长石微斑晶发生相互作用过程中，Si、Al和Ca元素通常会从斜长石微斑晶中迁移出去，而Fe、Mg和Na元素则通常聚集在斜长石微斑晶的边缘。在斜长石微斑晶的边缘，Si含量的变化大于10%，Ca含量的变化在34%左右，Fe含量的变化则大于100%（表6-3）。此外，在热液流体与玄武质玻璃相互作用的过程中，Si、Al和Na元素通常会从玄武质玻璃中向外扩散，而Fe、Mg和Ti元素则会聚集在玄武质玻璃的边缘。同时，各元素在玄武质玻璃边缘处的含量变化各有差异（Si含量的变化在10%左右，Ca含量的变化在24%左右，Fe和Mg含量的变化在40%左右）（表6-5）（曾志刚等，2014）。

综上所述，新鲜斜长石和玄武质玻璃的Si、Al、Ca和Na含量都高于热液流体和海水。因此，在热液流体与斜长石和/或玄武质玻璃相互作用的过程中，Si、Al、Ca和Na元素能够从斜长石和/或玄武质玻璃中迁移出去。此外，在斜长石微斑晶和玄武质玻璃的边缘微区中分别观测到5种和4种类型的化学变化。若热液流体与斜长石微斑晶和/或玄武质玻璃之间发生较低程度的相互作用，可以推测Si、Al、Ca和Na元素将在斜长石微斑晶和玄武质玻璃的外边缘富集。若热液流体与斜长石微斑晶和/或玄武质玻璃之间发生较高程度的相互作用，可以推测在斜长石微斑晶和玄武质玻璃的边缘，Si、Al、Ca和Na含量将显示出明显降低的特征。由于热液流体和斜长石微斑晶和/或玄武质玻璃之间相互作用，Fe、Ti、K和Mg含量在轻微蚀变的斜长石微斑晶和/或玄武质玻璃边缘明显增加。在斜长石微斑晶和玄武质玻璃各自发生蚀变的过程中，观察到在轻微蚀变的斜长石微斑晶和玄武质玻璃边缘外侧Fe和Mg元素发生明显富集，且Si、Al、Ca、Mg和Fe元素在玄武质玻璃边缘的变化程度明显小于斜长石微斑晶。此外，基于斜长石微斑晶和玄武质玻璃边缘的化学变化，可以进一步估算出在热液流体与海底枕状玄武岩相互作用的过程中，斜长石微斑晶边缘和玄武质玻璃边缘中 Si 含量的变化率分别达 10.69% 和 9.79%，Al 含量的变化率分别达 17.59% 和 16.30%，Fe 含量的变化率分别达 109% 和 37.83%。上述工作为学术界加深关于基底岩石在洋中脊热液活动期间蚀变过程和化学交换过程的认识提供了新的依据，同时也有助于学术界对全球洋壳蚀变过程整体的地球化学平衡状况进行评估（曾志刚等，2014）。

参 考 文 献

曾志刚, 齐海燕, 陈帅, 等. 2014. 东太平洋海隆 13°N 附近枕状玄武岩中斜长石微斑晶和玻璃边缘的热液蚀变: SEM 和 EDS 研究. 中国科学:地球科学, 44: 1901～1912.

Alt J C. 1992. Igneous petrology and alteration//Becker K, Foss G. Shipboard Scientific Party. Proceedings of the Ocean Drilling Program, Initial Reports: College Station, TX (Ocean Drilling Program), 137: 24～29.

Alt J C, Honnorez J, Laverne C, et al. 1986. Hydrothermal alteration of a 1 km section through the upper oceanic crust, deep sea drilling project hole 504B: Mineralogy, chemistry, and evolution of seawater-basalt interactions. Journal of Geophysical Research: Solid Earth, 91 (B10): 10309～10335.

Alt J C, Laverne C, Muehlenbachs K. 1985. Alteration of the upper oceanic crust: Mineralogy and processes in Deep Sea Drilling Project Hole 504B, leg83. Deep Sea Drilling Project, Initial Reports, 83: 217～247.

Alt J C, Laverne C, Vanko D A, et al. 1996a. Hydrothermal alteration of a section of upper oceanic crust in the eastern equatorial Pacific: A synthesis of results from Site 504 (DSDP Legs69, 70 and 83, and ODP Legs 111, 137, 140 and 148). Proceedings of the Ocean Drilling Program, Scientific Results, 148: 417～434.

Alt J C, Teagle D A H, Laverne C, et al. 1996b. Ridge flank alteration of upper ocean crust in the eastern Pacific: A synthesis of results for volcanic rocks of Holes 504B and 896A. Proceedings of the Ocean Drilling Program, Scientific Results, 148: 435～450.

Anderson R N, Alt J C, Malpas J. 1989. Geochemical well logs and the determination of integrated chemical fluxes in Hole504B, eastern equatorial Pacific. Proceedings of the Ocean Drilling Program, Scientific Results, 111: 119～132.

Anderson R N, Honnorez J, Becker K, et al. 1982. DSDP Hole 504B, the first reference section over 1 km through Layer 2 of the oceanic crust. Nature, 300 (5893): 589～594.

Andrews A J, Fyfe W S. 1976. Metamorphism and massive sulphide generation in ocean crust. Geoscience Canada, 3 (2): 84～94.

Bischoff J L, Dickson F W. 1975. Seawater-basalt interaction at 200℃ and 500 bars: Implications for origin of sea-floor heavy metal deposits andregulation of seawater chemistry. Earth and Planetary Science Letters, 25 (3): 385～397.

Bonatti E. 1975. Metallogenesis at oceanic spreading centers. Annual Review of Earth and Planetary Sciences, 3 (1): 401～431.

Bowers T S, Campbell A C, Measures C I, et al. 1988. Chemical controls on the composition of vent fluids at 13°N-11°N and 21°N, East Pacific Rise. Journal of Geophysical Research: Solid Earth, 93 (B5): 4522～4536.

Dill H G, Gauert C, Holler G, et al. 1992. Hydrothermalalteration and mineralization of basalts from the spreading zone of the East Pacific Rise (7°S-23°S). Geologische Rundschau, 81 (3): 717～728.

Edmond J M, Measure C I, McDuff R E, et al. 1979. Ridge crest hydrothermal activity and the balances of the major and minor elements in the ocean: The Galapagos data. Earth and Planetary Science Letters, 46 (1): 1～18.

Edmond J M, Von Damm K L, McDuff R E, et al. 1982. Chemistry of hot springs on the East Pacific Rise and their effluent dispersal. Nature, 297 (5863): 187～191.

Elderfield H, Schultz A.1996. Mid-ocean ridge hydrothermal fluxes and the chemical composition of the ocean. Annual Review of Earth and Planetary Sciences, 24 (1): 191～224.

Emmermann R. 1984. Basement Geochemistry, Hole 504B. Deep Sea Drilling Project, Initial Reports, 83: 183～199.

Fouquet Y, Auclair G, Cambon P, et al. 1988. Geological setting and mineralogical and geochemical investigations on sulfide deposits near 13°N on the East Pacific Rise. Marine Geology, 84 (3): 145～178.

Ghiara M R，Franco E，Petti C，et al. 1993. Hydrothermal interaction between basaltic glass，deionized water and seawater. Chemical Geology，104（1~4）：125~138.

Gillis K M，Thompson G. 1993. Metabasalts from the Mid-Atlantic Ridge：New insights into hydrothermal systems in slow-spreading crust. Contributions to Mineralogy and Petrology，113（4）：502~523.

Hajash A. 1975. Hydrothermal processes along mid-ocean ridges：An experimental investigation. Contributions to Mineralogy and Petrology，53（3）：205~226.

Hajash A，Archer P. 1980. Experimental seawater/basalt interactions：Effects of cooling. Contributions to Mineralogy and Petrology，75（1）：1~13.

Hajash A，Chandler G W. 1981. An experimental investigation of high-temperature interactions between seawater and rhyolite，andesite，basalt and peridotite. Contributions to Mineralogy and Petrology，78（3）：240~254.

Hart S R，Staudigel H. 1982. The control of alkalies and uranium insea water by ocean crust alteration. Earth and Planetary Science Letters，58（2）：202~212.

Hékinian R，Francheteau J，Renard V，et al. 1983. Intense hydrothermal activity at the axis of the East Pacific Rise near 13°N：Submersible witnesses the growth of a sulfide chimney. Marine Geophysical Research，6（1）：1~14.

Hofmann A W，White W M. 1982. Mantle plumes from ancientoceanic crust. Earth and Planetary Science Letters，57（2）：421~436.

Howard K J，Fisk M R. 1988. Hydrothermal alumina-rich clays and boehmite on the Gorda Ridge. Geochimica et Cosmochimica Acta，52（9）：2269~2279.

Humphris S E，Thompson G. 1978a. Hydrothermal alteration of oceanic basalts by seawater. Geochimica et Cosmochimica Acta，42（1）：107~125.

Humphris S E，Thompson G. 1978b. Trace element mobility during hydrothermal alteration of oceanic basalts. Geochimica et Cosmochimica Acta，42（1）：127~136.

Ishikawa T，Nakamura E. 1994. Origin of the slab component in arc lavas from across-arc variation of B and Pb isotopes. Nature，370（6486）：205~208.

Kelley K A，Plank T，Ludden J，et al. 2003. Compositionof altered oceanic crust at ODP Sites 801 and 1149. Geochemistry，Geophysics，Geosystems，4（6）：8910.

Lackschewitz K S，Devey C W，Stoffers P，et al. 2004. Mineralogical，geochemical and isotopic characteristics of hydrothermal alteration processes in the active，submarine，felsic-hosted PACMANUS field，Manus Basin，Papua New Guinea. Geochimica et Cosmochimica Acta，68（21）：4405~4427.

Laverne C，Agrinier P，Hermitte D，et al. 2001. Chemical fluxes during hydrothermal alteration of a 1200-m long section of dikes in the oceanic crust，DSDP/ODP Hole 504B. Chemical Geology，181（1~4）：73~98.

Manheim F T，Lane-Bostwick C M. 1988. Cobalt in ferromanganese crusts as a monitor of hydrothermal discharge on the Pacific seafloor. Nature，335：59~62.

Menzies M，Seyfried W E Jr. 1979. Basalt-seawater interaction trace element and strontium isotopic variations in experimentally altered glassy basalt. Earth and Planetary Science Letters，44（3）：463~472.

Michard G，Albarede F，Michard A，et al. 1984. Chemistry of solutions from the 13°N East Pacific Rise hydrothermal site. Earth and Planetary Science Letters，67（3）：297~307.

Mottl M J，Holland H D. 1978. Chemical exchange during by hydrothermal alteration of basalt by seawater-I. Experimental results for major and minor components of seawater. Geochimica et Cosmochimica Acta，42（8）：1103~1115.

Mottl M J，Holland H D，Corr R F. 1979. Chemical exchange during hydrothermal alteration of basalt by seawater-II. Experimental results for Fe，Mn，and sulfur species. Geochimica et Cosmochimica Acta，43（6）：869~884.

Nakamura K，Kato Y，Tamaki K，et al. 2007. Geochemistry of hydrothermally altered basaltic rocks from the Southwest Indian Ridge near the Rodriguez Triple Junction. Marine Geology，239（3）：125~141.

Palmer M R，Edmond J M. 1989. The strontium budget of the modern ocean. Earth and Planetary Science Letters，92：11~26.

Porter S，Vanko D A，Ghazi A M. 2000. Major and trace element compositions of secondary clays in basalts altered at low temperature, eastern flank of the Juan de Fuca Ridge. Proceedings of the Ocean Drilling Program, Scientific Results, 168: 149～157.

Rehkämper M, Hofmann A W. 1997. Recycled ocean crust and sediment in Indian Ocean MORB. Earth and Planetary Science Letters, 147 (1): 93～106.

Schramm B, Devey C W, Gillis K M, et al. 2005. Quantitative assessment of chemical and mineralogical changes due to progressive low-temperature alteration of East Pacific Rise basalts from 0 to 9 Ma. Chemical Geology, 218 (3): 281～313.

Seyfried W E Jr, Berndt M E, Seewald J S. 1988. Hydrothermal alteration processes at mid-ocean ridges: Constraints from diabase alteration experiments, hot-spring fluids and composition of the oceanic crust. The Canadian Mineralogist, 26 (3): 787～804.

Seyfried W E Jr, Birschoff J L. 1979. Low temperature basalt alteration by seawater: An experimental study at 70℃ and 150℃. Geochimica et Cosmochimica Acta, 43 (12): 1937～1947.

Seyfried W E Jr, Birschoff J L. 1981. Experimental seawater-basalt interaction at 300℃, 500 bars: Chemical exchange, secondary mineral formation and implications for the transport of heavy metals. Geochimica et Cosmochimica Acta, 45 (2): 135～149.

Seyfried W E Jr, Mottl M J.1982. Hydrothermal alteration of basalt by seawater under seawater-dominated conditions. Geochimica et Cosmochimica Acta, 46 (6): 985～1002.

Spivack A J, Staudigel H. 1994. Low-temperature alteration of the upper oceanic crust and the alkalinity budget of seawater. Chemical Geology, 115 (3～4): 239～247.

Staudigel H, Davies G R, Hart S R, et al. 1995. Large scale Sr, Nd and O isotopic anatomy of altered oceanic crust: DSDP sites 417/418. Earth and Planetary Science Letters, 130 (1～4): 169～185.

Staudigel H, Muehlenbachs K, Richardson S H, et al. 1981. Agents of low temperature ocean crust alteration. Contributions to Mineralogy and Petrology, 77 (2): 105～157.

Von Damm K L, Edmond J M, Grant B, et al. 1985a. Chemistry of submarine hydrothermal solutions at 21°N, East Pacific Rise. Geochimica et Cosmochimica Acta, 49 (11): 2197～2220.

Von Damm K L, Edmond J M, Measures C I, et al. 1985b. Chemistry of submarine hydrothermal solutions at Guaymas Basin, Gulf of California. Geochimica et Cosmochimica Acta, 49 (11): 2221～2237.

Wang X Y, Zeng Z G, Qi H Y, et al. 2014. Fe-Si-Mn-oxyhydroxide encrustations on basalts at East Pacific Rise near 13° N: An SEM-EDS study. Journal of Ocean University of China, 13 (6): 917～925.

Wetzel L R, Raffensperger J P, Shock E L. 2001. Predictions of hydrothermal alteration within near-ridge oceanic crust from coordinated geochemical and fluid flow models. Journal of Volcanology and Geothermal Research, 110 (3): 319～342.

Wolery T J, Sleep N H. 1976. Hydrothermal circulation and geochemical flux at mid-ocean ridges. The Journal of Geology, 84 (3): 249～275.

第七章　东太平洋海隆热液活动的沉积记录

含金属沉积物（又称多金属软泥）是指由海底热液作用形成的富含 Fe、Mn、Cu 和 Zn 等元素且尚未固结成岩的沉积物，一般分布在洋中脊轴部或翼部、弧后盆地、裂谷海渊等区域的热液活动区及其邻域。其作为一种典型的海底热液产物，在成因上包括热液柱物质沉降、热液-沉积物相互作用以及热卤水作用等多种类型。由于含金属沉积物中含有来自热液流体和/或热液柱、热卤水的物质，记录了热液活动的信息。因此，与正常沉积物相比更富集 Fe、Mn 及其他微量元素，而相对亏损 Al 和 Ti 元素。此外，热液物质沉积的时间及沉积位置距热液喷口的位置不同，导致不同区域的含金属沉积物在沉积厚度上通常表现出显著的差异。一般来说，在热液喷口较远处及地势低洼区堆积的含金属沉积物层更厚。因此，含金属沉积物的厚度变化在一定程度上可以反映地形地貌的变化，其物理、化学性质则可以反映热液活动的强度、周期等信息。

在红海，热卤水沿裂谷轴部低洼处逸出海底，形成热卤水体及其底部的含金属沉积物，同时沉淀闪锌矿、黄铁矿和黄铜矿等硫化物矿物。截至 2000 年，国内外研究者在红海陆续发现了 24 个热卤水体及含金属沉积物分布区，主要分布在中央裂谷北段转换断层与裂谷的交切部位。在海渊底部分布的含金属沉积物，岩性主要由砖红色软泥与白色、黑色、绿色薄层沉积物相间构成，主要矿物类型为细粒的 Fe-蒙皂石、针铁矿、水锰矿、锰菱铁矿以及各种硫化物矿物。以阿特兰蒂斯-Ⅱ号海渊为例，在 2000m 水深处，高温（达 60℃）、高盐度（达 250）的卤水体厚达 200m，并富含 Fe（29%）、Zn（1.5%）、Cu（0.8%）、Pb（0.1%）、Ag（54μg·g^{-1}）、Au（0.5μg·g^{-1}）等有经济价值的元素，其 Fe、Zn 和 Cu 含量分别为正常海水的 8000 倍、500 倍和 100 倍，仅 40km^2 的含金属沉积物分布区就蕴藏着 9.40×10^{7}t 的多金属矿产资源（包括约 4000t Ag 和 50t Au）（李粹中，1994）。学术界对红海热卤水成因的普遍认识是海水发生蒸发浓缩后形成的，但部分学者认为热卤水可能来自地下，这些高温热卤水（达 100℃以上）通常会将盐类和金属元素从周围的蒸发岩和玄武岩中交代出来。此外，在红海，含金属沉积物形成的必要条件之一是有利于蒸发岩形成的高温干燥气候环境，且热卤水的形成受红海在大陆背景下所经历的海底扩张过程控制（佐藤壮郎等，1975）。采矿试验已证明，人类可以成功从红海的 2000m 水深处开采含金属沉积物。目前估算的全球含金属沉积物的分布面积约为 1.0×10^{8}km^2。此外，推测含金属沉积物正以 1.25m·ka^{-1} 的速率积累，这意味着，全球每年含金属沉积物中的 Cu 会净增 5×10^{4}t（莫杰，2000）。

目前，国际上已对全球洋中脊和西太平洋弧后盆地热液区附近的含金属沉积物进行了诸多探讨，研究内容主要集中在含金属沉积物的矿物组成、地球化学特征以及年代学特征等方面，通过探讨热液区附近含金属沉积物中化学元素的富集特征等，进而对热液区附近含金属沉积物中元素的地球化学行为有了一定的认识（Gurvich，2006；Boström and

Peterson，1966；Skornyakova，1965）。例如，Rona（1984）估算仅有 5%由海底热液活动所释放的热液物质会进入热液区中的硫化物堆积体中，而其余 95%则被释放到周围海水或者在沉积物中埋藏下来。此外，有学者推测在热液活动的初期，热液产物堆积体中的热液物质不足 5%，而在成熟期可达 50%，在末期通常超过 90%，研究发现在热液区之外沉降的含金属沉积物与在热液喷口附近堆积的硫化物在形成演化过程中联系密切。因此可以利用含金属沉积物中热液物质的沉积速率来推测区域热液活动的剧烈程度，根据含金属沉积物的组成推测热液流体的物质成分。与热液活动相关的物质，其沉积速率不但可以反映热液活动的存在和强度，还可以推测热液喷口的位置。此外，柱样中的含金属沉积物还可以用来推测热液活动的演化历史、揭示与之相关的矿物成因，寻找热液产物堆积体的分布位置等方面。含金属沉积物既是热液活动事件变化序列的记录者，又是热液活动的强弱和时空变化以及与之相关联的热液产物沉积过程的记录者（Gurvich，2006）。不仅如此，在 20 世纪 90 年代，国内学者也曾对含金属沉积物开展过相关的研究，如对取自 EPR 13°N 轴部东翼的两根沉积物岩心进行了较为系统的矿物学和地球化学研究，并揭示了其矿物组成和地球化学特征，探讨了热液活动对距海隆不同距离海底沉积作用的影响（薛发玉和翟世奎，2005；陈志华，1997）。在 2003 年 9～11 月，我国海洋工作者在由中国大洋协会组织的 DY105-12、14 航次中首次执行了 EPR 海域热液硫化物调查航段（第六航段），在 EPR 13°N 附近两翼获取了两个站位的沉积物样品。殷学博（2005）测定了 EPR 13°N 西翼 E271 和 E272 两个沉积物柱样的粒度组成、并进行了矿物组成和铀系年代学研究，认为两站位的沉积物的物源具有多样性，以生物源和火山源为主，还有部分热液产物的贡献。袁春伟（2007）测定了这两根沉积物岩心的碳酸盐含量和 Fe、Mn 元素组成，认为这两个站位的沉积物中生物成因碳酸盐含量较少，且 Fe、Mn 含量表明其可能受到热液活动的影响（李康，2009）。在此基础上，进一步测定了 E271 沉积物样品的主量和微量元素组成，发现其具有高 Fe、Mn 含量，低 Ti、Al 含量的特征，计算得到 Al/(Al + Fe + Mn)＜0.3、Fe/(Al + Fe + Mn)＞0.5、(Fe + Mn)/Al＞2.5，且所有沉积物样品在(Co + Ni + Cu)×10-Fe-Mn 三角图中均落在热液区域，化学组成明显受热液活动影响。

迄今为止，国内外学者已针对含金属沉积物开展了多方面的研究工作，特别是在 60 年代末期到 80 年代中期掀起了对含金属沉积物研究的热潮，并取得了大量的研究成果。然而，近些年含金属沉积物研究相关的报道相对缺乏，且研究内容主要集中在热液区附近含金属沉积物的矿物组成和地球化学特征等方面，尚不清楚含金属沉积物中元素的赋存形式以及各种物源对含金属沉积物中元素的相对贡献差异（李康，2009）。据此，本章将在前人工作的基础上，进一步阐述含金属沉积物的物理性质、矿物组成和地球化学特征，对其元素赋存状态、物质来源及黏土矿物的成因展开探讨，为更加深入地揭示 EPR 含金属沉积物的形成过程提供研究基础。

第一节　含金属沉积物的分布

含金属沉积物广泛分布于各大洋中，通常以热液活动区为中心，呈辐射状分布于其邻近区域。其中，在太平洋分布最广泛且厚度最大，印度洋和大西洋次之，北冰洋最少

（Gurvich，2006）（图 7-1）。太平洋的含金属沉积物主要分布在 EPR 区域，特别是南东太平洋海隆海域。

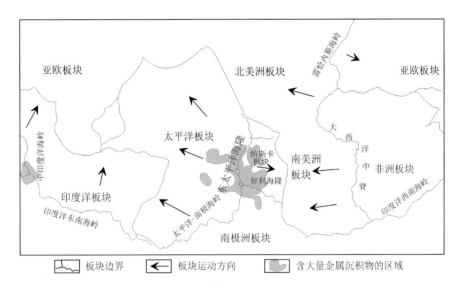

图 7-1　含金属沉积物在东太平洋的分布（Gurvich，2006；Kennett，1982）

一、胡安·德富卡洋脊

胡安·德富卡洋脊（Juan de Fuca Ridge）位于 EPR 以北，是太平洋板块与胡安·德富卡板块的分界线。该洋脊的全扩张速率约 58m·ka^{-1}，为中速扩张洋脊（Sharma et al.，2000）。胡安·德富卡洋脊的海底热液活动出露于南部的轴部裂谷，中部轴部海山的破火山口，以及北部 Endeavour 洋脊段的轴部裂谷（Morton et al.，1987）。

在该洋中脊区域，含金属沉积物仅出现在活动的高温热液喷口区附近。例如，在轴部海山及其以西 50～60km 海区覆盖的薄层含金属沉积物（Bogdanov et al.，1989；Malahoff et al.，1984；McMurtry et al.，1984），胡安·德富卡洋脊南段轴部以外 16km 处分布的含金属沉积物（Olivarez and Owen，1989；Massoth et al.，1984），以及胡安·德富卡洋脊北部 Explorer 洋脊附近零星分布的含金属沉积物（German et al.，1997；Grill et al.，1981）。

二、EPR 9°N～14°N

EPR 9°N～14°N 的轴部地堑宽为 2～10km，深为 20～50m，该地堑中分布着大量活动的和不活动的高温热液喷口和黑烟囱，地堑上发育一系列断层，存在大量硫化物丘状体和崩塌的硫化物堆积体，在离轴区的高地上，也分布着活动的热液喷口和硫化物丘状体（Davydov et al.，2002；Krasnov et al.，1992；Cherkashev，1990），其轴部洋壳年龄较小，沉积物厚度较薄，只在一些凹陷区域有沉积物分布，而东西两翼地区则覆盖着含金属沉积物。该含金属沉积物的沉积速率为 3～10mm·ka^{-1}，这一速率小于南东太平洋海隆。此外，20 世纪 80 年代中期，俄罗斯科学家也在 EPR 9°N～14°N 发现了面积约 $2 \times 10^5 km^2$ 的含金属沉积物分布区（Gurvich，2006）。总体上，EPR 9°N～14°N 的含金属沉积物，其分布面积明显小于南东太平洋海隆（图 7-1）。

EPR 9°N～14°N 的含金属沉积物在洋中脊轴部以东约 300km 和以西约 200km 的两翼范围内，呈不对称分布，其中三分之二的含金属沉积物分布区位于洋中脊东翼，三分之一位于西翼（Gurvich，2006）。在 EPR 9°N～14°N，该海域的洋流为北赤道流，属北太平洋环流系统。在低纬度地区，长期盛行着东北信风，由此而产生的海流，受地转偏向力的影响，在 10°N～20°N 形成自东向西流动的太平洋北赤道流，从美国加利福尼亚州沿海一侧流向菲律宾，横贯太平洋。该海流的宽度约为 2000km，厚度约为 200m，流速为 $0.5 \text{m} \cdot \text{s}^{-1}$ 左右。研究表明，EPR 的热液喷出物会由于浓度梯度以及流场的机械输运作用而发生分散，且后一种方式起主要作用（Edmond et al.，1982）。不仅如此，在 EPR 控制热液物质扩散运移方向的是中层流，且在 EPR 0°N～20°N，中层环流的运移方向是自西向东。因此热液柱的形状应该是一个偏向东部的不对称的羽状流。区域内底流方向为近东向（Lonsdale，1976），其对沉积物分布影响很大，致使洋脊东翼含金属沉积物的面积为西翼的两倍。此外，EPR 轴部地段的沉积速率更高，原因是碎屑物质与热液物质的额外加入，致使该区域出现的碳酸盐和非钙质粉砂质黏土以及黏土沉积物的含量低，且黏土矿物、含铁黏土聚合体、有孔虫、Fe-蒙皂石以及石英是这些沉积物的主要成分。海隆轴部的沉积物富含玄武岩屑，其生物硅物质可以忽略，表层沉积物处于氧化状态，且 EPR 东翼的次表层沉积物处于还原状态，西翼的次表层沉积物则处于氧化状态（Gurvich，2006）。

在 EPR 12°50′N 附近，含金属沉积物中生物碎屑的组分主要是 $CaCO_3$，除了洋脊轴部外，在 EPR 西翼以及洋底的隆起区，其含金属沉积物中 $CaCO_3$ 含量比东翼更高（图 7-2）。此外，轴部区域的含金属沉积物因碎屑物质的贡献明显而使其岩石成分所占比重增大，且由于基岩暴露，碎屑物质在 EPR 12°50′N 西翼的含金属沉积物中也有发现。在临近轴部的

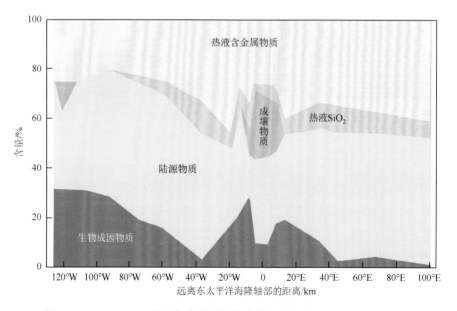

图 7-2　EPR 12°50′N 表层含金属沉积物中的主要组分（Gurvich，2006）

翼部区域，含金属沉积物中碎屑物质较少，且岩石组分很低，热液物质最多。不仅如此，底流的方向是东向（Lonsdale，1976），致使在轴部东翼的含金属沉积物中热液物质的含量更高，并使次表层中的 Mn 在表层含金属沉积物中重新分布富集。此外，Davydov 等（2002）认为，洋脊东翼含金属沉积物中富集热液物质的原因是远轴的热液活动。

三、南东太平洋海隆

南东太平洋海隆（South East Pacific Rise，SEPR）是全球海洋中含金属沉积物分布最广泛的地区。含金属沉积物主要分布在 EPR 0°S～45°S，洋中脊轴部的东西两翼 $1 \times 10^{7} km^{2}$ 的范围内（Gurvich，2006），且含金属沉积物的平均宽度为 2000km，最大宽度约 3500km。此外，含金属沉积物除在洋中脊轴部新鲜玄武岩洋壳出露的地段鲜有分布外，其在其他区域均有分布。SEPR 的含金属沉积物之所以如此丰富，是因为该洋脊段的海底热液活动极为强烈，热液活动的物质输出量较大，且起稀释作用的正常沉积物的沉积通量较低。同时，在含金属沉积物分布区内的沉积物中，代表正常沉积物的 Al 的堆积速率不超过 $10 mg \cdot cm^{-2} \cdot ka^{-1}$，平均值为 $1.75 mg \cdot cm^{-2} \cdot ka^{-1}$，而太平洋深海区中正常沉积物中 Al 的堆积速率则为 $25.89 mg \cdot cm^{-2} \cdot ka^{-1}$。

SEPR 的含金属沉积物分布不均一，沉积速率的变化范围大（从 $1 mm \cdot ka^{-1}$ 到大于 $25 mm \cdot ka^{-1}$）（Gurvich，2006），且在海床被抬高的地区，具大量生物成因含碳物质的堆积，这致使沉积物的沉积速率较高（Gurvich，2006）。在 EPR 10°S～25°S 的轴部地区，其洋中脊扩张速率最大（Minster and Jordan，1978；Rea，1978；Rea and Blakely，1975），含金属沉积物中热液物质堆积速率最高，沉积物的沉积速率也最大（从 $10 mm \cdot ka^{-1}$ 到大于 $25 mm \cdot ka^{-1}$）。不仅如此，SEPR 含金属沉积物中非生物成因组分的堆积速率为 3～6000 $mg \cdot cm^{-2} \cdot ka^{-1}$，平均值为 $20 mg \cdot cm^{-2} \cdot ka^{-1}$，且 EPR 含金属沉积物的堆积速率在洋中脊的轴部地区要大于翼部（Gurvich，2006）。在 EPR 轴部地区，其 10°S～25°S 洋脊段的含金属沉积物，具最大的堆积速率（>100 $mg \cdot cm^{-2} \cdot ka^{-1}$），且 EPR 20°30'S～22°S 的含金属沉积物，其平均堆积速率为 $180 mg \cdot cm^{-2} \cdot ka^{-1}$（Dekov，1994）。此外，EPR 东翼的 Bauer Deep 处于构造凹陷之中，Heath 和 Dymond（1977）研究认为 Bauer Deep 的含金属沉积物，其热液组分来自 EPR，Cole（1985）也同意这一观点；而 McMurtry 和 Burnett（1975）则提出含金属沉积物中的热液物质来源于 Bauer Deep 内部，但是截至 1985 年，尚未在 Bauer Deep 发现活动的或不活动的热液喷口。此外，在加拉帕戈斯海区，除西部加拉帕戈斯三联点附近可见含金属沉积物外，在东部的加拉帕戈斯裂谷（Galápagos Rift）中，其沉积物中含有大量来自中南美洲的碎屑物质和周围的火山碎屑物，且沉积物中热液来源物质含量少，表明该海区相对缺乏含金属沉积物。

第二节　样品采集及其特征

2003 年，在我国首次海底热液硫化物调查航段中，通过电视抓斗、柱状取样器、箱式取样器在 EPR 13°N 附近采集到大量珍贵的沉积物样品，并对该区的地质概况以及沉积特征有了初步的认识。随后，依托 2005 年的环球航次，又在 EPR 赤道附近使用电视抓斗获取了表层沉积物样品（李康，2009）。

EPR 海底热液活动频繁，热液柱中物质沉降是该区含金属沉积物形成的重要原因之一；热液柱在迁移过程中，其颗粒物在重力、底流、海水物理化学条件等因素的综合影响下，最终在凹陷区沉积形成含金属沉积物，同时也说明了含金属沉积物是记录研究区地质过程的重要载体（李康，2009）。

一、EPR 13°N 附近的含金属沉积物样品

2003 年 11 月，由中国大洋协会组织的 DY105-12、14 航次是我国在 EPR 海域首次实施的海底热液硫化物调查，在 EPR 13°N 附近获取了硫化物、岩石与沉积物样品。该调查区位于 EPR（12°30′，13°N），奥罗斯科转换断层（Orozco fracture zone，15°N）和克利珀顿转换断层（Clipperton fracture zone，0°N）之间，与墨西哥阿卡普尔科港相距约 470km。该航段先后在 E53（12°46′18″N，103°36′14″W，水深 3119m）、E54（12°45′42″N，103°41′41″W）、E271（12°39′52″N，104°08′12″W，水深 3085m）和 E272（12°36′39″N，104°19′28″W，水深 3116m）4 个站位进行了沉积物取样。然而，却只在其中 3 个站位（E53、E271 和 E272）取得了沉积物样品（图 7-3，表 7-1 和表 7-2）。

2005 年 9 月，由中国大洋协会组织的 DY105-17A 环球航次 EPR 航段又在该研究区进行了硫化物调查，并使用电视抓斗在 17A-EPR-TVG1 站位（12°42′41.4″N，103°54′25.56″W，水深 2628m）采集到了沉积物样品。

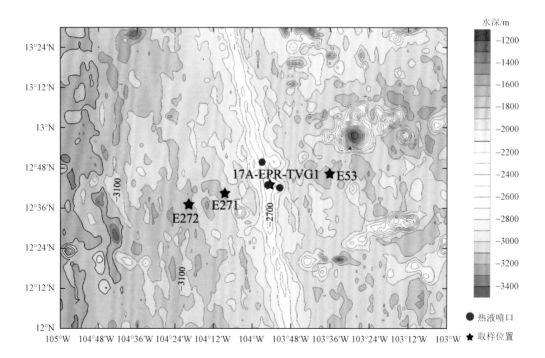

图 7-3　EPR 13°N 附近的水深及沉积物取样位置

表 7-1　EPR 13°N 附近沉积物柱状样的取样位置与样品描述（余少雄，2008）

站位	纬度	经度	水深/m	取样方式	柱长/cm	沉积物类型	样品描述	取样位置
E53	12°46′18″N	103°36′14″W	3119	小箱体插管	46	褪色泥质沉积物	分层。上层为深褐色，中层棕黄色，下层灰绿色；含水量自上向下变小，细粒	位于海隆东翼约33km 处
E271	12°39′52″N	104°08′12″W	3085	柱状取样	43	泥质	分层。上层为深褐色，中层棕黄色，下层灰绿色；含水量自上向下变小，细粒	位于海隆西翼约27km 处
E272	12°36′39″N	104°19′28″W	3116	小箱体插管	43	泥质	分层。上层是深红褐色至红褐色，含铁锰氧化物；下层棕黄色至土黄色，有小结核；总体细粒	位于海隆西翼约48km 处

表 7-2　EPR 13°N 附近沉积物取样情况与样品描述

站位	取样方式	层位	样品数量	样品描述
E53	抓斗	上层	5 个	红褐色，沉积层粒度均匀，经 0.063mm 筛筛选的残留较少。固体残留主要为有孔虫，其数量为 30～70 个/cm³，形态各异，浮游有孔虫最常见，底栖有孔虫和放射虫可见。筛选取到的固体颗粒以火山碎屑为主，偶尔夹杂一些固体物质，最大粒度 3mm
		下层	3 个	灰绿色沉积层，粒度均匀，稍粗，通过 0.063mm 筛筛选有残留。见有孔虫，大部分为有孔虫骨骼，经统计有孔虫数量为 40～60 个/cm³。杂质增多
	箱式	上层	1 个	红褐色，沉积物粒度均匀，经 0.063mm 筛筛选的残留较少。固体残留主要为有孔虫，其数量为 30～60 个/cm³，浮游有孔虫最常见，底栖有孔虫和放射虫可见。筛选取到的固体颗粒以火山碎屑为主，夹杂一些大颗粒固体以及一些生物角质物
		下层	1 个	灰绿色，经 0.063mm 筛筛选，筛面仍有大量的黏土胶结颗粒，为黄色的结核，粒度不等，一般大于 1mm。有孔虫，形态各异，以扁圆状、海螺状有孔虫最为常见，其数量约为 100 多个/cm³。管状有孔虫较多，长度一般大于 2mm，横切面直径约 0.1mm
E271	抓斗	上层	3 个	红褐色，沉积物粒度均匀，经 0.063mm 筛筛选的残留较少。固体残留主要为有孔虫，其数量为 40～70 个/cm³，形态各异，以浮游有孔虫最常见，底栖有孔虫和放射虫可见。筛选取到的固体颗粒以火山碎屑为主。最大粒度为 3.7mm
		下层	2 个	灰绿色沉积层，粒度均匀，稍粗，通过 0.063mm 筛筛选有残留。见有孔虫，大部分为有孔虫骨骼，形态各异，经统计有孔虫数量为 30～50 个/cm³，放射虫可见。杂质增多
	箱式	上层	1 个	红褐色沉积层，通过 0.063mm 筛筛选有残留，筛面上见黑褐色矿物颗粒，粒度不均一，最大颗粒直径约 1.5mm 左右。有孔虫，数量较少，约为 60 个/cm³，形态各异，以扁圆状、海螺状有孔虫最常见，多呈白色、褐色和灰色，最大的直径达 0.6mm
		下层	1 个	灰绿色沉积层，粒度均匀，通过 0.063mm 筛筛选有残留。见有孔虫，大部分为有孔虫骨骼，经统计有孔虫数量为 50 个/cm³。杂质增多
E272	箱式	上层	2 个	红褐色，粒度均匀，经 0.063mm 筛筛选的残留较少。固体残留主要为有孔虫，其数量为 50～60 个/cm³，形态各异，以浮游有孔虫最常见，底栖有孔虫和放射虫可见。筛选取到的固体颗粒以火山碎屑为主
		下层	2 个	灰绿色沉积层，粒度均匀，通过 0.063mm 筛筛选有残留。见有孔虫，大部分为有孔虫骨骼，经统计有孔虫数量约为 50 个/cm³。杂质增多，可见一些火山碎屑，粒度最大达 3.5mm，黑色，有玻璃光泽，不规则

（一）E53 站位

E53 站位所取得沉积物小箱体插管样，全长 46cm，根据颜色可分为三层（图 7-4）：第一层 0~9cm 为深红褐色层，以深红褐色为主，逐渐变淡至红褐色，可见少量有孔虫。第二层 9~27cm 为棕黄色层，长约 18cm，颜色向下至黄绿色；与第一层的颜色界面呈过渡色，即红褐色到棕黄色，在 8~11cm，该层位有孔虫相对上层的稍稍增加。第三层是灰绿色层，27~46cm，长约 19cm，与第二层的过渡段由黄绿色到灰绿色，在 27~30cm，该层位有孔虫较常见。沉积物总体粒度很细，为黏土-粉砂级。各层经过滤筛选后，均可见极少量的褐色或者灰黑色颗粒物，大的直径可达 1mm 左右。

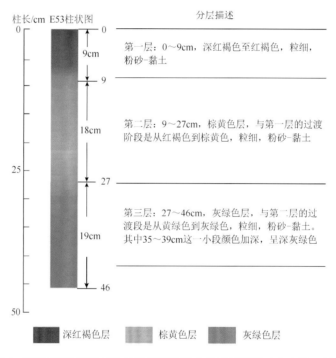

图 7-4　EPR 13°N 附近 E53 站位沉积物岩心分层示意图（余少雄，2008）

E53 站位沉积物顶部粒度较为均匀，约为 0.05mm。体视镜下可观察到少量有孔虫，约 50 个/cm³，有孔虫形态多呈扁圆状、海螺状，颜色以白色为主，其次为褐色、灰色或透明，最大直径达 0.6mm，其中管状有孔虫较多，长度通常大于 2mm，横切面直径约 0.1mm。在本层的沉积物筛选过程中还观察到一个生物表皮，中空、极薄且透明，长约 6mm，宽约 1.5mm，几乎不含其他杂质。此外，在该层沉积物中发现有少量黄色、褐色、灰褐色的矿物颗粒，初步推测这些颗粒可能是海底热液活动产物（李康，2009）。

E53 站位沉积物下部沉积层呈灰绿色，可以观察到有孔虫残骸，形态各异，其中扁圆状、海螺状有孔虫最为常见，白色、褐色或灰色有孔虫均有分布，数量较多，一般直径大于 0.5mm，约 100 个/cm³。此外，同样可以观察到较多管状有孔虫，长度普遍大于 2mm，横切面直径约 0.1mm，褐色和透明均有分布。将灰绿色沉积物进行过滤，发现该层沉积物不易溶解，经过冲洗后，筛面上仍可见大量黏土胶结颗粒，为粒度不等的黄色结核，长度普遍大于 1mm，有的呈褐色，硬度较大（李康，2009）。

（二）E271 站位

获取的 E271 站位沉积物柱状样，全长 43cm。与 E53 站位类似，可以根据颜色分为三层（图 7-5）：第一层 0～6cm，以深红褐色为主，逐渐过渡为红褐色，有孔虫含量较少；第二层 6～21cm，整体呈棕黄色，向下变为黄绿色，6～8cm 为过渡层，颜色从红褐色渐变为棕黄色，该层可观测到少量有孔虫；第三层 21～43cm，呈灰绿色，20～23cm 为过渡层，颜色逐渐由黄绿色变为灰绿色，该层位含较多有孔虫。沉积物总体粒度很细，主要为粉砂-黏土级。对各层位进行过滤筛选后，仅能观察到极少量的褐色或者灰黑色颗粒物，最大直径可达 1mm 左右（余少雄，2008）。

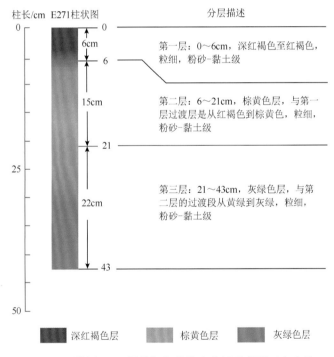

图 7-5　EPR 13°N 附近 E271 站位沉积物岩心分层示意图（余少雄，2008）

（三）E272 站位

E272 站位获取的箱体插管样，总长 43cm，根据颜色不同，可将该沉积物柱分为两层（图 7-6）：第一层 0～25cm，沉积物整体呈深红褐色，由上至下逐渐变为红褐色，仅能观察到少量有孔虫。第二层 25～43cm，为棕黄色层，向下渐变为黄绿色，过渡层颜色为红褐色到棕黄色，该层位沉积物中同样仅能观察到少量有孔虫，偶见黄色或褐色小结核，粒径 1～1.5mm。沉积物粒度较细，为粉砂-黏土级别。与 E271 相似，对各层沉积物进行过筛分选后，观察到极少量褐色或者灰黑色颗粒物，最大直径可达 1mm（余少雄，2008）。

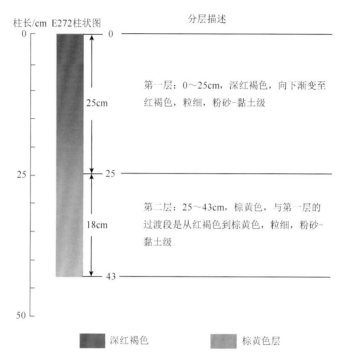

图 7-6　EPR 13°N 附近 E272 站位沉积物岩心分层示意图（余少雄，2008）

（四）EPR-TVG1 站位

EPR-TVG1 站位获取的样品为含金属沉积物，呈棕红色，表面颗粒较粗糙，含较多黑色粗粒级物质（图 7-7）。

图 7-7　EPR 13°N 附近 EPR-TVG1 站位的含金属沉积物和玄武岩

二、EPR 赤道附近的含金属沉积物样品

2005 年 9 月 24 日，在距洋中脊 10km 处的 EPR-TVG5 站位（0°15′54.6″S，102°21′57.6″W，水深 3167m）使用电视抓斗取得了沉积物样品（图 7-8）。

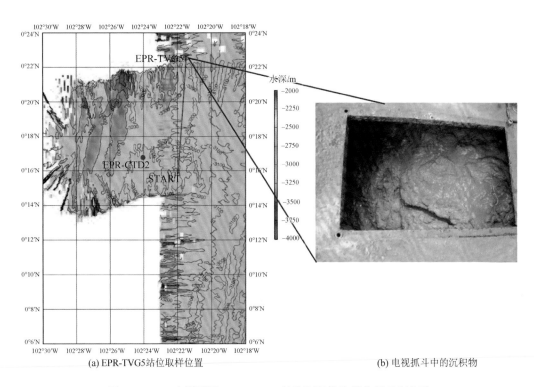

(a) EPR-TVG5站位取样位置　　　　　　　　　　　　　　　(b) 电视抓斗中的沉积物

图 7-8　EPR 赤道附近 EPR-TVG5 站位沉积物取样位置及沉积物

沉积物样品为浅棕色钙质软泥，夹浅黄色、黄绿色斑块状沉积物。过筛后发现了大量有孔虫壳体和少量棕色火山玻璃，未观察到热液硫化物［图 7-8（b）］（李康，2009）。

第三节　粒 度 分 析

粒度是研究沉积物物质来源、沉积环境以及输运形式的重要指标（Passega，1964，1957；Friedman，1961）。由于使用单个粒度参数在分析沉积物净输运方向具有一定的局限性，McLaren（1981）提出了使用平均粒度、分选系数和偏度综合研究沉积物的搬运方向。随着这项研究的发展，逐渐形成了"粒度趋势分析"方法（Le Roux，1994）。

一、EPR 13°N 附近含金属沉积物的粒度分析

（一）实验方法及过程

　　首先对 E271 与 E272 站位的小箱体沉积物样品进行分样，随后对样品进行粒度测试分析。为了方便分样，在海上将箱体样品取上来时，用取样管在每个有沉积物的箱体中插取了一段柱状样品，分析使用的是该柱状样品（殷学博等，2007）。沉积物样品长度较短，E271 长度为 48cm，E272 全长 46cm，两个柱状样都是间隔 1cm 取样（殷学博等，2007）。

　　实验过程中，采用了两种不同的方法对样品进行预处理，步骤分别为：方法①取 0.2g 样品放入 15mL 离心管中，加入 5mL 的蒸馏水，超声振荡 10min，密封静置 6h，然后用离心机离心 10min，超声振荡 10min，使样品充分分散，再继续静置 18h，上机测试前将所有样品再次进行超声振荡，使得样品充分分散，待机测试（殷学博等，2007；鹿化煜等，2002）。方法②取 0.5g 样品放入 15mL 的离心管中，加入 5mL 的蒸馏水，超声振荡 10min，再加入 2mL 的 $1mol \cdot L^{-1}$ 的 HCl，然后水浴加热，恒温 50℃，保持 2h；2h 后，振荡，离心 3 次，将上层清液倒掉，加入 2mL 1 : 4 的 H_2O_2，静置 18h，然后振荡，离心 3 次，将上层清液倒掉，待机测试（殷学博等，2007；鹿化煜等，2002）。

　　所有样品的粒度测试均是在中国科学院海洋地质与环境重点实验室的粒度测试室进行，仪器是法国激光工业公司（CILAS）生产的 Colas 940L 型激光粒度分析仪。

（二）实验数据及分析

1. 粒度分析中的几个基本概念

　　粒度分析包含以下几个基本参数：中值粒径、累积曲线、平均粒径、分选度、偏度及峰度。粒度参数的变化能够反映砾、砂、黏土三种级别粒度的总体特征。

　　中值粒径：粒度累积曲线为 50% 时，对应的粒度值。

　　累积曲线：它是一种图示的方法，通常用半对数图展示，横坐标（对数坐标轴）表示某一粒径，纵坐标表示小于某一粒径颗粒的百分含量。

　　平均粒径：代表粒度分布的集中趋势，反映沉积的平均粒度，在剖面上研究粒径平均值的变化，可了解物质来源及沉积环境的变化。

　　分选度：指粒度分选程度的参数。

　　偏度：可判别粒径分布的对称性，表明粒径平均值与中值的相对位置，如为负偏，则沉积物是粗偏，粒径平均值向中值粒径粗的方向移动，正偏则是细偏，粒径平均值向中值粒径细的方向移动。为零时，说明中值粒径与粒径平均值重合。

　　峰度：是度量粒度分布的中部与尾部展形之比，是衡量粒度分布曲线的峰凸程度，峰度小于 1，是窄峰，峰度大于 1，是宽峰。当粒度分布符合正态分布曲线时，峰度为 1。

2. 粒度数据曲线及分析

实验结果表明：E271 站位样品中砂、粉砂和黏土的含量变化范围分别为 0%～0.27%、53.55%～74.54% 和 25.46%～46.45%。柱状样 E271 沉积物的中值粒径变化范围为 6.4ϕ～7.7ϕ，平均粒径为 6.9ϕ～7.9ϕ，分选度变化范围为 1.3～1.6，偏度变化范围为 0.76～1.5，峰度变化范围为 1.6～2.0（图 7-9）。从粒度的累积曲线可以看出，粒度特征表现出多峰分布，或近矩形分布的特征，说明沉积物具有多种来源（殷学博等，2007）。

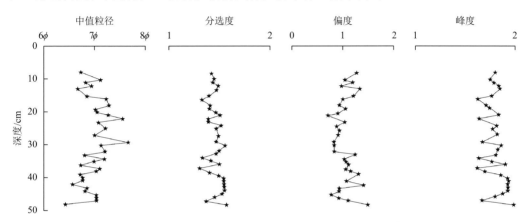

图 7-9　EPR 13°N 附近 E271 站位沉积物样品粒度的中值粒径、分选度、偏度与峰度曲线（殷学博等，2007）

使用预处理方法②对样品进行前处理，测试结果显示，E271 样品中砂、粉砂和黏土的含量变化范围依次为 0%～9.98%、54.78%～92.43% 和 4.49%～45.22%。从图 7-10 中可以看出，沉积物的中值粒径为 4.8ϕ～7.8ϕ，平均粒径为 5.1ϕ～7.8ϕ，分选度的变化范围为 1.2～1.6，指示分选程度较差，偏度变化范围为 0.7～1.7，峰度变化范围为 1.6～2.1（图 7-10）。从粒度的累积曲线可以看出，沉积物粒度特征主要表现为单峰与马鞍峰（殷学博等，2007）。

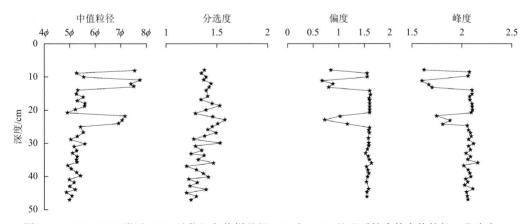

图 7-10　EPR 13°N 附近 E271 站位沉积物样品经 HCl 和 H$_2$O$_2$ 处理后粒度的中值粒径、分选度、偏度与峰度曲线（殷学博等，2007）

E272 站位沉积物样品中砂、粉砂和黏土的含量变化范围依次为 0%～0.26%、60.1%～

74.6%和25.4%～39.9%。从图7-11可以看出，沉积物的中值粒径变化范围为6.7ϕ～7.4ϕ，均值粒径变化范围为6.9ϕ～7.6ϕ，分选度变化范围为1.4～1.7，偏度变化范围为0.5～1.1，峰度变化范围为1.6～2.0。从粒度的累积曲线可以看出，沉积物粒度表现出多峰分布的特征（图7-11），与E271站位沉积物样品的粒度组成特征相似（殷学博等，2007）。

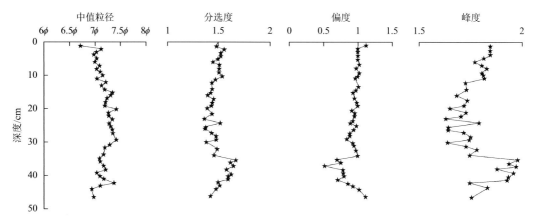

图7-11　EPR 13°N附近E272站位沉积物样品粒度的中值粒径、分选度、偏度与峰度曲线（殷学博等，2007）

使用预处理方法②对样品进行前处理后测得的结果显示，砂、粉砂和黏土的含量变化范围依次为0%～7.12%、78.28%～93.15%和6.06%～21.72%。从图7-12可以看出，沉积物的中值粒径变化范围为4.9ϕ～6.2ϕ，平均粒径变化范围为5.5ϕ～6.7ϕ，分选度变化范围为1.2～1.6，偏度变化范围为1.5～1.6，峰度变化范围为2.0～2.1。从粒度累积曲线可以看出，沉积物粒度组成整体上表现出双峰分布的特征（图7-12）（殷学博等，2007）。

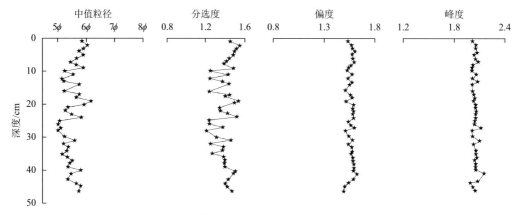

图7-12　EPR 13°N附近E272站位沉积物经HCl及H$_2$O$_2$处理后粒度的中值粒径、分选度、偏度与峰度曲线（殷学博等，2007）

E271站位与E272站位沉积物在粒度分布特征上均呈现出多峰分布的特征，说明该站位沉积物来源于多个源区。Cherkashev（1992，1990）通过对EPR 13°N附近含金属沉积物进行矿物学研究，结果表明其富集热液来源物质、生物碎屑以及陆源物质等。整体向西的底流对海隆西翼存在一定的影响，其底流的平均流速为5cm·s^{-1}，最大可达10cm·s^{-1}

（Hékinian et al.，1983）。因此，海隆西翼获取的样品很可能受到了洋流的影响。然而，由于 E271 站位与 E272 站位样品的粒度分布特征基本相似，且都仅在小范围内波动，这说明取样位置处的沉积环境相对稳定（殷学博等，2007）。

根据样品的粒度变化（图 7-9 中值粒径），结合颜色差异，E271 站位样品可大致分为两层：上部沉积层呈红褐色，长度约 35cm，下部层位可以观察到较多花斑，红褐色夹杂黄褐色，存在形态各异的有孔虫，其中以 *Cyclogyra mvolvens* 和 *Mdutertrei* 种最为常见，白色居多，褐色次之、少部分呈灰色。沉积物的中值粒径变化范围较大，介于 6.6ϕ 和 7.8ϕ 之间。使用 HCl 和 H_2O_2 预处理后的样品，大多数层位的组成发生了较大变化，ϕ 值明显减小，相应地粒径明显增大（图 7-13），而偏度与峰度值几乎无变化（图 7-10）。赵一阳和鄢明才（1994）通过对沉积物赋存状态的研究认为，沉积物经酸化和氧化处理后，通常会将其碳酸盐、有机质、硫化物和氧化物相去除，残余物质主要为硅酸盐相。假定沉积物是由这些相态物质混合的整体，可以根据粒度变化特征推测，碳酸盐、有机质、硫化物和氧化物相的粒径通常大于 5.5ϕ，而硅酸盐相粒径通常小于 6ϕ。此外，从粒度数据可以看出，酸溶后上层还存在 3 个 ϕ 值突变的层位，依次为 0～8cm（混合取样）、10～13cm 和 21～24cm 三个层位。与未经酸化和氧化处理测得的粒度相比，ϕ 值明显偏大，粒径偏小（图 7-13）。为了更直观地分析三个层位的粒度变化，对比沉积物的粒度真实粒径分布曲线（图 7-14），发现沉积物样品经酸化和氧化处理后，其细颗粒组分含量明显增高（殷学博等，2007）。

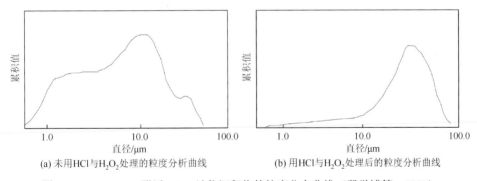

图 7-13　EPR 13°N 附近 E271 站位沉积物的粒度分布曲线（殷学博等，2007）

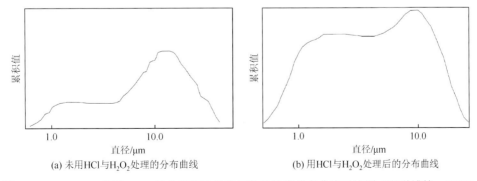

图 7-14　EPR 13°N 附近 E271 站位沉积物异常层位的粒度分布曲线对比图（殷学博等，2007）

E271 站位样品下层整体呈黄褐色，长度为 13cm，粒径波动较大，变化范围为 6.4ϕ～7.4ϕ。可以观察到形态各异的有孔虫，其中以 *Uvigerina senticosa*、*Uvigerina hispida* 和

Mdutertrei 种最为常见，形态多呈扁圆状、海螺状。经酸化和氧化处理后，偏度与峰度未发生变化,硅酸盐相物质粒径均小于 6ϕ,说明该层受到热液组分的影响较小（殷学博等,2007）。

根据该样品的粒度曲线（图 7-11 中值粒径）和颜色特征，E272 站位样品也可分为两层：上层为红褐色，长度约为 15cm，可以观察到形态多样的有孔虫，颜色多呈白色，下层为褐色、灰色等，以 *Mdutertrei* 种最为常见。沉积物的粒径变化范围为 $6.6\phi\sim7.3\phi$。进行酸化和氧化处理后的样品，粒度参数变化较大，ϕ 值显著减小，代表沉积物的粒径明显变大，与 E271 站位沉积物样品未发生明显波动层位的粒度变化特征（图 7-13）相似，偏度与峰度的变化趋势一致，未发生明显的异常变化（殷学博等，2007）。

E272 站位样品下层整体呈黄褐色，长度约为 35cm，沉积物粒径波动较大，变化范围为 $6.7\phi\sim7.4\phi$，可以观察到有孔虫，其中以 *Uvigerina senticosa*、*Uvigerina hispida* 和 *Mdutertrei* 种较为普遍。经酸化和氧化处理后，偏度和峰度具有相同的变化趋势，沉积物的粒径均小于 6ϕ（殷学博等，2007）。

将两个站位沉积物样品的粒度进行对比研究，结果表明，两个站位的样品具有相近的中值粒径、平均粒径以及变化趋势，且表现出明显的正相关关系（$R^2 = 0.88$）。整体上看，E271和 E272 站位沉积物样品的粒径变化不大，介于 6.4ϕ 和 7.7ϕ 之间，均值为 7.3ϕ。粒度组成较为均一，主要由黏土和粉砂级物质组成，砂级组分的含量极小，仅占 0.3%，黏土与粉砂级物质的比值约为 1：2（武力，2011）。所有层位沉积物样品具有相似的粒度累积分布特征，均存在三个明显的粒度波动层，两个沉积物柱样的粒度组成均表现出多峰分布的特征，说明是多种物源共同贡献的结果，且主要以生物碎屑和陆源碎屑为主，其次为热液物质，而火山物质则占有很小的比例（殷学博等，2007）。

根据 Selley（1982）的未固结沉积物粒度分类图解，对两个站位的沉积物样品进行投图（图 7-15），结果表明样品均由黏土质粉砂物质组成，这与上述研究结论是一致的，且样品中几乎不含火山碎屑物质（武力，2011）。

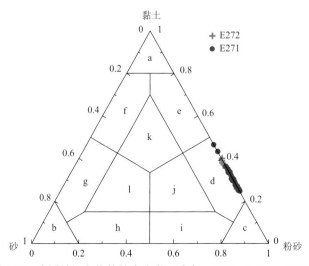

图 7-15 未固结沉积物的粒度分类（武力，2011；Selley，1982）

a. 黏土；b. 砂；c. 粉砂；d. 黏土质粉砂；e. 粉砂质黏土；f. 砂质黏土；g. 黏土质砂；h. 粉砂质砂；i. 砂质粉砂；
j. 砂质-黏土质粉砂；k. 砂质-粉砂质黏土；l. 粉砂质-黏土质砂

二、EPR-TVG5 和 EPR-TVG1 含金属沉积物的粒度分析

（一）实验方法及步骤

（1）配制体积比为 1∶4 的盐酸溶液约 200mL。

（2）从 EPR-TVG5 样品中先取约 0.2g 置于 4 个离心管中，分别编号为 1-1、1-2、1-3、1-4；再取 0.2g 置于另外 4 个离心管中，作为平行样，编号为 1-1′、1-2′、1-3′、1-4′；从 EPR-TVG1 样品，取样 0.5g，重复上述步骤，分别置于编号为 2-1、2-2、2-3、2-4、2-1′、2-2′、2-3′、2-4′的离心管中。

（3）全部的离心管均加入少量的蒸馏水，用超声波清洗仪振荡 10min 后，将编号为*-1 及*-1′的离心管中加入少量蒸馏水，振荡后静置，作为自然粒度样品；将编号为*-2 及*-2′的离心管中加入少许稀盐酸溶液（除去其中的碳酸钙）；将编号为*-3 及*-3′的离心管中加入少许双氧水（也称过氧化氢）溶液（除去其中的有机质）；将编号为*-4 及*-4′的样品中同时加入盐酸及双氧水。然后静置 6h。

（4）将编号为 1-2、1-3、1-4、1-2′、1-3′、1-4′、2-2、2-3、2-4、2-2′、2-3′和 2-4′的离心管，放置离心机中离心 3min，然后倒掉上层清液，如此重复操作 3 次。

（5）使用超声波将全部离心管振荡约 10min，然后上机测试。

（二）实验数据及其分析

1. EPR-TVG5 沉积物样品的粒度曲线及分析

粒度曲线表现出多峰的特征，说明该沉积物是多种来源物质共同堆积的结果。沉积物样品的粒度频率分布曲线出现三个峰值 ［图 7-16（a）］，可以推测存在三个主要的潜在源区。沉积物样品经盐酸处理后，其颗粒百分含量明显降低，粒径总体上沿着粗粒的方向偏移，推断碳酸盐相物质主要集中在小于 10μm 的粒径范围内 ［图 7-16（a）和图 7-16（b）］；有机质相物质主要集中在小于 40μm 的粒径范围内，加入 H_2O_2 溶液后，40μm 的粒径峰度明显加强 ［图 7-16（a）和图 7-16（c）］，指示 40μm 粒径以前的累积颗粒的百分含量是降低的，即有机质相物质的粒径分布区间小于 40μm。

2. EPR-TVG1 沉积物样品的粒度曲线及分析

EPR-TVG1 沉积物样品在粒度频率分布曲线上呈现出三个峰值，说明沉积物可能具有三种物质来源。此外，研究还发现碳酸盐相物质主要集中在小于 20μm 的粒径范围内 ［图 7-17（a）和图 7-17（b）］，有机质物质的粒径集中在小于 50μm 粒径范围内 ［图 7-17（c）和图 7-17（d）］。

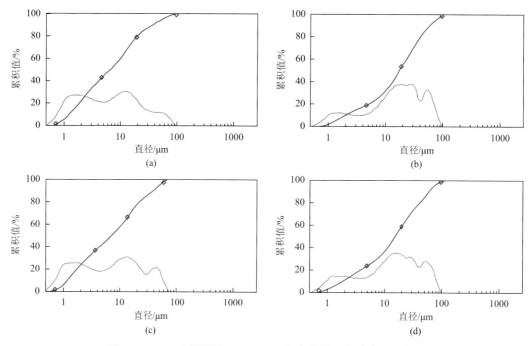

图 7-16　EPR 赤道附近 EPR-TVG5 沉积物样品的粒度分布曲线

（a）是自然粒度曲线，即没有使用任何化学试剂处理；（b）是经过加 HCl 处理后所做的粒度曲线，除去了其中的钙质成分；（c）是经过加 H_2O_2 处理后的粒度曲线，除去了其中的有机质成分；（d）是经过加 HCl 和 H_2O_2 双重处理后的粒度曲线横坐标对数坐标表示粒级直径，纵坐标表示特定粒级的累积值；蓝色线条表示粒度累积曲线，灰色表示粒度分布曲线

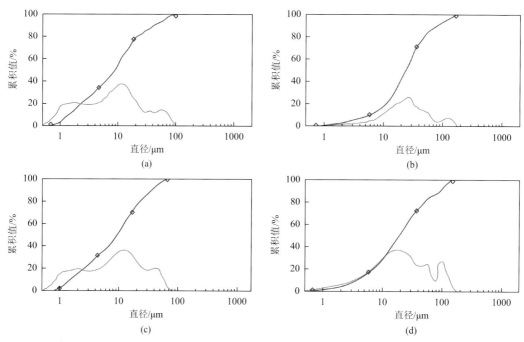

图 7-17　EPR 13°N 附近 EPR-TVG1 沉积物样品的粒度分布曲线

（a）是自然粒度曲线，即没有使用任何化学试剂处理；（b）是经过加 HCl 处理后所做的粒度曲线，除去了其中的钙质成分；（c）是经过加 H_2O_2 处理后的粒度曲线，除去了其中的有机质成分；（d）是经过加 HCl 和 H_2O_2 双重处理后的粒度曲线横坐标是用对数坐标表示粒级直径，纵坐标表示特定粒级的累积值；蓝色线条表示粒度累积曲线，灰色表示粒度分布曲线

3. EPR-TVG1 与 EPR-TVG5 沉积物粒度曲线对比分析

通过将 EPR-TVG1 和 EPR-TVG5 沉积物样品的粒度曲线进行对比,可发现 EPR-TVG5 沉积物样品细粒物质所占百分含量明显多于 EPR-TVG1 沉积物样品。EPR-TVG5 站位沉积物的分选性要优于 EPR-TVG1 站位,偏度偏正,峰度稍宽(图 7-18)。

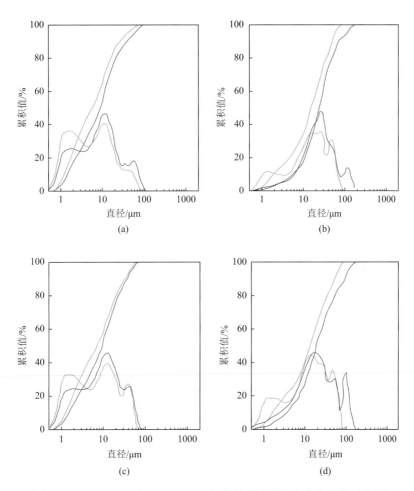

图 7-18 EPR-TVG1 与 EPR-TVG5 沉积物样品的粒度分布曲线对比图

(a)是 1-1 样品与 2-1 样品粒度对比曲线图;(b)是 1-2 样品与 2-2 样品粒度对比曲线图;(c)是 1-3 样品与 2-3 样品粒度对比曲线图;(d)是 1-4 样品与 2-4 样品粒度对比曲线图;绿色曲线代表沉积物样品 1(EPR-TVG5)的粒度曲线,红色曲线代表沉积物样品 2(EPR-TVG1)的粒度曲线

EPR-TVG5 站位沉积物样品 1-1 的黏土、粉砂和砂的含量依次为 29.06%、69.93%和 1.00%,粒度参数中值粒径为 6.760μm,平均粒径为 6.974μm,分选度为 1.679,偏度为 1.015,峰度为 2.072。EPR-TVG1 站位沉积物样品 2-1 的黏土、粉砂和砂的含量依次为 30.97%、65.04%和 3.99%,粒度参数中值粒径为 6.877μm,平均粒径为 7.040μm,分选度为 1.740,偏度为 0.592,峰度为 2.120(表 7-3)。

表 7-3　EPR-TVG5 与 EPR-TVG1 沉积物的粒度参数

样品编号	中值粒径/μm	平均粒径/μm	分选度	偏度	峰度	砾级含量	砂级含量/%	粉砂含量/%	黏土含量/%
1-1	6.760	6.974	1.679	1.015	2.027	0	1.00	69.93	29.06
1-2	6.031	6.352	1.686	1.466	2.138	0	3.02	78.20	18.78
1-2′	6.095	6.418	1.690	1.439	2.132	0	3.10	77.19	19.72
1-3	7.143	7.279	1.762	0.520	2.060	0	0.26	61.52	38.22
1-3′	7.231	7.331	1.757	−0.523	2.065	0	0.71	60.04	39.25
1-4	5.891	6.195	1.751	1.505	2.210	0	7.45	74.68	17.87
1-4′	6.259	6.549	1.748	1.361	2.147	0	3.14	74.16	22.71
2-1	6.877	7.040	1.740	0.592	2.120	0	3.99	65.04	30.97
2-2	5.443	5.594	1.530	1.386	2.165	0	12.3	80.08	7.61
2-2′	6.303	6.641	1.647	1.388	2.089	0	1.86	76.82	21.32
2-3	7.516	7.527	1.690	−0.91	2.029	0	1.11	56.29	42.61
2-3′	5.809	6.032	2.097	1.404	2.576	0	17.95	61.99	20.06
2-4	5.762	5.857	1.735	1.353	2.284	0	14.84	73.60	11.56
2-4′	5.824	5.701	2.083	0.970	2.614	0	23.58	63.11	13.31

　　综上所述，EPR-TVG5 站位与 EPR-TVG1 站位的沉积物相比，前者的分选度更好、偏度偏正、峰度稍宽。

第四节　孔隙率研究

　　孔隙率是表征沉积物物理性质的重要参数之一，孔隙率的变化主要受控于沉积物沉积时的初始孔隙率的大小和沉积后早期成岩作用的改造等因素。早期成岩作用的改造通常包括物理加重作用、化学胶结作用和生物扰动作用等（Berner，1980）。因此，沉积物经历的沉积和成岩过程可以通过孔隙率的研究来进一步刻画（Hart et al.，1995）。国内外学者在沉积物孔隙率研究方面开展了大量工作（张厚福等，1999；Hart et al.，1995；De Lange，1986；Berner，1980；Imboden，1975）。相比之下，目前对海底含金属沉积物的孔隙率变化特征的认识较少。本节主要内容是对东太平洋海隆 E272 站位沉积物样品开展的孔隙率的研究工作进行介绍，为揭示海底含金属沉积物的孔隙率在早期成岩过程中的演化规律提供基础（武力等，2012）。

一、材料与方法

　　将 E272 站位获取的沉积物柱状样（图 7-6）以 1cm 为取样间隔进行分样，共取得 48 个样品。然后，对这些样品进行孔隙率、含水率和干密度等参数的测量。测量孔隙率的方法是：首先将样品放入 5mL 的容器内，使用天平（精确到万分之一）准确称量烘干前样品和容器的总质量 m_1。在恒温（60℃）条件下烘干样品。然后，105℃条件下继续烘干样品 2h。称量烘干后样品和容器的总质量 m_2，得到的质量差（m_w）即为孔隙水的质量：$m_w = m_1 - m_2$，相应地孔隙率为：$\Phi = m_w / (5 \times \rho_w) \times 100\%$。其中，$\rho_w$ 为孔隙水的密度，设为常数，等于 $1 \text{g} \cdot \text{cm}^{-3}$（武力等，2012）。

二、E272 站位沉积物的孔隙率

E272 站位沉积物样品的孔隙率变化范围为 70.0%～85.2%，其顶部层位沉积物的孔隙率较底部层位沉积物高出 14%左右（表 7-4），且沉积物的孔隙率与深度表现为负相关关系 [图 7-19（a）]，平均递减梯度约为 $0.31\% \cdot \text{cm}^{-1}$（武力等，2012）。

表 7-4　沉积物样品孔隙率测量结果（武力等，2012）

深度/cm	孔隙率/%	深度/cm	孔隙率/%	深度/cm	孔隙率/%	深度/cm	孔隙率/%
1	84.7	13	81.3	25	76.3	37	73.2
2	85.2	14	79.7	26	76.7	38	73.1
3	84.0	15	80.6	27	76.7	39	71.8
4	83.3	16	79.6	28	75.9	40	72.1
5	83.7	17	79.8	29	75.7	41	72.2
6	82.4	18	78.9	30	75.9	42	71.7
7	82.2	19	78.3	31	75.7	43	71.8
8	83.1	20	78.3	32	75.5	44	70.2
9	82.1	21	77.5	33	75.0	45	70.8
10	81.7	22	78.1	34	74.3	46	71.0
11	81.8	23	77.1	35	73.8	47	70.2
12	80.7	24	77.1	36	74.1	48	71.1

从 E272 站位沉积物的粒度数据可以看出，各层位沉积物的粒径参数较为接近，粒径变化较小。粒度特征指示了样品为松散的黏土质粉砂，说明样品没有发生胶结。从样品的元素组成特征可以看出，其元素含量存在差异，说明生物扰动对该样品的影响不显著。沉积速率较为一致，指示沉积物质的供给速率较为稳定，不存在偶然的超压作用。推断该站位沉积物柱状样的孔隙率变化主要是由上覆沉积物的稳定增重而产生的压缩效应造成的（武力等，2012），即样品的孔隙率变化主要受稳态压缩过程所控制（Boudreau and Bennett，1999；Berner，1980）。

三、E272 站位沉积物孔隙率变化符合稳态压缩模型

在稳态压缩过程中，随着深度增加，沉积物的孔隙率则呈现出指数降低的趋势，我们选用如下经验公式来刻画这一过程（Boudreau and Bennett，1999）：

$$\Phi = \Phi(x) = A\exp(Bx) + C \qquad（7\text{-}1）$$

式中，Φ 为沉积物的孔隙率；x 为沉积物样品的深度及对应的层位；A、B、C 为拟合系数，$A>0$，$C>0$，$B<0$。$\Phi(x)$ 为一个单调递减函数。当 x 趋于无限大时，存在极限 C。它表示在某深度以下，沉积物孔隙率的变化率会变得非常小 [图 7-19（b）]。

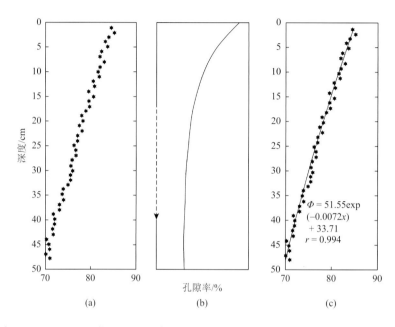

图 7-19　EPR 13°N 附近 E272 站位沉积物孔隙率随深度变化图（武力等，2012）

（a）是样品孔隙率对深度散点图；（b）是稳态压缩时，孔隙率相对于深度变化关系示意图，纵坐标的虚线箭头表示较大的深度范围；（c）是稳态压缩模型的经验公式：$\Phi = \Phi(x) = A\times\exp(Bx) + C$ 对样品进行拟合的情况

将测量数据代入式（7-1）中，得到了较为满意的拟合效果 [图 7-19（c）]。说明 E272 站位沉积物样品的孔隙率符合稳态压缩模型（武力等，2012）。

沉积物某一特定深度中孔隙率不随时间的变化而变化是沉积物稳态压缩最重要的特征（Berner，1980）。稳态压缩在图形上则表现为变化曲线在任意时刻对应的形态都相同。上覆沉积物对下伏沉积物的不断增重是导致某一特定层位孔隙率发生变化的原因（武力等，2012）。换言之，在稳态压缩情况下，沉积物孔隙率的变化与上覆沉积物对下伏沉积物的增重密切相关。此外，武力等（2012）认为，随着时间的变化，特定层位的沉积物深度会不断增加（图 7-20），即特定层位沉积物会不断被掩埋到更深的地方。

沉积物压缩过程属于早期成岩作用的范畴，基于沉积物成岩作用的一般描述方程，Berner（1980）提出了用于描述沉积物中压缩效应的方程组：

$$\frac{\partial C_{ts}}{\partial t} = \frac{\partial\left(D_{ts}\dfrac{\partial C_{ts}}{\partial x}\right)}{\partial x} - \frac{\partial(C_{ts}\omega)}{\partial x} + R_{ts} \qquad（7\text{-}2）$$

$$\frac{\partial C_{\mathrm{w}}}{\partial t}=\frac{\partial\left(D_{\mathrm{ts}}\frac{\partial C_{\mathrm{w}}}{\partial x}\right)}{\partial x}-\frac{\partial(C_{\mathrm{w}}v)}{\partial x}+R_{\mathrm{w}} \tag{7-3}$$

式（7-2）和式（7-3）中，C_{ts} 和 C_{w} 分别代表单位体积内沉积物中固相物质和孔隙水的质量（$\mathrm{g\cdot cm^{-3}}$）；ω 代表固相物质相对于沉积物-水界面的堆积速率（$\mathrm{cm\cdot ka^{-1}}$）；v 代表孔隙水的累积速率（$\mathrm{cm\cdot ka^{-1}}$）；D_{ts} 代表固相沉积物的总扩散系数（$\mathrm{cm\cdot ka^{-1}}$）；R_{ts} 代表固相物质的化学生成速率（$\mathrm{cm\cdot ka^{-1}}$）；R_{w} 代表孔隙水的生成速率（$\mathrm{cm\cdot ka^{-1}}$）（武力等，2012）。

以上所有的待求量均为时间 t（ka）与深度 x（cm）的二元函数，将原点定为沉积物-水界面并建立坐标系。式（7-2）和式（7-3）表示，在指定深度条件下，某一组分的浓度变化受控于扩散、对流和化学反应等因素（武力等，2012）。

使用式（7-2）和式（7-3）的前提是沉积物未因生物扰动产生孔隙率变化。正是因为在 E272 站位沉积物样品中没有发现明显的生物扰动迹象，所以适用式（7-2）和式（7-3）（武力等，2012）。此外，关于生物扰动对沉积物孔隙率的影响方面可参考其他学者的研究成果（Sandor et al.，1998；Hakanson and Kallstrom，1978）。

由于：

$$C_{\mathrm{ts}}=\rho_{\mathrm{ts}}(1-\varPhi) \tag{7-4}$$

$$C_{\mathrm{w}}=\rho_{\mathrm{w}}\varPhi \tag{7-5}$$

式（7-4）和式（7-5）中，ρ_{ts} 指固相沉积物的密度（$\mathrm{g\cdot cm^{-3}}$）；ρ_{w} 指孔隙水的密度（$\mathrm{g\cdot cm^{-3}}$）（设为常数）。

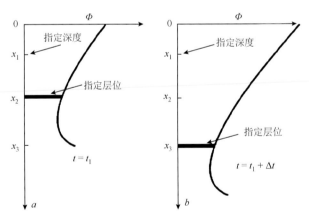

图 7-20　沉积物指定深度和指定层位的概念（武力等，2012）

在不同时刻，沉积物指定深度距沉积物-水界面（即图中深度为 0 处）的距离不发生变化，而沉积物指定层位则会随着时间推移而不断掩埋到更深的地方，据沉积物-水界面的距离不断增加

此次用来研究的样品为松散沉积物，化学胶结作用不明显。因此，可以忽略不计扩散效应带来的影响，式（7-2）和式（7-3）中右边的第一、三项都为 0。将式（7-4）和式（7-5）代入简化后的式（7-2）和式（7-3），得到式（7-6）和式（7-7）：

$$\frac{\partial(1-\varPhi)}{\partial t}=-\frac{\partial[(1-\varPhi)\omega]}{\partial x} \tag{7-6}$$

$$\frac{\partial \Phi}{\partial t} = -\frac{\partial (\Phi v)}{\partial x} \tag{7-7}$$

对于沉积物稳态压缩，在指定深度下，沉积物孔隙率与时间无关，所以有

$$\frac{\partial \Phi}{\partial t} = 0 \tag{7-8}$$

将式（7-8）代入式（7-6）和式（7-7），则有

$$\frac{\partial [(1-\Phi)\omega]}{\partial x} = 0 \tag{7-9}$$

$$\frac{\partial (\Phi v)}{\partial x} = 0 \tag{7-10}$$

式（7-9）和式（7-10）表示在选定的时间剖面上，任意深度的沉积物都有

$$(1-\Phi)\omega = \text{Constant}$$

$$\Phi v = \text{Constant}$$

特别地：

$$\text{Constant} = (1-\Phi)\omega = (1-\Phi_{\text{lim}})\omega_{\text{lim}} \tag{7-11}$$

$$\text{Constant} = \Phi v = \Phi_{\text{lim}} v_{\text{lim}} \tag{7-12}$$

式（7-11）和式（7-12）中，lim 表示沉积物孔隙率在何处接近极限；Constant 表示常数。由于在极深处沉积物压缩达到极限，其孔隙率将不再发生变化，此时 v_{lim} 无限接近于 ω_{lim}，即孔隙水与沉积物不再发生相对移动。因此，式（7-11）和式（7-12）可以写成：

$$\omega = \frac{(1-\Phi_{\text{lim}})}{(1-\Phi)}\omega_{\text{lim}} \tag{7-13}$$

$$v = \frac{\Phi_{\text{lim}}}{\Phi}\omega_{\text{lim}} \tag{7-14}$$

式（7-13）表示在固定时间剖面上，固相物质的堆积速率 ω 也是一个单调递减的函数，且当 Φ 达到极限 Φ_{lim} 时，ω 也取得相应的极限 ω_{lim}。进一步考察式（7-14），可知：

$$0 < \Phi_{\text{lim}}\omega_{\text{lim}} < v = \frac{\Phi_{\text{lim}}}{\Phi}\omega_{\text{lim}} < \omega_{\text{lim}} < \omega \tag{7-15}$$

从式（7-14）和式（7-15）可以看出，沉积物孔隙水的累积速率 v 是关于深度 x 的单调递增函数。在指定深度下，相对于沉积物-水界面 $v>0$，即孔隙水保持在该体系内。另外，在沉积物内部，孔隙水的掩埋速率较对应的固相物质小，即 $v<\omega$，表明相对于

指定层位，孔隙水总是向顶部流动，这是沉积物稳态压缩最大的特点（Berner，1980），即沉积物在稳态压缩过程中含有恒量的孔隙水（武力等，2012）。

E272 站位沉积物样品的元素地球化学特征表明该站位沉积物经历了早期成岩作用，部分元素在上下层位中的含量存在显著差异。下部层位的沉积物中由于 O_2、NO_3^- 等氧化剂的相对缺乏，有利于有机碳等还原剂将 Fe、Mn 等高价离子还原，使之成为游离态进入沉积物的孔隙水中，并在扩散作用或者孔隙水的流动作用下发生迁移（武力等，2012）。E272 站位沉积物柱状样中孔隙水是呈自下而上的单向流动，而沉积物柱状样上部层位中的某些元素含量高于下部层位。根据这两者之间的一致性推断，孔隙水的定向流动是控制沉积物早期成岩过程中溶解物质迁移的主要因素（武力等，2012）。此外，由于沉积物的孔隙水量守恒，沉积物与底部海水在界面处的物质交换主要受元素的浓度扩散机制控制（武力等，2012）。

综上所述，E272 站位沉积物明显受早期化学成岩作用影响，稳态压缩过程是控制其孔隙率变化的主导因素。沉积物内部的孔隙水量守恒，使得其只在内部自下而上流动，不会穿过沉积物-水界面与外界海水发生物质交换。因此，在早期化学成岩过程中，溶解物质在沉积物-水界面的交换主要受控于元素浓度扩散机制，而在沉积物内部，孔隙水自下而上的定向流动可能是溶解物质迁移的主要动力学机制（武力等，2012）。

第五节　沉积速率分析

热液区附近的含金属沉积物记录了海底热液活动的信息，对含金属沉积物进行年代学分析是研究含金属沉积物的重要内容之一，有助于了解火山、热液、沉积等在时间序列上的关系。不仅如此，元素的沉积速率、沉积通量等方面的信息，可将海底热液硫化物资源研究从二维空间扩展到三维时空，进而有助于对海底硫化物资源量的评估，并为揭示海底硫化物资源潜力提供研究支撑。

国外学者已开展了太平洋、印度洋、大西洋含金属沉积物的化学组成研究，获得了含金属沉积物的年代学数据，分析了含金属沉积物的沉积速率，加深了对海底热液活动的认识。例如，使用 ^{14}C 测年法研究沉积物的年代学，认识到胡安·德富卡洋脊含金属沉积物的沉积速率较快，且其上层沉积物的沉积速率约为 $6.4cm \cdot ka^{-1}$（Adshead，1996）。在 EPR $10°S$、$21°N$ 和 $1°N$ 附近，通过沉积物测年，确定含金属沉积物的沉积速率分别为 $1.4cm \cdot ka^{-1}$ 和 $4.3 \sim 22cm \cdot ka^{-1}$，且 EPR $1°N$ 附近 $0 \sim 35cm$ 长的含金属沉积物柱，在 35cm 处的年龄约为 24900a（Heath and Dymond，1977）。

一、测试分析方法

采用 $^{210}Pb/Pb$ 比值法、^{14}C 测年法及铀系不平衡测年法，对 EPR $13°N$ 附近的含金属沉积物进行测年。

$^{210}Pb/Pb$ 与 ^{14}C 的年代计算公式：

$$\tau = \tau \ln I_0 / I \qquad\qquad (7\text{-}16)$$

式中，τ 为 ^{210}Pb 或 ^{14}C 的平均年代（a）；I_0 为 ^{210}Pb 或 ^{14}C 的初始放射性强度；I 为测得的 ^{210}Pb 或 ^{14}C 的放射性强度。

将 EPR 13°N 附近沉积物的沉积厚度对沉积物的年代求导，可以得到 EPR 13°N 附近沉积物的沉积速率：$v = c/t$（单位 m·ka^{-1}），其中，v 为沉积物的沉积速率；c 为沉积物的取样长度；t 为沉积物的形成时间。

（一）$^{210}Pb/Pb$ 比值法

测年条件：①沉积物的堆积顺序必须按照时间顺序，沉积层连续而稳定；②沉积物粒度要小，因为 ^{210}Pb 吸附在水体中的微小颗粒上，粒度越小，表面积越大，吸附能力越强，其放射性就越高；③具有较高的沉积速率，一般大于 1mm·a^{-1}，只有这样才有可能对沉积物柱状样进行分层取样分析；④较高的 ^{210}Pb 初始浓度，否则 ^{210}Pb 含量几乎接近背景值，无法分层区分；⑤沉积物表面混合层不能太厚，太厚需要较长的沉积物柱，给取样带来困难。

测年对象：^{210}Pb 吸附在水体中的微小颗粒上，研究对象为吸附 ^{210}Pb 的沉积物颗粒。

测年精度：$^{210}Pb/Pb$ 比值法测年的有效范围不超过 200a，误差不超过 5%。

测年设备：α 谱仪。

（二）^{14}C 测年法

测年条件：①样品有确定的 ^{14}C 起始浓度值；②沉积层序稳定，是按照时间的先后顺序形成的；③沉积时间较长，可满足获得高精度测年数据对沉积时间的要求；④碳元素含量丰富，能满足 ^{14}C 测年对样品碳含量的要求；⑤样品的封闭性好，沉积后未与外界环境发生碳交换。

测年对象：为沉积物中无机碳与有机碳转化为气态的碳。

测年精度：经过纠正后的 ^{14}C 测年的误差范围一般不超过 2%。

测年设备：液体闪烁计数器，测年最大年限为 3 万年。低本底液体闪烁计数器，测年最大年限为 4 万年。加速器质谱仪（Accelerator Mass Spectrometry，AMS），采用加速器与高能质谱联用，测定现存的 ^{14}C 的个数。

（三）铀系不平衡测年法（^{230}Th）

测年条件：①沉积物按照时间顺序沉积；②海底底流较弱，沉积层序稳定；③沉积速率慢，有助于保障铀系不平衡法的测年精度；④沉积物的沉积条件稳定，封闭性好，未与外界环境发生元素交换。

测年对象：样品中微量元素 U 和 Th。

测年精度：铀系不平衡法测年的范围一般小于 350ka，误差范围±5%或者更大一些。

测年设备：α 谱仪和热电离质谱仪（Thermal Ionization Mass Spectrometry，TIMS）。

二、EPR 13°N 附近含金属沉积物的沉积速率

通过 ^{230}Th 过剩方法获得 EPR13°N 附近含金属沉积物的沉积速率和沉积年代，并绘制拟合曲线（图 7-21）。E271 站位沉积物柱状样的沉积速率可分为两段：上段沉积速率为 1.307cm·ka^{-1}，沉积时间为 27.9ka；下段沉积速率为 0.204cm·ka^{-1}，沉积时间为 44.1ka，该小箱体沉积物柱状样记录了 72.0ka 的沉积历史（殷学博，2005）。E272 站位小箱体沉积物柱状样的平均沉积速率为 1.02cm·ka^{-1}，且该柱状样记录了 43.6ka 的沉积历史（殷学博，2005）。E53 站位小箱体沉积物柱状样的平均沉积速率为 0.52cm·ka^{-1}，该柱状样记录的沉积历史达 88.5ka（武力，2011）。由此可知，E271 站位沉积物的沉积速率最高，其次是 E272 站位的沉积物，E53 站位沉积物的沉积速率则最低。

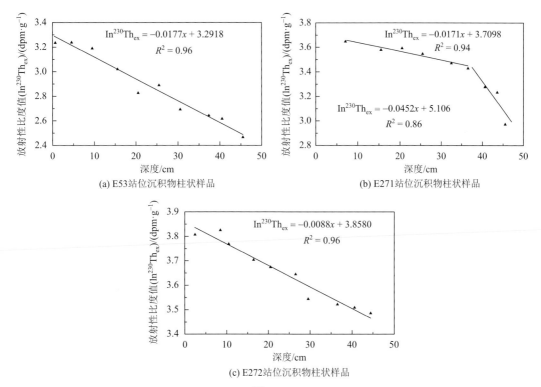

图 7-21　EPR 13°N 附近沉积物柱状样中 ^{230}Th$_{ex}$ 放射性比度值-深度散点图（武力，2011）

dpm 为每分钟衰变次数

前人研究发现，EPR 附近沉积速率为 3～10mm·a^{-1}（Gurvich，2006）。由于受到热液组分和正常沉积作用的双重影响，含金属沉积物区中沉积物的沉积速率较快。E271 站位位于扩张中心西侧约 25km 处，该扩张中心邻近区域发育有平均速率为 5cm·s^{-1}，最大可达 10cm·s^{-1} 的底流（Hékinian et al.，1983）。研究发现 E271 站位沉积物柱状样的底部层位 ^{230}Th$_{ex}$ 放射性比度与总体趋势发生偏离，表现出表面沉积速率较低的特征，可能是局部的底流侵

蚀作用所致，这与样品的高 Mn 含量特征相符。E271 站位沉积物柱状样中 Mn 含量高，代表 Mn 并未因受到早期成岩作用的影响而发生迁移。而 E271 站位的沉积物柱状样为相对氧化的状态，可能与底流扰动时 O_2 等氧化剂的加入有关。同时，与 E271 站位相邻的沉积物序列很可能遭受变化的底流以及洋中脊火山活动时引发的轻微地震的影响。此外，生物扰动会造成沉积物各层位的地球化学、矿物学等指标趋于一致，因此不可能导致沉积物 $^{230}Th_{ex}$ 放射性比度过低。通过对 E271 站位沉积物柱状样底部层位的 4 个 $^{230}Th_{ex}$ 放射性比度数据进行拟合，发现底部层位的沉积速率（＜0.3mm·ka^{-1}）小于研究区沉积速率的背景值（3mm·ka^{-1}），这进一步证实 E271 站位沉积物柱状样的底部遭到了侵蚀作用的影响。因此，E271 站位沉积物柱状样上下部分的沉积速率需要分开单独计算（武力，2011）。

根据 Shimmield 和 Price（1988）的方法，在恒定 Al 通量模型的基础上（Krishnaswami，1976），并将 E272 站位沉积物的沉积速率作为参考，计算了 E271 站位和 E53 站位理论沉积速率和部分元素的理论沉积通量（武力，2011）。具体计算方法如下：

沉积物柱状样中元素累积通量计算公式为

$$F = C \times \rho \times S \tag{7-17}$$

式中，F 为元素的累积通量（mg·cm^{-2}·ka^{-1}）；C 为元素的百分含量（%）；ρ 为沉积物干密度（g·cm^{-3}）；S 为沉积速率（mm·ka^{-1}）。

将该式移项变形到

$$S = F / (C \times \rho) \tag{7-18}$$

假定沉积物柱状样中 Al 元素的累积通量恒定，通过已知 E272 站位沉积物柱状样的沉积速率来计算其他沉积物柱状样的沉积速率值。为简化计算过程，计算中涉及的 Al 百分含量分别指 E271 站位和 E53 站位沉积物柱状样的平均 Al 含量。

从计算结果可以看出，E271 站位沉积物柱状样的理论沉积速率和实测值基本一致。而 E53 站位沉积物柱状样的理论值远高于实测值（表 7-5）。高的理论沉积速率与 E53 站位沉积物柱状样中具有较高的 Fe 含量平均值是一致的，说明 E53 站位沉积物受到热液活动的影响最大（武力，2011），且 E53 站位沉积物柱状样的理论沉积速率与实测沉积速率的差异可能与洋中脊底流的影响有关。除此之外，Mn/Fe 值还指示该沉积物柱状样经历了强烈的早期还原成岩作用，且 Mn 在沉积物柱状样上部发生了明显的层位迁移。Müller 和 Mangini（1980）认为，若远洋沉积速率小于 10mm·ka^{-1}，沉积物就会处于氧化状态，这是因为缓慢的沉积速率使得沉积系统整体具有充足的时间在沉积物-水界面氧化消耗沉积物中的还原剂（如有机碳等）。然而，E53 站位沉积物柱状样中有机碳含量最高达 5%，远较一般远洋沉积物（＜1%）高。因此，在高有机碳通量的条件下，尽管沉积速率较慢，但是在沉积物-水界面也存在部分未被消耗的有机碳，并最终导致在还原成岩过程中部分元素（如 Mn 等）发生活化迁移。这就解释了 E53 站位沉积物的实测沉积速率与理论值之间存在差异的原因（武力，2011）。

表 7-5　EPR 13°N 附近沉积物中部分元素的实测和理论累积通量（武力，2011）

元素	E271 站位		E272 站位		E53 站位	
	范围	平均值	范围	平均值	范围	平均值
Al_m	15.4～21.3	17.9	11.6～15.9	13.8	3.7～6.2	4.9
Al_t	14.0～19.3	16.2			10.9～18.5	14.5
Fe_m	36.5～57.6	48.1	17.7～40.1	31.3	12.4～25.1	18.7
Fe_t	33.1～52.3	43.7			36.8～74.9	55.6
Mn_m	6.2～12.9	9.9	0.4～10.0	4.8	0.2～5.7	1.5
Mn_t	5.7～11.7	9.0			0.6～47.0	4.4
Co_m	13.7～20.1	16.8	4.8～16.1	11.1	2.7～7.0	4.5
Co_t	12.5～18.2	15.3			8.2～21.1	13.4
Ni_m	59.3～211.6	87.8	29.1～81.1	51.6	20.7～43.1	31.6
Ni_t	53.8～192.1	79.7			61.8～128.6	91.5
Cu_m	100.6～188.6	137.3	48.0～108.8	78.5	18.1～70.9	37.5
Cu_t	91.4～171.2	124.6			54.0～211.3	111.8
Zn_m	83.5～140.8	114.0	46.8～106.3	788.0	29.0～77.4	48.8
Zn_t	75.8～127.8	103.5			86.5～230.6	145.3

m 表示实测累积通量；t 表示理论累积通量。

含金属沉积物中部分元素的实测和理论累积通量（表 7-5）都有其客观意义。实测沉积速率反映了最终累积量，而理论沉积速率反映的是热液活动对沉积物所在区域的潜在影响（武力，2011）。

第六节　矿物组成

一、EPR 含金属沉积物的矿物组成

EPR 含金属沉积物中的物质种类复杂多样，通常以热液和生物成因物质为主，也含有一定量的陆源和水成成因物质。同时，由于其受到海水深度、海底地形、距热液喷口与陆源的距离以及海底生物活动和热液流体性质等多方面影响，不同区域的含金属沉积物中矿物组成及含量也明显不同。

（一）胡安·德富卡洋脊

胡安·德富卡洋脊轴部地区的水深为 2000～2500m，浅于全球洋中脊轴部裂谷的平均深度，且胡安·德富卡洋脊中含金属沉积物的分布范围要比 SEPR 和 EPR 9°N～13°N 海区的小（Bogdanov et al., 1989）。

1. 轴部海山

轴部海山的峰顶具有低温热液系统（<40℃），其形成的含金属沉积物主要分布在海山

的峰顶、斜坡和海山西部的胡安·德富卡海盆中。Bogdanov 等（1989）对轴部海山中含金属沉积物的矿物组成进行了详细的矿物学研究，发现轴部海山不同位置的含金属沉积物，其矿物组成差别较大，较为常见的是生物成因的碳酸盐组分、硅质组分以及陆源碎屑和黏土矿物。

在轴部海山的峰顶和斜坡上部，可见数十厘米厚的全新世含金属沉积物薄层。含金属沉积物可分为两层，分别以热液和火山成因物质为主。上层的棕色沉积物富含热液组分物质，火山物质（主要为新鲜玻璃质碎屑岩，以及基性斜长石、橄榄石、辉石和玄武岩碎屑）含量较少。下层的灰绿色沉积物富含火山成因物质，且某些层位中火山成因物质的含量可达 40%，热液成因物质（Fe-Mn 结壳，重晶石等）含量较少（Bogdanov et al.，1989）。含金属沉积物中热液成因 Fe-羟基氧化物大部分为非晶质的，部分可通过结晶作用形成针铁矿。沉积物中生物碎屑含量低，可见少量的浮游生物（放射虫、硅藻、有孔虫），以及底栖生物（如有孔虫和海绵骨针）（Clague et al.，2013）。

轴部海山斜坡下部的含金属沉积物与斜坡上部和峰顶含金属沉积物的矿物组成不同。斜坡下部的含金属沉积物也可分为两层，上层沉积物呈褐色，下层沉积物呈灰绿色，下层为还原环境，Fe-羟基氧化物含量高，呈细粒分散。沉积物从上往下，SiO_2 含量从 30%～34%降低至 13%，而 $CaCO_3$ 含量变化与此相反，随深度增加而增加，可达 72%（Bogdanov et al.，1989）。

轴部海山西部的胡安·德富卡海盆中含金属沉积物为褐色黏土质沉积物，由碳质和硅质物质组成，沉积物中富含 Fe-Mn 氧化物和氢氧化物、火山玻璃和蛋白石等，黏土级矿物主要由水云母（40%～50%）、蒙皂石（25%～30%）和伊利石（25%～30%）组成（Gurvich，2006）。

轴部海山的含金属沉积物中 Fe-羟基氧化物成因有两种：①含铁硫化矿物经氧化作用形成的 Fe-羟基氧化物；②热液流体与海水的混合作用形成的 Fe-羟基氧化物。

2. Endeavour 洋脊段

Endeavour 洋脊段的海底热液系统发育于该段的中间位置（Delaney et al.，1992），具高温热液喷口（>400℃），且受轴部裂谷西峭壁一线的正断层控制（Tivey and Delaney，1985），含金属沉积物在该洋脊段分布少，且厚度薄（Hrischeva and Scott，2007）。

Hrischeva 和 Scott（2007）对胡安·德富卡洋脊中 Endeavour 洋脊段的含金属沉积物进行了详细的矿物组成及形态特征研究。其中，近端沉积物分别取自 Main Endeavor 海区中间段 Grotto 热液喷口周围 35m 和 200m 处，该含金属沉积物呈黄褐色，X 射线衍射分析结果认为近端含金属沉积物主要由无定形物质（玄武质玻璃碎屑和生物成因碎屑）组成，并含有一定量的蒙皂石、绿泥石、石英、长石、方解石、重晶石和黄铁矿，且硫化物含量较少（2%～4%，质量分数）。

远端含金属沉积物取自 Endeavour 洋脊段东西两翼的 3km 范围内，沉积物上层呈灰褐色，下层呈灰绿色，且上下两层沉积物的矿物组成几乎一致，主要由黏土矿物、石英、长石、方解石、重晶石、Fe-Mn-羟基氧化物和生物碎屑组成。黏土矿物包括蒙皂石、伊利石和绿泥石。沉积物中黏土级组分（<2μm）的 X 射线衍射半定量分析结果表明，蒙皂石（含量为 60%～

66%）是主要的黏土矿物，其次是伊利石（含量为20%～26%）和绿泥石（含量为14%～17%）。生物碎屑由有孔虫壳体、放射虫和硅藻组成。远端含金属沉积物与近端含金属沉积物的差别是远端含金属沉积物中未检测出黄铁矿（Hrischeva and Scott，2007）。

3. Middle Valley

Middle Valley 位于胡安·德富卡洋脊的北部，为有沉积物覆盖的洋脊扩张中心（Davis and Villinger，1992）。由于靠近大陆边缘，Middle Valley 沉积物中含有大量陆源物质（Goodfellow and Blaise，1988），沉积物由陆源碎屑和自生矿物以不同比例混合组成（Buatier et al.，1994）。

在远离活动喷发区（area of active venting，AAV）的地段，沉积层的上层由石英、长石、角闪石、黏土矿物和生物碎屑组成，黏土矿物主要为蒙皂石、绿脱石、伊利石和混层黏土矿物（Buatier et al.，1994），其下层常含有浊积岩层，浊积岩由黏土矿物、石英、角闪石和长石组成，几乎不含生物成因组分（Goodfellow and Blaise，1988）。沉积物柱中黏土矿物含量较少，且从晚更新世到全新世，由于气候的变化，沉积物中绿泥石和伊利石的含量相对蒙皂石和混层矿物增加（Goodfellow and Blaise，1988）。

在 AAV 热液喷口区附近，含金属沉积物发生轻微蚀变，呈灰色。由于钙质微生物化石溶解，沉积物发生固化，含金属沉积物中自生方解石和黄铁矿含量增加（Turner et al.，1993）。进一步，AAV 靠近热液喷口处具高热流值，沉积物发生强烈的热液蚀变，呈绿色，生物碎屑部分或完全被细粒方解石取代，沉积物则被方解石和非晶质二氧化硅部分胶结（Goodfellow and Blaise，1988）。沉积物蚀变区域由内向外，蚀变程度降低，不同位置蚀变产物也不相同，中心蚀变程度最强烈，具有斜钙沸石-石英-绿帘石-榍石-黄铁矿矿物组合。向外依次为石英-绿帘石-黄铁矿矿物组合沉积物分布区、钠长石-绿泥石-黄铁矿矿物组合沉积物分布区和硬石膏-伊利石-黄铁矿矿物组合沉积物分布区，最外则为方解石/白云石-伊利石-黄铁矿组合沉积物分布区（Buatier et al.，1994）。

（二）EPR 13°N

在 EPR 13°N 附近的表层含金属沉积物中，其碳酸盐含量较低，属于低碳和非碳酸盐含金属沉积物，沉积物粒度较细（Cherkashev，1990），主要由黏土矿物、生物碎屑（硅藻、放射虫等）、富 Fe-蒙皂石、石英、长石以及少量的火山玻璃等组成。EPR 12°50′N 的表层含金属沉积物，在轴部富集玄武岩碎屑物（图 7-2），其可占沉积物总含量的 25%，这对热液物质和陆源物质起到了明显的稀释作用（Cherkashev，1992）。进一步，EPR 13°N 附近含金属沉积物中热液来源物质含量为 20%～45%。其中，在 EPR 的西翼，含金属沉积物随远离洋中脊轴部的距离增加，其热液来源物质逐渐降低，但在 EPR 的东翼，含金属沉积物中热液来源物质含量则逐渐增加，且含量要高于 EPR 西翼，这可能是由于 EPR 13°N 附近的底部洋流由西往东穿越 EPR 进入危地马拉海盆，将 EPR 轴部喷出的热液物质向东挟带（Lonsdale，1976）。不仅如此，EPR 13°N 附近含金属沉积物中生物成因蛋白石含量很低，而热液来源 SiO_2 也仅出现在靠近 EPR 轴部的位置，含量为 0～10%（图 7-3）。

此外，由于 EPR 13°N 靠近中、南美洲，来自大陆的风成沉积物和河流挟带的陆源物质较多，Cherkashev（1992，1990）估算认为在 EPR 13°N，部分含金属沉积物中陆源碎屑物质的含量可达 50%。

（三）加拉帕戈斯扩张中心

加拉帕戈斯扩张中心呈 EW 走向，西部与 EPR 相接，形成加拉帕戈斯三联点区域，东部延伸至巴拿马海盆，根据洋壳岩石地磁异常计算，其洋中脊半扩张速率为 34mm·a^{-1}。

1972 年，在加拉帕戈斯扩张中心南翼发现热液活动形成的圆锥形丘状体，硫化物丘状体高 5～25m，直径 20～50m（Klitgord and Mudie，1974）。丘状体上分布着深海沉积物和含金属沉积物（Borella et al.，1983），其含金属沉积物与 EPR 的含金属沉积物在矿物以及化学组成上存在明显的差别（Migdisov et al.，1983），主要由富 Mn 氧化物和热液成因的黏土矿物组成，化学组成以 Fe、Mn 元素为主，记录了热液活动的信息（Moorby and Cronan，1983）。

富 Mn 氧化物包括富 Mn 氧化物结壳碎屑和富 Mn 氧化物的软泥。富 Mn 氧化物结壳出现在大多数硫化物丘状体的表层，通常厚约几厘米（最厚的富 Mn 氧化物结壳出现在 DSDP Leg 70 的 509B 钻井，厚 1.4m）（Borella et al.，1983）。富 Mn 氧化物结壳碎屑为棕黑色，扁平状，鹅卵石至颗粒状大小（长约 5cm），棱角分明。大多数富 Mn 氧化物结壳碎屑的表面呈粒状，但是也有一些呈葡萄串状和平坦状（Borella et al.，1983）。X 射线衍射分析表明其主要矿物成分为钡镁锰矿，并含有少量的水钠锰矿。部分富 Mn 氧化物结壳样品中，镜下可见明亮的橙色和黄色的 Fe 氧化物或褐铁矿被钡镁锰矿所包围，在反射光下观察，Fe 氧化物或褐铁矿呈灰色，而 Mn 氧化物呈灰白色。X 射线衍射分析无法显示非晶质矿物的衍射峰，因此结合显微镜观察，推断富 Mn 氧化物结壳中除钡镁锰矿之外，可能含有少量非晶质的 Fe 或 Mn 氧化物（Borella et al.，1983），且富 Mn 氧化物结壳之上常覆盖沉积物，表明富 Mn 氧化物可能并不是现在才沉积形成的（Moorby and Cronan，1983）。

含 Mn 氧化物的软泥只在 DSDP Leg 70 的 509B 钻井发现，位于富 Mn 氧化物结壳之上，由不同含量的深海沉积物和细粒分散的富 Mn 氧化物共同组成。化学成分上介于富 Mn 氧化物结壳和深海沉积物之间，表明其是这两种沉积物的混合物（Moorby and Cronan，1983；Honnorez et al.，1981）。

丘状体外层富 Mn 氧化物结壳下 2～20m 的次表层为绿色颗粒状黏土矿物与正常深海沉积物的交互层，X 射线衍射结果表明黏土矿物主要为蒙皂石族的绿脱石（Barrett and Friedrichsen，1982；Rateev et al.，1980；Corliss et al.，1978；Hékinian et al.，1978），但是也含有绿鳞石/绿脱石混层矿物（Donnelly and Appendix，1980）。热液成因绿脱石整体呈绿色，偶尔也可见黄色、橙色、红色、棕色和黑色，为易碎、半固结的颗粒；绿脱石颗粒粒度大小变化很大，从小于 1mm 到大于 20mm，且通常很粗。偶尔也可在丘状体深部发现黄色到橙色的绿脱石颗粒，表明丘状体深部也可能存在氧化环境（Borella et al.，1983）。

加拉帕戈斯扩张中心西部，与 EPR 相交会的三联点区域以及其东部的 Hess Deep 中发现含金属沉积物的矿物组成和化学成分类似于 EPR 的含金属沉积物（Walter and Stoffers，1985），其黏土矿物以富 Fe-蒙皂石为主，而与东部加拉帕戈斯裂谷区以陆源的贝德石为主有区别（Walter and Stoffers，1985）。

2005 年 9 月中国大洋协会 DY105-17A 环球航次 EPR 航段，在赤道地区加拉帕戈斯三联点附近的 EPR-TVG5 站位（图 7-22），使用电视抓斗在距 EPR 轴部约 10km 的远轴点 17A-EPR-TVG5（0°15′55″S，102°21′58″W，水深 3167m）获得了表层沉积物样品。

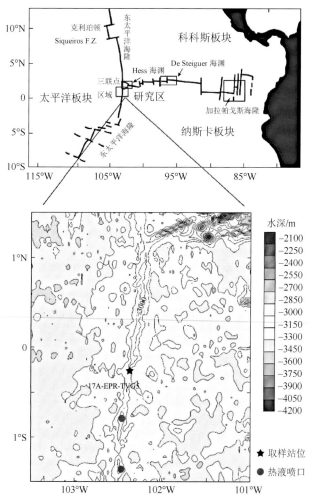

图 7-22　EPR 赤道附近 17A-EPR-TVG5 站位沉积物取样位置图

17A-EPR-TVG5 站位的沉积物样品为浅棕色钙质软泥，夹浅黄色、黄绿色不均匀斑块，其组分（＞63μm）中以有孔虫等钙质微生物化石为主，可见少量棕色火山玻璃，主要由方解石组成，并含有少量的黄铁矿及非晶质的 Fe-Mn 氧化物/氢氧化物，黏土矿物以蒙皂石为主（李康，2009）。Boström 等（1973）的研究认为其碳酸盐组分中生物成因 SiO_2 含量超过 70%，因此沉积物中生物碎屑对热液物质起到了非常明显的稀释作用。

　　总之，加拉帕戈斯扩张中心东部地区缺乏含金属沉积物，硫化物丘状体上的含金属沉积物以富 Mn 氧化物结壳和绿脱石为主（Borella et al.，1983），而丘状体周围及扩张中心区内的沉积物以生物成因蛋白石、黏土矿物和少量的火山玻璃为主（Walter and Stoffers，1985）。加拉帕戈斯扩张中心西部与 EPR 相交处，可见少量矿物组成类似 EPR 5°S～45°S 的含金属沉积物，但沉积物中生物成因蛋白石含量则较高。

（四）SEPR

　　SEPR 从轴部到翼部，碳酸盐补偿深度（carbonate compensation depth，CCD）之上均有含金属沉积物的分布，其主要矿物类型是生物成因的方解石（可构成颗石藻和有孔虫），在水深较浅的部位，沉积物中碳酸钙的含量高达 80%～90%，随水深增加，碳酸钙含量降低（Boström，1973）。除此之外，含金属沉积物中生物成因蛋白石含量较低，明显低于北部亚赤道地区含金属沉积物中蛋白石的含量。

　　X 射线衍射分析表明无定形胶体状或弱结晶的 Fe-Mn 氧化物/氢氧化物是沉积物中主要的含金属元素的矿物相，且在 EPR 18°S～24°S 的轴部地区，含金属沉积物去除碳酸盐组分后，热液来源的氧化物平均含量约为 83%（Marchig et al.，1988）。进一步，Fe 氧化物主要为热液流体与海水混合沉淀形成的针铁矿，磁性矿物则为钛磁铁矿和赤铁矿。同时，Mn 的结晶矿物主要为 δ-MnO$_2$ 和钡镁锰矿（Walter and Stoffers，1985；Dymond et al.，1973）。在靠近热液活动区的含金属沉积物中发现一定量的 Fe、Cu 和 Zn 的硫化物，主要为黄铁矿，少量的黄铜矿和闪锌矿，其他硫化物则较少出现。此外，沉积物中主要的黏土矿物为蒙皂石和富 Fe-蒙皂石，且表层沉积物中富 Fe-蒙皂石的结晶程度最低，其含量随深度增加而增加（Gorbunova，1982，1981）。同时，EPR 翼部的含金属沉积物中非生物成因的黏土级组分几乎全由弱结晶的富 Fe-蒙皂石和针铁矿组成。

　　Fe-Mn 微结核是含金属沉积物中最丰富的自生组分。在 EPR 翼部，Fe-Mn 微结核占非生物成因组分的 10%～20%（Sayles and Bischoff，1973），而在较大粒级组分中占 90% 左右。靠近 EPR 轴部，其含量明显降低（Dekov et al.，2003）。此外，含金属沉积物中也常见沸石族矿物和重晶石（Walter and Stoffers，1985）。

　　在 EPR 18°S～24°S，含金属沉积物中含有少量的碎屑矿物，海隆轴部地区的含金属沉积物平均含约 9% 的硅酸盐矿物（Marchig et al.，1988），常见的碎屑矿物为石英、钾长石、斜长石、角闪石、辉石、火山玻璃、绿帘石、磁铁矿和锆石，偶尔也可检测出石榴子石。其中，石英、长石主要是风成成因，而其他的碎屑矿物则主要是火山成因和风化产物。不仅如此，在 SEPR 的热液活动区周围 10～20km 范围内，含金属沉积物中可见自然金属和合金（Cd、Ni、Al、Sn、Si、Ti、Al-Mg-Si、Al-Si、Al-Mg、Al-Ti-Ca、Fe-Si、Fe-Cr-Ni、Zn-Al、Zn-Fe、Cu-Zn、Ag-Cu、Sn-Cu、Sn-Zn、Sn-Pb 和 Sn-Pb-Zn），主要以 Al、Sn、Cu-Zn、Zn 族合金、Sn 族合金以及 Al 族合金为主，而 Fe 族金属以及 Ni、Cd 等含量少（Dekov and Damyanov，1997；Dekov，1994；Davydov，1992），其粒径基本小于 0.1mm（Dekov，1994）。

二、EPR 13°N 附近沉积物的轻重矿物分析

轻重矿物是以比重 2.8g·cm^{-3} 为划分界线，比重大于 2.8g·cm^{-3} 的矿物称为重矿物，如磁铁矿、钛铁矿、石榴子石和角闪石等；比重小于 2.8g·cm^{-3} 的矿物则称为轻矿物，如斜长石、钾长石、碳酸盐矿物等。

轻重矿物分离的原理是根据其本身所具有的比重、磁性、电磁性等物理特性，采用相应的方法，将不同特性的矿物分离出来，其目的就在于准确、快速地识别矿物。选择粒级时，以样品中的某粒级的重矿物含量大，矿物种类多为标准。同时也要考虑到矿物颗粒大小，一般选择 25～63μm 或者 63～125μm 的矿物。

对 E272 站位沉积物柱状样品每间隔 2cm 进行取样，然后取 20g 左右样品置于干净的烧杯中，加少量蒸馏水，放置超声波清洗仪（AS3120A 型 Ultrasonic Cleaner）中振荡 15min 左右取出；之后利用孔径分别为 250μm 和 63μm 的筛子将样品过筛，然后将粒径在 63～250μm 的矿物颗粒取出；再进行超声波振荡清洗，以除去筛子中的黏土粒级物质，之后再过滤矿物颗粒样品，烘干后就可在实体显微镜下进行观察。

观察发现，沉积物样品主要由云母等透明矿物［图 7-23（a）］、有孔虫等生物碎屑［图 7-23（b）和图 7-24（c）］以及少量的火山碎屑［图 7-23（c）和图 7-24（d）］和矿物［图 7-23（d）］组成，且生物碎屑多呈空心网状球体形态［图 7-24（a）］，少数呈树枝状、鹿角状［图 7-24（b）］、绒球状和球状集合体。

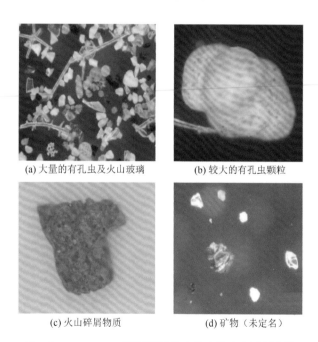

(a) 大量的有孔虫及火山玻璃　　　　(b) 较大的有孔虫颗粒

(c) 火山碎屑物质　　　　(d) 矿物（未定名）

图 7-23　EPR 13°N 附近沉积物中的有孔虫与碎屑颗粒

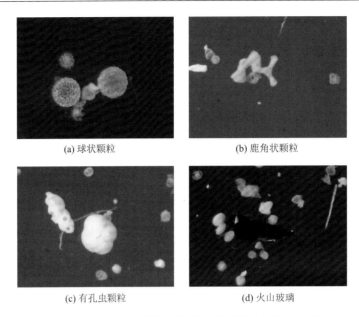

(a) 球状颗粒　　　　　　　　　　(b) 鹿角状颗粒

(c) 有孔虫颗粒　　　　　　　　　　(d) 火山玻璃

图 7-24　EPR 13°N 附近沉积物中的有孔虫与火山玻璃

研究发现，E272 站位含金属沉积物柱中红褐色沉积层的矿物，主要由长石、石英、伊利石以及大量非晶质矿物组成；下层灰绿色沉积层中矿物，则主要由方解石、长石、石英、伊利石、高岭石以及大量的非晶质矿物组成，其重矿物颗粒的含量较少，可见火山物质。

三、EPR 沉积物的矿物组成

（一）E53 站位

利用 XRD 对 E53 站位沉积物柱状样五个层位的样品进行矿物相分析（对应的取样层依次为 5～6cm、10～11cm、17～18cm、28～29cm、42～44cm）。结果显示，E53 站位沉积物柱状样上、下段中的矿物组合存在明显差异。其中，方解石含量自上而下增多，为中下段的特征矿物，且含量高于其他矿物。这一现象与 Ca 含量在沉积物柱状样中的分布特征一致。E53 站位上段沉积物中非晶质 Fe-Mn 氧化物和氢氧化物的含量较下段高。此外，沉积物柱状样中均分布着石英、蒙皂石、长石等矿物（图 7-25）（李康，2009）。

（二）17A-EPR-TVG1 和 17A-EPR-TVG5 站位

X 射线衍射结果表明（图 7-26），17A-EPR-TVG1 站位的含金属沉积物主要的矿物相为黄铁矿，其次有少量的蒙皂石和石盐。17A-EPR-TVG5 站位的沉积物样品主要由方解石组成（李康，2009）。

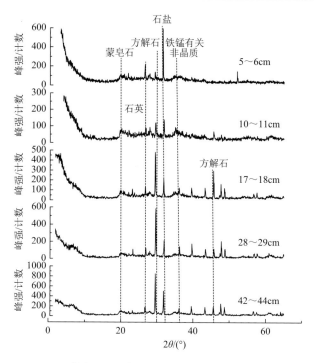

图 7-25　EPR 13°N 附近 E53 站位沉积物柱的 X 射线衍射图（李康，2009）

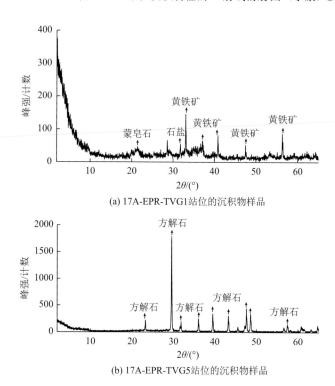

(a) 17A-EPR-TVG1站位的沉积物样品

(b) 17A-EPR-TVG5站位的沉积物样品

图 7-26　EPR 沉积物样品 X 射线衍射图（李康，2009）

测试分析显示 17A-EPR-TVG5-1 和 17A-EPR-TVG5-2 站位的沉积物样品，均存在两个与方解石特征峰吻合度较好的峰（依次为峰位 23.20°，峰值为 138.0 和峰位 29.62°，峰值为 1053.0）[图 7-27（a）和图 7-27（b）]。17A-EPR-TVG5-3 和 17A-EPR-TVG5-4 站位的沉积物样品，其 XRD 分析角度范围加宽了，范围为 2°～65°[图 7-27（c）和图 7-27（d）]。通过分析 XRD 图谱，可以发现一些特征峰，主要包括：峰位 23.20°，峰值 138.0；峰位 29.62°，峰值 1053.0[图 7-27（c）]；峰位 31.80°，峰值为 198.00；峰位 36.04°，峰值 346.00；峰位 39.48°，峰值 346.00；峰位 43.24°，峰值 307.00；峰位 47.58°，峰值 447.00；峰位 48.58°，峰值 347.00；峰位 57.46°，峰值 150.00[图 7-27（d）]。这些峰值均呈现出与方解石特征峰吻合良好的特征。

综合以上分析，17A-EPR-TVG5 站位的沉积物主要由钙质生物碎屑组成，矿物成分为钙质碳酸盐-方解石，占样品总重量的 99%以上，这与轻重矿物分析及镜下矿物鉴定取得的认识一致。

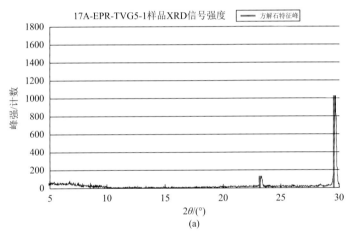

(a)

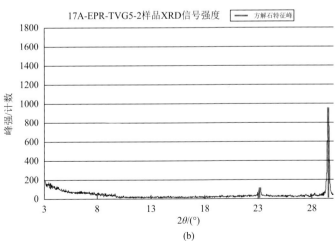

(b)

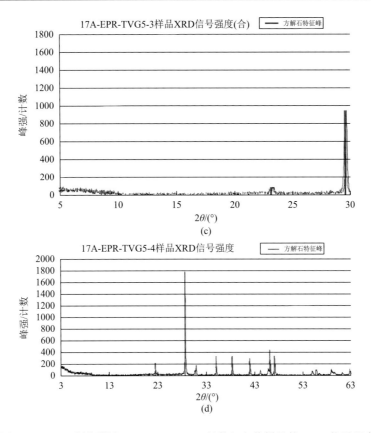

图 7-27　EPR 赤道附近 17A-EPR-TVG 5 站位沉积物样品的 XRD 信号强度

第七节　元素分布特征

以洋中脊为轴,两翼的含金属沉积物中,其化学元素含量常表现出明显的规律性变化。

一、胡安·德富卡洋脊

含金属沉积物在胡安·德富卡洋脊附近分布的较少,仅零星分布在热液喷口区及其附近,且其分布范围远小于 SEPR 和 EPR 9°N~14°N 附近的含金属沉积物。

轴部海山位于胡安·德富卡洋脊的中段与 Cobb 系统火山链相交处(Desonie and Duncan,1990)。火山链由 Cobb 热点之上的板块运动而形成,轴部海山是这个火山链最东部和最年轻的火山。Lukashin 等(1990)阐述了沿轴部海山,从破火山口的顶部(summit)、海山斜坡(slope)、海山底部(base)到相邻的盆地(basin),表层含金属沉积物中非生物成因组分的元素分布特征(图 7-28)。

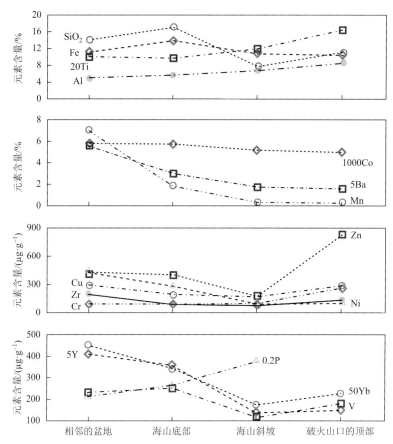

图 7-28　表层含金属沉积物非生物成因组分中的元素沿胡安·德富卡洋脊轴部海山横截面的分布特征
（Gurvich，2006；Lukashin et al.，1990）

　　轴部海山底部的含金属沉积物中 Fe 含量要比热液喷口周围区域的高，这归功于轴部海山顶部的含金属沉积物中含有大量富 Al、Ti、Cr 的基性火山成因物质，且含金属沉积物中 Mn 的含量随远离轴部海山顶部距离的增加而逐渐增加。

　　按照微量元素的分布特征可将其分为以下三类（Gurvich，2006）。

　　第一类，含金属沉积物中 Mn、Ba 和 Co 元素。从轴部海山顶部到海盆，其含量逐渐增加。

　　第二类，含金属沉积物中 Cu、Cr、Ni、Zr 和 Y 元素。在轴部海山顶部，其含量最高或较高；在斜坡上，其含量最低；到胡安·德富卡海盆中，其含量逐渐增加。

　　第三类，含金属沉积物中 V 和 P 元素。在轴部海山斜坡或海山底部，其含量最高。

　　含金属沉积物的第一类和第二类元素组合（Ba 除外），从轴部海山的斜坡到胡安·德富卡海盆中，其含量的增加，可能与热液柱中沉降物质对金属元素的吸附作用有关，即随着远离热液喷口，从热液柱中沉降的 Fe-Mn 氧化物/氢氧化物，其吸附的金属元素含量增加。胡安·德富卡洋脊侧翼的含金属沉积物中 REE 含量具有类似的结果，从热液柱沉降的 Fe-Mn 氧化物/氢氧化物不断地从海水中吸附 REE，导致含金属沉积物中 REE_{ex}/Fe_{ex} 值随远离洋脊轴部距离的增加而增加（German et al.，1997）。此外，在轴部海山低温热液产物中，Ba 是其主要元素，并主要存在于重晶石中。胡安·德富卡洋脊中热液流体形成的重晶石沉淀并不稳定，极易溶解，致使其并不能沉淀在热液区周围的含金属沉积物中（Feely et al.，1987）。这表明，轴部海山含金属沉积物中的重晶石是生物作用形成的，类似于 SEPR 的含金属沉积物（Gurvich et al.，1979）。

第二类元素在轴部海山顶部的含金属沉积物中含量较高或最高的原因有多种。高含量的 Cu 和 Zn 可能与在喷口周围形成的硫化物沉淀有关，而 Cr、Ni、Zr、Yb 和 Y 则可能与含金属沉积物中具有大量的火山成因物质有关。

第三类元素的分布特征可能与热液柱中沉降物质的快速共沉淀和吸附作用有关，且含金属沉积物中出现 P 含量最大值的位置比 V 更靠近热液喷口，表明热液柱中 Fe-Mn 氧化物沉降对 P 的吸附作用结束的要比对 V 的早。

Gurvich（2006）通过对轴部海山含金属沉积物中金属元素进行相关性分析，发现 Ni、Yb、Zr、Y、Cu、Ag、Cr 和 Co 的 $El_{ex}/(Fe_{ex} + Mn_{ex})$ 值与 $Al/(Fe_{ex} + Mn_{ex})$ 值具有显著的相关性（$R^2 > 0.7$），其认为这些元素是热液柱中沉降物质从海水中吸附而来的，这就使得热液流体和海水均成为轴部海山含金属沉积物中某些微量元素的重要物质来源，而且是轴部海山顶部含金属沉积物中 Cu 的最主要来源。进一步，含金属沉积物中 Zn、V 和 P 的 El_{ex} 与（$Fe_{ex} + Mn_{ex}$）呈显著的相关性（$R^2 > 0.8$），结合其分布特征，则表明含金属沉积物中这些元素有部分来自海水，加之这些元素在海水中含量高，易于被热液柱中沉降物质从海水中快速吸附，且热液流体中 V 和 P 含量低也表明它不是轴部海山区或其顶部含金属沉积物中 V 和 P 的主要物质来源。此外，含金属沉积物中 Zn 含量的分布特征，也表明在轴部海山顶部区，热液流体是沉积物中 Zn 最主要的物质来源，而轴部海山顶部之外的含金属沉积物中 Zn 的来源则不是热液流体。

二、EPR 9°N ~ 14°N

在 EPR 12°50′N，表层含金属沉积物中化学元素含量随距离洋中脊轴部的距离而变化，且底部洋流方向向东，致使东部侧翼沉积物中热液成因组分的含量高于西翼（Lonsdale，1976）。进一步，EPR 13°N 附近表层含金属沉积物中 Fe 的含量在轴部地区最大（图 7-29），远离轴部及热液物质的源区，则含金属沉积物中 Fe 含量降低，且受东向流动的底部洋流影响，以洋中脊为轴，Fe 的分布呈略微的非对称分布（Gurvich，2006）。

结合 E53、E271、E272 和 17A-EPR-TVG1 站位沉积物的化学组成分析数据，发现 EPR 13°N 附近表层含金属沉积物中 Mn 的分布复杂（图 7-30）。通常 Mn 元素含量的高值区分布在离轴区的含金属沉积物中，并位于 EPR 轴部热液区的西翼。在本研究区南部，随着远离洋中脊的轴部，含金属沉积物中 Mn 含量在东西两翼逐渐降低；而在北部，含金属沉积物中 Mn 含量逐渐降低只出现在洋中脊西翼；在洋中脊东翼，热液活动区含金属沉积物中 Mn 含量为 2%～3%，向东含金属沉积物中 Mn 含量逐渐增加，并在很大范围内保持高 Mn 含量（3%～4%），这可能主要与洋中脊东翼下伏还原性地层中 Mn 的活化向上迁移，并再次在表层氧化环境中沉淀有关（Gurvich，2006），也可能与 5 号海山（EPR 13°N，103.5°W）的热液活动有关（Batiza et al.，1989）。

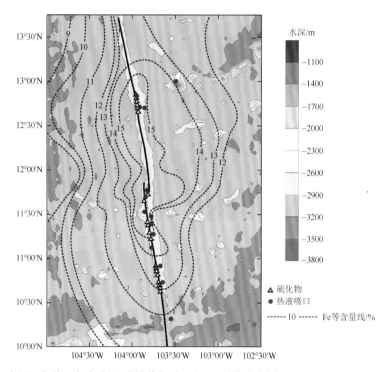

图 7-29　EPR 表层沉积物（去碳酸盐-成壤物组分）中 Fe 含量分布图（Gurvich，2006；Cherkashev，1990）

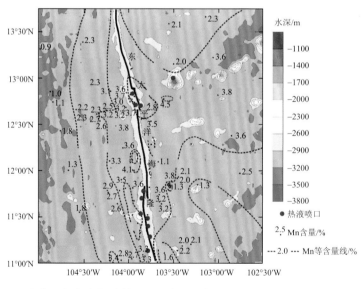

图 7-30　EPR 表层沉积物（去碳酸盐-成壤组分）中 Mn 含量分布图（Gurvich，2006；Cherkashev，1990）

　　EPR 13°N 轴部地区的含金属沉积物中 Cu 含量较高，这种特征在热液区附近更加明显（图 7-31）。远离洋中脊轴部向东，含金属沉积物中 Cu 含量先降低，然后又增加；远离洋中脊向西，含金属沉积物中 Cu 含量也具有这种特征，这一含金属沉积物中 Cu 元素含量分布特征与 SEPR 含金属沉积物中 Cu 元素含量的分布特征相同（Gurvich，2006）。

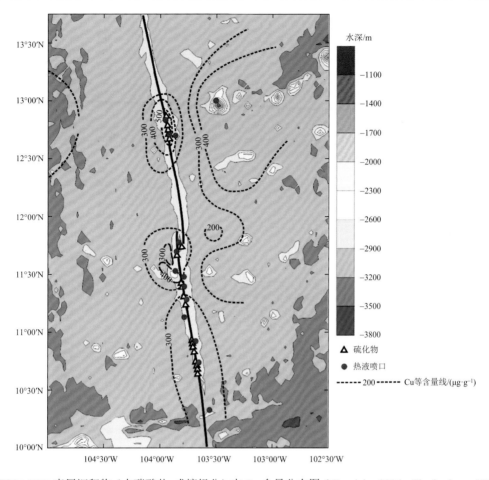

图 7-31　EPR 表层沉积物（去碳酸盐-成壤组分）中 Cu 含量分布图（Gurvich，2006；Cherkashev，1990）

EPR 10°N～13°N 含金属沉积物中 Zn 具有与 Cu 类似的分布特征（图 7-32），且 Cu 元素含量的最大值出现在轴部地区和侧翼（远离轴部）的含金属沉积物中，其与 SEPR 含金属沉积物中的 Cu 元素分布特征相似（Gurvich，2006）。在轴部地区热液喷口附近，含金属沉积物中 Cu 和 Zn 含量高是由于热液柱中 Cu 和 Zn 的硫化物颗粒围绕着热液喷口沉淀,这部分硫化物易于被氧化，从而形成近端的含金属沉积物，而离轴区的含金属沉积物，其 Cu 和 Zn 含量高，则是悬浮颗粒从海水中吸附 Cu 和 Zn 后沉降所致。

在 EPR 9°N～14°N，含金属沉积物中 Ni 不同于 Cu 和 Zn 易于在硫化物颗粒中富集，含金属沉积物中过剩积累的 Ni 是热液流体中 Fe-Mn 氧化物/羟基氧化物吸附海水中的 Ni 所致（Gurvich，2006）。此外，EPR 9°N～14°N 轴部区域及热液活动区附近的含金属沉积物中 Ni 含量低，远离 EPR 轴部，含金属沉积物中 Ni 含量逐渐增高，在侧翼地区达到最大，然后又逐渐变小（Davydov et al.，2002）。随着远离洋中脊轴部，含金属沉积物的 Ni/Fe 值逐渐增加（图 7-33），表明其吸附的 Ni 越来越多。

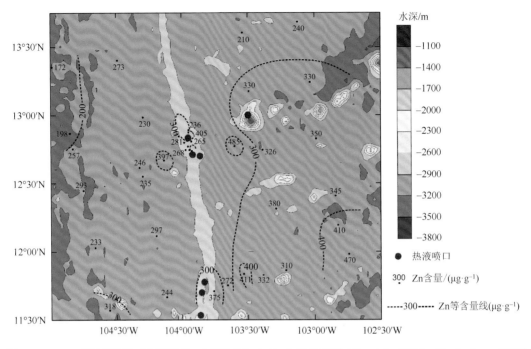

图 7-32　EPR 表层沉积物（去碳酸盐-成壤组分）中 Zn 含量分布图（Gurvich，2006；Cherkashev，1990）

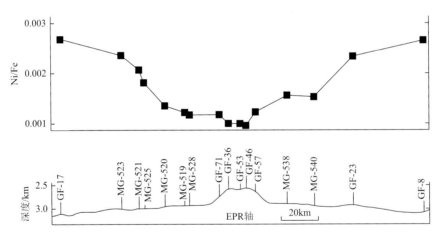

图 7-33　EPR 12°50′N 横截面含金属沉积物中 Ni/Fe 比值图

海底地形和站位引自 Gurvich，2006；Cherkashev，1992

三、加拉帕戈斯扩张中心

　　加拉帕戈斯扩张中心东部靠近美洲陆地，西部与 EPR 交会，研究区内物质来源多样，而且沉积物矿物组成多变，沉积物的地球化学研究表明这一海区的东部区域缺乏含金属沉积物，沉积物以陆源物质为主，而热液物质仅局限于分布在硫化物丘状体上，其西部与 EPR 相交会的海区则具有与 EPR 5°S～45°S 相似的含金属沉积物，具有明显的 EPR 含金属沉积物的特征。

在前人研究的基础上，结合 17A-EPR-TVG5 站位沉积物的研究结果，发现加拉帕戈斯扩张中心的沉积物（去碳酸盐组分后），其 Fe 含量较低，而 EPR 沉积物中 Fe 含量较高，从加拉帕戈斯扩张中心向两翼，沉积物中 Fe 含量增加，且距离 EPR 越近，沉积物中 Fe 含量越高（图 7-34）。加拉帕戈斯扩张中心东部地区的沉积物中 Fe 含量最低，即使是在加拉帕戈斯裂谷区附近，沉积物（去碳酸盐组分后）中 Fe 含量也仅为 4%左右，明显低于 SEPR 含金属沉积物中的 Fe 含量。加拉帕戈斯裂谷区中硫化物丘状体及其附近含金属沉积物的矿物学研究表明，该硫化物丘状体的表层含金属沉积物以富 Mn 的氧化物结壳为主，富 Fe 的蒙皂石和绿脱石分布在富 Mn 氧化物结壳之下（Borella et al.，1983；Moorby and Cronan，1983），这表明热液流体中 Mn 主要沉淀于硫化物丘状体的富 Mn 氧化物结壳中，或者扩散进入周围海水中。

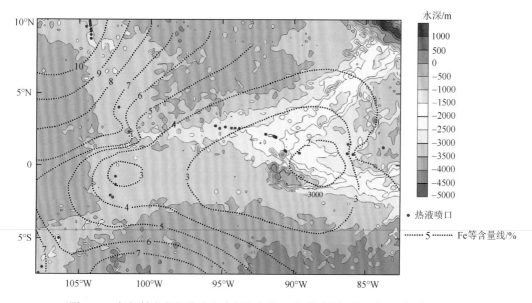

图 7-34　加拉帕戈斯扩张中心表层沉积物（去碳酸盐组分）中 Fe 含量分布图

总体来说，加拉帕戈斯扩张中心表层沉积物（去碳酸盐组分后）中 Mn 含量稍高，尤其是东部地区，而西部靠近 EPR 的含金属沉积物，其 Mn 含量则稍低（图 7-35）。

此外，加拉帕戈斯扩张中心沉积物的矿物组成复杂多样，其不同海区的矿物组成差别明显，表明在不同海区，沉积物中物质来源多样。Walter 和 Stoffers（1985）使用 Dymond（1981）标准组分模型，针对加拉帕戈斯扩张中心的沉积物和 EPR 含金属沉积物（去碳酸盐组分后），将其物质来源分为五种：碎屑铝硅酸盐、热液来源、生物成因、水成成因和不溶有机残余物。

沉积物中代表碎屑物质来源的 Al 和 Si 含量，其在东部加拉帕戈斯裂谷区的沉积物中最高，碎屑来源的 Al 约占 90%（图 7-36），接近大陆物质中的含量，Walter 和 Stoffers（1985）估算该区沉积物中碎屑物质的含量约占 50%。此外，向西靠近 EPR，由于研究区逐渐远离陆地，且来自美洲大陆的风成物质和河流来源物质逐渐减少，沉积物中碎屑物质含量逐

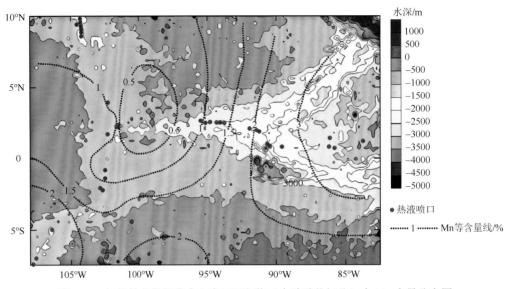

图 7-35　加拉帕戈斯扩张中心表层沉积物（去碳酸盐组分）中 Mn 含量分布图

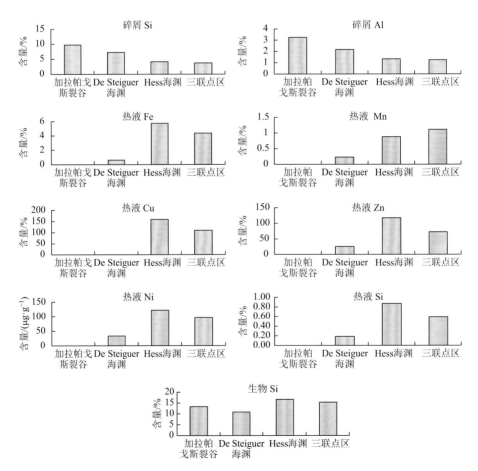

图 7-36　加拉帕戈斯裂谷（Galápagos Rift）、De Steiguer 海渊（De Steiguer Deep）、Hess 海渊（Hess Deep）
和三联点区（triple junction）沉积物（去碳酸盐组分）中不同物质来源的元素含量

渐降低。进一步，由东向西逐渐靠近 EPR，含金属沉积物中热液成因物质含量逐渐降低，且热液来源的 Fe、Mn、Cu、Zn、Si 和 Ni 等元素含量具有相同的分布特征，其在加拉帕戈斯扩张中心东部的加拉帕戈斯裂谷和 De Steiguer 海渊沉积物中均含量很低（图 7-36），而在西部靠近 EPR 的 Hess 海渊（Deep）和三联点区（triple junction）的沉积物中，其热液物质含量增加，这表明沉积物受热液活动影响越来越明显，在 Hess 海渊和三联点区，其沉积物出现类似于 SEPR 含金属沉积物的矿物组成，且在沉积物的元素组成上表现出与 SEPR 沉积物的相吻合。

　　加拉帕戈斯扩张中心的沉积物与 SEPR 含金属沉积物的一个显著不同点，是其含有丰富的生物成因 SiO₂，Walter 和 Stoffers（1985）估算该区沉积物（去碳酸盐组分后）中生物成因 Si 含量可占 10%～20%，且高含量的生物成因 SiO₂ 稀释了该沉积物中的热液物质，这一结论解释了靠近 EPR（Hess 海渊和三联点区）分布的沉积物（去碳酸盐组分后），其 Fe 含量虽仅约为 6%，但仍属含金属沉积物（Boström，1973）的原因。此外，加拉帕戈斯扩张中心沉积物中水成成因物质和不溶残余物质含量很低，除东部（加拉帕戈斯裂谷和 De Steiguer 海渊）沉积物中水成成因 Fe 和 Mn 的含量较高之外，其他海区的常常小于 10%（Walter and Stoffers，1985）。

四、SEPR

　　海底热液活动释放出大量的热液流体进入海水，其中一部分堆积在含金属沉积物中。相比正常沉积物，SEPR 含金属沉积物相对富集 Fe、Mn、Cu、Zn、Pb、Tl、Cd、Sn、Ni、Co、V、As、Sb、Mo、REE、Hg、Au 和 Ag，而亏损 Si、Al、Ti、Li、Rb 和 Th 等元素。根据不同元素随远离洋中脊轴部展现出的含量变化及分布特征，划分出如下 4 种组合类型（图 7-37）（Gurvich，2006）。

　　第一种类型：Fe-Mn-Zn-V-Pb-As-Cd-P-B-Hg 型。在洋中脊轴部的含金属沉积物中，这组元素的含量最高，其远离轴部则逐渐降低，且该元素组合类型在含金属沉积物中普遍存在。

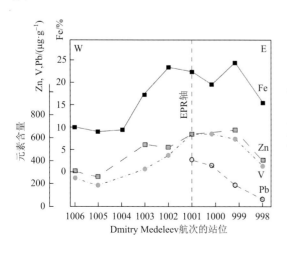
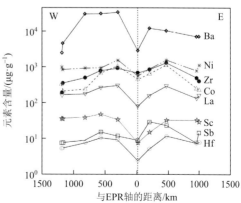

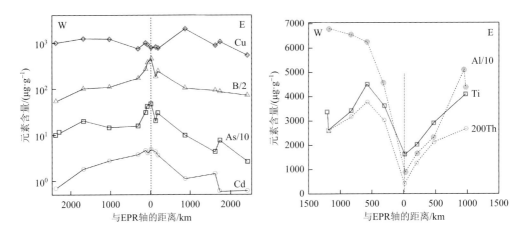

图 7-37　SEPR 两翼表层含金属沉积物（去碳酸盐组分）中不同元素组成分布类型图（Gurvich，2006）

第二种类型：Ni-Co-Hf-Sc-Ba-REE-Zr-Sb 型。在洋中脊轴部的含金属沉积物中，这组元素的含量低，且沿两侧翼部，随着与洋中脊轴部的距离增加，含金属沉积物中该组元素的含量逐渐增加至最高，随着与洋中脊轴部距离的进一步增加，含金属沉积物中该组元素的含量又逐渐降低，这也是 SEPR 含金属沉积物中大多数微量元素所具有的特征。值得注意的是，含金属沉积物中 Hf、Sc、Ba 和 Zr 的含量变化比其 Ni、Co 和 Sb 要大，且前者在洋中脊侧翼比轴部区域的含量可能要高 4 倍，甚至更高，而后者则高 1.5～3 倍。

第三种类型：Cu-Zn 型。在三个区域的含金属沉积物中其含量具有最大值，第一个区域位于洋中脊轴部，其他两个位于洋中脊轴部两侧的翼部。进一步，随着与洋中脊轴部的距离增加，含金属沉积物中该组元素的含量又逐渐降低（Dekov，1994）。

第四种类型：Al-Ti-Th-Ga 型。在洋中脊轴部的含金属沉积物中，该组元素的含量最低，且远离洋中脊的含金属沉积物中该组元素的含量又逐渐增加。

研究表明 EPR 含金属沉积物中元素分布特征与距离洋中脊轴部远近呈明显的相关性，而沿着 EPR 轴部，Walter 和 Stoffers（1985）研究认为 EPR 2°N～42°S，其含金属沉积物中热液物质含量逐渐增加（图 7-38）。

从赤道地区的三联点区（EPR 2°N）、Quebrada 断裂区（EPR 4°S）到 EPR 42°S，表层含金属沉积物中热液来源的 Fe、Mn、Cu 和 Zn 含量逐渐增加，在 EPR 20°S 附近的含金属沉积物中，其含量达到最高。这可能与赤道地区含金属沉积物中存在大量生物成因 Si 的稀释作用有关，但是对元素含量进行去生物成因 Si 处理后，EPR 轴部的含金属沉积物仍然表现出热液物质含量从北向南逐渐增加的趋势。Boström（1973）研究认为 EPR 含金属沉积物中（Fe + Mn）/Al 值与扩张速率呈强烈的相关性，这表明含金属沉积物中热液来源物质含量与对应的洋中脊扩张速率呈相关性。在 EPR 20°S，洋中脊具有最大的全扩张速率（162m·ka^{-1}），而在 EPR 40°S，全扩张速率降到 94m·ka^{-1}；向北在三联点区，全扩张速率为 140m·ka^{-1}。从三联点区（EPR 2°N）到 EPR 42°S，其扩张速率的变化特点与沉积物中热液来源物质的含量增加趋势相同，表明在 SEPR，随洋中脊扩张速率增加，含金属沉积物中热液来源物质含量也增加。

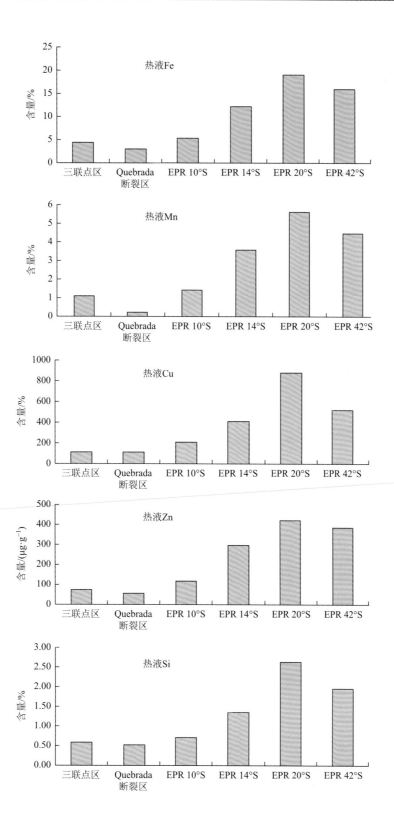

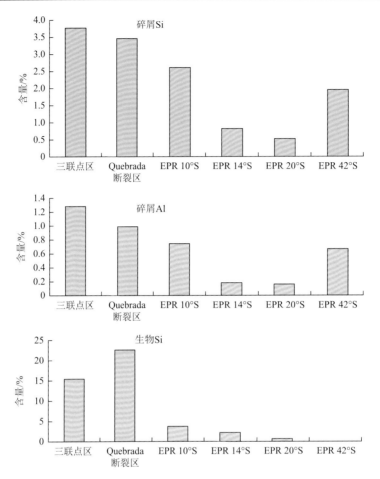

图 7-38 三联点区（triple junction area，EPR 2°N）、Quebrada 断裂区（Quebrada Fracture zone，EPR 4°S）、EPR 10°S、EPR 14°S、EPR 20°S 和 EPR 42°S 轴部地区表层含金属沉积物（去碳酸盐组分）中不同物质来源的元素含量（Walter and Stoffers，1985）

沉积物中 Al 和 Si 代表了碎屑来源物质，其含量从赤道地区到 SEPR 逐渐降低，可能是由于沉积物中大量热液来源物质稀释了其他来源的物质。不仅如此，赤道附近三联点区（EPR 2°N）和 Quebrada 断裂区（EPR 4°S）的含金属沉积物中，生物成因 Si 含量很高，是由于赤道地区为生物高生产通量地带，沉积物中含有大量的硅质生物碎屑；EPR 10°S～42°S 不属于生物高生产通量地带，则沉积物中生物成因 Si 匮乏（Leinen et al.，1986）。从 EPR 10°S 至 42°S，生物成因 Si 含量逐渐减少，而热液成因 Si 含量逐渐增加，在 EPR 20°S 附近，含金属沉积物中生物成因 Si 含量达到最高值，随后向南至 EPR 42°S，又逐渐降低，这与热液来源 Fe、Mn、Cu、Zn 的变化具有相同的特征，且与洋中脊的扩张速率有关。

第八节　化学组成及元素富集特征

洋中脊热液活动区的热液喷口是地球内部物质和热量向海洋输送的一个重要通道。高温热液流体在地球深部与周围岩石发生水-岩反应后，携带大量物质通过裂隙上涌，在喷口处与海水混合，Cu、Fe、Zn、Pb 等金属元素易形成硫化物而先沉淀下来，堆积在喷口附近形成硫化物烟囱体。同时，喷出的大量流体及颗粒物会随着热液柱，在洋流和自身浮力的作用下，在平面上进行迁移扩散，且热液柱在与海水继续混合的过程中，其所挟带的部分硫化物和铁锰氧化物颗粒（吸附周围海水中的微量元素）会沉降下来，并与从海水中沉降的硅酸盐矿物、海底的风化次生矿物和生物碎屑共同组成了记录热液活动信息的沉积物，且呈 Mn、Mo、La、Cu、V、Ni、Fe、Zn、Co 和 Y 含量较高的特点（Marchig and Gundlach，1982）。

因此，通过研究含金属沉积物的化学组成及其元素富集特征，识别出含金属沉积物中热液活动的记录，有助于揭示热液活动对含金属沉积物的影响机制。本节在对取自 EPR 13°N 附近的 E53、E217 和 E272 站位沉积物柱状样进行矿物学分析的基础上，进一步对其化学组成及元素富集特征进行探讨，并与喷口颗粒物和太平洋深海沉积物比较，进而揭示了热液柱对沉积作用的影响。

一、EPR 13°N 附近的含金属沉积物

（一）E53 站位沉积物的元素组成

通过测定 E53 站位沉积物柱状样的元素组成，发现其 Fe 含量均大于 11%，最高含量则高于 20%，说明该沉积物受到了强烈的热液活动影响。Al 含量约为 5%，而 Ca 则表现出随深度增加而含量值增大的趋势，具体表现为：在 0～19cm 的沉积物柱状样中 Ca 含量小于 10%，而在 19cm 以下的沉积物柱状样中，其值则大于 10%（峰值出现在 27～28cm 处，含量为 13.7%）。Mn 在 0～10cm 的沉积物柱状样中，含量大于 1%，而 0～7cm 处的样品，其 Mn 含量则大于 4%，在大于 11cm 处的样品，其 Mn 含量逐渐减少至 0.2%左右。此外，沉积物柱中 K、Mg、Na、P 和 Ti 含量未发生明显变化，均值分别为 1.31%、2.40%、4.08%、0.549%和 0.269%（李康，2009）。

同时，在该样品的 4～5cm、31～32cm 和 42～44cm 三个层位发现了元素含量的异常变化。4～5cm 和 31～32cm 处，Al、Ba、Ti、K、Mg、Fe、Mn、Ca 和 P 元素含量明显升高，特别是 31～32cm 处 Al、Ti、K、Mg 和 Fe 元素含量异常增大。42～44cm 处的沉积物除 Al、Ba、Ti、K、Mg 和 Ca 元素含量升高外，Fe、Mn 元素含量变化不明显，而 P 元素含量则显著降低。因此，可进一步将 E53 站位沉积物中的元素分为四组进行讨论：①Al、Ba、Ti；②K、Mg、Na；③Fe、Mn；④Ca 和 P。在早期的海洋沉积物物源示踪研究中，Al 一直是示踪陆源的重要参数，但也有研究表明，深海沉积物中存在显著的自生 Al 富集，即我们通常提到的过剩 Al，这通常与生物硅的捕获有关。由此可见，利用单一的沉积物中 Al 元素含量来估算沉积物中的陆源碎屑组分含量可能导致结果偏高。而 Ti 则由于主要是来自碎屑组分，且海洋沉积物中无自生 Ti 富集。因此，Ti 可能是估计海洋沉积物中陆源碎屑含量的最佳代用指标（李康，2009）。

热液流体与正常海水的 Fe、Mn 元素含量存在显著差异：EPR 13°N 附近热液流体中 Fe 含量为 3980～10760μmol·kg^{-1}，Mn 含量为 1689～2932μmol·kg^{-1}，而正常海水的 Fe 平

均含量为 0.001μmol·kg^{-1}，Mn 为 0.0035μmol·kg^{-1}。热液柱在远离喷口的区域主要沉降 Fe 氢氧化物及 Mn 氧化物。E53 站位沉积物柱状样的 Fe 含量最高值可达 23.4%。Mn 的含量在 0～10cm 呈下降趋势，最低值为 0.2%。Fe、Mn 含量变化没有明显相关性，指示了二者经历了不同的地球化学过程。此外，K、Mg、Na 的变化趋势几乎一致，K 和 Mg 的最高值同时出现在 31～32cm 处，分别达到 1.31% 和 2.40%。Na 的最高值出现在 35～37cm 处，达 4.08%（李康，2009）。

（二）E271 和 E272 站位沉积物的化学元素组成特征

将 E271 和 E272 站位沉积物与太平洋深海沉积物（Kyte et al.，1993；Goldberg and Arrhenius，1958）进行元素（Al、Ba、Cu、Fe、Li、Mn、Mo、Ni、Pb、Ti、U、V、Zn）含量对比，除 Al、Ti、U 之外，其他元素含量均为太平洋深海沉积物的 2 倍以上。对其进行进一步的比较分析，将沉积物中元素分为六组进行讨论：①Rb 和 Cs；②Fe 和 Mn；③Pb、Cu、Zn、Li、Co、Mo 和 Ni，由于热液组分加入沉积物中，沉积物中该组元素的含量则明显高于深海沉积物中的；④V；⑤Cr、Nb、Ta、Ti 和 Al，其含量低于深海沉积物，且此组元素为非热液来源物质；⑥U（袁春伟等，2007）。

1）Rb 和 Cs

在两个站位的沉积物中，E271 站位沉积物柱状样中的 Rb 和 Cs 含量随深度的变化则表现出先稳定（海底面以下 0～30cm）而后增加（30～40cm）随后再降低（>40cm）的趋势，且 E271 站位沉积物柱状样中 Rb、Cs 含量增加可能与玄武质碎屑物质加入有关 [图 7-39（a）和图 7-39（b）]。与 E271 站位沉积物的 Rb 和 Cs 含量相比，E272 站位的沉积物柱状样，其 Rb 和 Cs 含量变化相对小，且两个站位沉积物柱中的 Rb、Cs 含量均远低于太平洋深海沉积物的含量 [图 7-39（a）和图 7-39（b）]。

2）Fe 和 Mn

E271 和 E272 站位沉积物样品中的 Fe 和 Mn 含量均较高。其中，E271 站位沉积物柱状样中 Fe 和 Mn 含量的变化范围分别为 8.5%～13.8% 和 1.7%～3.17%；E272 站位沉积物柱状样中 Fe 和 Mn 含量的变化范围分别为 6%～13% 和 0.12%～3.31%。沉积物具高 Fe 和 Mn 含量，与热液来源 Fe 被海水氧化，以 Fe-Mn 羟基氧化物颗粒的形式随热液柱扩散、沉降有关，且受热液柱颗粒物沉降影响的沉积物，其热液组分中 Mn 的平均含量为 20%（Elderfield and Schultz，1996; Calvert and Price，1977）。据此可计算，E271 和 E272 站位沉积物柱中热液成分的加入量在 0.5%～5%（袁春伟等，2007）。

3）Pb、Cu、Zn、Li、Co、Mo、Ni

与前一组元素相比，该组元素除 Co 以外，其含量在 E271 和 E272 站位的沉积物中均高于太平洋深海沉积物的 [图 7-39（e）]，且 E272 站位沉积物柱状样中该组元素的含量随深度增加呈减小的变化趋势，而 E271 站位沉积物柱状样中该组元素含量随沉积物柱的深度增加，其表现为先降低（0～30cm）后趋于稳定（30～40cm）而后再增加（>40cm）的趋势。不仅如此，E272 站位的沉积物柱状样，在 36cm 以下层位，其沉积物中 Co/Al 值较深海沉积物的低 [图 7-40（h）]，表明该站位 30～40cm 处，有热液来源物质的加入。

E272 站位沉积物中 Co/Ti 与 Co/Al 值变化相似 [图 7-39 (i)]，且在 40cm 层位以下，其沉积物的 Co/Ti 值接近 EPR 13°N 附近海山的 Co/Ti 值，表明 E272 站位在 40cm 层位以下，其沉积物未受到热液来源物质的影响，而 E271 站位沉积物的 Co/Al 和 Co/Ti 值均较深海沉积物高，表明其受热液来源物质的影响较大。不仅如此，在 E271 和 E272 站位，其沉积物中的 Mo、Ni 和 Pb 含量均略高于深海沉积物，反映出 E271 和 E272 站位的沉积物可能是快速沉积作用的产物（Boström et al., 1973）。

Cu、Pb 和 Zn 在 E271 和 E272 站位的沉积物柱状样中富集。E271 站位沉积物柱中 Cu、Pb 和 Zn 含量的变化范围依次为 186～270μg·g^{-1}、44～77μg·g^{-1} 和 190～364μg·g^{-1}，E272 站位沉积物柱中 Cu、Pb 和 Zn 含量的变化范围依次为 142～264μg·g^{-1}、30～69μg·g^{-1} 和 145～287μg·g^{-1}，其含量是北太平洋深海沉积物的 2～4 倍（袁春伟等，2007）。此外，Feely 等（1987）指出热液柱中的 Cu、Pb 和 Zn，通常与 Fe 结合至硫化物矿物中，随后，王小如（2005）在其论著中也指出 German 从 Totem 喷口流体获得了较高 Pb、Cu、Zn 含量的颗粒物，并且其含量与距离喷口的相对距离呈负相关关系。但是，该热液柱颗粒物的 Cu/Fe、Pb/Fe 和 Zn/Fe 值远高于 E271 和 E272 站位沉积物柱的，且其 Pb/Fe 值是 E271 和 E272 站位沉积物的 15 倍左右，这说明在热液活动过程中，Pb 比 Cu 和 Zn 更容易与 Fe 共同形成硫化物，且其随热液柱扩散，并沉降到含金属沉积物中（袁春伟等，2007）。

不仅如此，深海沉积物中 Cu/Fe、Pb/Fe 和 Zn/Fe 值与 E271 和 E272 站位沉积物柱的相近，指示了该沉积物柱样品中赋存的铁锰氧化物，其 Cu、Pb 和 Zn 元素的含量与周围海水的保持相对一致。同时，E271 站位的沉积物与 E272 站位同层位的沉积物相比，具有更高的 Li、Mo 和 Ni 含量，且 Li/Fe、Mo/Fe 和 Ni/Fe 值与深海沉积物中值相差无几。前人根据热液蚀变玄武岩的分析结果认为，与新鲜玄武岩相比，热液蚀变玄武岩相对亏损 Fe、B、Cu、Li、Ba、Mn、Ni、Co、Pb 和 Zn 元素（Humphris and Thompson，1978）。此外，已有研究说明，高温高压海水-玄武岩发生相互作用时，流体从岩石中淋滤 Ni 的反应不明显，且 Ni/Fe 值变化范围不大，致使受热液来源物质影响的沉积物，其 Ni/Fe 值没有大的变化（袁春伟等，2007）。

4）V

与深海沉积物相比，E271 和 E272 站位的沉积物更富集 V。Krauskopf（1956）实验模拟结果表明 Fe 氧化物对 V 的吸附率高于 95%。不仅如此，在 MAR 的沉积物柱状样中已观测到 Fe 与 V 具较好的线性相关关系，且在硫化物中未发现类似的 V 富集特征（Mottl and Mcconachy，1990；Trefry and Metz，1989；Thompson et al.，1988），这意味着热液柱中的 Fe-羟基氧化物在扩散过程中可吸附海水中的 V 并沉降，致使沉积物具有较高的 V 含量。此外，袁春伟等（2007）的研究也发现 E271 和 E272 站位的沉积物柱状样中，其 Fe 和 V 也具有显著的相关性（E271 站位 $R^2 = 0.901$，E272 站位 $R^2 = 0.912$）。

5）Cr、Nb、Ta、Ti、Al

Cr 在 E271 站位和 E272 站位沉积物柱状样中的含量较为稳定（60～70μg·g^{-1}），低于深海黏土中的 Cr 含量，这可能是热液来源物质的加入产生稀释效应而使沉积物中的 Cr 含量降低 [图 7-39 (j)]。

Nb 和 Ta 具有类似的地球化学行为。E271 和 E272 站位沉积物的 Nb 含量为 4.74～6.19μg·g^{-1}，Ta 含量为 0.30～0.43μg·g^{-1}（袁春伟等，2007），较冰岛大洋拉斑玄武岩的 Ta

含量低（2.5μg·g^{-1}，Nb/Ta 值为6.9）（牟保磊，1999；Woodet al.，1976）。同时，E271 和 E272 站位沉积物的 Nb/Ta 值落于 12.9～15.8 和 13.7～17.3 的区间内，变化范围很小（袁春伟等，2007），这说明热液柱的地球化学特征对 Ta、Nb 的沉积影响较小。此外，E271 站位沉积物的下层，Ta 含量突然增加则可能与火山碎屑物质的加入有关，其可造成沉积物的 Nb/Ta 值减小，同时热液流体-岩石相互作用实验也证明 Nb、Ta、Cr 和 Ti 等高场强元素不会受热液流体的影响而发生迁移（Seyfried and Bischoff，1981）。

Moorby（1983）认为陆源碎屑物质和铝硅酸盐等的沉积是深海沉积物中 Al 元素的主要来源，且目前还没有证据证明热液活动会对沉积物中 Ti 产生影响，这说明海底沉积物中的 Ti 可能主要与火山碎屑物质的加入有关。同时，Ti 和 Al 在深海沉积物中具有相对单一的来源，致使沉积物中 Ti/Al 值的变化范围较小（Moorby，1983；Goldberg and Arrhenius，1958）。E271 和 E272 站位沉积物柱状样中的 Ti/Al 值随深度增加几乎无变化，在 0.48～0.52 范围内，这表明在 E271 和 E272 站位沉积物的沉积过程中，其 Ti 和 Al 的沉积来源基本稳定（袁春伟等，2007）。

6）U

E271 和 E272 站位沉积物的 U 含量接近于深海沉积物中的 U 含量，且 E271 和 E272 站位沉积物的 U 含量随深度的变化与 Fe 一致（袁春伟等，2007），这可以排除岩浆来源物质的加入（Dymond and Veeh，1975）。

综上所述，E271 和 E272 站位沉积物中 CaCO$_3$ 含量的变化范围依次为 5.90%～27.57% 和 6.67%～38.20%，同时样品中有孔虫的含量较少。由 E271 和 E272 站位沉积物的 Fe 和 Mn 含量可知，该沉积物中明显有热液来源物质加入，从而导致沉积物富集 Cu、Pb、Zn、Li、Mo、Ni 等元素，而这类元素含量变化与 Fe 的羟基氧化物随热液柱扩散、沉降有关。同时，这类元素与 Fe 的比值不随热液柱扩散的距离变化而变化，在热液流体与海水混合后仅少量 Pb 随 Fe 的羟基氧化物扩散。Fe-Mn 氧化物的共沉淀作用会从周围海水中吸附 V，沉积下来导致 E271 和 E272 站位沉积物柱中 V 元素的富集。沉积物柱中的 Nb、Ta、Cr、Ti 几乎不受热液来源物质影响。此外，从时间尺度来看，E271 和 E272 站位的沉积环境长期保持相对稳定，其物源也相对稳定（袁春伟等，2007）。

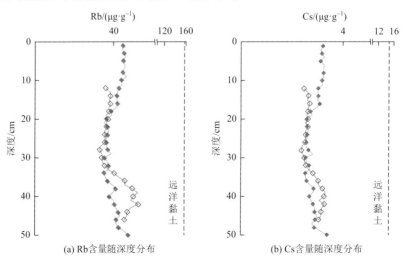

(a) Rb含量随深度分布　　　　　　　　　(b) Cs含量随深度分布

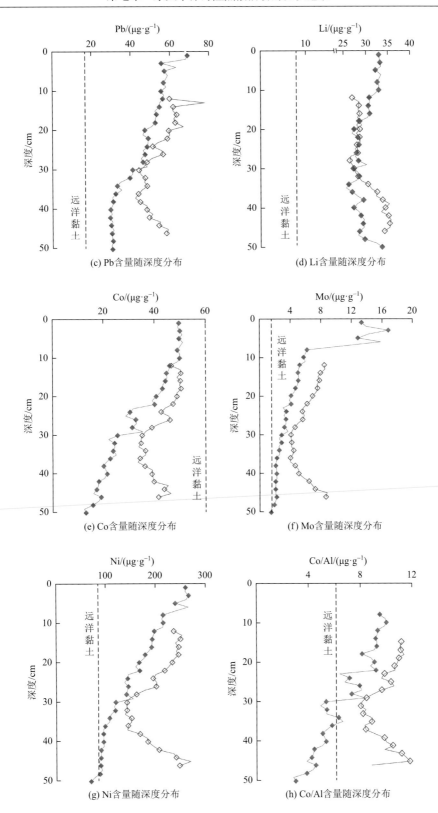

(c) Pb含量随深度分布

(d) Li含量随深度分布

(e) Co含量随深度分布

(f) Mo含量随深度分布

(g) Ni含量随深度分布

(h) Co/Al含量随深度分布

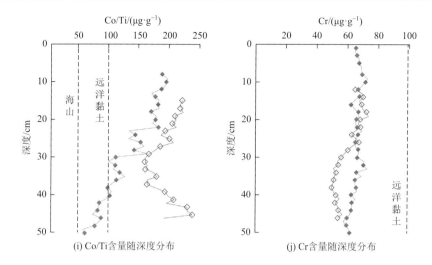

(i) Co/Ti含量随深度分布　　　　　　　(j) Cr含量随深度分布

图7-39　EPR 13°N 附近 E271 和 E272 站沉积物中 Rb、Cs、Pb、Li、Co、Mo、Ni、Co/Al、Co/Ti 和 Cr
含量随深度分布（袁春伟，2007）

◇为 E271 站位；◆为 E272 站位

（三）REE 特征

E271、E272 和 E53 站位沉积物中 REE 北美页岩标准化配分模式（图 7-40）显示出与
海水类似的特征，且三个站位的沉积物均表现出明显的 Ce 负异常，HREE 相对富集以及
表现出轻微的 Eu 正异常。三个站位的沉积物中，其 δCe＜1，说明碎屑物质对 REE 的贡
献有限［碎屑物质具强烈的 Ce 正异常（Thomson et al.，1984）］，该结论与连续淋滤实验
中取得的认识一致，即连续淋滤实验结果表明，REE 主要赋存于 Fe-Mn 氧化物和氢氧化
物相中（武力，2011）。

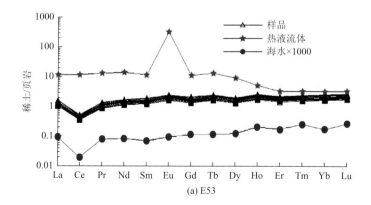

(a) E53

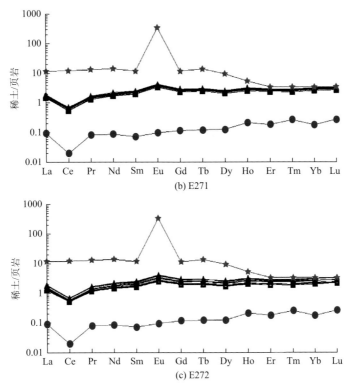

图 7-40　EPR 13°N 附近 E53、E271 和 E272 站位沉积物中全岩 REE 页岩标准化配分模式
（武力，2011）

热液流体数据引自 Douville et al.，1999；海水数据引自 Piepgras and Jacobsen，1992；页岩 REE 数据引自 Frey et al.，1968

此外，陆源碎屑具平坦的页岩标准化 REE 配分模式，含量与平均页岩接近，而水成物质的 REE 配分模式与海水 REE 配分模式成镜像关系（图 7-41），且显示出极强的 Ce 正异常和 LREE 富集的特征，本书的三个站位，其沉积物中 REE 的北美页岩标准化配分模式（图 7-40）表明，水成物质对这三个站位沉积物柱的 REE 的贡献很小（武力，2011）。

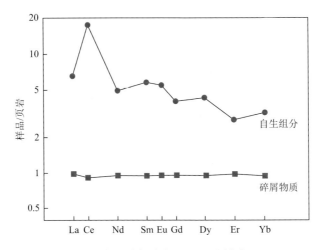

图 7-41　碎屑物质和自生组分的页岩标准化 REE 配分模式（Thomson et al.，1984）

　　另外，深海生物碳酸盐的 REE 配分模式尽管与海水极为相似（Elderfield et al.，1981），但 E271、E272 和 E53 站位沉积物中的碳酸盐含量较低（＜20%，质量分数），且碳酸盐中 REE 含量也很低，同时，REE 与 Ca 具有显著的负相关关系，指示了碳酸盐对 REE 的贡献非常有限。尽管顺序淋滤实验中沉积物碳酸盐相、松散吸附相和可交换相中 REE 占较高比例，但这部分 REE 可能是弱酸（HAc）从 Fe-Mn 氧化物/氢氧化物或者黏土矿物的松散吸附或可交换离子态中淋滤的。此外，由于 Fe 的氧化物/氢氧化物对海水中稀土元素的吸附作用，因此 REE 在含金属沉积物中富集，（Barrett and Jarvis，1988；Owen and Olivarez，1988；Ruhlin and Owen，1986）。不仅如此，前人的研究结果表明，高温热液喷口流体的 REE 含量是海水中稀土元素总量的 10000 倍（Marchig et al.，1986；Michard et al.，1983）。进一步，German 等（1990）研究发现热液柱颗粒物中 REE/Fe 值随着距热液喷口距离增加而显示出增大的趋势，并通过使用二端元混合模型计算得到远离喷口的热液柱颗粒物，其 REE 配分模式可由 0.1% 的热液流体与 99.9% 海水混合形成，这反映出海水的 REE 是热液柱颗粒物中 REE 的最重要来源。同时，有学者研究却发现含金属沉积物的 REE 含量一般比悬浮的热液柱颗粒物高出 10 倍左右（Olivarez and Owen，1989；Ruhlin and Owen，1986；Bender et al.，1971），这说明 Fe 的氧化物/氢氧化物对周围水体中 REE 具明显的吸附作用，且由于海水 REE 的贡献比例较大，也进一步论证了含金属沉积物中的 REE 主要来自海水（武力，2011）。

　　此外，E271、E272 和 E53 站位沉积物样品中的 ΣREE 和 Al 之间显示出一定的正相关关系（$R^2 = 0.44$），结合黏土矿物具有较强的吸附能力，进一步指明了含金属沉积物中的黏土矿物（需要特别注意自生黏土矿物），如 Fe-蒙皂石类矿物对 REE 也有吸附捕获作用。这主要是因为这种自生蒙皂石其粒径很小（通常＜0.1μm），比表面积大，且层电荷数较高（Mermut and Lagaly，2001；McMurtry and Yeh，1981），而这些晶体化学性质均非常有利于其吸附周围环境中的自由离子，包括 REE（武力，2011）。

（四）元素相关性分析

　　本次研究中，利用 EPR 13°N 附近 E271、E272 和 E53 站位沉积物的全岩元素数据，计算了相关系数矩阵（图 7-42）。同时，为进一步探讨沉积物柱状样中元素间的相互依赖关系，又以相关系数矩阵为基础进行了 R 型聚类分析（图 7-43）。R 型聚类分析较为粗略，但相关系数矩阵较为精确，故将两者结合进行讨论可以得出较为客观的依赖关系。结果表明：①Ca 和 Sr 主要赋存于沉积物的生物碳酸盐中，这两个元素之间具有显著的线性相关关系，而与其他元素呈负相关或无相关关系。②P、V、Co、Ni、Cu、Zn、Ba、Mo、Cd、W、Pb、Bi、REE（主要为过渡族元素）与 Fe 或者 Mn 保持着极好的正相关关系，这主要与 Fe-Mn 氧化物/氢氧化物的吸附或者共沉淀有关。③K、Na、Ti、Li、Be、Ga、Rb、Y、Zr、Cs、Hf、Bi 和 Th 等元素与 Al 显示出良好的正相关关系，指示该组元素主要与沉积物中的碎屑组分相关（武力，2011）。E271、E272 和 E53 站位沉积物的 Al/Ti 值变化范围为 17.1～19.3，接近 20，说明其碎屑物质是陆地来源的。此外，Ce 也与 Al 属于一类元素，说明沉积物中的 Ce 可能主要继承于陆源碎屑物质。

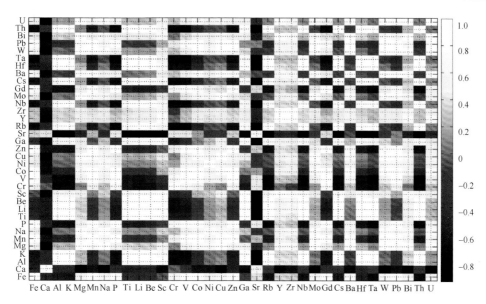

图 7-42 EPR 13°N 附近 E271、E272 和 E53 站位沉积物中全岩地球化学数据相关系数图
（武力，2011）

沉积物中元素之间相关关系的粗略分类方案可以通过相关系数矩阵和基于相关系数矩阵的 R 型聚类分析得出，该分析可将元素大致分为三类，指示了该区域可能存在着三类潜在的物源区。此外，对每个沉积物柱状样进行了相同的分析，其结果与以上讨论基本一致，区别仅在于：E271 站位沉积物的 Fe 和 Mn 相关性极强，相比 E272 和 E53 站位，其相关系数最大，其他与 Fe、Mn 相关的元素与 Fe 和 Mn 同时保持着非常显著的线性相关关系。进一步，E272 和 E53 站位沉积物柱中，特别是 E53 站位沉积物的 Fe 和 Mn 具有明显的线性相关关系，但其他与 Fe 和 Mn 相关的元素，则表现出与 Fe 或 Mn 相关，且相关性均小于 E271 站位沉积物。此外，在 E272 和 E271 站位的沉积物柱中，Al 和 Fe 之间同样存在弱的正相关关系（$R^2 = 0.44$）（武力，2011）。

（五）元素富集度计算

由于 Al 在风化和成岩过程中非常稳定，不容易发生迁移，且样品中 Al 含量比较高（>6%，质量分数），具有较小的计算误差，故将 Al 作为标准化元素，计算了样品中其他元素（Al 和 Ca 除外）相对于平均页岩化学组成（Turekian and Wedepohl, 1961）的富集因子（度），以表征元素在样品中的富集亏损程度（武力，2011）。具体计算按照下面公式（蒋富清和李安春，2002）：

$$F = (E/\text{Al})_{\text{sample}}/(E/\text{Al})_{\text{shale}}$$

式中，F 为元素富集度；E 为纳入计算的元素。计算结果如图 7-44 所示。

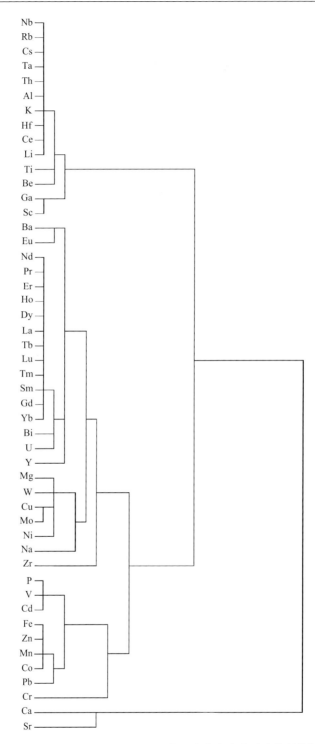

图 7-43 EPR 13°N 附近 E271、E272 和 E53 站位沉积物中全岩地球化学数据 R 型聚类分析
（武力，2011）

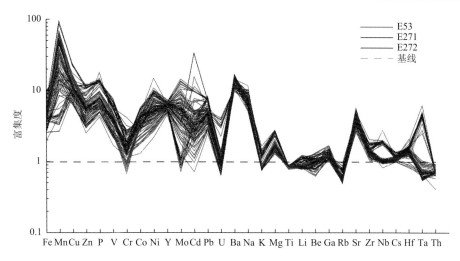

图 7-44　EPR 13°N 附近沉积物中元素富集度计算结果（武力，2011）

结果表明：①该样品具有较之于平均页岩显著富集的 Fe、Mn、Cu、Zn、P、V、Cr、Co、Ni、Y、Mo、Cd、Pb、U、Na、Mg 和 Sr。其中，Sr 的富集通常与其生物成因碳酸钙有关，而其他元素的富集则明显与加入的热液来源物质有关，因为这些元素与热液来源物质的示踪剂 Fe 或 Mn 存在明显的正相关关系；②K、Ti、Li、Be、Ga、Rb、Cs、Hf、Th 相对于平均页岩未表现出明显的富集，而 K、Rb、Li、Be、Nb、Ta 等元素，反而相对亏损。特别是在 E271 和 E272 站位的沉积物中，这些元素主要与陆源碎屑物质的加入相关，且其亏损表明，富集度计算中 Al 的含量可能被高估了。因此，本书选择如下公式校正上面的富集度：

$$F = [E/(Al-Al_{ex})]_{sample}/(E/Al)_{shale}$$

式中，$Al-Al_{ex}$ 代表完全由碎屑物质提供的 Al；Al_{ex} 代表非碎屑的 Al 对沉积物样品中 Al 含量的贡献，称为过剩 Al。样品中的 Al 与陆源碎屑物质的输入有关。XRD 分析结果表明，沉积物中长石（含 Al 矿物）较少，所以样品中的 Al 应该主要赋存于黏土矿物之中。那么这部分过剩 Al 则可能说明沉积物中存在自生黏土矿物（武力，2011）。

二、加拉帕戈斯扩张中心的含金属沉积物

Boström 等（1973）发现在加拉帕戈斯扩张中心的含金属沉积物中，生物成因 SiO_2 含量占碳酸盐组分的 70% 以上。尽管未测定 17A-EPR-TVG5 沉积物中的 SiO_2 含量，但通过对比沉积物中其他主量元素的含量，不难发现该沉积物中的 SiO_2 含量很高，结果与 Boström 等（1973）对该区沉积物的估算结果一致，这表明 17A-EPR-TVG5 沉积物在去碳酸盐组分中，大量的生物成因 SiO_2 稀释了热液来源物质所占比重。

由从加拉帕戈斯扩张中心其他含金属沉积物的平均化学组成（表 7-6）可以看出，加拉帕戈斯裂谷、De Steiguer 海渊、Hess 海渊和三联点区的沉积物（去碳酸盐组分）中

Fe 的含量均非常低。其中，Fe 含量最低（仅为 2.84%）的是加拉帕戈斯扩张中心最东部的加拉帕戈斯裂谷沉积物。此外，沉积物（去碳酸盐组分）中 Fe 含量自东向西逐渐增加，靠近 EPR 的三联点区其含金属沉积物中 Fe 含量、[Fe/(Al + Fe + Mn)]、[Al/(Al + Fe + Mn)]和[(Fe + Mn)/Al]值分别为 5.66%、0.65、0.22 和 3.45，与 Hess 海渊沉积物中的 Fe 含量（6.78%）、[Fe/(Al + Fe + Mn)]（0.72）、 [Al/(Al + Fe + Mn)]（0.19）和[(Fe + Mn)/Al]值（4.40）接近，均符合 Boström（1973）对含金属沉积物的判定标准。

表 7-6　EPR 赤道附近 17A-EPR-TVG5 和加拉帕戈斯扩张中心沉积物（去碳酸盐组分）的化学组成

化学组成	17A-EPR-TVG5[**]	三联点区[*]	Hess 海渊[*]	De Steiguer 海渊[*]	加拉帕戈斯裂谷[*]
Si/%	—	19.83	21.79	18.70	23.38
Mg/%	—	2.08	2.25	1.77	1.81
Al/%	1.15	1.96	1.75	2.66	3.62
K/%	—	1.11	1.17	1.12	1.32
Ba/%	0.71	1.30	0.81	1.16	0.56
Fe/%	2.33	5.66	6.78	3.16	2.84
Mn/%	0.57	1.11	0.90	1.42	1.01
Cu/($\mu g \cdot g^{-1}$)	246.00	330.00	285.00	313.00	207.00
Co/($\mu g \cdot g^{-1}$)	—	78.00	56.00	62.00	55.00
Ni/($\mu g \cdot g^{-1}$)	—	210.00	183.00	478.00	334.00
Zn/($\mu g \cdot g^{-1}$)	118.00	140.00	175.00	252.00	425.00
Fe/(Al + Fe + Mn)	0.58	0.65	0.72	0.44	0.38
Al/(Al + Fe + Mn)	0.28	0.22	0.19	0.37	0.48
(Fe + Mn)/Al	2.52	3.45	4.40	1.72	1.06

[**]引自李康，2009；[*] 数据引自 Walter and Stoffers，1985；“—”代表无数据。

　　在沉积物（Co + Ni + Cu）×10-Mn-Fe 三角图上（图 7-45）可以看出，EPR 的表层沉积物样均分布在热液成因的沉积物区域内。不仅如此，加拉帕戈斯裂谷的沉积物同样落在热液成因区内，其原因可能是该区硫化物丘状体上的绿脱石和 Mn 氧化物结壳类似，均受到海底热液活动的影响，但是其矿物组成与 EPR 含金属沉积物存在差异，且与 Boström（1973）的判定标准不相符，因此加拉帕戈斯裂谷中硫化物丘状体上的沉积物并非含金属沉积物。De Steiguer 海渊的沉积物不在热液成因范围内，结合 Boström（1973）的判定标准，可以认为 De Steiguer 海渊的沉积物同样不是含金属沉积物。进一步，靠近 EPR 的 Hess 海渊和三联点区的沉积物在（Co + Ni + Cu）×10-Mn-Fe 三角图上符合 Boström（1973）提出的热液成因判别标准，尽管生物成因 SiO_2 含量高导致热液来源物质（如 Fe 和 Mn）不明显，但是该沉积物仍属含金属沉积物。

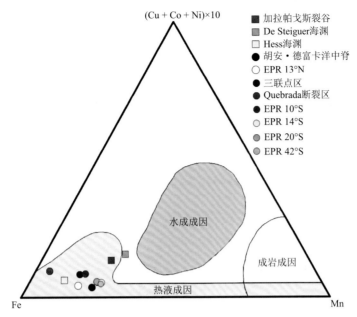

图 7-45　加拉帕戈斯扩张中心与 EPR 含金属沉积物（Co＋Ni＋Cu）×10-Mn-Fe 三角图

EPR 13°N 和胡安·德富卡洋中脊沉积物数据引自 Gurvich，2006；加拉帕戈斯裂谷、De Steiguer 海渊、Hess 海渊、三联点区、
EPR 10°S、Quebrada 断裂区、EPR 14°S、EPR 20°S 和 EPR 42°S 沉积物数据引自 Walter and Stoffers，1985

三、SEPR 含金属沉积物

SEPR 含金属沉积物中碳酸盐含量高，对热液来源物质起到了明显的稀释作用，在讨论含金属沉积物的化学组成时，需进行去碳酸盐处理，只讨论其中的金属元素组分。从表 7-7 中可见，总体来说，SEPR 含金属沉积物（去碳酸盐组分）的化学组成相对正常深海沉积物，明显富集 Fe、Mn 和微量元素（如 Cu、Zn、Pb、Ni、Co、REE 等），而亏损 Al、Ti 和 Si。

表 7-7　SEPR 含金属沉积物和正常沉积物（去碳酸盐组分）的平均化学组成（Gurvich，2006）

元素	含金属沉积物	正常沉积物
Fe	16.86	5.80
Mn	5.07	0.75
Si	16.19	23.40
Al	4.35	7.80
Ti	0.27	0.45
Ba	1.08	1.05
Cu	1041	136
Zn	411	159
Pb	155	41
Tl	15.50	0.70
Cd	1.70	0.42
Sn	6.42	1.50
Ni	826	136

元素	含金属沉积物	正常沉积物
Co	218	32
Cr	29	50
V	428	91
As	93	13
Sb	11.90	3.90
Mo	93	27
B	210	250
U	3.80	1.30
Li	32	45
Rb	33	45
La	157	61.80
Ce	114	83.10
Sm	29.30	18.80
Eu	7.70	4.30
Yb	11	6.80
Y	290	191
Sc	26.10	20.80
Hf	6.30	4.10
Zr	456	178
Th	5	7.90
Ga	10	18
Ag	5.32	0.11
Hg	460	—
Au	10	3.50
Pd	15	4
Ir	0.50	0.30

注："—"代表无数据；Fe、Mn、Si、Al、Ti、Ba 的单位为%；Cu、Zn、Pb、Tl、Cd、Sn、Ni、Co、Cr、V、As、Sb、Mo、B、U、Li、Rb、La、Ce、Sm、Eu、Yb、Y、Sc、Hf、Zr、Th、Ga、Ag 的单位为 $\mu g \cdot g^{-1}$；Hg、Au、Pd、Ir 的单位为 $ng \cdot g^{-1}$。

根据连续淋滤实验,含金属沉积物中的 Al 并不存在于无定形 Fe-氢氧化物和 Mn-氧化物中,唯一可淋滤的 Al 存在于结晶较差的铝硅酸盐矿物中,且 Varnavas（1988）的研究结果发现,含金属沉积物中部分可淋滤的 Al 来自低温自生的蒙皂石矿物（Cole,1985；Hein et al.,1979）。

Heath 和 Dymond（1977）估算含金属沉积物中热液来源 Al 和 Fe 的比值（Al/Fe）为0.00625,而 Shimmield 和 Price（1988）估算此比值为 0.0022,且具浮力的热液柱和非浮力的热液柱中 Al/Fe 的最小值分别为 0.001～0.002 和 0.0014～0.0027。进一步,如果含金属沉积物中热液来源物质的 Al/Fe 值,其最小值是 0.002,那么含金属沉积物中热液来源 Al 的平均含量就是～0.027%,这仅仅是含金属沉积物中全部 Al 的 0.6%,因此含金属沉积物中可以忽略这部分热液来源 Al,而假定含金属沉积物中的 Al 来自陆源碎屑物质。进一步,假设含金属沉积物中 Al 与背景沉积物一样全部来自陆源碎屑物质,那么其含金属沉积物相对正常沉积物过剩的 Fe 和 Mn 分别占 81% 和 92%，过剩稀土元素（REE）和 Zn 占 70% 以上，而 Co、Cu 占 85% 以上，Au、Ag 和 Pb 分别占 80%、99% 和 85%（图 7-46），且从元素的相对过剩累积量看，含金属沉积物是一种潜在的重要 REE、Zn、Co、Cu、Au、Ag 和 Pb 矿产资源。

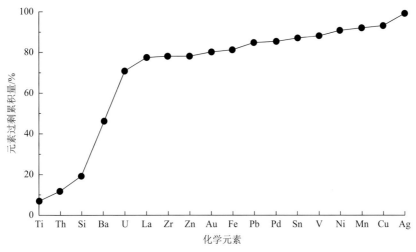

图 7-46　SEPR 含金属沉积物中金属元素过剩累积量

　　EPR 轴部以西 10km 内堆积的含金属沉积物中 90%～95% 的化学元素赋存于 Fe-Mn 羟基氧化物和富 Fe-蒙皂石中，它们是化学元素（特别是重金属元素）最主要的携带者。但是 Si 除外，大约 50% 的 Si 存在于热液 SiO_2 和富 Fe-蒙皂石中（Dekov，1994）。此外，Fe-Mn 羟基氧化物和富 Fe-蒙皂石中携带的化学元素含量不同，其与距离洋中脊轴部的远近有关。

　　Gurvich（2006）认为 SEPR 轴部含金属沉积物中的非成岩成因 Fe，其中约 80% 存在于 Fe-Mn 羟基氧化物中，剩余 20% 存在于富 Fe-蒙皂石中，而远离洋中脊，Fe-Mn 羟基氧化物中的 Fe 含量减少，而富 Fe-蒙皂石中的 Fe 含量增加。此外，洋中脊轴部含金属沉积物中超过 90% 的 Mn 和 Ni 以及 50%～80% 的 Cu 和 Zn 赋存于 Fe-Mn 羟基氧化物中，且远离洋中脊，Fe-Mn 羟基氧化物中这些元素的含量降低。不仅如此，距离洋中脊远近不同，Fe-Mn 羟基氧化物和富 Fe-蒙皂石中所含的元素含量不同，这可能与两者的存在状态有关。在 SEPR，通过对 EPR 轴部以西 300km 和 1200km 的含金属沉积物以及南海盆的深海红色沉积物进行连续淋滤分析，结果表明，远离洋中脊，化学元素的主要挟带者 Mn-羟基氧化物和非晶质 Fe-氢氧化物含量降低，而结晶的 Fe-羟基氧化物和富 Fe-蒙皂石含量增加（Gurvich，2006）。此外，含金属沉积物随年龄增加也具有同样的特征（Varnavas，1988；Marchig and Gundlach，1982），且含金属沉积物随年龄增加时，其沉积物中的可还原 Fe 也减少。同时，Fe-Mn 羟基氧化物和富 Fe-蒙皂石是含金属沉积物中 REE 的主要的携带者，成岩成因的矿物也含少量的 REE，而在含金属沉积物中生物成因碳酸盐也含有一定量的 REE。不仅如此，在 EPR 轴部区域，Fe-Mn 羟基氧化物是含金属沉积物中 Ba 的主要携带者（Gurvich et al.，1979；Boström et al.，1973），而远离 EPR 轴部，细粒自生的重晶石含量增加，其携带的 Ba 含量增加（Gurvich et al.，1979），且重晶石可能来自有机质的分解（Boström et al.，1978；Gurvich et al.，1978）。

四、EPR-TVG5 站位沉积物的元素组成

（一）元素组成

沉积物中 Al_2O_3、BaO、CaO、Fe_2O_3、K_2O、MgO、MnO、Na_2O、P_2O_5 和 TiO_2 的平均含量分别为 0.638%、0.234%、40.06%、0.991%、0.220%、0.547%、0.221%、2.65%、0.092%和 0.026%（表 7-8），且变化范围较小，属典型的深海富碳酸盐沉积物。

表 7-8　EPR 赤道附近 17A-EPR-TVG5 站位沉积物的常量元素组成　（单位：%）

样品号	Al_2O_3	BaO	CaO	Fe_2O_3	K_2O	MgO	MnO	Na_2O	P_2O_5	TiO_2
17A-EPR-TVG5-1	0.636	0.222	38.10	0.950	0.212	0.540	0.211	2.63	0.087	0.027
17A-EPR-TVG5-2	0.606	0.230	38.74	0.950	0.211	0.523	0.217	2.57	0.094	0.023
17A-EPR-TVG5-3	0.637	0.235	39.83	0.991	0.226	0.532	0.225	2.59	0.088	0.026
17A-EPR-TVG5-4	0.633	0.228	38.62	0.983	0.215	0.552	0.223	2.65	0.090	0.028
17A-EPR-TVG5-5	0.647	0.238	40.63	1.006	0.218	0.552	0.226	2.53	0.091	0.026
17A-EPR-TVG5-6	0.654	0.238	41.19	1.020	0.226	0.552	0.229	2.76	0.095	0.028
17A-EPR-TVG5-7	0.635	0.241	40.87	1.004	0.223	0.548	0.228	2.63	0.100	0.025
17A-EPR-TVG5-8	0.673	0.239	40.85	1.027	0.225	0.560	0.229	2.58	0.094	0.028
17A-EPR-TVG5-9	0.665	0.235	40.29	0.998	0.221	0.564	0.222	2.70	0.090	0.028
17A-EPR-TVG5-10	0.606	0.230	39.35	0.969	0.214	0.531	0.215	2.57	0.093	0.025
17A-EPR-TVG5-11	0.634	0.233	40.51	0.991	0.217	0.535	0.223	2.50	0.089	0.026
17A-EPR-TVG5-12	0.611	0.228	39.45	0.965	0.214	0.530	0.215	2.58	0.092	0.025
17A-EPR-TVG5-13	0.684	0.239	40.80	1.029	0.226	0.566	0.225	2.72	0.093	0.029
17A-EPR-TVG5-14	0.610	0.228	38.91	0.956	0.211	0.523	0.213	2.61	0.091	0.024
17A-EPR-TVG5-15	0.656	0.236	40.60	1.010	0.224	0.572	0.218	2.62	0.095	0.028
17A-EPR-TVG5-16	0.635	0.237	40.74	1.002	0.224	0.549	0.222	2.75	0.093	0.024
17A-EPR-TVG5-17	0.648	0.235	40.72	1.009	0.225	0.585	0.218	3.02	0.089	0.028
17A-EPR-TVG5-18	0.612	0.230	39.80	0.965	0.216	0.533	0.212	2.65	0.093	0.025
17A-EPR-TVG5-19	0.653	0.238	40.84	1.006	0.222	0.551	0.224	2.68	0.089	0.026
17A-EPR-TVG5-20	0.624	0.235	40.42	0.979	0.220	0.539	0.219	2.64	0.092	0.025
平均含量	0.638	0.234	40.06	0.991	0.220	0.547	0.221	2.65	0.092	0.026

将 17A-EPR-TVG5 站位沉积物中的常量元素 Al、Ca、Fe、K、Mg、Mn、Na、P 和 Ti 进行深海碳酸盐质沉积物标准化。从图 7-47 中可以看出，17A-EPR-TVG5 站位沉积物中常量元素的深海碳酸盐质沉积物标准化值均落在 0.1～10 的范围中，且分布在 1 附近。样品间元素含量与平均值基本一致，变化很小。与标准的深海碳酸盐沉积物相比，17A-EPR-TVG5 站位沉积物样品中的 Al、Ti 含量稍低，P、Mn 含量稍高，但含量相对最高的元素如 Ca、Fe、K、Mg 和 Na 与标准碳酸盐深海沉积物的基本一致。同时，其 Al、Ca、Fe、

K、Mg、Mn、Na 等对沉积物类型有重要指示作用的元素均与碳酸盐深海沉积物一致，表明 17A-EPR-TVG5 站位的沉积物为典型的深海钙质软泥。

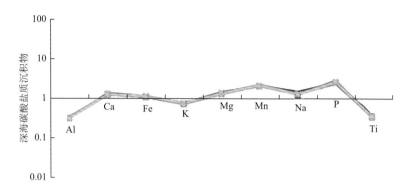

图 7-47　EPR 赤道附近 17A-EPR-TVG5 站位沉积物中常量元素组成的深海碳酸盐质沉积物标准化图解

深海碳酸盐质沉积物数据引自 Turekian and Wedepohl，1961

（二）热液异常分析

对 EPR 13°N 热液区附近表层沉积物样品的 XRD 分析表明，其主要的矿物相为长石、石英、伊利石、石膏和高岭石，并含有大量的非晶质物质（殷学博，2005）。17A-EPR-TVG5 站位的沉积物样品主要由方解石组成，几乎没有其他矿物相的存在，这可能是 17A-EPR-TVG5 站位远离热液区的缘故，即从矿物组成来看 17A-EPR-TVG5 站位的沉积物无明显的热液活动记录。

计算 17A-EPR-TVG5 站位沉积物样品的 $100 \times Al/(Al + Mn + Fe)$ 值（图 7-48），发现其落在 35 附近。尽管如此，进一步，经过对 17A-EPR-TVG5 站位沉积物中常量元素数据的分析，表明该沉积物的 Al 含量并不高，均值为 0.638%，处于 Fe（0.991%）与 Mn（0.221%）

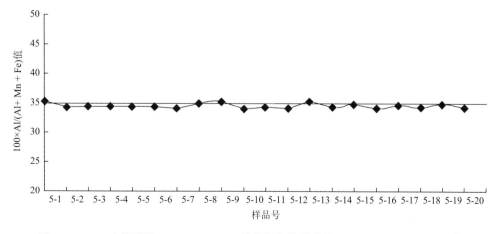

图 7-48　EPR 赤道附近 17A-EPR-TVG5 站位沉积物样品的 $100 \times Al/(Al + Mn + Fe)$ 值

之间，其中 Fe 和 Mn 含量通常是区分正常深海沉积物与含金属沉积物的重要标志。此外，17A-EPR-TVG5 站位沉积物中常量元素含量最高的是 Ca，达到 40%，这与该样品主要由方解石组成是一致的。同时，17A-EPR-TVG5 站位沉积物样品中以 Al 含量指示的陆源碎屑成分含量较低，而以 Ca 含量指示的生物源成分含量非常高，说明 17A-EPR-TVG5 站位沉积物样品中 $100 \times Al/(Al + Mn + Fe)$ 的值落在 35 附近并不能代表其为含金属沉积物。

第九节　元素赋存状态

热液柱中含大量富 Fe、Mn 等元素的颗粒物，由于这些颗粒物的输入，洋中脊含金属沉积物与其他深海沉积物相比具有明显不同的地球化学特征，即含金属沉积物富 Fe、Mn 及一系列微量元素，亏损 Al、Ti（Gurvich，2006；Boström et al.，1969）。

自 1981 年，在 EPR 13°N 附近发现现代海底热液活动区以来，国际上对此热液活动区的硫化物、喷口流体、热液柱颗粒物、喷口生物群落环境等进行了较为系统的研究（Le Bris et al.，2003；Fouquet et al.，1996；Khripounoff and Alberic，1991；Francis，1985；Tucker et al.，1983），取得了丰硕的成果。尽管如此，在 EPR 13°N 附近，有关含金属沉积物方面的研究较少，主要集中在沉积学、矿物学及元素地球化学方面（Cherkashev，1990），涉及元素赋存状态的研究更少，对沉积物中元素赋存状态能反映的热液来源物质的沉积作用，以及沉积物形成时的沉积环境缺乏较深入的认识。

含金属沉积物中的化学元素具有多来源特征。不同物源和存在形式的元素，在不同的环境下会以不同的结合态赋存于含金属沉积物中。因此，不同结合态中的微量元素含量和分布可以更为敏感和有效地反映含金属沉积物中元素总含量难以反映的沉积环境信息，使含金属沉积物中元素在不同结合态中的分配特征能够指示沉积物的物质来源和沉积机制。不仅如此，利用顺序提取法对受热液活动影响的含金属沉积物进行选择性提取，可为认识含金属沉积物的元素赋存状态提供更多更可靠的信息（Tessier et al.，1979）。因此，武力（2011）对 EPR 13°N 和赤道附近表层沉积物样品进行了连续提取分析，为揭示受热液活动影响的沉积物及其与正常深海沉积物中元素赋存状态的差异提供研究基础。

一、EPR 13°N 附近含金属沉积物中的元素赋存状态

总体上，武力（2011）对 E272 和 E271 站位沉积物柱的顺序提取结果和李康（2009）对 E53 站位沉积物的顺序提取结果基本一致，即三个沉积物柱中沉积物的元素在各个相态的分配比例基本相同。武力（2011）的顺序提取实验结果总结在表 7-9～表 7-11 中，其中表 7-9 给出了 E271 和 E272 站位沉积物主量元素的分析结果。

表 7-9　EPR 13°N 附近 E271 和 E272 站位沉积物中常量元素顺序提取结果（武力，2011）

（单位：%）

元素	P1[*]			P2[**]			P3[***]			P4[****]		
	最小	最大	平均	最小	最大	平均	最小	最大	平均	最小	最大	平均
Al	3.6	8.8	6.1	2.0	20.9	15.7	4.9	9.4	7.8	62	83	70
Ca	67.2	94.4	81.9	1.5	14.1	10.6	0.5	4.0	1.8	1	15	6
Fe	1.7	6.2	3.7	63.9	71.6	69.2	4.1	7.3	5.9	17	28	21
K	28.2	46.5	36.1	2.5	22.1	18.7	1.8	2.8	2.5	35	51	43
Mg	50.6	67.6	57.4	1.7	18.2	13.9	4.0	5.7	5.0	18	31	24
Mn	—	8.6	5.7	85.1	90.4	88.3	3.4	5.7	4.7	1	3	1
Na	86.1	94.9	88.5	0.7	8.0	6.6	0.3	0.5	0.4	3	6	4
P	2.4	12.4	8.5	45.4	63.5	54.0	11.9	23.2	17.8	14	26	20
Ti	—	—	—	—	—	—	17.5	32.3	23.7	68	82	76

* 碳酸岩、松散吸附和可交换相；** Fe、Mn 氧化物相；*** 有机结合相；**** 残余相；"—"表示未检出。

表 7-10　EPR 13°N 附近 E271 和 E272 站位沉积物中微量元素顺序提取结果（武力，2011）

（单位：$\mu g \cdot g^{-1}$）

元素	P1[*]			P2[**]			P3[***]			P4[****]		
	最小	最大	平均	最小	最大	平均	最小	最大	平均	最小	最大	平均
Li	8.9	18.5	13.6	10.5	14.1	12.0	5.3	7.2	6.3	61.8	74.3	68.1
V	0.0	0.0	—	77.1	82.6	80.1	7.6	11.7	9.4	9.0	14.1	10.5
Cr	13.7	27.6	20.3	43.5	66.3	57.8	6.5	15.7	8.4	12.2	15.5	13.5
Co	0.6	5.6	2.5	77.7	92.2	86.3	4.1	6.8	5.2	2.9	11.8	6.0
Ni	13.5	24.9	19.3	54.9	79.2	68.9	4.1	7.1	5.4	3.0	20.0	6.4
Cu	6.1	22.6	13.8	51.4	71.4	61.7	5.7	29.2	16.1	6.1	12.8	8.5
Zn	6.9	30.6	17.6	52.3	70.2	62.8	5.6	9.8	6.8	9.9	19.2	12.7
Ga	1.5	3.2	2.2	34.3	72.0	61.1	3.5	5.9	4.7	21.5	58.4	32.0
Rb	1.6	3.8	2.3	12.6	16.7	14.8	1.5	2.6	2.1	78.4	83.7	80.8
Sr	50.2	71.4	60.5	18.1	35.4	27.8	1.9	6.1	3.8	6.0	10.0	7.9
Y	15.1	34.0	25.2	57.1	68.1	61.7	4.9	15.0	9.6	2.5	4.6	3.5
Zr	0.2	0.7	0.3	12.9	24.6	19.4	1.3	5.1	2.8	71.7	85.3	77.5
Nb	0.0	0.1	0.0	17.8	24.3	20.2	14.7	20.4	16.6	57.8	66.8	63.2
Mo	0.2	1.3	0.5	73.0	86.1	77.3	10.0	17.3	14.0	3.4	12.6	8.2
Cd	41.5	65.2	48.4	35.7	52.2	46.6	1.4	4.1	3.0	−11	5.6	2.0
Cs	0.0	0.1	0.0	1.9	4.1	2.8	0.2	1.5	0.6	95.4	97.8	96.6
Ba	0.6	1.9	1.2	10.9	21.7	17.3	7.9	20.1	12.2	59.5	78.3	69.3
Hf	2.0	5.2	3.6	11.5	18.7	16.1	1.4	4.3	2.7	74.8	81.9	77.6
Ta	2.3	6.3	4.6	10.2	23.1	18.0	1.3	4.8	2.9	69.1	82.7	74.4
Pb	—	—	—	77.5	89.1	83.4	4.0	12.8	7.3	5.8	14.5	9.3
Th	0.5	4.3	1.9	2.0	5.7	3.5	5.9	9.9	7.9	85.6	89.0	86.7
U	40.6	56.2	48.0	12.7	27.0	19.3	5.5	14.9	9.9	13.9	35.3	22.9

* 碳酸岩、松散吸附和可交换相；** Fe、Mn 氧化物相；*** 有机结合相；**** 残余相；"—"表示未检出。

表 7-11　EPR 13°N 附近 E271 和 E272 站位沉积物中 REE 顺序提取结果（武力，2011）

（单位：$\mu g \cdot g^{-1}$）

元素	P1[*]			P2[**]			P3[***]			P4[****]		
	最小	最大	平均	最小	最大	平均	最小	最大	平均	最小	最大	平均
La	9.2	21.9	15.5	64.1	73.2	68.8	5.4	12.4	8.6	6.1	9.5	7.2
Ce	2.3	13.0	5.1	59.4	73.8	65.7	7.5	16.1	11.5	14.9	21	17.7
Pr	8.5	22.4	15.2	60.4	70.7	66.1	6.0	16.5	11.3	6.0	9.9	7.4
Nd	9.7	26.4	17.8	57.7	69.4	64.6	5.8	16.3	11.1	5.0	8.6	6.5
Sm	10.8	30.1	20.3	52.8	66.9	60.7	6.4	19.0	12.7	4.6	8.2	6.3
Eu	10.6	29.3	20.3	49.4	65.8	58.3	7.2	19.1	12.9	5.8	12.3	8.5
Gd	11.5	31.9	21.9	52.7	66.7	60.9	5.7	17.0	11.3	4.5	8.0	6.0
Tb	11.4	33.1	22.2	49.4	66.4	58.6	6.7	20.9	13.8	3.7	6.9	5.3
Dy	11.4	32.8	22.1	49.8	66.3	58.9	6.7	21.1	13.9	3.7	6.7	5.2
Ho	11.7	33.9	22.8	49.6	66.2	59.1	6.5	20.3	13.2	3.4	6.5	4.9
Er	11.5	32.5	21.8	50.4	67.1	59.6	6.5	20.8	13.5	3.4	6.7	5.1
Tm	10.4	30.1	20.1	51.2	68.1	59.8	7.1	22.1	14.7	3.7	7.3	5.4
Yb	10.4	29.7	20.1	50.1	67.2	58.6	7.4	23.4	15.5	4.0	7.7	5.8
Lu	11.1	32.6	21.5	49.0	66.8	57.6	6.9	23.0	15.2	4.0	7.8	5.7

* 碳酸岩、松散吸附和可交换相；** Fe、Mn 氧化物相；*** 有机结合相；**** 残余相。

　　研究发现 Al 和 Ti 主要赋存于残余相中，Fe、Mn 氧化物相中也可见一定量的 Al（最大可达 20.9%），可能是由于在使用盐酸羟氨淋滤 Fe、Mn 氧化物相时，溶解了部分黏土矿物。Ca 主要赋存于碳酸盐相中，且多数存在于生物成因碳酸钙（有孔虫类壳体）中。同时，在 Fe、Mn 氧化物相中赋存有 14.1% 的 Ca，残余相中赋存有 15% 的 Ca，这两相中的 Ca 可能以黏土矿物、钙锰矿和长石的形式出现。Fe 和 Mn 主要赋存于 Fe、Mn 氧化物相中，Fe 和 Mn 的氧化物/氢氧化物是其主要赋存相态。此外，在残余相中也发现了 Fe，含量最大为 28% 这部分 Fe 则可能与 Fe-蒙皂石这样的含 Fe 的黏土矿物有关。K 的来源表现为多类型：①主要存在于残余相中；②碳酸盐相（松散吸附态），且 Fe、Mn 氧化物相中也含有一定量的 K（黏土矿物）。Mg 主要赋存于碳酸盐相中，在部分残余相中也发现了大量的 Mg，表明 Mg 的赋存形式与 K 可能极为相似。Mg 的特征验证了岩相学的结论：该样品中不含火山物质（富 Mg）。P 在 Fe、Mn 氧化物相中含量最高，在其他相态中亦具有高含量特征，说明 P 的赋存形式具有多样性。这与 Poulton 和 Canfield（2006）的淋滤试验结果取得的认识一致，特别是有机结合相中 P 含量高达 23.2%，这与沉积物中较高的有机碳含量相一致（高达 2% 以上）（武力，2011）。

　　表 7-10 给出了 E271 和 E272 站位沉积物中微量元素顺序提取实验结果：Li、Rb、Zr、Nb、Cs、Hf、Ta、Th 主要赋存于残余相中（碎屑物质）；V、Cr、Co、Cu、Zn、Y、Mo、Pb 主要赋存于 Fe、Mn 氧化物相中；Sr、Cd 主要赋存于碳酸盐相中（生物成因的碳酸钙），部分赋存于 Fe、Mn 氧化物相中（氧化物与黏土矿物吸附）；Ba 主要赋存于残余相中（硫酸钡），部分赋存于 Fe、Mn 氧化物相中；U 主要以松散吸附形式存在于碳酸盐相态中，残余相中的高 U 含量则可能与碎屑物质有关（武力，2011）。

　　结合沉积物中 REE 的顺序提取实验结果（表 7-11）发现，REE 主要赋存于 Fe、Mn

氧化物相中,说明 REE 主要与 Fe、Mn 氧化物的吸附作用有关,这与 Ruhlin 和 Owen(1986)得出的"含金属沉积物中 Fe-Mn 氧化物对 REE 具有强烈吸附作用"这一结论是一致的。

E271、E272 和 E53 站位中沉积物的连续提取实验中,其沉积物各相态的 REE 页岩标准化配分模式见图 7-49。Fe-Mn 氧化物相态、碳酸盐、松散吸附和可交换相,以及有机结合相的 REE 配分模式均表现出与海水一致的特征,说明这三个相态中的 REE 主要来源于海水;而残余相则具有与陆源碎屑物质一样的 REE 模式,表明其 REE 组成继承了陆源物质的特征(武力,2011)。

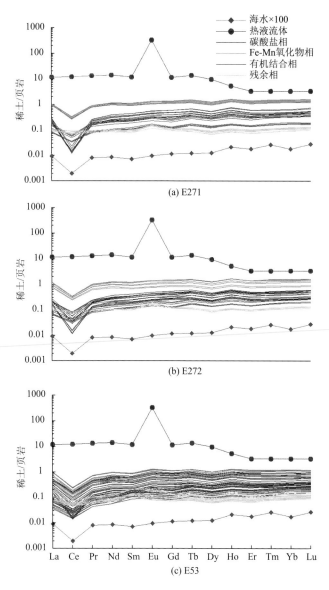

图 7-49 EPR 13°N 附近 E271、E272 和 E53 站位沉积物连续提取各相中 REE 的页岩标准化配分模式
(武力,2011)

热液流体数据引自 Douville et al.,1999;海水数据引自 Piepgras and Jacobsen,1992

二、17A-EPR-TVG1 和 17A-EPR-TVG5 沉积物的连续提取分析

为揭示受热液活动影响的沉积物中元素的赋存形式与正常深海沉积物之间的差异,对 EPR 13°N 附近的表层沉积物样品进行了连续提取分析,并与赤道附近表层沉积物进行了对比。

在 2005 年 9 月大洋环球航次(DY105-17A)东太平洋海隆航段,使用电视抓斗于 EPR-TVG1、EPR-TVG5 站位采集到表层样品(样品编号 17A-EPR-TVG1、17A-EPR-TVG5)。17A-EPR-TVG1 位于洋中脊边缘高地,热液硫化物丘的东坡(12°42′41″N,103°54′26″W,水深 2628m),为棕红色沉积物。17A-EPR-TVG5 位于离洋中脊约 10km 的远轴点(0°15′55″S,102°21′58″W,水深 3167m),样品为浅棕色钙质软泥,夹浅黄色、黄绿色不均匀斑块,经过淘洗后观察到大量有孔虫和少量棕色火山玻璃。

表 7-12 给出了 17A-EPR-TVG1、17A-EPR-TVG5 与正常深海沉积碳酸盐的全岩常量、微量和稀土元素组成。同时,计算了各样品的稀土总量、轻重稀土比值,根据 $\delta Eu = w(Eu)_N/\{(1/2)[w(Sm)_N + w(Gd)_N]\}$,$\delta Ce = w(Ce)_N/\{(1/2)[w(La)_N + w(Pr)_N]\}$,计算了 Eu 及 Ce 异常指数,其中 $w(Eu)_N$、$w(Sm)_N$、$w(Gd)_N$、$w(Ce)_N$、$w(La)_N$、$w(Pr)_N$ 均为北美页岩标准化值。表 7-13 中列出了 17A-EPR-TVG1、17A-EPR-TVG5 不同赋存形式中的各元素含量测试结果(为相对百分含量,四相的总含量为 100%)(李康等,2009)。

表 7-12 　17A-EPR-TVG1 和 17A-EPR-TVG5 沉积物的全岩化学组成(李康等,2009)

元素	17A-EPR-TVG1	17A-EPR-TVG5	深海沉积碳酸盐
Al	1.69	0.34	2.000
Ca	0.27	28.60	31.240
Fe	32.54	0.69	0.9000
Mn	0.01	0.17	0.1000
Ti	0.26	0.02	0.077
Ba	81.00	2093.00	190.000
Zn	2332.00	35.00	159.000
Cu	8137.00	73.00	136.000
Sr	161.00	1206.00	2000.000
V	191.00	20.00	20.000
Mo	107.60	0.30	3.000
U	22.50	0.40	—
La	2.94	6.81	10.000
Ce	5.17	2.64	35.000
Pr	0.90	1.31	3.300
Nd	4.18	5.54	14.000
Sm	1.01	1.83	3.800
Eu	0.52	0.73	0.600

续表

元素	17A-EPR-TVG1	17A-EPR-TVG5	深海沉积碳酸盐
Gd	0.95	1.47	3.800
Tb	0.17	0.25	0.600
Dy	0.99	1.58	2.700
Ho	0.23	0.40	0.800
Er	0.67	1.12	1.500
Tm	0.11	0.18	0.100
Yb	0.71	1.16	1.500
Lu	0.11	0.19	0.500
Y	5.82	14.40	42.000
ΣREE	24.49	39.63	120.200
ΣCe/ΣY	1.51	0.91	1.250
δEu	2.50	2.09	0.800
δCe	0.75	0.21	1.430

注: "—" 表示未检出; Al、Ca、Fe、Mn、Ti 的单位为%, Ba、Zn、Cu、Sr、V、Mo、U、La、Ce、Pr、Nd、Sm、Eu、Gd、Tb、Dy、Ho、Er、Tm、Yb、Lu、Y 的单位为 $\mu g \cdot g^{-1}$。

表 7-13 17A-EPR-TVG1 和 17A-EPR-TVG5 元素在沉积物中不同存在形式的比例（李康等，2009）

17A-EPR-TVG1	碳酸盐相	铁锰氧化物相	有机结合相	残留相	17A-EPR-TVG5	碳酸盐相	铁锰氧化物相	有机结合相	残留相
Al	0.34	1.54	0.85	97.27	Al	19.37	17.41	14.47	48.75
Ba	2.92	16.08	7.90	73.10	Ba	2.17	6.59	8.43	82.81
Ca	60.04	30.38	2.59	6.99	Ca	98.41	1.46	0.06	0.07
Fe	1.78	33.22	5.47	59.53	Fe	15.84	46.32	11.75	26.09
Mn	1.95	36.25	6.25	55.55	Mn	19.81	77.52	1.74	0.93
Ti	<0.10	<0.10	<0.10	99.98	Ti	<0.10	0.58	31.34	68.08
Zn	12.97	16.56	6.59	63.88	Zn	33.12	24.47	16.13	26.28
Cu	8.74	10.95	10.64	69.67	Cu	37.79	20.36	20.10	21.75
Sr	31.62	21.32	2.61	44.45	Sr	96.42	1.21	0.27	2.10
V	0.73	28.40	4.72	66.15	V	16.06	55.43	11.13	17.38
Mo	<0.10	8.67	0.37	90.91	Mo	3.28	41.74	13.60	41.38
U	20.49	27.70	6.99	44.82	U	70.27	7.35	9.12	13.26
La	1.77	17.01	5	76.22	La	69.80	17.56	6.04	6.60
Ce	0.52	8.45	2.77	88.26	Ce	30.68	36.89	13.51	18.92
Pr	1.15	12.61	4.68	81.56	Pr	68.49	16.02	7.70	7.79
Nd	1.23	13.30	4.59	80.88	Nd	70.03	15.37	7.49	7.11
Sm	1.34	13	4.77	80.89	Sm	62.24	15.31	10.66	11.79
Eu	0.86	8.10	3.14	87.90	Eu	60.07	11.49	6.44	22
Gd	1.75	15.48	5.14	77.63	Gd	70.08	14.74	8.20	6.98
Tb	1.59	13.44	5.44	79.53	Tb	68.38	15.54	9.89	6.19

17A-EPR-TVG1	碳酸盐相	铁锰氧化物相	有机结合相	残留相	17A-EPR-TVG5	碳酸盐相	铁锰氧化物相	有机结合相	残留相
Dy	1.50	13.80	5.78	78.92	Dy	67.61	15.28	10.01	7.10
Ho	1.54	14.46	5.83	78.17	Ho	67.91	15.93	10.24	5.92
Er	1.47	14.21	5.76	78.56	Er	67.05	15.83	10.21	6.91
Tm	1.52	13.59	5.96	78.93	Tm	66.99	15.63	11.14	6.24
Yb	1.41	13.36	5.94	79.29	Yb	66.12	15.58	11	7.30
Lu	1.53	14.16	5.73	78.58	Lu	66.82	15.03	11.11	7.04
Y	2.33	16.28	5.63	75.76	Y	67.17	18.09	8.89	5.85
$\Sigma Ce/\Sigma Y$	0.75	1.11	1	1.55	$\Sigma Ce/\Sigma Y$	0.84	0.99	0.78	1.34
δEu	1.60	1.62	1.82	3.20	δEu	1.26	1.07	0.97	3.38
δCe	0.30	0.48	0.48	0.92	δCe	0.09	0.45	0.42	0.55

注：Al、Ba、Ca、Fe、Mn、Ti、Zn、Cu、Sr、V、Mo、U、La、Ce、Pr、Nd、Sm、Eu、Gd、Tb、Dy、Ho、Er、Tm、Yb、Lu、Y 单位为%。

前人针对松散地质样品的元素连续提取分析已经开展了大量开创性工作，其中以 Tessier 等（1979）提出的沉积物连续提取分析步骤最为经典。该研究将沉积物分离成五种组分态，分别为可交换态、碳酸盐结合态、铁锰氧化物结合态、有机结合态和残留态，并通过河床沉积物所得到的实验结果，验证了连续分离方法的相对标准偏差优于 10%，且通过总的微量元素含量和五种组分总和对比的评价，验证了该方法的确具有良好的可信度（李康，2009）。

针对 17A-EPR-TVG1、17A-EPR-TVG5 样品，参照 Dunk 和 Mills 等（2006）的方法，对沉积物处理步骤做修正如下（图 7-50）（李康，2009）。

（1）称取沉积物全样 0.5g。

（2）使用 12mL 10%（体积比）的醋酸（也称乙酸），除去碳酸盐。然后，使用超声波振荡 4h，离心机 3000 转 5min。转移上清液。加入 6mL 纯水，搅动，离心。上清液转移至 Teflon 罐中，加入 0.25mL $HClO_4$，在电热板上于 120℃蒸至近干，加入 1mL 硝酸和 2mL 纯水，在电热板上于 150℃回溶 12h。

（3）使用 10mL 的 $1mol \cdot L^{-1}$ 的盐酸羟氨与 25%醋酸混合溶液，提取铁锰氧化物。室温下，静置 4h。30min 振荡一次。超声波振荡 4h，离心机 3000 转 5min。转移上清液。加入 6mL 纯水，搅动，离心。上清液转移至 Teflon 罐中，加入 0.25mL 高氯酸，在电热板上于 120℃蒸至近干，加入 1mL 硝酸，2mL 纯水，在电热板上于 150℃回溶 12h。

（4）有机组分移除。使用 10mL 5%的双氧水，振荡 8h，离心机 3000 转 5min。上清液转移。加入 6mL 纯水，搅动，离心。上清液转移至 Teflon 罐中，加入 0.25mL 高氯酸，在电热板上于 120℃蒸至近干，加入 1mL 硝酸和 2mL 纯水，在电热板上于 150℃回溶 12h。

（5）最后部分即残留相，采用硝酸、氢氟酸、高氯酸组合酸，进行硝化。

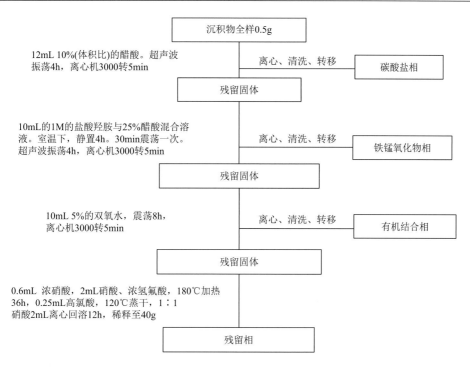

图 7-50 沉积物连续提取实验流程图（李康，2009）

样品在完成去除碳酸盐、铁锰氧化物、有机质步骤后，均加纯水再清洗、离心。两次离心上清液后加高氯酸蒸干，然后转移到硝酸介质中，稀释至 40mL 待测（李康，2009）。

（一）表层沉积物中常量元素的赋存状态

17A-EPR-TVG1、17A-EPR-TVG5 沉积物样品的地球化学组成存在显著差异(表 7-12 和表 7-13)。17A-EPR-TVG1 沉积物的 Fe 含量为 32.54%，Cu、Zn 含量分别为 8137.00$\mu g \cdot g^{-1}$ 和 2332.00$\mu g \cdot g^{-1}$，具有典型含金属沉积物的化学组成特征。17A-EPR-TVG5 的沉积物样品中，Ca 含量为 28.60%，Ba 和 Sr 含量分别为 2093.00$\mu g \cdot g^{-1}$ 和 1206.00$\mu g \cdot g^{-1}$（李康等，2009）。

17A-EPR-TVG1 与 17A-EPR-TVG5 沉积物的 Al 和 Ti 主要赋存在残留相中。17A-EPR-TVG1 的沉积物样品，其 Al 在残留相中的相对含量高达 97%，Ti 高达 99.98%，表明该沉积物的 Al 和 Ti 主要赋存于陆源碎屑组分中。17A-EPR-TVG5 沉积物的 Al 和 Ti 在残留相中的相对含量明显较 17A-EPR-TVG1 的低，Al 的相对含量仅为 48.75%，Ti 的相对含量约为 68.08%。此外，部分 Al 还存在于碳酸盐相中，含量为 19.37%，这可能与生物成因碳酸盐组分对海水的吸附作用有关。综合考虑，Ti 相对于 Al 更适合作为陆源碎屑的指示元素（李康等，2009）。

17A-EPR-TVG1 和 17A-EPR-TVG5 的沉积物样品中，Fe、Mn 主要存在于 Fe-Mn 氧化物相和残留相中。由于盐酸羟胺和醋酸提取试剂对结晶良好的黄铁矿溶解效果不佳，且 XRD 分析结果显示 17A-EPR-TVG1 以黄铁矿为主要矿物组分，因此 Fe 在残留相中的含量高于 Fe-Mn 氧化物相。由于 Mn^{2+} 与 Fe^{2+} 的离子半径很相近，因此在热液硫化物中，黄铁矿中 Mn 含量最高可达 1%（刘英俊和曹励明，1984）。同时，在该沉积物样品中，Mn 的含量远低于 Fe 的含量，这与上述认识一致。17A-EPR-TVG1 的沉积物中 Fe、Mn 在残留相中的相对百分含量较 Fe-Mn 氧化物相中的高，而 17A-EPR-TVG5 则相反。17A-EPR-TVG5 中的 Mn 除了在 Fe-Mn 氧化物相态中具有相对高的含量，其在碳酸盐结合相中的相对含量达到 20% 左右，这表明碳酸盐矿物也是该沉积物中 Mn 的赋存形式之一（图 7-51）（李康等，2009）。

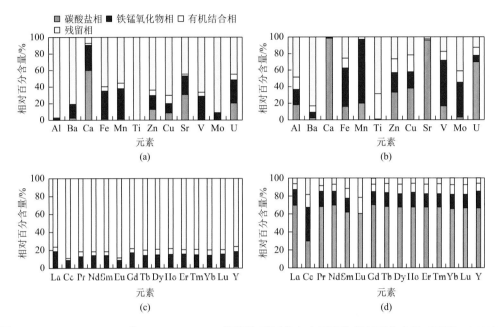

图 7-51　17A-EPR-TVG1 和 17A-EPR-TVG5 沉积物不同相态中元素的相对百分含量（李康，2009）

（a）和（c）为 17A-EPR-TVG1 沉积物样品；（b）和（d）为 17A-EPR-TVG5 沉积物样品

在 17A-EPR-TVG5 的沉积物中，其主要矿物成分是生物成因的方解石。同时，17A-EPR-TVG1 和 17A-EPR-TVG5 沉积物的 Ca 和 Sr 主要存在于碳酸盐结合相中，17A-EPR-TVG5 的沉积物 Ca、Sr 含量较高，分别为 98.41% 和 96.42%（图 7-51），推测其部分可能来自海水（海水中 Ca 的含量为 $1013mmol·kg^{-1}$，Sr 的含量为 $8.1\mu g·g^{-1}$）（韩吟文和马振东，2003）。此外，通过对 17A-EPR-TVG1 的沉积物进行研究，还发现 Sr 在残留相中的含量相当高，为 44.45%，这可能与热液作用所形成的某些含 Sr 的矿物（如天青石 $SrSO_4$）有关。同时，两个沉积物样品中 Ba 均存在于残留相中，即其存在于不溶于酸的硫酸钡（重晶石）中，且 17A-EPR-TVG1 的沉积物样品中 Ba 在残留相中的相对百分含量为 73.1%，而 17A-EPR-TVG5 的沉积物样品中 Ba 在残留相中的相对百分含量为 82.81%，说明其可能是受到了生物成因的有机质与热液共同作用（李康等，2009）。

17A-EPR-TVG1 沉积物的 Cu 和 Zn 含量很高，分别为 $8137.00\mu g·g^{-1}$ 和 $2332.00\mu g·g^{-1}$，且主要赋存于残留相中，其相对百分含量依次为 69.67% 和 63.88%。Cu 和 Zn 在碳酸盐相、

Fe 和 Mn 氧化物相和有机结合相中的含量相差很小。在 17A-EPR-TVG5 的沉积物中，其 Cu 和 Zn 分别为 $73.00\mu g\cdot g^{-1}$ 和 $35.00\mu g\cdot g^{-1}$，主要赋存于碳酸盐相中，在其余三相中的含量相当。一般情况下，热液柱中的 Cu、Zn 与 Fe 结合，最终存在于硫化物中，这也进一步说明了 Cu、Zn 为什么主要赋存于 17A-EPR-TVG1 的沉积物残留相中。Cu、Zn 元素在沉积过程中主要以硫化物的形式存在，其搬运形式有 4 种，依次为无机络合物、有机络合物、被有机物碎屑及无机黏土吸附、可溶离子状态（刘英俊和曹励明，1984），而 17A-EPR-TVG5 沉积物的 Cu、Zn 主要存在于碳酸盐相中，因此可进一步推测其 Cu、Zn 主要被有机物碎屑所吸附（李康等，2009）。

（二）表层沉积物中微量元素的赋存状态

中性浮力热液柱在海水中扩散和沉降的过程中，其所含的 Fe-羟基氧化物和 Mn 的氧化物颗粒物对海水中的微量元素具有很强的吸附富集作用。前人对中性浮力热液柱中颗粒物地球化学特征的研究表明，P、V、Cr、As、Mo 和 U 的含量与颗粒物中 Fe 的含量成正相关（Schaller et al.，2000）。Trefry 和 Metz（1989）估算热液共沉淀作用可将河流加入海洋中的 V 吸收掉 10%～60%。沉积物中 Fe 和 V 具有明显的相关关系，可以用含 Fe 物质的吸附作用来解释 V 的富集。上述 17A-EPR-TVG1 和 17A-EPR-TVG5 沉积物样品其 V 在四相中的相对百分含量均与 Fe 有良好的相关性，这也验证了含 Fe 物质吸附 V 的推论。

受热液活动的影响，17A-EPR-TVG1 沉积物的 Mo 和 U 的含量远远高于大洋黏土中的平均含量。在分布上，Mo 主要存在于残留相中，相对百分含量可达 90.91%。它在 Fe-Mn 氧化物相中的相对百分含量为 8.67%，且 Mo 是亲硫性元素，主要以硫化物的形式存在，而硫化物广泛分布在残留相中，故 Mo 的含量较高。U 同样主要存在于残留相中，相对百分含量为 44.82%，在碳酸盐相与 Fe-Mn 氧化物相中相对百分含量相差不大，依次为 20.5% 和 27.7%。同时，17A-EPR-TVG5 的沉积物 Mo 和 U 含量较低，对其进行顺序淋滤，发现 Mo 主要存在于 Fe-Mn 氧化物相和残留相中，且在两相中的相对百分含量约为 41%；U 主要存在于碳酸盐结合相中，且主要以铀酰吸附的形式存在（李康等，2009）。

（三）表层沉积物中稀土元素的赋存状态

在 17A-EPR-TVG1 的沉积物中，残留相是 REE 的主要载体，其中 REE 的相对百分含量约为 80%，表明残留相对 REE 具有强富集作用；Fe-Mn 氧化物相为其次要载体，REE 相对含量约为 13%。在 17A-EPR-TVG5 的沉积物中，REE 的赋存方式与前者存在较大差异，表现在 REE 主要赋存于碳酸盐相中，且除 Ce（30.68%）外，其他元素的相对百分含量都在 60% 以上，可能是由生物成因碳酸盐矿物对 REE 的吸附引起的。在 Fe、Mn 氧化物相中除 Ce（36.89%）偏高，Eu（11.49%）偏低外，其余元素的相对百分含量都在 15%～18%。同时，在残留相中除 Ce（18.92%）、Sm（11.79%）和 Eu（22.0%）外，其余元素的相对百分含量均在 10% 以下（李康等，2009）。

17A-EPR-TVG1 站位的沉积物，其 ΣCe/ΣY 值为 1.51，显示出轻稀土相对富集的特征，经北美页岩标准化后的 REE 配分模式，Eu 元素则表现出中等正异常（异常值为 2.50），Ce 轻度负异常（异常值为 0.75）的特征（图 7-52）。而 17A-EPR-TVG5 的沉积物，其 ΣCe/ΣY 值为 0.91，表现出重稀土相对富集特征。在北美页岩标准化后的 REE 配分模式中 Eu 呈正异常（异常值为 2.09），Ce 元素呈中等负异常（异常值为 0.21）的特征。此外，研究还发现 17A-EPR-TVG1 的沉积物样品，其 REE 具有与热液流体一致的特征，而 17A-EPR-TVG5 站位的沉积物，其 REE 则表现出明显受海水与热液流体混合影响的特征（李康等，2009）。

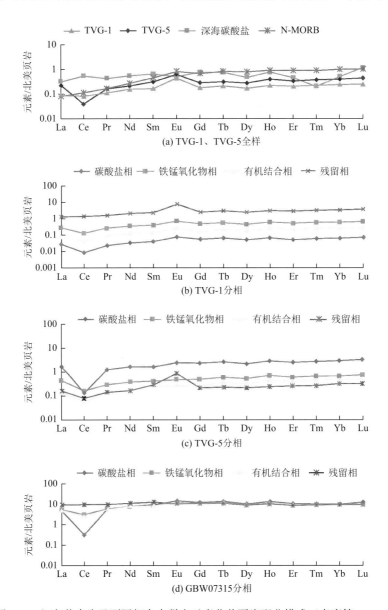

图 7-52　沉积物全岩及不同相态中稀土元素北美页岩配分模式（李康等，2009）

此外，17A-EPR-TVG1 与 17A-EPR-TVG5 的沉积物样品中 4 个相态的 REE 北美页岩标准化配分模式，具有明显的差别。17A-EPR-TVG1 沉积物中的 4 个相态均表现出 Eu 正异常，其异常值为 1.60～3.20，与热液流体的一致。在 17A-EPR-TVG5 的沉积物样品中，碳酸盐相、铁锰氧化物相和有机结合相的 REEs 组成则表现出典型的海水组成特征，Ce 元素表现较强的负异常（异常值最低为 0.30），表明海水很大程度上参与了该沉积物中碳酸盐相、铁锰氧化物相和有机结合相的形成过程。同时，$\Sigma Ce/\Sigma Y$ 值在碳酸盐相中最低（0.75），在残留相中最高（1.55）。由此推断，热液活动对 17A-EPR-TVG5 的含金属沉积物中残留相态物质的影响最大，且其他三相（碳酸盐相、铁锰氧化物相及有机结合相）中的微量元素主要来自海水。17A-EPR-TVG5 沉积物的 REEs 具有明显的 Ce 负异常，其值在碳酸盐相中低至 0.09，在铁锰氧化物相、有机结合相、残留相中依次为 0.45、0.42、0.55。低的 Ce 负异常值表明该沉积物中加入了大量海水来源的 Ce，且稀土元素主要赋存于碳酸盐相中，说明 17A-EPR-TVG5 的沉积物，其大部分的 REEs 来自海水（李康等，2009）。

前人的研究工作揭示了稀土元素（特别是重稀土元素）在富含 CO_2 的溶液中活跃性较强，易形成相对稳定的稀土碳酸盐络合物，所以重稀土元素在碳酸盐相中相对富集。多数稀土元素以六次配位的方式替代方解石中的部分 Ca^{2+} 从而使其发生富集，海水中的 Ce^{3+} 易转变成高价态离子 Ce^{4+} 而较难进入碳酸盐矿物中，所以表现出明显的 Ce 负异常（徐兆凯等，2007；王中刚等，1989）。Eu 在碳酸盐相、铁锰氧化物相和有机结合相中的异常较之于正常海水或沉积物而言偏离较小，但其残留相具明显的 Eu 正异常，Eu 异常值为 3.38，且在残留相中 $\Sigma Ce/\Sigma Y$ 值为 1.34，表现出轻稀土元素富集的特征。在 17A-EPR-TVG5 的沉积物样品中，其主要组分为生物成因碳酸盐，并含少量火山玻璃。为进一步探究火山玻璃是否会对残留相稀土元素配分模式中的 Eu 异常产生影响，将洋中脊玄武岩（N-MORB）（Sun and McDonough，1989）作为标准化值，对其进行 REEs 标准化。结果显示其 Eu 表现出轻微的正异常，而 Ce 表现出轻微的负异常。据此推测，火山玻璃可能与 17A-EPR-VG5 沉积物的残留相中稀土元素配分模式呈现 Eu 正异常有关。与国家标准样品 GBW07315（普通深海沉积物）的稀土元素配分模式对比可以发现，标准样品的所有相态中，碳酸盐相、铁锰氧化物相和有机结合相都表现出不同程度的 Ce 负异常，而所有相态中均未发现 Eu 异常，结合洋中脊玄武岩标准化的结果，表明在 17A-EPR-TVG5 的沉积物中，其稀土元素在残留相中的分布模式，很可能与火山玻璃的加入有关（李康等，2009）。

综上所述，东太平洋海隆 17A-EPR-TVG1 表层沉积物样品矿物组成主要为黄铁矿，并含有少量的蒙皂石。全岩测试分析结果显示 Fe 的含量为 32.54%（质量分数），Cu、Zn 的含量较高，依次为 $8137.00\mu g\cdot g^{-1}$ 和 $2332.00\mu g\cdot g^{-1}$。17A-EPR-TVG5 的矿物组成主要为方解石。在元素含量中，Ca 的含量最高，为 28.60%，Ba 和 Sr 的含量依次为 $2093.00\mu g\cdot g^{-1}$ 和 $1206.00\mu g\cdot g^{-1}$（李康等，2009）。对 17A-EPR-TVG1 的沉积物样品进一步研究，发现其 Ca 主要赋存于碳酸盐相和铁锰氧化物相中，Sr 主要赋存于碳酸盐相、铁锰氧化物相和残留相三种相态中，Al、Fe、Mn、Ti、Ba、Zn、Cu、V、Mo、U 及 REEs 主要赋存于铁锰氧化物与残留相中。而 17A-EPR-TVG5 的沉积物样品，由于受热液活动影响较小，其 Al、Ba、Ti 主要赋存于残留相中，Fe、Mn、Sr、Ca、Zn、Cu、V、Mo、U 及 REEs 主要赋存于碳酸盐相和铁锰氧化物相中（李康等，2009）。此外，从沉积物全岩样 REEs 北美页岩标准化后的 REE 配分模式图可以发现（图 7-52），17A-EPR-TVG1 的沉积物样品记录了热液活动的信息，17A-EPR-TVG5 的沉积物样品表现出明显的海水特征。从稀土元素的顺序提取结果可以看出，17A-EPR-TVG1 的沉积物，其 4 个相态均表现 Eu 正异常，而 17A-EPR-TVG5 的沉积物，仅在其残留相中表现出 Eu 正异常，且 17A-EPR-TVG5 的沉积物在 4 个相态中均表现出 Ce 负异常，而 17A-EPR-TVG1 的沉积物，其 Ce 负异常则出现在除残留相以外的其他 3 个相态中。通过对比，表明海底热液活动对 17A-EPR-TVG1 沉积物中元素的赋存状态具有较大影响（李康等，2009）。

三、E53 站位沉积物的连续提取分析

对 E53 站位的沉积物进行了连续提取分析，得到了该站位沉积物样品主量元素、微量元素及稀土元素在 4 个相态中的含量，分析样品号及层位见表 7-14（李康，2009）。

表 7-14　EPR 13°N 附近 E53 站位沉积物的分析样品号及层位对应表（李康，2009）

样品号	深度/cm	样品号	深度/cm	样品号	深度/cm
E53-1	0~1	E53-11	10~11	E53-27	26~27
E53-2	1~2	E53-13	12~13	E53-30	29~30
E53-3	2~3	E53-15	14~15	E53-33	32~33
E53-4	3~4	E53-17	16~17	E53-36	37~38
E53-5	4~5	E53-19	18~19	E53-39	40~41
E53-7	6~7	E53-22	21~22	E53-41	42~44
E53-9	8~9	E53-25	24~25		

（一）常量元素地球化学特征

通过顺序淋滤法得到各分相中元素 Fe、Mn、Ca、Sr、Ba、Ti、Al、P、Na、K、Mg 的含量，并将其与全岩中的含量进行对比（图 7-53），根据元素在各相中含量的变化趋势，将其分为以下四组分别进行讨论（李康，2009）。

1. Fe、Mn 组

E53 站位沉积物中的 Fe、Mn 元素，呈现出 3 个特征：①Fe、Mn 两种元素主要存在于铁锰氧化物相中，且随深度的增加含量逐渐降低，表现出与全岩样品一致的特征；②Fe、Mn，尤其是 Mn，在铁锰氧化物相中的含量与其全岩样品具显著的相关性；③Fe 元素在 E53 站位的沉积物柱状样中主要赋存于铁锰氧化物相和残留相，而 Mn 元素主要赋存于铁锰氧化物相（李康，2009）。

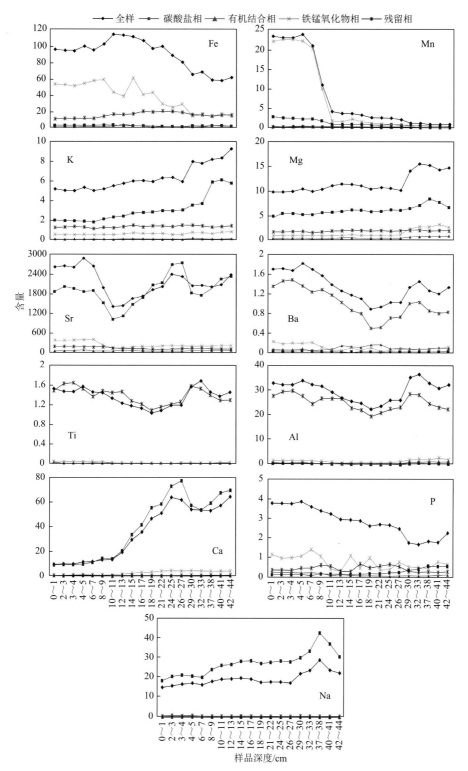

图 7-53　EPR 13°N 附近 E53 站位沉积物柱中主量元素的赋存形式随深度变化（李康，2009）

纵轴单位不一致，其中 Fe、Mn、Ca、Sr、Ba、Ti、Al、P 为 μmol·kg⁻¹，Na、K、Mg 为 mmol·L⁻¹

此外，在 E53 站位，其 Fe、Mn 元素含量在 10cm 以深的岩心沉积物中表现出不一致的变化趋势。铁锰氧化物相中 Mn 的含量在 10cm 以深的岩心沉积物中突然下降到初始含量的 5%以下，最低可为初始含量的 0.097%；而 Fe 含量虽然也有所下降，但是最低仅为初始含量的 20%，且大部分都在初始含量的 40%以上。沉积物柱中 Fe、Mn 元素含量变化的差异说明二者经历了不同的地球化学过程，但是究竟哪个元素更能反映热液活动的变化过程，需要进一步研究（李康，2009）。

2. Al、Ti、Ba 组

这三种元素主要赋存于残留相中，在其余三相中的含量很低，且三者在残留相中的含量变化趋势与在全岩中的含量变化趋于一致。其中，Al 和 Ti 主要存在于黏土矿物及长石等陆源物质中。

Al、Ti、Ba 在残留相中的含量变化曲线上同步出现了极值：即 6～7cm 和 18～19cm 处的极小值点，以及 32～33cm 处的极大值点（其中 Ba 在 29～30cm 与 32～33cm 处的含量几乎相同），这表明 E53 站位的沉积物，可以用共同的沉积事件来解释这三个元素的含量变化（李康，2009）。

3. K、Na、Mg 组

K、Na、Mg 元素在 E53 站位的沉积物样品中主要存在于碳酸盐相中（其中 Na 的回收率偏高），在其余相中的含量很低。三种元素均具有在沉积物柱上段含量较低，中段含量较为稳定，下段含量高的特征（李康，2009）。

4. Ca、Sr 组

E53 站位沉积物的中 Ca 与 Sr 元素主要存在于碳酸盐相中。Ca 在沉积物中 0～10cm 层位含量很低，在 10cm 以深的层位，其沉积物中 Ca 含量增加，至 24cm 处含量达到最高，随后出现轻微波动，整体表现为先减后增。推测可能与热液物质加入后的稀释作用有关。同时，Ca 与 Mn 的分布趋势表现出负相关关系（假设碳酸盐沉积速率不变）。此外，Sr 含量分布表现为两段式：①0～10cm 层位；②10cm 以深层位。在 0～10cm 层位，其含量曲线变化较为平稳，随后出现下降趋势，10cm 以深的层位，其 Sr 的含量分布曲线与 Ca 的含量分布曲线具有相似的变化趋势（李康，2009）。

（二）微量元素地球化学特征

E53 站位样品中含量最高的元素为 Cu 和 Zn，其次是 V、Ni、Pb、Cr、Y（图 7-54），且 Cu、Zn、V、Ni、Cr 和 Y 含量的最高值依次为 450μg·g^{-1}、500μg·g^{-1}、360μg·g^{-1}、280μg·g^{-1}、102μg·g^{-1} 和 76μg·g^{-1}（李康，2009）。

从图 7-54 中可以看出，E53 站位沉积物中与热液活动相关的微量元素均表现出随深度增加而降低的趋势，这可能与热液活动的强度差异有关（李康，2009）。值得一提的是，Cu、Zn 和 Mo 三种元素的含量变化在图中表现较明显的变化，其中 Cu 的含量由 440μg·g^{-1}

左右减小到 140μg·g^{-1} 左右，Zn 含量由 500μg·g^{-1} 左右减小到 190μg·g^{-1} 左右，Mo 含量由 12μg·g^{-1} 减小到 0.8μg·g^{-1}（图 7-54）（李康，2009）。

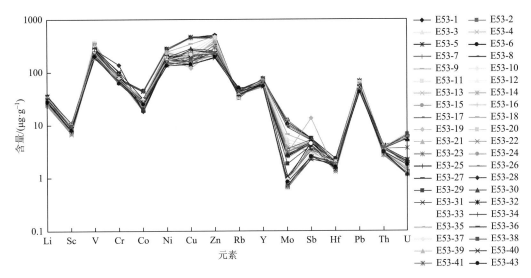

图 7-54　EPR 13°N 附近 E53 站位沉积物柱中微量元素含量分布（李康，2009）

进一步，可将区域沉积物中的元素含量（除去碳酸盐之后的元素含量）作为背景值，用含金属沉积物中的元素与背景值做比较，并假设沉积物中的 Al 元素全部为大陆来源，以此得到的元素富集序列从高向低依次为：Mo、As、Sb、Co、V、Zr、Y、Cd、Cu、Zn、Ni、Cr、Eu、Pb、U、Sc、Sm、Ce、La、Th、Rb（图 7-55）。并根据元素的赋存形式，将元素分为以下三类（李康，2009）。

（1）Mo、Co、V、Cu、Zn、Ni、Y、Pb

主要赋存于沉积物的铁锰氧化物相中，且含量与深度呈负相关关系。其中，Mo、Co、V、Cu、Pb 元素，在所有相态中，以铁锰氧化物相中的含量最高为特征。铁锰氧化物相态中 Mo、Co、V 元素表现出强相关性，说明这些元素均受到热液活动的影响。同时，Zn、Ni、Y 在铁锰氧化物相中的含量最高（但 Y 在 26cm 以深的沉积物碳酸盐相中的含量高于铁锰氧化物相）。三者在铁锰氧化物相中的含量亦与深度呈负相关关系，其在残留相与有机结合相中的含量均较低且变化较小（但 Pb 在残留相中的含量在 26cm 处有一个峰值）。此外，该组元素在碳酸盐相中的含量无明显规律，Mo 在碳酸盐相中的含量较低且稳定，Co、V、Pb 含量也较低且稳定，但在后段个别层位出现突增，Zn、Ni 在碳酸盐相中的含量逐渐减少，Y 的含量则表现相反，呈现出持续升高的趋势，Cu 的含量曲线表现出"两端高、中间低"的马鞍形（李康，2009）。

（2）Th、Sc、Li、Zr

主要赋存于沉积物的残留相中，其含量在沉积物中相对稳定，且 Th、Sc、Li 元素在残留相中的含量曲线变化基本相同——在 8～9cm 处存在一个峰值点，在 18～19cm、21～22cm 处均呈现低值，随后其含量开始小幅度增高。Zr 的含量与前面三种元素具有相似的变化趋势，但中间出现几个异常值（沉积物的 6～7cm、18～19cm、40～41cm

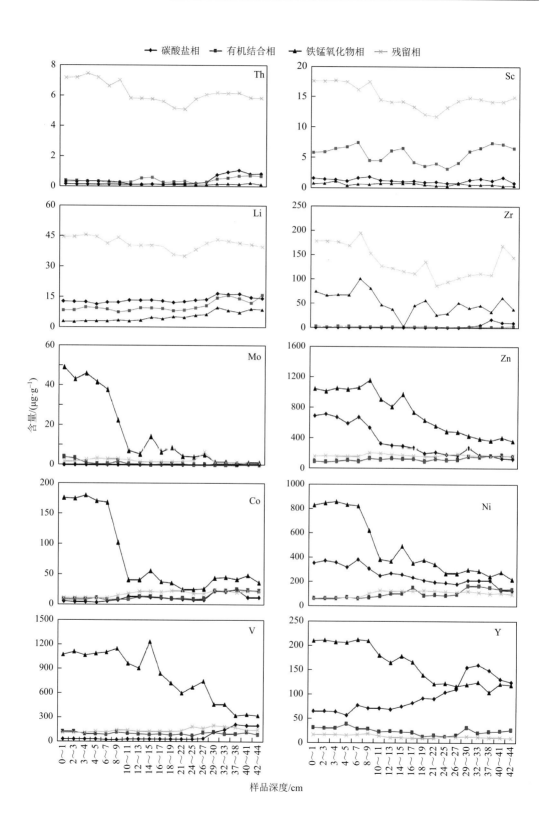

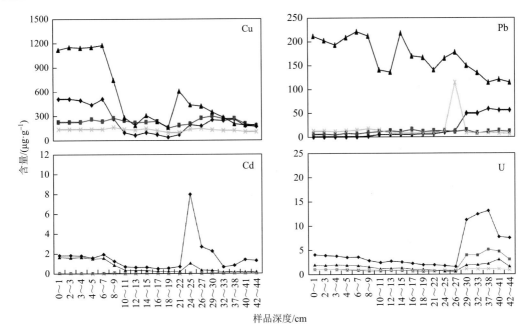

图 7-55 EPR 13°N 附近 E53 站位沉积物柱中微量元素的赋存形式随深度的变化（李康，2009）

处分别出现峰值）。此外，Th 在其余三相中的含量均非常低；Sc 在有机结合相中的含量较高，在其余两相中的含量非常低；Li 元素在碳酸盐相和有机结合相中的含量高于在铁锰氧化物相中的含量；Zr 在铁锰氧化物相中的含量较高，含量分布曲线与在残留相中的几乎一致，其含量在有机结合相中与碳酸盐相中的含量则非常低（李康，2009）。

（3）Cd、U

主要赋存在沉积物的碳酸盐相中。该两种元素在 0～24cm 的沉积物段及在碳酸盐相中具有相似的含量分布曲线形态，但在 24cm 处，Cd 出现峰值，随后含量降低，在 40cm 以深的层位则呈略有升高的趋势。U 含量在大于 27cm 的层位中呈现出先增大，随后降低的趋势，且在 37cm 处达到峰值。Cd 在有机结合相和残留相中的含量均很低，U 在残留相及铁锰氧化物相中具有很低的含量，但在有机结合相中，其在 29cm 以深的沉积物柱中有一个小的峰值。另外，Cd 在铁锰氧化物相中的含量变化趋势（除去碳酸盐相后更加明显）与 Mo、Co 基本相同，表明其可能受到了热液活动的影响（李康，2009）。

（三）稀土元素地球化学特征

对 E53 站位样品的稀土元素测试结果进行北美页岩标准化，如图 7-56 所示。标准化图解显示各个样品间的稀土元素含量变化很小（李康，2009）。稀土元素总量较深海碳酸盐沉积物的高，最低含量为 183.5μg·g⁻¹，最高含量可达 282.8μg·g⁻¹。ΣCe/ΣY 值在 1.207～1.337 变化（表 7-15），体现轻稀土元素相对富集。δEu 值在 1.140～1.320 变化，为轻度 Eu 正异常，表现出与热液流体相稀土元素一致的特征，表明 E53 站位沉积物的稀土元素受到了热液来源物质的影响。同时，E53 站位的沉积物，其 δCe 值在 0.337～0.390 变化，表现为强烈的负 Ce 异常，具有显著的海水加入的特征，说明该样品的稀土元素除了热液来源外，海水也是重要来源之一（李康，2009）。

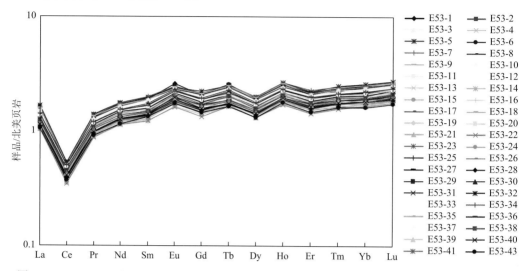

图 7-56　EPR 13°N 附近 E53 站位沉积物柱中稀土元素的北美页岩标准化配分模式（李康，2009）

表 7-15　**EPR 13°N 附近 E53 站位沉积物柱中稀土元素地球化学参数表**（李康，2009）

深度/cm	ΣREE/ (μg·g⁻¹)	ΣCe/ΣY	δEu	δCe	深度/cm	ΣREE/ (μg·g⁻¹)	ΣCe/ΣY	δEu	δCe
0～1	271.5	1.327	1.309	0.349	22～23	201.1	1.257	1.288	0.371
1～2	275.3	1.324	1.153	0.347	23～24	198.8	1.209	1.258	0.377
2～3	269.2	1.337	1.193	0.350	24～25	205.8	1.219	1.267	0.375
3～4	274.5	1.291	1.175	0.345	25～26	205.0	1.240	1.279	0.378
4～5	282.8	1.313	1.140	0.348	26～27	204.7	1.245	1.295	0.369
5～6	274.5	1.295	1.189	0.346	27～28	206.0	1.266	1.281	0.373
6～7	281.0	1.288	1.183	0.346	28～29	217.9	1.260	1.279	0.389
7～8	266.1	1.316	1.179	0.348	29～30	249.9	1.252	1.271	0.387
8～9	271.9	1.293	1.201	0.347	30～31	250.0	1.260	1.245	0.388
9～10	259.8	1.271	1.183	0.348	31～32	237.6	1.260	1.267	0.382
10～11	252.3	1.285	1.275	0.348	32～33	244.9	1.261	1.251	0.385
11～12	227.3	1.247	1.237	0.339	33～35	254.2	1.246	1.240	0.384
12～13	234.4	1.246	1.268	0.343	35～37	230.5	1.243	1.250	0.385
13～14	225.6	1.211	1.251	0.337	37～38	218.9	1.242	1.244	0.388
14～15	229.2	1.207	1.274	0.338	38～39	228.2	1.243	1.223	0.390
15～16	222.1	1.236	1.289	0.343	39～40	226.1	1.259	1.203	0.389
16～17	216.5	1.239	1.264	0.351	40～41	216.9	1.238	1.271	0.386
17～18	207.5	1.211	1.254	0.353	41～42	208.0	1.246	1.320	0.387
18～19	185.3	1.229	1.262	0.365	42～44	222.3	1.243	1.292	0.386
19～20	192.5	1.220	1.314	0.367	45～46	189.7	1.260	1.251	0.380
20～21	190.8	1.220	1.273	0.366	深海碳酸盐	120.2	1.250	0.800	1.430
21～22	183.5	1.249	1.257	0.367					

　　E53 站位沉积物中稀土元素的赋存形式具有如下几个特点：①主要赋存于沉积物的铁锰氧化物相中，且其总量表现出随深度增加而降低的变化趋势；②部分赋存在碳酸盐相中，其总量随深度的增加而升高，并高于残留相的稀土含量；③在有机结合相和残留相中含量很低，且其含量变化较小（李康，2009）。

　　各稀土元素在沉积物的铁锰氧化物相中的含量变化曲线总体表现为下降趋势（图 7-57）。在 0～9cm 层位，其稀土元素含量变化较小。在 12～13cm 层位，其稀土元素含量出现低值，但在 16～17cm 处出现一个小的稀土元素含量峰值。随后各稀土元素在铁锰氧化物相中的含量随深度的增加而逐渐降低，在 37～38cm 处又出现一个低值。同时，稀土元素在铁锰氧化物相中与第一组微量元素（Mo、Co、V、Cu 等）具有基本相同的含量变化趋势，并可与 Mn 在铁锰氧化物相中的含量变化形成对比，这可能与热液活动的强度有关。此外，稀土元素含量在碳酸盐相中的变化趋势也几乎一致，在 0～30cm 的沉积物柱中，其稀土元素含量平稳上升，在 30cm 处急剧上升，在 32～33cm 处其稀土元素含量达到最高值，且高于在铁锰氧化物相中的稀土元素含量，随后稀土元素含量呈下降趋势，其在 44cm 处与铁锰氧化物相中的稀土元素含量基本相近。不仅如此，该站位沉积物的稀土元素含量变化与 Ca 在碳酸盐相中的变化相似，只是 Ca 的含量在最后有再次上升的趋势，这可能反映了 E53 站位沉积物的碳酸盐对稀土元素产生了吸附作用。沉积物柱状样中稀土元素在有机结合相中的含量较低，且变化不大，其在 4～5cm、29～30cm 处出现两个小的峰值。稀土元素在残留相中的含量也较低，其含量变化相对平稳。稀土元素中 Ce 在残留相中的含量高于有机结合相的，其余稀土元素在此两种相态中的含量相近（李康，2009）。

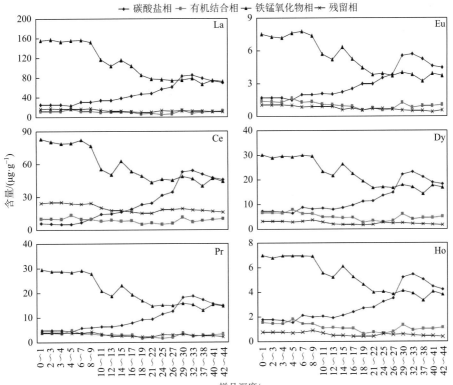

样品深度/cm

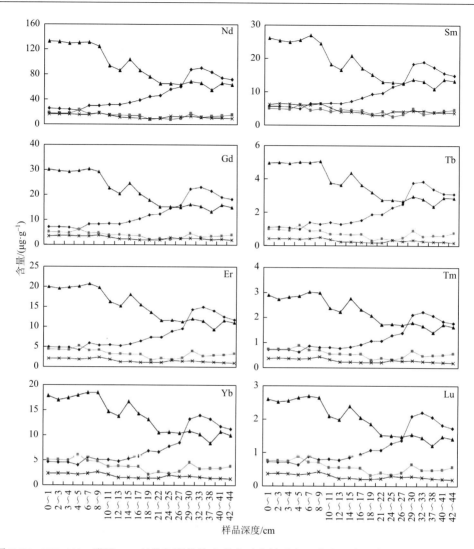

图 7-57　EPR 13°N 附近 E53 站位沉积物柱中稀土元素的赋存形式随深度的变化（李康，2009）

　　通过对比稀土元素北美页岩标准化配分模式在沉积物的四种相态中的变化特征（图 7-58）可以看出，E53 站位的沉积物具有相似的稀土元素配分模式。沉积物的碳酸盐相中，Ce 元素具有较明显的负异常，在铁锰氧化物相、有机结合相中，Ce 负异常较小，而在残留相中 Ce 负异常最小。同时，沉积物的四个相态均表现出轻微的 Eu 正异常，且沉积物的铁锰氧化物相具相对明显的 Eu 正异常，这表明 E53 站位沉积物的稀土元素可能来源于海水和热液流体（李康，2009）。

（四）热液组分含量及热液活动过程

　　沉积物中受海底热液活动影响的层位通常可以反映热液活动的变化。因此可利用热液区沉积物的元素浓度变化来推测海底热液活动的强度。不仅如此，含金属沉积物中的元素地球化学特征还能够用来示踪热液活动区的分布,从而研究海底热液活动的演化历史(李康,2009)。研究发现,在 EPR 13°N 热液区附近的含金属沉积物主要由非晶质 Fe-Mn 氧化物和氢氧化物组成(Hékinian et al.,1983),且可使用 Fe-Mn 氧化物相中元素的含量变化来探讨海底热液活动的强度。

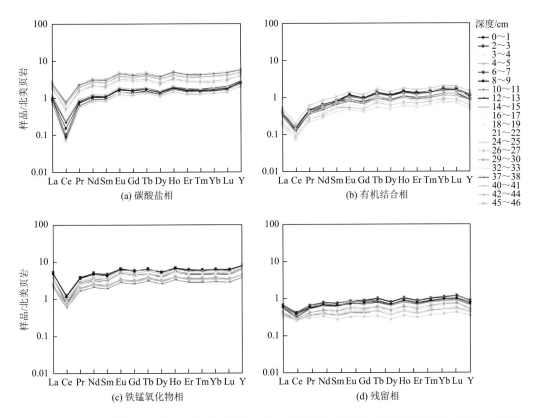

图 7-58　EPR 13°N 附近 E53 站位沉积物的四相中稀土元素的北美页岩标准化配分模式(李康,2009)

选择样品中主要存在于铁锰氧化物相中的元素 Fe、Mn、Cu、Zn、Mo、Ni、Co、V 对深度作图(图 7-59),并将这 8 个元素分为以下两组:①Fe、Zn、V 组;②Mn、Cu、Mo、Ni、Co 组。两组元素在样品中的分布趋势为:在 0~7cm 层位沉积物的铁锰氧化物相中,两组元素的含量变化稳定,随后其均随深度的增加而降低;②组中的元素在 0~10cm 层位沉积物中的含量降低较明显,在 10cm 以深的沉积物柱状样中,其含量非常低,变化较小(Cu 除外)。第 1 组元素含量在 14~15cm 和 26~27cm 沉积物中的含量稍有增加,在其他层位均表现为下降趋势。从图中元素的含量变化可以推断,该沉积物柱状样所记录的热液活动年龄小于 12ka,热液活动强度不断加强,且在近期热液活动强度较稳定。在 0~10cm,第 2 组元素的含量下降明显,Mn 的含量从 22%左右下降到约 1%,在 44cm 处已低至 0.09%;Cu 含量从 1100μg·g^{-1} 下降到 200μg·g^{-1} 左右;Co 含量从 170μg·g^{-1} 下降到 40μg·g^{-1} 左右。元素含量的一致降低表明输入热液颗粒物(至少是 Mn 氧化物)的大量减少。此外,在 0~10cm 层位沉积物中金属元素含量较高,反映出沉积物年龄越年轻,热液活动越强，相应的热液颗粒物质沉降也越多，即海底热液活动在这期间有突然增强的变化趋势（李康，2009）。

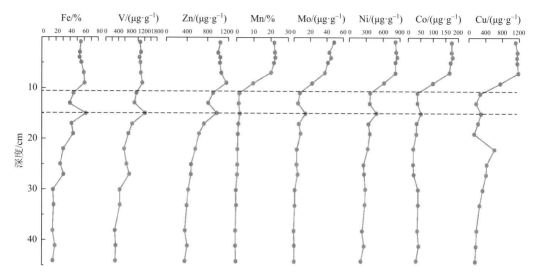

图 7-59　EPR 13°N 附近 E53 站位沉积物柱铁锰氧化物相中元素随深度的变化（李康，2009）

第 1 组元素的含量在 0～5cm 层位沉积物中与第 2 组元素的相似，其含量较高且稳定，表明海底热液活动稳定且较强。进一步，第 1 组元素随着深度的增加，其含量逐渐减少，变化幅度相对第 2 组较小，Fe 的含量从 50%左右减至 13%左右，V 从 1100μg·g^{-1} 降到 300μg·g^{-1} 左右，Zn 的含量从 1000μg·g^{-1} 降到 400μg·g^{-1} 左右，且其在 14～15cm 处有一个小的高值，元素 Cu、Mo、Ni、Co 也具有类似的变化趋势，反映出吸附了 V、Zn 的含 Fe 颗粒物（主要为铁的氢氧化物）经历了缓慢的增长过程，这与 Mn、Cu、Mo、Ni、Co 所表现出来的热液颗粒物含量骤增是相互矛盾的。推测该现象可能与沉积过程中 Fe 和 Mn 元素的分离有关（李康，2009）。

第十节　物质来源分析

一、因子分析

（一）R 型因子分析

基于矿物学和地球化学组成分析，已对 EPR 13°N 附近 E271、E272 和 E53 站位含金属沉积物的主要物源组成有了基本了解。为进一步深入探讨含金属沉积物中元素的来源，选择了典型的元素进行 R 型因子分析，并对因子载荷进行方差极大旋转，最后取前四个因子（F_1、F_2、F_3、F_4）来解释 94.3%的数据方差变化（表 7-16）（武力，2011）。

表 7-16　*R* 型因子分析方差极大载荷表（武力，2011）

因子	F_1	F_2	F_3	F_4
Al	0.46	0.23	0.81	0.19
Ba	0.47	0.12	0.31	0.80
Ca	−0.84	−0.24	−0.41	−0.16
Co	0.82	0.37	0.04	0.40
Cu	0.37	0.90	0.01	0.08
Fe	0.86	0.45	0.19	0.08
K	0.14	0.01	0.97	−0.01
La	0.29	0.82	0.34	0.29
Na	−0.10	−0.11	0.92	0.09
Mg	0.81	0.36	0.41	0.02
Mn	0.86	0.35	0.02	0.28
P	0.49	0.78	−0.02	0.03
Ti	0.43	0.14	0.84	0.19
V	0.11	0.95	−0.05	−0.14
Y	0.35	0.87	0.07	0.28
方差变化/%	31.6	29.9	25.0	7.8
累积方差变化/%	31.6	61.5	86.5	94.3

　　F_1 解释了 31.6% 的数据方差变化。从表 7-16 中可以看出这个因子上正载荷相对高的元素有 Mn、Mg、Fe、Co（>0.8），Y、Ti、P、Cu、Ba、Al 等元素正载荷较高（>0.3），Ca 具有最高的负载荷（−0.84）。样品中的 Ca 主要赋存于生物成因碳酸钙中，其单独变化，与其他端元存在相互稀释的关系。因此，在其他三个因子中，Ca 的载荷均表现为负值，F_1 中元素 Mn、Mg、Co 和 Ba 的高载荷，说明沉积物中可能存在自生钙锰矿（钡镁锰矿），而该因子中 Fe 和 Al 组合的存在，则有可能是因为存在自生 Fe-蒙皂石。P 的高载荷可能与有机质分解后形成少量自生磷灰石有关。综上，F_1 代表了样品中的自生物质组分，这个因子会随时间推移而变得越来越重要（武力，2011）。

　　F_2 解释了 29.9% 的数据方差变化。与该因子相关性较强的元素包括 Fe、Co、Cu、La、Mg、Mn、P、V 和 Y。Fe-Mn 氧化物/氢氧化物的吸附作用引起了过渡族金属元素、稀土元素和 P 元素在含金属沉积物中的富集，因此该因子的特征可以反映热液 Fe-Mn 氧化物/氢氧化物对沉积物形成的重要性（武力，2011）。

　　F_3 中 Al、K、Na、Ti 和 Mg 具有较高的正载荷，该因子解释了数据方差的 25.0%。该组元素显示陆源碎屑物质（主要由石英、长石和黏土矿物组成）的特征。因此，该因子可以反映陆源碎屑物质对含金属沉积物的贡献（武力，2011）。

　　值得一提的是，F_3 中 La（代表轻稀土元素）的载荷为 0.34，而 Y（代表重稀土元素）的载荷只有 0.07，这和 F_1 中两元素的载荷情况不一致，在 F_1 中 La 的载荷为 0.29，而 Y 的载荷为 0.35，表明 Fe-蒙皂石的出现可以导致自生组分中稀土元素的轻微富集，且由于 Fe-蒙皂石等自生组分继承了海水富集重稀土元素的特征，所以 La 的载荷稍低于 Y。这与 F_2 中的载荷情况一致，F_2 中 La 载荷略小于 Y 的载荷。与 F_1 相比，大的载荷能够反映

Fe-Mn 氧化物对稀土元素的富集起主要作用，且在 F_3 中，相对高的 La 载荷与非常低的 Y 载荷可反映陆源碎屑对沉积物中轻稀土元素的贡献要比对重稀土元素的贡献大，而重稀土元素则更多是来源于海水（武力，2011）。

F_4 仅解释了 7.8% 的数据方差变化。Ba 是该组元素中载荷最高的元素，反映可能有生物成因硫酸钡的贡献，而样品中发育的硅藻验证了这一认识。已有研究表明，在高 Fe 环境中硅藻和 Ba 含量具有显著的相关关系（Sternberg et al.，2005），这表明 F_4 可以解释为生物 Ba 和 Si 对沉积物的贡献（武力，2011）。

（二）一般 Q 型因子分析

尽管在 R 型因子分析中选取了 4 个可以被解释的因子，但其并不能准确地反映真实的物源端元。首先，F_1 的自生组分，实际上应该是有机碳通量（P）与热液物质通量的混合，另外，如 F_4，对沉积物的物质贡献非常有限。因此，使用 Q 型因子分析，对原始数据矩阵进行转置，结合样品之间的相似系数来讨论物源端元更为有效。进一步，选取 E53 站位沉积物柱中的部分特征元素进行 Q 型因子分析（图 7-60），且提取前 3 个因子共解释了方差变动的 97.6%（武力，2011）。

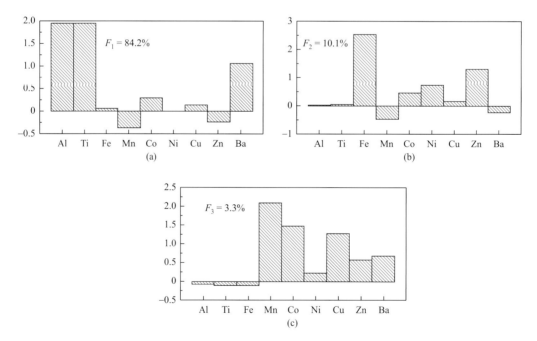

图 7-60　EPR 13°N 附近 E53 站位沉积物柱的全岩样 Q 型因子分析结果（武力，2011）

在 F_1 中 Al、Ti 得分最高（图 7-60），它们代表了陆源碎屑组分，F_2 中 Fe 的得分最高，代表热液组分，F_3 中 Mn、Co、Cu 得分很高，由于这些元素容易受到早期成岩作用影响而发生迁移，所以它们代表了成岩作用对样品的影响，但是该因子只能够解释方差变化的

3.3%，所以它可以被忽略，这表明 E53 站位沉积物柱的物质来源主要为生物成因碳酸钙、热液组分和陆源碎屑组分（武力，2011）。

二、端元定量估计

为了将端元组分对沉积物的贡献比例进行量化，武力（2011）总结了前人关于沉积物端元计算的 3 种方法。

（一）比值法

比值法是由 Heath 和 Dymond（1977）提出的，该方法首先需要找出能够代表每个端元的特征元素（如 Al 可作为陆源碎屑的特征元素），然后计算其他元素与特征元素的比值，通过比值将测试数据进行分解。

该方法基于以下设想：

$$X_t = (X/E)_1 E_1 + (X/E)_2 E_2 + \cdots + (X/E)_i E_i + \cdots + (X/E)_n E_n$$

式中，X_t 代表样品中某个元素的总含量值；$(X/E)_i$ 代表每个端元中元素 X 与此端元特征元素 E_i 的比值；下标 $1\sim n$ 代表端元序号。Corliss 和 Hollister（1982）认为含金属沉积物（除碳酸盐组分外）主要有 4 个端元，即碎屑端元、热液物质端元、水成物质端元和生物蛋白石端元。一般选择 Al、Fe、Co、Si 4 种元素分别代表碎屑端元、热液物质端元、水成物质端元和生物蛋白石端元（Heath and Dymond，1977）。所以上式可以表示为

$$X_t = (X/Al)_d Al_d + (X/Fe)_h Fe_h + (X/Co)_a Co_a + (X/Si)_b Si_b + R$$

式中，下标 d、h、a、b 分别代表碎屑、热液物质、水成物质和生物物质；R 为残差。

首先：

$$Fe_h = Fe - Fe_d$$

即认为，样品中 Fe 来源于碎屑与热液物质。根据碎屑中的 Fe_d/Al_d 值有

$$Fe_d = 0.75Al_d$$

而

$$Al_h = 0.00625Fe_h \text{（Heath and Dymond，1977）}$$

这里认为 Al 来自热液物质或碎屑，所以有

$$Al_d = Al - Al_h$$

结合上式可得

$$Fe_d = 0.7535（Al - 0.00625Fe）$$

进一步，可以求出热液物质中的 Fe_h 和碎屑中的 Al_d，进而可以求出热液物质和碎屑中其他元素的含量。然后，假设水成物质组分中的 Ni_a 主要来源于水成物质、碎屑和热液物质，则

$$Ni_a = Ni - Ni_d - Ni_h$$

由此可得水成物质中的 Ni_a 与其他元素的含量。最后，因为只有 4 个端元，忽略残差 R，那么剩下的含量则为生物蛋白石，即有

$$X_b = X - X_h + X_d + X_a$$

所用到的元素比值如表 7-17 所示，因为常量元素比值数据不全面，所以没有办法评估端元的绝对比例。但是通过对部分元素的计算发现，如果把 Ba 元素分配到热液物质端元、水成物质端元和碎屑端元，那么它还有大量的剩余（约 $2500\mu g \cdot g^{-1}$），按上述方法，剩余 Ba 则源于生物蛋白石。此结论与 R 型因子分析得到的结论相一致，即样品中存在过剩 Ba，且很可能与样品中的硅藻有关（武力，2011）。

表 7-17　比值法使用的元素比值（Heath and Dymond，1977）

元素	$(X/Fe)_h$	$(X/Al)_d$	$(X/Ni)_a$
Fe	1	0.75	0
Mn	0.3	0.015	0
Si	0.1	3	0
Al	0.00625	1	0
Ba	0.008	0.0075	13.5
Cu	0.0046	0.001	0.5
Ni	0.00155	0.0012	1
Zn	0.0018	0.0007	0.15

（二）线性规划法

由于测得的元素数据的数目一般会多于地质端元数目，因此利用端元混合模型以期建立数学方程组会涉及最优方法，而线性规划法（linear programming）就是其中的一种。Dymond（1981）是最早使用此方法解决沉积物端元问题的学者，他提出的模型与 Bryan 等（1969）研究岩浆分异结晶过程时提出的最小二乘模型相似，两模型最大的不同在于该模型增加了约束性条件，使端元贡献比例均为正且一般大于 1%（Leinen，1987），而 Bryan 等（1969）的最小二乘模型允许成分载荷为负值，负值表示岩浆演化过程中因结晶分异等作用从岩浆中扣除的成分比例。国内学者俞立中和张卫国（1998）通过样品磁混合实验，在假设物源数量有限的情况下，建立了一个以相对偏差最小为目标函数的约束性线性规划模型，并用此模型对美国 Rhode 河口湾和西班牙 Sabal 水库沉积物的物源进行了定量识别。范德江和孙效功（2002）认为，由于沉积体系必经过复杂的地质过程，任何环境下的沉积物都是多源的，而阶段性的关于潜在物源的认识都是片面的，据此他们提出了解决沉积物物源贡献问题的非线性规划模型，即二次规划模型。

根据 Leinen（1987）给出的各端元的组分数据（表 7-18），利用线性规划方法对各端元的贡献比例进行计算。结果如图 7-61 所示，且使用此方法所获得的端元比例与 Fe 含量具有显著的相关关系（相关系数 $R^2 = 0.83$）（武力，2011）。

表 7-18　各端元成分数据（Leinen，1987）

MgO	Al$_2$O$_3$	MnO	Fe$_2$O$_3$	CO$_2$	NiO$_2$	CuO	ZnO	BaO
3.39	0.00	17.18	32.42	0.077	0.187	0.229	0.085	0.134
3.40	20.64	0.00	8.79	0.000	0.025	0.031	0.026	0.155
4.16	23.35	1.80	9.30	0.055	0.025	0.048	0.160	0.000

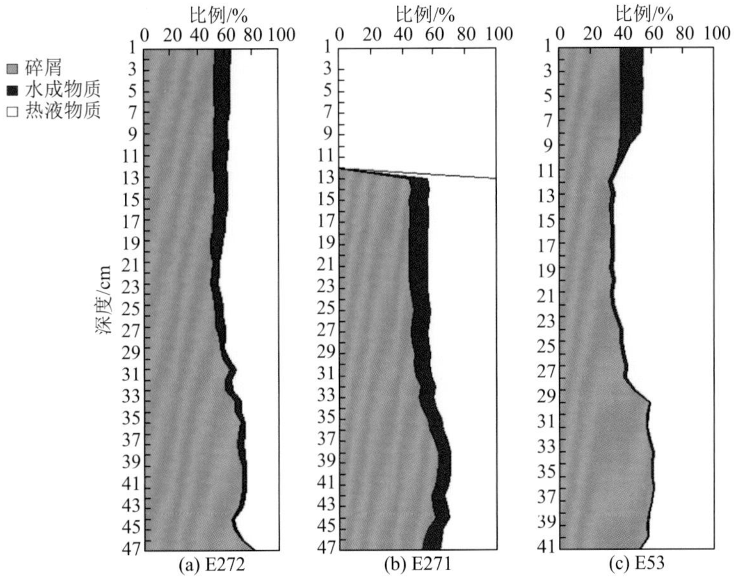

图 7-61　线性规划法求得的 EPR 13°N 附近沉积物的物源端元比例（武力，2011）

（三）定行和 Q 型因子分析法

20 世纪 60 年代，Imbrie 和 Van Andel（1964）将因子分析方法引入地学，促进了物源判别工作的发展。随后，Miesch（1976）利用地学样品通常具有定行和的特点，巧妙地将 Q 型因子分析法发展为定行和 Q 型因子分析法（Q-mode factor analysis with constant row sum），促进了 Q 型因子分析法从定性向定量发展。此后，这个方法被多位学者推广和完善（Leinen and Pisias，1984；Full et al.，1981；Klovan and Miesch，1976），并使这个方法成为解决端元混合问题的标准，特别是在 Klovan 和 Miesch（1976）编写了更完备的 CABFAC 和 QMODEL 的 FORTRAN 程序后（前者用于定行和 Q 型因子分析，后者用于因子轴旋转），该方法得到了极大推广和应用（杜德文等，2009；孟宪伟和吴金龙，2000；王天池和李纯杰，1986）。

通过利用定行和 Q 型因子分析法，编写了相应的因子分析和因子轴旋转程序，并对样品进行了计算（武力，2011）。首先将数据换算成无生物碳酸钙组分（carbonate free），并将所有计算使用的元素换算成对应的氧化物形式，进而调整比例使每个样品的元素含量总和为 100%。然后提取前 3 个因子（图 7-62），解释数据方差变动的 95.6%（武力，2011）。同时，分析过程虽然经过了碳酸钙扣除和一系列数学预处理，但定行和 Q 型因子分析得到的方差极大因子得分与一般 Q 型因子分析结果是一致的，且计算结果如图 7-63 所示。此外，与前面比例法 b 相比较，两种方法得到的热液物质端元比例之间也存在明显的正相关关系（图 7-64）（武力，2011）。

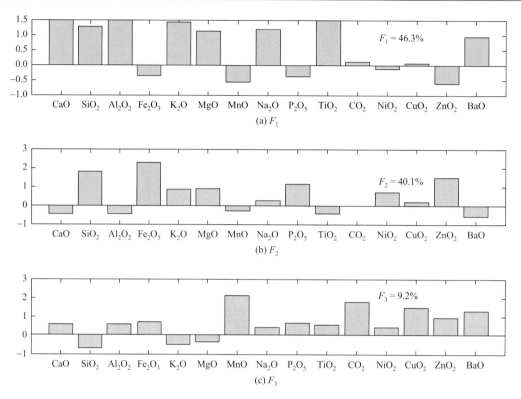

图 7-62　定行和 Q 型因子分析因子得分（武力，2011）

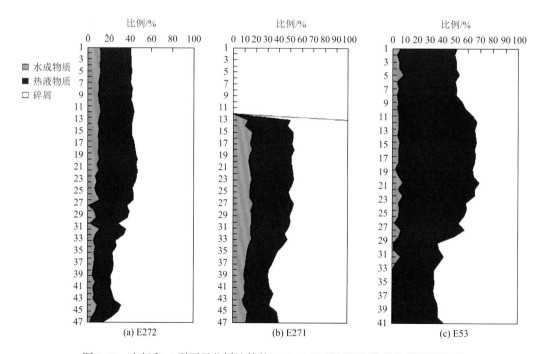

图 7-63　定行和 Q 型因子分析计算的 EPR 13°N 附近沉积物的物源端元比例
（去碳酸盐组分）（武力，2011）

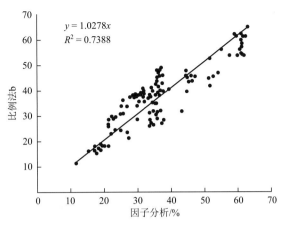

图 7-64　Q 型因子分析热液组分比例对比例法 b 热液组分比例散点图（武力，2011）

通过对上述 3 种计算物源方法的描述与对比，比值法计算简单但过程较烦琐，需要大量的分析测试数据，具有一定的限定条件。对于线性规划的方法不必获得所有常量元素的测试值，然而特征元素则是数据越多得到的结果越好。定行和 Q 型因子分析法需要获得所有常量元素和端元特征元素的测试值，但是不需要端元成分，因此可作为求解端元问题中最为客观的方法（武力，2011）。

第十一节　黏土矿物成因

在 E271 站位沉积物的全岩粉末加入适量 H_2O_2 溶液有效去除有机质，加入醋酸溶液去除生物成因碳酸盐，加入还原剂盐酸羟胺去除铁锰氧化物相，加入 NaOH 溶液去除生物成因 SiO_2，再按照 Stokes 沉降法则提取≤2μm 的黏土矿物，分别进行矿物组成和地球化学分析。在此基础上，对 E271 站位沉积物的全岩粉末样品进行 X-射线衍射分析，结果显示（图 7-65），沉积物柱状样上下层位的成分基本相同，主要矿物为方解石和黏土矿物，

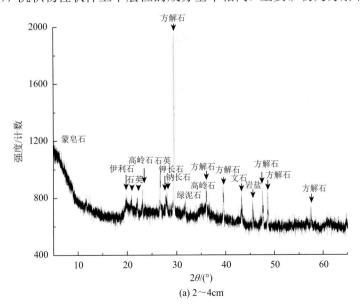

(a) 2～4cm

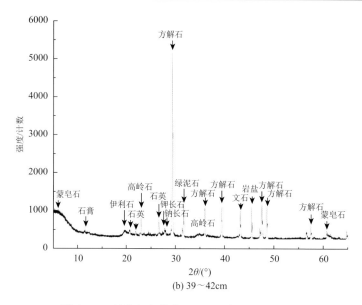

图 7-65　EPR 13°N 附近 E271 站位沉积物柱 2～4cm 和 39～42cm 处沉积物的 XRD 图谱

还含少量的石英、长石等，以及大量的非晶质和贫结晶矿物（荣坤波，2018），且前人研究认为 EPR 13°N 附近含金属沉积物中非晶质和贫结晶矿物主要为 Fe-Mn 氧化物/氢氧化物、Fe-Si 胶体、针铁矿和富 Fe-蒙皂石等（Cherkashev，1992，1990）。

从图 7-66 可以看出，黏土矿物主要由蒙皂石、伊利石、高岭石和绿泥石组成，其中以蒙皂石为主（52%～75%），其含量与深度呈正相关关系；伊利石含量次之（17%～32%），其含量与深度呈负相关关系；高岭石含量在 5%～10%，而绿泥石含量最低（1%～7%），且黏土矿物中尚含有极少量石英、长石等矿物（荣坤波，2018）。

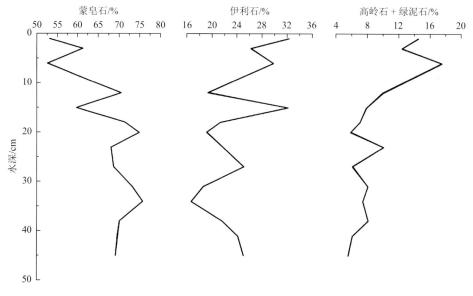

图 7-66　EPR 13°N 附近 E271 站位含金属沉积物中黏土矿物随深度变化图（荣坤波，2018）

伊利石和高岭石主要为陆地来源，且在海洋环境中通常保持相对稳定，可以作为示踪陆源物质的替代指标（Chamley，1989），蒙皂石则是自生的黏土矿物。海底热液活动区的绿泥石则可能与上层沉积物发生热液蚀变有关（Zierenberg et al.，2000）。对洋中脊翼部 E271 站位的沉积物柱状样进行岩相学和地球化学分析，结果表明，其下部没有热液活动的记录，因此排除绿泥石是热液蚀变的产物。此外，前人通过对风尘沉积物的研究认为，在太平洋赤道辐合带（在全新世时主要位于 5°N～10°N）以北地区沉降的风尘沉积物来自北美和亚洲的风成颗粒，其矿物成分以伊利石和石英为主（Hovan，1995）。通过对东北太平洋海岸风成颗粒物中黏土组分的研究表明，其蒙皂石含量较低（<12%），伊利石含量较高（Leinen et al.，1994），由于 E271 站位沉积物的位置离北美大陆较远，加之 EPR 13°N 附近底流方向向东，朝向北美大陆（Lonsdale，1976），河流搬运的碎屑物质难以到达沉积区，这表明 E271 站位的沉积物中大量的蒙皂石可能不是来自河流搬运物。同时出现的伊利石、高岭石、绿泥石、石英和长石，则表明沉积物中含大量陆源物质（Rateev et al.，1980），但这并不能排除 E271 站位沉积物中的蒙皂石可能有部分来自风尘搬运物（荣坤波，2018）。

海底沉积物中蒙皂石的成因，主要有以下 5 种。①海底火山岩或是火山玻璃的风化产物（Cole and Shaw，1983；Hein and Scholl，1978），其发生化学反应可形成蒙皂石：玄武岩（Basalt）+ K^+ + Na^+ + SiO_2 + H_2O + H^+ →钙十字沸石 + 蒙皂石 + Ca^{2+} + Fe_2O_3。在 DSDP 的 Leg 69 航次，已发现加拉帕戈斯和 EPR 9°N 附近的玄武质玻璃碎屑蚀变或风化可形成蒙皂石（Adamson，1983）。②来自洋中脊的低温热液流体交代玄武岩形成。玄武岩与热液流体发生蚀变也可形成蒙皂石。同时，蚀变形成的黏土矿物，其 REE 配分模式表现出 LREE 亏损、HREE 富集的特征，无明显的 Ce 异常。③热液流体交代上覆沉积物或热液流体上涌与冷海水混合构成氧化还原梯度并导致绿脱石沉淀。例如，加拉帕戈斯硫化物丘状体中黏土矿物中的富 Fe 蒙皂石和绿脱石，就是热液流体交代上覆沉积物形成的（Honnorez et al.，1981；Williams et al.，1979）。④从高温热液流体中直接沉淀形成。在热液活动过程中，海水的混入会导致热液流体沉淀出蒙皂石，如红海中含金属沉积物中的蒙皂石就是此种成因（Cole，1985；Cole and Shaw，1983；Butuzova et al.，1979；Miller et al.，1966），且热液产物会表现出明显的正 Eu 异常。⑤热液来源的 Fe-羟基氧化物与生物成因 SiO_2 反应形成蒙皂石（Cuadros et al.，2011；Hrischeva and Scott，2007；Chamley，1989；Cole，1985；Jarvis，1985；McMurtry and Yeh，1981；Hein et al.，1979；James，1979；Dymond and Eklund，1978；Lyle et al.，1977）。在 EPR 5°S～45°S，含金属沉积物中的蒙皂石，主要是通过火山玻璃蚀变（Rateev et al.，1980）与热液来源 Fe、生物成因 Si 相互作用形成的。

黏土矿物的自然风干片中蒙皂石（001）衍射峰位于 12.4Å～14.5Å，乙二醇饱和片中 001 衍射峰为 16.2Å～17.8Å。同时，沉积物的全岩粉末中蒙皂石 060 衍射峰呈不对称的双峰，较强峰位于 1.524Å，而较弱峰位于 1.508Å，表明蒙皂石具有二八面体和三八面体结构，与太平洋 DOMES 锰结核区中的蒙皂石特征类似（James，1979），而与加拉帕戈斯热液区热液成因的蒙皂石不同（Rateev et al.，1980）。在加拉帕戈斯热液区，其黏土矿物的自然风干片中蒙皂石的 001 衍射峰位于 11.2Å～11.9Å，而乙二醇饱和片中 001 衍射峰移至 17.8Å～18.2Å，060 衍射峰位于 1.5095Å，具有典型的二八面体结构。此外，海底沉积物中蒙皂石也可通过玄武质玻璃碎屑的低温蚀变而成，例如，前人对 EPR 9°N 附近 Leg 54 站位 Hole 420、422 和 423 中玄武岩低温蚀变成因的富 Fe-蒙皂石进行研究，发现其在黏土矿物的自然风干片中，001 衍射峰位于 14.7Å～15.2Å，而其乙二醇饱和片中 001 衍射峰移至 17.0Å（Rateev et al.，1980），这与 E271 站位沉积物柱中的蒙皂石也存在着结构差异，同时扫描电镜下仅观察到少量的棱角状的火山碎屑，其表面光滑，未见溶蚀现象，表明 E271 站位沉积物中的蒙皂石不是玄武质玻璃低温蚀变而成，且黏土矿物无明显的正 Eu 异常，MgO 含量也相对低，这排除了热液流体沉淀或热液流体交代沉积物的形成机制。

　　在黏土矿物的 Fe_2O_3-Al_2O_3-MgO 三角图上（图 7-67）可以看出，E271 站位沉积物中黏土矿物组成与 Bauer Deep 的黏土矿物组成相似。对 E271 站位的沉积物进行扫描电镜观察，结果表明沉积物中含有大量的颗石藻、放射虫和发生溶蚀的硅藻。Honnorez 等（1981）认为亚铁离子与生物成因 SiO_2 反应通常会形成 H^+，从而引起钙质生物化石发生溶解，据此推断 E271 站位蒙皂石中含有一部分生物成因来源的 SiO_2。此外，Cuadros 等（2011）对 SEPR 含金属沉积物中蒙皂石成因的研究认为，陆源碎屑物质可为成岩作用提供 Si，但是考虑到 E271 站位的沉积物处于海底表层，周围为正常的海水，沉积物的形成年龄仅为 72.0ka（殷学博，2005），这么短的地质时间不足以使陆源碎屑物质发生溶解，并为蒙皂石的形成提供 Si（荣坤波，2018）。

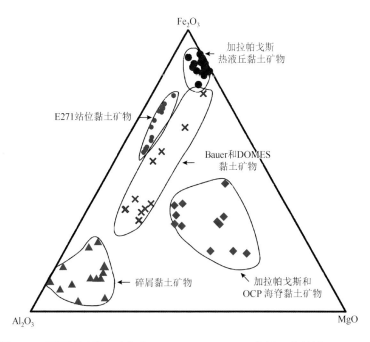

图 7-67　不同地区黏土矿物中 Fe_2O_3-Al_2O_3-MgO 三角图（荣坤波，2018）

数据引自本书和 Cole，1985；Adamson，1983；Honnorez et al.，1981；McMurtry and Yeh，1981；Hein et al.，1979；James，1979；Williams et al.，1979；Dymond and Eklund，1978

　　此外，分析了 E271 站位沉积物中黏土矿物的 Si 同位素组成，发现 $\delta^{30}Si$ 值为 -1.1‰～

+0.7‰，低于赤道太平洋和东太平洋 CC 区沉积物中硅藻的 $\delta^{30}Si$ 值（Pichevin et al.，2009；Wu et al.，1997）（图 7-68）。前人实验结果表明，Fe-羟基氧化物会优先吸附较轻的同位素，进而导致 Si 发生同位素分馏（Demarest et al.，2009；Opfergelt et al.，2009）。此外，不排除蒙皂石中 Si 来源于热液流体的可能性。同时，有关学者已在实验室的高温条件下，通过玄武岩-水反应的模拟实验，证实了水岩反应可以形成富 Fe 和 Si 的酸性溶液（Seyfried and Bischoff，1979；Mottl and Holland，1978）。

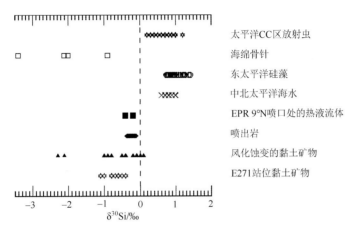

图 7-68　EPR 13°N 附近 E271 站位沉积物中黏土矿物的 $\delta^{30}Si$ 值图（荣坤波，2018）

数据引自 Savage et al.，2013；Pichevin et al.，2009；Ziegler et al.，2005；De La Rocha et al.，2000；Wu et al.，1997；Douthitt，1982

　　前人研究发现，海底热液流体中也含有一定量的 Si（Von Damm et al.，1985a，1985b；Haymon and Kastner，1981），流体在扩散过程中，随着温度降低，SiO_2 过饱和并在其表面形成带有负电荷的聚合物（Haymon and Kastner，1981），发生絮凝的聚合物易于与Fe-Mn 氧化物共沉淀，在沉积物中与 Fe 氧化物发生成岩作用过程中形成蒙皂石（Cuadros et al.，2011）。这暗示热液来源的 Fe 氧化物可与生物成因和热液来源的 SiO_2 以及海水发生反应，最终形成蒙皂石（荣坤波，2018）。

第十二节　含金属沉积物与硫化物分布的相关性

　　海底硫化物堆积体一般分布于活动的或者已停止活动的热液喷口附近，而含金属沉积物分布区是含金属沉积物围绕海底热液活动形成的地球化学分散晕（Gurvich，2006），因此含金属沉积物常围绕海底热液喷口或者硫化物堆积体呈环形分布。同时，含金属沉积物携带着的热液活动信息，不仅记录了热液活动的时间序列，也记录了热液活动的强度及空间分布。根据含金属沉积物的分布特征，可以进一步推断发生热液活动的位置及热液硫化物堆积体的分布（Gurvich，2006）。因此，通过研究含金属沉积物中元素的含量及其分布范围，可用于判别热液活动的强度，进而分析热液硫化物堆积体的规模（表 7-19）。

表 7-19　EPR 不同海区含金属沉积物（去碳酸盐组分）中金属元素的含量和分布范围

地区	Fe/%	Mn/%	Cu/($\mu g \cdot g^{-1}$)	Zn/($\mu g \cdot g^{-1}$)	Pb/($\mu g \cdot g^{-1}$)	Mo/($\mu g \cdot g^{-1}$)	Ag/($\mu g \cdot g^{-1}$)	Au/($ng \cdot g^{-1}$)	分布范围	参考文献
SEPR	16.86	5.07	1041	411	155	93	5.32	10	$1 \times 10^7 km^2$	Gurvich，2006
GSC	2.84	1.01	207	425	—	—	—	—	极少	Walter and Stoffers，1985
EPR 9°N～14°N	12.79	2.65	335	371	52	146	0.41	3.5	$2 \times 10^5 km^2$	Gurvich，2006
FR	11.09	3.13	204	364	205	—	3.4	27	$3600 km^2$	Gurvich，2006

注："—"表示未检出。

一、胡安·德富卡洋脊

胡安·德富卡洋脊的热液活动分布在洋中脊的北部、南部和中部，且含金属沉积物只分布在高温热液活动区内（Gurvich，2006）。

Escannaba 海槽是 Gorda 洋脊南段缓慢扩张形成的充填沉积物的轴部裂谷，其沉积物为互层的半深海沉积和浊流沉积，厚 300～1200m。谷底总体平坦，大型的块状硫化物堆积体在空间上的分布与被抬升的沉积物丘有关，沉积物丘直径为 500～1200m，高 50～120m，位于大型火山中心之上，且尚未在火山中心之间、有平坦浊流沉积覆盖的平原上发现硫化物堆积体（Zierenberg et al.，1993）。同时，该热液区内的半深海沉积和浊流沉积普遍发生了热液蚀变（James et al.，1999）。此外，Gorda 洋脊北段几乎没有沉积物覆盖，水下摄像可见零星分布的粗粒、暗色含金属沉积物和白色生物碎屑或者热液蚀变产物（Rona et al.，1990；Rona and Clague，1989），以及棕色的热液成因结壳，且该结壳由贫胶结的碎屑角砾岩组成，基质由非晶质 SiO_2 颗粒、大的重晶石晶体及少量的硫化物矿物组成。

Cleft 洋脊段南接 Blanco 断裂带，北边与 Vance 洋脊段以重叠扩张中心相分隔。热液区内新鲜片状熔岩和枕状熔岩覆于老的熔岩之上，这些新鲜熔岩有 0%～5%的地区覆盖着沉积物，且热液喷口周围覆盖着富 Fe 的含金属沉积物（Embley and Chadwick，1994）。在北 Cleft 洋脊段侧翼离 MegaPlume 大约 8km 的沉积物柱中，其上层仍可见含金属沉积物，且富集 Fe、Mn 和其他热液来源的微量元素（German et al.，1997）。

Endeavour 洋脊段位于胡安·德富卡洋脊的北段，热液硫化物堆积体底部分布含金属沉积物和硫化物碎屑裙带，热液区内含金属沉积物仅围绕热液喷口群分布，并堆积在凹陷的沉积物池中或者覆盖在玄武岩表面上（Hrischeva and Scott，2007）。Mothra 热液区内含金属沉积物的厚度可达 1m（Glickson et al.，2007），且洋脊轴部东西两翼 3km 的范围内均覆盖着含金属沉积物，厚度可达 20cm（Hrischeva and Scott，2007）。

轴部海山（axial seamount）位于胡安·德富卡洋脊的中间，其峰顶破火山口的南部以及斜坡上均有含金属沉积物分布。海山以西 50～60km 的胡安·德富卡海盆，其上层也有含金属沉积物分布，而在海山以东的 Cascadia 海盆中则缺乏含金属沉积物（Gurvich，2006）。

胡安·德富卡洋脊中的含金属沉积物，其金属元素含量稍低于 SEPR。较之于 EPR

9°N~14°N 而言，其 Fe、Cu 含量稍低，Mn、Pb、Ag、Au 等金属元素含量则较高。胡安·德富卡洋脊有大量的浊流沉积和半深海沉积覆盖，致使区内含金属沉积物较少，主要分布于轴部海山及其以西 50~60km 的胡安·德富卡海盆中。故 EPR 9°N~14°N，其硫化物的资源潜力可能要高于胡安·德富卡洋脊，且在 EPR 9°N~14°N，除已发现的热液活动区外，EPR 11°45′N~12°30′N 含金属沉积物中的 Fe 和 Mn 含量也较高，由此推断在这一地带可能也存在活动的或者不活动的热液喷口及硫化物堆积体。

二、EPR 21°N

在 EPR 21°N 热液喷口周围的玄武岩露头处，与热液流体相接触的拉斑玄武岩及其玻璃和钙质斜长石斑晶均发生蚀变，形成一层厚约 1mm 的黏土矿物结壳，结壳主要由贝德石、混层富 Al-绿泥石/蒙皂石、少量的绿泥石和非晶质铝硅酸盐矿物组成。

在远离热液喷口处，轴部地区几乎没有沉积物覆盖，少数地区覆盖着浅色的沉积物。沉积物可能接纳了热液柱的沉降物，或烟囱体的风化产物，且热液区外无含金属沉积物分布（Francheteau et al.，1979）。同时，洋中脊的两翼地区，其沉积物的厚度增加（Ballard et al.，1981；Spiess et al.，1980），且在 EPR 21°N 西翼垂直洋脊的横断面上取得沉积物岩心，研究结果显示该沉积物为硅质黏土，主要由蒙皂石、生物成因 SiO_2、碎屑矿物以及方解石组成。化学分析显示其与正常的深海沉积物没有区别，表明西翼沉积物中没有记录热液活动信息，轴部热液流体向西扩散没有超过洋脊侧翼（Haymon，1983），进一步，反映记录热液活动信息的沉积物基本上局限分布于洋脊热液活动区域内。

绿海山上的硫化物丘状体位于火山口中，海山的侧面斜坡上偶尔也有硫化物沉积，在其周围分布着富 Fe-Mn 的含金属沉积物和结壳。斜坡下部及海山周围则为正常的深海沉积物和玄武岩露头，而在海山底部的沉积物岩心中则发现了硫化物，且其西部的红海山破火山口中的低温喷口附近广泛分布着橘红色含金属沉积物，峰顶平台上可见 Fe-Mn 结壳覆于绿脱石之上，且在绿脱石沉积边缘可见富 Fe 的云母（Alt et al.，1987）。

Guaymas 海盆位于加利福尼亚湾内部，在沉积物覆盖的洋脊上存在热液活动和岩浆作用，而在无热液区分布的地段则覆盖着厚层的生物成因和陆源来源的沉积物，其硅藻含量丰富，陆源物质主要来自墨西哥大陆。在热液区，靠近热液丘状体处，略带棕色的半深海沉积物和陆源沉积物被颜色明显不同的红褐色含金属沉积物所覆盖，这些红褐色含金属沉积物厚约 1cm，可能是热液柱物质沉降形成的（Peter and Scott，1988）。

EPR 21°N 热液区喷口附近的含金属沉积物多为热液流体沉降或者硫化物的氧化物，其富含硫（Ballard et al.，1981；Haymon and Kastner，1981；Hékinian et al.，1980），且热液区外无含金属沉积物的分布（Francheteau et al.，1979），由此进一步推断 EPR 21°N 的热液硫化物，其资源潜力可能低于 EPR 其他洋脊段。

三、EPR 13°N

EPR 13°N 附近的热液活动主要分布于狭窄的轴部地堑以及离轴的边缘高地和海山等

位置。地堑底部为新鲜熔岩出露，即使靠近热液区，含金属沉积物也很少，含金属沉积物主要是 Fe 氧化物和非晶质 SiO_2（Fouquet et al.，1988）。中央地堑边缘的沉积物为棕色，似黏土状的热液物质，填充在枕状熔岩之间，且呈网状相互连接，在侧翼地区，含金属沉积物大量覆盖在海底之上（Choukroune et al.，1984）。

含金属沉积物在海隆顶部往往缺失，远离洋脊轴部，含金属沉积物增多，厚度增加（Hékinian et al.，1989；Choukroune et al.，1984）。同时，沉积物的厚度亦与基底地形有关，在中轴两翼 500m 的范围内均有熔岩出露，中央地堑西侧的活动构造带（active tectonic belt）一直延伸到西侧断层边界的断层洼地。同时，3km 的范围内存在一些碎屑堆积以及再沉积的物质，且活动构造带的西侧断层被薄薄的一层沉积物所覆盖，缺失断层崖（fault scrap），地势平坦（Choukroune et al.，1984）。

四、加拉帕戈斯扩张中心

加拉帕戈斯扩张中心的沉积物（去碳酸盐组分）由碎屑硅酸盐、生物成因蛋白石以及自生的富 Fe-蒙皂石组成。沉积物中碎屑物质从东往西逐渐减少，而自生富 Fe-蒙皂石含量逐渐增加（Renner et al.，1997）。Walter 和 Stoffers（1985）对加拉帕戈斯扩张中心沉积物的研究表明，在东部加拉帕戈斯裂谷地区，其沉积物中的热液组分极低，且朝着 EPR 方向逐渐增加。

加拉帕戈斯三联点地区的含金属沉积物（去碳酸盐组分）中，其 Fe 和 Mn 的平均含量分别为 5.66% 和 1.11%；Hess 海渊中的含金属沉积物（去碳酸盐组分），其 Fe 和 Mn 的平均含量分别为 6.78% 和 0.90%，且在加拉帕戈斯扩张中心的沉积物中，其热液组分的含量最多，为 21%～27%（Walter and Stoffers，1985）。

在 Hess 海渊，发现一处已停止活动的热液区，区内的含金属沉积物以近喷口的含金属沉积物和 Fe-Mn 结壳为主，且热液区内的 NZ18-12 含金属沉积物为 Fe-Si 羟基氧化物，主要由针铁矿、非晶质 Fe 氧化物和蒙皂石组成，呈黄褐色，而 NZ16-11 含金属沉积物为 Fe-羟基氧化物，主要含有针铁矿和非晶质 Fe 氧化物，以及微量蒙皂石，呈褐色或紫红色。这些近喷口的含金属沉积物被认为是由热液流体与冷海水混合直接沉淀形成的（Hékinian et al.，1993），而热液区周围的沉积物则为正常的深海沉积物，如有孔虫软泥等。此外，Sonne 60 调查航次取得的 core 95 沉积物柱，其中间层的沉积物（80～290cm）为受热液活动影响的蛇纹石层，而其上层和下层则均为正常的深海沉积物。

加拉帕戈斯扩张中心 95.5°W 位于赤道高生产带，沉积速率较快（≥300cm·ka^{-1}）（Kleinrock and Hey，1989），1990 年"Alvin"载人深潜器在加拉帕戈斯扩张中心 95.5°W 地区外侧断层处发现生物群落，但未发现热液喷口（Hey et al.，1992）。在加拉帕戈斯扩张中心 95.5°W 地区，钙质或硅质软泥厚度约 10m，覆盖于一层厚度 20～60mm 的热液成因 Mn 结壳之上，往下则是火成岩（Moore and Vogt，1976），这两个地区的表层都未发现含金属沉积物。

加拉帕戈斯裂谷的沉积物研究表明，其含金属沉积物仅零星分布于热液正在活动或者已经停止的位置，热液区之外则为正常的深海沉积物（Walter and Stoffers，1985；Moorby and Cronan，1983；Honnorez et al.，1981）。Corliss 等（1979）使用"Alvin"号载人深潜器首次在加拉帕戈斯裂谷发现热液活动——玫瑰花园热液区（86°13.6′W，0°48.35′N）。该热液区内基本没有沉积物覆盖，热液流体喷出后与周围海水相混合，形成富含硫的乳白色沉淀，并在与暖水相接触的岩石上覆盖着一薄层 Mn 氧化物结壳。加拉帕戈斯裂谷以南20～25km 处的海底高热流值区域，发现有很多 30m 高的沉积物丘直接覆盖于玄武岩基底之上，具有褐色到橙黄色物质形成的露头，Corliss 等（1979）认为这些沉积物丘围绕热液喷口形成，沉积物丘表层的 Mn 结壳中含有结晶良好的钡镁锰矿-水钠锰矿，其覆盖于非晶质的橙色 Fe 氧化物和结晶良好的黄色绿脱石之上，沉积物丘之外的区域则覆盖着正常的深海沉积物（Honnorez et al.，1981）。此外，加拉帕戈斯裂谷（85°50′～59′W，0°46′N）内具有大量残余的热液产物，包括块状硫化物堆积体，以及由 Fe-Mn 羟基氧化物组成的热液丘状体和由非晶质二氧化硅形成的烟囱体（Lalou et al.，1989）。

加拉帕戈斯扩张中心的表层沉积物（去碳酸盐组分）中 Fe 含量，在加拉帕戈斯扩张中心东部很低，越靠近 EPR 越高，而 Mn 含量的分布特征则与 Fe 相反，Mn 在加拉帕戈斯扩张中心东部很高，越靠近 EPR 越低。总体来说，加拉帕戈斯扩张中心沉积物中 Fe 和 Mn 的分布特征与 SEPR 的不同，其 Fe 和 Mn 不以扩张中心为轴对称分布，且最高含量也不出现在扩张中心上。

矿物学和地球化学研究表明，加拉帕戈斯扩张中心的含金属沉积物仅零星分布于热液喷口附近，而不像 EPR 一样广泛分布于扩张中心两侧，因此不能通过区域内沉积物中金属元素含量分布推断热液活动的位置，且由于加拉帕戈斯扩张中心热液沉积物（如近喷口含金属沉积物、热液成因 Fe-Mn 氧化物结壳）仅围绕热液喷口分布，因此加拉帕戈斯扩张中心含金属沉积物的位置极可能具有热液活动，除非沉积物受洋流或构造活动等影响发生位移。

加拉帕戈斯扩张中心的含金属沉积物较少，只分布于西部的 Hess 海渊和加拉帕戈斯三联点海区（Hékinian et al.，1993；Walter and Stoffers，1985），沉积物中的金属元素含量基本均低于 EPR 地区。在东部的加拉帕戈斯扩张中心 95.5°W 地区，仅热液烟囱体底部有含金属沉积物覆盖（Haymon et al.，2008），而加拉帕戈斯裂谷的玫瑰花园热液区基本没有沉积物覆盖（Corliss et al.，1979）。因此，此类热液区难以通过热液产物的分布范围和含金属沉积物中金属元素含量判别其成矿规模及资源量的大小。

五、SEPR

SEPR 含金属沉积物中的热液成因物质（如 Fe、Mn、Zn、V、Pb 等）在洋脊轴部地区含量最高，远离轴部则逐渐减低。以含金属沉积物（去碳酸盐组分）中 Fe 为例，EPR 轴部地区沉积物中 Fe 含量较两翼地区高；而在纵向上，从 Garrett 断裂带（14°S）至复活节微板块（23°S）之间，热液活动强烈，热液喷口多，致使热液区含金属沉积物中 Fe 含量最高，大于 20%（Gurvich，2006）。同时，复活节微板块只在其最北部和最南部存在热液活动，且沉积物中 Fe 含量仍然很高，只是稍低于北部。至胡安·费尔南德斯微板块，含金属沉积物中 Fe 含量增加，而胡安·费尔南德斯微板块以东的智利洋脊也存在着大范围的含金属沉积物分布区。在 Garrett 断裂带以北的地区（EPR 5°S～14°S），含金属沉积物中 Fe 含量也很高，且含金属沉积物的 Fe 高含量分布区偏向西部，但是该区已发现的热液活动较少。同时，SEPR 含金属沉积物中 Mn 含量分布特征与 Fe 基本相同，两者的最高含量分布区基本重合（Gurvich，2006）。

不仅如此，含金属沉积物（去碳酸盐组分）中 Fe、Mn、Cu、Zn、Pb、Ag、Au 含量在 SEPR 最高，且含金属沉积物的分布范围最广，厚度最大（Gurvich，2006），这可能与这一地区扩张速率最快、热液活动最强烈有关。目前已经在 SEPR 发现大量的热液活动区域。同时，SEPR 的含金属沉积物（去碳酸盐组分）的 Fe、Mn 空间分布图显示 Fe、Mn 的分布极具规律性，围绕洋脊热液喷口，Fe、Mn 含量最高，而 EPR 10°S～23°S 地区的含金属沉积物，其 Fe、Mn 含量又是 SEPR 区域含金属沉积物中最高的，暗示这一地区可能分布着巨大的硫化物资源；而在 EPR 5°S～14°S 地区，含金属沉积物中 Fe、Mn 含量也非常高，表明这一区域可能存在尚未发现的热液喷口以及相应的硫化物资源分布区。

总之，SEPR 的含金属沉积物指示 EPR 10°S～23°S 海区的硫化物资源量最大，在 EPR 5°S～14°S 海区可能存在潜在的硫化物资源分布区；在 EPR 9°N～14°N 海区，其硫化物的资源量可能稍低于 SEPR，但高于 EPR 其他海区。此外，在 EPR 11°45′N～12°30′N 可能存在新的海底热液活动分布区。

参 考 文 献

陈志华. 1997. 东太平洋海隆热液活动区岩芯的沉积学研究. 北京：中国科学院.

杜德文，孟宪伟，韩贻兵. 2009. 沉积物物源组成的定量估计方法. 地质论评，46（S1）：254～260.

范德江，孙效功. 2002. 沉积物物源定量识别的非线性规划模型——以东海陆架北部表层沉积物物源识别为例. 沉积学报，20（1）：30～33.

韩吟文，马振东. 2003. 地球化学. 北京：地质出版社.

蒋富清，李安春. 2002. 冲绳海槽南部表层沉积物地球化学特征及其物源和环境指示意义. 沉积学报，20（4）：680～686.

李粹中. 1994. 海底热液成矿活动研究的进展、热点及展望. 地球科学进展，9（1）：14～19.

李康. 2009. 东太平洋海隆 13°N 附近沉积物中的热液活动记录. 北京：中国科学院.

李康，曾志刚，殷学博，等. 2009. 东太平洋海隆 13°N 和赤道附近表层沉积物中的元素赋存状态. 海洋地质与第四纪地质，3：53～60.

刘英俊，曹励明. 1984. 元素地球化学. 北京：科学出版社.

鹿化煜，苗晓东，孙有斌. 2002. 前处理步骤与方法对风成红黏土粒度测量的影响. 海洋地质与第四纪地质，22（3）：129～135.

孟宪伟，吴金龙. 2000. 成分数据的因子分析及其在地质样品分类中的应用. 长春科技大学学报，30（4）：367～370.

莫杰. 2000. 国际海底区域矿产资源勘查概况. 海洋信息，（2）：25～27.

牟保磊. 1999. 元素地球化学. 北京：北京大学出版社.

荣坤波. 2018. 东太平洋海隆 13°N 地区含金属沉积物中蒙皂石成因. 北京：中国科学院大学.

王天池，李纯杰. 1986. 行定和 Q 型因子分析及其应用//中国地质科学院矿床地质研究所文集，（17）.

王小如. 2005. 电感耦合等离子之谱应用实例，北京：化学工业出版社.

王中刚，于学元，赵振华，等. 1989. 稀土元素地球化学. 北京：科学出版社.

武力. 2011. 东太平洋海隆 13°N 含金属沉积物研究. 北京：中国科学院.

武力，曾志刚，殷学博，等. 2012. 东太平洋海隆（EPR）13°N 附近含金属沉积物孔隙率研究. 海洋科学，36（1）：81～86.

徐兆凯，李安春，徐方建，等. 2007. 东菲律宾海表层沉积物中元素的赋存状态. 海洋地质与第四纪地质，27（2）：51～58.

薛发玉，翟世奎. 2005. 东太平洋海隆热液活动区沉积岩心的地球化学研究. 地球学报，26（s1）：200～201.

殷学博. 2005. 东太平洋海隆 13°N 附近沉积物年代学研究. 北京: 中国科学院.

殷学博, 刘长华, 曾志刚, 等. 2007. 东太平洋海隆 (EPR) 13°N 热液区附近沉积物粒度特征. 海洋科学, 31 (001): 49~54.

余少雄. 2008. 东太平洋海隆 13°N 附近含金属沉积物中的有机碳氮研究. 北京: 中国科学院.

俞立中, 张卫国. 1998. 沉积物来源组成定量分析的磁诊断模型. 科学通报, 43 (19): 2034~2041.

袁春伟. 2007. 东太平洋海隆 13°N 附近沉积物元素地球化学研究. 北京: 中国科学院.

袁春伟, 曾志刚, 殷学博, 等. 2007. 东太平洋海隆 13°N 附近沉积物岩芯地球化学特征. 海洋地质与第四纪地质, 27 (4): 45~53.

张厚福, 方朝亮, 高先志, 等. 1999. 石油地质学. 北京: 石油工业出版社.

赵一阳, 鄢明才. 1994. 中国浅海沉积物地球化学. 北京: 科学出版社.

佐藤壮郎, 兼平庆一郎, 倪集众. 1975. 世界上的层状硫化物矿床——黑矿矿床、层状含铜硫化铁矿床及现代"海底矿床". 地质地球化学, 8: 25~30.

Adamson A C. 1983. Chemistry of Alteration minerals from Deep-Sea Drilling Project Site-50, Site-504, and Site-505. Deep Sea Drilling Project, Initial Reports, 69: 551~563.

Adshead J D. 1996. Stable isotopes, 14 C dating, and geochemical characteristics of carbonate nodules and sediment from an active vent field, northern Juan de Fuca Ridge, northeast Pacific. Chemical Geology, 129 (1): 133~152.

Alt J C, Lonsdale P, Haymon R, et al. 1987. Hydrothermal sulfide and oxide deposits on seamounts near 21°N, East Pacific Rise. Geological Society of America Bulletin, 98: 157~168.

Ballard R D, Francheteau J, Juteau T, et al. 1981. East Pacific rise at 21°N: The volcanic, tectonic, and hydrothermal processes of the central axis. Earth and Planetary Science Letters, 55 (1): 1~10.

Barrett T J, Friedrichsen H. 1982. Elemental and isotopic compositions of some metalliferous and pelagic sediments from the Galapagos mounds area, DSDP Leg 70. Chemical Geology, 36 (3): 275~298.

Barrett T J, Jarvis I. 1988. Rare-earth element geochemistry of metalliferous sediments from DSDP Leg 92: The East Pacific Rise transect. Chemical Geology, 67 (3): 243~259.

Batiza R, Smith T L, Niu Y. 1989. Geological and petrologic evolution of seamounts near the EPR based on submersible and camera study. Marine Geophysical Researches, 11 (3): 169~236.

Bender M, Broecker W, Gornitz V, et al. 1971. Geochemistry of three cores from the East Pacific Rise. Earth and Planetary Science Letters, 12 (4): 425~433.

Berner R A. 1980. Early diagenesis: A theoretical approach. Princeton: Princeton University Press.

Bogdanov Y A, Khvorova I V, Serova V V, et al. 1989. Sedimentation in the rift zone of the Juan de Fuca Ridge. International Geology Review, 31 (8): 753~760.

Borella P E, Myers R, Mills B. 1983. Sediment petrology of the hydrothermal mounds. Deep Sea Drilling Project, Initial Reports, 70: 197~209.

Boström K. 1973. The origin and fate of ferromanganese active ridge sediments. Stockholm Contributions in Geology, 27 (2): 148~243.

Boström K, Kraemer T, Gartner S. 1973. Provenance and accumulation rates of opaline silica, Al, Ti, Fe, Mn, Cu, Ni, and Co in Pacific pelagic sediments. Chemical Geology, 11 (2): 123~148.

Boström K, Lysén L, Moore C. 1978. Biological matter as a source of authigenic matter in pelagic sediments. Chemical Geology, 23 (1): 11~20.

Boström K, Peterson M N A. 1966. Precipitates from hydrothermal exalations on the East Pacific Rise. Economic Geology, 61 (7): 1258~1265.

Boström K, Peterson M N A, Joensuu O, et al. 1969. Aluminium-poor ferromanganoan sediments on active oceanic ridges. Journal of Geophysical Research, 74 (12): 3261~3270.

Boudreau B P, Bennett R H. 1999. New rheological and porosity equations for steady-state compaction. American Journal of Science, 299 (7~9): 517~528.

Bryan W B，Finger L W，Chayes F. 1969. Estimating proportions in petrographic mixing equations by least-squares approximation. Science，163（3870）：926～927.

Buatier M D，Karpoff A M，Boni M，et al. 1994. Mineralogic and petrographic records of sediment-fluid interaction in the sedimentary sequence at Middle Valley，Juan de Fuca Ridge，Leg 139. Proceedings of the Ocean Drilling Program，Scientific Results，139：133～154.

Butuzova G Y，Dritz V A，Lisitzina N A. 1979. Dynamics of clay mineral formation in ore-bearing sediments from the Atlantis Ⅱ Deep（Red Sea）. Lithology and Mineral Resources，1：30～42.

Calvert S E，Price N B. 1977. Geochemical variation in ferromanganese nodules and associated sediments from the Pacific Ocean. Marine Chemistry，5（1）：43～74.

Chamley H. 1989. Clay Sedimentology. Berlin：Springer-Verlag.

Cherkashev G A. 1990. Metalliferous Sediments From Areas of Ocean Sulfide Ore Formation（On An Example of the Northern Part of the East Pacific Rise）. Leningrad：VNIIOkeangeologiya.

Cherkashev G A. 1992. Geochemistry of metalliferous sediments from areas of ore formation in the ocean//Gramberg I S，Ainemer A I. Hydrothermal Sulfide Ores and Metalliferous Sediments of the Ocean. Sankt-Petersburg：Nedra.

Choukroune P，Franeheteau J，Hékinian R，et al. 1984. Tectonics of the East Pacific Rise near 12°50′N：A submersible study. Earth and Planetary Seience Letters，68（1）：115～127.

Clague D A，Dreyer B M，Paduan J B，et al. 2013. Geologic history of the summit of Axial Seamount，Juan de Fuca Ridge. Geochemistry，Geophysics，Geosystems，14（10）：4403～4443.

Cole T G. 1985. The nature，origin and temperature of formation of smectites in the Bauer Deep southeast Pacific. Geochimica et Cosmochimica Acta，87：1512～1540.

Cole T G，Shaw H F. 1983. The nature and origin of authigenic smectites in some recent marine sediments. Clay Minerals，18（3）：239～252.

Corliss J B，Lyle M，Dymond J，et al. 1978. The chemistry of hydrothermal mounds near the Galapagos Rift. Earth and Planetary Science Letters，40（1）：12～24.

Corliss J B，Dymond J，Gordon L I，et al. 1979. Submarine Thermal Springs on the Galápagos Rift. Science，203：1073～1083.

Corliss B H，Hollister C D. 1982. A paleoenvironmental model for Cenozoic sedimentation in the central North Pacific. The Ocean Floor，277～304.

Cuadros J，Dekov V M，Arroyo X，et al. 2011. Smectite formation in submarine hydrothermal sediments：Samples from the HMS challenger expedition（1872-1876）. Clays and Clay Minerals，59（2）：164.

Davis E E，Villinger H. 1992. Tectonic and thermal structure of the Middle Valley sedimented rift，northern Juan de Fuca Ridge. Proceedins of the Ocean Drilling Program，Initial Reports，139：9～41.

Davydov M P. 1992. Mineral indicators of ore formation in bottom sediments from the EPR//Gramberg I S，Ainemer A I. Hydrothermal Sulfide Ores and Metalliferous Sediments of the Ocean. Sankt-Petersburg：Nedra.

Davydov M P，Sudarikov S M，Alexandrov P A，et al. 2002. Geochemistry of metalliferous sediments from hydrothermal fields of the East Pacific Rise（11°30′-13°N）. I. Geochemistry of Holocene sediments. Geokhimiya（Geochemistry），3：319～339.

De La Rocha C L，Brzezinski M A，DeNiro M J. 2000. A first look at the distribution of the stable isotopes of silicon in natural waters. Geochimica et Cosmochimica Acta，64（14）：2467～2477.

De Lange G. 1986. Early diagenetic reactions in interbedded pelagic and turbiditic sediments in the Nares Abyssal Plain（western North Atlantic）：Consequences for the composition of sediment and interstitial water. Geochimica et Cosmochimica Acta，50（12）：2543～2561.

Dekov V M. 1994. Hydrothermal Sedimen tation in the Pacific Ocean. Moscow：Nauka.

Dekov V M，Damyanov Z K. 1997. Native silver-copper alloy in metalliferous sediments from the East Pacific Rise axial zone（20°30′-22°10′S）. Oceanologica Acta，20（3）：501～512.

Dekov V M，Marchig V，Rajta I，et al. 2003. Fe-Mn micronodules born in the metalliferous sediments of two spreading centres：The

East Pacific Rise and Mid-Atlantic Ridge. Marine Geology，199（1）：101～121.

Delaney J R，Robigou V，McDuff R E，et al. 1992. Geology of a vigorous hydrothermal system on the Endeavour Segment，Juan de Fuca Ridge. Journal of Geophysical Research，97（B13）：19663～19682.

Demarest M S，Brzezinski M A，Beucher C P. 2009. Fractionation of silicon isotopes during biogenic silica dissolution. Geochimica et Cosmochimica Acta，73（19）：5572～5583.

Desonie D L，Duncan R A. 1990. The Cobb-Eickelberg Seamount Chain：Hotspot volcanism with mid-ocean ridge basalt affinity. Journal of Geophysical Research，95（B8）：12697～12711.

Donnelly T W. Appendix. 1980. Chemical composition of deep-sea sediments：sites 9 through 425，legs 2 through 54. Deep Sea Drilling Project，Initial Reports，4：899～949.

Douthitt C B. 1982. The geochemistry of the stable isotopes of silicon. Geochimica et Cosmochimica Acta，46（8）：1449～1458.

Douville E，Bienvenu P，Charlou J L，et al. 1999. Yttrium and rare earth elements in fluids from various deep-sea hydrothermal systems. Geochimica et Cosmochimica Acta，63（5）：627～643.

Dunk R M，Mills R A. 2006. The impact of oxic alteration on plume-derived transition metals in ridge flank sediments from the East Pacific Rise. Marine Geology，（229）：133～157.

Dymond J. 1981. Geochemistry of Nazca plate surface sediments：An evaluation of hydrothermal，biogenic，detrital，and hydrogenous sources. Geological Society of America Memoirs，154：133～174.

Dymond J，Corliss J B，Heath G R，et al. 1973. Origin of metalliferous sediments from the Pacific Ocean. Geological Society of America Bulletin，84（10）：3355～3372.

Dymond J，Eklund W. 1978. A microprobe study of metalliferous sediment components. Earth and Planetary Science Letters，40（2）：243～251.

Dymond J，Veeh H H. 1975. Metal accumulation rates in the Southeast Pacific and the origin of metalliferous sediments. Earth and Planetary Science Letters，28：13～22.

Edmond J M，Von Damm K L，Mcduff R E，et al. 1982. Chemistry of hot springs on the East Pacific Rise and their effluent dispersal. Nature，（297）：187～191.

Elderfield H，Hawkesworth C J，Greaves M J，et al. 1981. Rare earth element geochemistry of oceanic ferromanganese nodules and associated sediments. Geochimica et Cosmochimica Acta，45（4）：513～528.

Elderfield H，Schultz A. 1996. Mid-ocean ridge hydrothermal fluxes and the chemical composition of ocean. Annual Review of Earth and Planetary Sciences，24：191～224.

Embley R W，Chadwick W W. 1994. Volcanic and hydrothermal processes associated with a recent phase of seafloor spreading at the northern Cleft segment：Juan de Fuca Ridge. Journal of Geophysical Research，99（B3）：4741～4760.

Feely R A，Lewison M，Massoth G J，et al. 1987. Composition and dissolution of black smoker particulates from active vents on the Juan de Fuca Ridge. Journal of Geophysical Research，92（B11）：11347～11363.

Fouquet Y，Auclair G，Cambon P，et al. 1988. Geological setting and mineralogical and geochemical investigations on sulfide deposits near 13°N on the East Pacific Rise. Marine Geology，84（3）：145～178.

Fouquet Y，Knott R，Cambon P，et al. 1996. Formation of large sulfide mineral deposits along fast spreading ridges. Example from off-axial deposits at 12°43′N on the East Pacific Rise. Earth and Planetary Science Letters，144：147～162.

Francheteau J，Needham H D，Choukroune P，et al. 1979. Massive deep-sea sulphide ore deposits discovered on the East Pacific Rise. Nature，277（5697）：523～528.

Francis T J G. 1985. Resistivity measurements of an ocean floor sulphide mineral deposit from the submersible Cyana. Marine Geophysical Researches，7（3），419～437.

Frey F A，Haskin M A，Ann P J，et al. 1968. Rare Earth Abundances in Some Basic Rocks. Journal of Geophysical Research，Atmospheres，73（18）：6085～6098.

Friedman G M. 1961. Distinction between dune，beach，and river sands from their textural characteristics. Journal of Sedimentary Research，31（4）：514～529.

Full W E，Ehrlich R，Klovan J E. 1981. EXTENDED QMODEL—Objective definition of external end members in the analysis of mixtures. Journal of the International Association for Mathematical Geology，13（4）：331～344.

German C R，Bourles D L，Brown E T，et al. 1997. Hydrothermal scavenging on the Juan de Fuca Ridge：230Thxs，10Be，and REEs in ridge-flank sediments. Geochimica et Cosmochimica Acta，61（19）：4067～4078.

German C R，Klinkhammer G P，Edmond J M，et al. 1990. Hydrothermal scavenging of rare earth elements in the ocean. Nature，（345）：516～518.

Glickson D A，Kelley D S，Delaney J R. 2007. Geology and hydrothermal evolution of the Mothra Hydrothermal Field，Endeavour Segment，Juan de Fuca Ridge. Geochemistry，Geophysics，Geosystems，8（6）：623～626.

Goldberg E D，Arrhenius G O S. 1958. Chemistry of pacific pelagic sediments. Geochimica et Cosmochimica Acta，13：153～212.

Goodfellow W D，Blaise B. 1988. Sulfide formation and hydrothermal alteration of hemipelagic sediment in Middle Valley，northern Juan de Fuca Ridge. Canadian Mineralogist，26：675～696.

Gorbunova Z N. 1981. High-dispersion minerals in the sediments of the East Pacific Rise and adjacent regions. Lithology and Mineral Resources，16（3）：246～256.

Gorbunova Z N. 1982. High-dispersion minerals in sediment cores from the Southeast Pacific. Okeanologiya（Oceanology），22（3）：454～459.

Grill E V，Chase R L，MacDonald R D，et al. 1981. A hydrothermal deposit from Explorer Ridge in the northeast Pacific Ocean. Earth and Planetary Science Letters，52（1）：142～150.

Gurvich E G. 2006. Metalliferous Sediments of the World Ocean. Berlin，Heidelberg：Springer.

Gurvich Y G，Bogdanov Y A，Lisitzin A P. 1978. Behavior of barium in recent sedimentation in the Pacific. Geochemistry International，15（2）：28～44.

Gurvich E G，Bogdanov Y A，Lisitzin A P. 1979. Behavior of barium in present sedimentation during formation of metalliferous sediments of the Pacific Ocean. Geochemistry International，16（1）：62～79.

Hakanson L，Kallstrom A. 1978. An equation of state for biologically active lake sediments and its implications for interpretations of sediment data. Sedimentology，25（2）：205～226.

Hart B，Flemings P，Deshpande A. 1995. Porosity and pressure：Role of compaction disequilibrium in the development of geopressures in a Gulf Coast Pleistocene basin. Geology，23（1）：45～48.

Haymon R M. 1983. Hydrothermal deposition on the East Pacific rise at 21°N. Journal of Geochemical Exploration，19（1～3）：493～495.

Haymon R M，Kastner M. 1981. Hot spring deposits on the East Pacific Rise at 21°N：Preliminary description of mineralogy and genesis. Earth and Planetary Science Letters，53（3）：363～381.

Haymon R M，White S M，Baker E T，et al. 2008. High-resolution surveys along the hot spot-affected Gálapagos Spreading Center：3. Black smoker discoveries and the implications for geological controls on hydrothermal activity. Geochemistry，Geophysics，Geosystems，9（12）：Q12006.

Heath G R，Dymond J. 1977. Genesis and transformation of metalliferous sediments from the East Pacific Rise，Bauer Deep，and Central Basin，northwest Nazca plate. Geological Society of America Bulletin，88（5）：723～733.

Hein J R，Ross C R，Alexander E Y，et al. 1979. Mineralogy and diagenesis of surface sediments from DOMES areas A，B，and C. Springer US：365～396.

Hein J R，Scholl D W. 1978. Diagenesis and distribution of Late Cenozoic volcanic sediment in the southern Bering Sea. Geological Society of America Bulletin，89（2）：197～210.

Hékinian R，Rosendahl B R，Cronan D S，et al. 1978. Hydrothermal deposits and associated basement rocks from Galapagos spreading centre. Oceanologica Acta，1（4）：473～482.

Hékinian R，Fevrier M，Bischoff J L，et al. 1980. Sulfide deposits from the East Pacific Rise near 21 °N. Science，207：1433～1444.

Hékinian R，Fevier M，Avedik F，et al. 1983. East Pacific Rise near 13°N：Geology of new hydrothermal fields. Science，219（4590）：1321～1324.

Hékinian R，Thompson G，Bideau D. 1989. Axial and off-axial heterogeneity of basaltic rocks from the East Pacific Rise at 12°35′N-12°51′N and 11°26′N-11°30′N. Journal of Geophysical Research，Atmospheres，941：17437～17463.

Hékinian R，Hoffert M，Larque P，et al. 1993. Hydrothermal Fe and Si oxyhydroxide deposits from south Pacific intraplate volcanoes and East Pacific Rise axial and offaxial regions. Economic Geology，88：2099～2121.

Hey R N，Sinton J M，Kleinrock M C，et al. 1992. ALVIN investigation of an active propagating rift system，Galapagos 95.5° W. Marine Geophysical Researches，14（3）：207～226.

Honnorez J，Von Herzen R P，Barrett T J，et al. 1981. Hydrothermal mounds and young ocean crust of the Galapagos：Preliminary Deep Sea Drilling results，Leg 70. Geological Society of America Bulletin，92（7）：457～472.

Hovan S. 1995. Late Cenozoic atmospheric circulation intensity and climatic history recorded by Eolian deposition in the Eastern Equatorial Pacific Ocean，Leg 138. Proceedings of the Ocean Drilling Program，Scientific Results，138：615～625.

Hrischeva E，Scott S D. 2007. Geochemistry and morphology of metalliferous sediments and oxyhydroxides from the Endeavour segment，Juan de Fuca Ridge. Geochimica et Cosmochimica Acta，71（14）：3476～3497.

Humphris S E，Thompson G. 1978. Trace element mobility during hydrothermal alteration of oceanic basalts. Geochimica et Cosmochimica Acta，42：127～136.

Imboden D M. 1975. Interstitial transport of solutes in non-steady state accumulating and compacting sediments. Earth and Planetary Science Letters，27（2）：221～228.

Imbrie J，Van Andel T H. 1964. Vector analysis of heavy-mineral data. Geological Society of America Bulletin，75（11）：1131～1156.

James R. 1979. Origin of iron-rich montmorillonite from the manganese nodule belt of the north equatorial Pacific. Clays and Clay Minerals，27（3）：185～194.

James R H，Rudnicki M D，Palmer M R. 1999. The alkali element and boron geochemistry of the Escanaba Trough sediment-hosted hydrothermal system. Earth and Planetary Science Letters，171（1）：157～169.

Jarvis J. 1985. Geochemistry and origin of Eocene-Oligocene metalliferous sediments from the Central Equatorial Pacific：Deep Sea Drilling Project Sites 573 and 574. Deep Sea Drilling Project，Initial Reports，85：781～804.

Kennett J P. 1982. Marine Geology. Engelwood：Prentice-Hall.

Khripounoff，Alberic P. 1991. Settling of particles in a hydrothermal vent field（East Pacific Rise 13°N）measured with sediment traps. Oceanographic Research Papers，（6）：729～744.

Kleinrock M C，Hey R N. 1989. Detailed tectonics near the tip of the Galapagos 95.5°W propagator：How the lithosphere tears and a spreading axis develops. Journal of Geophysical Research，Atmospheres，941（B10）：13801～13838.

Klitgord K D，Mudie J D. 1974. The Galapagos spreading centre：A near-bottom geophysical survey. Geophysical Journal International，38（3）：563～586.

Klovan J E，Miesch A T. 1976. Extended CABFAC and QMODEL computer programs for Q-mode factor analysis of compositional data. Computers Geosciences，1（3）：161～178.

Krasnov S G，German N E，Cherkashev G A. 1992. Distribution and the main factors of formation of metalliferous sediment composition//Gramberg I S，Ainemer A I. Hydrothermal Sulfide Ores and Metalliferous Sediments of the Ocean. Sankt-Petersburg：Nedra.

Krauskopf K B. 1956. Factors controlling the concentrations of thirteen rare metals in sea-water. Geochimica et Cosmochimica Acta，9：1～32.

Krishnaswami S. 1976. Authigenic transition elements in Pacific pelagic clays. Geochimica et Cosmochimica Acta，40（4）：425～434.

Kyte F T，Leinen M，Heath G R，et al. 1993. Cenozoic sedimentation history of the central North Pacific：Inference from the elemental geochemistry of core LL44-GPC3. Geochimica et Cosmochimica Acta，57（8）：1719～1740.

Lalou C，Brichet E，Lange J. 1989. Fossil hydrothermal sulfide deposits at the Galapagos-spreading-centre near 85° west-geological setting，mineralogy and chronology. Oceanologica Acta，12（1）：1～8.

Le Bris N，Sarradin P M，Caprais J C. 2003. Contrasted sulphide chemistries in the environment of 13°N EPR vent fauna. Deep Sea Research Part I：Oceanographic Research Papers，50（6）：737～747.

Le Roux J P. 1994. An alternative approach to the identification of net sediment transport paths based on grain-size trends. Sedimentary Geology, 94（1）：97～107.

Leinen M. 1987. The origin of paleochemical signatures in North Pacific pelagic clays：Partitioning experiments. Geochimica et Cosmochimica Act, 51：305～319.

Leinen M，Cwienk D，Heath G R，et al. 1986. Distribution of biogenic silica and quartz in recent deep-sea sediments. Geology, 14（3）：199～203.

Leinen M，Pisias N. 1984. An objective technique for determining end-member compositions and for partitioning sediments according to their sources. Geochimica et Cosmochimica Acta, 48（1）：47～62.

Leinen M，Prospero J M，Arnold E，et al. 1994. Mineralogy of aeolian dust reaching the North Pacific Ocean：1. Sampling and analysis. Journal of Geophysical Research：Atmospheres, 99（D10）：21017～21023.

Lonsdale P. 1976. Abyssal circulation of the southeastern Pacific and some geological implications. Journal of Geophysical Research, 81（6）：1163～1176.

Lukashin V N，Cherkashev G A，Isaeva A B. 1990. Chemical composition of bottom sediments//Lisitzin A P. Geological Structure and Hydrothermal Formations of the Juan de Fuca Ridge. Nauka，Moscow，128～140.

Lyle M，Dymond J，Heath G R. 1977. Copper-nickel-enriched ferromanganese nodules and associated crusts from the Bauer Basin, northwest Nazca Plate. Earth and Planetary Science Letters, 35（1）：55～64.

Malahoff A，McMurtry G，Hammond S，et al. 1984. High-temperature hydrothermal fields，Juan de Fuca Ridge，Axial Volcano. Eos, Trans. Am. Geophys. Union, 65（45）：1112.

Marchig V，Erzinger J，Heinze P M. 1986. Sediment in the black smoker area of the East Pacific Rise（18.5°S）. Earth and Planetary Science Letters, 79（1）：93～106.

Marchig V，Gundlach H. 1982. Iron-rich metalliferous sediments on the East Pacific Rise：Prototype of undifferentiated metalliferous sediments on divergent plate boundaries. Earth and Planetary Science Letters, 58（3）：361～382.

Marchig V，Gundlach H，Holler G，et al. 1988. New discoveries of massive sulfides on the East Pacific Rise. Marine Geology, 84（3）：179～190.

Massoth G J，Baker E T，Feely R A，et al. 1984. Hydrothermal signals away from the southern Juan de Fuca Ridge. Eos，65：1112.

McLaren P. 1981. An interpretation of trends in grain size measures. Journal of Sedimentary Research，51（2）：611～624.

McMurtry G M，Burnett W C. 1975. Hydrothermal metallogenesis in the Bauer Deep of the south-eastern Pacific. Nature, 254（5495）：42～44.

McMurtry G M，Malahoff A，Feely R A，et al. 1984. Geology and chemistry of hydrothermal nontronite deposits from the Juan de Fuca Ridge. Eos，Trans. Am. Geophys. Union，65（45）：1112.

McMurtry G M，Yeh H W. 1981. Hydrothermal clay mineral formation of East Pacific Rise and Bauer Basin sediments. Chemical Geology，32（1）：189～205.

Mermut A R，Lagaly G. 2001. Baseline studies of the clay minerals society source clays：Layer-charge determination and characteristics of those minerals containing 2：1 layers. Clays and Clay Minerals，49（5）：393～397.

Michard G，Albarede F，Michard A，et al. 1983. Chemistry of solutions from the 13°N East Pacific Rise hydrothermal site. Earth and Planetary Science Letters，67：297～307.

Miesch A. T. 1976. Q-mode factor analysis of compositional data. Computers Geosciences，1（3）：147～159.

Migdisov A A，Gradusov B P，Bredanova N V，et al. 1983. Major and minor elements in hydrothermal and pelagic sediments of the Galapagos mounds area，Leg 70，Deep Sea Drilling Project，Initial Reports，70：277～295.

Miller A R，Densmore C D，Degens E T，et al. 1966. Hot brines and recent iron deposits in deeps of the Red Sea. Geochimica et Cosmochimica Acta，30（3）：341～359.

Minster J B，Jordan T H. 1978. Present-day plate motions. Journal of Geophysical Research，83（B11）：5331～5354.

Moore W S，Vogt P R. 1976. Hydrothermal manganese crusts from two sites near the Galapagos spreading axis. Earth and Planetary Science Letters，29（2）：349～356.

Moorby S A. 1983. The geochemistry of transitional sediments recovered from the Galapagos Hydrothermal Mounds Field during DSDP Leg 70-implication for mounds formation. Earth and Planetary Science Letters，62（3）：367～376.

Moorby S A，Cronan D S. 1983. Chemical-composition of sediments from site-506，site-507，site-508，and site-509，leg-70，Deep Sea Drilling Project. Deep Sea Drilling Project，Initial Reports，70：269～275.

Morton J L，Normark W R，Mann D M，1987. Geology，Evolution，and Mineral Potential of the Juan de Fuca Ridge. Circum Pacific Council Publications，6：537.

Mottl M J，Holland H D. 1978. Chemical exchange during hydrothermal alteration of basalt by seawater-I. Experimental results for major and minor components of seawater. Geochimica et Cosmochimica Acta，42（8）：1103～1115.

Mottl M J，McConachy T F. 1990. Chemical processes in buoyant hydrothermal plumes on the East Pacific Rise near 21°N. Geochimica et Cosmochimica Acta，54：1911～1927.

Müller P J，Mangini A. 1980. Organic carbon decomposition rates in sediments of the pacific manganese nodule belt dated by 230Th and 231Pa. Earth and Planetary Science Letters，51（1）：94～114.

Olivarez A M，Owen R M. 1989. REE/Fe variations in hydrothermal sediments：Implications for the REE content of seawater. Geochimica et Cosmochimica Acta，53（3）：757～762.

Opfergelt S，Bournonville G D，Cardinal D，et al. 2009. Impact of soil weathering degree on silicon isotopic fractionation during adsorption onto iron oxides in basaltic ash soils，Cameroon. Geochimica et Cosmochimica Acta，73（24）：7226～7240.

Owen R M，Olivarez A M. 1988. Geochemistry of rare earth elements in Pacific hydrothermal sediments. Marine Chemistry，25（2）：183～196.

Passega R. 1957. Texture as characteristic of clastic deposition. AAPG Bulletin，41（9）：1952～1984.

Passega R. 1964. Grain size representation by CM patterns as a geological tool. Journal of Sedimentary Research，34（4）：830～847.

Peter J M，Scott S D. 1988. Mineralogy，composition，and fluid-inclusion microthermometry of seafloor hydrothermal deposits in the Southern Trough of Guaymas Basin，Gulf of California. Canadian Mineralogist，26（3）：567～587.

Pichevin L，Reynolds B C，Ganeshram R S，et al. 2009. Enhanced carbon pump inferred from relaxation of nutrient limitation in the glacial ocean. Nature，459（7250）：1114～1117.

Piepgras D J，Jacobsen S B. 1992. The behavior of rare earth elements in seawater：Precise determination of variations in the North Pacific water column. Geochimica et Cosmochimica Acta，56：1851～1862.

Poulton S W，Canfield D E. 2006. Co-diagenesis of iron and phosphorus in hydrothermal sediments from the southern East Pacific Rise：Implications for the evaluation of paleoseawater phosphate concentrations. Geochimica et Cosmochimica Acta，270（23）：5883～5898.

Rateev M A，Timofeev P P，Rengarten N V. 1980. Minerals of the clay fraction in Pliocene-Quaternary sediments of the east equatorial Pacific. Deep Sea Drilling Project，Initial Reports，54：307～318.

Rea D K. 1978. Asymmetric sea-floor spreading and a nontransform axis offset：The East Pacific Rise 20 S survey area. Geological Society of America Bulletin，89（6）：836～844.

Rea D K，Blakely R J. 1975. Short-wavelength magnetic anomalies in a region of rapid seafloor spreading. Nature，255（5504）：126～128.

Renner R M，Glasby G P，Walter P. 1997. Endmember analysis of metalliferous sediments from the Galapagos Rift and East Pacific Rise between 2° N and 42° S. Applied Geochemistry，12（4）：383～395.

Rona P A. 1984. Hydrothermal mineralization at seafloor spreading centers. Earth Science Reviews，20（1）：1～104.

Rona P A，Clague D A. 1989. Geologic controls of hydrothermal discharge on the northern Gorda Ridge. Geology，17（12）：1097～1101.

Rona P A，Denlinger R P，Fisk M R，et al. 1990. Major off-axis hydrothermal activity on the northern Gorda Ridge. Geology，18（6）：493～496.

Ruhlin D E，Owen R M. 1986. The rare earth element geochemistry of hydrothermal sediments from the East Pacific Rise：Examination of a seawater scavenging mechanism. Geochimica et Cosmochimica Acta，50（3）：393～400.

Sandor M，Bernard P B，John N S. 1998. Bioturbation and porosity gradients. Limnology and Oceanography，43（1）：1-9.

Savage P S，Georg R B，Williams H M，et al. 2013. The silicon isotope composition of the upper continental crust. Geochimica et Cosmochimica Acta，109：384～399.

Sayles F L，Bischoff J L. 1973. Ferromanganoan sediments in the equatorial East Pacific. Earth and Planetary Science Letters，19（3）：330～336.

Schaller T，Morford J，Emerson S R. 2000. Oxyanions in metalliferous sediments：Tracers for paleoseawater metal concentrations. Geochimica et Cosmochimica Acta，64（13）：2243～2254.

Selley R C. 1982. Introduction To sedimentology. 2nd Edition. London：Academic Press Inc.

Seyfried W E Jr，Bischoff J L. 1979. Low temperature basalt alteration by seawater：An experimental study at 70℃ and 150℃. Geochimica et Cosmochimica Acta，43（12）：1937～1947.

Seyfried W E，Bischoff J L. 1981. Experimental seawater-basalt interaction at 300，500bar：chemical exchange，secondary mineral formation and implications for the transport of heavy metals. Geochimica et Cosmochimica Acta，45：135～147.

Sharma M，Wasserburg G J，Hofmann A W，et al. 2000. Osmium isotopes in hydrothermal fluids from the Juan de Fuca Ridge. Earth and Planetary Science Letters，179（1）：139～152.

Shimmield G B，Price N B. 1988. The scavenging of U，230Th and 231Pa during pulsed hydrothermal activity at 20°S，East Pacific Rise. Geochimica et Cosmochimica Acta，52（3）：669～677.

Skornyakova I S. 1965. Dispersed iron and manganese in Pacific Ocean sediments. International Geology Review，7（5）：2161～2174.

Spiess F N，Macdonald K C，Atwater T，et al. 1980. East Pacific rise：hot springs and geophysical experiments. Science，207（4438）：1421～1433.

Sternberg E，Tang D，Ho T Y，et al. 2005. Barium uptake and adsorption in diatoms. Geochimica et Cosmochimica Acta，69（11）：2745～2752.

Sun S S，McDonough W F. 1989. Chemical and isotopic systematics of oceanic basalts：Implication for mantle composition and processes //Sauders A D，Norry M J. Magmatism in the Ocean Basins. London：Geological Society Special Publication.

Tessier A，Campbell P G，Bisson M. 1979. Sequential extraction procedure for the speciation of particulate trace metals. Analytical Chemistry，51（7）：844～851.

Thompson G，Humphris S E，Schreder B，et al. 1988. Active vent and massive sulfides at 26°N（TAG）and 23°N（Snake Pit）on the Mid-Atlantic Ridge. Canadian Mineralogist，26（3）：697～711.

Thomson J，Carpenter M S N，Colley S，et al. 1984. Metal accumulation rates in northwest Atlantic pelagic sediments. Geochimica et Cosmochimica Acta，48（10）：1935～1948.

Tivey M K，Delaney J R. 1985. Controls on the distribution and size of hydrothermal vent structures on the Endeavour Segment，Juan de Fuca Ridge. Eos Trans，66：926.

Trefry J H，Metz S. 1989. Role of hydrothermal precipitates in the geochemical cycling of vanadium. Nature，342（6249）：531～533.

Tucker A，Bonani G，Suter M. 1983. East Pacific Rise near 13 N：Geology of new hydrothermal fields. Science，19（4590）：1321.

Turekian K K，Wedepohl K H. 1961. Distribution of the elements in some major units of the earth's crust. Geological Society of America Bulletin，72（2）：175～192.

Turner R J W，Ames D E，Franklin J M，et al. 1993. Character of active hydrothermal mounds and nearby altered hemipelagic sediments in the hydrothermal areas of Middle Valley，northern Juan de Fuca Ridge：Data on shallow cores. Canadian Mineralogist，31（4）：973～995.

Varnavas S P. 1988. Hydrothermal metallogenesis at the Wilkes fracture zone：East Pacific rise intersection. Marine Geology，79（1）：77～103.

Von Damm K L，Edmond J M，Grant B，et al. 1985a. Chemistry of submarine hydrothermal solutions at 21° N，East Pacific Rise. Geochimica et Cosmochimica Acta，49（11）：2197～2220.

Von Damm K L，Edmond J T，Measures C I，et al. 1985b. Chemistry of submarine hydrothermal solutions at Guaymas Basin，Gulf of California. Geochimica et Cosmochimica Acta，49（11）：2221～2237.

Walter P，Stoffers P. 1985. Chemical characteristics of metalliferous sediments from eight areas on the Galapagos Rift and East Pacific Rise between 2°N and 42°S. Marine Geology，65（3）：271～287.

Williams D L，Green K，Andel T H，et al. 1979. The hydrothermal mounds of the Galapagos Rift: Observations with DSRV Alvin and detailed heat flow studies. Journal of Geophysical Research，84（B13）：7467～7484.

Wood D A，Gibson I L，Thompson R N. 1976. Elemental mobility during zeolite facies metamorphism of the Tertiary basalts of eastern Iceland. Contributions to Mineralogy and Petrology，55（3）：241～254.

Wu S Y，Ding T P，Meng X W，et al. 1997. Determination and geological implication of O-Si isotope of the sediment core in the CC area，the Pacific Ocean. Chinese Science Bulletin，42（17）：1462～1465.

Ziegler K，Chadwick O A，Brzezinski M A，et al. 2005. Natural variations of δ^{30}Si ratios during progressive basalt weathering，Hawaiian Islands. Geochimica et Cosmochimica Acta，69（19）：4597～4610.

Zierenberg R A，Adams M W，Arp A J. 2000. Life in extreme environments: Hydrothermal vents. Proceedings of the National Academy of Sciences of the United States of America，97（24）：12961～12962.

Zierenberg R A，Koski R A，Morton J L，et al. 1993. Genesis of massive sulfide deposits on a sediment-covered spreading center，Escanaba Trough，southern Gorda ridge. Economic Geology，88（8）：2069～2098.

第八章　东太平洋海隆及其邻域的硫化物资源潜力分析

东太平洋海隆是一个典型的快速-超快速扩张洋脊（扩张速率为50～150mm·a^{-1}，在其南部曾记录到172mm·a^{-1}的超快速扩张速率），同时该海隆的热液活动区（点）分布也较为密集。例如，仅在EPR 13°N附近35km长的洋脊段上，就分布有多达149处的热液点（site）（Fouquet et al.，1996）。这些热液点多分布在EPR 13°N洋脊的轴部地带（地堑轴部和断层）、离轴的边缘高地（marginal high）以及洋脊翼部的东南海山上（图8-1），且水深在2000～3000m的范围内（Hékinian et al.，1983）。在这些热液点中分布着正在活动的热液喷口及黑烟囱体、停止热液活动的硫化物堆积体和成熟的硫化物丘状体（Fouquet et al.，1996）。

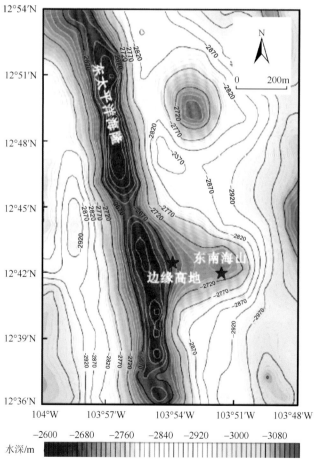

图 8-1　EPR 13°N 附近水深图

★为热液活动区

在该区热液活动喷口处（包括低温热液喷口与温度达 380℃的高温热液喷口），观测到热液硫化物堆积体、喷口生物群落以及喷口附近分布的 Fe-Si-Mn 羟基氧化物（Wang et al.，2014；曾志刚等，2009，2007；Hékinian et al.，1993；Charlou et al.，1991），同时在远离热液点的离轴部位还观测到含金属沉积物（曾志刚等，2015；Barrett et al.，1987）。

热液点及喷口处的流体向近海底水体输送着热量和物质，同时维持着喷口生物群落的生存，并且形成含 Cu、Zn 等有用元素的热液硫化物堆积体。因而，调查研究 EPR 的热液活动特征及其变化机理，掌握其热液硫化物资源的分布规律及其规模大小，成为海洋科学领域一项有意义的工作（曾志刚等，2015）。

其中，对于海底热液硫化物资源量的计算主要依据海底热液硫化物堆积体的体积和有用元素的品位及空间分布特征来估算，但就目前而言，全球范围内这两方面的数据资料都不完备且相对缺乏。尽管如此，为了解海底热液硫化物的资源量，假设该热液硫化物堆积体在海底面以下以一定的厚度及形态赋存为前提，结合探测所得的海底热液硫化物堆积体分布面积和该区有限的大洋钻探数据资料，可对海底热液硫化物堆积体资源量进行粗略估算。这里需要说明的是，目前并没有全面地掌握热液硫化物在海底的覆盖面积（连续性）及海底面以下厚度、形态等方面的关键数据资料或规律性特征，故上述方法粗略估算的资源量偏于乐观。为此，曾志刚等（2015）依据热液硫化物丘状堆积体（喷口群）的形态进行保守的资源量估算，给出热液硫化物堆积体的资源量保守值，为进一步的热液硫化物资源调查及评价工作提供参考。

第一节　中国在东太平洋海隆的硫化物资源调查研究概况

我国在 EPR 13°N 附近开展硫化物资源调查始于 2003 年 10 月 23 日，"大洋一号"科考船从夏威夷起航，赴 EPR 13°N 附近开展调查（包括 DY105-12、14 航次硫化物调查航段），先后完成了多波速测量 1600km²，CTD 采水 21 站，地质取样 18 站，浅剖 333km，重力测量 9890km 和走航 ADCP 测量 9890km，初步了解了调查区的地形地貌、底质情况等区域地质背景，获得了包括热液硫化物在内的一批宝贵样品和数据资料，这一系列科考活动使我国的海底热液硫化物资源调查工作迈出了可喜的一步，取得的调查研究成果也为进一步开展海底热液活动深入研究和未来在国际海底区域圈定热液硫化物资源远景区奠定了基础（曾志刚等，2015）。

我国在 2005 年的环球航次（DY105-17A 航次）中，又对 EPR 13°N 和 1°S～2°S 附近进行了海底热液活动及其硫化物资源调查，开展了多波速测深、集成化拖体＋MAPRs＋近海底磁力仪和电视抓斗作业。调查研究结果表明，该区的海底地形在垂直洋脊轴的方向，均以变形的"M"形为特征，海底基岩由玄武岩组成。沿洋脊轴方向，水深基本一致，地形变化不大。洋脊轴整体上为低地（发育着规模不等的裂隙），两侧为高地（多分布以断裂为边界的断块体），两翼地形逐渐降低、平缓（局部洼地多分布有沉积物），并在 EPR 13°N 附近获得了大量的热液硫化物样品，在 EPR 1°S～2°S 附近首次发现至少存在一处明显的浊度异常，表明 EPR 1°S～2°S 附近可能存在新的海底热液活动区（曾志刚等，2015）。

2008 年 8～9 月，我国大洋 20 航次在 EPR 1°S～2°S 附近进行了 ABE（海下机器人自动海底探测器）和电视抓斗作业，在离轴海山获得了热液硫化物样品，发现了新的热液异常，首次证实了该区存在海底热液活动，并将其称为鸟巢热液区（Bird's nest hydrothermal field），该热液区中至少分布着 5 个喷口区（曾志刚等，2015；Tao et al.，2008）。

2009 年 10 月 23 日，我国大洋 21 航次在 EPR 1°S～2°S 附近进行 ROV（遥控无人潜水器）水下作业，在水深约 2700m 处观测到了呈多种形态分布的热液烟囱体（Tao et al.，2011）（http://www.comra.org），且在加拉帕戈斯微板块附近发现了宝石山热液区并对热液区中沉积物的稀土元素组成进行了研究（郭静静等，2013）。2011 年，我国又在 EPR 1°S～2°S 附近进行了大洋 22 航次热液硫化物资源调查，获得了包括热液硫化物和玄武岩等在内的一批样品、数据和资料，开展了 EPR 水体悬浮颗粒硫化物及其对热液活动的指示（安成龙等，2014）、玄武岩及岩浆作用等研究（于淼等，2013），为进一步深入了解 EPR 海底热液活动及其硫化物资源状况提供了必要的工作基础（曾志刚等，2015）。

基于前人在 EPR 的海上调查研究，我国已对 EPR 调查区的海底岩石、含金属沉积物以及热液硫化物、热液柱等热液产物开展了研究并获得了相应的研究进展及成果（Zeng et al.，2017，2015a，2015b，2014；曾志刚等，2015）。

与此同时，基于 2005 年 8 月 13 日～9 月 3 日实施的中美联合航次，以及通过国际合作使用 2001 年、2002 年和 2004 年"Alvin"号载人深潜器获得的样品、数据和资料，国内学者在北胡安·德富卡洋脊 Endeavour 段，以及 EPR 9°N～10°N，针对海底热液硫化物的矿物、有机质、稀土元素、^{210}Pb、硫和铅同位素组成特征，对烟囱体的流体通道演化、结构特征与生长等方面分别开展了深入研究，并在烟囱体的成矿物质来源、形成环境、微生物多样性及丰度、生物成矿作用与热液活动区原位观测数据分析等方面取得了一批重要的成果（董从芳等，2012，2011；Li et al. 2011；姚会强等，2010，2009；Wang et al.，2009；Zhou et al.，2009；叶瑛等，2008；郑建斌等，2008；Peng et al.，2008；包申旭等，2007；彭晓彤和周怀阳，2005），这些研究结果使得我国对 EPR 及其邻域的海底热液活动及其硫化物资源的调查更为详尽，对该区域有了进一步地了解（曾志刚等，2015）。

第二节 硫化物中有用元素含量数据统计及分析

一、胡安·德富卡洋脊中硫化物的有用元素含量数据统计及分析

在胡安·德富卡洋脊的 Explorer Ridge、Clam Bed、High Rise 和 Main Endeavour 热液区分别收集了 50 个、5 个、49 个和 86 个硫化物样品的有用元素（Au、Ag、Cu、Fe、Pb、Mo 和 Zn）含量数据（表 8-1）。

表 8-1 胡安·德富卡洋脊热液硫化物样品中有用元素含量统计

元素		热液区（样品数/个）			
		Explorer Ridge（50）	Clam Bed（5）	High Rise（49）	Main Endeavour（86）
Au/(ng·g^{-1})	最大	3757	336	1010	1620
	最小	28	20	5	2
	平均	259.8	122.4	284.8	154.0

续表

元素		热液区（样品数/个）			
		Explorer Ridge（50）	Clam Bed（5）	High Rise（49）	Main Endeavour（86）
Ag/(μg·g⁻¹)	最大	664	203	320	14000
	最小	1	5	3	1
	平均	52.2	124.0	75.1	139.4
Cu/%	最大	29.3	0.84	10.00	36.90
	最小	0.010	0.100	0.001	0.006
	平均	3.90	0.32	1.87	2.70
Fe/%	最大	44.70	39.30	43.09	49.92
	最小	0.20	2.60	0.04	0.33
	平均	27.10	14.80	9.60	29.55
Pb/%	最大	0.9	3.0	1.6	7.0
	最小	0.010	0.020	0.005	0.004
	平均	0.10	1.10	0.20	0.55
Zn/%	最大	34.3	8.0	28.9	25.2
	最小	0.01	0.40	0.10	0.47
	平均	4.20	2.80	9.60	6.73
Mo/(μg·g⁻¹)	最大	470	140	310	470
	最小	5	1	2	4
	平均	197.2	53.7	139.2	109.5

High Rise 热液区中硫化物的 Au 平均含量较高（284.8ng·g⁻¹），而 Explorer Ridge 热液区中多个硫化物样品的 Au 含量超过 1000ng·g⁻¹，其明显高于 Main Endeavour 热液区中硫化物的 Au 含量。Main Endeavour 热液区中硫化物的 Ag 平均含量较高，且多个硫化物样品的 Ag 含量超过 400μg·g⁻¹，反映出该热液区中硫化物具较高的 Ag 含量（图 8-2）。对硫化物中有用元素含量数据的统计表明，大多数硫化物中有用元素含量的变化范围较窄，其有用元素含量的平均值均分布在较窄的变化范围之内（图 8-2），可用于评估该热液区硫化物堆积体中有用元素的总量及其资源潜力。

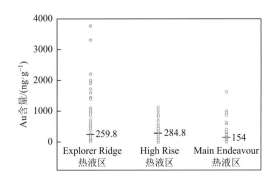
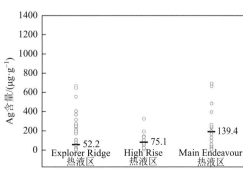

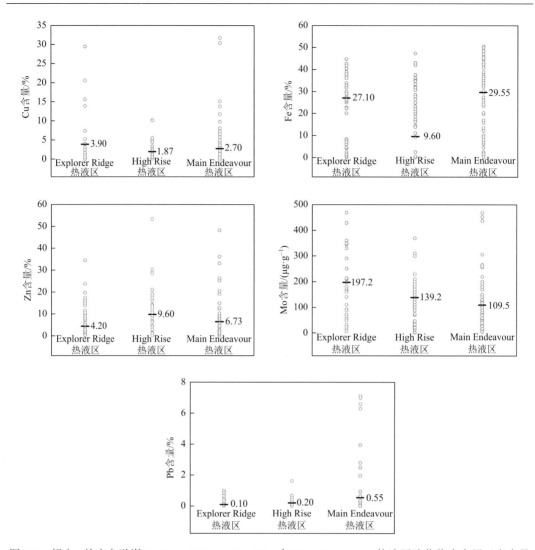

图 8-2　胡安·德富卡洋脊 Explorer Ridge、High Rise 和 Main Endeavour 热液区硫化物中有用元素含量的变化范围及其均值

据 InterRidge（http://www.interridge.org/）和国际海底管理局（https://www.isa.org.jm/）网站上提供的开放数据

由图 8-2 可知胡安·德富卡洋脊段中的 Explorer Ridge 和 Main Endeavour 热液区，其硫化物中的 Cu、Mo、Au 和 Zn 含量均较高（表 8-1），且 Main Endeavour 热液区中硫化物的有用元素（Ag 和 Zn）含量明显高于 Explorer Ridge 热液区的，表明其硫化物堆积体具 Ag 和 Zn 富集的特征。

二、北东太平洋海隆中硫化物的有用元素含量数据统计及分析

对北东太平洋海隆（North East Pacific Rise，NEPR）研究区硫化物中有用元素含量数据进行统计和分析，数据主要取自 21°N 和 13°N 附近的热液区，见表 8-2。

表 8-2　NEPR 区热液硫化物样品中有用元素含量统计

元素		热液区（样品数/个）	
		EPR 21°N（41）	EPR 13°N（125）
Au/(ng·g^{-1})	最大	1230	4100
	最小	7	1
	平均	211.0	483.2
Ag/(μg·g^{-1})	最大	79	280
	最小	3.0	0.5
	平均	29.0	66.5
Cu/%	最大	32.0	32.2
	最小	0.05	0.02
	平均	5.3	4.2
Fe/%	最大	45.4	48.0
	最小	0.61	0.80
	平均	17.8	24.6
Pb/%	最大	0.61	0.68
	最小	0.001	<0.010
	平均	0.067	0.050
Zn/%	最大	49.70	52.27
	最小	0.03	0.01
	平均	10.98	10.10
Mo/(μg·g^{-1})	最大	168	598
	最小	1	8
	平均	58.4	88.2

　　总的来说，EPR 13°N 附近热液区中硫化物的有用元素（Au、Ag 和 Mo）含量，均高于 EPR 21°N 附近热液区中硫化物中各有用元素含量，而其 Cu、Pb 和 Zn 则与 EPR 21°N 附近热液区硫化物中对应元素的含量相当（图 8-3）。特别是 EPR 13°N 附近热液区硫化物中的 Au 含量高达 4μg·g^{-1}，这体现了该硫化物堆积体具 Au 相对富集的特征及资源前景。

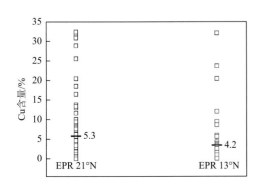
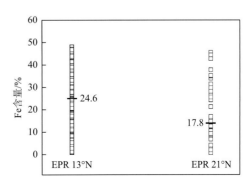

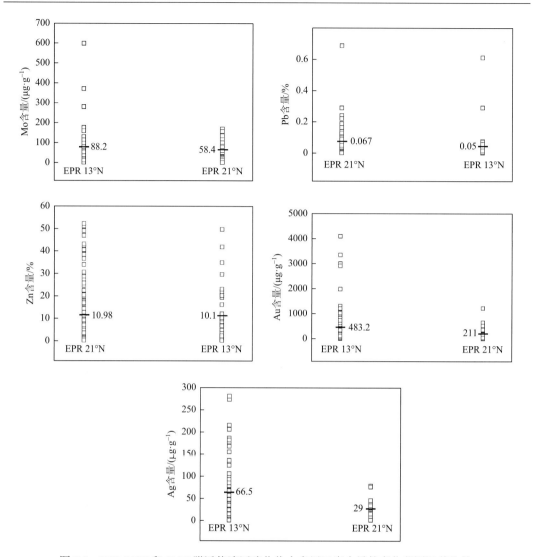

图 8-3　EPR 21°N 和 13°N 附近热液区硫化物中有用元素含量的变化范围及其均值

三、加拉帕戈斯区中硫化物的有用元素含量数据统计及分析

对加拉帕戈斯区的硫化物样品进行分析,样品多取自加拉帕戈斯裂谷热液区(0°45′N,85°50′W)(表 8-3),距离玫瑰花园热液区较近,其有用元素 Au、Ag、Cu 和 Zn 含量的平均值分别为 276.2ng·g^{-1}、39.6μg·g^{-1}、4.6%(质量分数)和 3.56%(质量分数)(表 8-3)。

表 8-3　加拉帕戈斯区热液硫化物样品中有用元素含量统计

热液区	Au/(ng·g^{-1})			Ag/(μg·g^{-1})			Cu/%			Fe/%		
	最大	最小	平均	最大	最小	平均	最大	最小	平均	最大	最小	平均
加拉帕戈斯裂谷	1550	3	276.2	285	1	39.6	26.7	0.005	4.6	53.4	1.59	28.65

热液区	Pb/%			Zn/%			Mo/($\mu g \cdot g^{-1}$)		
	最大	最小	平均	最大	最小	平均	最大	最小	平均
加拉帕戈斯裂谷	0.21	0.004	0.03	39.03	0.02	3.56	353	1	124.5

四、南东太平洋海隆中硫化物的有用元素含量数据统计及分析

SEPR 热液硫化物样品主要取自 7°S～17°S 附近的洋脊段，样品中有用元素含量统计见表 8-4。

表 8-4　SEPR 热液硫化物样品中有用元素含量统计

元素		热液区（样品数/个）	
		EPR 7°S（14）	EPR 17°S（20）
Au/($ng \cdot g^{-1}$)	最大	88	1020
	最小	1	1
	平均	47.1	322.1
Ag/($\mu g \cdot g^{-1}$)	最大	62	152
	最小	2	2
	平均	23.1	54.7
Cu/%	最大	29.25	30.75
	最小	0.33	0.26
	平均	11.14	10.19
Fe/%	最大	40.34	43.17
	最小	30.21	16.46
	平均	34.63	31.28
Pb/%	最大	0.088	0.120
	最小	0.001	0.001
	平均	0.036	0.037
Zn/%	最大	8.75	31.63
	最小	0.09	0.06
	平均	2.13	8.54
Mo/($\mu g \cdot g^{-1}$)	最大	206	1040
	最小	22	18
	平均	110.9	196.8

　　EPR 17°S 附近热液区中硫化物的有用元素 Au、Ag、Zn 和 Mo 含量，分别达 1020ng·g⁻¹、152μg·g⁻¹、31.63%（质量分数）和 1040μg·g⁻¹，其平均值均高于 EPR 7°S 附近热液区中硫化物中各对应元素含量，且 EPR 17°S 和 7°S 附近热液区中硫化物的 Cu、Fe 和 Pb 元素含量较为接近（表 8-4 和图 8-4）。

五、各热液区中硫化物的元素含量数据对比

　　根据 InterRidge（http://www.interridge.org/）和国际海底管理局（https://www.isa.org.jm/）网站上提供的开放数据，对取自 EPR 及邻域（50°N～22°S）各热液区的 646 个热液硫化物样品中的有用元素 Au、Ag、Cu、Fe、Zn、Pb 和 Mo 含量进行了统计及计算（表 8-5），为硫化物资源潜力评估以及硫化物资源远景区选择提供数据支撑。

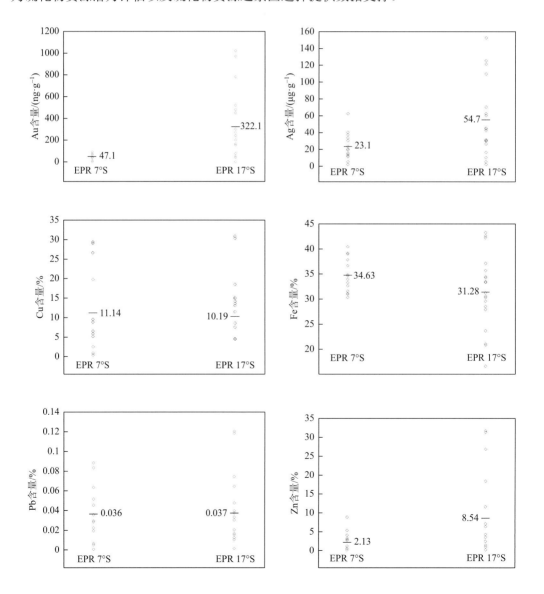

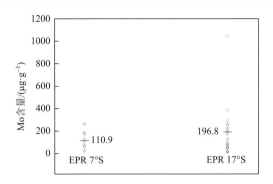

图 8-4　EPR 7°S 和 17°S 附近热液区硫化物中有用元素含量的变化范围及其均值

表 8-5　EPR 及邻域各热液区中硫化物样品的有用元素含量平均值

热液区（样品数/个）	Au/(ng·g⁻¹)	Ag/(μg·g⁻¹)	Cu/%	Fe/%	Zn/%	Pb/%	Mo/(μg·g⁻¹)
胡安·德富卡洋脊（235）	325.06	174.36	2.65	26.01	7.32	0.34	129.27
Guaymas 海盆（23）	145.50	78.32	0.34	16.70	2.14	0.35	14.63
21°N～13°N（40）	179.41	26.92	4.56	17.56	9.74	0.05	54.40
13°N～9°N（121）	483.19	66.54	4.17	24.64	10.09	0.05	88.22
加拉帕戈斯（126）	276.20	39.67	4.57	28.43	3.55	0.03	124.61
7°S～17°S（33）	207.03	40.97	10.32	32.81	5.82	0.04	157.24
21°S（68）	495.19	119.13	7.04	28.47	12.39	0.08	89.67

从 EPR 及邻域各热液区硫化物中有用元素含量的平均值（表 8-5）可以看出，EPR 研究区的硫化物样品中，其有用元素的含量差别很大。其中，胡安·德富卡洋脊和 EPR 13°N 附近热液区的硫化物样品数较多，且各有用元素含量的变化范围较大（表 8-1 和表 8-2），而 EPR 7°S 和 17°S 附近热液区的硫化物样品数量相对少（表 8-4）。

在 EPR 及其邻域，EPR 21°S 和 9°N~13°N 附近热液区中硫化物的 Au 含量平均值最高（图 8-5），分别达到 495.19ng·g⁻¹ 和 483.19ng·g⁻¹。值得注意的是，在胡安·德富卡洋脊，Explorer Ridge 的热液区中，其硫化物中的 Au 含量也较高，可高达 3757ng·g⁻¹（表 8-1），而在南胡安·德富卡洋脊以及 Gorda Ridge 的热液区中，其硫化物中的 Au 含量则较低，显示出较大差异。

胡安·德富卡洋脊和 EPR 21°S 附近热液区中的硫化物，其 Ag 含量最高，可分别达 174.36μg·g⁻¹ 和 119.13μg·g⁻¹，且胡安·德富卡洋脊 Endeavour 热液区中硫化物样品的 Ag 含量超过 1000μg·g⁻¹，而 SEPR 中高 Ag 含量的硫化物样品大多采集于 18°25′S～18°31′S 附近，表明该洋脊段的硫化物具富含 Ag 的特点。此外，EPR 7°S～17°S 附近、胡安·德富卡洋脊以及加拉帕戈斯热液区的硫化物样品中 Mo 含量的平均值分别可达 157.24μg·g⁻¹、129.27μg·g⁻¹ 和 124.61μg·g⁻¹（表 8-5）。

除 Guaymas 海盆和 EPR 13°N~21°N 附近热液区中硫化物的 Fe 平均含量均低于 20%（质量分数），且 Cu 和 Zn 含量差别较大外，EPR 及其邻域中热液区硫化物的 Fe 含量相对一致，均大于 24%（质量分数）（图 8-6）。此外，Guaymas 海盆热液区中硫化物样品的 Cu、Zn、Pb、Au、Ag 含量较低，且 Fe 含量的变化范围较大（图 8-5 和图 8-6），而 EPR 21°S

和 7°S～17°S 附近硫化物中的 Cu、Zn 和 Au 含量则较高。

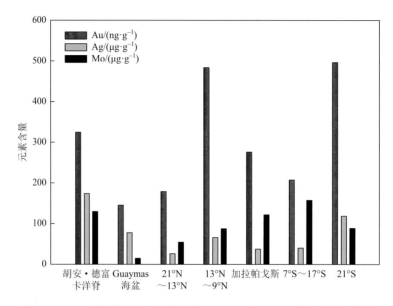

图 8-5 EPR 及邻域热液区硫化物中 Au、Ag 和 Mo 元素含量的平均值

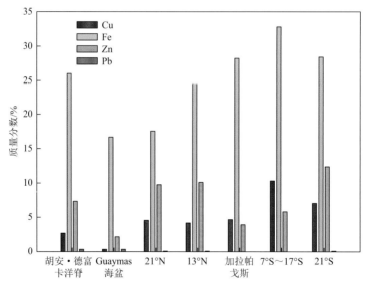

图 8-6 EPR 及邻域热液区硫化物中 Cu、Fe、Zn 和 Pb 元素含量的平均值

总的来说，与其他热液区中的硫化物相比，EPR 21°S 附近热液区中的硫化物，其 Au、Ag、Cu 和 Zn 含量均位列前两位（图 8-5 和图 8-6），这表明 EPR 21°S 附近热液区中的硫化物堆积体具有 Au、Ag、Cu 和 Zn 相对富集的特点。此外，胡安·德富卡洋脊 Middle Valley 和 Endeavour 热液区以及 EPR 13°N 附近热液区中的硫化物，其 Ag、Pb、Mo、Au 和 Zn 的含量均较高（图 8-5 和图 8-6），呈现出 Ag、Zn 富集的特点。

目前，有关 EPR 及其邻域热液区中硫化物样品的数量及其有用元素含量的数据资料仍较少，其代表性也值得商榷。尽管如此，目前有限的硫化物样品及其有用元素含量数据资料，对于了解 EPR 及其邻域的硫化物资源潜力依然十分重要。

第三节　胡安·德富卡洋脊硫化物资源潜力评估

胡安·德富卡洋脊紧邻 EPR 最北端，为东太平洋洋中脊热液区调查资料翔实的洋脊段之一，其范围广阔（40°N～49°N，126°W～130°W），分布着 29 个热液区，超过 125 个热液丘状体，为东太平洋具有资源潜力的热液硫化物堆积体分布区之一。在胡安·德富卡洋脊，已发现的热液硫化物堆积体分布区为：①Middle Valley；②Endeavour；③Axial Volcano；④Gorda Ridge。其中，ODP（Ocean Drilling Program，大洋钻探计划）的工作已证实在 Middle Valley 热液区深部存在着一个规模巨大的隐伏热液硫化物堆积体。

一、Middle Valley 热液区

Middle Valley 热液区中最主要的三个热液硫化物堆积体为 Bent Hill、ODP Mound 和 Dead Dog。其中，根据 ODP 139 航次 856 钻孔和 ODP 169 航次 1035 钻孔的资料显示，Bent Hill 热液硫化物堆积体的形状约为一个半球，高度约 100m，底部半径约 100m（图 8-7）。

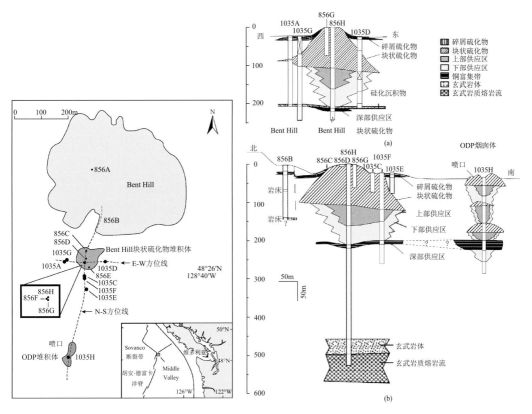

图 8-7　胡安·德富卡洋脊 Middle Valley 热液区中 Bent Hill 及 ODP Mound 的硫化物堆积体
（Houghton et al.，2004）

对 Bent Hill 硫化物堆积体的资源量进行估算。假设该区热液硫化物堆积体形态为半球形，半径为100m，按此形态计算，该硫化物堆积体的体积 V 为

$$V = 4/3 \times \pi \times R^3 \div 2 = 2.1 \times 10^6 \text{m}^3$$

按照 Hékinian 和 Fouquet（1985）采用的 3g·cm^{-3}（t·m^{-3}）的硫化物密度，Bent Hill 硫化物堆积体的资源量为

$$2.1 \times 10^6 \text{m}^3 \times 3\text{t·m}^{-3} = 6.3 \times 10^6 \text{t}$$

与 Bent Hill 相距不远的 ODP Mound 硫化物堆积体从平面图上观测其呈一长条状，根据1035H 孔钻探资料显示，该堆积体由 3 层组成，其横截面约为一个长 80m、宽 20m 的矩形，硫化物堆积体的厚度总计约80m，故该硫化物堆积体的体积 V 约为

$$V = 80\text{m} \times 20\text{m} \times 80\text{m} = 1.28 \times 10^5 \text{m}^3$$

按照 Hékinian 和 Fouquet（1985）采用的 3g·cm^{-3}（t·m^{-3}）的硫化物密度，ODP Mound 硫化物堆积体的资源量为

$$1.28 \times 10^5 \text{m}^3 \times 3\text{t·m}^{-3} = 3.84 \times 10^5 \text{t}$$

与 Bent Hill 热液区不同的是，在 Dead Dog 热液区（图 8-8）并未表现出明显的磁异常（Tivey，1994），且该热液区分布着至少 20 个活动的硬石膏烟囱体（含少量硫化物，喷出的热液流体温度达 276℃）（Ames et al.，1993），并沿 Middle Valley 洋脊段东部边界断裂以西、长 6km 的正断层分布，这些喷口主要位于有沉积物覆盖的高 5～15m、直径 25～35m 的丘状体上，每个丘状体上有 1～5 个热液喷口，喷口高 0.7～1.2m。喷口附近的沉积物大多受热液活动的影响（Goodfellow and Franklin，1993）。根据 ODP 139 航次 1036 钻孔的资料显示，钻孔内受热液蚀变影响的沉积物厚度超过 20m（图 8-9）。

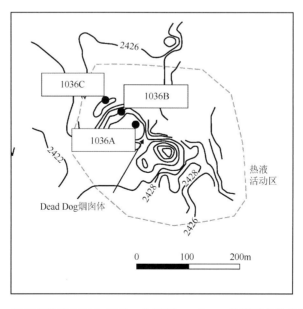

图 8-8　胡安·德富卡洋脊 Middle Valley 热液区 Dead Dog 热液硫化物堆积体钻孔位置及硫化物平面分布（Michael and Andreas，2003）

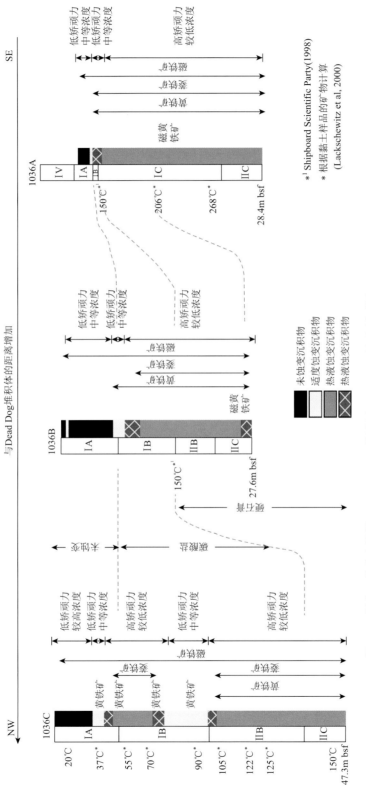

图 8-9　胡安·德富卡洋脊 Middle Valley 热液区 ODP 1036 钻孔剖面图（Michael and Andreas, 2003）

综上所述，Dead Dog 热液区硫化物堆积体由海底面以上的类长方体的堆积体以及丘状体两个部分构成。对 Dead Dog 热液区硫化物堆积体资源量进行估算。首先，类长方体的热液硫化物堆积体覆盖在长 800m、宽 400m 的洋脊上，假设它们的厚度为 1m（Davis and Villinger，1992）。同时，丘状体半径约为 175m，厚度约为 20m。按此计算，该硫化物堆积体的体积 V 为

$$V = 800m \times 400m \times 1m + 175m \times 175m \times \pi \times 20m = 2.2 \times 10^6 m^3$$

按照 Hékinian 和 Fouquet（1985）采用的 $3g \cdot cm^{-3}$（$t \cdot m^{-3}$）的硫化物密度，Dead Dog 热液区硫化物堆积体的资源量为

$$2.3 \times 10^6 m^3 \times 3t \cdot m^{-3} = 6.9 \times 10^6 t$$

AAV（area of active venting）区没有 ODP 钻孔控制，调查显示，该区内至少存在 15 个热液活动喷口（Goodfellow and Franklin，1993）。根据其喷口数量估计，其资源量也十分可观。尽管如此，由于缺乏资源量计算的关键数据，本次资源量估算暂不予考虑。

结合以上得出的各热液区有用元素平均含量数据，估算出 Middle Valley 热液区硫化物的总资源量（表 8-6）约为 $1358.4 \times 10^4 t$，其中包含 3.5t Au、709t Ag、$53.0 \times 10^4 t$ Cu、$57.1 \times 10^4 t$ Zn、$1.3 \times 10^4 t$ Pb 和 2679t Mo。

表 8-6　胡安·德富卡洋脊 Middle Valley 热液区硫化物堆积体及其有用元素的资源潜力估算

热液区	硫化物资源量/$10^4 t$	Au/t	Ag/t	Cu/$10^4 t$	Fe/$10^4 t$	Zn/$10^4 t$	Pb/$10^4 t$	Mo/t
Bent Hill	630.0	1.6	329	24.6	170.7	26.5	0.6	1242
ODP Mound	38.4	0.1	20	1.5	10.4	1.6	0.0	76
Dead Dog	690.0	1.8	360	26.9	187.0	29.0	0.7	1361
总资源量	1358.4	3.5	709	53.0	368.1	57.1	1.3	2679

二、Endeavour 区

Endeavour 热液区位于胡安·德富卡洋脊中部近 90km 长的 Endeavour 洋脊段，其包含六个热液喷口区（Sasquatch、Salty Dawg、High Rise、Clam Bed、Main Endeavour 和 Mothra），分布在 $47°56'N \sim 47°57'N$ 的洋脊上。该洋脊中部发育 25km 长的火山活动区，分布着一个与洋脊轴部平行，且深 $75 \sim 200m$，宽 $0.5 \sim 1km$，边缘陡峭的裂谷。该轴部裂谷向南延伸后加宽至 3km，其东南部为 Baby Bare 海山热液区，南部为 Split 海山热液区，后者至今未被证实。

（一）Main Endeavour 热液区

Main Endeavour 热液区位于 $47°57'N$，$129°5'W$ 附近的轴部隆起区，水深 2200m。研究表明，该区的高温热液流体喷发明显比附近的热液区剧烈（Butterfield and Massoth，1994）。18 个热液喷口分布在长 600m、宽 100m 的轴部。假设该区覆盖的硫化物厚度为 1m，Main Endeavour 热液区内硫化物堆积体的体积 V 为

$$V = 600m \times 100m \times 1m = 6 \times 10^4 m^3$$

按照 Hékinian 和 Fouquet（1985）采用的 $3g \cdot cm^{-3}$（$t \cdot m^{-3}$）的硫化物密度，保守估计 Main Endeavour 热液区硫化物堆积体的资源量为

$$6 \times 10^4 \text{m}^3 \times 3\text{t·m}^{-3} = 1.8 \times 10^5 \text{t}$$

此外，从 Main Endeavour 热液区硫化物丘状体在海底的平面分布形态来看，至少有 3 个丘状体的形态与 Bent Hill 的类似，甚至更大（图 8-10）。

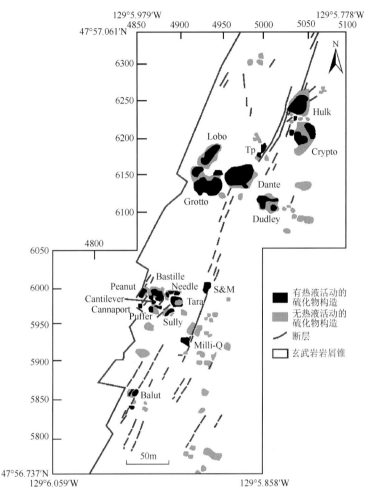

图 8-10　胡安·德富卡洋脊 Main Endeavour 热液区中的热液喷口分布及形态（Foustoukos et al.，2004）

（二）Mothra 热液区

Mothra 热液区中硫化物的分布与其他热液区不同，其位于 Main Endeavour 热液区以南 2.7km 处一个平行于洋脊边缘陡峭的低洼地带中，深度比洋脊略深，约为 2270m。Mothra 热液区的 6 个喷口区分布在 50m 宽（图 8-11）、超过 500m 长的区域中。假设其覆盖的硫化物厚度为 1m，Mothra 热液区内硫化物堆积体的体积为

$$V = 50\text{m} \times 500\text{m} \times 1\text{m} = 2.5 \times 10^4 \text{m}^3$$

按照 Hékinian 和 Fouquet（1985）采用的 3g·cm^{-3}（t·m^{-3}）的硫化物密度，Mothra 热液区硫化物堆积体的资源量为

$$2.5 \times 10^4 \text{m}^3 \times 3\text{t·m}^{-3} = 7.5 \times 10^4 \text{t}$$

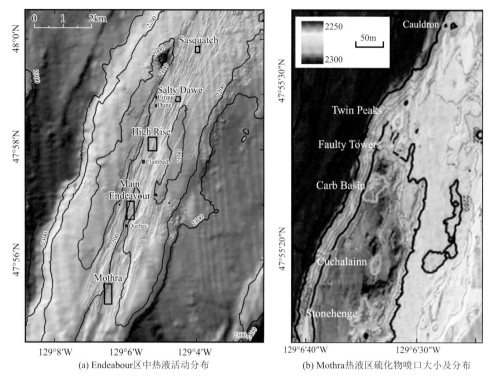

(a) Endeabour区中热液活动分布　　　　　　　　(b) Mothra热液区硫化物喷口大小及分布

图 8-11　Endeabour 区中热液活动分布及 Mothra 热液区硫化物喷口大小及分布（Glickson et al.，2007）

　　除了这两个硫化物堆积体外，Sasquatch、Salty Dawg 和 High Rise 热液区均位于 Main Endeavour 热液区以北的洋脊轴部地区。其中，High Rise 热液区（10 个喷口）的大小与 Mothra 相当（假设其资源潜力与 Mothra 一样为 7.5×10^4t），而 Sasquatch 热液区（3 个喷口）和 Salty Dawg 热液区（3 个喷口）则较小（其规模约为 Mothra 的 1/3，为 2.5×10^4t），按照热液喷口的数量和区块的大小计算，这三个热液区硫化物资源总量应不少于 12.5×10^4t。

　　总之，Endeavour 热液区硫化物总资源量约在 38.0×10^4t 以上，其中包含 0.067t Au、48.13t Ag、2.789×10^4t Cu、2.777×10^4t Zn、19.69t Pb 和 43.82t Mo。其资源量与 Middle Valley 热液区相比较少，特别是在 Mo 的资源潜力上有较大差距（表 8-7）。

表 8-7　胡安·德富卡洋脊 Endeavour 热液区各硫化物堆积体中硫化物资源量估算

热液区	硫化物资源量/10^4t	Au/t	Ag/t	Cu/10^4t	Zn/10^4t	Pb/t	Mo/t
Main Endeavour	18.0	0.026	25.00	0.480	1.210	11.30	19.70
Mothra	7.5	0.013	10.50	2.030	0.510	4.13	8.22
High Rise	7.5	0.022	5.63	0.141	0.719	1.50	10.40
Sasquatch	2.5	0.003	3.50	0.069	0.169	1.38	2.75
Salty Dawg	2.5	0.003	3.50	0.069	0.169	1.38	2.75
总资源量	38.0	0.067	48.13	2.789	2.777	19.69	43.82

三、轴部火山区

轴部火山区（Axial Volcano）位于胡安·德富卡洋脊中部，俄勒冈州以西约 400km，其热液硫化物堆积体位于 1500m 深的火山口上，该水深远低于周围的平均水深。轴部火山的热液活动主要分布于三个较大的区域，自北向南分别为 CASM、South Rift Zone（SRZ）和 ASHES 区，均为活动热液喷口分布区（图 8-12）。其中 CASM 中分布着 3 个硫化物丘状体，SRZ 中分布 24 个，ASHES 中分布 16 个。以 SRZ 北部为例，12 个硫化物丘状体呈线状分布在超过 3km 长的隆起带上（图 8-12），并组成了几个丘状体集中分布区。其中，Easy 和 Old Worms 较靠近，Large TW 等 7 个丘状体较接近，而 Mkr-113、Joystick 和 Bag City 较接近。由于缺乏钻探资料和详细的海底观测结果，尚无法准确估算丘状体的体积和硫化物堆积体的厚度，但从硫化物丘状体的数量看（43 个），该区的热液硫化物资源潜力可能不低于 Endeavour 区（37 个）。

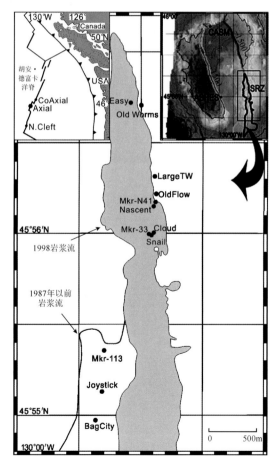

图 8-12　胡安·德富卡洋脊轴部火山热液区 SRZ 块段的热液喷口分布图

（Marcus et al.，2009；Levesque et al.，2006）

右上小图为三个热液区的分布，中间大图为 SRZ 内多个热液喷口的分布，左上小图为轴部在胡安·德富卡洋脊的位置

四、Gorda Ridge 区

在 Gorda Ridge 区，热液活动及其硫化物形成于沉积丘周围的环形凹陷内，其中热液硫化物堆积体出露厚度至少为 100m，据估计，其金属资源量达几千万吨，是现代海底较大的硫化物堆积体之一（邓希光，2007）。根据 IODP（综合大洋钻探计划）在 Escanaba 海槽的调查，北部和南部附近发育着两个直径 400m 左右的硫化物丘状体和一个稍小的热液硫化物覆盖区，北部两个丘状体的直径为 300～400m，南部的硫化物覆盖区长 250m、宽 50m（图 8-13）。根据 ODP 1038 孔的钻探资料显示，钻孔中硫化物厚度达到 70m 左右。据此估算，Gorda Ridge 热液区硫化物的体积约为

$$V = 200\text{m} \times 200\text{m} \times \pi \times 70\text{m} \times 2 \div 3 + 250\text{m} \times 50\text{m} \times 70\text{m} = 6.7 \times 10^6 \text{m}^3$$

按照 Hékinian 和 Fouquet（1985）采用的 3g·cm^{-3}（t·m^{-3}）的硫化物密度，Gorda Ridge 区的 3 个硫化物堆积体的资源量为

$$6.7 \times 10^6 \text{m}^3 \times 3\text{t·m}^{-3} = 2 \times 10^7 \text{t}$$

则 Gorda Ridge 区硫化物堆积体的总资源量可达到 2×10^7t。

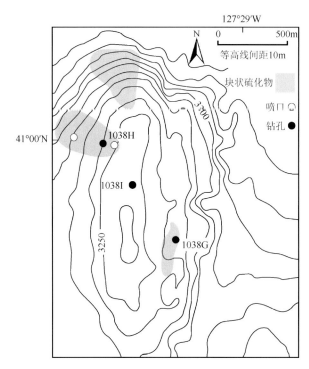

图 8-13　胡安·德富卡洋脊 Gorda 洋脊硫化物丘状体分布及 ODP 1038 孔位置分布
（Gieskes et al.，2002）

上述表明，胡安·德富卡洋脊硫化物资源总量约为 3396×10^{4}t。其中，含有 8.067t Au、3806.1t Ag、128.79×10^{4}t Cu、215.78×10^{4}t Zn、1121.7t Pb 和 5898.8t Mo（表 8-8）。

表 8-8　胡安·德富卡洋脊各硫化物堆积体的资源量及其有用元素资源量估算

热液区	硫化物资源量/10^4t	Au/t	Ag/t	Cu/10^4t	Zn/10^4t	Pb/t	Mo/t
Middle Valley	1358	5.000	970.0	72.00	78.00	2.0	3665.0
Endeavour	38	0.067	48.1	2.79	2.78	19.7	43.8
Gorda Ridge	2000	3.000	2788.0	54.00	135.00	1100.0	2190.0
总资源量	3396	8.067	3806.1	128.79	215.78	1121.7	5898.8

第四节　东太平洋海隆硫化物资源潜力评估

一、NEPR 硫化物资源潜力评估

在 NEPR（33°N～8°N，130°W～103°W）分布着 42 个热液区，超过 82 个热液丘状体，其构成了 EPR 上最具资源潜力的热液硫化物分布区。其中，热液硫化物堆积体主要分布在 EPR 21°N、13°N 和 9°N 附近的热液区中，分别蕴藏着 5 个、12 个和 15 个硫化物丘状体，其中 EPR 13°N 附近热液区中硫化物丘状体的规模最大。

（一）EPR 21°N

根据"Alvin"号载人深潜器对 EPR 21°N 附近热液活动的调查，在 EPR 21°49′N～21°52′，5km 长、200m 宽的洋脊轴部区域内，分布着至少 25 个硫化物丘状体，每个硫化物丘状体上均分布着大量的热液喷口，这些喷口的规模不大，喷口高度和底部直径仅有数米，但密度很大。该区共分布着 5 个硫化物丘状体（Clam Acres、Ocean Botton、Natinal Geographic Smoker、Hanging Gardens、South West）。Francheteau 等（1979）已对 EPR 21°N 附近热液区（位于 1.5km 宽的轴部地堑）中的硫化物堆积体进行了描述，其中的硫化物易碎且多孔，以闪锌矿、黄铁矿和黄铜矿为主。

由于该区缺少热液硫化物堆积体产状、规模的数据资料。根据其他热液区（如 Middle Valley 热液区）的硫化物厚度可达 1m，假设该区海隆上覆盖的硫化物厚度为 1m，则该区热液硫化物的体积为

$$V = 5000\text{m} \times 200\text{m} \times 1\text{m} = 1 \times 10^6 \text{m}^3$$

按照 Hékinian 和 Fouquet（1985）采用的 3g·cm^{-3}（t·m^{-3}）的硫化物密度，EPR 21°N 附近的硫化物堆积体的资源量为

$$1 \times 10^6 \text{m}^3 \times 3\text{t·m}^{-3} = 300 \times 10^4 \text{t}$$

综上所述，保守估计 EPR 21°N 附近热液硫化物的资源量约为 300×10^4t。

（二）EPR 13°N

根据国际海底管理局给出的 EPR 13°N 附近热液区的喷口资料，显示 EPR 13°N 附近的海底热液活动主要分布在三个区 ［轴部地带（地堑轴部和断层）、边缘高地和离轴地区（东南海山）］（图 8-14），其中的热液喷口达 149 个（Fouquet et al.，1996）。

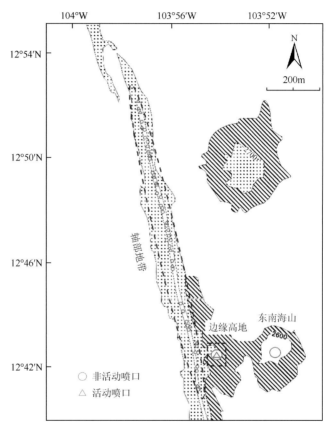

图 8-14　EPR 13°N 附近的热液喷口及硫化物堆积体分布（Fouquet et al.，1996）

1. EPR 13°N 附近的轴部地带

EPR 13°N 附近轴部地带已确定的硫化物丘状体共有 146 个，分布在中央裂谷区和地堑断裂区两个位置上。其中在洋脊的中央裂谷区分布有 22 个活动喷口和 108 个非活动喷口，这些喷口形成直径约 50m 的丘状体，不连续地分布于宽 150m、长 30km 的中央裂谷区中；且每个丘状体包含 3～10 个烟囱体，这些烟囱体的高度由几米到 25m 不等，烟囱体底部直径约为3m；另外，在中央裂谷区东部 150m 处的地堑断裂区呈线性分布着 16 个非活动热液喷口。这些分布在断裂区的热液硫化物，均构成直径约 50m 的丘状体（曾志刚等，2015）。

根据估算硫化物资源量的方法，假设这些丘状体均由硫化物组成，体积相同，且其高度与最高的烟囱体的高度一致为 25m，则 146 个丘状体的体积为

$$V = 25\text{m} \times 25\text{m} \times \pi \times 25\text{m} \div 3 \times 146 = 2.39 \times 10^6 \text{m}^3$$

按照 Hékinian 和 Fouquet（1985）采用的 3g·cm^{-3}（t·m^{-3}）的硫化物密度，该区硫化物堆积体的资源量为

$$2.39 \times 10^6 \text{m}^3 \times 3\text{t·m}^{-3} = 7.17 \times 10^6 \text{t} \approx 700 \times 10^4 \text{t}$$

则 EPR 13°N 附近轴部地带硫化物的资源量，保守估计约为 $700 \times 10^4 \text{t}$（曾志刚等，2015）。

2. 边缘高地

另有 3 个热液硫化物堆积体位于离轴地区的边缘高地和东南海山。在边缘高地存在一个巨大的丘状体，丘状体直径约 200m，高度约 70m，几乎全部是由块状硫化物组成（图 8-15）（曾志刚等，2015；Fouquet et al.，1996）。

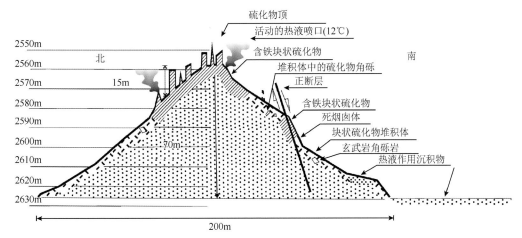

图 8-15　EPR13°N 附近硫化物堆积体形态及结构图解（Fouquet et al.，1996）

边缘高地西部分布的热液硫化物较少，但其顶部热液硫化物堆积体的体积却较大，估算其硫化物堆积体的体积为

$$V = 100\text{m} \times 100\text{m} \times \pi \times 70\text{m} \div 3 = 7.3 \times 10^5 \text{m}^3$$

按照 Hékinian 和 Fouquet（1985）采用的 3g·cm^{-3}（t·m^{-3}）的硫化物密度，估算边缘高地热液硫化物堆积体的资源量为

$$7.3 \times 10^5 \text{m}^3 \times 3\text{t·m}^{-3} = 2.19 \times 10^6 \text{t} \approx 220 \times 10^4 \text{t}$$

另外两个丘状体大小未知，若假设其大小与 EPR 13°N 附近轴部地段的丘状体一致，则剩下两个丘状体的体积为

$$V = 25\text{m} \times 25\text{m} \times \pi \times 25\text{m} \div 3 \times 2 = 3.27 \times 10^4 \text{m}^3$$

估算两个丘状体的热液硫化物资源量为

$$3.27 \times 10^4 \text{m}^3 \times 3\text{t·m}^{-3} = 9.81 \times 10^4 \text{t} \approx 10 \times 10^4 \text{t}$$

则边缘高地的热液硫化物堆积体，其资源量约为 230×10^{4}t（曾志刚等，2015）。

3. 东南海山

对 EPR 13°N 附近东南海山的硫化物资源量估算，通过 Fouquet 等（1988）对该区热液硫化物分布范围的估计量（900m×800m×700m），以及 Francis（1985）通过电阻率测量对热液硫化物矿体厚度的估计（矿体厚度至少有 9m），结合图件资料（Fouquet et al.，1988）分析（热液硫化物分布在一个约 700m 宽、800m 长的区域里），估算其热液硫化物堆积体的体积为

$$V = 700m \times 800m \times 9m = 5.04 \times 10^6 m^3$$

按照 Hékinian 和 Fouquet（1985）采用的 3g·cm^{-3}（t·m^{-3}）的硫化物密度，估算其热液硫化物堆积体的资源量为

$$5.04 \times 10^6 m^3 \times 3g \cdot cm^{-3} = 1.51 \times 10^7 t \approx 1500 \times 10^4 t$$

基于以上估算所得资源量，得到 EPR 13°N 附近的 3 个热液硫化物堆积体分布区（轴部地带、边缘高地和东南海山，见图 8-16）的资源量达 2430 万 t（曾志刚等，2015）。

$$700 \times 10^4 t + 230 \times 10^4 t + 1500 \times 10^4 t = 2430 \times 10^4 t$$

（三）EPR 9°N

1989 年科学家采用海底拖曳照像系统在 EPR 9°~10°N 附近发现了热液活动现象的存在。随后，1991 年，"Alvin"号载人深潜器在该区证实了热液活动的存在，并进行了现场观测和样品采集。Pierre 等（2006）在 Ridge 2000 东太平洋海隆综合调查中发现成群的喷口，其位于 EPR 9°50′N 附近的轴部顶塌陷槽中 2km 长的区域内，并且定名了两个喷口群：Bio 9 联合体和 P 喷口群。Bio 9 联合体的喷口热液流体活跃，喷口温度高，发现该喷口群至少分布着三个黑烟囱体：Bio 9、Bio 9′和 Bio 9″。P 喷口群中有 6个高温喷口区（Biovent、M、Q、Tica、Ty 和 Io）。Bio 9 联合体和 P 喷口群在过去的几十年不断有新的喷口形成和老的喷口（TWP）死亡，且热液活动一直非常强烈。目前，在 EPR 9°N～10°N 已发现 18 个高温热液喷口点，其热液流体既有高温流体（温度达 403℃），也存在低温流体（温度小于 20℃）。研究发现，与其他相对稳定的热液系统相比，其热液流体的温度和化学成分随时间变化显著，这也是该区海底热液活动的显著特征之一。

但是，由于缺乏该区大洋钻探及水下调查获得的丘状体大小、规模的资料，故对该区硫化物的资源量估算工作仍需进一步的针对性调查，在此将不对该区的资源潜力进行评估。

基于以上，NEPR 区热液硫化物堆积体的资源量约为 2730×10^{4}t。其中，含有约 12.4t Au、1702t Ag、118×10^{4}t Cu、279×10^{4}t Zn、14160t Pb 和 2318t Mo（表 8-9）。

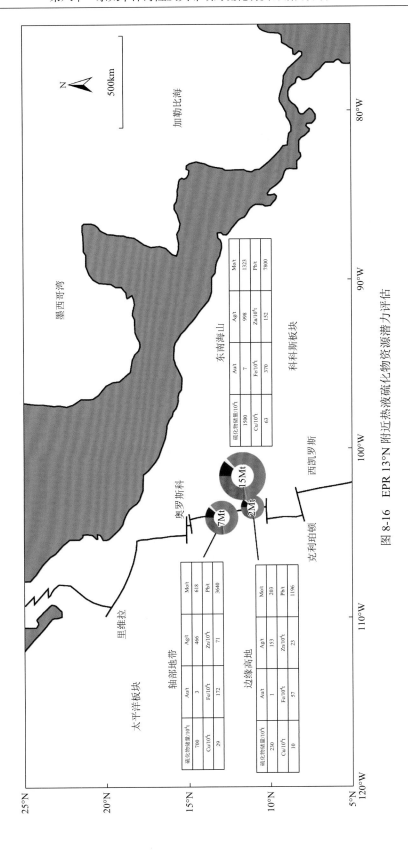

图 8-16 EPR 13°N 附近热液硫化物资源潜力评估

表 8-9　NEPR 区各热液硫化物堆积体及其有用元素资源潜力估算

热液区	硫化物资源量/10⁴t	Au/t	Ag/t	Cu/10⁴t	Zn/10⁴t	Pb/t	Mo/t
EPR 21°N	300	0.6	87	16	33	2010	175
EPR 13°N	2430	11.8	1615	102	246	12150	2143
总资源量	2730	12.4	1702	118	279	14160	2318

二、加拉帕戈斯区硫化物资源潜力评估

自 Corliss 等（1979）在加拉帕戈斯扩张中心 86°W 发现了玫瑰花园热液区以来，关于加拉帕戈斯附近热液活动的调查成果层出不穷。加拉帕戈斯区的热液喷口及硫化物大多分布在科科斯-纳斯卡的离散型地体边界上（如 Navidad、Iguanas-Pinguinos 和玫瑰花园热液区），根据 InterRidge 对该区的统计，在 4°N～3°S、83°W～102°W 的狭长区域内分布的硫化物丘状体超过 39 个。

（一）Navidad 热液区

2005 年 12 月发现 Navidad 热液区，同时，通过水下机器人的观察，在该区发现了 5 个较大的硫化物丘状体（图 8-17 和表 8-10），其分布位置较集中，均分布于 2400m 水深

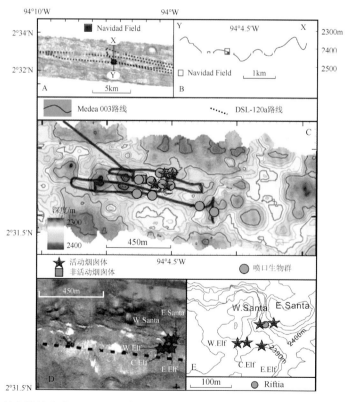

图 8-17　加拉帕戈斯扩张中心 Navidad 热液区 5 个热液喷口群及其分布（Haymon et al.，2008）

的轴部隆起区。另外，在其东南部约 500m 处的隆起区也发现有热液喷口生物的存在，这表明周围可能存在一个还未探明的硫化物丘状体。从平面上来看，Navidad 热液区的 5 个硫化物丘状体组成了一个直径约 200m 的圆形，这与 Middle Valley 区的 Bent Hill 硫化物堆积体类似。

表 8-10　加拉帕戈斯扩张中心 Navidad 热液区硫化物丘状体的位置（Haymon et al.，2008）

热液丘状体	纬度	经度	活动性
Navidad：W. Elf	2°31.62′N	94°04.57′W	活动
Navidad：C. Elf	2°31.61′N	94°04.53′W	活动
Navidad：E. Elf	2°31.61′N	94°04.51′W	活动
Navidad：W. Santa	2°31.65′N	94°04.51′W	活动
Navidad：E. Santa	2°31.64′N	94°04.50′W	活动

（二）Iguanas-Pinguinos 热液区

1997 年，在加拉帕戈斯区域（89.5°W～95°W）开展了热液活动及其硫化物航次调查。期间，对 Iguanas-Pinguinos 热液区进行了详细的观测，不仅确定了该区分布有热液活动和不活动的黑烟囱体（表 8-11），同时，通过水下机器人，对热液喷口的大小和形态进行了详细的描述（图 8-18）。根据调查报告显示，在 92°W 的 Iguanas-Pinguinos 热液区，其数千米的范围内分布的热液喷口超过 21 个，而根据对 Plumeria 喷口群烟囱体的测量，其喷口高度为 12～14m，表明该区的热液活动十分强烈（Haymon et al.，2007），且丘状体的规模也十分巨大。

表 8-11　加拉帕戈斯 Iguana-Pinguinos 热液区中热液丘状体的位置（Haymon et al.，2008）

热液丘状体	纬度	经度	活动性
Iguanas：Plumeria	2°06.27′N	91°56.18′W	活动
Iguanas：Iguanas Cluster	2°06.26′N	91°56.16′W	活动
Iguanas：Tortuga	2°06.25′N	91°56.10′W	活动
Pinguinos：W. Cluster	2°05.96′N	91°54.35′W	活动
Pinguinos：E. Cluster	2°05.95′N	91°54.31′W	活动
Iguanas-Pinguinos：2-1	2°06.27′N	91°56.17′W	非活动
Iguanas-Pinguinos：8-15	2°06.26′N	91°56.15′W	非活动
Iguanas-Pinguinos：2-2	2°06.24′N	91°56.11′W	非活动
Iguanas-Pinguinos：8-16	2°06.23′N	91°56.09′W	非活动
Iguanas-Pinguinos：8-17	2°06.24′N	91°56.09′W	非活动
Iguanas-Pinguinos：8-1	2°06.22′N	91°56.00′W	非活动
Iguanas-Pinguinos：8-18	2°06.22′N	91°55.98′W	非活动

热液丘状体	纬度	经度	活动性
Iguanas-Pinguinos：8-20	2°06.22′N	91°55.78′W	非活动
Iguanas-Pinguinos：8-19	2°06.21′N	91°55.78′W	非活动
Iguanas-Pinguinos：8-2	2°06.19′N	91°55.76′W	非活动
Iguanas-Pinguinos：8-21	2°06.20′N	91°55.73′W	非活动
Iguanas-Pinguinos：8-3	2°06.20′N	91°55.71′W	非活动
Iguanas-Pinguinos：8-5	2°06.20′N	91°55.59′W	非活动
Iguanas-Pinguinos：8-4	2°06.20′N	91°55.58′W	非活动
Iguanas-Pinguinos：8-7	2°06.14′N	91°55.38′W	非活动
Iguanas-Pinguinos：8-6	2°06.14′N	91°55.34′W	非活动
Iguanas-Pinguinos：8-8	2°06.13′N	91°55.33′W	非活动
Iguanas-Pinguinos：8-22	2°06.04′N	91°54.79′W	非活动
Iguanas-Pinguinos：8-9	2°05.96′N	91°54.40′W	非活动
Iguanas-Pinguinos：8-24	2°05.97′N	91°54.38′W	非活动
Iguanas-Pinguinos：8-23	2°05.96′N	91°54.38′W	非活动
Iguanas-Pinguinos：8-25	2°05.93′N	91°54.29′W	非活动
Iguanas-Pinguinos：8-26	2°05.87′N	91°53.96′W	非活动
Iguanas-Pinguinos：8-10	2°05.87′N	91°53.95′W	非活动
Iguanas-Pinguinos：8-14	2°05.87′N	91°53.81′W	非活动
Iguanas-Pinguinos：8-12	2°05.85′N	91°53.66′W	非活动
Iguanas-Pinguinos：8-13	2°05.86′N	91°53.65′W	非活动
Iguanas-Pinguinos：8-11	2°05.86′N	91°53.64′W	非活动

图 8-18　加拉帕戈斯 Iguanas-Pinguinos 热液区中 Plumeria 喷口的黑烟囱（Haymon et al.，2007）

照片的视域为 5m

　　该热液区可分为 Iguanas 和 Pinguinos 两个区（图 8-19），前者位于 91°56′W 附近，后者位于 91°54′W 附近（表 8-11）。对于 Iguanas 区而言，除 Plumeria 和 Tortuga 距离稍远外，其他 7 个活动热液喷口集中在中央地堑的一个隆起上，水深约 1700m。从平面上来看，其

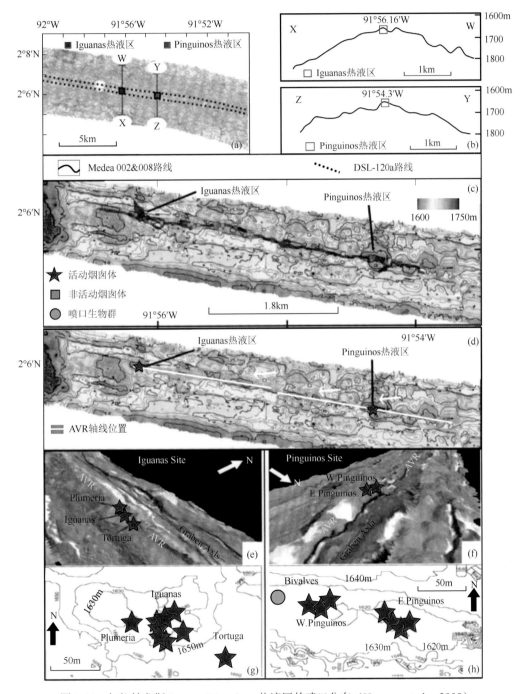

图 8-19　加拉帕戈斯 Iguanas-Pinguinos 热液区的喷口分布（Haymon et al.，2008）

硫化物丘状体为一个直径 50m 的圆形。同时，Pinguinos 区的 6 个喷口点分别位于相距 50m 的两个隆起上，其中 3 个喷口组成西 Pinguinos 喷口群，另外 3 个喷口组成东 Pinguinos 喷口群。虽然两个热液区中的丘状体规模并不大，但其喷口数量众多且集中，表明该区热液活动强度较高。

（三）玫瑰花园热液区

通过水下机器人对玫瑰花园热液区进行观察发现，硫化物丘状体形态各异，高度为 1～20m，大多数硫化物丘状体呈圆形，直径为 100～200m（图 8-20）。

图 8-20　加拉帕戈斯玫瑰花园热液区中硫化物丘状体（喷口群）的形态（Corliss et al.，1979）

该区热液喷口下部也很可能存在一定规模的硫化物堆积体。对加拉帕戈斯裂谷 85°50′W 热液区的调查显示，大量的块状硫化物覆盖在 Inca 转换断层末端 1.5km 宽的中央地堑的轴部地区。这些块状硫化物堆积体的存在表明该区几千年前曾经存在高温热液喷口，对于该区硫化物的分析及样品的年代学测试表明，该区硫化物形成于 1440±300a 前（Embley et al.，1988）、水深 2500m 左右的海底环境中，且硫化物丘状体在平面上呈不规则的长条形（图 8-21），其下部 30m 左右均不同程度的发育着热液蚀变现象。从丘状体的规模来看，该区蕴藏着丰富的硫化物资源。

对 Eye of Mordor（EM）区的详细调查发现该区至少存在 7 个非活动喷口（表 8-12），其中，西 EM 有 5 个，东 EM 有 2 个，且两者的分布位置不同（图 8-22）。东部的 5 个喷口位于 91°23′W 附近，2 个喷口分布于一个直径约 250m 的隆起带上，另外 3 个喷口则位于 1650m 水深的地堑中；西部的 2 个喷口位于同样水深的地堑构造环境中。考虑到这种构造环境在该区普遍发育，且不活动的热液喷口因没有明显的生物活动现象而很难被发现，暗示该区可能有很多停止活动的热液喷口未被发现。目前，虽然缺少用于资源潜力估算的数据及资料，但该区存在较多停止活动的热液喷口说明区内热液活动历史久远，有利于形成大规模的硫化物堆积体，是一个未来值得进一步调查研究、重要的海底热液硫化物资源远景区。

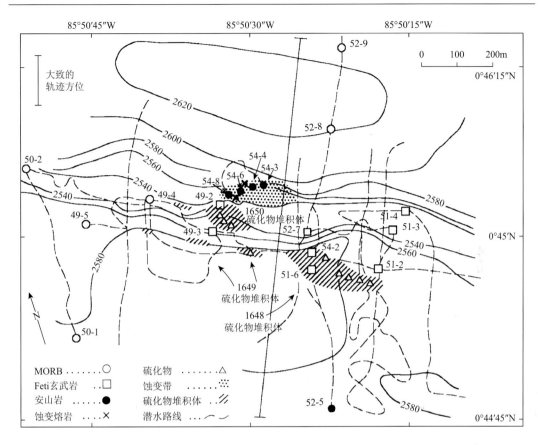

图 8-21　加拉帕戈斯裂谷 85°50′W 热液区中硫化物堆积体的位置及大小（Embley et al.，1988）

表 8-12　加拉帕戈斯 EM 热液区部分热液丘状体的位置（Haymon et al.，2008）

热液丘状体	纬度	经度	活动性
W. EM：9-1 Cluster	1°58.27′N	91°23.72′W	非活动
W. EM：9-2 Cluster	1°58.26′N	91°23.69′W	非活动
W. EM：9-3 Cluster	1°58.24′N	91°23.48′W	非活动
E. EM：9-4 Cluster	1°54.35′N	91°13.86′W	非活动

　　由于加拉帕戈斯区水下钻探资料的匮乏，对于其海底面以下热液硫化物堆积体的厚度、形态及分布尚缺乏基本的认识，无法对该区热液硫化物资源潜力进行评估。根据加拉帕戈斯区硫化物丘状体的数量来看，结合二维影像资料，在 4°N～3°S，83°W～103°W 的区域内至少存在 18 个大型硫化物丘状体，包括分布在 Navidad 热液区（5 个），Iguanas-Pinguinos 热液区（5 个）和玫瑰花园热液区（8 个）的硫化物堆积体。进一步，根据其硫化物丘状体在海底的空间展布情况来看，推测这几个区的下部很有可能发育一个类似 Bent Hill 规模的热液硫化物堆积体。

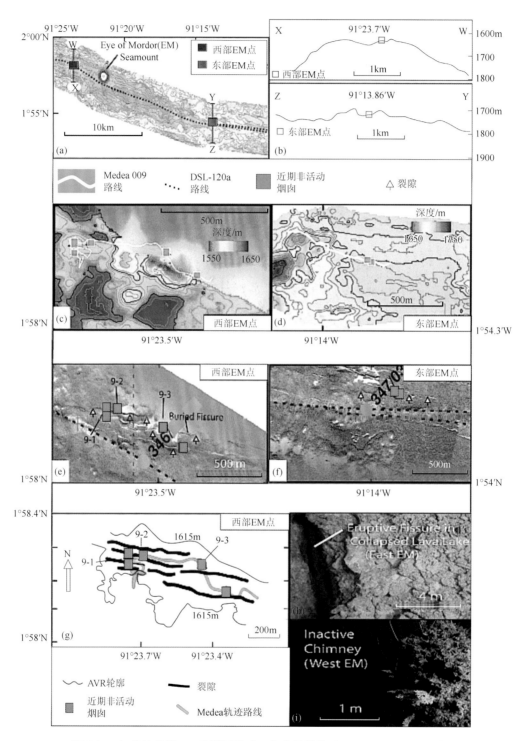

图 8-22　加拉帕戈斯 EM 热液区的喷口分布及照片（Haymon et al.，2008）

三、SEPR 硫化物资源潜力评估

由于没有针对 SEPR 硫化物堆积体的钻探工作及缺乏相应的硫化物堆积体大小、规模的数据资料，很难量化 SEPR 硫化物堆积体的资源状况。根据 InterRidge 有关 SEPR 硫化物的相关资料可知，EPR 5°S~39°S 的智利海隆，蕴含着 62 个硫化物分布区，其间分布的硫化物丘状体超过 107 个。其中，在 EPR 7°25′S、EPR 14°S、Rehu-Marka 至 Stealth、EPR 18°26′S、EPR 21°25′S 至 RapaNui，以及 Nolan's Nook 至 AxialDome 的热液区中，分布的硫化物丘状体规模较大。

综上所述，不管是从硫化物堆积体中各有用元素的含量还是从硫化物丘状体的数量来看，SEPR 区均显示出良好的资源前景，推测其总体规模可能与胡安•德富卡洋脊的硫化物资源量相当。尽管如此，确定该区热液硫化物资源潜力仍需要更多的针对性航次调查及钻探工作的实施。

第五节　东太平洋海隆硫化物资源远景区与未来工作展望

自 1981 年以来，众多海洋地质学家已对 EPR 热液区进行了深入的研究（Moss and Scott，1996；Fouquet et al.，1988；Gente et al.，1986；Hékinian and Fouquet，1985；Francheteau and Ballard，1983；Hékinian et al.，1983）。在地理位置上，东太平洋北部的洋中脊距离北美大陆较近，受哥伦比亚河输入的陆源物质的影响比较明显（Zuffa and Brunner，2000）。其中，勘探者、胡安•德富卡以及戈达洋脊被数百米甚至上千米厚的自晚更新世以来的半远洋沉积和浊流沉积物覆盖。相比较而言，EPR 则距离陆地较远，基本不受陆源物质的直接影响，且整个洋脊均分布着较为广泛的热液活动。

一、EPR 13°N 附近热液硫化物资源远景区

EPR 13°N 附近的热液区，具富 Cu 型、Zn 型、Fe-Zn 型、Fe-Cu 型、Ca-Fe 型、Ca-Zn 型、Si-硫化物型、Si-硫化物-硫酸盐型和 Fe-Mn 型至少 9 种类型的热液产物，其主要分布如下。

（1）中央地堑的中心（地堑轴部区）。热液活动喷口和黑烟囱体主要分布在地堑轴部的熔岩湖中。已发现的 22 个活动热液点以及 108 个不活动热液点，构成了一条长约 30km、宽约 150m 的不连续狭长带，且热液点之间的距离为 100~300m，各热液点中通常分布着 3~10 个硫化物尖峰体，各尖峰体形态大小不一，烟囱体最小直径小于 3m，高度为几米到十几米，最大高度可达 25m，生长于新鲜玄武岩之上（Fustec et al.，1987）。热液活动区的分布与地堑中央主断层的顶部以及沿断层方向近期形成的熔岩紧密相关。在硫化物尖峰的底部、腰部以及顶部均发现了黑烟囱体。硫化物主要以烟囱体的形态存在，主要为富铜烟囱体（Cu 含量可高达 32%，质量分数）和富锌烟囱体（Zn 含量可达 46.9%，质量分数），且尚未形成成熟的硫化物丘状体。

（2）中央地堑岩墙的顶部（地堑两侧断层区）。该区为不活动火山及硫化物分布区，使用深潜器沿地堑断层取样，确定存在 16 个不活动的热液点，其热液堆积体为直径小于50m 的硫化物丘状体，构成了热液产物分布带；大多数热液硫化物堆积体位于断层顶部，经常发生坍塌，形成碎屑堆，且以多孔硫化物以及硅质烟囱碎块堆积体为主要特征。在一些断层崖的底部，可见碎片状硫化物堆积体上直接生长一些小的烟囱体，其硫化物主要是一些富铜块状硫化物（Cu 含量可达 32.2%，质量分数）。

（3）边缘高地。硫化物堆积体分布于边缘高地顶部和高地西侧距离中轴约 400m 处。该区的硫化物要比中轴的硫化物堆积体大，约 300m 长，正断层把该硫化物堆积体拦腰截为两段，且热液区的枕状熔岩部分被褐色沉积物所覆盖（Gente et al.，1986）。

（4）东南海山。位于洋脊轴部东南方向 6km 处，该海山底部直径约为 6km，高出周围海底 350m（Hékinian and Fouquet，1985），海山南侧裙带一直延伸到离海山顶点 1km远的位置。热液硫化物位于这一裙带西侧的一个三角区内（900m×800m×700m），三角区的顶点位于海山的顶部，它的底边以 2600m 等高线为标志，是迄今为止在 EPR 发现的较大的热液硫化物堆积体之一。从构造角度看，东南海山硫化物堆积体又可分为三个带：第一带位于断层崖顶部，由硫化物丘状体组成（高达 10m），周围分布一些硫化物碎屑堆积体。第二带以 10~20m 的断层崖为主要特征，厚度接近 9m，这一带可以观察到灰色与白色的蚀变玄武岩。第三带以断层崖脚下的岩屑堆为特征，块状硫化物破碎成 0.3~2m 的碎块，并堆积。

与海隆轴部的热液硫化物堆积体相比，边缘高地和东南海山上则分布着更为成熟的块状硫化物丘状体。靠近边缘高地的顶部是一个大的热液活动区，其硫化物丘状体的直径为200m，高度达 75m，是目前发现的海底最大的硫化物丘状体。硫化物主要是富铁的块状硫化物（Fe 含量可高达 47%，质量分数）。此外，在轴部的热液硫化物堆积体中一般富集Cd、Pb、Ag、Sb 和 Zn，而在离轴区的高温热液硫化物中则相对富集 Co、Se 和 Mo，如Co 在离轴热液硫化物中的含量是轴部硫化物的 4~5 倍。

总体上，EPR 13°N 附近的岩浆活动频繁，区内含金属沉积物覆盖范围大，Cu、Zn、Mo 等多种有用元素的丰度均较高，且区内热液喷口众多、集中，具有良好的资源前景。加之，EPR 13°N 附近热液区中硫化物样品还具有 Au、Zn 含量较高的特点 [Au 为0.483μg·g^{-1}、Zn 为 10.1%（质量分数）]，所以无论从热液硫化物中有用元素含量还是从估算的硫化物资源量、岩浆活动和含金属沉积物特征来看，均表明 EPR 13°N 附近的热液区是 EPR 上重要的硫化物堆积体分布区之一，可作为 EPR 热液硫化物资源远景区。

二、未来工作展望

我们现在的工作结果表明，喷口流体向海洋供给的物质总量中仅有约 1%以硫化物的形式存在，绝大部分热液流体来源的物质及有用元素（如 Cu、Zn、Co 等）则进入海水、沉积物和生物中。因此，我们提出设计、使用专门的设备，放置在热液喷口区，采集喷口流体中的有用元素，尽量避免其进入海水和沉积环境中，实现人工对海底热液区中有用元素的富集，同时有效避免对海底热液生态环境产生影响，进而从一个新的视角及途径实现人类对全球海底热液区资源的开发和利用。

EPR 研究区是一个热液、生物、岩浆和构造活动强烈的区域，目前国内外对其近 2 万 km 的洋脊进行系统调查研究的地段不足 10%。由于对东太平洋海隆热液活动与生物、岩浆和构造作用的关系缺乏系统的调查研究，对 EPR 研究区热液活动对近海底水体、沉积和生态环境的影响缺乏系统的认识，且缺乏相关热液活动的热通量、物质通量数据，加之目前掌握的热液活动现象和相关数据很难评估 EPR 范围内洋中脊热液系统的成矿特点以及热液硫化物和生物资源潜力。因此，在未来五年至十年的调查研究中，建议以已有调查研究基础的 EPR 13°N 和 1°S～2°S 附近的热液区为重点工作区域，从沿轴和离轴两个方向布置系统的调查工作，结合地球物理、原位试验、定点长期监测和钻探工作，获取关键样品、数据和资料，进一步加深对海底热液循环系统及其硫化物成矿、区域岩浆、沉积、海水和生态环境的系统性认识，构建深海热液活动及其资源环境效应的综合评价技术体系，实现对 EPR 热液循环系统结构及其物质组成的透视化把握。在此基础上，以热液硫化物资源三维空间结构与物质组成探测及热液活动环境保护为核心内容，进一步向 EPR 南部和两翼等其他地段扩展调查研究工作，将有望在 EPR 海底热液地质理论及硫化物资源潜力方面取得新的工作进展（曾志刚等，2015）。不仅如此，待海底热液硫化物资源得以开采利用、热液区生态环境得以有效保护之时，也可将本书中的"硫化物堆积体"改为"硫化物矿床"。

参 考 文 献

安成龙，范德江，孙晓霞，等.2014. 赤道东太平洋海隆水体悬浮颗粒硫化物及其对海底热液活动的指示. 中国海洋大学学报，44（1）：75～83.

包申旭，周怀阳，彭晓彤，等.2007. Juan de Fuca 洋脊 Endeavour 段热液硫化物稀土元素地球化学特征. 地球化学，36（3）：303～310.

邓希光.2007. 大洋中脊热液硫化物矿床分布及矿物组成. 南海地质研究，（1）：54～64.

董从芳，周怀阳，彭晓彤，等.2011. 东太平洋北部胡安·德富卡洋中脊 Mothra 热液场硫化物烟囱体成矿物质来源：铅和硫同位素组成. 地球化学，40（2）：163～170.

董从芳，周怀阳，彭晓彤，等.2012. 胡安·德富卡洋中脊富锌烟囱体流体通道演化特征. 海洋学报，34（4）：99～108.

郭静静，于增慧，李怀明.2013. Galapagos 微板块附近宝石山热液区沉积物稀土元素组成特征. 中国海洋大学学报，43（12）：66～74.

彭晓彤，周怀阳.2005. EPR 9～10°N 热液烟囱体的结构特征与生长历史. 中国科学 D 辑：地球科学，35（8）：720～728.

姚会强，周怀阳，彭晓彤，等.2009. EPR 9°～10°N L 喷口黑烟囱体形成环境重建：来自矿物学及铅-210 年龄的限制. 海洋学报，31（5）：48～57.

姚会强，周怀阳，彭晓彤，等.2010. 胡安·德富卡洋脊因代沃段热液黑烟囱体成矿物质来源：硫同位素的限制. 海洋学报，32（5）：25～33.

叶瑛，陈志飞，黄霞，等.2008. 东太平洋海隆热液活动区原位观测数据的小波分析和热液指标的周期性变化. 海洋学报，30（3）：165～169.

于淼，苏新，陶春辉，等.2013. 东太平洋海隆 1.23°N～5.70°S 区域洋脊玄武岩特征及岩浆作用探讨. 地学前缘，20（5）：87～105.

曾志刚，陈代庚，殷学博，等.2009. 东太平洋海隆 13°N 附近热液硫化物中的元素、同位素组成及其变化. 中国科学 D 辑：地球科学，39（12）：1780～1794.

曾志刚，王晓媛，张国良，等. 2007. 东太平洋海隆 13°N 附近 Fe 氧羟化物的形成：矿物和地球化学证据. 中国科学 D 辑：地球科学，37（10）：1349～1357.

曾志刚，张维，荣坤波，等. 2015. 东太平洋海隆热液活动及多金属硫化物资源潜力研究进展. 矿物岩石地球化学通报，34（5）：938～946.

郑建斌，曹志敏，安伟. 2008. 东太平洋海隆 9°～10°N 热液烟囱体矿物成分、结构和形成条件. 地球科学–中国地质大学学报，33（1）：19～25.

Ames D E，Franklin J M，Hannington M D. 1993. Mineralogy and geochemistry of active and inactive chimneys and massive sulfide，Middle Valley，northern Juan de Fuca Ridge：An evolving hydrothermal system. Canadian Mineralogist，31：997～1024.

Barrett T J，Taylor P N，Lugowski J. 1987. Metalliferous sediments from DSDP Leg 92：The East Pacific Rise transect. Geochimica et Cosmochimica Acta，51（9）：2241～2253.

Butterfield D A，Massoth G J. 1994. Geochemistry of north Cleft segment vent fluids：Temporal changes in chlorinity and their possible relation to recent volcanism. Journal of Geophysical Research，99（B3）：4951～4968.

Charlou J L，Bougault H，Appriou P，et al. 1991. Water column anomalies associated with hydrothermal activity between 11°40′ and 13°N on the East Pacific Rise：Discrepancies between tracers. Deep-Sea Research Part A. Oceanographic Research Papers，38（5）：569～596.

Corliss J B，Dymond J，Gordon L I，et al. 1979. Submarine thermal springs on the Galápagos Rift. Science，203：1073～1083.

Davis E E，Villinger H. 1992. Tectonic and thermal structure of the Middle Valley sedimented rift，northern Juan de Fuca Ridge. Proceedings of the Ocean Drilling Program，Initial Reports，139：9～41.

Embley R W，Jonasson，I R，Perfit M R，et al. 1988. Submersible investigation of an extinct hydrothermal system on the Galapagos ridge：Sulfide mounds，stockwork zone，and differentiated lavas. Canadian Mineralogist，26：517～539.

Fouquet Y，Aucla G，Cambon P，et al. 1988. Geological setting and mineralogical and geochemical investigations on sulfide deposits near 13°N on the East Pacific Rise. Marine Geology，84（3～4）：145～178.

Fouquet Y，Knott R，Cambon P，et al. 1996. Formation of large sulfide mineral deposits along fast spreading ridges. Example from offaxial deposits at 12°43′ N on the East Pacific Rise. Earth and Planetary Science Letters，144（1）：147～162.

Foustoukos D I，James R H，Berndt M E，et al. 2004. Lithium isotopic systematics of hydrothermal vent fluids at the Main Endeavour Field，Northern Juan de Fuca Ridge. Chemical Geology，212：17～26.

Francheteau J，Needham H D，Choukroune P，et al. 1979. Massive deep-sea sulphide ore deposits discovered on the East Pacific Rise. Nature，277（5697）：523～528.

Francheteau J，Ballard R D. 1983. The East Pacific Rise near 21°N，13°N and 20°N：Inferences for along-strike variability of axial processes of the mid-ocean ridge. Earth and Planetary Science Letters，64：93～116.

Francis T J. 1985. Resistivity measurements of an ocean floor sulfide mineral deposit from the submersible Cyana. Marine Geophysical Research，7（3）：419～437.

Fustec A，Desbruyères D，Juniper S K. 1987. Deepsea hydrothermal vent communities at 13°N on the East Pacific Rise：Microdistribution and temporal variations. Biological Oceanography，4：121～164.

Gente P，Auzende J M，Renard V，et al. 1986. Detailed geological mapping by submersible of the East Pacific Rise axial graben near 13°N. Earth and Planetary Science Letters，78：224～236.

Gieskes M，Simoneit R T，Goodfellow W D，et al. 2002. Hydrothermal geochemistry of sediments and pore waters in Escanaba Trough—ODP Leg 169. Applied Geochemistry，17：1435～1456.

Glickson D A，Kelley D S，Delaney J R. 2007. Geology and hydrothermal evolution of the Mothra Hydrothermal Field，Endeavour Segment，Juan de Fuca Ridge. Geochemistry，Geophysics，Geosystems，8（6）：Q06010，doi：10.1029/2007GC001588.

Goodfellow W D，Franklin J M. 1993. Geology，mineralogy，and chemistry of sediment hosted clastic massive sulfides in shallow cores，Middle Valley，Northern Juan de Fuca Ridge. Economic Geology，88：2037～2068.

Haymon R，Baker E，Resing J，et al. 2007. Hunting for Hydrothermal Vents Along the Galápagos Spreading Center. Oceanography，20（4）：100～107.

Haymon R M，White S M，Baker E T，et al. 2008. High-resolution surveys along the hot spot-affected Gálapagos Spreading Center: 3. Black smoker discoveries and the implications for geological controls on hydrothermal activity. Geochemistry Geophysics Geosystems，9（12）：Q12006.

Hékinian R，Fevrier M，Avedik F，et al. 1983. East Pacific Rise near 13°N: Geology of New Hydrothermal Fields. Science，219（4590）：1321~1324.

Hékinian R，Fouquet Y. 1985. Volcanism and metallogenesis of axial and off-axial structures on the East Pacific Rise near 13°N. Economic Geology，80（2）：221~249.

Hékinian R，Hoffert M，Larqqué P，et al. 1993. Hydrothermal Fe and Si oxyhydroxide deposits from south Pacific intraplate volcanoes and East Pacific Rise axial and off-axial regions. Economic Geology，88（8）：2099~2121.

Houghton J L，Shanks W C III，Jr W E S. 2004. Massive sulfide deposition and trace element remobilization in the Middle Valley sediment hosted hydrothermal system，northern Juan de Fuca Ridge. Geochimica et Cosmochimica Acta，68（13）：2863~2873.

Lackschewitz K S，Singer A，Botz R，et al. 2000. Formation and Transformation of Clay Minerals in the Hydrothermal Deposits of Middle Valley, Juan de Fuca Ridge, ODP Leg 169. Economic Geology，95（2）：361~389.

Levesque C，Juniper S K，Limén H. 2006. Spatial organization of food webs along habitat gradients at deepsea hydrothermal vents on Axial Volcano，Northeast Pacific. Deep Sea Research Part I: Oceanographic Research Papers，53（4）：726~739.

Li J W，Zhou H Y，Peng X T，et al. 2011. Abundance and distribution of fatty acids within the walls of an active deep-sea sulfide chimney. Journal of Sea Research，65（3）：333~339.

Marcus J，Tunnicliffe V，Butterfield D A. 2009. Post-eruption succession of macrofaunal communities at diffuse flow hydrothermal vents on Axial Volcano，Juan de Fuca Ridge，Northeast Pacific. Deep Sea Research Part II: Topical Studies in Oceanography，56（19）：1586~1598.

Michael U，Andreas B. 2003. Magnetic properties of marine sediment near the active Dead Dog Mound，Juan de Fuca Ridge，allow to refine hydrothermal alteration zones. Physics and Chemistry of the Earth，Parts A/B/C，28：701~709.

Moss R，Scott S D. 1996. Silver in sulfide chimneys and mounds from 13° N and 21° N，East Pacific Rise. Canadian Mineralogist，34：697~716.

Peng X T，Zhou H Y，Tang S，et al. 2008. Early-stage mineralization of hydrothermal tubeworms: New insights into the role of microorganisms in the process of mineralization. Chinese Science Bulletin，53（2）：251~261.

Pierre C，Caruso A，BlancValleron M M，et al. 2006. Reconstruction of the paleoenvironmental changes around the Miocene-Pliocene boundary along a West-East transect across the Mediterranean. Sedimentary Geology，188：319~340.

Shipboard Scientific Party. 1998. Escanaba Trough: Site 1036//Fouquet Y, Zierenberg R A, Miller D J, et al. Proceedings ODP, Init. Repts., vol. 169. College Station, TX (Ocean Drilling Program).

Tao C，Li H，Wu G，et al. 2011. First hydrothermal active vent discovered on the Galapagos Microplate. AGU Fall Meeting Abstracts.

Tao C H，Lin J W，Wu G H，et al. 2008. First active hydrothermal vent fields discovered at the equatorial Southern East Pacific Rise. AGU Fall Meeting Abstract.

Tivey M A. 1994. Fine-scale magnetic anomaly field over the southern Juan de Fuca Ridge: Axial magnetization low and implications for crustal structure. Journal of Geophysical Research，1994，99（B3）：4833~4855.

Wang S F，Xiao X，Jiang L J，et al. 2009. Diversity and abundance of ammonia-oxidizing archaea in hydrothermal vent chimneys of the Juan de Fuca Ridge. Applied and Environmental Microbiology，75（12）：4216~4220.

Wang X Y，Zeng Z G，Qi H Y，et al. 2014. Fe-Si-Mn-oxyhydroxide Encrustations on Basalts at East Pacific Rise near 13°N: An SEM-EDS Study. Journal of Ocean University of China，13（6）：917~925.

Zeng Z G，Chen S，Selby D，et al. 2014. Rhenium-osmium abundance and isotopic compositions of massive sulfides from modern deep-sea hydrothermal systems: Implications for vent associated ore forming processes. Earth and Planetary Science Letters，396：223~234.

Zeng Z G，Ma Y，Yin X B，et al. 2015a. Factors affecting the rare earth element compositions in massive sulfides from deep-sea hydrothermal systems. Geochemistry，Geophysics，Geosystems，16：2679~2693.

Zeng Z G，Niedermann S，Chen S，et al. 2015b. Noble gases in sulfide deposits of modern deep-sea hydrothermal systems：Implications for heat fluxes and hydrothermal fluid processes. Chemical Geology，409：1～11.

Zeng Z，Ma Y，Chen S，et al. 2017. Sulfur and lead isotopic compositions of massive sulfides from deep-sea hydrothermal systems：Implications for ore genesis and fluid circulation. Ore Geology Reviews，87，155～171.

Zhou H Y，Li J T，Peng X T，et al. 2009. Microbial diversity of a sulfide black smoker in Main Endeavour hydrothermal vent field，Juan de Fuca Ridge. Journal of Microbiology，47（3）：235～247.

Zierenberg R A，Adams M W W，Arp A J. 2000. Life in extreme environments：Hydrothermal vents. Proceedings of the National Academy of Sciences，97（24）：12961～12962.

Zuffa G G，Brunner C A. 2000. Turbidite Megabeds in an Oceanic Rift Valley Recording Jökulhlaups of Late Pleistocene Glacial Lakes of the Western United States. Journal of Geology，108（3）：253～274.